中国国家标准汇编

354

GB 20871～20902

（2007 年制定）

中国标准出版社　编

中国标准出版社

北　京

图书在版编目（CIP）数据

中国国家标准汇编：2007年制定.354：GB 20871～20902/中国标准出版社编. —北京：中国标准出版社，2008

ISBN 978-7-5066-4948-3

Ⅰ.中… Ⅱ.中… Ⅲ.国家标准-汇编-中国-2007
Ⅳ.T-652.1

中国版本图书馆CIP数据核字（2008）第101066号

中国标准出版社出版发行
北京复兴门外三里河北街16号
邮政编码:100045
网址 www.spc.net.cn
电话:68523946 68517548
中国标准出版社秦皇岛印刷厂印刷
各地新华书店经销
*
开本 880×1230 1/16 印张 47 字数 1 414 千字
2008年9月第一版 2008年9月第一次印刷
*
定价 200.00 元

ISBN 978-7-5066-4948-3

出 版 说 明

1.《中国国家标准汇编》是一部大型综合性国家标准全集。自1983年起，按国家标准顺序号以精装本、平装本两种装帧形式陆续分册汇编出版。本《汇编》在一定程度上反映了我国建国以来标准化事业发展的基本情况和主要成就，是各级标准化管理机构，工矿企事业单位，农林牧副渔系统，科研、设计、教学等部门必不可少的工具书。

2. 本《汇编》收入我国正式发布的全部国家标准。各分册中如有顺序号缺号的，除特殊情况注明外，均为作废标准号或空号。

3. 由于本《汇编》的出版时间与新国家标准的发布时间已达到基本同步，我社将在每年出版前一年发布的新制定的国家标准，便于读者及时使用。出版的形式不变，分册号继续顺延。标准的属性以本书目录上标明的为准。

4. 由于标准不断修订，修订信息不能在本《汇编》中得到充分和及时的反映，根据多年来读者的要求，自1995年起，在本《汇编》汇集出版前一年发布的新制定的国家标准的同时，新增出版前一年发布的被修订的标准的汇编版本，视篇幅分设若干分册。这些修订标准汇编的正书名、版本形式与《中国国家标准汇编》相同，但不占总的分册号，仅在封面和书脊上注明“20××年修订-1，-2，-3，……”字样，作为本《汇编》的补充。读者配套购买则可收齐前一年制定和修订的全部国家标准。

5. 由于读者需求的变化，自第201分册起，仅出版精装本。

6. 2007年制修订国家标准1 410项，全部收入在《中国国家标准汇编》第352～367分册和2007年修订-1～修订-23分册中。

本分册为第354分册，收入国家标准GB 20871～20902的最新版本。

中国标准出版社

2008年6月

目　　录

ICS 31.120
L 47

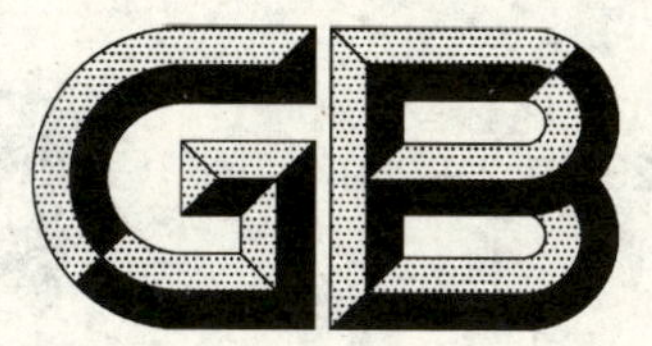

中华人民共和国国家标准

GB/T 20871.2—2007

有机发光二极管显示器 第2部分:术语与文字符号

Organic light emitting diode display—Part 2:Terminology and letter symbols

2007-02-09 发布　　　　2007-09-01 实施

中华人民共和国国家质量监督检验检疫总局
中国国家标准化管理委员会　发布

前言

GB/T 20871《有机发光二极管显示器》的预计结构如下：

——第1部分：总规范；

——第2部分：术语与文字符号；

——第3部分：光学和光电参数测试方法；

——第4部分：图像质量参数测试方法；

——第5部分：环境，耐久性和机械试验方法。

本部分是GB/T 20871的第2部分。

本部分的附录A和附录B是资料性附录。

本部分由中华人民共和国信息产业部提出。

本部分由信息产业部(电子)归口。

本部分起草单位：清华大学、北京维信诺科技公司。

本部分主要起草人：王立铎、董桂芳、应根裕。

有机发光二极管显示器
第2部分:术语与文字符号

1 范围

本部分给出了有机发光二极管显示器优先采用的术语、定义和文字符号。

2 术语和定义

下列术语和定义适用于本部分。

2.1 基本术语

2.1.1

有源矩阵驱动 active matrix (addressed) driving

每个像素或每个点至少具有一个开关元件(例如二极管或晶体管)的矩阵驱动方法。

2.1.2

寻址方法 addressing method

驱动时选择每个像素或每个点的方法。

注:这是无源矩阵寻址、有源矩阵寻址、可编程电流驱动、可编程电压驱动、静态驱动和多路驱动的统称。

2.1.3

字符显示器 alphanumeric display

能够显示有限组字符(至少包括字母和数字)的显示器。

2.1.4

分区多色显示器 area-colour display;zone-colour display

显示屏分几个区域,每个区域显示彼此不同颜色的显示器。

2.1.5

底部发射 bottom emission

经过有机电致发光层基板发光的方法。

2.1.6

底部发射显示器 bottom emission display

采用底部发射结构的显示器。

2.1.7

恒流驱动 constant-current drive

用恒流激励每一像素或每一点的驱动方法。

2.1.8

恒压驱动 constant-voltage drive

用恒压激励每一像素或每一点的驱动方法。

2.1.9

亮背景显示 display with a bright background

在亮背景上显示暗的图像。

2.1.10

暗背景显示 display with a dark background

在暗背景上显示亮的图像。

2.1.11

掺杂方法　doping method

添加少量掺杂剂到主体材料中，改善器件的特性或改变光发射颜色的方法。

2.1.12

点　dot

能够被分别驱动的最小显示单元。

2.1.13

驱动方法　driving method

激励每一像素或每一点的各种方法的统称。

2.1.14

双向发射显示器　dual emission display

当阴极和阳极是透明或半透明时，从有机电致发光层基板的两面(顶面和底面)发光的显示器。

2.1.15

发光显示　emissive display

像素或点由发光物质做成的显示方法。

2.1.16

薄膜显示器　film display

基板由膜制成的有机电致发光显示器。

注：主要由聚合物制成基板。

2.1.17

柔性显示器　flexible display

可弯曲的有机电致发光显示器。

2.1.18

全色显示器　full-colour display

至少能产生26万不同颜色和具有三个基色色域(包括白色区域)的显示器。

2.1.19

矩阵显示器　matrix display

由规则分布的排列成行和列的像素组成的显示器。

2.1.20

小分子有机电致发光显示　molecular organic electroluminescent display

电致发光物质为有机小分子的电致发光显示。

2.1.21

小分子有机发光二极管显示器　molecular organic light emitting diode display

电致发光物质为有机小分子发光二极管的显示器。

2.1.22

单色显示器　monochromatic display

只能显示单色图像和字符的显示器。

2.1.23

多色显示器　multi-colour display

每个像素至少能显示两种不同颜色的显示器。

2.1.24

多路驱动　multiplex driving

每条数据线依次地被寻址至少多于两个点的一种时分驱动方法。

2.1.25

有机电致发光　organic electroluminescence

OEL(缩写词);OEL(abbreviation)

注入电流使有机材料产生光发射。

2.1.26

有机电致发光显示　organic electroluminescent display

OELD(缩写词);OELD(abbreviation)

利用有机电致发光实现视觉信息的显示。

2.1.27

有机发光二极管　organic light emitting diode

OLED(缩写词);OLED(abbreviation)

采用具有二极管性质的有机材料制成的发光器件。

2.1.28

有机发光二极管显示　organic light emitting diode display

OLED display(缩写词);OLED display(abbreviation)

利用有机发光二极管实现视觉信息的显示。

2.1.29

有机发光二极管显示器件　organic light emitting diode display device

有机发光二极管显示屏和有机发光二极管显示模块的统称。

2.1.30

有机发光二极管显示模块　organic light emitting diode display module

配有驱动电路的有机发光二极管显示屏。

2.1.31

有机发光二极管显示屏　organic light emitting diode (display) panel

利用有机发光二极管实现显示的显示屏。

2.1.32

无源矩阵驱动　passive matrix driving

将信号直接加在寻址线和数据线上使每个像素或点被寻址的矩阵显示方法。

2.1.33

聚合物电致发光显示　polymer electroluminescent display

利用聚合物电致发光实现视觉信息的显示。

2.1.34

聚合物发光二极管　polymer light emitting diode

利用聚合物材料制成的发光二极管。

2.1.35

聚合物发光二极管显示　polymer light emitting diode display

利用聚合物发光二极管实现视觉信息的显示。

2.1.36

段式显示器　segment display

只显示由段式电极构成的字母字符和(或)固定图案的显示器。

2.1.37

标准环境条件　standard atmospheric condition

用于试验和测量的标准环境条件。

注：标准参照环境、标准仲裁环境以及用于测量和试验的标准条件的统称。

2.1.38

标准光源　standard light source

用于标准光学测量和色度计量的光源。

注：按国际照明协会规定的 A、D50 和 D65 光源。

2.1.39

标准参照环境　standard reference atmosphere

为规范各种条件下测量的数据的参照环境条件。

2.1.40

标准试验条件　standard test condition

用于试验和测量的全部环境条件。

2.1.41

静态驱动　static driving

每一像素或点被同时不变地寻址的驱动方法。

2.1.42

顶部发射　top emission

经过有机电致发光层衬底对面发光的方法。

2.1.43

顶部发射显示器　top emission display

采用顶发射结构的显示器。

2.1.44

透射显示器　transmissive display

至少一部分显示区域是透明的电致发光显示器。

2.1.45

透明显示器　transparent display

显示区域是透明的电致发光显示器。

2.2　与物理性质相关的术语

2.2.1

荷电载流子密度　charged carrier density

材料中主要由电子和空穴构成的可移动荷电粒子的密度。

注：单位是 cm^{-3}。

2.2.2

电导率　conductivity

在外加电场作用下，材料传导电流的能力。

注：表示成 S/m 或电阻率的倒数。

2.2.3

相关色温　correlated colour temperature

如果某光源光谱色坐标与某温度下的普朗克辐射体的辐射光谱色坐标相同，则该温度为该光源的相关色温。

注：单位为开尔文(K)。

2.2.4

晶化温度　crystallization temperature

当材料从液态、熔融态或溶液形式冷却转变为晶体时的温度。

注：对于非晶态材料，是指材料部分或全部晶化的温度。

2.2.5

电致发光光谱　electroluminescence spectrum

从电极注入的电子和空穴复合时激发的光强随波长的分布。

2.2.6

电子亲和势 electron affinity

真空能级和导带底之间的能量差。

注：单位为电子伏(eV)。

2.2.7

能级　energy level

原子或分子的分裂能态。

2.2.8

外量子效率　external quantum efficiency

从有机发光二极管发射出来的光子数与注入电荷数的比值。

注：外量子效率可以表示成为内量子效率与光逸出效率的乘积。

2.2.9

荧光产额　fluorescence yield

荧光效率　fluorescence efficiency

荧光光子数与在材料中被吸收光子数之比。

2.2.10

荧光　fluorescence

从有机材料受激单线态发出的光发射。

2.2.11

玻璃化温度　glass transition temperature

材料速冷时从熔融态经过过冷态变成玻璃态的温度。

注：在温度附近体积、热容量、热膨胀系数和杨氏模量变化迅速，若未特别指出，玻璃化温度是此温度范围中的最小值。

2.2.12

最高占有分子轨道　highest occupied molecular orbitals

HOMO(缩写词)；**HOMO**(abbreviation)

分子轨道中被电子占有的最高能级。

2.2.13

注入势垒　injection barrier

载流子向有机层和有机层之间界面或有机层和电极之间界面注入时的势垒能隙。

2.2.14

内量子效率　internal quantum efficiency

从电极注入电荷转化的光子数与注入电荷数之比。

注：内量子效率是电子和空穴的复合几率、通过载流子复合产生激子的效率和从激子产生光子的效率三者的乘积。

2.2.15

电离电位　ionization potential

将一个电子从一个原子或分子移开足够远，使电子与离子间不再有静电相互作用所需要的最小能量。

注：单位是 eV。

2.2.16

最低非占有分子轨道　lowest unoccupied molecular orbitals

LUMO(缩写词);**LUMO**(abbreviation)

分子轨道中最低未被电子占有的能级。

2.2.17

材料纯度　material purity

指定物质在产品中所占的百分比。

2.2.18

熔点　melting point

在一定气压下固态材料在液态和固态间保持平衡的温度。

注:通常气压为 1 013 kPa。

2.2.19

迁移率　mobility

荷电粒子漂移速度和电场的比。

注:单位为 cm^2/Vs。

2.2.20

光轴　optical axis

用作偏光片和相移器的光学器件的光学各向异性的方向。

2.2.21

磷光产额　phosphorescence yield

磷光效率　phosphorescence efficiency

磷光光子数与材料吸收的光子数之比。

2.2.22

磷光　phosphorescence

从材料的受激三线态发出的光。

2.2.23

光致发光光谱　photoluminescence spectrum

被选定波长光激发的材料所发射的光强度随波长或能量的分布。

2.2.24

偏光轴　polarization axis

通过偏光片后线偏振光中电场矢量的方向。

2.2.25

量子效率　quantum efficiency

量子产额　quantum yield

在光发射或电致发光过程中,被入射光所激发的光电子数或光子数与材料所吸收光子数之比。

2.2.26

电阻率　resistivity

电导率的倒数。

注:单位为 Ω·m。

2.2.27

方块电阻　square resistance

层电阻　sheet resistance

平行于正方形导电膜表面的电阻。

注:定义为 $R_s=\rho/d$,其中 ρ 是电阻率,d 是厚度。

2.2.28

表面粗糙度　surface roughness

表面或界面的粗糙程度。

2.2.29

功函数　work function

将一个电子从材料的费米能级移到真空能级所需要的最小能量。

注：单位为电子伏(eV)。

2.3　与结构单元相关的术语

2.3.1

非晶硅　amorphous silicon

原子结构为短程有序长程无序，不具备明显结晶结构的固态硅，其电子迁移率比多晶硅低得多。

2.3.2

阳极　anode

向有机发光二极管显示屏提供空穴的电极。

2.3.3

阳极隔离柱　anode separator

在无源矩阵有机发光二极管显示屏中将相邻阳极彼此电隔离的柱。

2.3.4

堤槽　bank

围绕着每个点制造的突起部分。

注：用以阻止被覆盖的溶液溢出。

2.3.5

黑矩阵　black matrix

为了提高显示的对比度，在发光像素四周，将不希望让光通过的部分遮住的膜状结构。

2.3.6

缓冲层　buffer layer

为了改善电流注入性能，插在电极与有机层之间的层。

2.3.7

阴极　cathode

向有机发光二极管显示屏提供电子的电极。

2.3.8

阴极隔离柱　cathode separator

在无源矩阵有机发光二极管显示屏中，将相邻阴极彼此电隔离的柱。

2.3.9

圆偏光片　circular polarizer

由线偏光片和1/4波长偏光片组成的光学元件，它将入射自然光转变为圆偏振光。

2.3.10

色转变介质　colour changing medium

含有荧光染料的介质，它在吸收有机电致发光的发射能量后，能发射比前者波长更长的光。

2.3.11

滤色膜　colour filter

能选择性地通过一定波长光谱范围的滤光片。

注：一般在利用白光有机发光二极管作彩色显示时，用作三基色(红、绿、蓝)滤色膜或作为互补色彩色显示的滤色膜。

2.3.12

公共电极　common electrode

(1) 在段式显示器中面对着段电极的电极。

(2) 在无源矩阵显示中的扫描电极。

(3) 在薄膜晶体管型有源矩阵显示中，和配有晶体管的像素电极相配对的电极，后者对所有像素是公共的。

2.3.13

数据电极　data electrode

在多路显示中，和扫描信号同步的加有数据信号电压或电流的电极。

2.3.14

掺杂剂　dopant

为了改善性能，例如为了提高发光效率、转变为长波长发光和减小电阻等，掺入到主体材料中的少量添加物。

2.3.15

点电极　dot electrode

与有源矩阵中每个像素或点相连的独立电极，采用开关器件，例如薄膜晶体管(TFT)，可以从信号电极独立供电，并且可以将它们从信号电极分开。

2.3.16

漏电极　drain electrode

在 TFT 有源矩阵显示器中与晶体管漏极相连的电极。

2.3.17

驱动器　driver

驱动一块有机电致发光屏的电路或集成电路。

注：在矩阵显示中，有两类驱动器：扫描电极(行电极)驱动器和信号电极(列电极)驱动器。

2.3.18

电子阻挡层　electron blocking layer

在多层结构有机发光二极管中，能阻挡电子流的有机层，通常使用具有比电子传输层亲和势更小的有机材料。

2.3.19

电子注入层　electron injection layer

在有机发光二极管中为使电子从电极有效地注入有机层，插在阴极与电子传输层之间的有机层。

2.3.20

电子传输层　electron transport layer

在有机发光二极管中，能使从阴极入的电子有效地传输进入发光层的有机层。

2.3.21

封装　encapsulation

将有机层和金属层与大气隔离的一种保护性结构。

2.3.22

封装盒　encapsulation can

封装用的盒。

2.3.23

封装玻璃　encapsulation glass

封装所用的玻璃。

2.3.24

激子阻挡层　exciton blocking layer

具有宽带隙,能阻挡激子扩散的有机层,通常与一个发光二极管器件相结合,可以将三线态激子限制在发光层中。

2.3.25

栅极　gate electrode

在 TFT 有源矩阵显示器中,与晶体管控制端相连接的电极。

2.3.26

吸气剂　getter

利用化学吸附真空中各类表面放出的气体,而使真空得以维持的材料。

2.3.27

空穴阻挡层　hole blocking layer

阻挡空穴传输的层。

2.3.28

空穴注入层　hole injection layer

在有机发光二极管中,为使从阳极注入的空穴有效地进入有机层而在阳极和空穴传输层之间插入的有机层。

2.3.29

空穴传输层　hole transport layer

在有机发光二极管中,使从阳极注入的空穴有效地传输进入发光层的层。

2.3.30

主体材料　host material

可用添加掺杂剂改善有机发光二极管性能的材料。

2.3.31

绝缘层　insulating layer

制作在阴极隔离柱之下,用于防止阳极和阴极间短路的绝缘体。

2.3.32

发光层　light emitting layer

由于电子和空穴复合而发光的层。

2.3.33

低温多晶硅　low temperature polysilicon

在低于 450℃下制成的多晶硅。

2.3.34

微透镜[阵列]　microlens (array)

为了提高发射光的耦合输出效率,与像素紧贴的光学透镜。

2.3.35

小分子材料　molecular material

用于制造有机发光二极管的有机材料,通常是指分子量小于 2 000 的有机材料。

注:在多层结构中,不同的分子材料用作载流子注入层、载流子传输层和发光层。

2.3.36

多层结构　multi layer structure

为了改善发射效率,具有多层有机层的有机发光二极管结构。

注:每层都具有一种功能,如电子传输层、发射层和空穴传输层。

2.3.37

OLED 控制器　OLED controller

提供定时信号等信号控制电压，使集成（ICs）驱动电路运行的电气器件。

注：它可以对显示信号进行处理，例如作模/数（A/D）和（或）数/模（D/A）变换，也可以控制其他集成电路，被称作控制 IC 的 IC。

2.3.38

屏的基板　panel substrate

通常是由透明的玻璃或塑料制成，上面布有电极，引线和有机发光二极管的有机层。

2.3.39

钝化层　passivation layer

形成在有机发光层或电极上的，保护发光层和电极不受湿气和（或）氧气侵蚀的层。

2.3.40

偏振片　polarizer

能有选择性地通过特种偏振光的光学薄膜。

2.3.41

聚合物材料　polymer material

用于制造有机发光二极管的有机材料，通常指分子量大于 2 000 的有机材料。

注：不同的聚合物材料可用于制作多层结构中的载流子注入层，载流子传输层和发光层。

2.3.42

保护层　protection layer

同 2.3.39。

2.3.43

保护膜　protection sheet

在制造和（或）运输有机发光二极管显示器的过程中，保护显示屏不受机械损伤的塑料膜。

2.3.44

延迟膜　retardation film

具有单个或双个光轴的光学各向异性聚合物薄膜。

2.3.45

扫描电极　scanning electrode

在矩阵显示器中加有扫描信号电压的电极。

2.3.46

密封　seal

气密性封装。

2.3.47

密封胶　sealant

封装用的粘合剂。

2.3.48

段电极　segment electrode

（1）在段式显示器中形成一部分字符和（或）固定图案的电极。

（2）在无源矩阵显示器中的数字或信号电极。

2.3.49

单层结构　single layer structure

只有一层有机层的有机发光二极管结构。

注：该单层具有如电子传输、发光和空穴传输的全部功能。

2.3.50

源电极 source electrode

在 TFT 有源矩阵显示器中和晶体管源端相连接的电极。

2.3.51

存储电容 storage capacitor

在有源矩阵显示器中维持每个像素信号电压的电容器。

2.3.52

基板 substrate

通常由透明的玻璃或塑料制成,可在其上制作有机发光二极管显示器。

2.3.53

薄膜二极管 thin film diode

TFD(缩写词);**TFD**(abbreviation)

在基板上用薄膜制作成的二极管。

2.3.54

薄膜晶体管 thin film transistor

TFT(缩写词);**TFT**(abbreviation)

在基板上用薄膜制作成的晶体管。

2.3.55

透明导电层 transparent conductive layer

透明电极 transparent electrode

既具有导电性,又能透过可见光的层或电极。

注:典型材料是氧化铟锡(ITO)。

2.4 关于性能和规格的术语

2.4.1

加速老化系数 acceleration coefficient

OLED 在加速寿命试验中,将某一工作参数加严,其值与实际使用中该参数值之比。

2.4.2

加速老化试验 acceleration test

在更加严酷环境下,在大为减少的时间内进行估算实际工作寿命的实验。

2.4.3

有效面积 active area

有机发光二极管显示器上具有显示功能的面积。

2.4.4

寻址能力 addressability

在水平和垂直方向上亮度能独立变化的像素数。

注:通常表示成水平像素数×垂直像素数。

2.4.5

图像残留 afterimage

在显示器关闭后一小段时间内仍显示先前图像的现象。

2.4.6

抗眩[处理] anti-glare (treatment)

使平面显示屏表面粗糙化,以增加对入射光漫反射的一种处理。

2.4.7

抗眩比　anti-glare ratio

用于评价对有机发光二极管显示屏作抗眩处理后抗眩效果的一个指数。

注：定义为可见辐射漫射率与可见辐射反射率之比。用积分球反射率测量法进行测量。

2.4.8

抗反射　anti-reflection

对表面进行的一种处理，是指在表面上覆盖多层具有不同折射率的膜以消除从界面处光的镜面反射。

注：为获得良好效果，一般需镀覆三层以上的膜。

2.4.9

开口率　aperture ratio

发光的像素面积与像素总几何面积之比。

2.4.10

宽高比　aspect ratio

显示屏的宽度与显示屏的高度之比，例如4∶3或16∶9。

2.4.11

仪表前盖开口面积　bezel opening area

在有机发光二极管显示器中，被仪表前盖所围着的全部显示面积。

2.4.12

亮缺陷　bright failure

比规定的显示亮度更亮的缺陷点。

2.4.13

亮斑　bright spot

比规定显示亮度更亮的局部区域。

2.4.14

起泡　bubble

由空腔引起的气泡状缺陷，发生在保护膜的受光面上、偏振片上、密封材料中等，或在上述层之间。

2.4.15

色度　chromaticity

由国际照明协会(CIE)规定的用光源或目标物的色调和饱和度决定的光的度量。

注：一般表示成 XYZ 彩色显示系统中的色度坐标 x，y，z。

2.4.16

色度不均匀性　chrominance non-uniformity

显示屏上一部分和另一部分亮度和颜色不同的现象。

注：彩色不均匀性专指色度的差别。

2.4.17

时钟频率　clock frequency

脉冲频率　pulse frequency

指示时间的规则脉冲的频率，用于对驱动电路和接口电路提供时间标准。

2.4.18

邻近点缺陷　close dot failure

彼此间的距离在规定值之内的一种点缺陷。

2.4.19

色彩重现度　colour reproduction range

有机发光二极管屏在显示彩色图像时，能再现颜色的范围。

注：特别是指由 R、G、B 色坐标(x_r, y_r)，(x_g, y_g)和(x_b, y_b)所构成三角形的面积。

2.4.20

对比度　contrast ratio

开通态电压下亮度和关闭态电压下亮度之比。

注：若无特殊说明，为暗室情况下。

2.4.21

耦合输出效率　coupling-out efficiency

从显示屏上输出的流明流与发光层发出的流明流之比。

2.4.22

交叉效应　cross-talk

在矩阵显示器中，一块面积的显示会使另一部分显示面积发生不应有的亮度变化的现象。

2.4.23

电流调制　current modulation

按照输入信号的灰度级别，在保持脉宽不变情况下，变化电流从而实现灰度级别显示的一种形式。

2.4.24

暗缺陷　dark failure

比规定显示亮度低或不发光的点缺陷。

2.4.25

暗斑　dark spot

在发光区域中局部不发光的面积。

2.4.26

延迟时间　delay time

当显示器从关态变成开态，或反之时，亮度变化达到最大可能亮度变化范围10%所需的时间间隔。

2.4.27

对角线大小　diagonal size

显示面积对角线的长度。

2.4.28

漫反射　diffuse reflectancl

从整个显示器前半球反射的光通量与入射光通量之比。

2.4.29

点缺陷　dot failure

亮缺陷、暗缺陷等的统称。

2.4.30

点节距　dot pitch

相邻点间距。

2.4.31

点尺寸　dot size

一个点的垂直和水平尺寸。

2.4.32

驱动电压　driving voltage

驱动有机发光二极管显示器的电压。

2.4.33

灰尘　dust

专指在基板、有机层、电极、保护膜、密封胶等之中和它们之间的微小颗粒。

2.4.34

占空比　duty ratio

在诸如无源矩阵显示器中，在一帧时间内扫描电极被寻址的时间所占的比率。

2.4.35

下降时间　fall time

将有机发光二极管显示器的驱动电压从开态变为关态后，亮度从 90%变到 10%的时间间隔。

2.4.36

柔性　flexibility

在外应力作用下可弯曲的程度。

2.4.37

闪烁　flicker

非希望的但是可觉察到的亮度周期性起伏。

2.4.38

外部颗粒　foreign particle

同 2.4.33。

2.4.39

外部物质　foreign material

同 2.4.33。

2.4.40

帧频　frame frequency

每秒中可寻址的图像帧数。

2.4.41

帧频频率控制　frame rate control

利用人类视觉的时间积分效应，实现灰度显示的一种方法。

注：不同帧中的不同光学强度由于时间积分产生一定的灰度级别视觉。

2.4.42

灰度　grey scale

在单色和彩色显示器中，在最大亮度和最小亮度之间的中间亮度的级数。

注：实现灰度等级显示的方法有电流调制、帧率控制、脉宽调制。

2.4.43

灰度梯度　grey shade

同 2.4.42。

2.4.44

半亮度寿命　half luminance lifetime

在工作中亮度减少到初始值 50%的持续时间。

2.4.45

残像　image persistence

由于长时间显示静止图像,引起的图像灼伤或永久性残留图像的统称。

注:这种残留图像即使经过长时间,也不会消失。

2.4.46

余像　image retention

显示转换之后,先前的显示图像仍保持一段短时间的现象。

注:这种残留图像经过几分钟后会消失。

2.4.47

图像粘滞　image sticking

同2.4.45。

2.4.48

线缺陷　line failure

多个点缺陷连成一条线的显示器缺陷。

2.4.49

逐行扫描　line-at-a-time scanning

逐行选择扫描线并且同步地将信号加到信号电极上的时分驱动方式。

2.4.50

结点链缺陷　linked dot failure

连接起来的点缺陷。

2.4.51

逻辑电压　logic voltage

在有机发光二极管显示模块中使逻辑电路正常工作的电压。

2.4.52

亮度 luminance

CIE 三个激励分量中 Y 的定量计量。

注:单位为 cd/m^2。

2.4.53

亮度寿命　luminance lifetime

在工作期间,亮度减少到初始亮度某一百分比所经过的时间。

2.4.54

亮度不均匀性　luminance nonuniformity

有机发光二极管显示屏的不同区域产生的亮度的不均匀性。

注:表示成$[(L_{max}-L_{min})/L_{max}]100\%$,式中 L_{max} 与 L_{min} 分别是采样点处的最大与最小亮度。

2.4.55

亮度均匀性　luminance uniformity

有机发光二极管显示屏的不同区域产生的亮度的均匀性。

注:表示成$(L_{min}/L_{max})100\%$,式中 L_{max} 与 L_{min} 分别是采样点处的最大与最小亮度。

2.4.56

电流发光效率　luminous current efficiency

亮度(前端亮度)与所注入的电流密度之比。

注:单位为 cd/A。

2.4.57

亮度效率校正　luminous efficiency correction

在光学测量中将辐射功率相对于波长的依赖关系用人眼视觉曲线进行调整。

2.4.58

流明效力　luminous efficacy

从显示器前表面(对于透明显示器则为背表面)发出的总流明数与所施加的电功率之比。

注：单位为 lm/W。

2.4.59

流明功率效率　luminous power efficiency

从显示器的前表面(对于透明显示器则为背表面)发出的全部可见光辐射功率与所施加的功率之比。

注：单位为百分率(%)(经常与流明效力相混淆)。

2.4.60

最大亮度　maximum luminance

能够显示的最大亮度值。

2.4.61

斑点缺陷　mura

屏上各部分亮度和(或)色度不同的统称。

2.4.62

颜色数　number of colours

一种模块能显示的颜色的数目。

注：若像素由红、绿、蓝点子像素组成，则颜色数是红、绿、蓝点每种颜色能显示度等级数的连乘。

2.4.63

灰度等级数　number of grey scale levels

在有机发光二极管显示屏上输入的驱动信号电平的最大量化级数。

2.4.64

像素数　number of pixels

在有效显示面积内能被显示的像素的数目。

2.4.65

工作寿命　operating lifetime

一种器件能正常地执行其功能的持续时间。

2.4.66

工作温度[范围]　operating temperature (range)

能保证显示器运行具有规定参数的温度范围。

2.4.67

最佳视距　optimum viewing distance

从人体工程学角度观看有机发光二极管显示屏上图像的最佳距离。

2.4.68

针孔　pinhole

在有机电致发光膜、电极膜、保护膜等上的小空洞。

2.4.69

像素　pixel

在矩阵显示器中，能完成必需显示功能的最小显示单元。

注：例如，在基于 RGB 垂直条的彩色显示中，三个相邻 RGB 点组成一个像素。

2.4.70

像素节距　pixel pitch

相邻像素的间距。

注：像素节距示例见附录A。

2.4.71

逐点扫描　point-at-a-time scanning

一种时分驱动，扫描系统逐点地选择像素点。

2.4.72

功率消耗　power consumption

有机发光二极管显示器在工作中所消耗的电功率。

2.4.73

预充电　pre charge

预先将有机发光二极管充电的一种工作方式。

2.4.74

脉宽调制　pulse width modulation

按照输入信号的灰度级别，不改变脉冲幅度而改变脉宽的灰度显示方式。

2.4.75

复合效率　recombination efficiency

在发光层中注入电子和空穴的复合率。

2.4.76

色域的再现性　reproducible colour gamut

同2.4.19。

2.4.77

分辨率　resolution

显示相邻而仍可区分物点的能力。

注：常常与寻址能力相混淆。

2.4.78

响应时间　response time

开通时间和关闭时间的统称。

2.4.79

上升时间　rise time

当加在有机发光二极管显示器上的信号驱动电压从关态转变为开态后，亮度从10%变到90%的时间间隔。

2.4.80

划痕　scratch

在玻璃基板、密封板等上擦伤所形成的缺陷。

2.4.81

储存寿命　shelf lifetime

经过一定时间储存后，一种器件还能正常工作的储存时间。

2.4.82

镜面反射　specular reflectance

镜面反射率　specular reflection ratio

从有机发光二极管显示屏表面沿与入射光入射角相等且方向相反的反射光光强与入射光光强

之比。

2.4.83

瑕疵 stain

面积大于一个像素并边界不清晰的显示缺陷。

2.4.84

标准白板 standard white plate

在反射测量中被用作参照物的几乎完全漫反射的板。

注：典型的组成是经过烧结的金属氧化物，例如，MgO、BaS 和 Al_2O_3。

2.4.85

储存温度[范围] storage temperature (range)

显示屏或模块在不工作情况下可储存的温度范围。

2.4.86

子场调制 subfield modulation

使被选像素点产生一定亮度的场周期的一部分。

2.4.87

子帧调制 subframe modulation

控制具有不同周期的多子场实现灰度显示的一种方式。

注：特别是由多子帧组成一帧的驱动系统，每个子帧周期不同，组合它们的开态和关态，而达到显示灰度。

2.4.88

子像素 subpixel

组成一个像素的各个点。

注：例如，在基于 R.G.B垂直条的彩色显示中，每个 R,G,B 点是一个子像素。

2.4.89

子像素排列 subpixel arrangement

组成一个像素的子像素的排列方式。

2.4.90

供电电流 supply current

为了使有机发光二极管显示模块正常工作，电源应提供的电流。

2.4.91

表面反射率 surface reflection ratio

表面反射系数 surface reflectivity

从有机发光二极管显示屏表面反射总光量与总入射光量之比。

2.4.92

透射率 transmittance

在透射式显示器中，透射光的流明数与入射光的流明数之比。

2.4.93

关闭时间 turn off time

延迟时间和下降时间之和。

2.4.94

开通时间 turn on time

从 OLED 显示器由关闭态变为开启态的瞬间至显示屏上的亮度达到饱和亮度 90%(取可能达到的最小亮度为 0%)时的时间间隙。

注：延迟时间和上升时间之和。

2.4.95

启亮电压 turn on voltage

亮度达到 1 cd/m² 的电压。

2.4.96

阈值电压 threshold voltage

同 2.4.95。

2.4.97

视角范围 viewing angle range

视觉特征参量得到满足的视角范围。

2.4.98

可视区域 viewing area

在有效面积加上延续的显示固定视频信息或作为显示背景的面积。

2.4.99

观看方向 viewing direction

视角 viewing angle

观看有机发光二极管显示屏的方向角度。

注：定义为倾斜角 θ 和平面角 φ(见附录 B)。

2.4.100

视距 viewing distance

从有机发光二极管显示器到观看点的距离。

2.4.101

视觉缺陷 visible failure

在有效显示面积内导致观看内容难于分辨的缺陷统称。

注：例如点缺陷、线缺陷及瑕疵。

2.4.102

电压调制 voltage modulation

按输入信号的灰度级在不改变脉宽情况下，用改变电压实现显示灰度级别的一种方式。

2.4.103

白光色度 white chromaticity

显示白光时的色度。

2.5 与生产过程有关的术语

2.5.1

老炼 ageing

显示屏在规定工作条件下工作一定时间，使其性能稳定的制造过程。

2.5.2

退火 annealing

热处理样品，以改变其材料性质和结构。

2.5.3

喷墨打印 ink jet printing

利用能准确地将小液滴喷射到基板上和不受温度变化影响的压电型喷墨头，实现发光聚合物 R，G，B 像素图案的一种方法。

2.5.4

激光诱导热成像工艺 laser induced thermal imaging process

用激光加热施主基板，将材料从一种施主基板转移到另一种基板上的材料移植过程。

2.5.5

聚合物混合　polymer blend

两种或多种聚合物的混合。

2.5.6

聚合物墨水　polymer ink

将一种聚合物或聚合物组合溶解在一定溶剂中形成的溶液。

2.5.7

蒸镀掩膜　shadow mask

使蒸镀材料有选择地沉积在衬底上的掩膜。

注：在全色显示中，三基色(R,G,B)是通过掩模蒸发的，以防止蒸气沉积到不该去的地方。

2.5.8

掩模对位　shadow mask alignment

在光刻或有机材料真空蒸发过程中，将掩模对准在一个确定位置上。

2.5.9

旋涂　spin coat

将溶液甩到基板上，旋转衬底使膜干燥并达到一定厚度，是从溶液成膜的一种方法。

2.5.10

升华　sublimation

固态不经过液相直接蒸发汽化的现象。将固体汽化再使之凝固，可将固体提纯。

2.5.11

气相沉积　vapour deposition

成膜方法之一，又分为化学气相沉积和物理气相沉积。

3　符号(计量符号/单位符号)和单位

3.1　分类

分类如下：

——基本术语的符号和单位；

——关于物理性质术语的符号和单位；

——关于结构单元术语的符号和单位；

——关于性能和规格术语的符号和单位。

3.2　符号和单位

3.2.1　基本术语的符号和单位

基本术语的符号和单位见表1。

表1　基本术语的符号和单位

序号	名　　称	符　　号	单　位
1	亮度	L, L_v	cd/m²
2	照度	E, E_v	lx
3	流明效率	$K(\lambda)$	lm/W
4	1931 CIE 色度坐标	x, y, z	
5	1976 CIE UCS 色度坐标	u', v'	

3.2.2　关于物理性质术语的符号和单位

关于物理性质术语的符号和单位见表2。

表 2 关于物理性质术语的符号和单位

序号	名称	符号	单位
1	方块电阻	R_s	Ω/□
2	内量子效率	η_{int}	
3	外量子效率	η_{ext}	
4	玻璃化温度	T_g	℃
5	晶化温度	T_c	℃

3.2.3 关于结构单元术语的符号和单位

关于结构单元术语的符号和单位见表 3。

表 3 关于结构单元术语的符号和单位

序号	名称	符号	单位
1	存储电容	C_s	F

3.2.4 关于性能和规格术语的符号和单位

关于性能和规格术语的符号和单位见表 4。

表 4 关于性能和规格术语的符号和单位

序号	名称	符号	单位
1	电流发光效率	η_c	cd/A
2	流明效力	η	lm/W
3	流明功率效率	η_p	
4	复合效率	γ	
5	延迟时间	t_d	s
6	上升时间	t_r	s
7	下降时间	t_f	s
8	开通时间	t_{on}	s
9	关闭时间	t_{off}	s
10	启亮电压 阈值电压	V_{th}	V
11	对比度	CR	
12	水平视角 垂直视角	θ_H θ_V	° °
13	右视角 左视角	θ_R θ_L	° °
14	上视角 下视角	θ_U θ_D	° °
15	可视方向 倾斜角,方位角	θ φ	° °
16	透射率	T	
17	开口率		
18	帧频	f_{FRM}	Hz
19	时钟频率	f_{CL},f_{CLK}	Hz
20	半亮度寿命		h

附 录 A
（资料性附录）
像 素 节 距

像素节距示例见图 A.1、图 A.2 和图 A.3。

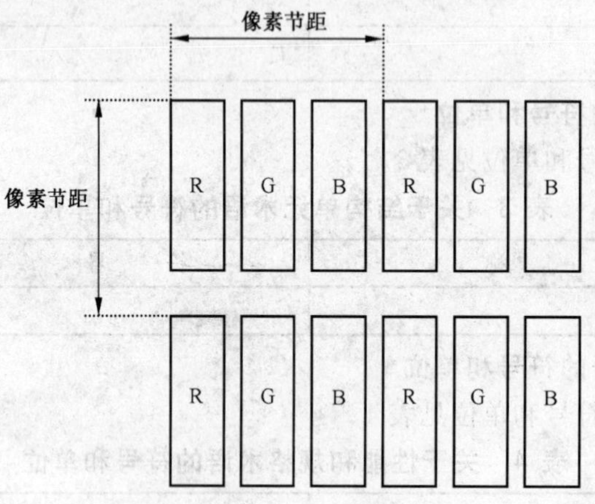

图 A.1 RGB 条状排列

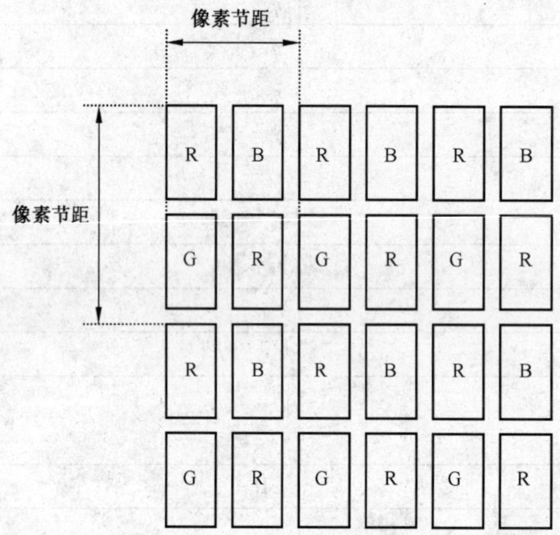

图 A.2 RGB 矩形排列

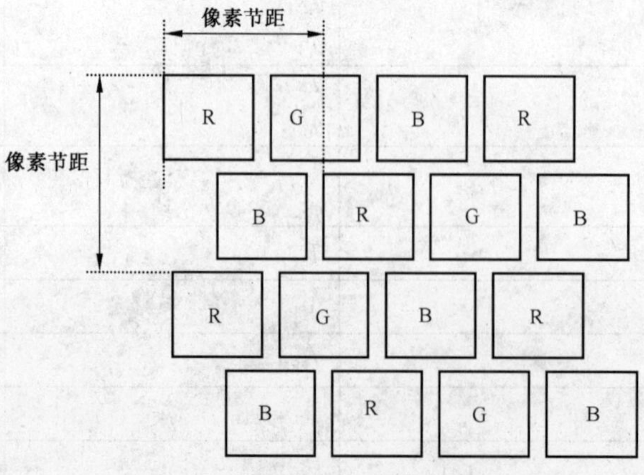

图 A.3 RGB 三角形排列

附　录　B
（资料性附录）
观　看　方　向

观看方向示例见图 B.1。

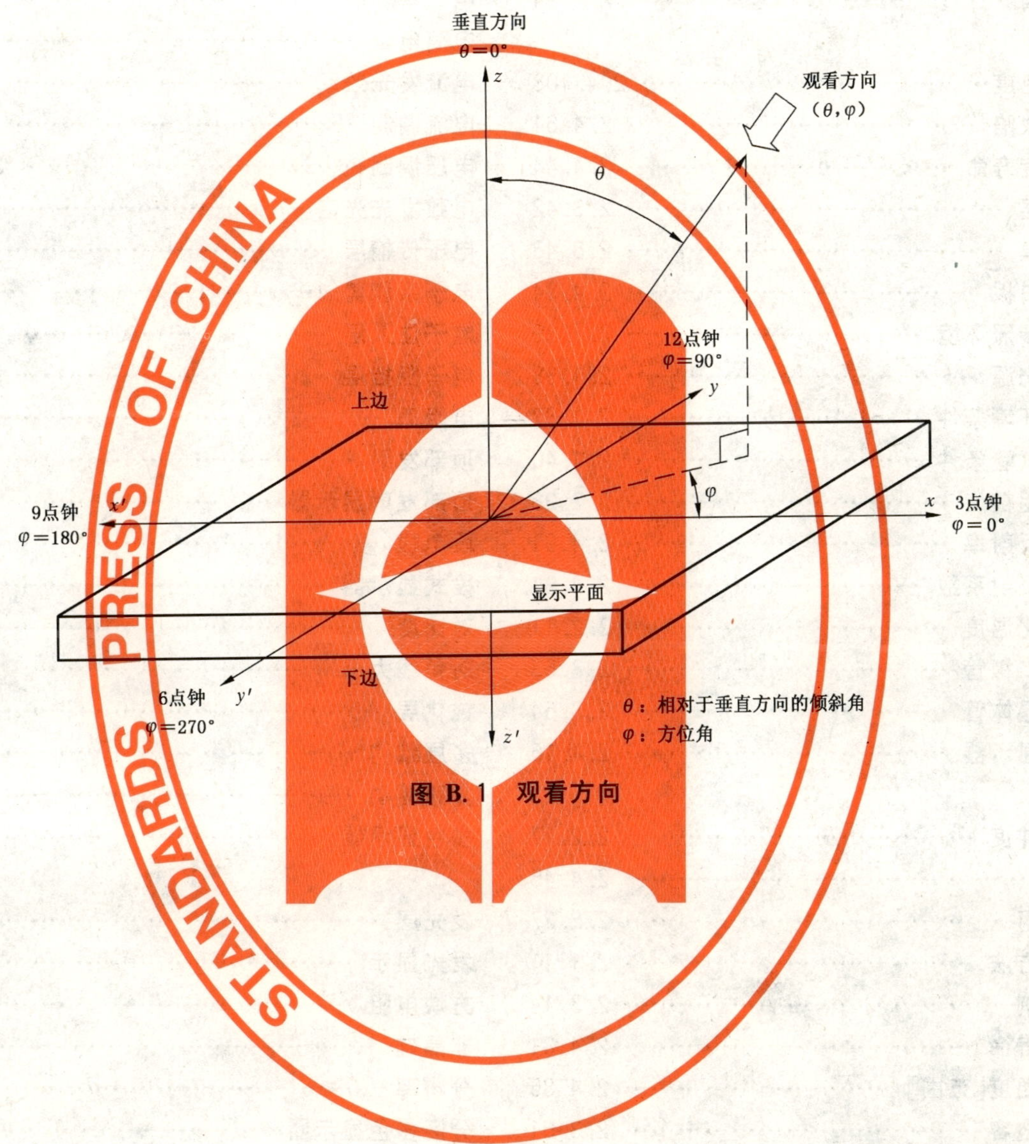

图 B.1　观看方向

中文索引

英 文 索 引

A

B

C

F

G

H

I

P

Q

R

V

W

Z

ICS 29.100.10
L 19

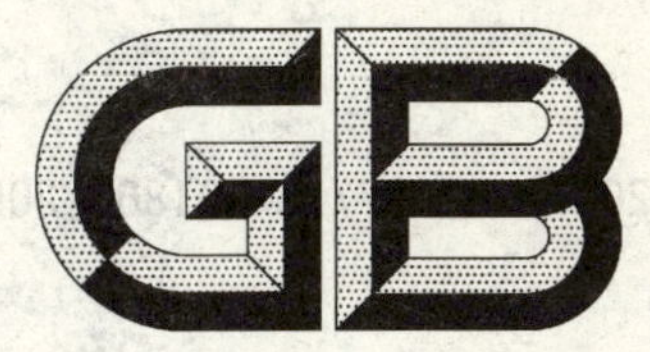

中华人民共和国国家标准

GB/T 20872—2007/IEC 61860:2000

磁性氧化物制成的低矮形磁心的尺寸

Dimensions of low-profile cores made of magnetic oxides

(IEC 61860:2000,IDT)

2007-02-09 发布　　　　2007-09-01 实施

中华人民共和国国家质量监督检验检疫总局
中国国家标准化管理委员会　发布

前　言

本标准等同采用 IEC 61860:2000《磁性氧化物制成的低矮形磁心尺寸》(英文版)。

为便于使用,本标准做了下列编辑性修改:

——本国际标准一词改为本标准;

——删除国际标准的前言;

——按汉语习惯做了编辑性修改,将表中的小数点“,”改为“.”;

——由于标准正文未见引用 ISO 370:1975,因此在规范性引用文件中将其删除;并将 IEC 60205:1966 及其修改单用新版 IEC 60205:2001 代替,其中所涉及的技术内容无变化;

——将 ER 形磁心尺寸中规格为 ER9.5/2.5、ER11/2.5 两组 B 的公差尺寸由 2.375 和 2.525 分别改为 2.38 mm 和 2.52 mm;

——将表 1 中的“*”改为“[a]”、“a”改为“[b]”。

本标准的附录 A 为资料性附录。

本标准由信息产业部(电子)提出并归口。

本标准起草单位:南京金宁电子集团有限公司。

本标准主要起草人:赵光、王耕福、殷金喜、朱晖。

磁性氧化物制成的低矮形磁心的尺寸

1 范围

本标准规定了磁性氧化物制成的低矮形系列磁心在机械互换性方面的主要尺寸和与之相关的磁心的有效参数值的计算。

设计该系列磁心所依据的一般原则在附录A中给出。

2 规范性引用文件

下列文件中的条款通过本标准的引用而成为本标准的条款。凡是注日期的引用文件，其随后所有的修改单(不包括勘误的内容)或修订版均不适用于本标准，然而，鼓励根据本标准达成协议的各方研究是否可使用这些文件的最新版本。凡是不注日期的引用文件，其最新版本适用于本标准。

GB/T 20874—2007 磁性零件有效参数的计算(IEC 60205:2001,IDT)

SJ/T 2744—2002 磁性氧化物制成的RM磁心及其附件的尺寸(IEC 60431:1983 Amd 2:1996,IDT)

SJ/T 10282—1995 电源用磁性氧化物ETD磁心的尺寸(IEC 61185:1992 Amd 1:1995,NEQ)

IEC 61246:1994 磁性氧化物制成的矩形截面E形磁心及其附件的尺寸

3 基本标准

低矮形系列磁心主要尺寸应符合图1和表1的规定。图1中A均表示磁心的长度，以便于不同的磁心形状比较主要机械尺寸。所使用的术语已在相关标准中给出。配对磁心的有效参数及A_{min}值由表2中给出。这些参数的定义见GB/T 20874—2007。

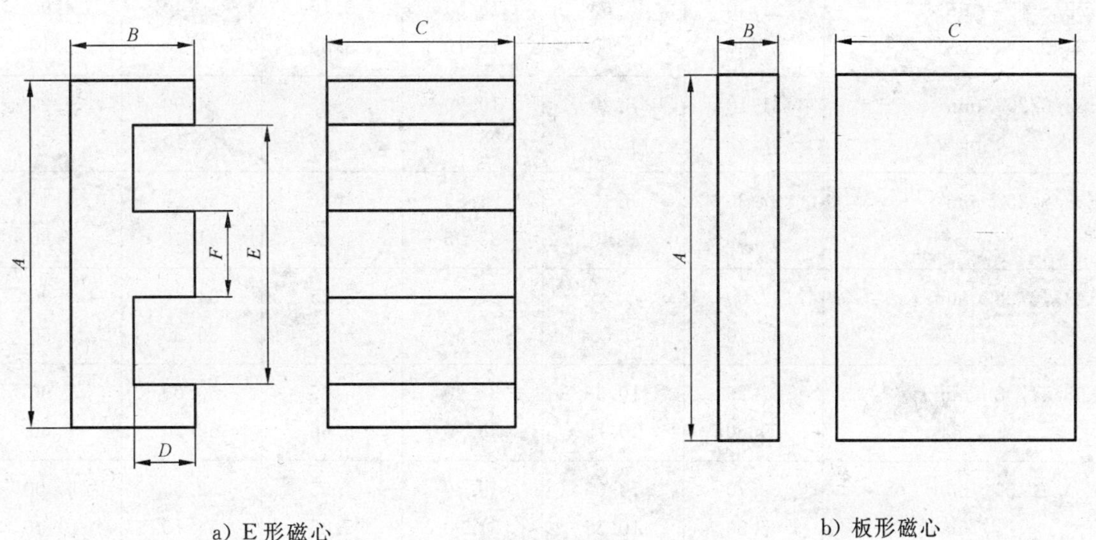

a) E形磁心　　b) 板形磁心

图1 低矮形磁心结构

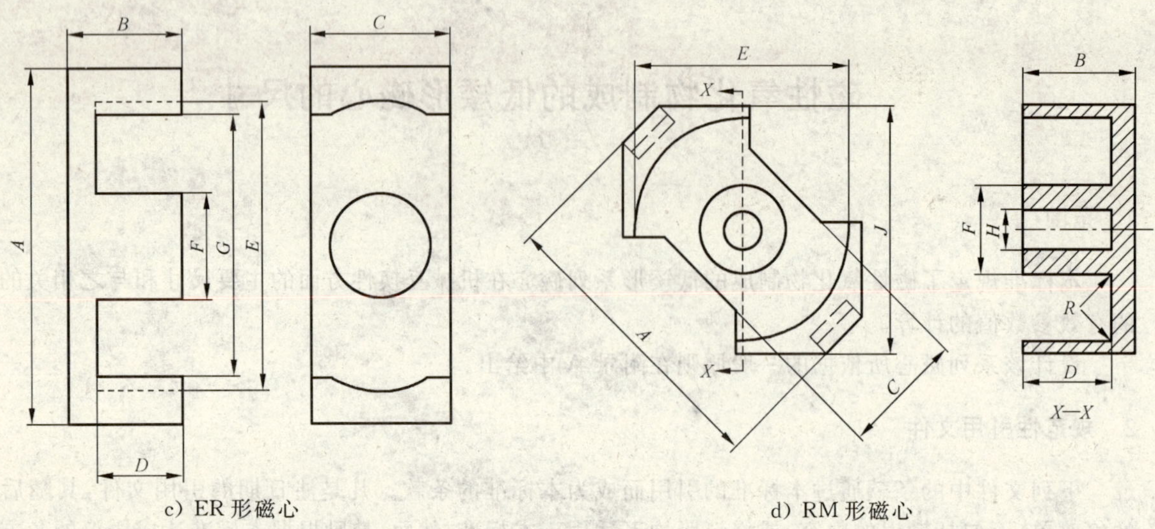

c) ER 形磁心　　　　d) RM 形磁心

图 1（续）

表 1a　低矮形磁心尺寸(E 形磁心规格)

E 形磁心规格		尺寸/mm					
		A (a)[a]	B (h_1)[a]	C (w)[a]	D (h_2)[a]	E (d_1)[a]	F (d_2)[a]
E14/3.5/5	min	13.70	3.40	4.90	1.90	10.75	2.95
	max	14.30	3.60	5.10	2.10	11.25	3.05
E18/4/10	min	17.65	3.90	9.80	1.90	13.70	3.90
	max	18.35	4.10	10.20	2.10	14.30	4.10
E22/6/16	min	21.40	5.60	15.50	3.10	16.40	4.90
	max	22.20	5.80	16.10	3.30	17.20	5.10
E32/6/20	min	31.10	6.20	19.90	2.95	24.90	6.20
	max	32.40	6.50	20.75	3.40	26.10	6.50
E38/8/25	min	37.30	8.10	24.85	4.30	30.20	7.40
	max	38.90	8.40	25.95	4.60	31.40	7.80
E43/10/28	min	42.30	9.35	27.30	5.25	34.70	7.90
	max	44.10	9.65	28.50	5.55	36.30	8.30
E58/11/38	min	57.20	10.35	37.30	6.35	50.00	7.90
	max	59.60	10.75	38.90	6.65	52.20	8.30
E64/10/50	min	62.70	10.05	49.70	4.95	52.50	10.00
	max	65.30	10.35	51.90	5.25	54.70	10.40
E102/20/38	min	100.00	20.10	36.50	12.90	85.00	13.70
	max	104.00	20.50	38.50	13.40	88.60	14.30

[a] 为 IEC 61246:1994 尺寸符号。

表 1b 低矮形磁心尺寸(板形磁心规格)

板形磁心规格		尺寸/mm		
		A	B	C
PLT14/1.5/5	min	13.70	1.40	4.90
	max	14.30	1.60	5.10
PLT18/2/10	min	17.65	1.90	9.80
	max	18.35	2.10	10.20
PLT22/2.5/16	min	21.40	2.40	15.50
	max	22.20	2.60	16.10
PLT32/3/20	min	31.10	3.00	19.90
	max	32.40	3.35	20.75
PLT38/4/25	min	37.30	3.65	24.85
	max	38.90	3.95	25.95
PLT43/4/28	min	42.30	3.95	27.30
	max	44.10	4.25	28.50
PLT58/4/38	min	57.20	3.85	37.30
	max	59.60	4.25	38.90
PLT64/5/50	min	62.70	4.95	49.70
	max	65.30	5.25	51.90

表 1c 低矮形磁心尺寸(ER 形磁心规格)

ER 形磁心规格		尺寸/mm						
		A (a)[a]	B (h_1)[a]	C (b)[a]	D (h_2)[a]	E (d_2)[a]	F (d_3)[a]	G
ER9.5/2.5	min	9.15	2.38	4.80	1.60	7.50	3.25	7.00
	max	9.55	2.52	5.00	1.75	7.75	3.55	7.40
ER11/2.5	min	10.65	2.38	5.80	1.50	8.70	4.00	7.90
	max	11.00	2.52	6.00	1.65	9.00	4.25	8.30
ER14.5/3	min	14.30	2.90	6.60	1.55	11.60	4.60	11.60
	max	14.70	3.00	6.80	1.75	12.00	4.80	12.00

a 为 SJ/T 10282—1995 尺寸符号。

表 1d 低矮形磁心尺寸(RM 形磁心规格)

RM 形磁心规格		尺寸/mm								
		A (q)[a]	B ($h_1/2$)[a]	C	D ($h_2/2$)[a]	E (d_2)[a]	F (d_3)[a]	H (d_4)[a]	J (a)[a]	R (r)[a]
RM4/8	min	10.60	3.80	4.40	2.15	7.95	3.70	2.00	9.40	—
	max	11.80	3.90	4.60	2.35	8.35	3.90	2.10	9.80	0.30
RM5/8	min	14.00	3.80	6.40	1.80	10.20	4.70	2.00	11.80	—
	max	14.90	3.90	6.80	2.00	10.60	4.90	2.10	12.30	0.30
RM6/9	min	17.20	4.40	7.80	2.25	12.40	6.10	3.00	14.10	—
	max	18.30	4.50	8.20	2.45	12.90	6.40	3.10	14.70	0.30

表 1d（续）

RM 形磁心规格		尺寸/mm								
		A (q)[a]	B $(h_1/2)$[a]	C	D $(h_2/2)$[a]	E (d_2)[a]	F (d_3)[a]	H (d_4)[a]	J (a)[a]	R (r)[a]
RM7/10	min	19.50	4.80	6.95	2.35	14.75	6.95	3.00	16.50	—
	max	20.30	4.90	7.25	2.60	15.40	7.25	3.10	17.20	0.30
RM8/11	min	22.30	5.70	10.60	2.45	17.00	8.25	4.40	18.90	—
	max	23.20	5.80	11.00	3.15	17.70	8.55	4.60	19.70	0.30
RM10/13	min	27.20	6.40	13.00	3.35	21.20	10.50	5.40	23.60	—
	max	28.50	6.50	13.50	3.55	22.10	10.90	5.60	24.70	0.30
RM12/17	min	36.10	8.30	15.60	4.50	25.00	12.30	(5.40)[b]	28.70	—
	max	37.40	8.40	16.10	4.75	26.00	12.80	(5.60)[b]	29.80	0.30
RM14/20	min	40.80	10.15	18.40	5.55	29.00	14.40	5.40	33.50	—
	max	42.20	10.25	19.00	5.85	30.20	15.00	5.60	34.70	0.30

[a] 为 SJ/T 2744—2002 尺寸符号。

[b] SJ/T 2744—2002 中无此尺寸。

表 2 有效参数值

磁心规格	C_1/mm^{-1}	C_2/(10^{-3} mm^{-3})	L_e/mm	A_e/mm^2	A_{min}/mm^2	V_e/mm^3
E/E14	1.447 4	101.17	20.70	14.30	13.90	296.00
E/PLT14	1.151 9	79.439	16.70	14.50	13.90	242.00
E/E18	0.617 52	15.704	24.30	39.30	38.90	955.00
E/PLT18	0.513 12	12.981	20.30	39.50	38.90	802.00
E/E22	0.414 44	5.292 4	32.50	78.30	77.90	2 540
E/PLT22	0.331 87	4.227 4	26.10	78.50	77.90	2 050
E/E32	0.317 89	2.440 7	41.40	130.00	128.00	5 390
E/PLT32	0.269 72	2.075 2	35.10	130.00	128.00	4 560
E/E38	0.270 30	1.393 1	52.40	194.00	192.00	10 200
E/PLT38	0.224 67	1.159 1	43.60	194.00	192.00	8 440
E/E43	0.266 59	1.162 3	61.10	229.00	225.00	14 000
E/PLT43	0.219 59	0.957 65	50.40	229.00	225.00	11 500
E/E58	0.260 29	0.839 26	80.70	310.00	308.00	25 000
E/PLT58	0.218 67	0.705 96	67.70	310.00	308.00	21 000
E/E64	0.153 86	0.296 30	79.90	519.00	518.00	41 500
E/PLT64	0.134 28	0.258 71	69.70	519.00	518.00	36 200
E/E102	0.265 84	0.482 89	146.00	550.00	524.00	80 600
E/PLT102	0.220 02	0.402 32	120.00	547.00	524.00	65 800
ER9.5/2.5	1.544 5	175.23	13.60	8.81	7.60	120.00
ER11/2.5	1.138 4	92.125	14.10	12.40	10.30	174.00

表 2（续）

磁心规格	C_1/mm^{-1}	C_2/(10^{-3} mm^{-3})	L_e/mm	A_e/mm^2	A_{min}/mm^2	V_e/mm^3
ER14.5/3	0.993 94	54.285	18.20	18.30	17.30	333.00
RM4/8 有中心孔	1.363 7	117.98	15.80	11.60	11.30	182.00
无中心孔	1.205 0	82.549	17.60	14.60	11.30	257.00
RM5/8 有中心孔	0.748 38	34.487	16.20	21.70	18.10	352.00
无中心孔	0.703 79	28.484	17.40	24.70	18.10	430.00
RM6/9 有中心孔	0.656 34	20.781	20.70	31.60	31.20	655.00
无中心孔	0.610 85	16.976	22.00	36.00	31.20	791.00
RM7/10 有中心孔	0.528 24	12.220	22.80	43.20	39.60	987.00
无中心孔	0.501 64	10.529	23.90	47.60	39.60	1 139
RM8/11 有中心孔	0.447 82	7.910 7	25.40	56.60	55.40	1 435
无中心孔	0.409 19	6.052 6	27.70	67.60	55.40	1 870
RM10/13 有中心孔	0.359 49	4.109 9	31.40	87.50	89.90	2 750
无中心孔	0.333 60	3.331 6	33.40	100.00	89.90	3 340
RM12/17 有中心孔	0.295 78	2.227 5	39.30	133.00	125.00	5 220
无中心孔	0.279 06	1.883 9	41.30	148.00	125.00	6 120
RM14/20 有中心孔	0.263 67	1.409 7	49.30	187.00	171.00	9 920
无中心孔	0.253 40	1.261 1	50.90	201.00	171.00	10 200

附 录 A
（资料性附录）
低矮形磁心的设计

本标准规定的低矮形磁心的设计按以下的磁心尺寸(见表1)比例：

a) $A>2B$；

b) $C>B$；

c) $A>C$。

其中：

A——磁心底面的最大长度；

B——磁心的外壁高度；

C——磁心宽度或绕组窗口底面的宽度。

ICS 29.100.10
L 19

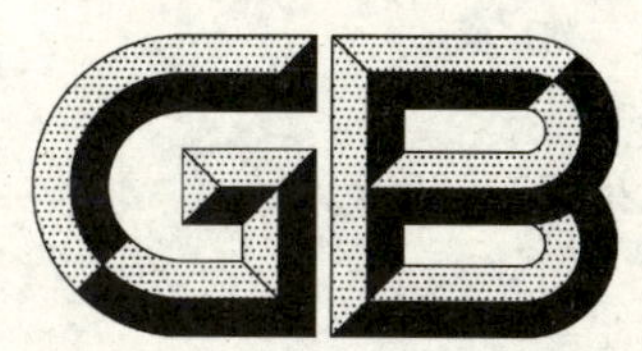

中华人民共和国国家标准

GB/T 20873—2007

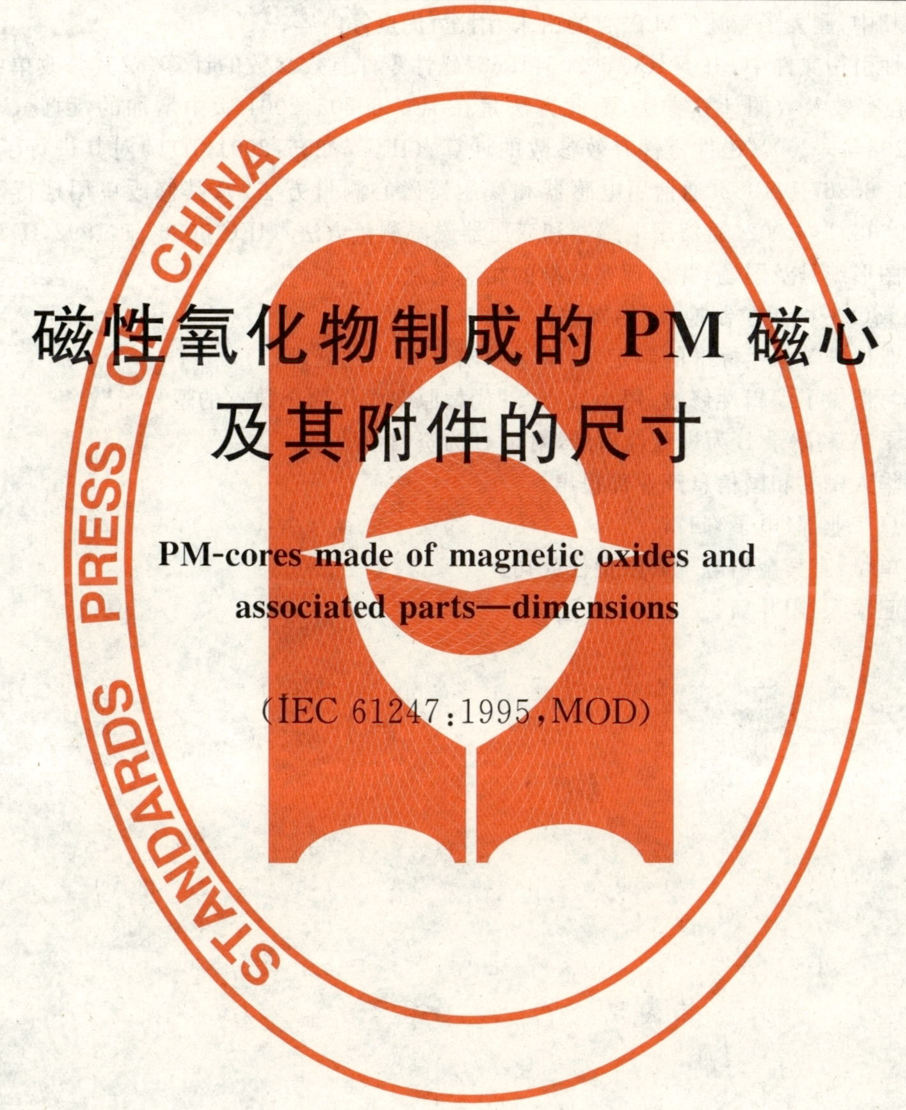

磁性氧化物制成的PM磁心及其附件的尺寸

PM-cores made of magnetic oxides and associated parts—dimensions

(IEC 61247:1995,MOD)

2007-02-09 发布 2007-09-01 实施

中华人民共和国国家质量监督检验检疫总局
中国国家标准化管理委员会 发布

前言

本标准修改采用IEC 61247:1995《磁性氧化物制成的PM磁心及其附件的尺寸》(英文版)。

本标准与IEC 61247:1995的主要差异为:

——删去了“目录”及“IEC前言”;

——在“范围”中,删去了叙述PM磁心的由来、用途、优点等内容;

——在规范性引用文件中,由于IEC 60205:1966《磁性零件有效参数的计算》及其修改单中未包括PM磁心有效参数的计算方法,而此方法是在IEC 60205:2001版中增加的,因此,本标准用GB/T 20874—2007《磁性零件有效参数的计算》(IEC 60205:2001,IDT)对其进行了替代;同时将IEC 60367-1:1982《通信用电感器和变压器磁心测量方法》及其修改单用现行国家标准GB/T 9632.1—2002《通信用电感器和变压器磁心测量方法》(IEC 60367-1:1992,IDT)替代;

——增加了图形编号及图题,并体现在标准的相应条款中;

——删去了ISO 370“单位制换算”的脚注;

——针对企业标准等派生标准的制定,由附录A作了适当的处理;

——按汉语习惯做了编辑性修改,用小数点“.”代替原文中作为小数点的逗号“,”。

本标准的附录A和附录B为规范性附录,附录C为资料性附录。

本标准由中华人民共和国信息产业部提出。

本标准由信息产业部(电子)归口。

本标准起草单位:宜宾金川电子有限责任公司。

本标准主要起草人:阳开新。

磁性氧化物制成的PM磁心及其附件的尺寸

1 范围

本标准规定了磁性氧化物制成的PM磁心及其附件在机械互换性方面的主要尺寸、用于这些磁心的线圈骨架的主要尺寸以及磁心底部轮廓线和插针位置，还规定了派生标准(见附录A)的基本要求。

本标准适用于磁性氧化物制成的PM磁心及其附件。

2 规范性引用文件

下列文件中的条款通过本标准的引用而成为本标准的条款。凡是注日期的引用文件，其随后所有的修改单(不包括勘误的内容)或修订版均不适用于本标准，然而，鼓励根据本标准达成协议的各方研究是否可使用这些文件的最新版本。凡是不注日期的引用文件，其最新版本适用于本标准。

GB/T 9632.1—2002 通信用电感器和变压器磁心测量方法(IEC 60367-1:1992,IDT)

GB/T 20874—2007 磁性零件有效参数的计算(IEC 60205:2001,IDT)

ISO 370:1975 尺寸公差 英寸和毫米的相互换算

3 单位制换算

3.1 原始单位制

原始单位制为米制。

3.2 公差尺寸

公差尺寸采用ISO 370:1975方法A的规则进行换算。标称值的换算方法则不作规定，但被换算的标称尺寸带有对称公差时，一般是将标称值表示成具有相同位数小数的极限值。

3.3 单向极限公差

单向极限毫米公差(最大或最小)的换算按ISO 370标准中相应的换算表进行。对于详细尺寸，则比表中给出的相应的原始值多取两位小数，然后再进行圆整。

4 基本标准

为确保磁心装配和线圈骨架完全的机械互换性，应符合以下要求。

4.1 PM磁心的尺寸

4.1.1 主要尺寸

PM磁心的外形结构见图1，其主要尺寸应符合表1的规定。

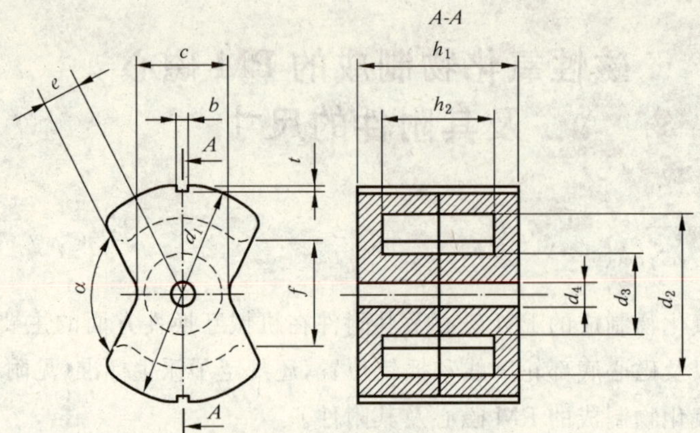

图 1 PM 磁心的外形结构

表 1 PM 磁心的主要尺寸

规格		PM 50/39	PM 62/49	PM 74/59	PM 87/70	PM 114/93	单位
d_1	max	50.0	62.0	74.0	87.0	114.0	mm
		1.969	2.441	2.913	3.425	4.488	in
	min	48.3	60.0	71.5	84.0	109.5	mm
		1.902	2.362	2.815	3.307	4.311	in
d_2	max	40.3	50.3	59.3	69.2	91.7	mm
		1.587	1.980	2.334	2.724	3.610	in
	min	39.0	48.8	57.5	67.1	88.0	mm
		1.535	1.921	2.264	2.642	3.465	in
d_3	max	20.0	25.5	29.5	31.7	43.0	mm
		0.787	1.004	1.161	1.248	1.693	in
	min	19.4	24.7	28.5	30.7	41.6	mm
		0.764	0.927	1.122	1.209	1.638	in
d_4	max	5.7	5.7	5.7	8.8	5.8	mm
		0.224 4	0.224 4	0.224 4	0.346 5	0.228 4	in
	min	5.4	5.4	5.4	8.5	5.4	mm
		0.212 6	0.212 6	0.212 6	0.334 6	0.212 6	in
h_1	max	39.0	49.0	59.0	70.0	93.0	mm
		1.535	1.929	2.322	2.756	3.661	in
	min	38.6	48.6	58.4	69.2	92.0	mm
		1.512	1.913	2.299	2.724	3.622	in
h_2	max	27.2	34.2	41.5	48.8	64.6	mm
		1.071	1.346	1.634	1.921	2.543	in
	min	26.4	33.4	40.7	48.0	63.0	mm
		1.039	1.315	1.602	1.890	2.480	in

表 1(续)

规格		PM 50/39	PM 62/49	PM 74/59	PM 87/70	PM 114/93	单位
c	max	23.0	28.5	33.0	36.0	45.0	mm
		0.905 5	1.122	1.299	1.417	1.772	in
$a\pm5°$		120°	120°	120°	90°	90°	°
e	max	7.8	10.5	13.5	8.3	11.5	mm
		0.307 1	0.413 4	0.531 5	0.326 8	0.452 8	in
f	min	23.4	29.0	34.0	40.0	52.0	mm
		0.921 3	1.141	1.338	1.575	2.047	in
t	max	1.6	1.6	2.9	3.9	4.4	mm
		0.063 0	0.063 0	0.114 2	0.153 5	0.173 2	in
	min	1.2	1.2	2.5	3.5	4.0	mm
		0.047 2	0.047 2	0.098 4	1.378	0.157 5	in
b	max	5.0	5.0	5.0	5.5	6.3	mm
		0.196 9	0.196 9	0.196 9	0.216 5	0.248 0	in
	min	4.0	4.0	4.0	4.5	5.3	mm
		0.157 5	0.157 5	0.157 5	0.177 2	0.208 7	in

注：磁心尺寸可以使用塞规来检验。附录 B 给出了使用这种方法检验时所采用塞规的标准形状和尺寸。为了便于生产，在没有放宽 4.1.1 规定的磁心尺寸要求的情况下，允许使用与附录 B 规定的不同尺寸规格的塞规。

4.1.2 有效参数和最小截面积 A_{min}

符合 4.1.1 规定尺寸的 PM 磁心的有效参数和最小截面积 A_{min} 值见表 2(有效参数及其计算按 GB/T 20874—2007 的规定，最小截面积 A_{min} 的定义按 GB/T 9632.1—2002 的规定)。

表 2 有效参数和 A_{min}

规格	C_1/mm^{-1}	C_2/mm^{-3}	l_e/mm	A_e/mm^2	V_e/mm^3	A_{min}[a]/mm^2
PM 50/39	0.226 69	$0.613\ 75\times10^{-3}$	84.0	369	30 900	281
PM 62/49	0.190 09	$0.330\ 93\times10^{-3}$	109	570	63 000	470
PM 74/59	0.162 22	$0.205\ 50\times10^{-3}$	128	790	101 000	630
PM 87/70	0.160 54	$0.177\ 01\times10^{-3}$	146	910	132 000	700
PM 114/93	0.116 29	$0.676\ 92\times10^{-4}$	200	1 720	343 000	1 380

a A_{min} 仅位于中心柱。

4.2 线圈骨架尺寸

线圈骨架外形结构见图 2，其主要尺寸应符合表 3 的规定。

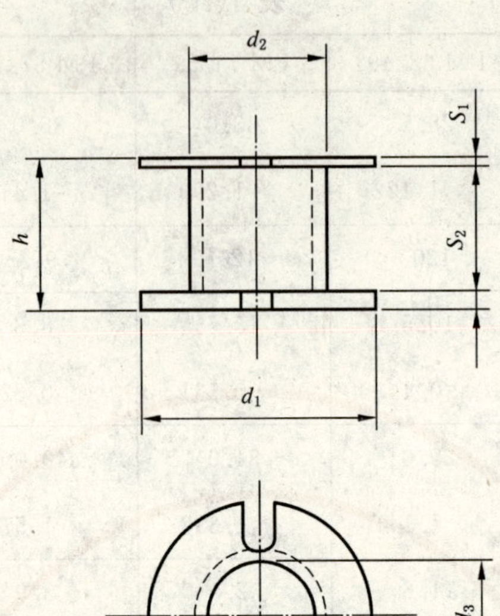

图 2　线圈骨架外形结构

表 3　线圈骨架主要尺寸

规格		PM 50/39	PM 62/49	PM 74/59	PM 87/70	PM 114/93	单位
d_1	max	38.6	48.5	57.2	66.4	87.3	mm
		1.520	1.909	2.252	2.614	3.437	in
	min	38.2	48.1	56.7	65.8	86.0	mm
		1.504	1.894	2.232	2.591	3.386	in
d_2	max	23.4	28.7	32.7	35.2	48.2	mm
		0.921	1.130	1.287	1.386	1.898	in
	min	23.0	28.3	32.3	34.7	47.0	mm
		0.906	1.114	1.272	1.366	1.850	in
d_3	max	20.4	26.1	30.3	32.7	44.6	mm
		0.803	1.028	1.193	1.287	1.756	in
	min	20.2	25.8	29.9	32.1	43.8	mm
		0.795	1.016	1.177	1.264	1.724	in
h	max	26.0	33.0	40.0	47.3	62.5	mm
		1.024	1.299	1.574	1.862	2.461	in
	min	25.6	32.5	39.3	46.5	61.3	mm
		1.008	1.280	1.547	1.831	2.413	in
S_1	max	1.25	1.35	1.35	1.55	2.30	mm
		0.049 2	0.053 2	0.053 2	0.061 0	0.090 6	in
	min	0.95	1.05	1.05	1.25	2.00	mm
		0.037 4	0.041 3	0.041 3	0.049 2	0.078 7	in
S_2	max	1.65	1.65	1.75	1.95	2.50	mm
		0.063 0	0.063 0	0.068 9	0.076 8	0.098 4	in
	min	1.35	1.35	1.45	1.65	2.20	mm
		0.053 2	0.053 2	0.057 1	0.065 0	0.086 6	in

4.3 插针位置及磁心底部轮廓线

当线圈骨架配有用来连接印制电路板的插针时，插针应固定在骨架较厚的凸缘(S_2)上，其位置、编号以及与磁心底部轮廓线的对应关系应按图3所示。这个图是从插针一侧投影的，即从印制电路板下底面的仰视图。

注1：模数标识为 m，它表示栅格间距为2.50 mm。

注2：由于最大的PM 114/93磁心太重，没有设计安装接线插针，在这种情况下，插针通常固定在磁心的切口之内。

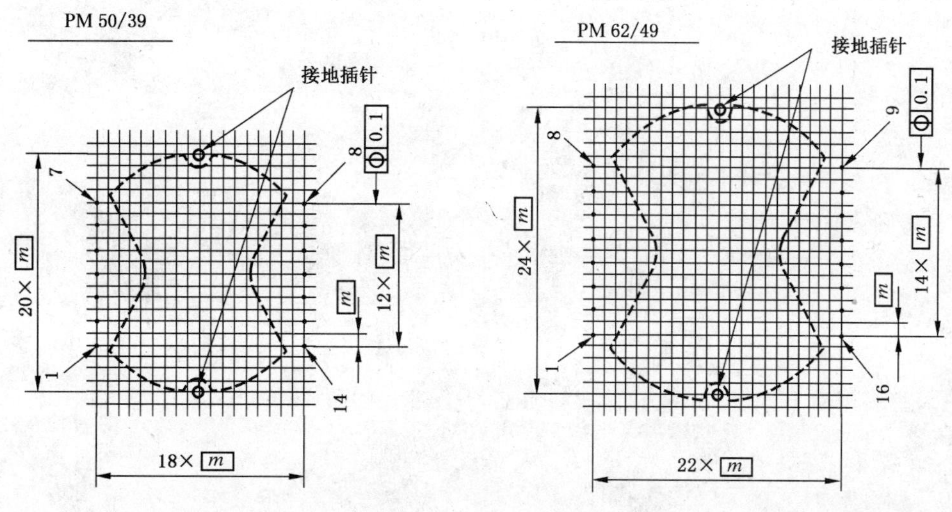

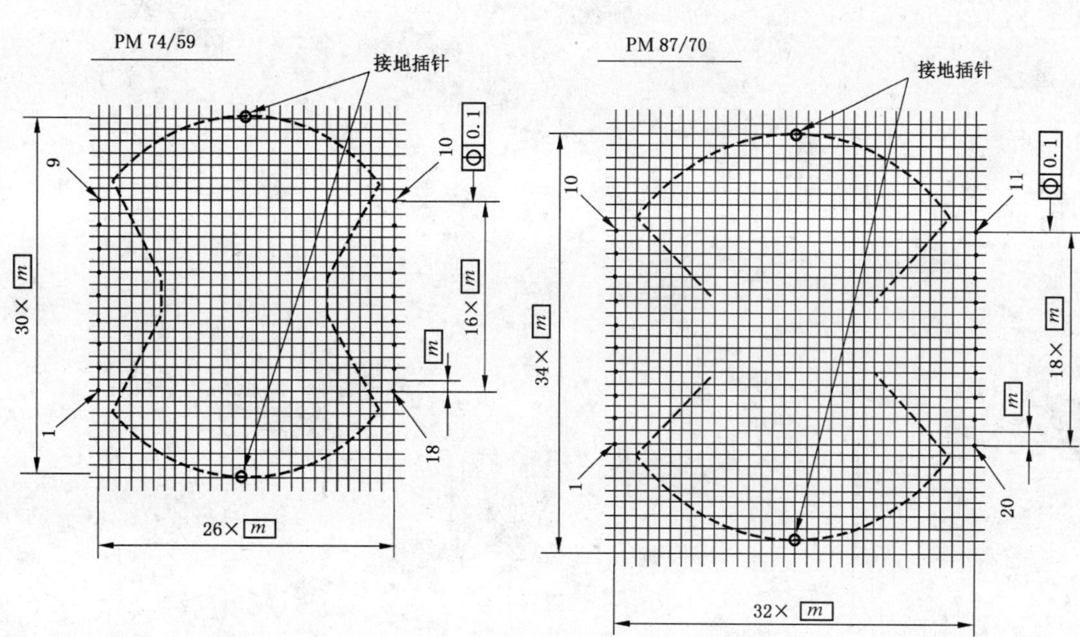

注1：O为U形螺栓固定孔(接地插针)。

注2：1号插针位置由上凸缘 S_1 上相应的记号标识。

图3 插针位置和底部轮廓线视图

4.4 插针直径

在规定位置上，应采用 ϕ1.2 mm孔的塞规验收线圈骨架接线端子(插针)。

5 固定金属附件

本标准没有规定固定金属附件,然而,在附录C中给出了一个固定金属附件的实例。

注:采用完全绕好线圈的骨架PM磁心的器件,除将其固定安装在印制电路板上外,一般自身还需要机械支撑。附录C中给出了末端有螺纹、直径3 mm的U形螺栓附件的详图,它能用于与0.6 mm厚的底板组合在一起。这两个零件均由非磁性材料制成。最大的PM 114/93磁心在绕线前质量接近2 kg,它不能直接固定在印制电路板上,因此,建议使用简单的固定方法,用户应根据其使用情况设计特殊的固定金属附件。

附 录 A
（规范性附录）
派 生 标 准

在本标准中，基本标准规定了磁心装配及线圈骨架的主要尺寸。各元件遵照本标准完全能够实现其机械互换性。

磁心的生产、使用各方最关心的是能得到满足日常使用的企业标准。这些企业标准比本标准第4章更详细地规定了PM磁心及其附件的尺寸及公差，而且在技术水平上与本标准一致。这些标准都可以视为本标准的派生标准。在制定这些企业标准的时候，应注意不排斥满足本标准中基本标准的任何其他规格的PM磁心，也应满足特定条件下有效的性能规范。

另外，也应注意，尽管某一元件完全遵循某个派生标准，它也必须满足本标准第4章基本标准方面的要求，而且磁心装配及线圈骨架应能自由地互换，但其他零件可以不必互换。

针对PM磁心及其附件的要求希望制定国家标准时，相应的国家标准化机构要求在该国家标准中插入一个注，即：

a） 该标准是依据本标准规定的尺寸要求制定，但按照其实际运用，应规定得更加详细；

b） 在本标准的框架之内，其他解决办法也是可行的，而且，若能使该国家标准的磁心及线圈骨架实现互换，也不排斥这样的解决方法。

附 录 B
（规范性附录）
检验满足基本标准的 PM 磁心线圈骨架空间尺寸的塞规实例

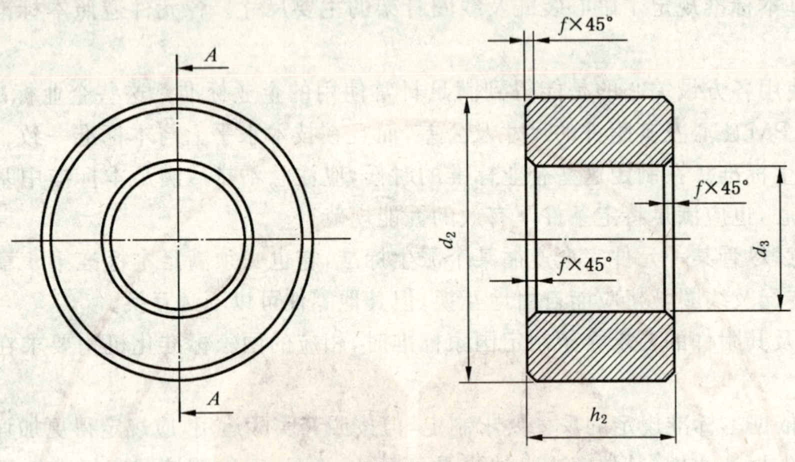

图 B.1 塞规外形图

表 B.1 塞规主要尺寸

规格		PM 50/39	PM 62/49	PM 74/59	PM 87/70	PM 114/93	单位
d_2	min	38.985	48.785	57.485	67.085	87.985	mm
		1.534 8	1.920 7	2.263 2	2.641 1	3.464 0	in
	max	38.995	48.795	57.495	67.095	87.995	mm
		1.535 2	1.921 1	2.263 6	2.641 5	3.464 4	in
d_3	min	20.005	25.505	29.505	31.705	43.005	mm
		0.787 6	1.004 1	1.161 6	1.248 2	1.693 1	in
	max	20.015	25.515	29.515	31.715	43.015	mm
		0.788 0	1.004 5	1.162 0	1.248 6	1.693 5	in
h_2	min	26.385	33.385	40.685	47.985	62.985	mm
		1.038 8	1.314 4	1.601 8	1.889 2	2.479 7	in
	max	26.395	33.395	40.695	47.995	62.995	mm
		1.039 2	1.314 8	1.602 2	1.889 6	2.480 1	in
f	min	0.41	0.90	0.90	1.875	2.875	mm
		0.016 1	0.035 4	0.035 4	0.073 8	0.113 2	in
	max	0.59	1.10	1.10	2.125	3.125	mm
		0.023 2	0.043 3	0.043 3	0.083 7	0.123 0	in

附　录　C
（资料性附录）
固定金属附件的推荐主要尺寸

单位为毫米

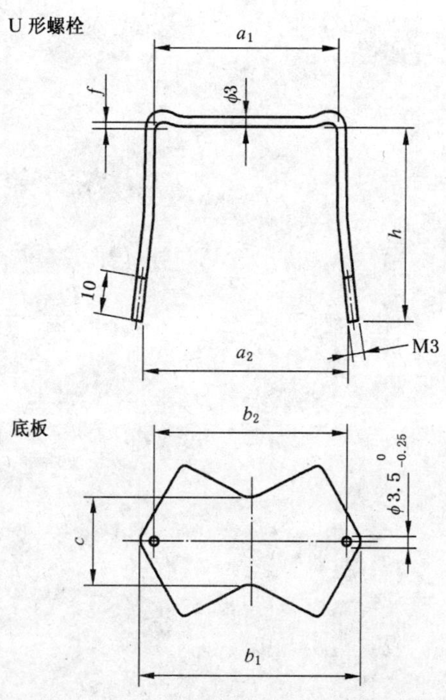

图 C.1　U形螺栓及底板的外形

表 C.1　U形螺栓及底板的主要尺寸

单位为毫米

规格	PM 50/39	PM 62/49	PM 74/59	PM 87/70
U形螺栓				
a_1	47.8	59.8	69	81
a_2	51.8	64.8	75	88
h	49	59	69	80
f	2	2	2	3
底板				
b_1	59	69	83.4	94.5
b_2	50	60	75	85
c	22	27.5	31	34.6

ICS 29.100.10
L 19

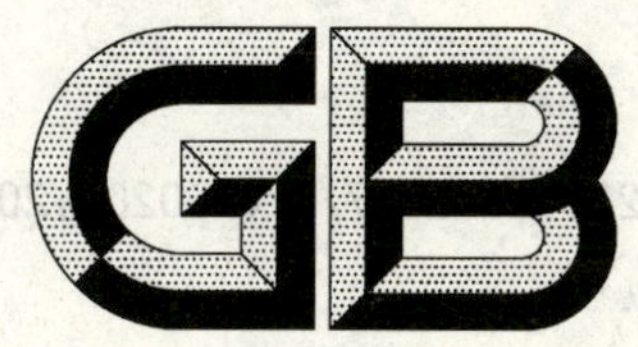

中华人民共和国国家标准

GB/T 20874—2007/IEC 60205:2001

磁性零件有效参数的计算

Calculation of the effective parameters of magnetic piece parts

(IEC 60205:2001,IDT)

2007-02-09 发布　　　　2007-09-01 实施

中华人民共和国国家质量监督检验检疫总局
中国国家标准化管理委员会　发布

前 言

本标准等同采用 IEC 60205:2001《磁性零件有效参数的计算》及其技术勘误表 1(英文版)。

为了便于使用,本标准作了下列编辑性修改:

——“本国际标准”一词改为“本标准”;

——将作为小数点的逗号“,”该为小数点“.”;

——删除国际标准的前言。

IEC 60205:2001 技术勘误表 1 的内容已编入标准正文,并在所涉及条款的页边用垂直双线(‖)标识。

本标准的附录 A 为资料性附录。

本标准由信息产业部(电子)提出并归口。

本标准起草单位:中国电子科技集团公司第九研究所、江门粉末冶金厂有限公司。

本标准主要起草人:胡滨、汪南东、莫如敬、刘剑。

磁性零件有效参数的计算

1 范围

本标准规定了铁磁材料闭合磁路的有效参数计算的统一规则。

2 基本规则

下列基本规则适用于本标准。

2.1 所有计算结果应以毫米表示并精确到三位有效数字，但推导 l_e，A_e 和 V_e 的 C_1、C_2 值应计算到五位有效数字。

注：规定准确度的目的只是为了确保依不同基础计算出来的参数是相同的，这并不意味着这些参数都能被测定到这个准确度。

2.2 A_{min} 是最小横截面积的标称值，用于计算 A_{min} 的所有尺寸应是其在相应零件图上所标公差的平均值。

2.3 该计算仅适用于构成闭合磁路的磁心。

2.4 所有用于计算的尺寸均应取相应零件图上公差范围的平均值。

2.5 除非另有规定，所有磁心外形缺陷，如：小的缺口、凹槽、掉角等均可忽略不计。

2.6 当计算涉及到零件的尖角时，其平均磁路长度应取两相邻均匀部分截面中心连线的环形平均路径，而与此长度相关的截面积应取两相邻截面积的平均值。

有效参数 l_e，A_e 和 V_e 的计算。

有效参数可以定义为：

$$l_e = C_1^2/C_2 \qquad A_e = C_1/C_2 \qquad V_e = l_e A_e = C_1^3/C_2^2$$

式中：

l_e——磁心的有效磁路长度；

A_e——有效横截面积；

V_e——有效体积；

C_1——磁心因数；

C_2——磁心因数。

3 各类磁心的计算公式

3.1 环形磁心

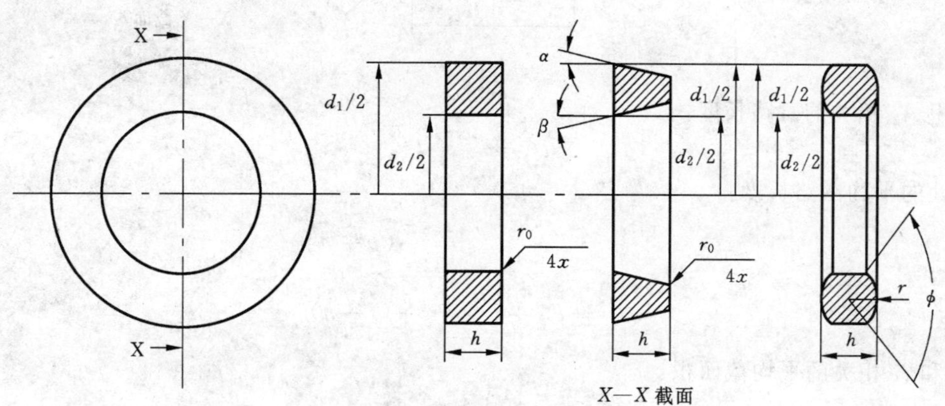

$$C_1 = \frac{2\pi}{h_e \ln(d_1/d_2)}$$

$$C_2 = \frac{4\pi(1/d_2 - 1/d_1)}{h_e^2 \ln^3(d_1/d_2)}$$

3.1.1　具有完整矩形截面的环形磁心

$$h_e = h$$

3.1.2　具有平均曲率半径为 r_0 倒角的矩形截面的环形磁心

$$h_e = h(1-k_1) \qquad k_1 = \frac{1.7168 r_0^2}{h(d_1-d_2)}$$

3.1.3　具有梯形截面的环形磁心

$$h_e = h(1-k_2)$$

$$k_2 = \frac{h(\tan\alpha + \tan\beta)}{d_1 - d_2}$$

3.1.4　具有平均曲率半径为 r_0 倒角的梯形截面的环形磁心

$$h_e = (1-k_1-k_2)$$

3.1.5　具有两端面为圆弧状截面的环形磁心

$$h_e = h - \frac{d_1-d_2}{4\sin^2\frac{\phi}{2}}\left(2\sin\frac{\phi}{2} - \frac{\sin\phi}{2} - \frac{\phi}{2}\right)$$

$$\phi = 2\arcsin\frac{d_1-d_2}{4r}$$

ϕ 的单位为弧度。

注：当绕组在磁环上均匀分布时，可以认为，磁环内部的所有点上的磁力线都平行于它的表面，没有漏磁通离开或进入环形磁心。这就完全可以使用理论上更为确切的有效参数推导方法，而不必涉及关于在整个截面磁通均匀分布的假设。

3.2　配对的矩形截面的 U 形磁心

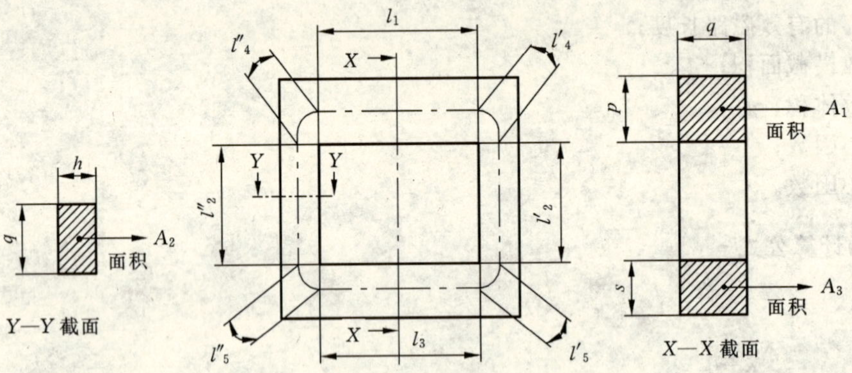

与面积 A_2 相关的磁路长度：

$$l_2 = l'_2 + l''_2$$

拐角处的平均磁路长度：

$$l_4 = l'_4 + l''_4 = \frac{\pi}{4}(p+h)$$

$$l_5 = l'_5 + l''_5 = \frac{\pi}{4}(s+h)$$

与 l_4 和 l_5 相关的平均截面积：

$$A_4 = \frac{A_1 + A_2}{2}$$

$$A_5 = \frac{A_2 + A_3}{2}$$

$$C_1 = \sum_1^5 \frac{l_i}{A_i} \qquad C_2 = \sum_1^5 \frac{l_i}{A_i^2}$$

3.3 配对圆形截面的 U 形磁心

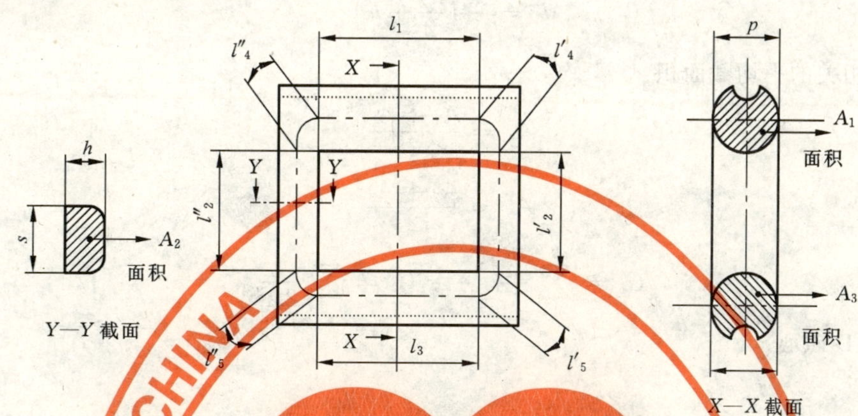

在计算 A_2 时不考虑为了便于制造而引起的凸沿。

与面积 A_2 相关的磁路长度：

$$l_2 = l'_2 + l''_2$$

拐角处的平均磁路长度：

$$l_4 = l'_4 + l''_4 = \frac{\pi}{4}(p+h)$$

$$l_5 = l'_5 + l''_5 = \frac{\pi}{4}(s+h)$$

与 l_4 和 l_5 相关的平均截面积：

$$A_4 = \frac{A_1 + A_2}{2}$$

$$A_5 = \frac{A_2 + A_3}{2}$$

$$C_1 = \sum_1^5 \frac{l_i}{A_i} \qquad C_2 = \sum_1^5 \frac{l_i}{A_i^2}$$

3.4 配对矩形截面的 E 形磁心

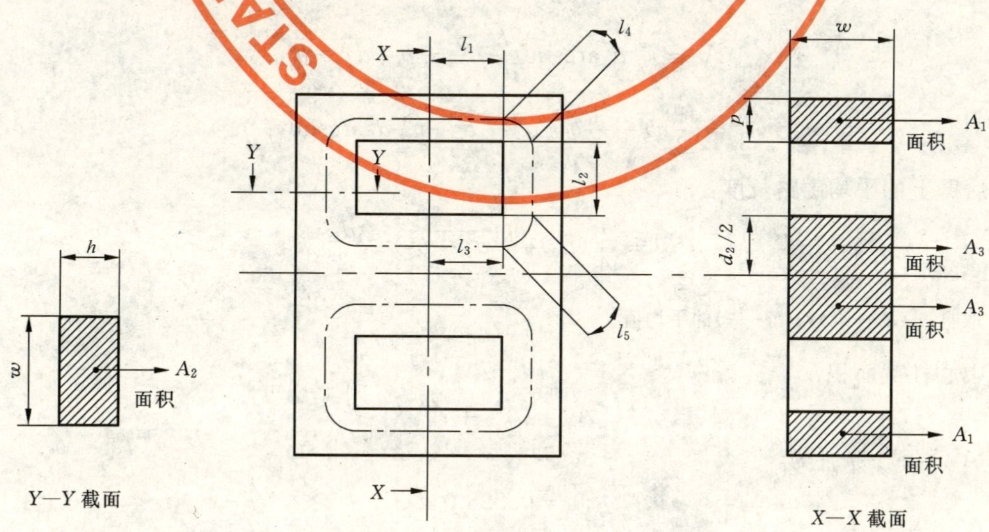

半个中心柱的面积：A_3

拐角处平均磁路长度：

$$l_4 = \frac{\pi}{8}(p+h)$$

$$l_5 = \frac{\pi}{8}\left(\frac{d_2}{2}+h\right)$$

与 l_4 和 l_5 相关的平均截面积：

$$A_4 = \frac{A_1 + A_2}{2}$$

$$A_5 = \frac{A_2 + A_3}{2}$$

$$C_1 = \sum_1^5 \frac{l_i}{A_i} \qquad C_2 = \sum_1^5 \frac{l_i}{2A_i^2}$$

3.5 配对的 ETD 磁心

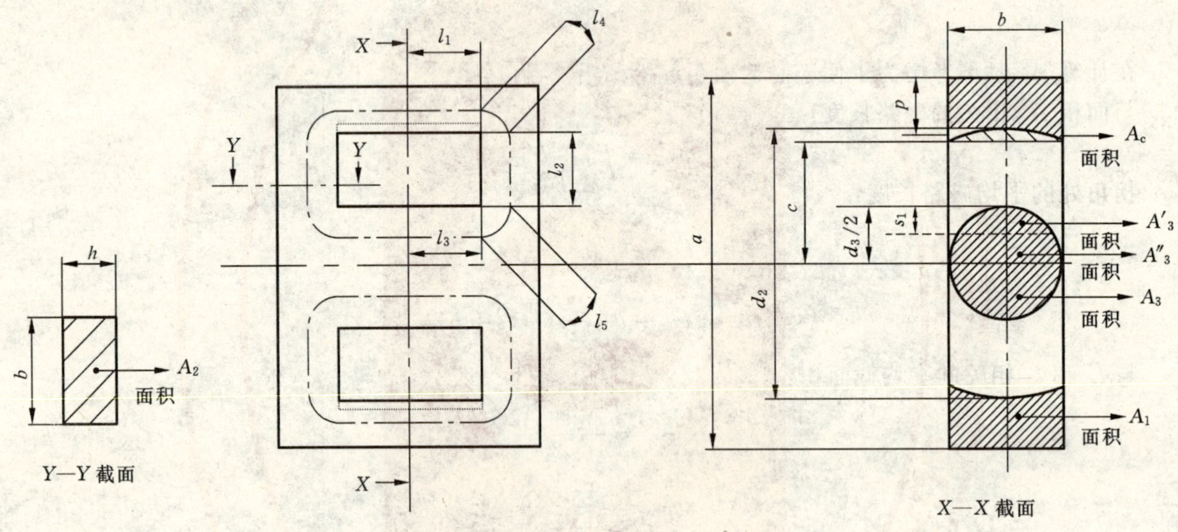

A_1 等于矩形面积 $b\left(\frac{1}{2}a-c\right)$减去弓形面积 A_c：

$$A_c = \frac{1}{4}d_2^2\arcsin\left(\frac{b}{d_2}\right) - \frac{1}{4}b\sqrt{d_2^2-b^2}$$

$$A_1 = \frac{1}{2}ab - \frac{1}{4}b\sqrt{d_2^2-b^2} - \frac{1}{4}d_2^2\arcsin\left(\frac{b}{d_2}\right)$$

位于后壁上的平均磁路长度：

$$l_2 = \frac{1}{4}\left(d_2 + \sqrt{d_2^2-b^2}\right) - \frac{d_3}{2}$$

注：l_2 取自$\frac{1}{2}(d_2-d_3)$和$\left(c-\frac{d_3}{2}\right)$的平均值。

半个中心柱截面积：

$$A_3 = A'_3 + A''_3$$

满足 $A'_3=A''_3$ 条件为：

$$s_1 = 0.2980\, d_3$$

拐角处的平均磁路长度：

$$l_4 = \frac{\pi}{8}(p+h)$$

式中：

$p=\frac{a}{2}-l_2-\frac{d_3}{2}$

$$l_5 = \frac{\pi}{8}(2s_1+h)$$

与 l_4 和 l_5 相关的平均截面积：

$$A_4 = \frac{A_1+A_2}{2}$$

$$A_5 = \frac{A_2+A_3}{2}$$

$$C_1 = \sum_1^5 \frac{l_i}{A_i} \qquad C_2 = \sum_1^5 \frac{l_i}{2A_i^2}$$

3.6 配对罐形磁心

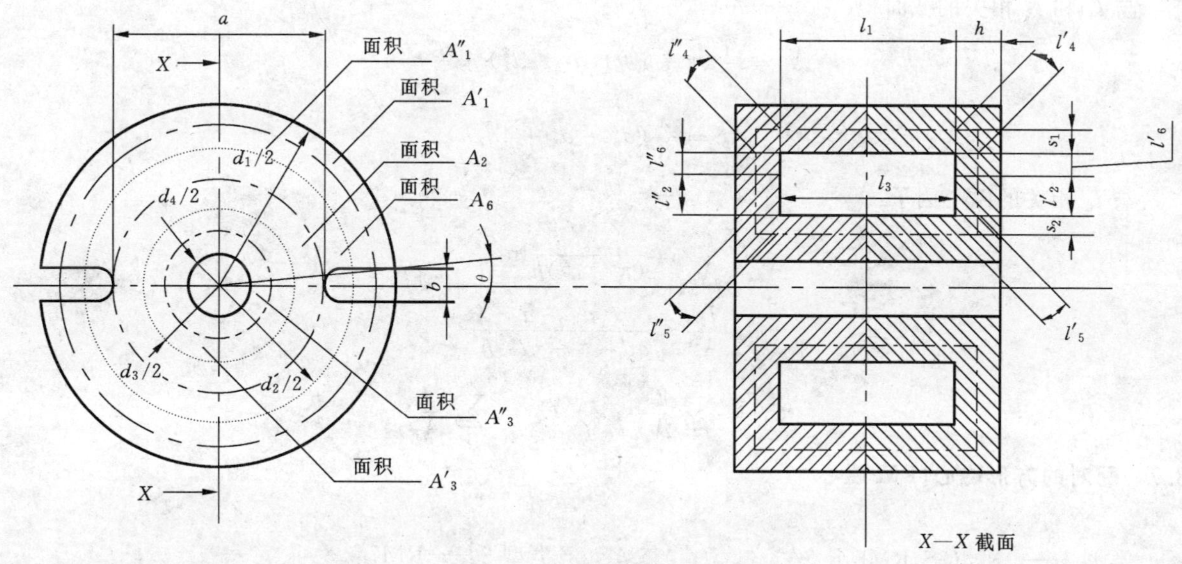

外环的截面积：

$$A_1 = A'_1 + A''_1$$

满足 $A'_1 = A''_1$ 条件为：

$$s_1 = -\frac{d_2}{2}+\sqrt{\frac{1}{8}(d_1^2+d_2^2)}$$

中心柱的截面积：

$$A_3 = A'_3 + A''_3$$

满足 $A'_3 = A''_3$ 条件为：

$$s_2 = \frac{d_3}{2}-\sqrt{\frac{1}{8}(d_3^2+d_4^2)}$$

环的截面积：

$$A_1 = \frac{1}{4}(\pi - n\,\theta)(d_1^2-d_2^2) \qquad \theta = \arcsin\frac{2b}{d_1+d_2}$$

式中：

b——槽宽；

n——槽数。

与 l_2 相关的磁心因数：

$$\frac{l_2}{A_2}=\frac{1}{\pi h}\ln\frac{a}{d_3}$$

$$\frac{l_2}{A_2^2}=\frac{a-d_3}{\pi^2 a d_3 h^2}$$

中心柱的截面积：

$$A_3=\frac{\pi}{4}(d_3^2-d_4^2)$$

拐角处的平均磁路长度：

$$l_4=l'_4+l''_4=\frac{\pi}{4}(2s_1+h)$$

$$l_5=l'_5+l''_5=\frac{\pi}{4}(2s_2+h)$$

与 l_4 和 l_5 相关的截面积：

$$A_4=\frac{1}{8}(\pi-n\theta)(d_1^2-d_2^2)+\frac{\pi}{2}d_2 h$$

$$A_5=\frac{\pi}{8}(d_3^2-d_4^2+4d_3 h)$$

与 l_6 相关的磁心因子：

$$\frac{l_6}{A_6}=\frac{1}{(\pi-n\theta)h}\ln\frac{d_2}{a}$$

$$\frac{l_6}{A_6^2}=\frac{d_2-a}{a d_2(\pi-n\theta)^2 h^2}$$

$$C_1=\sum_1^6\frac{l_i}{A_i}\qquad C_2=\sum_1^6\frac{l_i}{{A_i}^2}$$

3.7 配对的方形磁心(RM 磁心)

类型 1——RM6-S，RM6-R　　　　类型 2——RM7

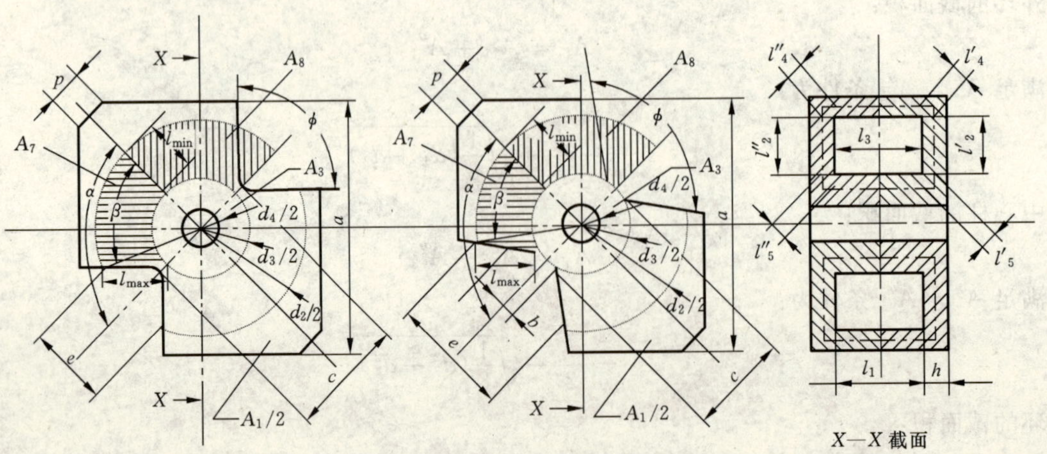

X—X 截面

类型 3——RM4、RM5、RM8、RM10、RM12、RM14

注：本计算也适用于无中心孔的 RM 磁心。

腿的总截面积：

$$A_1=\frac{1}{2}a^2\{1+\tan(\beta-45)\}-\frac{\beta\pi}{360}d_2^2-\frac{1}{2}p^2$$

式中：

$\beta=\alpha-\arcsin\frac{e}{d_2}$

与 l_2 相关的磁心因子：

$$\frac{l_2}{A_2}=\frac{\ln\frac{d_2}{d_3}f}{D\pi h}$$

式中：

$f=\frac{l_{min}+l_{max}}{2l_{min}}$　　$D=\frac{A_7}{A_8}$

$$l_2=l'_2+l''_2$$

类型 1：

$$l_{max}=\sqrt{\frac{1}{4}(d_2^2+d_3^2)-\frac{1}{2}d_2d_3\cos(\alpha-\beta)}$$

类型 2：

$$l_{max}=\sqrt{\frac{1}{4}(d_2^2+d_3^2)-\frac{1}{2}d_2d_3\cos(\alpha-\beta)}-\frac{b}{2\sin\frac{\phi}{2}}$$

类型 3：

$$l_{max}=\frac{e}{2}+\frac{1}{2}\left(1-\sin\frac{\varphi}{2}\right)(d_2-c)$$

$$\frac{l_2}{A_2^2}=\frac{(1/d_3-1/d_2)f}{(D\pi h)^2}$$

类型 1：RM6-S：

$$A_7=\frac{1}{4}\left\{\frac{\beta\pi}{360}d_2^2+\frac{1}{2}e^2\tan\beta-\frac{1}{2}e^2\tan\left(\alpha-\frac{\varphi}{2}\right)-\frac{\pi}{4}d_3^2\right\}$$

类型 1:RM6-R:

$$A_7=\frac{1}{4}\left\{\frac{\beta\pi}{360}d_2^2+\frac{1}{2}d_2d_3\sin(\alpha-\beta)+\frac{1}{2}(c-d_3)^2\tan\frac{\alpha}{2}-\frac{\pi}{4}d_3^2\right\}$$

类型 2:

$$A_7=\frac{1}{4}\left\{\frac{\beta\pi}{360}d_2^2-\frac{\pi}{4}d_3^2+\frac{1}{2}(b^2-e^2)\tan\left(\alpha-\frac{\phi}{2}\right)+\frac{1}{2}e^2\tan\beta\right\}$$

类型 3:

$$A_7=\frac{1}{4}\left\{\frac{\beta\pi}{360}d_2^2-\frac{\pi}{4}d_3^2+\frac{1}{2}c^2\tan(\alpha-\beta)\right\}$$

$$A_8=\frac{\alpha\pi}{1\,440}(d_2^2-d_3^2)$$

中心柱的截面积:

$$A_3=\frac{\pi}{4}(d_3^2-d_4^2)$$

拐角处的磁路长度及其相关的平均截面积:

$$l_4=l'_4+l''_4=\frac{\pi}{4}\left(h+\frac{1}{2}a+\frac{1}{2}d_2\right)$$

$$A_4=\frac{1}{2}\left(A_1+\frac{\beta\pi}{90}d_2h\right)$$

$$l_5=l'_5+l''_5=\frac{\pi}{4}\left\{d_3+h-\sqrt{\frac{1}{2}(d_3^2+d_4^2)}\right\}$$

$$A_5=\frac{1}{2}\left\{\frac{\pi}{4}(d_3^2-d_4^2)+\frac{\alpha\pi}{90}d_3h\right\}$$

$$C_1=\sum_1^5\frac{l_i}{A_i}\qquad C_2=\sum_1^5\frac{l_i}{A_i^2}$$

注:该计算忽略了卡簧槽和螺栓槽的影响,这可能影响到计算结果,特别是对于较小磁心。

3.8 配对的 EP 型磁心

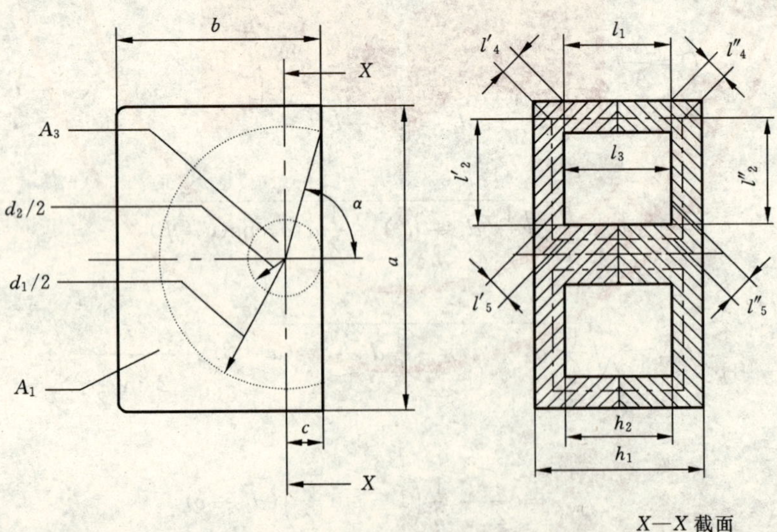

X—X 截面

按整对计算:

$$\frac{l_1}{A_1}=\frac{h_2}{ab-\frac{\pi d_1^2}{8}-\frac{d_1d_2}{2}}$$

$$\frac{l_1}{A_1{}^2}=\frac{h_2}{\left(ab-\frac{\pi d_1^2}{8}-\frac{d_1 d_2}{2}\right)^2}$$

$$\frac{l_2}{A_2}=\frac{2}{(\pi-\theta)(h_1-h_2)}\ln\frac{d_1}{d_2}$$

$$\frac{l_2}{A_2^2}=\frac{4(d_1-d_2)}{(\pi-\theta)^2(h_1-h_2)^2 d_1 d_2}$$

式中：

$\theta=\frac{\pi\alpha}{180}$

$$\frac{l_3}{A_3}=\frac{4h_2}{\pi d_2^2}$$

$$\frac{l_3}{A_3^2}=\frac{16h_2}{\pi^2 d_2^4}$$

与 l_4 和 l_5 相关的截面积：

$$l_4=l'_4+l''_4=\frac{\pi}{2}\left(\gamma-\frac{d_1}{2}+\frac{h_1-h_2}{4}\right)$$

$$\gamma=\sqrt{\frac{(\pi-\theta)d_1^2+2\left(ab-\frac{\pi}{8}d_1^2-\frac{d_1 d_2}{2}\right)}{4(\pi-\theta)}}$$

式中：

γ——假设的二等分环形截面积圆的半径。

$$A_4=\frac{1}{2}\left\{ab-\frac{\pi}{8}d_1^2-\frac{d_1 d_2}{2}+(\pi-\theta)d_1\left(\frac{h_1}{2}-\frac{h_2}{2}\right)\right\}$$

$$l_5=l'_5+l''_5=\frac{\pi}{2}\left(0.292\,89\,\frac{d_2}{2}+\frac{h_1-h_2}{4}\right)$$

$$A_5=\frac{\pi}{2}\left\{\frac{d_2^2}{4}+\frac{d_2}{2}(h_1-h_2)\right\}$$

$$C_1=\sum_1^5\frac{l_i}{A_i}\qquad C_2=\sum_1^5\frac{l_i}{A_i^2}$$

3.9 配对的 PM 磁心

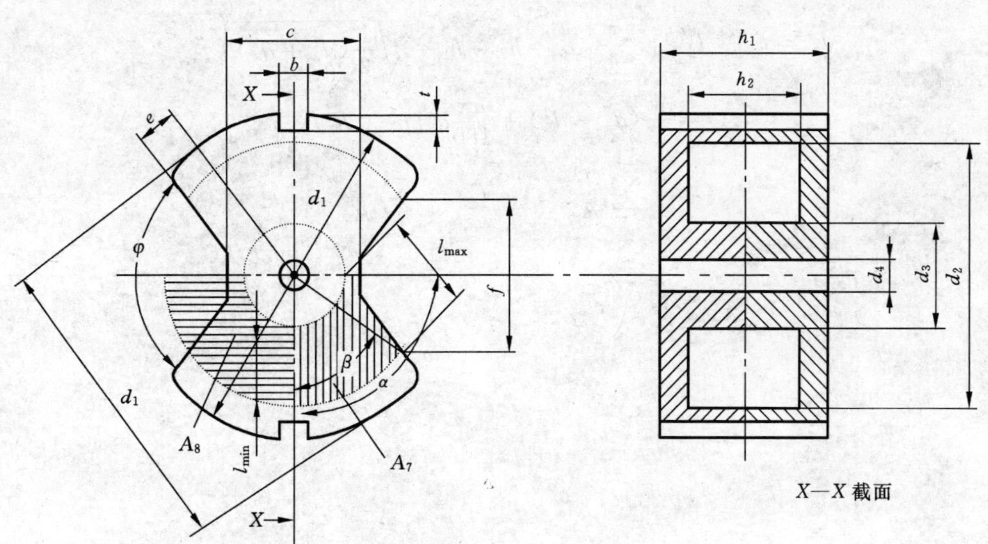

腿的总截面积：

$$A_1 = \frac{\beta\pi}{360}(d_1^2 - d_2^2) - 2bt$$

与 l_2 相关的磁心因子：

$$\frac{l_2}{A_2} = \frac{\ln\dfrac{d_2}{d_3}g}{D\pi(h_1 - h_2)}$$

式中：

$g = \dfrac{l_{\min} + l_{\max}}{2l_{\min}}$

$D = \dfrac{A_7}{A_8}$

$$l_2 = l'_2 + l''_2$$

$$l_{\max} = \sqrt{\frac{1}{4}(d_2^2 + d_3^2) - \frac{1}{2}d_2 d_3 \cos(\alpha - \beta)}$$

式中：

$\beta = \alpha - \arcsin\dfrac{f}{d_2}$

$$\frac{l_2}{A_2^2} = \frac{(1/d_3 - 1/d_2)g}{\{D\pi(h_1 - h_2)/2\}^2}$$

$$A_7 = \frac{\beta\pi}{1\,440}d_2^2 + \frac{1}{8}f^2\tan\beta - \frac{1}{8}f^2\tan\left(\alpha - \frac{\phi}{2}\right) - \frac{\pi}{16}d_3^2$$

$$A_8 = \frac{\beta\pi}{1\,440}(d_2^2 - d_3^2)$$

中心柱的截面积：

$$A_3 = \frac{\pi}{4}(d_3^2 - d_4^2)$$

拐角处的磁路长度及其相关的平均截面积：

$$l_4 = l'_4 + l''_4 = \frac{\pi}{8}(h_1 - h_2 + d_1 - d_2)$$

$$A_4 = \frac{1}{2}\left\{A_1 + \pi d_2(h_1 - h_2)\frac{\beta}{90}\right\}$$

$$l_5 = l'_5 + l''_5 = \frac{\pi}{4}\left\{d_3 + h_1 - h_2 - \sqrt{\frac{1}{2}(d_3^2 + d_4^2)}\right\}$$

$$A_5 = \frac{\pi}{8}(d_3^2 - d_4^2) + \frac{\alpha\pi}{180}d_3(h_1 - h_2)$$

$$C_1 = \sum_1^5 \frac{l_i}{A_i} \qquad C_2 = \sum_1^5 \frac{l_i}{A_i^2}$$

附 录 A
（资料性附录）
修订的目的和如何使用新的有效参数

本次修订的目的是提供每个人都能计算出相同有效参数值的公式。首先，在计算中，数字被圆整时必须保留足够的有效位数。另外，改进了其中一些公式使其更接近磁心的真实形状。改进了 ETD 磁心的 A_e 部分和罐型磁心槽的计算公式且对底板上的槽也作了考虑。因为 IEC 60205:1974 第一版中，RM 磁心公式无法推导出同一个值，而改进后的公式则能推导出相同的值。增加了 PM 磁心公式。由于圆形中心腿的 E 型磁心和 X 磁心的需求量减少，所以删除了其计算公式。

在本次修订中，其计算的基本思路不变。近年来，由于对磁心内部磁场分析取得了重要的进展，因此，很快会推出建立在这些理论基础上的新的近似法和公式。

计算出的有效参数值由于公式的改变而不同。例如：在 GB/T 9630—1988 中，P9/5 磁心的 C_1 值是 1.25。IEC 60205:1974 第一版中的公式计算结果为 1.264 3，而用 GB/T 20874—2007（即本标准）的公式计算结果为 1.203 2。与前者的差别原因仍然无法解释，而与后者的差别，是由于底板中槽的计算公式不同造成的。

许多用户在其产品目录和产品说明书中已经使用了 1.25 这个数值，而很多磁性参数也要用这个值进行计算。因此，更改此值必然会影响这些资料的连续性。启用新的有效参数后，应由用户对其使用的新参数值负责。

为了使用方便，现将不同公式计算出的有效参数值列在表 A.1～A.4 中。

表 A.1 罐型磁心（双槽）有效参数值比较

型号	标准号[a]	C_1/mm^{-1}	C_2/($\times 10^{-3}$ mm^{-3})	l_e/mm	A_e/mm^2	V_e/mm^3
P9/5	GB/T 9630—1988	1.25	125	12.5	10.0	125
	SJ/T 10281—1991	1.264 3	128.69	12.4	9.82	122
	GB/T 20874—2007	1.203 2	118.12	12.3	10.2	125
P11/7	GB/T 9630—1988	1.00	63	15.9	15.9	252
	SJ/T 10281—1991	0.970 7	60.989	15.5	15.9	246
	GB/T 20874—2007	0.933 53	56.727	15.4	16.5	253
P14/8	GB/T 9630—1988	0.80	32.0	20.0	25.0	500
	SJ/T 10281—1991	0.791 13	31.797	19.7	24.9	490
	GB/T 20874—2007	0.758 42	29.579	19.5	25.6	499
P18/11	GB/T 9630—1988	0.60	13.9	25.9	43	1 120
	SJ/T 10281—1991	0.598 21	13.888	25.8	43.1	1 110
	GB/T 20874—2007	0.573 82	12.863	25.6	44.6	1 140
P22/13	GB/T 9630—1988	0.50	7.9	31.6	63	2 000
	SJ/T 10281—1991	0.496 09	7.829 2	31.4	63.4	1 990
	GB/T 20874—2007	0.480 78	7.418 5	31.2	64.8	2 020
P26/16	GB/T 9630—1988	0.40	4.3	37.2	93	3 460
	SJ/T 10281—1991	0.399 81	4.248 9	37.6	94.1	3 540
	GB/T 20874—2007	0.389 23	4.060 5	37.3	95.9	3 580
P30/19	GB/T 9630—1988	0.33	2.43	45	136	6 100
	SJ/T 10281—1991	0.332 57	2.453 6	45.1	136	6 110
	GB/T 20874—2007	0.323 43	2.332 1	44.9	139	6 119

表 A.1（续）

型号	标准号[a]	C_1/mm^{-1}	$C_2/(\times 10^{-3}\ mm^{-3})$	l_e/mm	A_e/mm^2	V_e/mm^3
P36/22	GB/T 9630—1988	0.26	1.29	52	202	10 600
	SJ/T 10281—1991	0.263 37	1.309 7	53.0	201	10 600
	GB/T 20874—2007	0.256 66	1.249 2	52.7	205	10 800
P42/29	GB/T 9630—1988	0.26	0.98	69	265	18 300
	SJ/T 10281—1991	0.256 79	0.963 16	68.4	267	18 200
	GB/T 20874—2007	0.251 57	0.932 49	67.9	270	18 300

[a] 每列的第一行：在 GB/T 9630—1988 中列出的有效参数值。
每列的第二行：通过 SJ/T 10281—1991 计算出的有效参数值。
每列的第三行：通过 GB/T 20874—2007 中新公式计算出的有效参数值。

表 A.2　ETD 磁心有效参数的比较

型号	标准号[a]	C_1/mm^{-1}	$C_2/(\times 10^{-3}\ mm^{-3})$	l_e/mm	A_e/mm^2	V_e/mm^3
ETD34	IEC 61185:1992	0.814 1	8.379	79	97	7 700
	GB/T 20874—2007	0.814 49	8.387 9	79.1	97.1	7 680
ETD39	IEC 61185:1992	0.741 6	5.933	93	125	11 600
	GB/T 20874—2007	0.742 00	5.940 1	92.7	125	11 600
ETD44	IEC 61185:1992	0.598 8	3.458	104	173	18 000
	GB/T 20874—2007	0.599 18	3.462 8	104	173	17 900
ETD49	IEC 61185:1992	0.542 1	2.566	115	211	24 200
	GB/T 20874—2007	0.542 45	2.569 2	115	211	24 200

注：在 IEC 61185 其他尺寸的有效参数值与按 GB/T 20874—2007 的新公式计算出的值相同。

[a] 每列的第一行：在 IEC 61185:1992 中列出的有效参数值。
每列的第二行：通过 GB/T 20874—2007 中新公式计算出的有效参数值。

表 A.3　PM 磁心有效参数的比较

型号	标准号[a]	C_1/mm^{-1}	$C_2/(\times 10^{-3}\ mm^{-3})$	l_e/mm	A_e/mm^2	V_e/mm^3
PM50/39	IEC 61247:1996	0.226 69	0.613 75	84.0	369	30 900
	GB/T 20874—2007	0.249 64	0.715 48	87.1	349	30 400
PM62/49	IEC 61247:1996	0.190 09	0.330 93	109	570	63 000
	GB/T 20874—2007	0.195 90	0.346 73	111	565	62 500
PM74/59	IEC 61247:1996	0.162 22	0.205 50	128	790	101 000
	GB/T 20874—2007	0.168 95	0.215 46	132	784	104 000
PM87/70	IEC 61247:1996	0.160 54	0.177 01	146	910	132 000
	GB/T 20874—2007	0.161 20	0.173 02	150	932	140 000
PM114/93	IEC 61247:1996	0.116 29	0.067 692	200	1 720	343 000
	GB/T 20874—2007	0.116 68	0.066 429	205	1 760	360 000

[a] 每列的第一行：在 IEC 61247:1996 中列出的有效参数值。
每列的第二行：通过 GB/T 20874—2007 中新公式计算出的有效参数值。

表 A.4 RM 磁心有效参数的比较

型号	标准号[a]		C_1/mm^{-1}	C_2/(×10^{-3} mm^{-3})	l_e/mm	A_e/mm^2	V_e/mm^3
RM4	SJ/T 2744—1987	○	1.90	172	21.0	11.0	232
	SJ/T 2744—2002	●	1.617 5	116.255	22.5	13.9	313
	SJ/T 10281—1991	○	1.889 4	172.74	20.7	10.9	226
	GB/T 20874—2007	●	1.633 0	116.54	22.9	14.0	321
RM5	SJ/T 2744—1987	○	1.00	48	20.8	20.8	430
	SJ/T 2744—2002	●	0.937 93	39.400	22.3	23.8	530
	SJ/T 10281—1991	○	1.021 0	49.866	20.9	20.5	430
	GB/T 20874—2007	●	0.943 15	39.774	22.4	23.7	530
RM6-S	SJ/T 2744—1987	○	0.86	27.5	26.9	31.3	840
	SJ/T 2744—2002	●	0.798 95	22.373	28.5	35.7	1 020
	SJ/T 10281—1991	○	0.897 83	29.592	27.2	30.3	830
	GB/T 20874—2007	●	0.816 68	23.099	28.9	35.4	1 020
RM6-R	SJ/T 2744—1987	○	0.80	25.0	25.6	32.0	820
	SJ/T 2744—2002	●	0.719 82	18.993	27.3	37.9	1 030
	SJ/T 10281—1991	○	0.821 49	25.728	25.7	31.3	810
	GB/T 20874—2007	●	0.740 34	19.737	27.8	37.5	1 040
RM7	SJ/T 2744—1987	○	0.74	18.4	29.8	40	1 200
	SJ/T 2744—2002	●	0.652 96	13.800	30.9	47.0	1 450
	SJ/T 10281—1991	○	0.720 27	17.389	29.8	41.4	1 240
	GB/T 20874—2007	●	0.672 53	14.509	31.2	46.4	1 450
RM8	SJ/T 2744—1987	○	0.67	12.8	35.1	52	1 840
	SJ/T 2744—2002	●	0.589 86	9.201 1	38.0	64.0	2 400
	SJ/T 10281—1991	○	0.685 47	13.238	35.5	51.8	1 840
	GB/T 20874—2007	●	0.607 35	9.650 5	38.2	62.9	2 410
RM10	SJ/T 2744—1987	○	0.50	6.0	42	83	3 470
	SJ/T 2744—2002	●	0.453 44	4.587 8	45.0	99.0	4 500
	SJ/T 10281—1991	○	0.504 94	6.021 9	42.3	83.9	3 550
	GB/T 20874—2007	●	0.455 90	4.634 7	44.8	98.4	4 410
RM12	SJ/T 2744—2002	●	0.373 84	2.495 0	56.0	150	8 400
	GB/T 20874—2007	●[b]	—	—	—	—	—
RM14	SJ/T 2744—1987	○	0.40	2.25	71	178	12 600
	GB/T 20874—2007	○	0.382 34	2.180 1	67.1	175	11 800
RM14A	SJ/T 2744—2002	●	0.332 40	1.614 1	69.0	206	14 100
	GB/T 20874—2007		0.350 76	1.764 1	69.7	199	13 900

注 1：SJ/T 2744—1987 和 SJ/T 2744—2002 的有效参数值是在各自标准中列出的值。

注 2：通过 GB/T 20874—2007(即本标准)中新公式计算出的有效参数值。

a “○”带中心孔的磁心；
“●”无中心孔的磁心。

b RM12 的有效参数值无法计算，因为在 SJ/T 2744—2002 中对其计算用的一些基本尺寸未经描述。

ICS 29.035.20
K 15

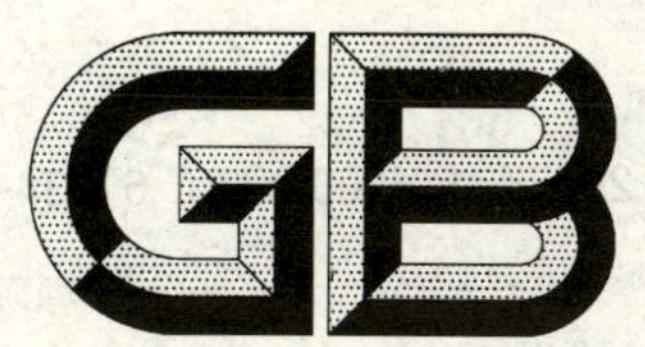

中华人民共和国国家标准

GB/T 20875.1—2007/IEC 61234-1:1994

电气绝缘材料水解稳定性的试验方法 第1部分:塑料薄膜

Method of test for the hydrolytic stability of electrical insulating materials—Part 1:Plastic films

(IEC 61234-1:1994,IDT)

2007-01-23 发布 2007-08-01 实施

中华人民共和国国家质量监督检验检疫总局
中国国家标准化管理委员会 发布

前　言

GB/T 20875《电气绝缘材料水解稳定性的试验方法》分为以下若干部分：

——第1部分：塑料薄膜；

——第2部分：模塑热固性材料。

其他部分正在考虑之中。

本部分为GB/T 20875的第1部分。

本部分等同采用IEC 61234-1:1994《电气绝缘材料水解稳定性的试验方法　第1部分：塑料薄膜》(英文版)。

为便于使用，删除了国际标准的前言和引言。

本部分由中国电器工业协会提出。

本部分由全国绝缘材料标准化技术委员会(SAC/TC 51)归口。

本部分起草单位：桂林电器科学研究所。

本部分主要起草人：赵莹。

本部分为首次制定。

电气绝缘材料水解稳定性的试验方法
第1部分:塑料薄膜

1 范围

本部分规定了测定经受浸水和温度同时作用的塑料薄膜水解稳定性的试验方法。用本试验方法测定机械和电气性能的不可逆变化。

本部分适用于GB/T 12802系列标准所规定的厚度≤250 μm的电气绝缘塑料薄膜及其他类型的塑料薄膜。

2 规范性引用文件

下列文件中的条款通过GB/T 20875的本部分的引用而成为本部分的条款。凡是注日期的引用文件,其随后所有的修改单(不包括勘误的内容)或修订版均不适用于本部分,然而,鼓励根据本部分达成协议的各方研究是否可使用这些文件的最新版本。凡是不注日期的引用文件,其最新版本适用于本部分。

GB/T 1040.3—2006 塑料 拉伸性能的测定 第3部分:薄膜和薄片的试验条件(ISO 527-3:1995,IDT)

GB/T 1408.1—2006 绝缘材料电气强度试验方法 第1部分:工频下试验(IEC 60243-1:1998,IDT)

GB/T 3772—1998 铂铑10-铂热电偶丝(eqv IEC 60584-1:1995和IEC 60584-2:1989)

GB 12802.2—2004 电气绝缘用薄膜 第2部分:电气绝缘用聚酯薄膜(IEC 60674-3-2:1992,MOD)

GB/T 13542.6—2006 电气绝缘用薄膜 第6部分:电气绝缘用聚酰亚胺薄膜(IEC 60674-3-416:1993,MOD)

IEC 60296:2003 电工流体 变压器和开关用的未使用过的矿物绝缘油规范

IEC 60674-1:1980 电气用塑料薄膜规范 第1部分:定义及一般要求

3 定义

下列术语和定义适用于本部分。

3.1

击穿电压 breakdown voltage

在规定的试验条件下发生电气击穿时的电压。

3.2

拉伸强度 tensile strength

在拉伸试验过程中,试样承受的最大拉伸应力。

4 试样

4.1 试样数量

测定每一温度和时间的每一性能,应用5个试样。测定未经处理薄膜的性能时,每一性能应用10个试样。

4.2 测定拉伸强度的试样

应以机器方向截取试样。

推荐试样尺寸为宽 15 mm，长 150 mm，试验标线长 100 mm。如果采用其他尺寸，应报告之。

4.3 测定击穿电压的试样

推荐试样尺寸为 100 mm×100 mm。如果采用其他尺寸，应报告之。

5 条件处理

在浸渍和试验之前，试样应在压力小于 1.5 Pa 的真空干燥箱中，于 60℃±2℃温度条件下处理不少于 60 min。然后，立即对试样进行试验或将其贮存于干燥器内备用。

6 设备

6.1 老化容器

老化容器的容积应使得每 5 个试样至少占有 1 L。在试验温度下经1 000 h后，允许有不大于 5%的水分损失。所选取制作老化容器的材料必须使得老化容器能满足下述试验的要求，在最高试验温度(140℃±2℃)下，对符合 7.2 的软化水加热1 000 h后，该水的 pH 值不应从 7.0±0.5 变化到大于 7.0±1.5，电导率增加不超过 500 μS/m。

使用压力容器应遵守国家规定。

6.2 测量薄膜厚度的装置

测量薄膜厚度的仪器应能测量到±2 μm 的偏差。

6.3 测量温度的器材

应使用符合 GB/T 3772—1998 规定的热电偶测量压力容器内部的温度。

6.4 pH 计

pH 计应具有至少 0.05pH 的准确度。

7 程序

7.1 方法概述

本试验的原理是将干燥过的薄膜试样，于不同温度的水中经过不同时间的浸渍。然后，再按第 5 章对试样干燥，并测定其电气和机械性能。报告浸渍薄膜的电气和机械性能与未浸渍薄膜的这些性能相比的百分保持率。

7.2 浸渍媒质

应使用软化水作为媒质。浸渍前水的电导率小于 500 μS/m，pH 值为 7.0±0.5。

7.3 浸渍程序

按 4.2 和 4.3 的规定制备试样。然后，把它完全浸没于浸渍容器的水中。重要的是要避免对试样施加机械负荷和避免试样间相互接触。在每个水的容器内，应仅试验一种类型薄膜。

7.4 浸渍温度

所采用的浸渍温度应是 90℃±2℃、120℃±2℃和 140℃±2℃。应使用符合 6.3 规定的热电偶测量压力容器内部的温度。

7.5 浸渍时间

在每一温度下，推荐浸渍时间为 48 h、168 h 和 500 h，也可另选1 000 h或更长的持续时间，但应予以报告。

把试样从浸渍容器中取出的时间应尽可能短。在本操作过程中，容器内任何水量的损失应予以补充。

8 测量和试验结果

8.1 击穿电压

应按 GB/T 1408.1—2006 中 7.2 规定的符合 IEC 60296:2003 的绝缘油中测定击穿电压,浸渍和未浸渍的试样数量符合 4.1,报告原始平均值和保持平均值。也可另选在空气中测定,但应予以报告。

优选的电极系统是按 GB/T 1408.1—2006 中 5.1.1.2 的规定,推荐直径为 25 mm 电极。允许使用其他电极系统方式,但应予以报告。

试验 10 个未经浸渍的试样并注明原始平均值。

对每一时间和温度组合,试验 5 个浸渍过的试样并注明保持平均值。

8.2 拉伸强度

按 GB/T 1040.3—2006 测定已按第 5 章条件处理过的浸渍后和未经浸渍的试样的拉伸强度。试验速度为 100 mm/min,试验温度为 23℃±1℃。

试验 10 个未经浸渍的试样并注明原始平均值,对每一时间和温度的组合,应试验 5 个浸渍过的试样并注明保持平均值。

8.3 结果计算

试验结果按性能保持值与原始值之比报告,以对原始值的百分率表示,用下式计算结果:

$$拉伸强度保持率(t,T)=\frac{\sigma(t,T)}{\sigma(c)}\times 100$$

$$击穿电压保持率(t,T)=\frac{U(t,T)}{U(c)}\times 100$$

式中:

$\sigma(t,T)$——经时间 t 和温度 T 浸渍处理后试样的拉伸强度平均值的数值,单位为兆帕(MPa);

$\sigma(c)$——未经浸渍处理试样的拉伸强度平均值的数值,单位为兆帕(MPa);

$U(t,T)$——经时间 t 和温度 T 浸渍处理后试样的击穿电压平均值的数值,单位为千伏(kV);

$U(c)$——未经浸渍处理试样的击穿电压平均值的数值,单位为千伏(kV)。

9 报告

除非另有规定,报告应包括下述内容:

a) 对被试材料的完整鉴别、试样说明及试样制备方法;

b) 试样的标称厚度;

c) 试样浸渍的时间和温度;

d) 击穿电压保持率;

e) 拉伸强度保持率。

ICS 29.080.10
K 48

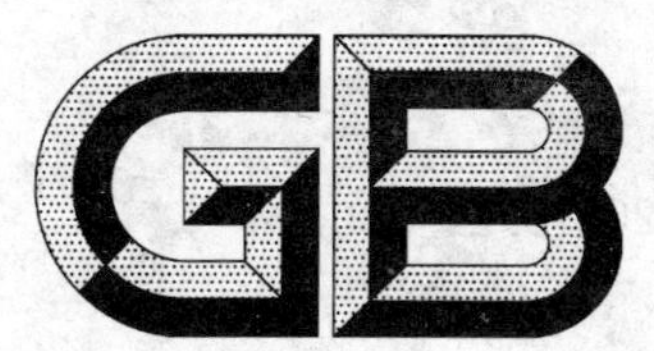

中华人民共和国国家标准

GB/T 20876.2—2007

标称电压大于1 000 V的架空线路用悬式复合绝缘子元件 第2部分:尺寸和电气特性

Composite string insulator units for overhead lines with a nominal voltage greater than 1 000 V—Part 2:Dimensional and electrical characteristics

(IEC 61466-2:2002,MOD)

2007-01-23 发布　　　　2007-08-01 实施

中华人民共和国国家质量监督检验检疫总局
中国国家标准化管理委员会　发布

前言

GB/T 20876《标称电压大于1 000 V的架空线路用悬式复合绝缘子元件》分为两个部分：

——第1部分：标准强度等级和端部附件；

——第2部分：尺寸和电气特性。

本部分为GB/T 20876的第2部分。

本部分修改采用IEC 61466-2:2002《标称电压大于1 000 V的架空线路用复合绝缘子串元件　第2部分：尺寸和电气特性》。

本部分与IEC 61466-2:2002的条款完全对应，标准的技术性差异用垂直单线在它们所涉及的条款的页边空白处标识。在附录B中给出了技术性差异及其原因的一览表以供参考。为了使用方便，在附录C中给出了绝缘子的主要尺寸和特性以供参考。

为便于使用，本部分还做了下列编辑性修改：

a) “本国际标准”一词改为“本部分”；

b) 用小数点“.”代替作为小数点的逗号“,”；

c) 删除国际标准的前言。

本部分的附录A是规范性附录，附录B和附录C是资料性附录。

本部分由中国电器工业协会提出。

本部分由全国绝缘子标准化技术委员会归口。

本部分起草单位：西安电瓷研究所、中国电力科学研究院。

本部分主要起草人：党镇平、刘燕生、陈林山、丁京玲。

本部分为首次制定。

从本部分实施之日起，JB/T 8460—1996作废。

标称电压大于1 000 V的架空线路用悬式复合绝缘子元件 第2部分:尺寸和电气特性

1 范围

本部分适用于标称电压大于1 000 V、频率不超过100 Hz的交流架空线路用额定机械负荷(SML)40 kN到400 kN的悬式复合绝缘子元件。

本部分也适用于变电所或电力牵引线路上使用的类似设计的绝缘子。

本部分适用于按照IEC 61466-1:1997连接的悬式复合绝缘子元件。

本部分规定了架空线路用最高雷电冲击水平2 700 kV及额定机械负荷(SML)40 kN到400 kN的悬式复合绝缘子元件电气和尺寸特性规定值。

注:在GB/T 19519—2004中给出了试验的一般规定和方法。

2 规范性引用文件

下列文件中的条款通过GB/T 20876的本部分的引用而成为本部分的条款。凡是注日期的引用文件,其随后所有的修改单(不包括勘误的内容)或修订版不适用于本部分,然而,鼓励根据本部分达成协议的各方研究是否可使用这些文件的最新版本。凡是不注日期的引用文件,其最新版本适用于本部分。

GB/T 311.1—1997 绝缘配合 第1部分:定义、原理和规则(eqv IEC 60071-1:1993)

GB/T 311.2—2002 绝缘配合 第2部分:高压输变电设备的绝缘配合使用导则(eqv IEC 60072-1:1996)

GB/T 19519—2004 标称电压高于1 000 V交流架空线路用复合绝缘子 定义、试验方法及验收准则(IEC 61109:1995,MOD)

IEC 61466-1:1997 标称电压高于1 000 V架空线路用的复合绝缘子串元件 第1部分:标准强度等级和端部附件

3 机械和尺寸特性

标准的复合绝缘子串元件包含以下机械和尺寸特性:

——额定机械负荷(SML)
——连接型式
（在IEC 61466-1:1997中规定了这些机械特性。）

——最小爬电距离
——最小电弧距离
——绝缘件最大直径
（在表1中给出了这些尺寸特性。）

表1给出了基于16 mm/kV(相/相)的规定爬电距离条件下各绝缘子的最小爬电距离以及设备最高电压,该电压仅作为资料给出,其他值的规定爬电距离可单独要求。在附录A中提供了复合绝缘子爬电距离的更多信息。

4 电气特性

表1给出了标准雷电冲击耐受电压,该电压标准化了复合绝缘子串元件。

除非国家规程或惯例另有规定,工频湿耐受电压应按GB/T 311.1—1997规定;对于设备最高电压不小于 363 kV 的绝缘子，其湿操作冲击耐受电压由用户协商确定。

5 型号

复合绝缘子在表 1 中规定如下：

——靠着字母 CS 后面由一数字表示额定机械负荷(SML)，单位千牛(kN)；

——字母 X 和 Z，表示按照 IEC 61466-1:1997 的连接方式；

——由分隔符分开的两个数字表示标准雷电冲击耐受电压和最小爬电距离。

6 连接标记

绝缘子应按 IEC 61466-1:1997 进行标记。

7 公差

表 1 中给出的尺寸为绝对的最小或最大值，因此没有规定公差。按本部分提供的绝缘子的尺寸和公差应标注在制造厂的图样上。

8 电场控制和电弧保护装置

对于电压较高的系统，绝缘子必须有均压装置。表 1 中所列的电弧距离是安装了均压装置的。然而，当作为独立的电弧保护装置使用时，可以不用考虑电弧距离的所列数值。

表 1 复合绝缘子的设计和特性

型号[a]	额定机械负荷(SML)								标准雷电冲击耐受电压[b]	最小爬电距离	最小电弧距离[c]	绝缘件的最大直径	基于 16 mm/kV 规定爬电比距的设备最高电压[d]
	kN								kV	mm	mm	mm	kV
CS(SML)XZ-60/185	40	70	100	120	160	210	300	400	60	185	100	200	11.5
CS(SML)XZ-60/195	40	70	100	120	160	210	300	400	60	195	100	200	12
CS(SML)XZ-75/185	40	70	100	120	160	210	300	400	75	185	125	200	11.5
CS(SML)XZ-75/195	40	70	100	120	160	210	300	400	75	195	125	200	12
CS(SML)XZ-75/280	40	70	100	120	160	210	300	400	75	280	125	200	17.5
CS(SML)XZ-95/185	40	70	100	120	160	210	300	400	95	185	160	200	11.5
CS(SML)XZ-95/195	40	70	100	120	160	210	300	400	95	195	160	200	12
CS(SML)XZ-95/280	40	70	100	120	160	210	300	400	95	280	160	200	17.5
CS(SML)XZ-95/370	40	70	100	120	160	210	300	400	95	370	160	200	23
CS(SML)XZ-125/370	40	70	100	120	160	210	300	400	125	370	210	200	23
CS(SML)XZ-145/370	40	70	100	120	160	210	300	400	145	370	240	200	23
CS(SML)XZ-95/385	40	70	100	120	160	210	300	400	95	385	160	200	24
CS(SML)XZ-125/385	40	70	100	120	160	210	300	400	125	385	210	200	24
CS(SML)XZ-145/385	40	70	100	120	160	210	300	400	145	385	240	200	24
CS(SML)XZ-145/580	40	70	100	120	160	210	300	400	145	580	240	200	36

表 1(续)

型　　号[a]	额定机械负荷(SML)								标准雷电冲击耐受电压[b]	最小爬电距离	最小电弧距离[c]	绝缘件的最大直径	基于16 mm/kV规定爬电比距的设备最高电压[d]
	kN								kV	mm	mm	mm	kV
CS(SML)XZ-170/580	40	70	100	120	160	210	300	400	170	580	285	200	36
CS(SML)XZ-185/650	40	70	100	120	160	210	300	400	185	650	315	200	40.5
CS(SML)XZ-200/650	40	70	100	120	160	210	300	400	200	650	340	200	40.5
CS(SML)XZ-250/835	40	70	100	120	160	210	300	400	250	835	435	200	52
CS(SML)XZ-325/1160	40	70	100	120	160	210	300	400	325	1160	570	200	72.5
CS(SML)XZ-450/1705	40	70	100	120	160	210	300	400	450	1970	815	200	123
CS(SML)XZ-450/2020	40	70	100	120	160	210	300	400	450	2020	815	200	126
CS(SML)XZ-450/2320	40	70	100	120	160	210	300	400	450	2320	815	200	145
CS(SML)XZ-550/1970	40	70	100	120	160	210	300	400	550	1970	1005	200	123
CS(SML)XZ-480/2020	40	70	100	120	160	210	300	400	480	2020	870	200	126
CS(SML)XZ-550/2320	40	70	100	120	160	210	300	400	550	2320	1005	200	145
CS(SML)XZ-550/2720	40	70	100	120	160	210	300	400	550	2720	1005	200	170
CS(SML)XZ-650/2320	40	70	100	120	160	210	300	400	650	2320	1195	200	145
CS(SML)XZ-650/2720	40	70	100	120	160	210	300	400	650	2720	1195	200	170
CS(SML)XZ-650/3920	40	70	100	120	160	210	300	400	650	3920	1195	200	245
CS(SML)XZ-750/2720	40	70	100	120	160	210	300	400	750	2720	1395	200	170
CS(SML)XZ-750/3920	40	70	100	120	160	210	300	400	750	3920	1395	200	245
CS(SML)XZ-750/4035	40	70	100	120	160	210	300	400	750	4035	1395	200	252
CS(SML)XZ-850/3920	40	70	100	120	160	210	300	400	850	3920	1585	200	245
CS(SML)XZ-850/4035	40	70	100	120	160	210	300	400	850	4035	1585	200	252
CS(SML)XZ-950/3920	40	70	100	120	160	210	300	400	950	3920	1775	200	245
CS(SML)XZ-950/4035	40	70	100	120	160	210	300	400	950	4035	1775	200	252
CS(SML)XZ-1050/3920	40	70	100	120	160	210	300	400	1050	3920	1970	200	245
CS(SML)XZ-1050/4035	40	70	100	120	160	210	300	400	1050	4035	1970	200	252
CS(SML)XZ-1050/5810	40	70	100	120	160	210	300	400	1050	5810	1970	200	363
CS(SML)XZ-1175/5810	40	70	100	120	160	210	300	400	1175	5810	2210	200	363
CS(SML)XZ-1300/5810	40	70	100	120	160	210	300	400	1300	5810	2460	200	363
CS(SML)XZ-1425/8800	40	70	100	120	160	210	300	400	1425	8800	2720	200	550
CS(SML)XZ-1550/8800	40	70	100	120	160	210	300	400	1550	8800	2990	200	550
CS(SML)XZ-1675/8800	40	70	100	120	160	210	300	400	1675	8800	3270	200	550
CS(SML)XZ-1800/8800	40	70	100	120	160	210	300	400	1800	8800	3560	200	550

表 1(续)

型　　号[a]	额定机械负荷(SML)								标准雷电冲击耐受电压[b]	最小爬电距离	最小电弧距离[c]	绝缘件的最大直径	基于 16 mm/kV 规定爬电比距的设备最高电压[d]
	kN								kV	mm	mm	mm	kV
CS(SML)XZ-1950/12800	40	70	100	120	160	210	300	400	1950	12800	3880	200	800
CS(SML)XZ-2100/12800	40	70	100	120	160	210	300	400	2100	12800	4210	200	800
CS(SML)XZ-2250/12800	40	70	100	120	160	210	300	400	2250	12800	4550	200	800
CS(SML)XZ-2400/12800	40	70	100	120	160	210	300	400	2400	12800	4920	200	800
CS(SML)XZ-2550/12800	40	70	100	120	160	210	300	400	2550	12800	5200	200	800
CS(SML)XZ-2700/12800	40	70	100	120	160	210	300	400	2700	12800	5590	200	800

a　SML 是选定的额定机械负荷,XZ 是按 IEC 61466-1:1997 标准连接方式。

例如:

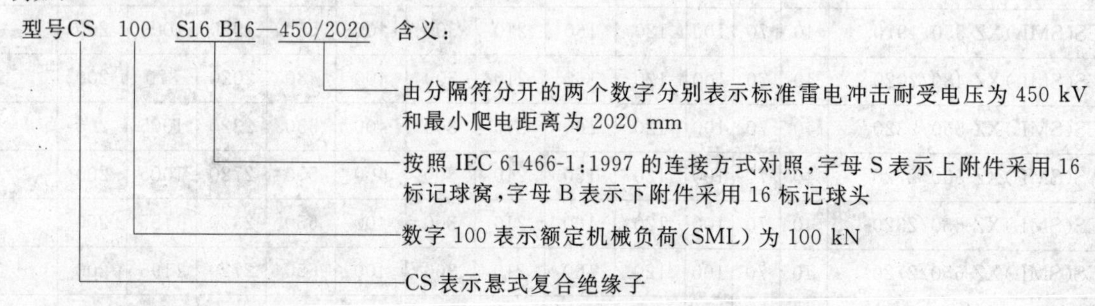

b　当使用电弧保护装置时,根据绝缘配合原则,用户可能指定较高的雷电冲击耐受电压。

c　在这个版本的制定中,由于端部附件的形式和材料的多样性,使得规范结构高度不现实,因此,本部分指定了最小电弧距离,而不是最大结构高度(附件间的距离)。

d　本栏仅作为资料给出。关于爬电距离的补充资料见附录 A。

附　录　A
（规范性附录）
关于爬电距离资料

表1给出了基于16 mm/kV（相/相）规定爬电距离的设备最高电压U_m。目前经验表明该规定爬电距离，对于不考虑污秽特性苛刻因素的地区是满足的。因为在绝缘子使用的每一地区会遇到不同的环境条件（例如：污秽水平、暴露时间、潮湿状况等），因此用户应考虑爬电距离的变化（增加或者甚至减小）从而保证绝缘子的良好性能。

本部分准备期间，关于规定爬电距离和适宜于复合绝缘子不同外套材料的资料不够充分，为了保证各种环境条件下绝缘子具有良好的特性，有必要给出指南。此项工作目前由CIGRE[1]承担，并且包括对IEC 60815[2]修订任务的建议。

目前在IEC 60815指南中，对于玻璃和瓷绝缘子的规定爬电距离和伞形参数都指出了具体的应用要求，对于复合绝缘子不直接采用此规定设计标准。

附　录　B
（资料性附录）
本部分与IEC 61466-2:2002技术性差异及其原因

本部分与IEC 61466-2:2002技术性差异及其原因：

本部分中所有与IEC 61466-2:2002技术性差异的内容均是因为GB/T 311.2—2002中所规定的我国输变电设备的系统标称电压与IEC 60071-1:1993有差异，本部分在保留全部IEC 61466-2:2002所有条款基础上，增加了上述差异的电压等级所应对应的条款。

1）CIGRE：即国际大电网会议。

2）IEC 60815污秽条件下绝缘子的选择导则。

附 录 C
（资料性附录）
复合绝缘子的主要尺寸和特性

为了便于本部分的实施使用，考虑我国生产和使用情况，将常用的复合绝缘子的主要尺寸和特性列表供参考。

表 C.1 复合绝缘子的主要尺寸和特性

型号	额定机械负荷(SML)								标准雷电冲击耐受电压	20 mm/kV 和 25 mm/kV 爬电比距所对应的最小爬电距离	最小电弧距离	均压装置数量	绝缘件的最大直径	设备最高电压
	kN								kV	mm	mm		mm	kV
CS(SML)XZ-75/290	40	70							75	230/290	125	无	200	11.5
CS(SML)XZ-95/290	40	70							95	230/290	160	无	200	11.5
CS(SML)XZ-95/440	40	70							95	350/440	160	无	200	17.5
CS(SML)XZ-125/575	40	70							125	460/575	210	无	200	23
CS(SML)XZ-145/575	40	70							145	460/575	240	无	200	23
CS(SML)XZ-145/900	40	70							145	720/900	240	无	200	36
CS(SML)XZ-170/900	40	70							170	720/900	285	无	200	36
CS(SML)XZ-185/1015	40	70	100						185	810/1015	315	无	200	40.5
CS(SML)XZ-200/1015	40	70	100						200	810/1015	340	无	200	40.5
CS(SML)XZ-325/1815	40	70	100	120					325	1450/1815	570	无	200	72.5
CS(SML)XZ-450/3150		70	100	120					450	2520/3150	815	无	200	126
CS(SML)XZ-480/3150		70	100	120					480	2520/3150	870	无	200	126
CS(SML)XZ-850/6300		70	100	120	160				850	5040/6300	1585	单	200	252
CS(SML)XZ-950/6300		70	100	120	160				950	5040/6300	1770	单	200	252
CS(SML)XZ-1050/6300		70	100	120	160				1050	5040/6300	1900	单	200	252
CS(SML)XZ-1175/9075			100	120	160	210			1175	7260/9075	2210	双	200	363
CS(SML)XZ-1300/9075			100	120	160	210			1300	7260/9075	2400	双	200	363
CS(SML)XZ-1425/13750					160	210	300		1425	11000/13750	2600	双	200	550
CS(SML)XZ-1550/13750					160	210	300		1550	11000/13750	2900	双	200	550
CS(SML)XZ-1675/13750					160	210	300		1675	11000/13750	3200	双	200	550
CS(SML)XZ-1800/13750					160	210	300		1800	11000/13750	3500	双	200	550
CS(SML)XZ-1950/20000						210	300	400	1950	16000/20000	3800	双	200	800
CS(SML)XZ-2100/20000						210	300	400	2100	16000/20000	4200	双	200	800
CS(SML)XZ-2250/20000						210	300	400	2250	16000/20000	4500	双	200	800
CS(SML)XZ-2400/20000						210	300	400	2400	16000/20000	4800	双	200	800
CS(SML)XZ-2550/20000						210	300	400	2550	16000/20000	5100	双	200	800
CS(SML)XZ-2700/20000						210	300	400	2700	16000/20000	5400	双	200	800

注：设备最高电压为 550 kV 电压等级绝缘子的额定机械负荷(SML)等级常用的还有 180 kN 和 240 kN。

ICS 13.020
Z 00

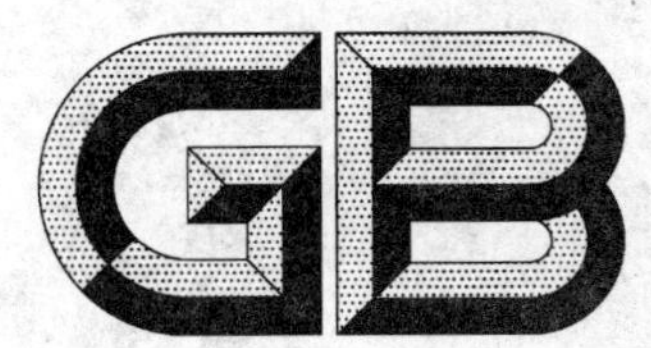

中华人民共和国国家标准

GB/T 20877—2007/IEC Guide 109:2003

电工产品标准中引入环境因素的导则

Environmental aspects—Inclusion in electrotechnical product standards

(IEC Guide 109:2003,IDT)

2007-01-23 发布　　2007-08-01 实施

中华人民共和国国家质量监督检验检疫总局
中国国家标准化管理委员会　发布

前　言

本标准等同采用 IEC 导则 109:2003《电工产品标准中引入环境因素的导则》。

本标准的附录 A 是规范性附录。

本标准由全国电气安全标准化技术委员会(SAC/TC 25)归口。

本标准主要起草单位:机械工业北京电工技术经济研究所、上海电器科学研究所(集团)有限公司;

本标准参加起草单位:上海电动工具研究所、中国质量认证中心、中国标准化研究院、北京 ABB 低压电器有限公司、施耐德电气(中国)投资有限公司、西门子(中国)有限公司。

本标准主要起草人:方晓燕、季慧玉、郭丽平、王克娇、刘金琰、卢琛钰、赵跃进、刘江、王中丹、张萍、王旭。

本标准首次制定。

引　言

导则的目的是向标准编写人员提供建议，建议其在与标准相关的各个因素中应考虑环境因素。

产品设计人员的工作是给产品寻求一个合理的方案，这种方案将是对各种因素的权衡结果(这些因素包括安全、环境、成本、技术、功能等)。该导则是为标准编写人员准备的，而不是为产品设计人员准备的。它鼓励标准既能起到保护环境的作用，同时又允许产品设计人员在多种相互制约因素中获得最切实际的折衷方案。

世界上大多数国家都认识到降低产品[a]在产品生命全过程对自然环境产生有害影响的必要性。产品生命全过程可以看作是：从获取材料到加工制造、产品销售、使用直到产品寿命终止处理(即再使用、再循环(回收和废弃))。设计阶段作出的选择在很大程度上决定着产品生命全过程产生什么影响。但是，目前存在相当多的障碍，使最佳环境方案选择极其复杂，例如，在选择降低对环境产生有害影响的设计方案时，可能遇到诸如较低回收率与较高能量利用率之间难以协调的问题。

对产品提出要求可能在很大程度上影响环境效应。为了降低有害影响，标准应该促进最佳设计方案的选择，而且在任何程度上，不得影响创新。标准编写人员应该通过特定的规定鼓励环境保护，这些要求不排斥适当使用回收材料和重复使用零件、子系统和系统。

随着新产品和新材料不断推广应用，使评价工作变得越来越复杂。由于必须收集另一些数据用作评价新产品和新材料在生命周期的影响，而目前能够得到的现有材料对环境影响的数据非常有限，尽管如此，现有的数据仍然可以用作改进产品对环境影响的基准。生命周期评价(LCA)和环境设计(DFE)原则(准确地说，应该是环境意识设计(ECD)[b]原则)提供了另外的手段，这些手段有助于开展评价方面的工作。ISO/TR 14062给出了关于如何将完整的ECD原则引入产品设计和开发中的全部信息。不要求标准编写人员运用LCA原则，但鼓励其采用ECD原则。

制造厂商取得更充分数据以后，才能较广泛地制定具体的设计优选方案和支持这些方案理由的文件。这种做法，扩展了基于这些优选方案和选择的知识，除了可以产生对环境特定标准化的要求外，还有助于产品寿命终止时的回收和废弃。

在这方面应该注意的是，规定试验方法时，标准编写人员应该考虑试验方法给环境带来的影响。

标准编写人员需要掌握有关原材料方面的环境比较数据，在选其数据作为标准内容时，应该谨慎处理从生命周期评价研究报告中得到的信息，这要求标准编写人员向国家、地区和国际标准化机构的咨询委员会就环境方面的问题提出咨询。

---

a　该术语在整篇导则中虽然都予以采用，但是在适当时其概念还包含加工过程和服务内容。

b　将环境方面的内容与产品设计和研制相结合构成整体的加工过程，也曾经采用过另一些不同术语，如环境设计(DFE)、生态设计、环境意识设计(ECD)，本文件中一概以环境意识设计代替有关的几种术语。

电工产品标准中引入环境因素的导则

1 范围

本标准用作指导标准编写人员在制定电工产品标准时，应如何考虑电工产品对环境产生影响的因素，其目的如下：

a) 增强产品标准中的某些条款(规定)会对环境产生正负影响的意识；

b) 简要地说明产品标准与环境之间的关系；

c) 帮助避免产品标准中可能引起的对环境有害影响的某些条款；

d) 强调在产品标准制定过程中引入环境因素是个复杂的过程，要求权衡各种因素；

e) 在产品标准中引入环境因素时，推荐采用生命周期原则。

本标准尽可能与 ISO 导则 64 协调一致。

2 规范性引用文件

下列文件中的条款通过本标准的引用而成为本标准的条款。凡是注日期的引用文件，其随后所有的修改单(不包括勘误的内容)或修订版均不适用于本标准，然而，鼓励根据本标准达成协议的各方研究是否可使用这些文件的最新版本。凡是不注日期的引用文件，其最新版本适用于本标准。

GB/T 24001—2004 环境管理体系 要求及使用指南 (idt ISO 14001:2004)

GB/T 24040—1999 环境管理 生命周期评价 原则与框架 (idt ISO 14040:1997)

ISO/TR 14062:2002 环境管理 将环境因素纳入产品设计和开发

ISO 11469:2000 塑料 塑料产品的种类鉴别与标号

ISO 17422:2002 塑料 环境方面的内容 将环境方面的内容纳入标准的原则指南

ISO 导则 64:1997 将环境因素纳入到产品标准的指南

ISO/IEC 导则 2:1996 标准化与相关活动 通用词汇

3 术语和定义

下列术语和定义适用于本标准。

3.1

寿命终止 end of life; EOL

产品在终止预期使用达到的一种状态。

3.2

能量回收 energy recovery

利用可燃性废弃物直接焚烧，同时进行热回收，作为产生能量的手段。焚烧过程中可以加入或不加入其他的废料。

3.3

环境 environment

组织运行活动的外部存在，包括空气、水、土地、自然资源、植物、动物、人，以及它们之间的相互关系。

[GB/T 24001—2004，3.5]

注1：在本标准中，“组织”包含由该组织产生的产物。

注2：在本标准中“环境”并不涉及影响某些电工产品的周围大气(如温度或湿度)，也不涉及商业环境。它仅用作

"生态环境"的同义词。

3.4

环境因素　environmental aspect

一个组织的活动、产品或服务中能与环境发生相互作用的要素。

注：重要环境因素是指具有或能够产生重大环境影响的环境因素。

[GB/T 24001—2004,3.6]

注：例如,在许多情况下,能耗是电气或电子产品的主要环境因素。

3.5

环境影响　environment impact

全部或部分地由组织的环境因素给环境造成的任何有害或有益的变化。

[GB/T 24001—2004,3.7]

注：某一产品的能耗可以通过产生能量的过程产生多种环境影响,例如导致温室效应或酸化环境。

3.6

有害物质　hazardous substance

对人类或环境能够立即或延期产生有害影响的物质。

注：有害物质对环境所产生有害影响的危险性不仅取决于物质本身的有害程度,而且还取决于有害物的数量和其释放的可能性。因此,对危险的评定必须考虑到所有因素和整个产品的生命周期。

3.7

输入　input

从原材料获取到最终处置的任何阶段,进入产品系统的材料或能量。

3.8

生命周期　life cycle

产品系统中前后衔接的一系列阶段,从原材料的获取或自然资源的生成,直至最终处置。

[GB/T 24040—1999,3.8]

3.9

生命周期评价(LCA)　life cycle assessment

对一个产品系统的生命周期中输入、输出及其潜在环境影响的汇编和评价。

[GB/T 24040—1999,3.9]

3.10

生命周期理念(LCT)　life cycle thinking

在整个产品生命周期内,考虑所有相关的环境因素。

3.11

输出　output

从原材料获取到最终处置的任何阶段,脱离产品系统的材料或能量。

3.12

污染　pollution

由有机物或无机物、有害物、辐射或噪声对环境造成的有害影响。

3.13

污染预防　prevention of pollution

为了降低有害的环境影响而采用(或综合采用)过程、惯例、技术、材料、产品、服务或能源以避免、减少或控制任何类型的污染物或废物的产生、排放或废弃。

注：污染预防可包括源削减或消除,过程、产品或服务的更改,资源的有效利用,材料或能源替代,再利用、回收、再循环、再生和处理。

[GB/T 24001—2004,3.18]

3.14

产品标准　product standard

对一种产品或一组产品规定所要达到的规范性要求,以确定产品的适用性能。

注1:除产品适用性能要求以外,产品标准还可能直接或引用文件对其他方面作出规定,如术语、采样、试验、包装和标签方面的要求,有时还可能包括加工工艺要求。

注2:根据产品标准是规定了全部必要要求,还是规定了部分必要要求,产品标准可以是完整的,也可以是不完整的。鉴于此,可以分别将这些标准分为诸如尺寸、材料和工艺流程标准等。

[ISO/IEC 导则 2:1996]

3.15

可回收性　recyclability

物质或材料以及由此制成的零件或产品具有可回收的特性。

注:产品的可回收性不仅取决于产品中所含材料的可回收性,产品结构和输送供给系统也是极其重要的因素。

3.16

回收　recycling

在生产过程中对废物进行再处理,以达到原来用途或其他用途要求,但不包括能量回收。

3.17

标准编写人员　standard writer

参加标准编写的人员。

3.18

废物　waste

按照现行国家法律规定,废弃或被要求废弃的物质或物体。

[EEC 指令 75/442]

4　产品标准与环境之间需要考虑的一般原则

4.1　概述

每种产品对环境都会产生某些方面的影响,这些影响可能出现在产品生命周期的任一阶段或所有阶段,也可能是当地、地区或全球性范围的,或者在三种范围内同时存在。

产品对环境的影响很大程度上取决于产品生命周期各个阶段所采用的输入和产生的输出,改变任何一项输入或输出都会给其他的输入和输出带来影响。

预测或鉴别产品的环境影响是复杂的。由于缺乏环境的因果关系,难以取得相互一致的意见,不过,试图在产品生命周期的各个阶段或所有阶段引入一个给定的环境影响,可能会取得结果。

尽管存在上述种种困难,在制定产品标准时还是应该考虑产品的环境影响。

产品的环境影响应该与其他一些因素一起加以权衡,例如产品的功能、性能、安全与健康、成本、销路和质量,而且还必须符合法律法规的要求。

本章给出了关于产品标准与环境以及它们之间相互关系所需要考虑的一般原则。第5章为标准编写人员提供了实用和具体的建议。

4.2　产品标准与环境

产品标准中的规定和在产品生命周期中与产品相关的环境影响之间的关系框架可以用图1说明。如果这样,产品标准可以有效促使产品对环境的有害影响不断降低。

本条款的目的是给标准编写人员提供关于在其考虑将环境因素引入产品标准中时所需考虑事项的背景资料。

本章的4.2.1中给出了有关产品标准的一般考虑原则;4.2.2中主要关注环境影响。在将环境因素引入产品标准时,应特别注意遵守两方面的一些相关策略。

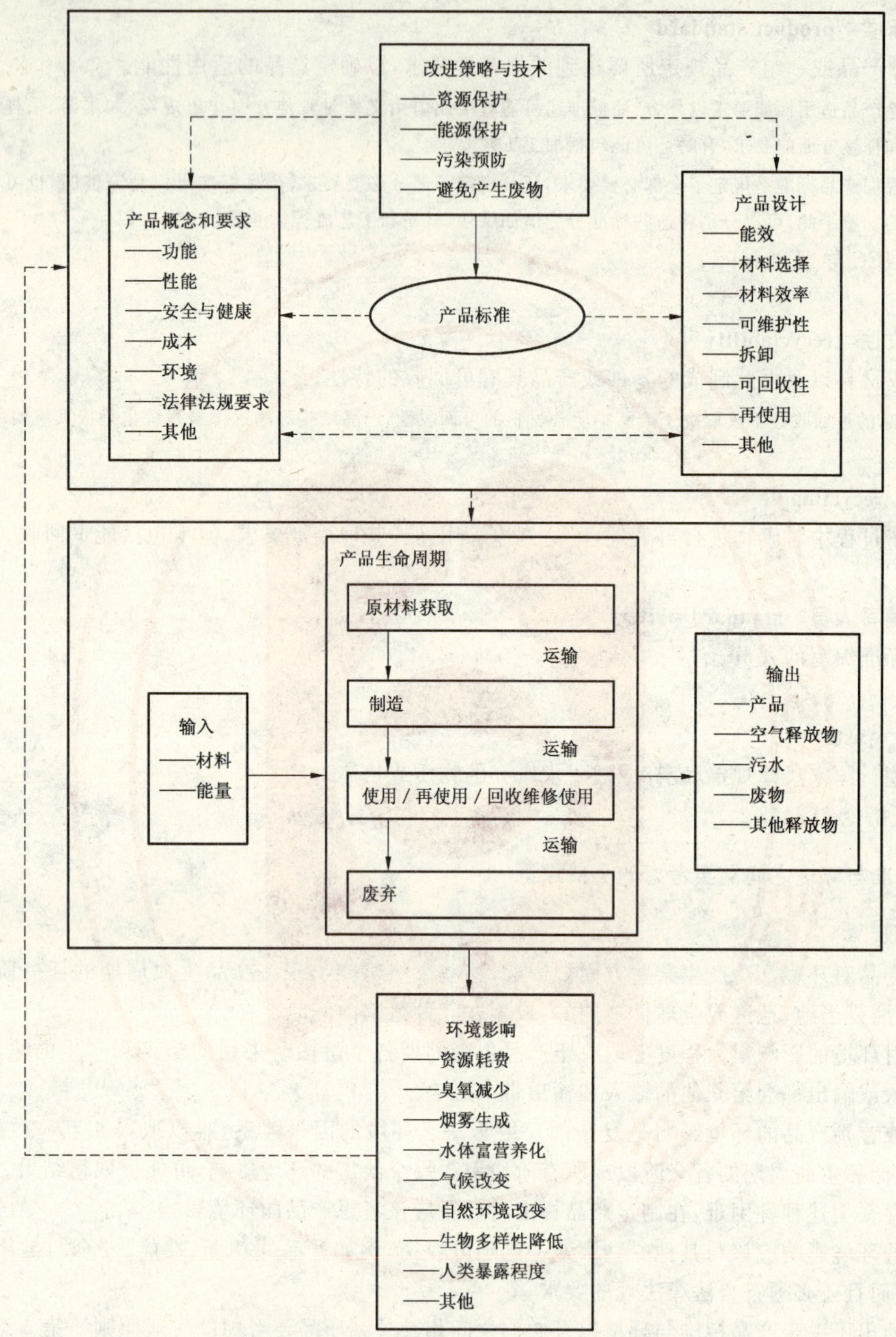

图1 产品标准中的规定和在产品生命周期中与产品相关的环境影响之间的关系框架

4.2.1 一般原则

产品标准中的规定,对环境改善既可以起促进作用,也可以起阻碍作用。除非有重大理由(例如在健康、安全或产品性能方面),否则无论任何其他情况,标准应避免对产品采用的材料作出规定。规定材料会阻碍通过采用另一种材料来降低有害环境影响新方法的创新和开发。例如,产品标准中的规定不应阻止采用适当二次使用或回收的材料。如果要对材料作出规定,应该提供采用规定材料在产品生命周期各个阶段如何影响环境的考虑。一般说,产品标准的规定约束性过大会阻止创新和环境改善。

——产品更新相当迅速。当采用新技术可能会显著降低对环境的有害影响时,应考虑对产品标准进行复审。

——按产品预期用途和可合理预见产品的误用,确定该产品对环境影响可达到的程度。就此而言,两方面的因素均应考虑。

——当有合适的替代方案时,标准中应避免出现有害环境的影响的规定。

——标准中应规定性能要求,而不是设计要求。例如,应集中在功能性而不是设计描述上。

——应认可并采用降低有害环境影响的多选方案的规定,例如,规定不排斥适当使用回收材料的要求,并且鼓励零部件的再使用。

4.2.2 环境影响

编制产品标准时,改善环境的策略和技术应该体现在资源保护、能源保护、污染预防和避免产生废物四个方面。

建议标准编写人考虑以下问题。

——资源保护

除了资源获得和资源使用与环境影响有关外,资源消耗在环境问题方面关系重大。资源消耗关系到自然资源逐渐枯竭的过程。一般说,特殊资源消耗越少越好。

再生资源能得到迅速补充。相反,对不可再生资源来说,与人类生命期限相比,得到补充的可能性很小。

——能源保护

能源保护中要考虑的三个因素是:各种能源的环境影响、选用能源的转化效率以及能量利用率。实际的能源保护可能是各种能源权衡考虑的结果。

能源管理可以在以下情况中考虑:

- 原材料的生产;
- 由材料生产成零件和部件;
- 零件和部件组装成产品;
- 采用安全而满意的方法使产品达到功能和使用性能要求;

注:应考虑产品停用时能自动关闭或切换到“暂停”状态的选择方案。

- 部件和产品的包装和运输;
- 部件和产品的废弃或回收;
- 产品使用过程中能量利用效率。

——污染预防

人类活动和工业行为会向空气、陆地和/或水中释放污染物。有多种降低这些污染物的通用方法,其中包括减少资源使用量、材料替代、在加工过程中循环、再使用、回收以及处理,以减少危害物的种类和数量。

可能导致环境影响的释放物有多种类型,对其特点描述和评价目前国际上尚未取得一致意见。这包括气候改变、臭氧层减少、自然环境改变、影响生物多样性以及其他一些长期性的影响。在引入这些观点时,标准编写人应考虑特定的专业领域。

——避免产生废物

在产品生命周期的所有阶段都会产生废物。通过合理设计和优化工艺,可能降低或完全避免不必要的资源使用。在生产过程中,通过以回收材料代替原始材料,以可回收的包装材料代替一次性包装材料等等,这些都可做得到。在使用过程中,主要是更换部件,应该允许重新制造这些部件,或者至少是可以安全废弃。这种措施也适用于在产品有效使用寿命终结,将产品视为一个整体来对待。

5 产品标准中的规定对环境的影响和标准编写人员的作用

5.1 产品标准与环境有关的规定

当规定要求(如描述性要求或使用性能要求)时,产品标准中的规定会影响设计与新产品生产或升级产品的选择(见图1)。例如,在产品生命周期所有阶段作出选择都可能对以下几方面产生影响:

a) 与生产过程有关的输入和输出;

b) 与包装、运输、销售和使用有关的输入和输出;

c) 再使用和回收选择,包括产品循环或能量回收以及产品易于拆卸、维修和复原;

d) 产品废弃和相关废物处理的选择。

这些选择对环境的影响随产品的不同而有差异,产品生命周期各阶段,所有产品对环境产生影响的程度并不一定相等。

产品的环境影响通常是互相关联的,任意强调某一环境影响都可能改变产品生命周期内各阶段的环境影响或改变对当地、地区或全球性环境其他方面的影响。

5.2 标准编写人员在考虑有关环境因素中的作用

贸易企业的环境管理工作包括:

——制定方针和策略,确定轻重缓急;

——对公民、雇员、承包商和供应商进行引导;

——用于研究、技术转让、储备和运行配合性的资源使用;

——最重要的是产品开发的资源使用。这种产品不会产生不适当的环境影响,在预期使用中是安全的,能量利用率和自然资源利用率高,而且,这种产品还可以安全地再使用、回收或废弃。

技术进步和新设计原则的应用促进了产品研制。标准编写人员应该从以下几方面考虑:

a) 通过降低材料用量达到资源保护;

b) 通过提高能量利用效率达到能源保护;

c) 通过替代有害物来预防污染;

d) 通过再使用和维修零件或部件,或通过适用的可维修性、可改进性、拆卸和可回收性来减少废物;

e) 材料的妥善管理:

- 有害物质的安全使用;
- 根据相关标准(例如,ISO 11469:2000)标注塑料部件;
- 无害材料回收的规定;
- 不妨碍回收和维护的材料接合(连接技术、表面涂层等)的规定。

6 制定产品标准应考虑的输入和输出

6.1 概述

产品的环境影响很大程度上由采用的输入和在产品生命周期的所有阶段产生的输出来决定。当制定产品标准时,与产品系统相关的主要输入和输出都应当加以识别和考虑。输入和输出彼此相关,改变任何一项输入,无论是改变采用的材料和能量,还是影响某项输出,都会影响其他输入和输出(见图1)

有关本条的内容参见附录A的清单。

6.2 输入

输入可分为材料输入与能量输入两大类。

6.2.1 产品生命周期中不同阶段的材料输入会产生各种环境影响。这些不同阶段是指从原材料获取、生产、运输(包括包装和贮存)、使用/维修、再使用/回收到产品废弃,也应考虑产品开发过程中的材料输入。这些环境影响包括再生资源和不可再生资源的消耗,土地滥用、使环境以及人类曝露在有害物质之中。材料输入也会促使废物产生，增加排入空气的释放物，污染水质以及产生其他排放物。

6.2.2 产品生命周期的大部分阶段需要能量输入，例如在材料加工过程中需要能量输入。能量既可以直接输入，也可以间接输入。能源包括矿物燃料、核能、回收的废物、水力发电、地热、太阳能以及风能。每种能源都会产生其自身的一系列环境影响。

6.3 输出

产品生命周期中产生的输出包括产品本身、中间产物和副产品、排入空气中的释放物、排入水中的污染物、废料以及其他排放物。

6.3.1 空气释放物包括排入空气中的气体、蒸汽或颗粒状排放物。具有毒性、腐蚀性、可燃性、爆炸性、酸性或带气味的排放物对植物、动物、人类、建筑物等都会产生有害影响，或者引起其他环境影响，如减少同温层的臭氧量或形成烟雾。空气释放物排放既有从某一点的排放，也有从漫射源的排放；既有经过处理后的排放，也有未经过处理的排放；既有生产正常运行中的排放，也有生产事故情况下的排放。

6.3.2 污水排放包括往地表水和地下水排放的各种物质。排放物中含有富营养的、有毒性的、腐蚀性、放射性、残留、聚集的或缺氧的物质；这些物质会增加有害的环境影响，其中包括对各种水生动植物的生态环境污染和不合需要的富营养作用。污水既有从某一点的排放，也有从漫射源的排放；既有经过处理后的排放，也有未经处理的排放；既有生产正常运行中的排放，也有事故情况下的排放。

6.3.3 废料包括固体、液体材料或要废弃的产品。在产品生命周期所有阶段都会产生废料。废料要经过循环、处理、回收和进一步的输入输出的处理工艺，因此，会对环境造成有害影响。

6.3.4 其他的排放物还可能包括排入土壤的释放物、噪声和振动、辐射和废热。

7 产品设计和开发过程中考虑环境因素时采用的方法

鉴别和评价产品标准中的规定是如何影响由产品引起的环境影响相当复杂，需要仔细考虑，可能还要与专家商讨。某些可使用的方法与技术正在逐渐成熟，这有助于促进将环境因素纳入到产品设计和开发中。这些方法和技术有助于重大设计项目的开发、决策、经营与经济因素结合考虑，下面列举一些可供使用的方法：

a) 产品环境因素的分析：LCA（生命周期评价）和基于公制（例如重量、能耗、体积）的环境基准；

b) 产品环境策略确定：定性决策手段，如生态模型、清单、Pareto 图、SWOT 分析（强度、弱点、机会、威胁），蛛网状裂纹图（三维图）（spider's-web diagrams）及组合图。

c) 将环境因素输入到产品特性中：如 QFD（品质因素分析）和 FMEA（故障模型与影响分析）技术。

当选用上述方法时，有助于在将环境因素纳入产品设计与开发中时形成基本的产品相关因素理念。

附 录 A
(规范性附录)
产品标准中考虑环境因素的清单

下列是根据本标准各条整理的清单,作为各技术委员会和分技术委员会在现行标准和进行制修订标准中筛选可能要考虑的环境因素的辅助手段。该清单列出了一些影响环境的重要因素。

确定标准或正在形成的标准草案是否考虑到以下内容:

——节约材料;

——有效利用能量和资源;

——减少释放物和废物;

——产品的材料用量(包括包装材料)最小化;

——降低不同材料品种;

——替代或减少有害物质的使用;

——再使用/翻修部件或元件;

——技术更新的可能性;

——可维修性、拆卸性和可回收性方面的设计;

——表面涂层或其他材料接合对可回收性的影响;

——标注;

——为用户提供足够的环境说明/信息。

以上内容应逐项加以核对,这样往往能减少在产品的生命周期内对环境造成的有害影响。

ICS 77.140.20
H 40

中华人民共和国国家标准

GB/T 20878—2007
代替 GB/T 4229—1984

不锈钢和耐热钢　牌号及化学成分

**Stainless and heat-resisting steels—
Designation and chemical composition**

2007-03-09 发布　　　　2007-10-01 实施

中华人民共和国国家质量监督检验检疫总局
中国国家标准化管理委员会　发布

前 言

本标准规定的牌号及化学成分极限值适用于制、修订不锈钢和耐热钢(包括钢锭和半成品)产品标准时采用。

本标准须与其他技术标准配套使用,不能单独用于订货。

本标准自实施之日起，代替 GB/T 4229—1984《不锈钢板重量计算方法》。

本标准的附录 A、附录 B 和附录 C 均为资料性附录。

本标准由中国钢铁工业协会提出。

本标准由全国钢标准化技术委员会归口。

本标准起草单位:冶金工业信息标准研究院。

本标准主要起草人:栾燕、戴强、刘宝石。

不锈钢和耐热钢　牌号及化学成分

1　范围

本标准规定了不锈钢和耐热钢牌号及其化学成分(见表1～表5),并以资料性附录的形式列入了部分牌号的物理参数、国外标准牌号或近似牌号对照表、不锈钢和耐热钢牌号适用标准等。

本标准规定的牌号及其化学成分适用于制、修订不锈钢和耐热钢(包括钢锭和半成品)产品标准时采用。

2　术语及定义

下列术语和定义适用于本标准。

2.1

不锈钢　stainless steel

以不锈、耐蚀性为主要特性,且铬含量至少为10.5%,碳含量最大不超过1.2%的钢。

2.1.1

奥氏体型不锈钢　austenitic grade stainless steel

基体以面心立方晶体结构的奥氏体组织(γ相)为主,无磁性,主要通过冷加工使其强化(并可能导致一定的磁性)的不锈钢。

2.1.2

奥氏体-铁素体(双相)型不锈钢　austenitic-ferritic(duplex) grade stainless steel

基体兼有奥氏体和铁素体两相组织(其中较少相的含量一般大于15%),有磁性,可通过冷加工使其强化的不锈钢。

2.1.3

铁素体型不锈钢　ferritic grade stainless steel

基体以体心立方晶体结构的铁素体组织(α相)为主,有磁性,一般不能通过热处理硬化,但冷加工可使其轻微强化的不锈钢。

2.1.4

马氏体型不锈钢　martensitic grade stainless steel

基体为马氏体组织,有磁性,通过热处理可调整其力学性能的不锈钢。

2.1.5

沉淀硬化型不锈钢　precipitation hardening grade stainless steel

基体为奥氏体或马氏体组织,并能通过沉淀硬化(又称时效硬化)处理使其硬(强)化的不锈钢。

2.2

耐热钢　heat-resisting steel

在高温下具有良好的化学稳定性或较高强度的钢。

3　确定化学成分极限值的一般准则

3.1　碳

在碳含量大于或等于0.04%时,推荐取两位小数;在碳含量不大于0.030%时,推荐取3位小数。

3.2　锰

除Cr-Ni-Mn钢牌号外,对各类型钢的其他牌号分别推荐用2.00%和1.00%(最大值),但不包括含高硫或硒的易切削钢或需提高氮固溶度的牌号。

3.3 磷

除非由于技术原因有关生产厂推荐用较低的极限值外，奥氏体型钢推荐磷含量不大于0.045%，其他类型钢牌号磷含量不大于0.040%，但不包括易切削钢牌号。

3.4 硫

除非由于特殊技术原因需规定较低的极限值外，各类型钢牌号推荐硫含量不大于0.030%，但不包括易切削钢牌号。

3.5 硅

扁平材和管材推荐硅含量不大于0.75%，长条材和锻件推荐硅含量不大于1.00%，对于同时生产长条和扁平产品的牌号推荐选用硅含量不大于1.00%。选用较低极限值还是较高极限值由具体产品技术要求确定。

3.6 铬

成分上下限范围推荐为2%，如原有成分范围大于3%，则压缩后的成分范围应不小于3%。

3.7 镍

除非由于特殊技术要求较宽的成分范围(一般含量较高)，成分上下限范围推荐不大于3%。

3.8 钼

除非由于特殊技术要求较宽的成分范围，成分上下限范围推荐不大于1%。除特殊技术要求外，钼含量一般应规定上、下限。

3.9 氮

除特殊技术要求外，氮含量一般应规定上、下限。

3.10 铜

除特殊技术要求外，铜含量一般应规定上、下限。

3.11 铌和钽

除非有特殊用途要求标明钽，同时列入铌和钽两个元素时，推荐只列入铌元素。

注：Cb(columbium)和Nb(niobium)表示的是同一种元素，本标准一般用Nb(niobium)。

4 不锈钢和耐热钢牌号的化学成分与应用

4.1 不锈钢和耐热钢牌号按冶金学分类列表，即奥氏体型、奥氏体-铁素体型、铁素体型、马氏体型和沉淀硬化型等。

表1为奥氏体型不锈钢和耐热钢牌号及其化学成分；

表2为奥氏体-铁素体型不锈钢牌号及其化学成分；

表3为铁素体型不锈钢和耐热钢牌号及其化学成分；

表4为马氏体型不锈钢和耐热钢牌号及其化学成分；

表5为沉淀硬化型不锈钢和耐热钢牌号及其化学成分。

4.2 本标准规定的化学成分是用于测定每个牌号总成分中每个元素成分极限值的一种导则。第3章列入了确定每个元素成分的一般准则，本标准中规定的化学成分是依据这些准则确定的。

4.3 本标准中的化学成分在被产品标准采用之前，不作为对任何产品化学成分的要求。

4.4 由于特殊的技术原因，同一牌号在各产品标准中成分要求会有小的变化。允许在产品标准或合同、协议中适当调整化学成分范围，或对残余元素、有害杂质含量作特殊限制规定。如果可能，同一牌号在各不锈钢和耐热钢产品标准之间化学成分最好统一。

表 1 奥氏体型不锈钢和耐热钢牌号及其化学成分

序号	统一数字代号	新牌号	旧牌号	化学成分(质量分数)/%										
				C	Si	Mn	P	S	Ni	Cr	Mo	Cu	N	其他元素
1	S35350	12Cr17Mn6Ni5N	1Cr17Mn6Ni5N	0.15	1.00	5.50～7.50	0.050	0.030	3.50～5.50	16.00～18.00	—	—	0.05～0.25	—
2	S35950	10Cr17Mn9Ni4N		0.12	0.80	8.00～10.50	0.035	0.025	3.50～4.50	16.00～18.00	—	—	0.15～0.25	—
3	S35450	12Cr18Mn9Ni5N	1Cr18Mn8Ni5N	0.15	1.00	7.50～10.00	0.050	0.030	4.00～6.00	17.00～19.00	—	—	0.05～0.25	—
4	S35020	20Cr13Mn9Ni4	2Cr13Mn9Ni4	0.15～0.25	0.80	8.00～10.00	0.035	0.025	3.70～5.00	12.00～14.00	—	—	—	—
5	S35550	20Cr15Mn15Ni2N	2Cr15Mn15Ni2N	0.15～0.25	1.00	14.00～16.00	0.050	0.030	1.50～3.00	14.00～16.00	—	—	0.15～0.30	—
6	S35650	53Cr21Mn9Ni4N[a]	5Cr21Mn9Ni4N[a]	0.48～0.58	0.35	8.00～10.00	0.040	0.030	3.25～4.50	20.00～22.00	—	—	0.35～0.50	—
7	S35750	26Cr18Mn12Si2N[a]	3Cr18Mn12Si2N[a]	0.22～0.30	1.40～2.20	10.50～12.50	0.050	0.030	—	17.00～19.00	—	—	0.22～0.33	—
8	S35850	22Cr20Mn10Ni2Si2N[a]	2Cr20Mn9Ni2Si2N[a]	0.17～0.26	1.80～2.70	8.50～11.00	0.050	0.030	2.00～3.00	18.00～21.00	—	—	0.20～0.30	—
9	S30110	12Cr17Ni7	1Cr17Ni7	0.15	1.00	2.00	0.045	0.030	6.00～8.00	16.00～18.00	—	—	0.10	—
10	S30103	022Cr17Ni7		0.030	1.00	2.00	0.045	0.030	5.00～8.00	16.00～18.00	—	—	0.20	—
11	S30153	022Cr17Ni7N		0.030	1.00	2.00	0.045	0.030	5.00～8.00	16.00～18.00	—	—	0.07～0.20	—
12	S30220	17Cr18Ni9	2Cr18Ni9	0.13～0.21	1.00	2.00	0.035	0.025	8.00～10.50	17.00～19.00	—	—	—	—
13	S30210	12Cr18Ni9[a]	1Cr18Ni9[a]	0.15	1.00	2.00	0.045	0.030	8.00～10.00	17.00～19.00	—	—	0.10	—
14	S30240	12Cr18Ni9Si3[a]	1Cr18Ni9Si3[a]	0.15	2.00～3.00	2.00	0.045	0.030	8.00～10.00	17.00～19.00	—	—	0.10	—

表 1(续)

序号	统一数字代号	新牌号	旧牌号	化学成分(质量分数)/%										
				C	Si	Mn	P	S	Ni	Cr	Mo	Cu	N	其他元素
15	S30317	Y12Cr18Ni9	Y1Cr18Ni9	0.15	1.00	2.00	0.20	≥0.15	8.00～10.00	17.00～19.00	(0.60)	—	—	—
16	S30327	Y12Cr18Ni9Se	Y1Cr18Ni9Se	0.15	1.00	2.00	0.20	0.060	8.00～10.00	17.00～19.00	—	—	—	Se≥0.15
17	S30408	06Cr19Ni10[a]	0Cr18Ni9[a]	0.08	1.00	2.00	0.045	0.030	8.00～11.00	18.00～20.00	—	—	—	—
18	S30403	022Cr19Ni10	00Cr19Ni10	0.030	1.00	2.00	0.045	0.030	8.00～12.00	18.00～20.00	—	—	—	—
19	S30409	07Cr19Ni10		0.04～0.10	1.00	2.00	0.045	0.030	8.00～11.00	18.00～20.00	—	—	—	—
20	S30450	05Cr19Ni10Si2CeN		0.04～0.06	1.00～2.00	0.80	0.045	0.030	9.00～10.00	18.00～19.00	—	—	0.12～0.18	Ce 0.03～0.08
21	S30480	06Cr18Ni9Cu2	0Cr18Ni9Cu2	0.08	1.00	2.00	0.045	0.030	8.00～10.50	17.00～19.00	—	1.00～3.00	—	—
22	S30488	06Cr18Ni9Cu3	0Cr18Ni9Cu3	0.08	1.00	2.00	0.045	0.030	8.50～10.50	17.00～19.00	—	3.00～4.00	—	—
23	S30458	06Cr19Ni10N	0Cr19Ni9N	0.08	1.00	2.00	0.045	0.030	8.00～11.00	18.00～20.00	—	—	0.10～0.16	—
24	S30478	06Cr19Ni9NbN	0Cr19Ni10NbN	0.08	1.00	2.50	0.045	0.030	7.50～10.50	18.00～20.00	—	—	0.15～0.30	Nb 0.15
25	S30453	022Cr19Ni10N	00Cr18Ni10N	0.030	1.00	2.00	0.045	0.030	8.00～11.00	18.00～20.00	—	—	0.10～0.16	—
26	S30510	10Cr18Ni12	1Cr18Ni12	0.12	1.00	2.00	0.045	0.030	10.50～13.00	17.00～19.00	—	—	—	—
27	S30508	06Cr18Ni12	0Cr18Ni12	0.08	1.00	2.00	0.045	0.030	11.00～13.50	16.50～19.00	—	—	—	—
28	S30608	06Cr16Ni18	0Cr16Ni18	0.08	1.00	2.00	0.045	0.030	17.00～19.00	15.00～17.00	—	—	—	—

表 1(续)

序号	统一数字代号	新牌号	旧牌号	化学成分(质量分数)/%										
				C	Si	Mn	P	S	Ni	Cr	Mo	Cu	N	其他元素
29	S30808	06Cr20Ni11		0.08	1.00	2.00	0.045	0.030	10.00～12.00	19.00～21.00	—	—	—	—
30	S30850	22Cr21Ni12N[a]	2Cr21Ni12N[a]	0.15～0.28	0.75～1.25	1.00～1.60	0.040	0.030	10.50～12.50	20.00～22.00	—	—	0.15～0.30	—
31	S30920	16Cr23Ni13[a]	2Cr23Ni13[a]	0.20	1.00	2.00	0.040	0.030	12.00～15.00	22.00～24.00	—	—	—	—
32	S30908	06Cr23Ni13[a]	0Cr23Ni13[a]	0.08	1.00	2.00	0.045	0.030	12.00～15.00	22.00～24.00	—	—	—	—
33	S31010	14Cr23Ni18	1Cr23Ni18	0.18	1.00	2.00	0.035	0.025	17.00～20.00	22.00～25.00	—	—	—	—
34	S31020	20Cr25Ni20[a]	2Cr25Ni20[a]	0.25	1.50	2.00	0.040	0.030	19.00～22.00	24.00～26.00	—	—	—	—
35	S31008	06Cr25Ni20[a]	0Cr25Ni20[a]	0.08	1.50	2.00	0.045	0.030	19.00～22.00	24.00～26.00	—	—	—	—
36	S31053	022Cr25Ni22Mo2N		0.030	0.40	2.00	0.030	0.015	21.00～23.00	24.00～26.00	2.00～3.00	—	0.10～0.16	—
37	S31252	015Cr20Ni18Mo6CuN		0.020	0.80	1.00	0.030	0.010	17.50～18.50	19.50～20.50	6.00～6.50	0.50～1.00	0.18～0.22	—
38	S31608	06Cr17Ni12Mo2[a]	0Cr17Ni12Mo2[a]	0.08	1.00	2.00	0.045	0.030	10.00～14.00	16.00～18.00	2.00～3.00	—	—	—
39	S31603	022Cr17Ni12Mo2	00Cr17Ni14Mo2	0.030	1.00	2.00	0.045	0.030	10.00～14.00	16.00～18.00	2.00～3.00	—	—	—
40	S31609	07Cr17Ni12Mo2[a]	1Cr17Ni12Mo2[a]	0.04～0.10	1.00	2.00	0.045	0.030	10.00～14.00	16.00～18.00	2.00～3.00	—	—	—
41	S31668	06Cr17Ni12Mo2Ti[a]	0Cr18Ni12Mo3Ti[a]	0.08	1.00	2.00	0.045	0.030	10.00～14.00	16.00～18.00	2.00～3.00	—	—	Ti ≥5C
42	S31678	06Cr17Ni12Mo2Nb		0.08	1.00	2.00	0.045	0.030	10.00～14.00	16.00～18.00	2.00～3.00	—	0.10	Nb 10C～1.10

表 1(续)

序号	统一数字代号	新牌号	旧牌号	化学成分(质量分数)/% C	Si	Mn	P	S	Ni	Cr	Mo	Cu	N	其他元素
43	S31658	06Cr17Ni12Mo2N	0Cr17Ni12Mo2N	0.08	1.00	2.00	0.045	0.030	10.00～13.00	16.00～18.00	2.00～3.00	—	0.10～0.16	—
44	S31653	022Cr17Ni12Mo2N	00Cr17Ni13Mo2N	0.030	1.00	2.00	0.045	0.030	10.00～13.00	16.00～18.00	2.00～3.00	—	0.10～0.16	—
45	S31688	06Cr18Ni12Mo2Cu2	0Cr18Ni12Mo2Cu2	0.08	1.00	2.00	0.045	0.030	10.00～14.00	17.00～19.00	1.20～2.75	1.00～2.50	—	—
46	S31683	022Cr18Ni14Mo2Cu2	00Cr18Ni14Mo2-Cu2	0.030	1.00	2.00	0.045	0.030	12.00～16.00	17.00～19.00	1.20～2.75	1.00～2.50	—	—
47	S31693	022Cr18Ni15Mo3N	00Cr18Ni15Mo3N	0.030	1.00	2.00	0.025	0.010	14.00～16.00	17.00～19.00	2.35～4.20	0.50	0.10～0.20	—
48	S31782	015Cr21Ni26Mo5Cu2		0.020	1.00	2.00	0.045	0.035	23.00～28.00	19.00～23.00	4.00～5.00	1.00～2.00	0.10	—
49	S31708	06Cr19Ni13Mo3	0Cr19Ni13Mo3	0.08	1.00	2.00	0.045	0.030	11.00～15.00	18.00～20.00	3.00～4.00	—	—	—
50	S31703	022Cr19Ni13Mo3[a]	00Cr19Ni13Mo3[a]	0.030	1.00	2.00	0.045	0.030	11.00～15.00	18.00～20.00	3.00～4.00	—	—	—
51	S31793	022Cr18Ni14Mo3	00Cr18Ni14Mo3	0.030	1.00	2.00	0.025	0.010	13.00～15.00	17.00～19.00	2.25～3.50	0.50	0.10	—
52	S31794	03Cr18Ni16Mo5	0Cr18Ni16Mo5	0.04	1.00	2.50	0.045	0.030	15.00～17.00	16.00～19.00	4.00～6.00	—	—	—
53	S31723	022Cr19Ni16Mo5N		0.030	1.00	2.00	0.045	0.030	13.50～17.50	17.00～20.00	4.00～5.00	—	0.10～0.20	—
54	S31753	022Cr19Ni13Mo4N		0.030	1.00	2.00	0.045	0.030	11.00～15.00	18.00～20.00	3.00～4.00	—	0.10～0.22	—
55	S32168	06Cr18Ni11Ti[a]	0Cr18Ni10Ti[a]	0.08	1.00	2.00	0.045	0.030	9.00～12.00	17.00～19.00	—	—	—	Ti 5C～0.70
56	S32169	07Cr19Ni11Ti	1Cr18Ni11Ti	0.04～0.10	0.75	2.00	0.030	0.030	9.00～13.00	17.00～20.00	—	—	—	Ti 4C～0.60

表 1(续)

序号	统一数字代号	新牌号	旧牌号	化学成分(质量分数)/%										
				C	Si	Mn	P	S	Ni	Cr	Mo	Cu	N	其他元素
57	S32590	45Cr14Ni14W2Mo[a]	4Cr14Ni14W2Mo[a]	0.40～0.50	0.80	0.70	0.040	0.030	13.00～15.00	13.00～15.00	0.25～0.40	—	—	W 2.00～2.75
58	S32652	015Cr24Ni22Mo8Mn3CuN		0.020	0.50	2.00～4.00	0.030	0.005	21.00～23.00	24.00～25.00	7.00～8.00	0.30～0.60	0.45～0.55	—
59	S32720	24Cr18Ni8W2[a]	2Cr18Ni8W2[a]	0.21～0.28	0.30～0.80	0.70	0.030	0.025	7.50～8.50	17.00～19.00	—	—	—	W 2.00～2.50
60	S33010	12Cr16Ni35[a]	1Cr16Ni35[a]	0.15	1.50	2.00	0.040	0.030	33.00～37.00	14.00～17.00	—	—	—	—
61	S34553	022Cr24Ni17Mo5Mn6NbN		0.030	1.00	5.00～7.00	0.030	0.010	16.00～18.00	23.00～25.00	4.00～5.00	—	0.40～0.60	Nb 0.10
62	S34778	06Cr18Ni11Nb[a]	0Cr18Ni11Nb[a]	0.08	1.00	2.00	0.045	0.030	9.00～12.00	17.00～19.00	—	—	—	Nb 10C～1.10
63	S34779	07Cr18Ni11Nb[a]	1Cr19Ni11Nb[a]	0.04～0.10	1.00	2.00	0.045	0.030	9.00～12.00	17.00～19.00	—	—	—	Nb 8C～1.10
64	S38148	06Cr18Ni13Si4[a,b]	0Cr18Ni13Si4[a,b]	0.08	3.00～5.00	2.00	0.045	0.030	11.50～15.00	15.00～20.00	—	—	—	—
65	S38240	16Cr20Ni14Si2[a]	1Cr20Ni14Si2[a]	0.20	1.50～2.50	1.50	0.040	0.030	12.00～15.00	19.00～22.00	—	—	—	—
66	S38340	16Cr25Ni20Si2[a]	1Cr25Ni20Si2[a]	0.20	1.50～2.50	1.50	0.040	0.030	18.00～21.00	24.00～27.00	—	—	—	—

注：表中所列成分除标明范围或最小值外，其余均为最大值。括号内值为允许添加的最大值。

[a] 耐热钢或可作耐热钢使用。

[b] 必要时，可添加上表以外的合金元素。

表 2 奥氏体-铁素体型不锈钢牌号及其化学成分

序号	统一数字代号	新牌号	旧牌号	化学成分(质量分数)/%										
				C	Si	Mn	P	S	Ni	Cr	Mo	Cu	N	其他元素
67	S21860	14Cr18Ni11Si4AlTi	1Cr18Ni11Si4AlTi	0.10～0.18	3.40～4.00	0.80	0.035	0.030	10.00～12.00	17.50～19.50	—	—	—	Ti 0.40～0.70 Al 0.10～0.30
68	S21953	022Cr19Ni5Mo3Si2N	00Cr18Ni5Mo3Si2	0.030	1.30～2.00	1.00～2.00	0.035	0.030	4.50～5.50	18.00～19.50	2.50～3.00	—	0.05～0.12	—
69	S22160	12Cr21Ni5Ti	1Cr21Ni5Ti	0.09～0.14	0.80	0.80	0.035	0.030	4.80～5.80	20.00～22.00	—	—	—	Ti 5(C−0.02)～0.80
70	S22253	022Cr22Ni5Mo3N		0.030	1.00	2.00	0.030	0.020	4.50～6.50	21.00～23.00	2.50～3.50	—	0.08～0.20	—
71	S22053	022Cr23Ni5Mo3N		0.030	1.00	2.00	0.030	0.020	4.50～6.50	22.00～23.00	3.00～3.50	—	0.14～0.20	—
72	S23043	022Cr23Ni4MoCuN		0.030	1.00	2.50	0.035	0.030	3.00～5.50	21.50～24.50	0.05～0.60	0.05～0.60	0.05～0.20	—
73	S22553	022Cr25Ni6Mo2N		0.030	1.00	2.00	0.030	0.030	5.50～6.50	24.00～26.00	1.20～2.50	—	0.10～0.20	—
74	S22583	022Cr25Ni7Mo3WCuN		0.030	1.00	0.75	0.030	0.030	5.50～7.50	24.00～26.00	2.50～3.50	0.20～0.80	0.10～0.30	W 0.10～0.50
75	S25554	03Cr25Ni6Mo3Cu2N		0.04	1.00	1.50	0.035	0.030	4.50～6.50	24.00～27.00	2.90～3.90	1.50～2.50	0.10～0.25	—
76	S25073	022Cr25Ni7Mo4N		0.030	0.80	1.20	0.035	0.020	6.00～8.00	24.00～26.00	3.00～5.00	0.50	0.24～0.32	—
77	S27603	022Cr25Ni7Mo4WCuN		0.030	1.00	1.00	0.030	0.010	6.00～8.00	24.00～26.00	3.00～4.00	0.50～1.00	0.20～0.30	W 0.50～1.00 Cr+3.3Mo+16N≥40
注：表中所列成分除标明范围或最小值外，其余均为最大值。														

表 3　铁素体型不锈钢和耐热钢牌号及其化学成分

序号	统一数字代号	新　牌　号	旧　牌　号	化学成分(质量分数)/%										
				C	Si	Mn	P	S	Ni	Cr	Mo	Cu	N	其他元素
78	S11348	06Cr13Al[a]	0Cr13Al[a]	0.08	1.00	1.00	0.040	0.030	(0.60)	11.50～14.50	—	—	—	Al 0.10～0.30
79	S11168	06Cr11Ti	0Cr11Ti	0.08	1.00	1.00	0.045	0.030	(0.60)	10.50～11.70	—	—	—	Ti 6C～0.75
80	S11163	022Cr11Ti[a]		0.030	1.00	1.00	0.040	0.020	(0.60)	10.50～11.70	—	—	0.030	Ti≥8(C+N) Ti 0.15～0.50 Nb 0.10
81	S11173	022Cr11NbTi[a]		0.030	1.00	1.00	0.040	0.020	(0.60)	10.50～11.70	—	—	0.030	Ti+Nb 8(C+N)+0.08～0.75 Ti≥0.05
82	S11213	022Cr12Ni[a]		0.030	1.00	1.50	0.040	0.015	0.30～1.00	10.50～12.50	—	—	0.030	—
83	S11203	022Cr12[a]	00Cr12[a]	0.030	1.00	1.00	0.040	0.030	(0.60)	11.00～13.50	—	—	—	—
84	S11510	10Cr15	1Cr15	0.12	1.00	1.00	0.040	0.030	(0.60)	14.00～16.00	—	—	—	—
85	S11710	10Cr17[a]	1Cr17[a]	0.12	1.00	1.00	0.040	0.030	(0.60)	16.00～18.00	—	—	—	—
86	S11717	Y10Cr17	Y1Cr17	0.12	1.00	1.25	0.060	≥0.15	(0.60)	16.00～18.00	(0.60)	—	—	—
87	S11863	022Cr18Ti	00Cr17	0.030	0.75	1.00	0.040	0.030	(0.60)	16.00～19.00	—	—	—	Ti 或 Nb 0.10～1.00

表 3(续)

序号	统一数字代号	新牌号	旧牌号	化学成分(质量分数)/%										
				C	Si	Mn	P	S	Ni	Cr	Mo	Cu	N	其他元素
88	S11790	10Cr17Mo	1Cr17Mo	0.12	1.00	1.00	0.040	0.030	(0.60)	16.00～18.00	0.75～1.25	—	—	—
89	S11770	10Cr17MoNb		0.12	1.00	1.00	0.040	0.030	—	16.00～18.00	0.75～1.25	—	—	Nb 5C～0.80
90	S11862	019Cr18MoTi		0.025	1.00	1.00	0.040	0.030	(0.60)	16.00～19.00	0.75～1.50	—	0.025	Ti,Nb,Zr或其组合 8(C+N)～0.80
91	S11873	022Cr18NbTi		0.030	1.00	1.00	0.040	0.015	(0.60)	17.50～18.50	—	—	—	Ti 0.10～0.60 Nb≥0.30+3C
92	S11972	019Cr19Mo2NbTi	00Cr18Mo2	0.025	1.00	1.00	0.040	0.030	1.00	17.50～19.50	1.75～2.50	—	0.035	(Ti+Nb)[0.20+4(C+N)]～0.80
93	S12550	16Cr25N[a]	2Cr25N[a]	0.20	1.00	1.50	0.040	0.030	(0.60)	23.00～27.00	—	(0.30)	0.25	—
94	S12791	008Cr27Mo[b]	00Cr27Mo[b]	0.010	0.40	0.40	0.030	0.020	—	25.00～27.50	0.75～1.50	—	0.015	—
95	S13091	008Cr30Mo2[b]	00Cr30Mo2[b]	0.010	0.40	0.40	0.030	0.020	—	28.50～32.00	1.50～2.50	—	0.015	—

注:表中所列成分除标明范围或最小值外,其余均为最大值。括号内值为允许添加的最大值。

a 耐热钢或可作耐热钢使用。

b 允许含有小于或等于0.50%Ni,小于或等于0.20%Cu,但Ni+Cu的含量应小于或等于0.50%;根据需要,可添加上表以外的合金元素。

表 4　马氏体型不锈钢和耐热钢牌号及其化学成分

序号	统一数字代号	新牌号	旧牌号	化学成分(质量分数)/%										
				C	Si	Mn	P	S	Ni	Cr	Mo	Cu	N	其他元素
96	S40310	12Cr12[a]	1Cr12[a]	0.15	0.50	1.00	0.040	0.030	(0.60)	11.50～13.00	—	—	—	—
97	S41008	06Cr13	0Cr13	0.08	1.00	1.00	0.040	0.030	(0.60)	11.50～13.50	—	—	—	—
98	S41010	12Cr13[a]	1Cr13[a]	0.15	1.00	1.00	0.040	0.030	(0.60)	11.50～13.50	—	—	—	—
99	S41595	04Cr13Ni5Mo		0.05	0.60	0.50～1.00	0.030	0.030	3.50～5.50	11.50～14.00	0.50～1.00	—	—	—
100	S41617	Y12Cr13	Y1Cr13	0.15	1.00	1.25	0.060	≥0.15	(0.60)	12.00～14.00	(0.60)	—	—	—
101	S42020	20Cr13[a]	2Cr13[a]	0.16～0.25	1.00	1.00	0.040	0.030	(0.60)	12.00～14.00	—	—	—	—
102	S42030	30Cr13	3Cr13	0.26～0.35	1.00	1.00	0.040	0.030	(0.60)	12.00～14.00	—	—	—	—
103	S42037	Y30Cr13	Y3Cr13	0.26～0.35	1.00	1.25	0.060	≥0.15	(0.60)	12.00～14.00	(0.60)	—	—	—
104	S42040	40Cr13	4Cr13	0.36～0.45	0.60	0.80	0.040	0.030	(0.60)	12.00～14.00	—	—	—	—
105	S41427	Y25Cr13Ni2	Y2Cr13Ni2	0.20～0.30	0.50	0.80～1.20	0.08～0.12	0.15～0.25	1.50～2.00	12.00～14.00	(0.60)	—	—	—
106	S43110	14Cr17Ni2[a]	1Cr17Ni2[a]	0.11～0.17	0.80	0.80	0.040	0.030	1.50～2.50	16.00～18.00	—	—	—	—

表 4(续)

序号	统一数字代号	新牌号	旧牌号	化学成分(质量分数)/%										
				C	Si	Mn	P	S	Ni	Cr	Mo	Cu	N	其他元素
107	S43120	17Cr16Ni2[a]		0.12～0.22	1.00	1.50	0.040	0.030	1.50～2.50	15.00～17.00	—	—	—	—
108	S44070	68Cr17	7Cr17	0.60～0.75	1.00	1.00	0.040	0.030	(0.60)	16.00～18.00	(0.75)	—	—	—
109	S44080	85Cr17	8Cr17	0.75～0.95	1.00	1.00	0.040	0.030	(0.60)	16.00～18.00	(0.75)	—	—	—
110	S44096	108Cr17	11Cr17	0.95～1.20	1.00	1.00	0.040	0.030	(0.60)	16.00～18.00	(0.75)	—	—	—
111	S44097	Y108Cr17	Y11Cr17	0.95～1.20	1.00	1.25	0.060	≥0.15	(0.60)	16.00～18.00	(0.75)	—	—	—
112	S44090	95Cr18	9Cr18	0.90～1.00	0.80	0.80	0.040	0.030	(0.60)	17.00～19.00	—	—	—	—
113	S45110	12Cr5Mo[a]	1Cr5Mo[a]	0.15	0.50	0.60	0.040	0.030	(0.60)	4.00～6.00	0.40～0.60	—	—	—
114	S45610	12Cr12Mo[a]	1Cr12Mo[a]	0.10～0.15	0.50	0.30～0.50	0.040	0.030	0.30～0.60	11.50～13.00	0.30～0.60	(0.30)	—	—
115	S45710	13Cr13Mo[a]	1Cr13Mo[a]	0.08～0.18	0.60	1.00	0.040	0.030	(0.60)	11.50～14.00	0.30～0.60	(0.30)	—	—
116	S45830	32Cr13Mo	3Cr13Mo	0.28～0.35	0.80	1.00	0.040	0.030	(0.60)	12.00～14.00	0.50～1.00	—	—	—

表 4(续)

序号	统一数字代号	新牌号	旧牌号	化学成分(质量分数)/%										
				C	Si	Mn	P	S	Ni	Cr	Mo	Cu	N	其他元素
117	S45990	102Cr17Mo	9Cr18Mo	0.95～1.10	0.80	0.80	0.040	0.030	(0.60)	16.00～18.00	0.40～0.70	—	—	—
118	S46990	90Cr18MoV	9Cr18MoV	0.85～0.95	0.80	0.80	0.040	0.030	(0.60)	17.00～19.00	1.00～1.30	—	—	V 0.07～0.12
119	S46010	14Cr11MoV[a]	1Cr11MoV[a]	0.11～0.18	0.50	0.60	0.035	0.030	0.60	10.00～11.50	0.50～0.70	—	—	V 0.25～0.40
120	S46110	158Cr12MoV[a]	1Cr12MoV[a]	1.45～1.70	0.40	0.35	0.030	0.025	—	11.00～12.50	0.40～0.60	—	—	V 0.15～0.30
121	S46020	21Cr12MoV[a]	2Cr12MoV[a]	0.18～0.24	0.10～0.50	0.30～0.80	0.030	0.025	0.30～0.60	11.00～12.50	0.80～1.20	0.30	—	V 0.25～0.35
122	S46250	18Cr12MoVNbN[a]	2Cr12MoVNbN[a]	0.15～0.20	0.50	0.50～1.00	0.035	0.030	(0.60)	10.00～13.00	0.30～0.90	—	0.05～0.10	V 0.10～0.40 Nb 0.20～0.60
123	S47010	15Cr12WMoV[a]	1Cr12WMoV[a]	0.12～0.18	0.50	0.50～0.90	0.035	0.030	0.40～0.80	11.00～13.00	0.50～0.70	—	—	W 0.70～1.10 V 0.15～0.30
124	S47220	22Cr12NiWMoV[a]	2Cr12NiMoWV[a]	0.20～0.25	0.50	0.50～1.00	0.040	0.030	0.50～1.00	11.00～13.00	0.75～1.25	—	—	W 0.75～1.25 V 0.20～0.40
125	S47310	13Cr11Ni2W2MoV[a]	1Cr11Ni2W2MoV[a]	0.10～0.16	0.60	0.60	0.035	0.030	1.40～1.80	10.50～12.00	0.35～0.50	—	—	W 1.50～2.00 V 0.18～0.30
126	S47410	14Cr12Ni2WMoVNb[a]	1Cr12Ni2WMoVNb[a]	0.11～0.17	0.60	0.60	0.030	0.025	1.80～2.20	11.00～12.00	0.80～1.20	—	—	W 0.70～1.00 V 0.20～0.30 Nb 0.15～0.30

表 4(续)

序号	统一数字代号	新牌号	旧牌号	化学成分(质量分数)/%										
				C	Si	Mn	P	S	Ni	Cr	Mo	Cu	N	其他元素
127	S47250	10Cr12Ni3Mo2VN		0.08～0.13	0.40	0.50～0.90	0.030	0.025	2.00～3.00	11.00～12.50	1.50～2.00	—	0.020～0.04	V 0.25～0.40
128	S47450	18Cr11NiMoNbVN[a]	2Cr11NiMoNbVN[a]	0.15～0.20	0.50	0.50～0.80	0.020	0.015	0.30～0.60	10.00～12.00	0.60～0.90	0.10	0.04～0.09	V 0.20～0.30 Al 0.30 Nb 0.20～0.60
129	S47710	13Cr14Ni3W2VB[a]	1Cr14Ni3W2VB[a]	0.10～0.16	0.60	0.60	0.300	0.030	2.80～3.40	13.00～15.00	—	—	—	W 1.60～2.20 Ti 0.05 B 0.004 V 0.18～0.28
130	S48040	42Cr9Si2	4Cr9Si2	0.35～0.50	2.00～3.00	0.70	0.035	0.030	0.60	8.00～10.00	—	—	—	—
131	S48045	45Cr9Si3		0.40～0.50	3.00～3.50	0.60	0.030	0.030	0.60	7.50～9.50	—	—	—	—
132	S48140	40Cr10Si2Mo[a]	4Cr10Si2Mo[a]	0.35～0.45	1.90～2.60	0.70	0.035	0.030	0.60	9.00～10.50	0.70～0.90	—	—	—
133	S48380	80Cr20Si2Ni[a]	8Cr20Si2Ni[a]	0.75～0.85	1.75～2.25	0.20～0.60	0.030	0.030	1.15～1.65	19.00～20.50	—	—	—	—

注：表中所列成分除标明范围或最小值外，其余均为最大值。括号内值为允许添加的最大值。

a 耐热钢或可作耐热钢使用。

表 5 沉淀硬化型不锈钢和耐热钢牌号及其化学成分

序号	统一数字代号	新牌号	旧牌号	化学成分(质量分数)/%										
				C	Si	Mn	P	S	Ni	Cr	Mo	Cu	N	其他元素
134	S51380	04Cr13Ni8Mo2Al		0.05	0.10	0.20	0.010	0.008	7.50~8.50	12.30~13.20	2.00~3.00	—	0.01	Al 0.90~1.35
135	S51290	022Cr12Ni9Cu2NbTi[a]		0.030	0.50	0.50	0.040	0.030	7.50~9.50	11.00~12.50	0.50	1.50~2.50	—	Ti 0.80~1.40 Nb 0.10~0.50
136	S51550	05Cr15Ni5Cu4Nb		0.07	1.00	1.00	0.040	0.030	3.50~5.50	14.00~15.50	—	2.50~4.50	—	Nb 0.15~0.45
137	S51740	05Cr17Ni4Cu4Nb[a]	0Cr17Ni4Cu4Nb[a]	0.07	1.00	1.00	0.040	0.030	3.00~5.00	15.00~17.50	—	3.00~5.00	—	Nb 0.15~0.45
138	S51770	07Cr17Ni7Al[a]	0Cr17Ni7Al[a]	0.09	1.00	1.00	0.040	0.030	6.50~7.75	16.00~18.00	—	—	—	Al 0.75~1.50
139	S51570	07Cr15Ni7Mo2Al[a]	0Cr15Ni7Mo2Al[a]	0.09	1.00	1.00	0.040	0.030	6.50~7.75	14.00~16.00	2.00~3.00	—	—	Al 0.75~1.50
140	S51240	07Cr12Ni4Mn5Mo3Al	0Cr12Ni4Mn5-Mo3Al	0.09	0.80	4.40~5.30	0.030	0.025	4.00~5.00	11.00~12.00	2.70~3.30	—	—	Al 0.50~1.00
141	S51750	09Cr17Ni5Mo3N		0.07~0.11	0.50	0.50~1.25	0.040	0.030	4.00~5.00	16.00~17.00	2.50~3.20	—	0.07~0.13	—
142	S51778	06Cr17Ni7AlTi[a]		0.08	1.00	1.00	0.040	0.030	6.00~7.50	16.00~17.50	—	—	—	Al 0.40 Ti 0.40~1.20
143	S51525	06Cr15Ni25Ti2Mo-AlVB[a]	0Cr15Ni25Ti2Mo-AlVB[a]	0.08	1.00	2.00	0.040	0.030	24.00~27.00	13.50~16.00	1.00~1.50	—	—	Al 0.35 Ti 1.90~2.35 B 0.001~0.010 V 0.10~0.50

注:表中所列成分除标明范围或最小值外,其余均为最大值。

a 可作耐热钢使用。

附　录　A
（资料性附录）
部分不锈钢和耐热钢牌号的物理性能参数

表 A.1　部分不锈钢和耐热钢牌号的物理性能参数

序号	统一数字代号	新牌号	旧牌号	密度/(kg/dm³) 20℃	熔点/℃	比热容/[kJ/(kg·K)] 0℃～100℃	热导率/[W/(m·K)]		线膨胀系数/(10^{-6}/K)		电阻率/(Ω·mm²/m) 20℃	纵向弹性模量/(kN/mm²) 20℃	磁性
							100℃	500℃	0℃～100℃	0℃～500℃			
奥氏体型													
1	S35350	12Cr17Mn6Ni5N	1Cr17Mn6Ni5N	7.93	1 398～1 453	0.50	16.3		15.7		0.69	197	无[a]
3	S35450	12Cr18Mn9Ni5N	1Cr18Mn8Ni5N	7.93		0.50	16.3	19.0	14.8	18.7	0.69	197	
4	S35020	20Cr13Mn9Ni4	2Cr13Mn9Ni4	7.85		0.49					0.90	202	
9	S30110	12Cr17Ni7	1Cr17Ni7	7.93	1 398～1 420	0.50	16.3	21.5	16.9	18.7	0.73	193	
10	S30103	022Cr17Ni7		7.93		0.50	16.3	21.5	16.9	18.7	0.73	193	
11	S30153	022Cr17Ni7N		7.93		0.50	16.3		16.0	18.0	0.73	200	
12	S30220	17Cr18Ni9	2Cr18Ni9	7.85	1 398～1 453	0.50	18.8	23.5	16.0	18.0	0.73	196	
13	S30210	12Cr18Ni9	1Cr18Ni9	7.93	1 398～1 420	0.50	16.3	21.5	17.3	18.7	0.73	193	
14	S30240	12Cr18Ni9Si3	1Cr18Ni9Si3	7.93	1 370～1 398	0.50	15.9	21.6	16.2	20.2	0.73	193	
15	S30317	Y12Cr18Ni9	Y1Cr18Ni9	7.98	1 398～1 420	0.50	16.3	21.5	17.3	18.4	0.73	193	
16	S30317	Y12Cr18Ni9Se	Y1Cr18Ni9Se	7.93	1 398～1 420	0.50	16.3	21.5	17.3	18.7	0.73	193	
17	S30408	06Cr19Ni10	0Cr18Ni9	7.93	1 398～1 454	0.50	16.3	21.5	17.2	18.4	0.73	193	
18	S30403	022Cr19Ni10	00Cr19Ni10	7.90		0.50	16.3	21.5	16.8	18.3			
19	S30409	07Cr19Ni10		7.90		0.50	16.3	21.5	16.8	18.3	0.73		
21	S30480	06Cr18Ni9Cu2	0Cr18Ni9Cu2	8.00		0.50	16.3	21.5	17.3	18.7	0.72	200	
23	S30458	06Cr19Ni10N	0Cr19Ni9N	7.93	1398～1454	0.50	16.3	21.5	16.5	18.5	0.72	196	
25	S30453	022Cr19Ni10N	00Cr18Ni10N	7.93		0.50	16.3	21.5	16.5	18.5	0.73	200	

表 A.1(续)

序号	统一数字代号	新牌号	旧牌号	密度/(kg/dm³) 20℃	熔点/℃	比热容/[kJ/(kg·K)] 0℃～100℃	热导率/[W/(m·K)]		线膨胀系数/(10^{-6}/K)		电阻率/(Ω·mm²/m) 20℃	纵向弹性模量/(kN/mm²) 20℃	磁性
							100℃	500℃	0℃～100℃	0℃～500℃			
26	S30510	10Cr18Ni12	1Cr18Ni12	7.93	1 398～1 453	0.50	16.3	21.5	17.3	18.7	0.72	193	
28	S38408	06Cr16Ni18	0Cr16Ni18	8.03	1 430	0.50	16.2		17.3		0.75	193	
29	S30808	06Cr20Ni11		8.00	1 398～1 453	0.50	15.5	21.6	17.3	18.7	0.72	193	
30	S30850	22Cr21Ni12N	2Cr21Ni12N	7.73			20.9 (24℃)			16.5			
31	S30920	16Cr23Ni13	2Cr23Ni13	7.98	1 398～1 453	0.50	13.8	18.7	14.9	18.0	0.78	200	
32	S30908	06Cr23Ni13	0Cr23Ni13	7.98	1 397～1 453	0.50	15.5	18.6	14.9	18.0	0.78	193	
33	S31010	14Cr23Ni18	1Cr23Ni18	7.90	1 400～1 454	0.50	15.9	18.8	15.4	19.2	1.0	196	
34	S31020	20Cr25Ni20	2Cr25Ni20	7.98	1 398～1 453	0.50	14.2	18.6	15.8	17.5	0.78	200	
35	S31008	06Cr25Ni20	0Cr25Ni20	7.98	1 397～1 453	0.50	16.3	21.5	14.4	17.5	0.78	200	
36	S31053	022Cr25Ni22Mo2N		8.02		0.45	12.0		15.8		1.0	200	无[a]
37	S31252	015Cr20Ni18Mo6CuN		8.00	1 325～1 400	0.50	13.5 (20℃)		16.5		0.85	200	
38	S31608	06Cr17Ni12Mo2	0Cr17Ni12Mo2	8.00	1 370～1 397	0.50	16.3	21.5	16.0	18.5	0.74	193	
39	S31603	022Cr17Ni12Mo2	00Cr17Ni14Mo2	8.00		0.50	16.3	21.5	16.0	18.5	0.74	193	
41	S31668	06Cr17Ni12Mo2Ti	0Cr18Ni12Mo3Ti	7.90		0.50	16.0	24.0	15.7	17.6	0.75	199	
43	S31658	06Cr17Ni12Mo2N	0Cr17Ni12Mo2N	8.00		0.50	16.3	21.5	16.5	18.0	0.73	200	
44	S31653	022Cr17Ni12Mo2N	00Cr17Ni13Mo2N	8.04		0.47	16.5		15.0			200	
45	S31688	06Cr18Ni12Mo2Cu2	0Cr18Ni12Mo2Cu2	7.96		0.50	16.1	21.7	16.6		0.74	186	
46	S31683	022Cr18Ni14Mo2Cu2	00Cr18Ni14Mo2Cu2	7.96		0.50	16.1	21.7	16.0	18.6	0.74	191	
48	S31782	015Cr21Ni26Mo5Cu2		8.00		0.50	13.7		15.0			188	
49	S31708	06Cr19Ni13Mo3	0Cr19Ni13Mo3	8.00	1 370～1 397	0.50	16.3	21.5	16.0	18.5	0.74	193	

表 A.1(续)

序号	统一数字代号	新牌号	旧牌号	密度/(kg/dm³) 20℃	熔点/℃	比热容/[kJ/(kg·K)] 0℃～100℃	热导率/[W/(m·K)]		线膨胀系数/(10^{-6}/K)		电阻率/(Ω·mm²/m) 20℃	纵向弹性模量/(kN/mm²) 20℃	磁性
							100℃	500℃	0℃～100℃	0℃～500℃			
50	S31703	022Cr19Ni13Mo3	00Cr19Ni13Mo3	7.98	1 375～1 400	0.50	14.4	21.5	16.5		0.79	200	
53	S31723	022Cr19Ni16Mo5N		8.00		0.50	12.8		15.2				
55	S32168	06Cr18Ni11Ti	0Cr18Ni10Ti	8.03	1398～1427	0.50	16.3	22.2	16.6	18.6	0.72	193	
57	S32590	45Cr14Ni14W2Mo	4Cr14Ni14W2Mo	8.00		0.51	15.9	22.2	16.6	18.0	0.81	177	
59	S32720	24Cr18Ni8W2	2Cr18Ni8W2	7.98		0.50	15.9	23.0	19.5	25.1			无[a]
60	S33010	12Cr16Ni35	1Cr16Ni35	8.00	1318～1427	0.46	12.6	19.7	16.6		1.02	196	
62	S34778	06Cr18Ni11Nb	0Cr18Ni11Nb	8.03	1398～1427	0.50	16.3	22.2	16.6	18.6	0.73	193	
64	S38148	06Cr18Ni13Si4	0Cr18Ni13Si4	7.75	1400～1430	0.50	16.3		13.8				
65	S38240	16Cr20Ni14Si2	1Cr20Ni14Si2	7.90		0.50	15.0		16.5		0.85		
奥氏体-铁素体型													
67	S21860	14Cr18Ni11Si4AlTi	1Cr18Ni11Si4AlTi	7.51		0.48	13.0	19.0	16.3	19.7	1.04	180	
68	S21953	022Cr19Ni5Mo3Si2N	00Cr18Ni5Mo3Si2	7.70		0.46	20.0	24.0 (300℃)	12.2	13.5 (300℃)		196	
69	S22160	12Cr21Ni5Ti	1Cr21Ni5Ti	7.80			17.6	23.0	10.0	17.4	0.79	187	
70	S22253	022Cr22Ni5Mo3N		7.80	1420～1462	0.46	19.0	23.0 (300℃)	13.7	14.7 (300℃)	0.88	186	
72	S23043	022Cr23Ni4MoCuN		7.80		0.50	16.0		13.0			200	有
73	S22553	022Cr25Ni6Mo2N		7.80		0.50	21.0	25.0	13.4 (200℃)	24.0 (300℃)		196	
74	S22583	022Cr25Ni7Mo3-WCuN		7.80		0.50		25.0	11.5 (200℃)	12.7 (400℃)	0.75	228	
75	S25554	03Cr25Ni6Mo3Cu2N		7.80		0.46	13.5		12.3			210	
76	S25073	022Cr25Ni7Mo4N		7.80			14		12.0			185 (200℃)	

表 A.1(续)

序号	统一数字代号	新牌号	旧牌号	密度/(kg/dm³) 20℃	熔点/℃	比热容/[kJ/(kg·K)] 0℃～100℃	热导率/[W/(m·K)]		线膨胀系数/(10^{-6}/K)		电阻率/(Ω·mm²/m) 20℃	纵向弹性模量/(kN/mm²) 20℃	磁性
							100℃	500℃	0℃～100℃	0℃～500℃			
铁素体型													
78	S11348	06Cr13Al	0Cr13Al	7.75	1 480～1 530	0.46	24.2		10.8		0.60	200	有
79	S11168	06Cr11Ti	0Cr11Ti	7.75		0.46	25.0		10.6	12.0	0.60		
80	S11163	022Cr11Ti		7.75		0.46	24.9	28.5	10.6	12.0	0.57	201	
83	S11203	022Cr12	00Cr12	7.75		0.46	24.9	28.5	10.6	12.0	0.57	201	
84	S11510	10Cr15	1Cr15	7.70		0.46	26.0		10.3	11.9	0.59	200	
85	S11710	10Cr17	1Cr17	7.70	1 480～1 508	0.46	26.0		10.5	11.9	0.60	200	
86	S11717	Y10Cr17	Y1Cr17	7.78	1 427～1 510	0.46	26.0		10.4	11.4	0.60	200	
87	S11863	022Cr18Ti	00Cr17	7.70		0.46	35.1 (20℃)		10.4		0.60	200	
88	S11790	10Cr17Mo	1Cr17Mo	7.70		0.46	26.0		11.9		0.60	200	
89	S11770	10Cr17MoNb		7.70		0.44	30.0		11.7		0.70	220	
90	S11862	019Cr18MoTi		7.70		0.46	35.1		10.4		0.60	200	
92	S11972	019Cr19Mo2NbTi	00Cr18Mo2	7.75		0.46	36.9		10.6 (200℃)		0.60	200	
94	S12791	008Cr27Mo	00Cr27Mo	7.67		0.46	26.0		11.0		0.64	206	
95	S13091	008Cr30Mo2	00Cr30Mo2	7.64		0.50	26.0		11.0		0.64	210	
马氏体型													
96	S40310	12Cr12	1Cr12	7.80	1 480～1 530	0.46	24.2		9.9	11.7	0.57	200	有
97	S41008	06Cr13	0Cr13	7.75		0.46	25.0		10.6	12.0	0.60	220	
98	S41010	12Cr13	1Cr13	7.70	1 480～1 530	0.46	24.2	28.9	11.0	11.7	0.57	200	
99	S41595	04Cr13Ni5Mo		7.79		0.47	16.30		10.7			201	

表 A.1(续)

序号	统一数字代号	新牌号	旧牌号	密度/(kg/dm³) 20℃	熔点/℃	比热容/[kJ/(kg·K)] 0℃～100℃	热导率/[W/(m·K)]		线膨胀系数/(10^{-6}/K)		电阻率/(Ω·mm²/m) 20℃	纵向弹性模量/(kN/mm²) 20℃	磁性
							100℃	500℃	0℃～100℃	0℃～500℃			
100	S41617	Y12Cr13	Y1Cr13	7.78	1 482～1 532	0.46	25.0		9.9	11.5	0.57	200	有
101	S42020	20Cr13	2Cr13	7.75	1 470～1 510	0.46	22.2	26.4	10.3	12.2	0.55	200	
102	S42030	30Cr13	3Cr13	7.76	1 365	0.47	25.1	25.5	10.5	12.0	0.52	219	
103	S42037	Y30Cr13	Y3Cr13	7.78	1 454～1 510	0.46	25.1		10.3	11.7	0.57	219	
104	S42040	40Cr13	4Cr13	7.75		0.46	28.1	28.9	10.5	12.0	0.59	215	
106	S43110	14Cr17Ni2	1Cr17Ni2	7.75		0.46	20.2	25.1	10.3	12.4	0.72	193	
107	S43120	17Cr16Ni2		7.71		0.46	27.8	31.8	10.0	11.0	0.70	212	
108	S44070	68Cr17	7Cr17	7.78	1 371～1 508	0.46	24.2		10.2	11.7	0.60	200	
109	S44080	85Cr17	8Cr17	7.78	1 371～1 508	0.46	24.2		10.2	11.9	0.60	200	
110	S44096	108Cr17	11Cr17	7.78	1 371～1 482	0.46	24.0		10.2	11.7	0.60	200	
111	S44097	Y108Cr17	Y11Cr17	7.78	1 371～1 482	0.46	24.2		10.1		0.60	200	
112	S44090	95Cr18	9Cr18	7.70	1 377～1 510	0.48	29.3		10.5	12.0	0.60	200	
117	S45990	102Cr17Mo	9Cr18Mo	7.70		0.43	16.0		10.4	11.6	0.80	215	
118	S46990	90Cr18MoV	9Cr18MoV	7.70		0.46	29.3		10.5	12.0	0.65	211	
120	S46110	158Cr12MoV	1Cr12MoV	7.70					10.9	12.2 (600℃)			
122	S46250	18Cr12MoVNbN	2Cr12MoVNbN	7.75			27.2		9.3			218	
124	S47220	22Cr12NiWMoV	2Cr12NiWMoV	7.78		0.46	25.1		10.6 (260℃)	11.5		206	
125	S47310	13Cr11Ni2W2MoV	1Cr11Ni2W2MoV	7.80		0.48	22.2	28.1	9.3	11.7		196	
126	S47410	14Cr12Ni2WMoVNb	1Cr12Ni2WMoVNb	7.80		0.47	23.0	25.1	9.9	11.4			
130	S48040	42Cr9Si2	4Cr9Si2				16.7 (20℃)			12.0	0.79		

表 A.1(续)

序号	统一数字代号	新牌号	旧牌号	密度/(kg/dm³) 20℃	熔点/℃	比热容/[kJ/(kg·K)] 0℃～100℃	热导率/[W/(m·K)]		线膨胀系数/(10^{-6}/K)		电阻率/(Ω·mm²/m) 20℃	纵向弹性模量/(kN/mm²) 20℃	磁性
							100℃	500℃	0℃～100℃	0℃～500℃			
132	S48140	40Cr10Si2Mo	4Cr10Si2Mo	7.62			15.9	25.1	10.4	12.1	0.84	206	有
133	S48380	80Cr20Si2Ni	8Cr20Si2Ni	7.60						12.3 (600℃)	0.95		
沉淀硬化型													
134	S51380	04Cr13Ni8Mo2Al		7.76			14.0		10.4		1.00	195	有
135	S51290	022Cr12Ni9Cu2NbTi		7.7	1 400～1 440	0.46	17.2		10.6		0.90	199	
136	S51550	05Cr15Ni5Cu4Nb		7.78	1 397～1 435	0.46	17.9	23.0	10.8	12.0	0.98	195	
137	S51740	05Cr17Ni4Cu4Nb	0Cr17Ni4Cu4Nb	7.78	1 397～1 435	0.46	17.2	23.0	10.8	12.0	0.98	196	
138	S51770	07Cr17Ni7Al	0Cr17Ni7Al	7.93	1 390～1 430	0.50	16.3	20.9	15.3	17.1	0.80	200	
139	S51570	07Cr15Ni7Mo2Al	0Cr15Ni7Mo2Al	7.80	1 415～1 450	0.46	18.0	22.2	10.5	11.8	0.80	185	
140	S51240	07Cr12Ni4Mn5Mo3Al	0Cr12Ni4Mn5-Mo3Al	7.80			17.6	23.9	16.2	18.9	0.80	195	
141	S51750	09Cr17Ni5Mo3N					15.4		17.3		0.79	203	
143	S51525	06Cr15Ni25Ti2-MoAlVB	0Cr15Ni25Ti2-MoAlVB	7.94	1 371～1 427	0.46	15.1	23.8 (600℃)	16.9	17.6	0.91	198	无[a]

a 冷变形后稍有磁性。

附　录　B
（资料性附录）
各国不锈钢和耐热钢牌号对照表

表 B.1　各国不锈钢和耐热钢牌号对照表

序号	中国 GB/T 20878—2007			美国 ASTM A959-04	日本 JIS G4303—1998 JIS G4311—1991	国际 ISO/TS 15510:2003 ISO 4955:2005	欧洲 EN 10088:1—1995 EN 10095—1999 等	前苏联 ГОСТ 5632—1972
	统一数字代号	新牌号	旧牌号					
1	S35350	12Cr17Mn6Ni5N	1Cr17Mn6Ni5N	S20100,201	SUS201	X12CrMnNiN17-7-5	X12CrMnNiN17-7-5, 1.4372	—
2	S35950	10Cr17Mn9Ni4N		—	—	—	—	12Х17Г9АН4
3	S35450	12Cr18Mn9Ni5N	1Cr18Mn8Ni5N	S20200,202	SUS202	—	X12CrMnNiN18-9-5, 1.4373	12Х17Г9АН4
4	S35020	20Cr13Mn9Ni4	2Cr13Mn9Ni4	—	—	—	—	20Х13Н4Г9
5	S35550	20Cr15Mn15Ni2N	2Cr15Mn15Ni2N	—	—	—	—	—
6	S35650	53Cr21Mn9Ni4N	5Cr21Mn9Ni4N	(S63008)	SUH35	(X53CrMnNiN21-9)	X53CrMnNiN21-9-4, 1.4871	55Х20Г9АН4
7	S35750	26Cr18Mn12Si2N	3Cr18Mn12Si2N	—	—	—	—	—
8	S35850	22Cr20Mn10Ni3Si2N	2Cr20Mn9Ni3Si2N	—	—	—	—	—
9	S30110	12Cr17Ni7	1Cr17Ni7	S30100,301	SUS301	X5CrNi17-7	(X3CrNiN17-8,1.4319)	—
10	S30103	022Cr17Ni7		S30103,301L	(SUS301L)	—	—	—
11	S30153	022Cr17Ni7N		S30153,301LN	—	X2CrNiN18-7	X2CrNiN18-7,1.4318	—
12	S30220	17Cr18Ni9	2Cr18Ni9	—	—	—	—	17Х18Н9
13	S30210	12Cr18Ni9	1Cr18Ni9	S30200,302	SUS302	X10CrNi18-8	X10CrNi18-8,1.4310	12Х18Н9
14	S30240	12Cr18Ni9Si3	1Cr18Ni9Si3	S30215,302B	(SUS302B)	X12CrNiSi18-9-3	—	—
15	S30317	Y12Cr18Ni9	Y1Cr18Ni9	S30300,303	SUS303	X10CrNiS18-9	X8CrNiS18-9,1.4305	—
16	S30327	Y12Cr18Ni9Se	Y1Cr18Ni9Se	S30323,303Se	SUS303Se	—	—	12Х18Н10Е

表 B.1(续)

序号	中国 GB/T 20878—2007			美国 ASTM A959-04	日本 JIS G4303—1998 JIS G4311—1991	国际 ISO/TS 15510:2003 ISO 4955:2005	欧洲 EN 10088:1—1995 EN 10095—1999 等	前苏联 ГОСТ 5632—1972
	统一数字代号	新 牌 号	旧 牌 号					
17	S30408	06Cr19Ni10	0Cr18Ni9	S30400,304	SUS304	X5CrNi18-10	X5CrNi18-10,1.4301	—
18	S30403	022Cr19Ni10	00Cr19Ni10	S30403,304L	SUS304L	X2CrNi19-11	X2CrNi19-11,1.4306	03X18H11
19	S30409	07Cr19Ni10		S30409,304H	SUH304H	X7CrNi18-9	X6CrNi18-10, 1.4948	—
20	S30450	05Cr19Ni10Si2CeN		S30415	—	X6CrNiSiNCe19-10	X6CrNiSiNCe19-10, 1.4818	—
21	S30480	06Cr18Ni9Cu2	0Cr18Ni9Cu2	—	SUS304J3	—	—	—
22	S30488	06Cr18Ni9Cu3	0Cr18Ni9Cu3	—	SUSXM7	X3CrNiCu18-9-4	X3CrNiCu18-9-4, 1.4567	—
23	S30458	06Cr19Ni10N	0Cr19Ni9N	S30451,304N	SUS304N1	X5CrNiN19-9	X5CrNiN19-9, 1.4315	—
24	S30478	06Cr19Ni9NbN	0Cr19Ni10NbN	S30452,XM-21	SUS304N2	—	—	—
25	S30453	022Cr19Ni10N	00Cr18Ni10N	S30453,304LN	SUS304LN	X2CrNiN18-9	X2CrNiN18-10,1.4311	—
26	S30510	10Cr18Ni12	1Cr18Ni12	S30500,305	SUS305	X6CrNi18-12	X4CrNi18-12,1.4303	12X18H12T
27	S30508	06Cr18Ni12	0Cr18Ni12		SUS305J1	—	—	—
28	S38408	06Cr16Ni18	0Cr16Ni18	S38400	(SUS384)	(X6CrNi18-16E)	—	—
29	S30808	06Cr20Ni11		S30800,308	SUS308	—	—	—
30	S30850	22Cr21Ni12N	2Cr21Ni12N	(S63017)	SUH37	—	—	—
31	S30920	16Cr23Ni13	2Cr23Ni13	S30900,309	SUH309	—	(X15CrNiSi20-12,1.4828)	20X23H12
32	S30908	06Cr23Ni13	0Cr23Ni13	S30908,309S	SUS309S	X12CrNi23-13	X12CrNi23-13,1.4833	10X23H13
33	S31010	14Cr23Ni18	1Cr23Ni18	—	—	—	—	20X23H18
34	S31020	20Cr25Ni20	2Cr25Ni20	S31000,310	SUH310	X15CrNi25-21	X15CrNi25-21,1.4821	20X25H20C2
35	S31008	06Cr25Ni20	0Cr25Ni20	S31008,310S	SUS310S	X12CrNi23-12	X12CrNi23-12,1.4845	10X23H18
36	S31053	022Cr25Ni22Mo2N		S31050,310MoLN	—	X1CrNiMoN25-22-2	X1CrNiMoN25-22-2, 1.4466	—

表 B.1(续)

序号	中国 GB/T 20878—2007			美国 ASTM A959-04	日本 JIS G4303—1998 JIS G4311—1991	国际 ISO/TS 15510:2003 ISO 4955:2005	欧洲 EN 10088:1—1995 EN 10095—1999 等	前苏联 ГОСТ 5632—1972
	统一数字代号	新 牌 号	旧 牌 号					
37	S31252	015Cr20Ni18Mo6CuN		S31254	—	X1CrNiMoN20-18-7	X1CrNiMoN20-18-7, 1.4547	—
38	S31608	06Cr17Ni12Mo2	0Cr17Ni12Mo2	S31600,316	SUS316	X5CrNiMo17-12-2	X5CrNiMo17-12-2,1.4401	—
39	S31603	022Cr17Ni12Mo2	00Cr17Ni14Mo2	S31603,316L	SUS316L	X2CrNiMo17-12-2	X2CrNiMo17-12-2,1.4404	03X17H14M2
40	S31609	07Cr17Ni12Mo2	1Cr17Ni12Mo2	S31609,316H	—	—	X3CrNiMo17-13-3,1.4436	—
41	S31668	06Cr17Ni12Mo3Ti	0Cr18Ni12Mo3Ti	S31635,316Ti	SUS316Ti	X6CrNiMoTi17-12-2	X6CrNiMoTi17-12-2, 1.4571	08X17H13M3T
42	S31678	06Cr17Ni12Mo2Nb		S31640,316Nb	—	X6CrNiMoNb17-12-2	X6CrNiMoNb17-12-2, 1.4580	03X16H13M3Б
43	S31658	06Cr17Ni12Mo2N	0Cr17Ni12Mo2N	S31651,316N	SUS316N	—	—	—
44	S31653	022Cr17Ni12Mo2N	00Cr17Ni13Mo2N	S31653,316LN	SUS316LN	X2CrNiMoN17-12-3	X2CrNiMoN17-13-3, 1.4429	—
45	S31688	06Cr18Ni12Mo2Cu2	0Cr18Ni12Mo2Cu2	—	SUS316J1	—	—	—
46	S31683	022Cr18Ni14Mo2Cu2	00Cr18Ni14Mo2Cu2	—	SUS316J1L	—	—	—
47	S31693	022Cr18Ni15Mo3N	00Cr18Ni15Mo3N	—	—	—	—	—
48	S31782	015Cr21Ni26Mo5Cu2		N08904,904L	—	—	—	—
49	S31708	06Cr19Ni13Mo3	0Cr19Ni13Mo3	S31700,317	SUS317	—	—	—
50	S31703	022Cr19Ni13Mo3	00Cr19Ni13Mo3	S31703,317L	SUS317L	X2CrNiMo19-14-4	X2CrNiMo18-15-4, 1.4438	03X16H15M3
51	S31793	022Cr18Ni14Mo3	00Cr18Ni14Mo3	—	—	—	—	—
52	S31794	03Cr18Ni16Mo5	0Cr18Ni16Mo5	—	SUS317J1	—	—	—
53	S31723	022Cr19Ni16Mo5N		S31726,317LMN	—	X2CrNiMoN18-15-5	X2CrNiMoN17-13-5, 1.4439	—
54	S31753	022Cr19Ni13Mo4N		S31753,317LN	SUS317LN	X2CrNiMoN18-12-4	X2CrNiMoN18-12-4, 1.4434	—

表 B.1(续)

序号	中国 GB/T 20878—2007			美国 ASTM A959-04	日本 JIS G4303—1998 JIS G4311—1991	国际 ISO/TS 15510:2003 ISO 4955:2005	欧洲 EN 10088:1—1995 EN 10095—1999 等	前苏联 ГОСТ 5632—1972
	统一数字代号	新 牌 号	旧 牌 号					
55	S32168	06Cr18Ni11Ti	0Cr18Ni10Ti	S32100,321	SUS321	X6CrNiTi18-10	X6CrNiTi18-10, 1.4541	08X18H10T
56	S32169	07Cr19Ni11Ti	1Cr18Ni11Ti	S32109, 321H	(SUS321H)	X7CrNiTi18-10	X6CrNiTi18-10, 1.4541	12X18H11T
57	S32590	45Cr14Ni14W2Mo	4Cr14Ni14W2Mo	—	—	—	—	45X14H14B2M
58	S32652	015Cr24Ni22Mo8-Mn3CuN		S32654	—	X1CrNiMoCuN24-22-8	(X1CrNiMoCuN24-22-8, 1.4652)	—
59	S32720	24Cr18Ni8W2	2Cr18Ni8W2	—	—	—	—	25X18H8B2
60	S33010	12Cr16Ni35	1Cr16Ni35	N08330,330	SUH330	(X12CrNiSi35-16)	X12CrNiSi35-16,1.4864	—
61	S34553	022Cr24Ni17Mo5-Mn6NbN		S34565	—	X2CrNiMnMoN25-18-6-5	(X2CrNiMnMoN25-18-6-5,1.4565)	—
62	S34778	06Cr18Ni11Nb	0Cr18Ni11Nb	S34700,347	SUS347	X6CrNiNb18-10	X6CrNiNb18-10, 1.4550	08X18H12Б
63	S34779	07Cr18Ni11Nb	1Cr19Ni11Nb	S34709,347H	(SUS347H)	X7CrNiNb18-10	X7CrNiNb18-10, 1.4912	—
64	S38148	06Cr18Ni13Si4	0Cr18Ni13Si4	—	SUSXM15J1	S38100,XM-15	—	—
65	S38240	16Cr20Ni14Si2	1Cr20Ni14Si2	—	—	X15CrNiSi20-12	X15CrNiSi20-12, 1.4828	20X20H14C2
66	S38340	16Cr25Ni20Si2	1Cr25Ni20Si2	—	—	(X15CrNiSi25-21)	(X15CrNiSi25-21, 1.4841)	20X25H20C2
67	S21860	14Cr18Ni11Si4AlTi	1Cr18Ni11Si4AlTi	—	—	—	—	15X18H12C4TЮ
68	S21953	022Cr19Ni5Mo3Si2N	00Cr18Ni5Mo3Si2	S31500	—	—	—	—
69	S22160	12Cr21Ni5Ti	1Cr21Ni5Ti	—	—	—	—	10X21H5T
70	S22253	022Cr22Ni5Mo3N		S31803	SUS329J3L	X2CrNiMoN22-5-3	X2CrNiMoN22-5-3, 1.4462	—
71	S22053	022Cr23Ni5Mo3N		S32205,2205	—	—	—	—
72	S23043	022Cr23Ni4MoCuN		S32304, 2304	—	X2CrNiN23-4	X2CrNiN23-4,1.4362	—
73	S22553	022Cr25Ni6Mo2N		S31200	—	X3CrNiMoN27-5-2	X3CrNiMoN27-5-2, 1.4460	—

表 B.1(续)

序号	中国 GB/T 20878—2007 统一数字代号	新牌号	旧牌号	美国 ASTM A959-04	日本 JIS G4303—1998 JIS G4311—1991	国际 ISO/TS 15510:2003 ISO 4955:2005	欧洲 EN 10088:1—1995 EN 10095—1999 等	前苏联 ГОСТ 5632—1972
74	S22583	022Cr25Ni7Mo3WCuN		S31260	(SUS329J2L)	—	—	—
75	S25554	03Cr25Ni6Mo3Cu2N		S32550, 255	SUS329J4L	X2CrNiMoCuN25-6-3	X2CrNiMoCuN25-6-3, 1.4507	—
76	S25073	022Cr25Ni7Mo4N		S32750, 2507	—	X2CrNiMoN25-7-4	X2CrNiMoN25-7-4, 1.4410	—
77	S27603	022Cr25Ni7Mo4-WCuN		S32760	—	X2CrNiMoWN25-7-4	X2CrNiMoWN25-7-4, 1.4501	—
78	S11348	06Cr13Al	0Cr13Al	S40500,405	SUS405	X6CrAl13	X6CrAl13,1.4002	—
79	S11168	06Cr11Ti	0Cr11Ti	S40900	(SUH409)	X6CrTi12	—	—
80	S11163	022Cr11Ti		S40900	(SUH409L)	X2CrTi12	X2CrTi12,1.4512	—
81	S11173	022Cr11NbTi		S40930	—	—	—	—
82	S11213	022Cr12Ni		S40977	—	X2CrNi12	X2CrNi12,1.4003	—
83	S11203	022Cr12	00Cr12	—	SUS410L	—	—	—
84	S11510	10Cr15	1Cr15	S42900, 429	(SUS429)	—	—	—
85	S11710	10Cr17	1Cr17	S43000	SUS430	X6Cr17	X6Cr17,1.4016	12X17
86	S11717	Y10Cr17	Y1Cr17	S43020, 430F	SUS430F	X7CrS17	X14CrMoS17,1.4104	—
87	S11863	022Cr18Ti	00Cr17	S43035, 439	(SUS430LX)	X3CrTi17	X3CrTi17,1.4510	08X17T
88	S11790	10Cr17Mo	1Cr17Mo	S43400, 434	SUS434	X6CrMo17-1	X6CrMo17-1,1.4113	—
89	S11770	10Cr17MoNb		S43600, 436	—	X6CrMoNb17-1	X6CrMoNb17-1, 1.4526	—
90	S11862	019Cr18MoTi		—	(SUS436L)	—	—	—
91	S11873	022Cr18NbTi		S43940	—	X2CrTiNb18	X2CrTiNb18, 1.4509	—
92	S11972	019Cr19Mo2NbTi	00Cr18Mo2	S44400, 444	(SUS444)	X2CrMoTi18-2	X2CrMoTi18-2,1.4521	—
93	S12550	16Cr25N	2Cr25N	S44600,446	(SUH446)	—	—	—

表 B.1(续)

序号	中国 GB/T 20878—2007			美国 ASTM A959-04	日本 JIS G4303—1998 JIS G4311—1991	国际 ISO/TS 15510:2003 ISO 4955:2005	欧洲 EN 10088:1—1995 EN 10095—1999 等	前苏联 ГОСТ 5632—1972
	统一数字代号	新 牌 号	旧 牌 号					
94	S12791	008Cr27Mo	00Cr27Mo	S44627，XM-27	SUSXM27	—	—	—
95	S13091	008Cr30Mo2	00Cr30Mo2	—	SUS447J1	—	—	—
96	S40310	12Cr12	1Cr12	S40300,403	SUS403	—	—	—
97	S41008	06Cr13	0Cr13	S41008，410S	(SUS410S)	X6Cr13	X6Cr13，1.4000	08X13
98	S41010	12Cr13	1Cr13	S41000，410	SUS410	X12Cr13	X12Cr13，1.4006	12X13
99	S41595	04Cr13Ni5Mo		S41500	(SUSF6NM)	X3CrNiMo13-4	X3CrNiMo13-4，1.4313	—
100	S41617	Y12Cr13	Y1Cr13	S41600，416	SUS416	X12CrS13	X12CrS13，1.4005	—
101	S42020	20Cr13	2Cr13	S42000，420	SUS420J1	X20Cr13	X20Cr13，1.4021	20X13
102	S42030	30Cr13	3Cr13	S42000，420	SUS420J2	X30Cr13	X30Cr13，1.4028	30X13
103	S42037	Y30Cr13	Y3Cr13	S42020，420F	SUS420F	X29CrS13	X29CrS13，1.4029	—
104	S42040	40Cr13	4Cr13	—	—	X39Cr13	X39Cr13，1.4031	40X13
105	S41427	Y25Cr13Ni2	Y2Cr13Ni2					25X13H2
106	S43110	14Cr17Ni2	1Cr17Ni2					14X17H2
107	S43120	17Cr16Ni2		S43100，431	SUS431	X17CrNi16-2	X17CrNi16-2，1.4057	—
108	S44070	68Cr17	7Cr17	S44002，440A	SUS440A	—	—	—
109	S44080	85Cr17	8Cr17	S44003，440B	SUS440B	—	—	—
110	S44096	108Cr17	11Cr17	S44004，440C	SUS440C	X105CrMo17	X105CrMo17，1.4125	—
111	S44097	Y108Cr17	Y11Cr17	S44020，440F	SUS440F	—	—	—
112	S44090	95Cr18	9Cr18	—	—	—	—	95X18
113	S45110	12Cr5Mo	1Cr5Mo	(S50200，502)	(STBA25)	(TS37)	—	15X5M
114	S45610	12Cr12Mo	1Cr12Mo	—	—	—	—	—

表 B.1(续)

序号	中国 GB/T 20878—2007			美国 ASTM A959-04	日本 JIS G4303—1998 JIS G4311—1991	国际 ISO/TS 15510:2003 ISO 4955:2005	欧洲 EN 10088:1—1995 EN 10095—1999 等	前苏联 ГОСТ 5632—1972
	统一数字代号	新 牌 号	旧 牌 号					
115	S45710	13Cr13Mo	1Cr13Mo	—	SUS410J1	—	—	—
116	S45830	32Cr13Mo	3Cr13Mo	—	—	—	—	—
117	S45990	102Cr17Mo	9Cr18Mo	S44004, 440C	SUS440C	X105CrMo17	X105CrMo17, 1.4125	—
118	S46990	90Cr18MoV	9Cr18MoV	S44003, 440B	SUS440B	—	X90CrMoV18, 1.4112	—
119	S46010	14Cr11MoV	1Cr11MoV	—	—	—	—	15X11Mф
120	S46110	158Cr12MoV	1Cr12MoV	—	—	—	—	—
121	S46020	21Cr12MoV	2Cr12MoV	—	—	—	—	—
122	S46250	18Cr12MoVNbN	2Cr12MoVNbN	—	SUH600	—	—	—
123	S47010	15Cr12WMoV	1Cr12WMoV	—	—	—	—	15X12BHMф
124	S47220	22Cr12NiWMoV	2Cr12NiMoWV	(616)	SUH616	—	—	—
125	S47310	13Cr11Ni2W2MoV	1Cr11Ni2W2MoV	—	—	—	—	13X11H2B2Mф
126	S47410	14Cr12Ni2WMoVNb	1Cr12Ni2WMoVNb	—		—	—	13X14H3B2ф
127	S47250	10Cr12Ni3Mo2VN		—	—			
128	S47450	18Cr11NiMoNbVN	2Cr11NiMoNbVN	—	—	—	—	—
129	S47710	13Cr14Ni3W2VB	1Cr14Ni3W2VB	—	—	—	—	15X12H2MBфAБ
130	S48040	42Cr9Si2	4Cr9Si2	—	—	—	—	40X9C2
131	S48045	45Cr9Si3		—	SUH1	—	(X45CrSi3, 1.4718)	—
132	S48140	40Cr10Si2Mo	4Cr10Si2Mo	—	SUH3	—	(X40CrSiMo10, 1.4731)	40X10C2M
133	S48380	80Cr20Si2Ni	8Cr20Si2Ni	—	SUH4	—	(X80CrSiNi20, 1.4747)	—
134	S51380	04Cr13Ni8Mo2Al		S13800, XM-13	—	—	—	
135	S51290	022Cr12Ni9Cu2NbTi		S45500, XM-16	—	—	—	08X15H5Л2T

表 B.1(续)

序号	中国 GB/T 20878—2007			美国 ASTM A959-04	日本 JIS G4303—1998 JIS G4311—1991	国际 ISO/TS 15510:2003 ISO 4955:2005	欧洲 EN 10088:1—1995 EN 10095—1999 等	前苏联 ГОСТ 5632—1972
	统一数字代号	新 牌 号	旧 牌 号					
136	S51550	05Cr15Ni5Cu4Nb		S15500，XM-12	—	—	—	—
137	S51740	05Cr17Ni4Cu4Nb	0Cr17Ni4Cu4Nb	S17400，630	SUS630	X5CrNiCuNb16-4	X5CrNiCuNb16-4，1.4542	—
138	S51770	07Cr17Ni7Al	0Cr17Ni7Al	S17700，631	SUS631	X7CrNi17-7	X7CrNi17-7，1.4568	09Х17Н7Ю
139	S51570	07Cr15Ni7Mo2Al	0Cr15Ni7Mo2Al	S15700，632	—	X8CrNiMoAl15-7-2	X8CrNiMoAl15-7-2，1.4532	—
140	S51240	07Cr12Ni4Mn5Mo3Al	0Cr12Ni4Mn5Mo3Al		—	—	—	—
141	S51750	09Cr17Ni5Mo3N		S35000，633	—	—	—	—
142	S51778	06Cr17Ni7AlTi		S17600，635	—	—	—	—
143	S51525	06Cr15Ni25Ti2-MoAlVB	0Cr15Ni25Ti2-MoAlVB	S66286，660	SUH660	(X6NiCrTiMoVB25-15-2)	—	—

注:括号内牌号是在表头所列标准之外的牌号。

附　录　C
（资料性附录）
不锈钢和耐热钢标准牌号适用标准表

表 C.1　不锈钢和耐热钢标准牌号适用标准表

序号	中国 GB/T 20878—2007			形　状									适　用　标　准
	统一数字代号	新　牌　号	旧　牌　号	棒	板	带	管	盘条	丝、绳	角钢	坯	锻件	
1	S35350	12Cr17Mn6Ni5N	1Cr17Mn6Ni5N	○		○		○					GB/T 1220、GB/T 4356
2	S39950	10Cr17Mn9Ni4N			○								GJB 2295A
3	S35450	12Cr18Mn9Ni5N	1Cr18Mn8Ni5N	○	○	○		○				○	GB/T 1220、GB/T 4356，GJB 2295A，QJ 501
4	S35020	20Cr13Mn9Ni4	2Cr13Mn9Ni4	○	○	○						○	GJB 2294、GJB 2295A、GJB 3321，QJ 501
5	S35550	20Cr15Mn15Ni2N	2Cr15Mn15Ni2N					○					GB/T 4356
6	S35650	53Cr21Mn9Ni4N	5Cr21Mn9Ni4N	○			○						GB/T 1221、GB/T 12773
7	S35750	26Cr18Mn12Si2N	3Cr18Mn12Si2N	○									GB/T 1221
8	S35850	22Cr20Mn10Ni2Si2N	2Cr20Mn9Ni2Si2N	○									GB/T 1221
9	S30110	12Cr17Ni7	1Cr17Ni7	○	○	○							GB/T 1220、GB/T 3280、YB/T 5310、GB/T 4237、GB/T 4239、GJB 3321
10	S30103	022Cr17Ni7			○	○							GB/T 3280、GB/T 4237
11	S30153	022Cr17Ni7N			○	○							GB/T 3280、GB/T 4237
12	S30220	17Cr18Ni9	2Cr18Ni9	○	○								GJB 2294，GJB 2295A

表 C.1(续)

序号	中国 GB/T 20878—2007			形状									适用标准
	统一数字代号	新牌号	旧牌号	棒	板	带	管	盘条	丝、绳	角钢	坯	锻件	
13	S30210	12Cr18Ni9	1Cr18Ni9	○	○	○	○	○	○	○	○	○	GB/T 1220、GB/T 3280、GB/T 4226、GB/T 4237、GB/T 4238、GB/T 4240、GB/T 4356、GB/T 5310、GB/T 9944、GB/T 12770、GB/T 12771、GB/T 13296、GB/T 14975、GB/T 14976、GJB 2294、GJB 2295A、GJB 3320、YB(T)11、YB/T 5089、YB/T 5133、YB/T 5134、YB/T 5137、YB/T 5309、YB/T 5310、QJ 501
14	S30240	12Cr18Ni9Si3	1Cr18Ni9Si3		○	○							GB/T 4237、GB/T 4238、GB/T 3280
15	S30317	Y12Cr18Ni9	Y1Cr18Ni9	○				○	○				GB/T 1220、GB/T 4226、GB/T 4240、GB/T 4356
16	S30327	Y12Cr18Ni9Se	Y1Cr18Ni9Se	○					○				GB/T 1220、GB/T 4226、GB/T 4240
17	S30408	06Cr19Ni10	0Cr18Ni9	○	○	○	○	○	○	○	○	○	GB/T 1220、GB/T 1221、GB/T 3090、GB/T 3280、GB/T 4226、GB/T 4232、GB/T 4237、GB/T 4238、GB/T 4240、GB/T 4356、GB/T 9944、GB/T 12770、GB/T 12771、GB 13296、GB/T 14975、GB/T 14976、GJB 2294、GJB 2295A、GJB 2296A、GJB 2610、GJB 3321、YB/T 085、YB/T 5089、YB/T 5133、YB/T 5134、YB/T 5309、YB/T 5310、QJ 501
18	S30403	022Cr19Ni10	00Cr19Ni10	○	○	○	○	○	○	○	○		GB/T 1220、GB/T 3089、GB/T 3090、GB/T 3280、GB/T 4226、GB/T 4237、GB/T 4240、GB/T 4356、GB/T 12770、GB/T 12771、GB 13296、GB/T 14975、GB/T 14976，GJB 2294、GJB 2295A、GJB 2610，YB(T)11、YB/T 5089、YB/T 5309

表 C.1(续)

序号	中国 GB/T 20878—2007			形状									适用标准
	统一数字代号	新牌号	旧牌号	棒	板	带	管	盘条	丝、绳	角钢	坯	锻件	
19	S30409	07Cr19Ni10			○	○					○		GB/T 3280、GB/T 4237、YB/T 5089
20	S30450	05Cr19Ni10Si2CeN			○	○							GB/T 3280、GB/T 4237
21	S30480	06Cr18Ni9Cu2	0Cr18Ni9Cu2					○					GB/T 4356
22	S30488	06Cr18Ni9Cu3	0Cr18Ni9Cu3	○				○	○				GB/T 1220、GB/T 4232、GB/T 4356
23	S30458	06Cr19Ni10N	0Cr19Ni9N	○	○	○	○		○				GB/T 1220、GB/T 3280、GB/T 4237、GB/T 4240、GB/T 14975、GB/T 14976
24	S30478	06Cr19Ni9NbN	0Cr19Ni10NbN	○	○	○	○						GB/T 1220、GB/T 3280、GB/T 4237、GB/T 14976
25	S30453	022Cr19Ni10N	00Cr18Ni10N	○	○	○	○						GB/T 1220、GB/T 3280、GB/T 4237、GB/T 14975
26	S30510	10Cr18Ni12	1Cr18Ni12	○	○	○		○	○				GB/T 1220、GB/T 3280、GB/T 4226、GB/T 4232、GB/T 4237、GB/T 4240、GB/T 4356
27	S30508	06Cr18Ni12	0Cr18Ni12	○				○					GB/T 4226、GB/T 4232、GB/T 4356
28	S38408	06Cr16Ni18	0Cr16Ni18						○				GB/T 4232
29	S30808	06Cr20Ni11			○								GB/T 4238
30	S30850	22Cr21Ni12N	2Cr21Ni12N	○			○						GB/T 1221、GB/T 12773
31	S30920	16Cr23Ni13	2Cr23Ni13	○	○		○						GB/T 1221、GB/T 4238、GB/T 13296
32	S30908	06Cr23Ni13	0Cr23Ni13	○	○	○	○	○	○				GB/T 1220、GB/T 1221、GB/T 3280、GB/T 4226、GB/T 4237、GB/T 4238、GB/T 4240、GB/T 4356、GB/T 14976
33	S31010	14Cr23Ni18	1Cr23Ni18	○	○							○	GJB 2294、GJB 2295A、QJ 501
34	S31020	20Cr25Ni20	2Cr25Ni20	○	○		○						GB/T 1221、GB/T 4238、GB/T 13296

表 C.1(续)

序号	中国 GB/T 20878—2007 统一数字代号	新牌号	旧牌号	形状 棒	板	带	管	盘条	丝、绳	角钢	坯	锻件	适用标准
35	S31008	06Cr25Ni20	0Cr25Ni20	○	○	○	○	○	○		○	○	GB/T 1220、GB/T 1221、GB/T 3280、GB/T 4226、GB/T 4237、GB/T 4238、GB/T 4240、GB/T 4356、GB/T 12770、GB/T 12771、GB 13296、GB/T 14976、YB/T 5089、QJ 501
36	S31053	022Cr25Ni22Mo2N			○	○							GB/T 3280、GB/T 4237
37	S31252	015Cr20Ni18Mo6CuN											
38	S31608	06Cr17Ni12Mo2	0Cr17Ni12Mo2	○	○	○	○	○	○	○	○		GB/T 1220、GB/T 1221、GB/T 3090、GB/T 3280、GB/T 4226、GB/T 4237、GB/T 4238、GB/T 4240、GB/T 4356、GB/T 12770、GB/T 12771、GB 13296、GB/T 14975、GB/T 14976、YB/T 5089、YB/T 5309
39	S31603	022Cr17Ni12Mo2	00Cr17Ni14Mo2	○	○	○	○	○	○	○	○		GB/T 1220、GB/T 3089、GB/T 3090、GB/T 3280、GB/T 4226、YB/T 5309、GB/T 4237、GB/T 4240、GB/T 4356、GB/T 12770、GB/T 12771、GB 13296、GB/T 14975、GB/T 14976、GJB 2610、YB/T 5089
40	S31609	07Cr17Ni12Mo2	1Cr17Ni12Mo2				○		○		○		GB 13296、YB(T)11、YB/T 5089
41	S31668	06Cr17Ni12Mo2Ti	0Cr18Ni12Mo2Ti	○	○	○	○						GB/T 1220、GB/T 3280、GB/T 4237、GB 13296、GB/T 14975、GB/T 14976
42	S31678	06Cr17Ni12Mo2Nb			○	○							GB/T 3280、GB/T 4237
43	S31658	06Cr17Ni12Mo2N	0Cr17Ni12Mo2N	○	○	○	○						GB/T 1220、GB/T 3280、GB/T 4237、GB/T 14975、GB/T 14976

表 C.1(续)

序号	中国 GB/T 20878—2007			形状									适用标准
	统一数字代号	新牌号	旧牌号	棒	板	带	管	盘条	丝、绳	角钢	坯	锻件	
44	S31653	022Cr17Ni12Mo2N	00Cr17Ni13Mo2N	○	○	○	○						GB/T 1220、GB/T 3280、GB/T 4237、GB/T 14975、GB/T 14976
45	S31688	06Cr18Ni12Mo2Cu2	0Cr18Ni12Mo2Cu2	○	○	○	○						GB/T 1220、GB/T 3280、GB/T 4237、GB/T 14976
46	S31683	022Cr18Ni14Mo2Cu2	00Cr18Ni14Mo2Cu2	○	○	○	○						GB/T 1220、GB/T 3280、GB/T 4237、GB/T 14976
47	S31693	022Cr18Ni15Mo3N	00Cr18Ni15Mo3N	○	○	○			○				GB 4234
48	S31782	015Cr21Ni26Mo5Cu2			○	○							GB/T 3280、GB/T 4237
49	S31708	06Cr19Ni13Mo3	0Cr19Ni13Mo3	○	○	○	○						GB/T 1220、GB/T 1221、GB/T 3280、GB/T 4237、GB/T 4238、GB/T 4356、GB 13296、GB/T 14975、GB/T 14976
50	S31703	022Cr19Ni13Mo3	00Cr19Ni13Mo3	○	○	○	○				○		GB/T 1220、GB/T 3280、GB/T 4237、GB/T 4238、GB 13296、GB/T 14975、GB/T 14976，YB/T 5089
51	S31793	022Cr18Ni14Mo3	00Cr18Ni14Mo3	○	○	○			○				GB 4234
52	S31794	03Cr18Ni16Mo5	0Cr18Ni16Mo5	○									GB/T 1220
53	S31723	022Cr19Ni16Mo5N			○	○							GB/T 3280、GB/T 4237
54	S31753	022Cr19Ni13Mo4N			○	○							GB/T 3280、GB/T 4237
55	S32168	06Cr18Ni11Ti	0Cr18Ni10Ti	○	○	○	○	○	○	○	○		GB/T 1220、GB/T 1221、GB/T 3090、GB/T 3280、GB/T 4226、GB/T 4237、GB/T 4238、GB/T 4240、GB/T 4356、GB/T 12770、GB/T 12771、GB 13296、GB/T 14975、GB/T 14976、GJB 2294、GJB 2295A、GJB 2296A、GJB 2455、GJB 2610、YB/T 5089、YB/T 5309

表 C.1(续)

序号	中国 GB/T 20878—2007			形状									适用标准
	统一数字代号	新牌号	旧牌号	棒	板	带	管	盘条	丝、绳	角钢	坯	锻件	
56	S32169	07Cr19Ni11Ti	1Cr18Ni11Ti				○						GB 13296
57	S32590	45Cr14Ni14W2Mo	4Cr14Ni14W2Mo	○								○	GB/T 1221、GB/T 12773,QJ 501
58	S32652	015Cr24Ni22Mo8Mn3CuN			○	○							GB/T 3280、GB/T 4237
59	S32720	24Cr18Ni8W2	2Cr18Ni8W2	○								○	GJB 2294,QJ 501
60	S33010	12Cr16Ni35	1Cr16Ni35	○	○								GB/T 1221、GB/T 4238
61	S34553	022Cr24Ni17Mo5Mn6NbN			○	○							GB/T 3280、GB/T 4237
62	S34778	06Cr18Ni11Nb	0Cr18Ni11Nb	○		○	○	○	○	○	○		GB/T 1221、GB/T 3280、GB/T 4226、GB/T 4237、GB/T 4238、GB/T 4240、GB/T 12770、GB/T 12771、GB 13296、GB/T 14975、GB/T 14976,GJB 2294,YB/T 5089、YB/T 5309
63	S34779	07Cr18Ni11Nb	1Cr19Ni11Nb			○	○				○		GB 5310、GB 9948、GB 13296,YB/T 5089、YB/T 5137
64	S38148	06Cr18Ni13Si4	0Cr18Ni13Si4	○			○						GB/T 1220、GB/T 1221、GB 13296
65	S38240	16Cr20Ni14Si2	1Cr20Ni14Si2	○									GB/T 1221
66	S38340	16Cr25Ni20Si2	1Cr25Ni20Si2	○		○							GB/T 1221、GB/T 4238
67	S21860	14Cr18Ni11Si4AlTi	1Cr18Ni11Si4AlTi	○	○	○						○	GB/T 1220、GB/T 3280、GB/T 4237,GJB 2294、GJB 2295A,QJ 501
68	S21953	022Cr19Ni5Mo3Si2N	00Cr18Ni5Mo3Si2	○	○	○	○						GB/T 1220、GB/T 3280、GB/T 4237、GB/T 14975、GB/T 14976
69	S22160	12Cr21Ni5Ti	1Cr21Ni5Ti	○	○	○						○	GB/T 3280、GB/T 4237,GJB 2294、GJB 2295A、GJB 2455、QJ 501
70	S22253	022Cr22Ni5Mo3N		○	○	○							GB/T 1220、GB/T 3280、GB/T 4237

表 C.1(续)

序号	中国 GB/T 20878—2007			形状									适用标准
	统一数字代号	新牌号	旧牌号	棒	板	带	管	盘条	丝、绳	角钢	坯	锻件	
71	S22053	022Cr23Ni5Mo3N		○	○	○							GB/T 1220、GB/T 3280、GB/T 4237
72	S23043	022Cr23Ni4MoCuN			○	○							GB/T 3280、GB/T 4237
73	S22553	022Cr25Ni6Mo2N			○	○							GB/T 3280、GB/T 4237
74	S22583	022Cr25Ni7Mo3WCuN											
75	S25554	03Cr25Ni6Mo3Cu2N			○	○							GB/T 3280、GB/T 4237
76	S25073	022Cr25Ni7Mo4N			○	○							GB/T 3280、GB/T 4237
77	S27603	022Cr25Ni7Mo4WCuN			○	○							GB/T 3280、GB/T 4237
78	S11348	06Cr13Al	0Cr13Al	○	○	○	○						GB/T 1220、GB/T 1221、GB/T 3280、GB/T 4237、GB/T 4238、GB/T 12771
79	S11168	06Cr11Ti	0Cr11Ti		○								GB/T 4238
80	S11163	022Cr11Ti			○	○							GB/T 3280、GB/T 4237、GB/T 4238
81	S11173	022Cr11NbTi			○	○							GB/T 3280、GB/T 4237、GB/T 4238
82	S11213	022Cr12Ni			○	○							GB/T 3280、GB/T 4237
83	S11203	022Cr12	00Cr12		○	○							GB/T 1221、GB/T 3280、GB/T 4237
84	S11510	10Cr15	1Cr15		○	○	○						GB/T 3280、GB/T 4237、GB/T 12770
85	S11710	10Cr17	1Cr17	○	○	○	○	○	○	○			GB/T 1220、GB/T 1221、GB/T 3280、GB/T 4226、GB/T 4232、GB/T 4237、GB/T 4238、GB/T 4240、GB/T 4356、GB/T 12770、GB 13296、GB/T 14975、GB/T 14976、GJB 2294、YB/T 5309
86	S11717	Y10Cr17	Y1Cr17	○				○	○				GB/T 1220、GB/T 4226、GB/T 4240、GB/T 4356
87	S11863	022Cr18Ti	00Cr17		○	○	○						GB/T 3280、GB/T 4237、GB/T 12771

表 C.1(续)

序号	中国 GB/T 20878—2007			形状									适用标准
	统一数字代号	新牌号	旧牌号	棒	板	带	管	盘条	丝、绳	角钢	坯	锻件	
88	S11790	10Cr17Mo	1Cr17Mo	○	○	○		○					GB/T 1220、GB/T 3280、GB/T 4237、GB/T 4356
89	S11770	10Cr17MoNb											
90	S11862	019Cr18MoTi			○	○							GB/T 3280、GB/T 4237
91	S11873	022Cr18NbTi			○	○							GB/T 3280、GB/T 4237
92	S11972	019Cr19Mo2NbTi	00Cr18Mo2		○	○	○						GB/T 3280、GB/T 4237、GB/T 12771，YB/T 5133
93	S12550	16Cr25N	2Cr25N	○	○		○						GB/T 1221、GB/T 4238、GB/T 12771
94	S12791	008Cr27Mo	00Cr27Mo	○	○	○	○						GB/T 1220、GB/T 3280、GB/T 4237、GB 13296
95	S13091	008Cr30Mo2	00Cr30Mo2	○	○	○							GB/T 1220、GB/T 3280、GB/T 4237
96	S40310	12Cr12	1Cr12	○	○	○					○		GB/T 1220、GB/T 3280、GB/T 4226、GB/T 4237、GB/T 4238，YB/T 5089
97	S41008	06Cr13	0Cr13	○	○	○	○	○	○			○	GB/T 1220、GB/T 3280、GB/T 4237、GB/T 4356、GB/T 8732、GB/T 12770、GB/T 12771、GB/T 14975、GB/T 14976，QJ 501
98	S41010	12Cr13	1Cr13	○	○	○	○		○		○	○	GB/T 1220、GB/T 1221、GB/T 3280、GB/T 4232、GB/T 4237、GB/T 4238、GB/T 4240、GB/T 4226、GB/T 8732、GB/T 12770、GB/T 14975，GJB 2294、GJB 2295A、GJB 2455，YB/T 5089、QJ 501
99	S41595	04Cr13Ni5Mo			○	○							GB/T 3280、GB/T 4237
100	S41617	Y12Cr13	Y1Cr13	○				○	○				GB/T 1220、GB/T 4240、GB/T 4356、GB/T 4226

表 C.1(续)

序号	中国 GB/T 20878—2007			形状									适用标准
	统一数字代号	新牌号	旧牌号	棒	板	带	管	盘条	丝、绳	角钢	坯	锻件	
101	S42020	20Cr13	2Cr13	○	○	○	○	○	○		○	○	GB/T 1220、GB/T 1221、GB/T 3280、GB/T 4226、GB/T 4237、GB/T 4240、GB/T 4356、GB/T 8732、GB/T 14975，GJB 2294、GJB 2295A、GJB 2455，YB/T 5089、QJ 501
102	S42030	30Cr13	3Cr13	○	○	○	○	○	○		○	○	GB/T 1220、GB/T 3280、GB/T 4226、GB/T 4237、GB/T 4240、GB/T 4356，GJB 2294、GJB 2295A、GJB 2455、GJB 3320、GJB 3321，YB/T 5089、YB/T 5310、QJ 501
103	S42037	Y30Cr13	Y3Cr13	○				○					GB/T 1220、GB/T 4226、GB/T 4356
104	S42040	40Cr13	4Cr13	○	○	○			○		○	○	GB/T 1220、GB/T 3280、GB/T 4237、GB/T 4240、GB/T 4356，GJB 2294、GJB 2295A，YB/T 5089、QJ 501
105	S41427	Y25Cr13Ni2	Y2Cr13Ni2	○								○	GJB 2294，QJ 501
106	S43110	14Cr17Ni2	1Cr17Ni2	○	○	○		○	○		○	○	GB/T 1220、GB/T 1221、GB/T 4240、GB/T 4232、GB/T 4356，GJB 2294、GJB 2295A、GJB 2455，YB/T 5089、QJ 501
107	S43120	17Cr16Ni2		○	○	○							GB/T 1220、GB/T 1221、GB/T 3280、GB/T 4237
108	S44070	68Cr17	7Cr17	○	○	○		○					GB/T 1220、GB/T 3280、GB/T 4237、GB/T 4356、YB/T 096
109	S44080	85Cr17	8Cr17	○				○				○	GB/T 1220、GB/T 4356，YB/T 096、QJ 501
110	S44096	108Cr17	11Cr17	○				○					GB/T 1220、GB/T 4226、GB/T 4356
111	S44097	Y108Cr17	Y11Cr17	○				○					GB/T 1220、GB/T 4356

表 C.1(续)

序号	中国 GB/T 20878—2007			形状									适用标准
	统一数字代号	新牌号	旧牌号	棒	板	带	管	盘条	丝、绳	角钢	坯	锻件	
112	S44090	95Cr18	9Cr18	○				○	○			○	GB/T 1220、GB/T 4240、GB/T 4356、GJB 2294、YB/T 096、QJ 501
113	S45110	12Cr5Mo	1Cr5Mo	○			○				○		GB/T 1221、GB/T 6479、GB 9948、YB/T 5137
114	S45610	12Cr12Mo	1Cr12Mo	○									GB/T 1221、GB/T 8732
115	S45710	13Cr13Mo	1Cr13Mo	○				○			○		GB/T 1220、GB/T 1221、GB/T 4356、YB/T 5089
116	S45830	32Cr13Mo	3Cr13Mo	○				○					GB/T 1220、GB/T 4356
117	S45990	102Cr17Mo	9Cr18Mo	○				○	○				GB/T 1220、GB/T 4356、YB/T 096
118	S46990	90Cr18MoV	9Cr18MoV	○				○					GB/T 1220、GB/T 4356
119	S46010	14Cr11MoV	1Cr11MoV	○									GB/T 1221、GB/T 8732
120	S46110	158Cr12MoV	1Cr12MoV	○									GJB 2294
121	S46020	21Cr12MoV	2Cr12MoV	○									GB/T 8732
122	S46250	18Cr12MoVNbN	2Cr12MoVNbN	○									GB/T 1221
123	S47010	15Cr12WMoV	1Cr12WMoV	○									GB/T 1221、GB/T 8732
124	S47220	22Cr12NiWMoV	2Cr12NiWMoV	○	○								GB/T 8732、GB/T 4238
125	S47310	13Cr11Ni2W2MoV	1Cr11Ni2W2MoV	○	○			○			○	○	GB/T 4356、GJB 2294、GJB 2295A、GJB 2455、QJ 501
126	S47410	14Cr12Ni2WMoVNb	1Cr12Ni2WMoVNb	○							○		GJB 2294、GJB 2455
127	S47250	10Cr12Ni3Mo2VN	1Cr12Ni3Mo2VN		○								GJB 2295A
128	S47450	18Cr11NiMoNbVN	2Cr11NiMoNbVN	○									GB/T 8732
129	S47710	13Cr14Ni3W2VB	1Cr14Ni3W2VB									○	QJ 501

表 C.1(续)

序号	中国 GB/T 20878—2007			形状									适用标准
	统一数字代号	新牌号	旧牌号	棒	板	带	管	盘条	丝、绳	角钢	坯	锻件	
130	S48040	42Cr9Si2	4Cr9Si2	○			○						GB/T 1221、GB/T 12773
131	S48045	45Cr9Si3		○									GB/T 1221
132	S48140	40Cr10Si2Mo	4Cr10Si2Mo	○			○				○	○	GB/T 1221、GB/T 12773，GJB 2294，YB/T 5089、QJ 501
133	S48380	80Cr20Si2Ni	8Cr20Si2Ni	○			○						GB/T 1221、GB/T 12773
134	S51380	04Cr13Ni8Mo2Al			○	○							GB/T 3280、GB/T 4237
135	S51290	022Cr12Ni9Cu2NbTi			○	○							GB/T 3280、GB/T 4237、GB/T 4238
136	S51550	05Cr15Ni5Cu4Nb		○									GB/T 1220
137	S51740	05Cr17Ni4Cu4Nb	0Cr17Ni4Cu4Nb	○	○	○					○	○	GB/T 1220、GB/T 1221、GB/T 4238、GB/T 8732、GJB 2294，YB/T 5089、QJ 501
138	S51770	07Cr17Ni7Al	0Cr17Ni7Al	○	○	○		○	○			○	GB/T 1220、GB/T 1221、GB/T 3280、GB/T 4237、GB/T 4238、GB/T 4356，GJB 2294、GJB 2295A、GJB 3320、GJB 3321，YB/T 5310、QJ 501
139	S51570	07Cr15Ni7Mo2Al	0Cr15Ni7Mo2Al	○	○	○			○				GB/T 1220、GB/T 3280、GB/T 4237、GB/T 4238、GJB 3321、YB(T)11
140	S51240	07Cr12Ni4Mn5Mo3Al	0Cr12Ni4Mn5Mo3Al		○	○			○				GB/T 3280，GJB 3320、GJB 3321
141	S51750	09Cr17Ni5Mo3N			○	○							GB/T 3280、GB/T 4237
142	S51778	06Cr17Ni7AlTi			○	○							GB/T 3280、GB/T 4237、GB/T 4238
143	S51525	06Cr15Ni25Ti2MoAlVB	0Cr15Ni25Ti2MoAlVB	○	○	○							GB/T 1221、GB/T 3280、GB/T 4238

参考文献

GB/T 1220—2007 不锈钢棒
GB/T 1221—2007 耐热钢棒
GB/T 3089—1982 不锈耐酸钢极薄壁无缝钢管
GB/T 3090—1982 不锈钢小直径无缝钢管
GB/T 3280—2007 不锈钢冷轧钢板和钢带
GB/T 3642—1983 S型钎焊不锈钢金属软管
GB/T 4226—1984 不锈钢冷加工钢棒
GB/T 4232—1993 冷顶锻用不锈钢丝
GB/T 4234—2003 外科植入物用不锈钢
GB/T 4237—2007 不锈钢热轧钢板和钢带
GB/T 4238—2007 耐热钢板
GB/T 4240—1993 不锈钢丝
GB/T 4356—2002 不锈钢盘条
GB 5310—1995 高压锅炉用无缝钢管
GB 6479—2000 高压化肥设备用无缝钢管
GB/T 9944—2002 不锈钢丝绳
GB 9948—2006 石油裂化用无缝钢管
GB/T 12770—2002 机械结构用不锈钢焊接钢管
GB/T 12771—2000 流体输送用不锈钢焊接钢管
GB/T 12773—1991 内燃机气阀钢棒技术条件
GB 13296—1991 锅炉、热交换器用不锈钢无缝钢管
GB/T 14975—2002 结构用不锈钢无缝钢管
GB/T 14976—2002 流体输送用不锈钢无缝钢管
GJB 2294—1995 航空用不锈耐热钢棒规范
GJB 2295A 航空用不锈钢冷轧板规范
GJB 2296A—2005 航空用不锈钢无缝钢管规范
GJB 2455—1995 航空用不锈及耐热钢圆饼和环坯规范
GJB 2610—1996 航天用不锈钢极薄壁无缝管规范
GJB 3320—1998 航空用不锈钢弹簧丝规范
GJB 3321—1998 航空用不锈钢冷轧弹簧带规范
YB/T 085—1996 磁头用不锈钢冷轧钢带
YB/T 096—1997 高碳铬不锈钢丝
YB/T 5089—2007 锻制用不锈钢坯
YB/T 5133—1993 手表用不锈钢冷轧钢带
YB/T 5134—1993 手表用不锈钢扁钢
YB/T 5137—1998 高压无缝钢管用圆管坯
YB(T) 11—1983 弹簧用不锈钢丝
YB/T 5309—2006 不锈钢热轧等边角钢
YB/T 5310—2006 弹簧用不锈钢冷轧钢带
QJ 501—1989 不锈耐酸钢、耐热钢锻件技术条件
ISO/TS 15510:2003 不锈钢——化学成分

ISO 4955:2005　耐热钢和合金

EN 10088-1—1995　不锈钢:不锈钢一览表

EN 10095—1999　耐热钢和镍合金

ASTM A 959-04　压延不锈钢标准牌号化学成分协调导则

JIS G 4303—1998　不锈钢棒

JIS G 4311—1991　耐热钢棒

ГОСТ 5632—1972　耐蚀、耐热及热强高合金钢及合金　牌号和技术要求

ICS 65.020.99
B 16

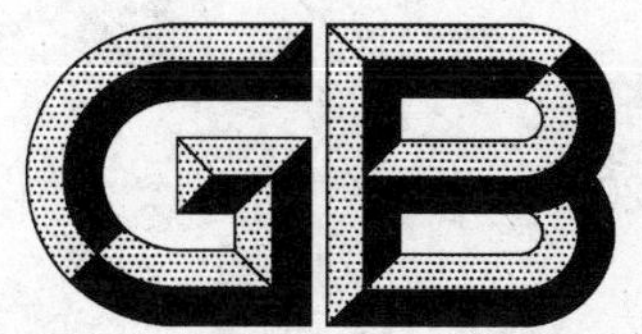

中华人民共和国国家标准

GB/T 20879—2007

进出境植物和植物产品有害生物风险分析技术要求

Technical requirement of pest risk analysis for import and export plant and plant product

2007-03-05 发布 2007-09-01 实施

中华人民共和国国家质量监督检验检疫总局
中国国家标准化管理委员会 发布

前　言

本标准附录B、附录E、附录F、附录G、附录H、附录I、附录J为规范性附录，附录A、附录C、附录D为资料性附录。

本标准由中国检验检疫科学研究院提出。

本标准由全国植物检疫标准化技术委员会归口。

本标准起草单位：中国检验检疫科学研究院、中华人民共和国上海出入境检验检疫局。

本标准主要起草人：李尉民、陈克、陈洪俊、周国梁、印丽萍、范晓虹、陈乃中、葛建军、吴品珊、张乐。

进出境植物和植物产品有害生物风险分析技术要求

1 范围

本标准规定了对进出境植物和植物产品传播有害生物的风险进行分析的技术要求。

本标准适用于进出境植物和植物产品传播有害生物的风险分析。

2 术语和定义

下列术语和定义适用于本标准。

2.1

植物 plants

活的植物及其器官(种子和种质等)。

2.2

植物产品 plant product

未经加工的植物材料或虽经加工但仍有可能传播有害生物的植物材料商品。

2.3

种植用植物 plants for planting

已种、待种或再种的植物。

2.4

有害生物 pest

任何对植物或植物产品有害的植物、动物和微生物(包括各种病原体的种、株系、生物型)。

2.5

管制的有害生物 regulated pest

检疫(隔离)性有害生物或者管制的非检疫(隔离)性有害生物。

2.6

管制的非检疫(隔离)性有害生物 regulated non-quarantine pest,RNQP

存在于供种植的植物中且危及其预定用途,并会产生无法接受的经济影响,因而受到管制的非检疫(隔离)性有害生物。

2.7

检疫(隔离)性有害生物 quarantine pest,QP

对受威胁地区具有潜在的经济或环境重要性,但尚未在该地区发生,或虽已发生但分布未广并正在被官方控制的有害生物。

2.8

官方的 official

由国家植物保护机构建立、授权或执行的。

2.9

管制物 regulated article

植物检疫需要检查的任何能传带或传播有害生物的植物、植物产品、仓储地、包装、运输工具、集装箱、土壤和其他生物、物品。

2.10

禁止进境物 prohibited article

《中华人民共和国进境植物检疫禁止进境物名录》中列出的和中国政府公告予以禁止进境的植物、植物产品或者其他检疫物。

2.11

有害生物风险分析 pest risk analysis，PRA

评价生物学、经济学或其他学科的证据，以确定是否应管制某种有害生物以及管制所采取的植物卫生措施的力度，英文缩写为 PRA。

2.12

有害生物风险分析地区 pest risk analysis area

进行有害生物风险分析的有关地区，简称 PRA 地区。

2.13

有害生物风险评估 pest risk assessment

评估检疫(隔离)性有害生物传入和扩散的可能性及其后果(包括环境、经济影响)，或者评估种植用植物是管制的非检疫(隔离)性有害生物的主要侵染源的可能性及管制的非检疫(隔离)性有害生物对种植用植物的经济影响。

2.14

有害生物风险管理 pest risk management

评价和选择方案以减少检疫(隔离)性有害生物传入扩散的风险，或者减少管制的非检疫(隔离)性有害生物对种植用植物预定用途产生不可接受经济影响的风险。

2.15

有害生物归类 pest classification

确定有害生物是检疫(隔离)性有害生物或管制的非检疫(隔离)性有害生物的过程。

2.16

场景分析 scenario analysis

按照时间和空间的顺序，对有害生物随植物和植物产品进出境过程中所发生的各种事件进行详细划分，包括起点(第一个事件)和终点(最后一个事件，结果)，以及起点和终点之间的事件。通常用图形表示各个事件之间的关系。一般来说，起点是有害生物污染生产或选定的进出境植物和植物产品，终点是有害生物在适宜地区的寄主上定殖和扩散。

2.17

风险 risk

未来损失的可能性及其程度(图示见附录 A)。

2.18

风险事件 risk event

导致风险的各种现象。

2.19

风险因素 risk factor

能产生或增加风险的各种条件。

2.20

传入 introduction

导致有害生物定殖的进入。

2.21

定殖 establishment

有害生物进入一个地区后在可预见的将来能长期生存。

2.22

扩散 spread

有害生物在一个地区内地理分布的扩展。

2.23

受威胁地区 area endangered

生态因子有利于有害生物定殖的地区。有害生物在该地区的发生将导致严重的经济损失或环境影响。

2.24

途径 pathway

任何可使有害生物进入或扩散的方式。

2.25

非疫区 pest free area

科学证据表明,某种有害生物没有发生并且官方能适时保持此状态的地区。

2.26

非疫生产地 pest free place of production

科学证据表明特定有害生物没有发生,并且官方能够在一定时期内保持此状况的该特定有害生物寄主植物的种植地区。

2.27

非疫生产点 pest free production site

科学证据表明特定有害生物没有发生,并且官方能在一定时期内保持此状况的产地内一个限定部分,这个限定部分被作为一个单独的单位同非疫产地一样加以管理。

2.28

原产国 country of origin

植物生产国或者用于加工植物产品的植物的生产国。

3 风险分析的总体要求

3.1 目标

进出境植物和植物产品 PRA 的目标是查明管制的有害生物并评价其风险,查明受威胁地区,提出风险管理措施的建议。

3.2 步骤

进出境植物和植物产品 PRA 分两个阶段进行:第一阶段进行风险评估;第二阶段提出风险管理措施建议。

4 风险分析的启动

4.1 审查以前的 PRA

检查以前国内外是否进行过类似的 PRA。如果国内已经做过,根据目前的状况核实其有效性;如果国外已经做过,要作为参考。经核实国内以往的 PRA 仍然有效的,不再进行新的 PRA。

4.2 记述背景

4.2.1 原因

记述进行 PRA 的理由。

4.2.2 其他相关背景

简要记述相关的进境植物、植物产品、其他管制物、禁止进境物、截获有害生物、有关统计资料和植物检疫政策等背景情况。

4.3 确定 PRA 地区

确切地界定 PRA 地区,可以是全国,也可以是部分地区。可参照中国的气候和农林业地理区划确定 PRA 地区。

4.4 信息收集

广泛地收集相关的信息,包括有害生物特性、目前分布及其与寄主植物和植物产品等的联系、国际贸易情况和中国进出境植物检疫截获情况等。获取信息有多种途径,可通过国际互联网查询各种数据库或信息系统,查询各种文献,或者向相关国家植物保护组织的官方联络点索取。

5 风险评估

5.1 有害生物归类

5.1.1 确认进境植物本身是否为杂草

对于进境植物,要确定其本身是否会成为杂草。首先应确认在中国有无分布,如果有分布,是否分布广泛。对于中国没有分布或者分布不广泛的植物,应查阅相关文献,如果有文献证明是或者可能会成为杂草,就应将其列为有害生物,进行风险评估,并咨询权威专家是否应该禁止或限制引进。

5.1.2 QP 或 RNQP 的确认

5.1.2.1 有害生物种类

将已知发生在输出国家或地区的相关植物、植物产品上的所有有害生物列出一个名单(见附录 B)。有害生物的身份必须确定,以保证是对一种明确的、特定的有害生物进行评估。如果引起特定症状的病原物还没有完全确定,则应表明该病原物能产生恒定的症状,并且是可以传染的。有害生物的分类一般到种。使用更高或更低的分类水平应有充分的科学依据。种以下的水平,应提供证据,表明诸如毒力、寄主范围或者介体等差异足以影响到植物卫生状况。当涉及介体时,只要与有害生物有关,并且是该有害生物传播所需要的,则该介体也是有害生物。

5.1.2.2 有害生物分布

查证有害生物在境内外的分布情况。境外分布至少要有一篇参考文献证明。明确有害生物感染的植物部分,及这种感染是否会造成进境植物和植物产品传带有害生物。确认名单中每个有害生物与特定植物和植物产品的相关性。不能跟随所分析植物和植物产品传播的有害生物不再做进一步的评估,但要在有害生物名单或在正文中记述其理由。

5.1.2.3 有害生物管制状况

明确有害生物在中国的管制状况,包括是否列入中国进境植物检疫危险性病虫杂草名录、进境植物检疫禁止进境物名录、进境植物检疫潜在的植物危险性病虫杂草名录、全国农业植物检疫对象名单、全国林业植物检疫对象名单、林业危险性有害生物名单等。

5.1.2.4 标出 QP 和 RNQP

5.1.2.4.1 QP

应按照定义确定 QP,并在名单中标出。确定 QP 应注意三个基本要素:

a) 该有害生物必须具有潜在经济重要性,必须有文字记述的科学证据说明其与所评估的植物、植物产品相关联,因而具有潜在经济重要性。
b) 该有害生物必须是地理分布有限的,即该有害生物应是在 PRA 地区没有发生,或者虽有发生但没有广泛分布。
c) 该有害生物必须已被管制或即将被管制,即已处于官方控制之下或在不久的将来会置于官方控制之下。

5.1.2.4.2 RNQP

应按照定义确定 RNQP,并在名单中标出。确定 RNQP 应注意三个基本要素:

a) 该有害生物必须具有潜在经济重要性,应有文字记述的科学证据说明其与所评估的种植用植物相关联，并且所评估的种植用植物是其传播途径，该有害生物会给所评估的种植用植物的预定用途带来经济影响，因而具有潜在经济重要性。

b) 该有害生物已在 PRA 地区发生。

c) 官方已经或即将对所评估的种植用植物上的该有害生物进行官方控制。在确定 RNQP 时应注意所评估的种植用植物的分类一般确定到种。使用更高或更低的分类水平应有充分的科学依据。种以下的水平应提供证据，说明具有明显不同的抗感性。

5.1.2.4.3 QP 和 RNQP 的比较

QP 和 RNQP 比较见附录 C。

5.1.2.5 有害生物归类的结果

经过以上归类，确认出管制的有害生物。经归类没有发现管制的有害生物，就停止风险评估。归类不明确时，应补充信息，进行更全面的评价。所有相关有害生物的信息都应列入参考文献中。

5.2 评估可能性

5.2.1 评估 QP 传入和扩散的可能性

5.2.1.1 场景分析

对于典型的 QP 传入和扩散的场景来说，其起点是在输出国家或地区生产或选择输出植物和植物产品时污染 QP，终点是 QP 在中国适宜地区的寄主种群内扩散，可用附录 D 表示。一般应按场景分析所确定的各风险事件的时空关系顺序评估，如果有明确而足够的证据说明某个事件肯定不会发生，则不必评估之前的事件，并停止评估。

5.2.1.2 定性评估

5.2.1.2.1 各风险事件可能性的定性评估

定性评估是对各个风险事件的可能性，根据以下风险因素，按照一定的要求打分，或者给出定性描述，如附录 E 所示，可以将可能性分为 5 级。对于肯定要发生的事件不必再评估其可能性，直接进入下一个事件可能性的评估。

5.2.1.2.1.1 风险事件 1：有害生物在输出国家或地区污染植物和植物产品

中国截获的有害生物数据可以证明有害生物在输出国家或地区污染植物和植物产品的能力。主要的风险因素有：

a) 原产地有害生物的发生和流行情况，有无监测以及监测的结果。

b) 输出植物和植物产品的数量和频率。

c) 栽培、收获和加工程序（农事操作、收获季节、加工——精选、去劣、分级、洗涤、打蜡，以及处理——化学和冷热等物理处理等）。

d) 在原产地采用的有害生物管理措施（使用杀虫、杀菌、除草剂等）。

e) 有害生物与植物和植物产品相关联的情况（有害生物所处的生命阶段，以及污染植物和植物产品的频率和量等）。

f) 针对有害生物的专门处理措施的有效性。

5.2.1.2.1.2 风险事件 2：有害生物从输出国家或地区口岸到达进境国口岸

中国截获的有害生物数据可以证明有害生物在运输或存储过程中存活的能力，及在一定程度上表明口岸检疫技术的有效性。以下风险因素影响有害生物在运输或储存期间的生存可能性，以及经现行常规口岸检疫之后仍然生存的可能性：

a) 存储和运输条件以及运输的速度。

b) 有害生物的生存能力、生活史及其长短。

c) 原产国、目的地国家或者在运输或存储期间对货物采取的商业措施（冷藏等）。

d) 常规口岸检疫能否检出，及其难易程度。

5.2.1.2.1.3 **风险事件3:有害生物转到适宜地区的寄主**

如果有害生物可以转移到多个适宜的寄主,则应逐个予以评估,并综合判断其可能性作为本风险事件的可能性评估。主要的风险因素有:

a) 有害生物的寄主范围。

b) 有害生物散布的机制,包括有无介体,使得有害生物从植物和植物产品运动到PRA地区的寄主上。

c) 输入植物和植物产品的数量及将被运往目的地的面积。

d) 入境点、过境点和终点离适宜地区的距离。

e) 进境的时间(季节)。

f) 预计的植物和植物产品的用途(用于种植、加工和消费等)。

g) 进境植物和植物产品加工情况,以及其副产品和废物导致有害生物散布的情况。

5.2.1.2.1.4 **风险事件4:有害生物在适宜的寄主种群内定殖**

从有害生物发生的地区获得可靠的生物学信息(生活史、寄主范围、流行学等),并与PRA地区的情况进行比较。应当注意有些有害生物可能不能在PRA地区定殖(气候条件不适宜等),但是仍然可能产生不可接受的经济影响。主要的风险因素有:

a) 定殖可能性评估风险因素1:PRA地区适宜寄主、转主寄主和传播媒介的存在、数量和分布。寄主分类水平一般是种。采用更高或更低分类级别应得到充分的科学依据的证明。包括以下主要风险亚因素:

——寄主和转主寄主是否存在,数量和分布范围(可以利用地理信息系统画图表示)。

——寄主和转主寄主是否在足够近的地理范围内发生,从而使该有害生物能够完成生活史。

——当通常的寄主植物品种不存在时,是否有其他适宜的寄主植物品种。

——有害生物扩散所需要的传播媒介是否已经在PRA地区存在或者可能被引进。

b) 定殖可能性评估风险因素2:PRA地区的环境适宜性。应查明重要的环境因素(气候、土壤的适宜性、有害生物和寄主竞争等),这些因素可能影响有害生物及其寄主、传播媒介的生长,以及在不利气候条件下生存并完成生命周期的能力。应注意环境对有害生物及其寄主、传播媒介可能产生的影响并不相同。还应考察在当地农业生产中人工控制的种植环境(温室等)定殖的可能性。

c) 定殖可能性评估风险因素3:栽培技术和控制措施。应对寄主作物栽培/生产期间所采用的操作进行比较,以确定在PRA地区和有害生物原产地之间有无区别,这种区别可能影响有害生物定殖能力。应注意PRA地区已经存在的有害生物控制措施,是否有适宜的根除方法,或许天敌能降低定殖的可能性。

d) 定殖可能性评估风险因素4:影响定殖可能性的有害生物其他特性。包括以下主要风险亚因素:

——有害生物繁殖和生存方法:应当查明使有害生物能够在新环境中有效繁殖的特性(单性生殖/自交、生命周期期限、每年代数、休眠期等)。

——遗传适应性:应查明有害生物是否有多态性及在多大程度上已表明适应与PRA地区相同条件的能力,例如是否寄主特异性生理小种或者能适应更广泛生境或新寄主的生理小种,这种基因型(和表型)变异有利于有害生物经受住环境变化、适应更广泛生境、产生农药抗性和克服寄主抗性的能力。

——定殖所需的最低种群数量:应估计定殖所需的最起码的种群数量。

5.2.1.2.1.5 **风险事件5:有害生物在其他适宜的寄主种群内扩散**

具有较高扩散潜力的有害生物可能也具有较高定殖潜力,成功地封锁或根除这种有害生物的可能性比较小。应将PRA地区的情况同目前发生该有害生物地区的情况进行比较,用专家判断来评估扩散的可能性。应注意某些有害生物很容易进入潜在经济重要性较低地区并在那里定殖，然后又扩散到潜在经济重要性较高的地区。风险因素主要有：

a） 自然或控制环境对于有害生物自然扩散的适宜性。

b） 自然障碍的存在与否。

c） 通过植物和植物产品或运输工具转移的潜力。

d） 植物和植物产品的预定用途。

e） PRA 地区该有害生物的潜在传播媒介。

f） PRA 地区该有害生物的潜在天敌。

5.2.1.2.2 整个场景的可能性评估

用打分的方法评价上述事件的可能性，可将各项分数简单地相加，或者按照其他数学方法和系统科学方法(模糊综合评判法和神经网络法等)合并，最后根据一定的规则确定整个场景可能性的定性描述。采用定性描述的方法评价上述事件的可能性，则可按照附录 F 的规则，两两合并得出整个场景的定性描述。

5.2.1.3 定量评估

对于有害生物入境、定殖和扩散的场景中 5 个风险事件的全部或者部分，也可进一步做场景分析，划分为更详细的组成事件，根据上述定性评估中所列主要风险因素，确定各个风险事件之间的关系，进而建立数学模型，描述这些风险事件及其关系，最后用计算机进行模拟并得到整个场景中终点事件的概率描述。

5.2.1.4 评估小结

经过上述评估可得出有害生物传入和扩散的可能性总评，同时应当查明在 PRA 地区生态因素有利于有害生物定殖的区域，即受威胁地区，可以是整个 PRA 地区或者其中的部分地区。无论采用定性还是定量评估方法，均可将结果绘制出风险区划图(可利用地理信息系统输出结果)。

5.2.2 评估种植用植物是 RNQP 的主要侵染源的可能性

5.2.2.1 分析有害生物侵染源和传播途径

通过分析有害生物和寄主的生活史，以及有害生物的流行学信息，确认出各种侵染源或传播途径，通常包括：土壤、水、空气、介体、农作工具或运输工具、种植用植物(种子等)、其他植物或植物产品、副产品或废弃物、其他人为方式等。描述各种侵染源和传播途径的特点。

5.2.2.2 评价种植用植物与其他有害生物侵染源和传播途径的相对重要性

评价种植用植物感染有害生物在有害生物流行学中的重要性，以及其他侵染途径对有害生物消长的贡献和对种植用植物预定用途的影响。有害生物从种植用植物中的最初侵染传播出去的类型和速度(种子到种子，种子到植物，植物到植物，植物本身)是需要评价的重要因素，其重要性取决于种植用植物的预定用途(同样的有害生物初侵染对用于繁殖的种子和保持种植状态的植物具有显著不同的影响)。有害生物在植物生产、运输和储藏期间的存活和控制，也会影响种植用植物是不是主要侵染源的评价。

以下风险因素可能会影响这些侵染源的重要性：

a） 有害生物在种植用植物上的生活史(单生命周期或多生命周期等)。

b） 有害生物的生殖生物学。

c） 传播效率，包括散布机制和速度。

d） 继发侵染，从种植用植物传播到其他植物。

e） 气候条件。

f） 栽培措施(收获前后)。

g） 土壤类型。

h） 植物易受感染性(未成熟植物可能易感染或不易感染有害生物，寄主抗/感性)。

i） 介体、天敌或拮抗物的存在与否。

j) 其他易感染寄主存在与否。

k) PRA 地区有害生物的流行情况和官方控制措施的影响。

5.2.2.3 评估小结

经过上述评估,确认种植用植物是 RNQP 的主要传播途径。如果种植用植物不是 RNQP 的主要传播途径,应停止风险评估。

5.3 评估后果

5.3.1 QP 的后果评估

5.3.1.1 评估内容

假定有害生物在 PRA 地区中的受威胁地区已经定殖,评价有害生物将要造成的后果,包括直接后果和间接后果,涉及经济、环境和社会等多方面的损失。收集有害生物原产地的信息,包括各种危害情况,同受威胁地区相比较可以得出准确的评估结果。后果的评估只考察有害生物对人体健康、农业生产和生态环境的影响,不考察对相关产业或消费的影响等。如果对某种有害生物有足够的证据证明或者被将遍公认会产生不可接受的后果,则不必进行很详尽的评估,直接得出后果严重的结论。

5.3.1.1.1 直接后果

评估有害生物的直接损害,主要的风险因素有:

a) 有害生物导致的人体健康或福利的损失(造成人的过敏或者产生对人有害的毒素、改变人的生存环境质量等)。

b) 有害生物造成的农作物生产和林、牧、渔生产质量和产量的损失。

c) 有害生物所导致的生态环境中生物物种的数量减少和生存威胁等损失。

d) 控制措施(包括现行措施)及其效率和成本。

5.3.1.1.2 间接后果

间接后果是与有害生物侵入有关的,由于自然或人类活动造成的损失或花费,主要的风险因素有:

a) 制定新的或修订原有的根除、控制、监测和补偿措施的费用。

b) 对国内贸易或产业的影响,包括改变消费需求,影响其他产业对受直接影响产业的供给投入或者产出的利用。

c) 对国际贸易的影响,包括市场丧失或损失,为进入/保持市场而要满足新的技术要求,以及改变国际消费者的需求。

d) 对生态环境的间接影响,包括降低生物多样性,危及濒危物种,破坏生态系统的完整性(包括生态系统的各种过程和群落结构),减少旅游,降低农村和地区经济生存能力,损害舒适优美环境(对娱乐、审美或财产价值的影响),及控制措施所造成的任何副作用。

5.3.1.2 评估方法

5.3.1.2.1 定性评估方法

按照一定的规则给前述各个风险因素一定的分数,或者采用定性的描述:

a) 用打分的方法评述,应将各项得分相加,或者按照其他的数学和系统科学方法(模糊综合评判法和神经网络法等)合并,最后根据一定的规则确定总的后果评估的定性描述。

b) 采用定性描述,应对前述各个风险因素,分四个水平:局部、部分地区、地区、全国;和四种程度:不易辨别、次要、严重、非常严重进行评估。四个水平的含义是:局部指一个县或一个县的部分乡镇;部分地区指几个县或地区;地区指一个或几个省;全国指整个国家。四种程度的含义是:不易辨别指变化通常不能辨别;次要指变化不太明显;严重指变化显著;非常严重指变化巨大。

具体的评估方法是先对前述各个风险因素用附录 G 评价,用 A～F 表示。再按下列规则得出后果评估的等级,共有 5 个等级:很高、高、中、低、很低。这些规则之间相互独立,应按下面的排列顺序逐个对照检查。如果不适用第一个规则的条件,就应用第二个;如果第二个不适用,就用第三个,……,直到一个规则适用:

a) 若对任一直接或间接后果评价的风险因素衡量,有害生物的后果都是“F”,总的后果等级就是“很高”。

b) 若有一个以上的直接或间接后果评价的风险因素衡量是“E”,总的后果等级就是“很高”。

c) 若只有一个直接或间接后果评价的风险因素衡量是“E”,其余标准是“D”,总的后果等级就是“很高”。

d) 若只有一个直接或间接后果评价的风险因素衡量是“E”,其余标准不全是“D”,总的后果等级就是“很高”。

e) 若所有直接或间接后果评价的风险因素衡量都是“D”,总的后果等级就是“很高”。

f) 若有一个以上的直接或间接后果评价的风险因素衡量是“D”,总的后果等级就是“高”。

g) 若所有直接或间接后果评价的风险因素衡量都是“C”,总的后果等级就是“高”。

h) 若有一个以上的直接或间接后果评价的风险因素衡量是“C”,总的后果等级就是“中”。

i) 若所有直接或间接后果评价的风险因素衡量都是“B”,总的后果等级就是“中”。

j) 若有一个以上的直接或间接后果评价的风险因素衡量是“B”,总的后果等级就是“低”。

k) 若所有直接或间接后果评价的风险因素衡量都是“A”,总的后果等级就是“很低”。

5.3.1.2.2 定量评估方法

对于评价有害生物后果的前述各个风险因素,可采用场景分析的框架,建立数学模型,再用计算机模拟的方法对有害生物的后果进行定量评估,得出农业生产上货币价值的损失数字和量化的生态方面的影响。

a) 对经济的影响具体可以与经济学专家磋商,采用下列技术:

——部分预算:若有害生物导致的后果影响较小,则采用部分预算。

——部分平衡:若有害生物的后果是导致生产者利益或者消费者需求发生重大变化,则采用部分平衡。

——全面平衡:若对国民经济而言经济变化巨大并可能引起工资、利率或汇率等要素发生变化,可以采用全面平衡分析来确定整个经济影响范围。

b) 对生态环境的影响可以通过对所影响的使用值和未使用值进行评价。使用值是由于对生态环境的一个成分消耗(获取干净的水等)或非消耗(利用森林休闲等)性活动而产生的价值。未使用值可以分为:选择值:未来使用的价值;现存值:目前存在的价值;遗产值:供子孙后代使用的价值。

5.3.1.3 评估小结

QP 的后果评估后应得出定性的结果,或者用货币价值表示的定量的结果。

5.3.2 RNQP 的后果评估

5.3.2.1 评估内容

RNQP 的后果评估就是评价 RNQP 对种植用植物预定用途的经济影响。因为有害生物在 PRA 地区已经存在,应提供其在本地区经济影响的详细资料,不评价对市场准入或环境卫生的影响,只评价直接后果即经济影响,仅在有害生物可能会是其他有害生物的介体时,才需要评估其间接后果。有时还需要评估有害生物对种植地其他寄主的影响。若有害生物的后果需要较长时间才能显现,或者感染有害生物的种植用植物会污染生产地点,进而对将来种植的作物产生影响,则需要评估第一个生产周期之后的后果。如果除了种植用植物,还存在其他侵染源,则需要评价各自所导致的经济损失以及在总的损失中的比例,即比较各自所导致经济影响的严重性。风险因素主要有:

a) 产量的减少。

b) 质量的降低(营养成分的降低、产品的市场价值降低等)。

c) 控制有害生物所需要的额外费用(拔除、使用农药等)。

d) 收获和分级所需要的额外费用(挑选等)。

e） 由于种植的植物的死亡而进行补种的费用，或者由于需要种植产量低的抗性品种或其他作物作为替代所导致的损失。

5.3.2.2 评估方法

采用定性评估或者定量评估，尽可能采用定量方法。如果种植用植物是唯一的侵染源，定量评估结果可直接用来确定有害生物的限量即容许量。如果种植用植物不是唯一的侵染源，要根据各种侵染源对所导致损失的比例，确定有害生物的容许量。可与经济学专家磋商，采用下列技术评估：

a） 部分预算：如果有害生物导致的后果影响较小，进行部分预算就足够了。

b） 部分平衡：如果有害生物的后果是导致生产者利益或者消费者需求发生重大变化，则采用部分平衡。

5.3.2.3 评估小结

RNQP 的后果评估应尽可能得出用货币价值表示的或者用产量损失表示的定量的结果，也可以质量表示变化（侵染前后的相对利益），并确定种植用植物中 RNQP 的限量。

5.4 风险评估的结论

5.4.1 一般要求

如果所掌握的有害生物的信息量太小，或者对前述一些风险事件、风险因素的认识太少，很难得出结论，可以采用会议（头脑风暴）法、德尔菲法等进行评估得出定性的结论。应将评估 QP 传入和扩散的可能性，或者评估种植用植物是 RNQP 的主要侵染源的可能性，与后果评估的结果综合起来，得出有害生物风险评估的结论，并根据中国所确定的适当保护水平，确认风险是否可以接受（一般来说中国可以接受的风险水平的定性描述是很低风险）。如果风险不可接受，应进入下一阶段，提出风险管理措施建议；如果风险可以接受，或者由于无法管理（例如可以自然传播或扩散）而必须接受，则不必采取风险管理措施。结论中应说明风险评估的不确定性，包括对风险因素认识的不足（知识有限）和风险因素自身的变异。

5.4.2 QP 风险评估的结论

QP 风险评估可以适当的方式方法依据贸易量做出结论，通常用一年进境某个特定植物和植物产品的数量来确定风险。定量评估可在数学模型中将贸易量作为一个参数，计算出风险的大小。结论中还应明确在 PRA 地区中的受威胁地区，可以是 PRA 地区的全部或部分地区。

a） 对于定性的评估，可以采用附录 H 风险评价矩阵合并传入和扩散可能性与后果评估，得出风险的等级：很低风险、低风险、中风险、高风险、很高风险。

b） 对于定量的评估，可得出传入和扩散可能性的概率和后果的损失数值。

5.4.3 RNQP 风险评估的结论

RNQP 风险评估的结论即所评估的有害生物是主要的侵染源的定性或定量结果，以及相应的定性或定量后果的描述。

6 风险管理措施建议

6.1 确定风险管理措施的原则要求

如果有害生物风险评估的结论认为其风险不可接受，应提出适当的风险管理措施建议，供政府植物检疫决策部门选择使用。有害生物风险管理措施注重系统方法，综合利用各种措施，其中至少两种可以独立发挥作用，产生累计效果。所提出的风险管理措施或措施组合的实施要能够达到中国的适当保护水平，即采取所建议的风险管理措施或措施组合后，可将风险降低到等于或低于中国可以接受的风险水平，其定性描述是很低风险。提出风险管理措施建议时要遵循以下主要原则：

a） 低成本高效益：应当对风险管理措施的成本和效益进行分析，提出具有较低成本利较高效益的风险管理措施，尽可能提高效益和成本的比率。

b） 最小影响：所提出的风险管理措施不应对贸易产生不必要的限制，除非对贸易影响大的风险管理措施比对贸易影响小的风险管理措施更容易被输出国家或地区所采用。措施的应用范围应该限于可有效保护受威胁地区所必需的最小区域。如果现有的措施有效,就不应该增加新的措施。

c) 等效:如果不同的风险管理措施具有同样的效果,对这些措施应该同等地予以接受。

d) 非歧视:对于已在PRA地区定殖,但分布局限并在官方控制之下的QP,以及RNQP,所采取的风险管理措施不应该比在PRA地区已经使用的官方控制措施更严格。同样,对于植物卫生状况相同的国家,不应该采取不同的风险管理措施。

6.2 风险管理措施建议的主要内容

6.2.1 QP风险管理措施建议

以下是可以提出的针对QP风险管理的主要措施,在PRA地区可能还有其他风险管理措施(引入生物控制物、根除和封锁等)。可以单独采取一项措施,或者多种措施的组合,尽可能采用系统方法。

6.2.1.1 针对植物和植物产品的措施

可以是以下各种措施或者措施的组合:

a) 准备输出植物和植物产品的特定要求(预防感染的措施等)。

b) 植物和植物产品的除害处理(物理、化学等除害处理措施),可以在生产、加工过程中实施,也可以在运输过程中以及入境后实施。

c) 入境时检查植物和植物产品(检查有无有害生物及其数量等)。

d) 入境后隔离措施(在有适当的设施时,该措施效果较好,对于在口岸无法检出的某些有害生物,也是唯一的选择)。

e) 限制植物和植物产品的用途、销售和进境时间、数量。

f) 禁止进境植物和植物产品,或者禁止进境植物的某些部分(器官)。

6.2.1.2 预防或减少植物感染的措施

可以是以下各种措施或者措施的组合:

a) 对植物、大田或生产地点进行各种处理。

b) 限制种植植物的品种,种植具有抗性的品种。

c) 在有防护的设施(温室等)种植植物。

d) 在一定的生长期或特定的时间收获。

e) 对生产者的生产过程进行认证。

6.2.1.3 确保生产地区、产地或生产点无有害生物的措施

要求进境植物和植物产品来自非疫区、非疫产地和非疫生产点,并进行查验,确认不携带有害生物。

6.2.1.4 其他措施

可以在受威胁地区和主要出入境口岸开展有害生物的监测,以尽早发现进入的有害生物并予以封锁和根除。还可以要求输出国家或地区出具植物卫生证书,注明不携带特定有害生物,以提供官方保证。对于有害生物的其他传播途径也可以提出风险管理措施,包括:

a) 如果有害生物可通过自然扩散传入,要求在原产地采取控制措施,同时进行监测,要在有害生物进入之后能及时进行封锁或根除。

b) 如果旅行者及其行李也可以传播,要求有检查、宣传和罚款或鼓励等措施。

c) 对于易受有害生物污染的机械或运输方式(船、火车、飞机、公路运输),可以采取清洗或消毒措施。

6.2.2 RNQP风险管理措施建议

6.2.2.1 容许量

6.2.2.1.1 一般容许量

对于RNQP,可以确定适当的容许量将风险降低到可以接受的水平。确定容许量的依据,是能导

致不可接受经济影响的种植用植物有害生物感染水平(即侵染阈值)。容许量是一个指标,如果有害生物超过这个量就会导致不可接受的经济影响。在确定容许量时要考察:

a) 种植用植物的预定用途。

b) 有害生物的生物学特性,特别是流行学特性。

c) 寄主的感染性。

d) 取样程序、检测方法、鉴定的可靠性。

e) 有害生物水平与经济损失间的关系。

f) PRA 地区的气候和栽培情况。

6.2.2.1.2 **零容许量**

只有在下列情况下才可以要求零容许量:

a) 对于种植用植物的预定用途,种植用植物是唯一的 RNQP 侵染来源,只要种植用植物中有这种 RNQP 就会导致不可接受的经济影响(例如,繁殖用的核心母株是不容许带有病毒的)。

b) 正在实施的官方控制措施中,已经确定对种植用植物上特定 RNQP 的容许量为零,对输入的预定同样用途的种植用植物上同样的 RNQP 的容许量就可以是零。

6.2.2.2 **具体管理措施**

要达到已确定的容许量,可提出以下风险管理措施。可以单独采取一项措施,或者是采取多种措施的组合,尽可能采用系统方法。生产种植用植物的认证制度是很有效的一项管理措施,这种制度可以用作一种风险管理措施,但需要得到官方的承认。

6.2.2.2.1 **要求对产区采取的措施**

可以是以下各种措施或者措施的组合:

a) 要求对产区进行除害处理。

b) 要求产区是有害生物低度流行区。

c) 要求产区是非疫区。

d) 要求产区周围有缓冲区(河流、山区、城区等)。

e) 要求对产区进行监测调查。

6.2.2.2.2 **要求对产地采取的措施**

可以是以下各种措施或者措施的组合:

a) 要求产地是隔离的(时间和地点隔离)。

b) 要求产自非疫产地和非疫生产点。

c) 要求一定的栽培条件(除去生长不正常的植物,控制有害生物介体等)。

d) 要求对产地进行除害处理。

6.2.2.2.3 **要求对种植用植物的亲本材料采取的措施**

可以是以下各种措施或者措施的组合:

a) 要求对亲本材料进行除害处理。

b) 亲本材料用抗性品种。

c) 要求亲本材料是健康的种植材料。

d) 要求挑选或剔除。

6.2.2.2.4 **针对种植用植物货物本身的措施**

可以是以下各种措施或者措施的组合:

a) 除害处理,包括物理和化学方法。

b) 限定准备和操作的条件(储存、包装和运输的条件)。

c) 要求挑选、剔除或重新分类。

6.3 风险管理措施建议的评价

应当对所提出的风险管理措施进行评价，估计这些措施的效率，并总结到附录 I 中。

7 风险分析报告

应当详细记录 PRA 的整个过程，形成报告，包括 PRA 的背景、风险评估的方法和内容、风险管理措施的建议。通常要先形成报告草案，充分征求各有关方面的意见，并根据这些意见进行修订，形成正式的报告，最后报送决策部门参考。PRA 报告的格式如附录 J。

8 出境植物和植物产品 PRA

本标准第 4 章至第 7 章是进境植物和植物产品 PRA 的技术要求；出境植物和植物产品 PRA 应参照这些步骤进行。

附 录 A
（资料性附录）
风险概念的图示

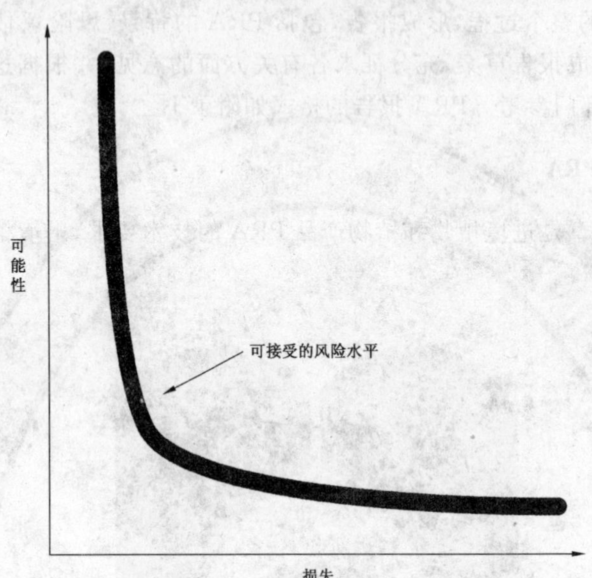

图 A.1 风险概念图

附 录 B
（规范性附录）
与植物或植物产品有关的有害生物名单

表 B.1

有害生物（学名、中文名）		境外分布	境内分布	感染植物部分	是否随植物和植物产品传播	口岸截获记录	境内管制状况	管制的有害生物		参考文献
								QP	RNQP（限于种植用植物）	
害虫	昆虫									
	螨类									
真菌										
原核生物	细菌									
	植原体等									
病毒	病毒									
	类病毒									
线虫										
杂草										
其他	软体动物等									

附 录 C
（资料性附录）
RNQP 与 QP 的比较表

表 C.1

项 目	QP	RNQP
有害生物状况	不存在或者分布有限	存在并可能广泛分布
传播途径	植物卫生措施可以针对任何传播途径	植物卫生措施仅针对种植用植物
经济影响	其影响是估计的	影响是已知的(不是估计的)
官方控制	如果存在,则正在采取根除或封锁的官方控制措施	处于针对特定种植用植物的、目标是抑制的官方控制状态

附 录 D
（资料性附录）
植物或植物产品有害生物入境、定殖和扩散的场景分析图示

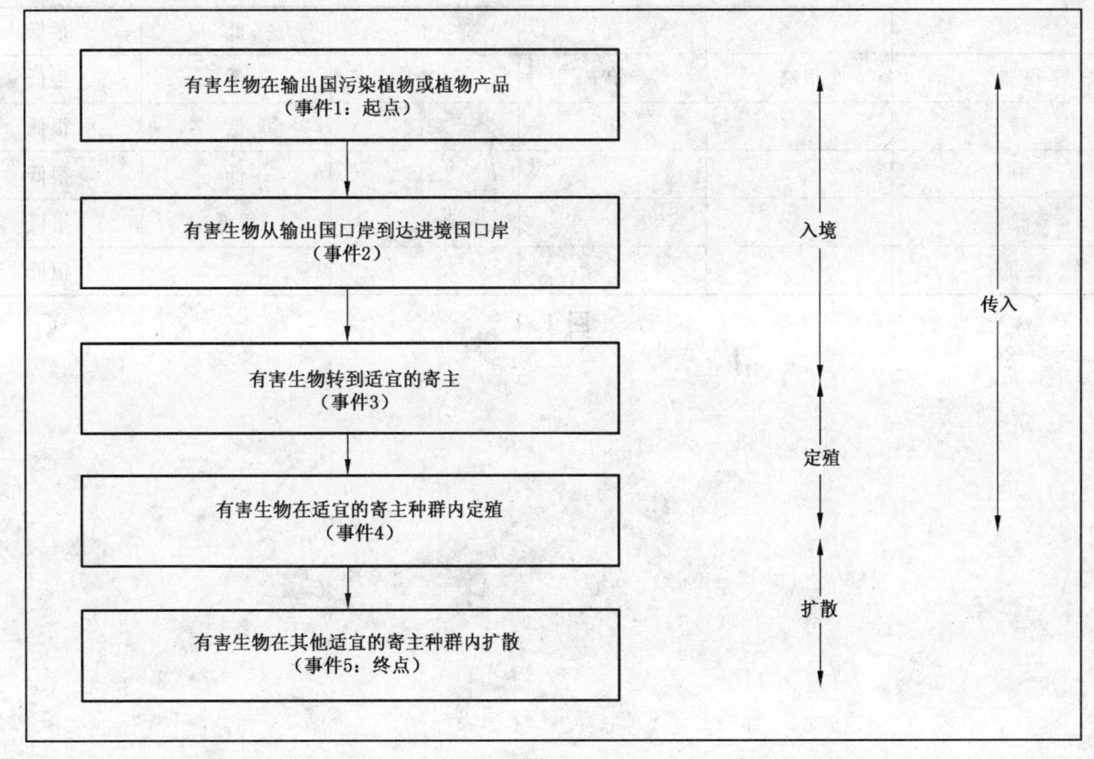

图 D.1

附 录 E
（规范性附录）
定性可能性的描述术语表

表 E.1

可 能 性	描述定义	事件发生的概率区间参考值
很高	事件很可能发生	大于等于 0.7
高	事件发生与否的概率均等	大于等于 0.3，小于 0.7
中	事件不太可能发生	大于等于 0.05，小于 0.3
低	事件很不可能发生	大于等于 0.001，小于 0.05
很低	事件极不可能发生	小于 0.001

附 录 F
（规范性附录）
合并描述可能性规则的矩阵

	很高	高	中	低	很低
很高	很高	高	中	低	很低
高		中	高	低	很低
中			低	低	很低
低				很低	很低
很低					很低

图 F.1

附　录　G
（规范性附录）
后果定性评价

		后果的水平			
		局部	部分地区	地区	全国
后果的程度	A	次要	不易辨别	不易辨别	不易辨别
	B	重要	次要	不易辨别	不易辨别
	C	非常严重	严重	次要	不易辨别
	D	—	非常严重	严重	次要
	E	—	—	非常严重	严重
	F	—	—	—	非常严重

图 G.1

附　录　H
（规范性附录）
风险评价矩阵

可能性	很高	很低风险	低风险	中风险	高风险	很高风险
	高	很低风险	低风险	中风险	高风险	很高风险
	中	很低风险	很低风险	低风险	中风险	高风险
	低	很低风险	很低风险	很低风险	低风险	中风险
	很低	很低风险	很低风险	很低风险	很低风险	低风险
		很低	低	中	高	很高
		后果				

图 H.1

附 录 I
（规范性附录）
具有不可接受风险的植物或植物产品有害生物及其管理措施建议表

表 I.1

有害生物（学名、中文名）			管制的有害生物		风险（定性等级或定量数值）	风险管理措施建议
			QP	RNQP（限于种植用植物）		
害虫	昆虫					
	螨类					
真菌						
原核生物	细菌					
	植原体等					
病毒	病毒					
	类病毒					
线虫						
杂草						
其他	软体动物等					

附　录　J
（规范性附录）
进出境植物和植物产品有害生物风险分析报告格式

目录
中文摘要
英文摘要
1　引言(目的、背景)
2　风险评估
2.1　有害生物分类
2.2　QP 传入和扩散可能性评估
2.2.1　进入可能性评估
2.2.2　定殖可能性评估
2.2.3　扩散可能性评估
2.3　种植用植物是 RNQP 主要侵染源可能性评估
2.4　后果评估
2.5　小结
3　风险管理措施建议
3.1　QP 风险管理措施
3.1.1　针对货物的管理措施
3.1.2　预防或降低初侵染的措施
3.1.3　确保非疫区、非疫产地、非疫生产点的措施
3.1.4　其他管理措施
3.2　RNQP 的风险管理措施
3.2.1　针对种植用植物货物本身的措施
3.2.2　要求对种植用植物的亲本材料采取的措施
3.2.3　要求对产地采取的措施
3.2.4　要求对产区采取的措施
3.3　小结
4　征求意见情况(包括意见和意见的采纳情况)
5　结论
参考文献

ICS 67.180.20
X 31

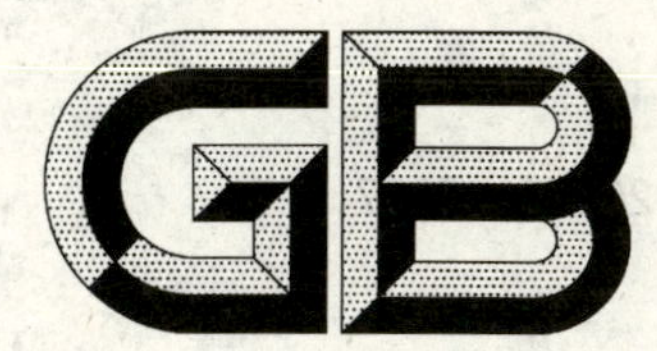

中华人民共和国国家标准

GB/T 20880—2007

食用葡萄糖

Edible glucose

2007-02-02 发布 2007-12-01 实施

中华人民共和国国家质量监督检验检疫总局
中国国家标准化管理委员会 发布

前言

本标准理化要求非等效于 CODEX STAN 212—1999《糖》；分析方法中葡萄糖含量的测定非等效于 ISO 10504：1998《淀粉衍生物——葡萄糖浆、果糖糖浆和氢化葡萄糖浆组分的测定——高效液相色谱法》。

本标准由全国食品工业标准化技术委员会工业发酵分技术委员会提出并归口。

本标准起草单位：中国食品发酵工业研究院、山东西王集团有限公司、鲁洲生物科技（山东）有限公司、安徽省丰原生物化学有限公司、秦皇岛骊骅淀粉股份有限公司、石家庄华营联合葡萄糖厂。

本标准起草人：郭新光、李伟、赵玉斌、常珠侠、茹彩友、崔淑贞。

食用葡萄糖

1 范围

本标准规定了食用葡萄糖的术语和定义、产品分类、要求、试验方法、检验规则、标志、包装、运输和贮存。

本标准适用于食用葡萄糖。

2 规范性引用文件

下列文件中的条款通过本标准的引用而成为本标准的条款。凡是注日期的引用文件,其随后所有的修改单(不包括勘误的内容)或修订版均不适用于本标准,然而,鼓励根据本标准达成协议的各方研究是否可使用这些文件的最新版本。凡是不注日期的引用文件,其最新版本适用于本标准。

GB/T 191 包装储运图示标志(GB/T 191—2000,eqv ISO 780:1997)

GB/T 601 标准滴定溶液的制备

GB/T 602 化学试剂 杂质测定用标准溶液的制备(GB/T 602—2002,ISO 6353-1:1982,NEQ)

GB/T 6682—1992 分析实验室用水规格和试验方法(neq ISO 3696:1987)

GB 7718 预包装食品标签通则

GB 15203 淀粉糖卫生标准

GB/T 20884—2007 麦芽糊精

GB/T 20885—2007 葡萄糖浆

3 术语和定义

下列术语和定义适用于本标准。

3.1

一水葡萄糖 dextrose monohydrate

以淀粉或淀粉质为原料,经液化、糖化所得的葡萄糖液,再经过精制、浓缩、冷却结晶所得的含有一个水分子的产品。

3.2

无水葡萄糖 dextrose anhydrous

以淀粉或淀粉质为原料,经液化、糖化所得的葡萄糖液,再经过精制、浓缩、蒸发结晶所得的产品。

3.3

全糖粉 powdered dextrose

以淀粉或淀粉质为原料,经液化、糖化所得的葡萄糖液,再经过精制、浓缩、干燥所得的产品。

4 产品分类

按生产工艺分为一水葡萄糖、无水葡萄糖和全糖粉。

5 要求

5.1 感官要求

应符合表1的规定。

表 1　食用葡萄糖感官要求

项　目	要　求		
	一水葡萄糖	无水葡萄糖	全糖粉
外观	结晶性粉末，无肉眼可见杂质		无定形粉末，无肉眼可见杂质
气味	无异味		
滋味	甜味温和、纯正、无异味		
颜色	白色或无色		

5.2　理化要求

应符合表 2 的规定。

表 2　食用葡萄糖理化要求

项　目		要　求				
		一水葡萄糖		无水葡萄糖		全糖粉
		优级品	一级品	优级品	一级品	
比旋光度/(°)		52.0～53.5				—
葡萄糖含量(以干物质计)/(%)	≥	99.5	99.0	99.5	99.0	95.0
pH		4.0～6.5				
氯化物/(%)	≤	0.01				
水分/(%)	≤	10.0		2.0		10.0
硫酸灰分/(%)	≤	0.25				

5.3　卫生要求

应符合 GB 15203 的规定。

6　试验方法

本方法中所用的水，在未注明其他要求时，应符合 GB/T 6682—1992 中三级以上(含三级)水的规格。所用试剂，在未注明其他规格时，均指分析纯(AR)。

6.1　比旋光度

6.1.1　仪器

6.1.1.1　旋光仪：精度 0.01°。

6.1.1.2　分析天平：感量 0.1 mg。

6.1.1.3　容量瓶：100 mL。

6.1.1.4　称量瓶：50 mm×30 mm。

6.1.2　试剂

氨试液：量取浓氨溶液 400 mL，置于 1 000 mL 容量瓶中，加水稀释至刻度。

6.1.3　分析步骤

称取样品 10 g(精确至 0.000 1 g)，置于 100 mL 容量瓶中，加水适量溶解，加氨试液 0.2 mL，用水定容至刻度，摇匀，放置 10 min。于 25℃用水调零，然后用样液冲洗旋光管两次，样液装满旋光管，不能有气泡产生，进行测定。

注：供测定的液体或固体物质的溶液应不显浑浊或含有混悬的小粒。如有上述情况应预先过滤，并弃去初滤液。

6.1.4　结果计算

样品的比旋光度按式(1)计算。

$$X = \frac{\alpha \times 100}{m \times L \times (1 - X_1)} \quad \cdots\cdots(1)$$

式中：

X——比旋光度，单位为度(°)；

α——旋光度，单位为度(°)；

100——样品总体积的数值，单位为毫升(mL)；

m——样品的质量的数值，单位为克(g)；

L——旋光管的长度的数值，单位为分米(dm)；

X_1——样品水分的质量分数，%。

所得结果保留至一位小数。

6.1.5 精密度

在重复性条件下获得的两次独立测定结果的绝对差值应不超过算术平均值的 1%。

6.2 葡萄糖含量(HPLC 法)

同一时刻进入色谱柱的各组分，由于在流动相和固定相之间溶解、吸附、渗透或离子交换等作用的不同，随流动相在色谱柱两相之间进行反复多次的分配。由于各组分在色谱柱中的移动速度不同，经过一定长度的色谱柱后，彼此分离开来。按顺序流出色谱柱，进入信号检测器，在记录仪上或数据处理装置上显示出各组分的谱峰数值。根据保留时间对照定性，依据峰面积用外标法定量。

6.2.1 仪器

6.2.1.1 高效液相色谱仪(配有示差折光检测器和柱恒温系统)。

6.2.1.2 流动相真空抽滤脱气装置及 0.2 μm、0.45 μm 微孔膜。

6.2.1.3 色谱柱：Aminex HPX-8H 或同等分析效果的色谱柱。

6.2.1.4 分析天平：精度 0.1 mg。

6.2.1.5 微量进样器：50 μL。

6.2.2 试剂和溶液

6.2.2.1 硫酸溶液[$c(\frac{1}{2}H_2SO_4)=0.01$ mol/L]：按 GB/T 601 配制。

6.2.2.2 水：二次蒸馏水或超纯水。

6.2.2.3 葡萄糖标准溶液：称取 1.0 g 葡萄糖标准品(纯度应为 95%以上)，加入 1.0 mL 水溶解，再加入 10 mL 硫酸溶液(6.2.2.1)。

6.2.3 分析步骤

6.2.3.1 样液的制备

称取样品 1 g(以干物质计)精确至 0.000 1 g，加 1.0 mL 水溶解，再加 10 mL 硫酸溶液(6.2.2.1)。

6.2.3.2 试样测定

流动相为硫酸溶液(6.2.2.1)。在测定的前一天接通示差折光检测器电源，预热稳定，装上色谱柱，调柱温至 80℃，以 0.1 mL/min 的流速通入流动相平衡过夜。正式进样分析前，将所用流动相输入参比池 20 min 以上，再恢复正常流路使流动相经过样品池，调节流速至 0.7 mL /min。走基线，待基线稳定后即可进样，进样量为 20 μL。

将葡萄糖标准溶液和制备好的试样分别进样。根据标准品的保留时间定性样品葡萄糖的色谱峰。根据样品的峰面积，以外标法计算葡萄糖的百分含量。

6.2.3.3 结果计算

样品中葡萄糖的含量按式(2)计算，数值以%表示。

$$X_i = \frac{A_i m_s V}{A_s m V_s} \times 100 \quad \cdots\cdots(2)$$

式中：

X_i——样品中葡萄糖的质量分数(以干物质计)，%；

A_i——样品中葡萄糖的峰面积；

m_s——葡萄糖标样的质量的数值，单位为克(g)；

V_s——葡萄糖标样的稀释体积的数值，单位为毫升(mL)；

A_s——葡萄糖标样的峰面积；

m——样品的质量(以干物质计)的数值，单位为克(g)；

V——样品的稀释体积的数值，单位为毫升(mL)。

所得结果保留一位小数。

6.2.4 精密度

在重复性条件下获得的两次独立测定结果的绝对差值应不超过算术平均值的1%。

6.3 pH

按GB/T 20884—2007中6.5测定。

6.4 氯化物

6.4.1 仪器

钠氏比色管：50 mL。

6.4.2 试剂和溶液

6.4.2.1 氯化物标准贮备液(含Cl^- 0.1 mg/mL)：按GB/T 602配制。

6.4.2.2 氯化物标准使用液(含Cl^- 0.01 mg/mL)：吸取氯化物标准贮备液10 mL于100 mL容量瓶中，用水稀释至刻度，摇匀。此溶液现用现配。

6.4.2.3 硝酸银溶液[$c(AgNO_3)=0.1$ mol/L]：按GB/T 601配制。

6.4.2.4 稀硝酸溶液(9.5%～10.5%)：取浓硝酸105 mL，加水稀释至1 000 mL。

6.4.3 分析步骤

6.4.3.1 试样的制备

称取样品1.0 g，加水溶解，并定容至10 mL。

6.4.3.2 标准管的制备

吸取氯化物标准使用液1.0 mL，加稀硝酸10 mL与硝酸银溶液(6.4.2.3)1 mL，加水至25 mL。摇匀在暗处放置5 min。

6.4.3.3 测定

取试样(6.4.3.1)10 mL，加稀硝酸10 mL与硝酸银溶液(6.4.2.3)1 mL，加水至25 mL。摇匀在暗处放置5 min。与标准管同置黑色背景上，从比色管上方向下观察、比较，不得更浓。

6.5 水分

按GB/T 20884—2007中6.3测定。

6.6 硫酸灰分

按GB/T 20885—2007中6.8测定。

7 检验规则

7.1 组批

凡在同一班次内生产且经包装出厂的并具有同样质量证明书的产品为一批。产品出厂前须按本标准规定经厂检验部门逐批进行检验，合格后出具合格证，方可出厂。

7.2 抽样

整批产品中抽取样品时，应先从整批中抽取若干包装单位，然后在抽出的包装单位中抽取均匀试样。

7.2.1 整批产品中包装单位的抽取

抽取包装单位的数量按式(3)计算。

$$A=\sqrt{N/2} \quad \cdots\cdots(3)$$

式中:

A——应抽取的包装单位数,单位为袋;

N——批量的总包装单位数,单位为袋。

7.2.2 均匀试样的抽取

取样时,用清洁、干燥的取样工具插入包装袋的2/3处。每袋取样100 g,将抽取的样品迅速混匀,用四分法缩分,然后分装于两个1 000 mL的广口瓶中。密封,贴上标签,一瓶供检测用,一瓶封存备查。

7.3 出厂检验

产品出厂前,应由生产厂的质检部门负责按本标准规定逐批进行检验。符合本标准要求,并签署质量合格证的产品方可出厂。

7.3.1 一水葡萄糖、无水葡萄糖出厂检验项目包括:感官要求、比旋光度、葡萄糖含量、pH值、氯化物、水分、硫酸灰分;

7.3.2 全糖粉出厂检验项目包括:感官要求、葡萄糖含量、pH值、氯化物、水分、硫酸灰分。

7.4 型式检验

型式检验项目为本标准要求中规定的全部项目。一般情况下,型式检验半年进行一次。有下列情况之一时,亦应进行型式检验:

a) 原辅材料有较大变化时;

b) 更改关键工艺或设备;

c) 新试制的产品或正常生产的产品停产3个月后,重新恢复生产时;

d) 出厂检验与上次型式检验结果有较大差异时;

e) 国家质量监督检验机构按有关规定需要抽检时。

7.5 判定规则

7.5.1 检验结果如有1项~2项指标不合格时,应重新自同批产品中抽取两倍量样品进行复验,以复检结果为准,若仍有一项不合格,则判整批产品为不合格。

7.5.2 购、销双方对产品质量发生争议时,应由双方共同抽样后,交仲裁机构检验,以仲裁机构的检验结果为准。

8 标志、包装、运输和贮存

8.1 标志

每批产品都应附有质量证明,预包装产品应符合GB 7718的规定;其他产品外包装上应标明产品的名称、生产厂厂名、厂址、净含量、产品类型、保质期、执行标准号,包装储运标识按GB/T 191的规定执行。

8.2 包装

包装容器应整洁、卫生、无破损,并应符合《中华人民共和国食品卫生法》的有关规定。

8.3 运输、贮存

8.3.1 运输设备要洁净卫生,无其他强烈刺激味。运输时,必须用篷布遮盖,不得受潮,在整个运输过程中要保持干燥清洁,不得与有毒、有害、有腐蚀性的物品混装,混运,避免日晒和雨淋。装卸时,应轻拿轻放,不得直接挂钩,扎包装袋。

8.3.2 存放地点应保持清洁、通风干燥、阴凉,严防日晒雨淋,严禁火种。不得与有毒、有害、有腐蚀性和含有异味的物品堆放在一起。产品包装袋应堆放离地100 mm以上的垫板上,堆垛四周应离墙壁500 mm以上,垛间应留有600 mm以上的通道。

ICS 67.180.20
X 31

中华人民共和国国家标准

GB/T 20881—2007

低聚异麦芽糖

Isomaltooligosaccharide

2007-02-02 发布　　2007-12-01 实施

中华人民共和国国家质量监督检验检疫总局
中国国家标准化管理委员会　发布

前　言

本标准以 QB/T 2491—2004《低聚异麦芽糖》为基础，首次制定。

自本标准实施之日起，QB/T 2491—2004 自行废止。

本标准的附录 A 为资料性附录。

本标准由全国食品工业标准化技术委员会工业发酵分技术委员会提出并归口。

本标准起草单位：中国食品发酵工业研究院、山东保龄宝生物技术有限公司、鲁洲生物科技（山东）有限公司、上海融氏企业有限公司。

本标准主要起草人：郭新光、王乃强、牛继超、谢海华、鲍元兴。

引　言

低聚异麦芽糖(IMO)含量是低聚异麦芽糖的重要技术指标,因此,其测定方法至关重要。国际上通常采用高效液相色谱(HPLC)双柱法进行测定,但该方法不能体现出糊精对产品质量的影响,而单柱法可以很好地反映出糊精的影响。考虑到我国的国情,将单柱法作为仲裁法,双柱法放到了附录中,作为资料性附录,供厂家参考,以便与国外进行比对。

低 聚 异 麦 芽 糖

1 范围

本标准规定了低聚异麦芽糖的术语和定义、符号、产品分类、要求、试验方法、检验规则、标志、包装、运输和贮存。

本标准适用于低聚异麦芽糖。

2 规范性引用文件

下列文件中的条款通过本标准的引用而成为本标准的条款。凡是注日期的引用文件，其随后所有的修改单(不包括勘误的内容)或修订版均不适用于本标准，然而，鼓励根据本标准达成协议的各方研究是否可使用这些文件的最新版本。凡是不注日期的引用文件，其最新版本适用于本标准。

GB/T 191 包装储运图示标志(GB/T 191—2000,eqv ISO 780:1997)

GB/T 4789.2 食品卫生微生物学检验 菌落总数测定

GB/T 4789.3 食品卫生微生物学检验 大肠菌群测定

GB/T 4789.4 食品卫生微生物学检验 沙门氏菌检验

GB/T 5009.11 食品中总砷及无机砷的测定方法

GB/T 5009.12 食品中铅的测定方法

GB/T 6682—1992 分析实验室用水规格和试验方法(neq ISO 3696:1987)

GB 7718 预包装食品标签通则

GB 15203 淀粉糖卫生标准

GB/T 20884—2007 麦芽糊精

GB/T 20885—2007 葡萄糖浆

3 术语和定义、符号

3.1 术语和定义

下列术语和定义适用于本标准。

3.1.1

低聚异麦芽糖 isomaltooligosaccharide(IMO)

淀粉糖的一种，主要成分为 α-1,6-糖苷键结合的异麦芽糖(IG_2)、潘糖(P)、异麦芽三糖(IG_3)及四糖(含四糖)以上(G_n)的低聚糖。

3.2 符号

下列符号适用于本标准。

IMO:低聚异麦芽糖。

IG_2:异麦芽糖。

P:潘糖。

IG_3:异麦芽三糖。

G_n:四糖(含四糖)以上的低聚糖。

4 产品分类

4.1 按形态可分为:

低聚异麦芽糖浆和低聚异麦芽糖粉。

4.2 按 IMO 含量可分为：

IMO-50 型：$IG_2+P+IG_3+G_n\geqslant 50\%$（占干物质）的产品。

IMO-90 型：$IG_2+P+IG_3+G_n\geqslant 90\%$（占干物质）的产品。

5 要求

5.1 感官要求

糖浆为无色或浅黄色、透明的粘稠液体。甜味柔和，无异味，无正常视力可见杂质。

糖粉为白色无定型粉末。味甜柔和，无异味，无正常视力可见杂质。

5.2 理化要求

应符合表 1 的规定。

表 1 低聚异麦芽糖理化要求

项目		要求			
		IMO-50 型		IMO-90 型	
		糖浆	糖粉	糖浆	糖粉
IMO 含量（占干物质）/（%）	≥	50		90	
IG_2+P+IG_3 含量（占干物质）/（%）	≥	35		45	
干物质（固形物）/（%）	≥	75	—	75	—
水分/（%）	≤	—	5	—	5
pH		4.0～6.0			
透射比/（%）	≥	95	—	95	—
溶解度/（%）	≥	—	99	—	99
硫酸灰分/（%）	≤	0.3			

5.3 卫生要求

应符合 GB 15203 的规定。

6 试验方法

本方法中所用的水，在未注明其他要求时，应符合 GB/T 6682—1992 中三级以上（含三级）水的规格。所用试剂，在未注明其他规格时，均指分析纯（AR）。

6.1 感官检验

6.1.1 糖浆

取样品约 30 mL 于无色、洁净干燥的样品杯（或 50 mL 小烧杯）中，置于明亮处，用肉眼观察其色泽和澄清度；检查其有无正常视力可见杂质；并用玻璃棒取适量样品放入口中，品尝其滋味（品尝第二个样品前，应用清水漱口）。做好记录。

6.1.2 糖粉

取适量样品，在自然光的光线下，用肉眼观察样品的颜色和形态，有无杂质；取少量样品，放入口中，仔细品尝其味（品尝第二个样品前，须用清水漱口），做好记录。

6.2 IMO 含量（高效液相色谱法）

6.2.1 原理

同一时刻进入色谱柱的各组分，由于在流动相和固定相之间溶解、吸附、渗透或离子交换等作用的不同，随流动相在色谱柱两相之间进行反复多次的分配，由于各组分在色谱柱中的移动速度不同，经过一定长度的色谱柱后，彼此分离开来。按顺序流出色谱柱，进入信号检测器，在记录仪上或数据处理装置上显示出各组分的谱峰数值。根据保留时间对照定性，依据峰面积用外标法定量。

6.2.2 仪器

6.2.2.1 高效液相色谱仪(配有示差折光检测器和柱恒温系统)。

6.2.2.2 流动相真空抽滤脱气装置及 0.2 μm、0.45 μm 微孔膜。

6.2.2.3 色谱柱：氨基键合柱，TSKgel Amide-80，填料粒径：5 μm；柱尺寸：ϕ4.6 mm×250 mm 或分析效果相类似的其他色谱柱。

6.2.2.4 分析天平：精度 0.1 mg。

6.2.2.5 微量进样器：10 μL。

6.2.3 试剂

6.2.3.1 水：二次蒸馏水或超纯水；

6.2.3.2 乙腈：色谱纯；

6.2.3.3 葡萄糖、麦芽糖、异麦芽糖、麦芽三糖、潘糖、异麦芽三糖、麦芽四糖、异麦芽四糖、麦芽五糖、麦芽六糖的标准品，纯度应为95%以上，用每种糖的标准品在 0.5 mg/mL～10 mg/mL 范围内配制 6 个不同浓度的标准液系列。

6.2.4 分析步骤

6.2.4.1 样液的制备

称取糖浆或糖粉样品 0.5 g(以干物质计，应使各种糖组分含量在标准液系列范围内，否则可适当增加或减少取样量)，称准至 0.000 1 g。加水溶解，移入 50 mL 容量瓶中并用水定容至刻度。用 0.2 μm 或 0.45 μm 水相微孔膜过滤，滤液备用。

6.2.4.2 色谱条件

流动相为乙腈：水＝67：33(体积比)。在测定的前一天接通示差折光检测器电源，预热稳定，安上色谱柱，调柱温至75℃，以 0.1 mL/min 的流速通入流动相平衡过夜。正式进样分析前，将所用流动相输入参比池 20 min 以上。再恢复正常流路使流动相经过样品池，调节流速至 1.0 mL/min。走基线，待基线走稳后即可进样，进样量为 5 μL～10 μL。

6.2.4.3 绘制标准曲线

将每种糖的标准液系列分别进样后，以标样浓度对峰面积作标准曲线。线性相关系数应为 0.999 0 以上。

6.2.4.4 样品的测定

将 6.2.4.1 制备好的试样进样。根据标准品的保留时间定性样品中各种糖组分的色谱峰。根据样品的峰面积，以外标法计算各种糖组分的含量(质量)。

6.2.4.5 结果计算

样品中各种糖的含量按式(1)计算，数值以%表示。

$$X_i = \frac{A_i m_s V}{A_s m V_s} \times 100 \qquad (1)$$

式中：

X_i——样品中某种糖分的百分含量[质量分数(占干物质)]，%；

A_i——样品中某种糖分的峰面积；

m_s——标准样品中某种糖分标准品的质量的数值，单位为克(g)；

V——样品的稀释体积的数值，单位为毫升(mL)；

A_s——标准样品中某种糖分标准品的峰面积；

m——样品的质量的数值，单位为克(g)；

V_s——标准样品稀释体积的数值,单位为毫升(mL)。

计算结果保留至整数。

6.2.5 精密度

在重复性条件下获得的两次独立测定结果的绝对差值应不超过算术平均值的1%。

6.3 干物质(固形物)

按GB/T 20885—2007中6.2测定。

6.4 水分

按GB/T 20884—2007中6.3测定。

6.5 pH

按GB/T 20885—2007中6.4测定。

6.6 透射比

按GB/T 20885—2007中6.5测定。

6.7 溶解度

按GB/T 20884—2007中6.4测定。

6.8 硫酸灰分

按GB/T 20885—2007中6.8测定。

6.9 砷

按GB/T 5009.11测定。

6.10 铅

按GB/T 5009.12测定。

6.11 菌落总数

按GB/T 4789.2测定。

6.12 大肠菌群

按GB/T 4789.3测定。

6.13 沙门氏菌

按GB/T 4789.4测定。

7 检验规则

7.1 组批

同原料、同配方、同工艺生产的产品,以一次投料为一批,最大批量不得超过班产量。每批产品应经生产厂的检验部门检验合格后出厂,并附有产品质量合格证。

7.2 取样方法

7.2.1 瓶装和桶装产品,分别按表2、表3规定抽取样本。

表2 低聚异麦芽糖瓶装样品抽样表

批量范围/箱	抽取样本数/箱	抽取单位包装数/瓶
＜100	4	1
100～250	6	1
251～500	10	1
＞500	20	1

表 3 低聚异麦芽糖桶装样品抽样表

批量范围/桶	抽取样本数/桶
<50	2
50～100	4
>100	6

7.2.2 槽车装产品每车必检。

7.2.3 桶装和槽车装产品应从液面 10 cm 以下处抽取样品。取样器应符合食品卫生标准。

7.2.4 槽车装产品每份取样量应不少于 2 kg；桶装产品每份取样量应不少于 1 kg；瓶装产品取样总量应不少于 600 g。

7.2.5 抽取样品混匀后分作两份，签封。粘贴标签，在标签上注明产品名称、生产厂名及地址、批号、取样日期及地点、取样人姓名。一份送化验室进行检验，另一份封存，保留半个月备查。需要做微生物检验时，取样器和玻璃瓶应事先灭菌(样品不得接触瓶口)。

7.3 出厂检验

出厂检验项目：感官、水分、干物质(固形物)、pH、透射比、溶解度、IG_2+P+IG_3 含量、IMO 含量。

7.4 型式检验

型式检验项目为本标准要求中规定的全部项目。一般情况下，型式检验半年进行一次。有下列情况之一时，亦应进行型式检验：

a) 原辅材料有较大变化时；

b) 更改关键工艺或设备；

c) 新试制的产品或正常生产的产品停产 3 个月后，重新恢复生产时；

d) 出厂检验与上次型式检验结果有较大差异时；

e) 国家质量监督检验机构按有关规定需要抽检时。

7.5 判定规则

检验结果如有感官或 1 项～2 项理化指标不合格时，应重新自同批产品中抽取两倍量样品，对不合格项目进行复检，若仍有一项不合格，则判整批产品为不合格。

8 标志、包装、运输和贮存

8.1 标志

8.1.1 供直接食用的预包装产品标签应符合 GB 7718 规定。

8.1.2 作为原辅材料的产品，包装容器外应标注：产品名称、生产厂厂名、净含量、批号、生产日期、保质期、执行标准号。

8.1.3 包装储运图示标志应符合 GB/T 191 的规定。

8.2 包装

包装物和容器应整洁、卫生，无破损，并符合《中华人民共和国食品卫生法》的有关规定。

8.3 运输和贮存

8.3.1 运输过程中，须防尘、防蝇，严防曝晒、雨淋，严禁与有毒、有害、有腐蚀性物质及污染物混装、混运。装卸时应符合外包装上包装储运图示的规定。

8.3.2 成品应贮于干燥、通风、清洁的库房中，并掌握先进先出的原则。

附 录 A
（资料性附录）
IMO 含量（高效液相色谱双柱法）

A.1 原理

同一时刻进入色谱柱的各组分，由于在流动相和固定相之间溶解、吸附、渗透或离子交换等作用的不同，随流动相在色谱柱两相之间进行反复多次的分配。由于各组分在色谱柱中的移动速度不同，经过一定长度的色谱柱后，彼此分离开来。按顺序流出色谱柱，进入信号检测器，在记录仪上或数据处理装置上显示出各组分的谱峰数值。根据保留时间对照定性，依据峰面积用归一化法定量。

A.2 仪器

A.2.1 高效液相色谱仪（配有示差折光检测器和柱恒温系统）。

A.2.2 流动相真空抽滤脱气装置及 0.2 μm、0.45 μm 微孔膜。

A.2.3 色谱柱

a) 钙型阳离子交换树脂柱：Aminex HPX-42A（BIO-RAD），填料粒径：5 μm；柱尺寸：ϕ7.8 mm×300 mm，或分析效果相类似的其他色谱柱；

b) 氨基键合柱：TSKgel Amide-80，填料粒径：5 μm；柱尺寸：ϕ4.6 mm×250 mm 或分析效果相类似的其他色谱柱。

A.2.4 分析天平：精度 0.1 mg。

A.2.5 微量进样器：10 μL。

A.3 试剂

A.3.1 水：二次蒸馏水或超纯水。

A.3.2 乙腈：色谱纯。

A.3.3 葡萄糖、麦芽糖、异麦芽糖、麦芽三糖、潘糖、异麦芽三糖、麦芽四糖、异麦芽四糖、麦芽五糖、麦芽六糖的标准品，纯度应为 95%以上。分别用水配成 0.5%的水溶液。

A.4 分析步骤

A.4.1 样液的制备

称取糖浆或糖粉样品 0.5 g（以干物质计），称准至 0.000 1 g，加水溶解，移入 50 mL 容量瓶中并用水定容至刻度，用 0.2 μm 或 0.45 μm 水相微孔膜过滤，滤液备用。

A.4.2 试样的测定

钙型阳离子交换树脂柱：流动相为纯水。在测定的前一天接通示差折光检测器电源，预热稳定，装上色谱柱，调柱温至 85℃，以 0.1 mL/min 的流速通入流动相平衡过夜。正式进样分析前，将所用流动相输入参比池 20 min 以上。再恢复正常流路使流动相经过样品池，调节流速至 0.6 mL/min。走基线，待基线稳定后即可进样，进样量为 5 μL～10 μL。

将葡萄糖、麦芽糖、麦芽三糖、麦芽四糖、麦芽五糖、麦芽六糖的标准溶液和制备好的试样分别进样。根据标准品的保留时间定性样品中各种糖组分的色谱峰。根据样品的峰面积，以归一化法计算各种糖组分的百分含量。

氨基键合柱：流动相为乙腈：水＝67：33。在测定的前一天接通示差折光检测器电源，预热稳定，安上色谱柱，调柱温至 75℃，以 0.1 mL/min 的流速通入流动相平衡过夜。正式进样分析前，将所用流动相输入参比池 20 min 以上。再恢复正常流路使流动相经过样品池，调节流速至 1.0 mL/min。走基线，待基线走稳后即可进样，进样量为 5 μL～10 μL。

将葡萄糖、麦芽糖、麦芽三糖、异麦芽糖、潘糖、异麦芽三糖、麦芽四糖、异麦芽四糖、麦芽五糖、麦芽六糖的标准溶液和制备好的试样分别进样。根据标准品的保留时间定性样品中各种糖组分的色谱峰。根据样品的峰面积，以归一化法计算各种糖组分的百分含量。

A.4.3 结果计算

A.4.3.1 钙型阳离子交换树脂柱，样品中组分 i 占总糖的百分含量按式(A.1)计算：

$$DP_i = \frac{A_i}{\sum A_i} \times 100 \qquad \text{(A.1)}$$

式中：

DP_i——样品中组分 i 占总糖的百分含量，%；

A_i——样品中组分 i 的峰面积；

$\sum A_i$——样品中各组分峰面积之和。

A.4.3.2 氨基键合柱，样品中葡萄糖占总糖的百分含量按式(A.2)计算：

$$G_1 = DP_1 \qquad \text{(A.2)}$$

样品中异麦芽糖占总糖的百分含量按式(A.3)计算：

$$IG_2 = \frac{A_{IG_2}}{A_{G_2} + A_{IG_2}} \times DP_2 \qquad \text{(A.3)}$$

样品中潘糖占总糖的百分含量按式(A.4)计算：

$$P = \frac{A_P}{A_{G_3} + A_P + A_{IG_3}} \times DP_3 \qquad \text{(A.4)}$$

样品中异麦芽三糖占总糖的百分含量按式(A.5)计算：

$$IG_3 = \frac{A_{IG_3}}{A_{G_3} + A_P + A_{IG_3}} \times DP_3 \qquad \text{(A.5)}$$

样品中四糖(含四糖)以上占总糖的百分含量按式(A.6)计算：

$$G_n = 100 - DP_1 - DP_2 - DP_3 \qquad \text{(A.6)}$$

式中：

$G_1(DP_1)$——样品中葡萄糖占总糖的百分含量，%；

IG_2——样品中异麦芽糖占总糖的百分含量，%；

A_{IG_2}——样品中异麦芽糖的峰面积；

A_{G_2}——样品中麦芽糖的峰面积；

DP_2——样品中二糖占总糖的百分含量，%；

P——样品中潘糖占总糖的百分含量，%；

A_P——样品中潘糖的峰面积；

A_{G_3}——样品中麦芽三糖的峰面积；

A_{IG_3}——样品中异麦芽三糖的峰面积；

DP_3——样品中三糖占总糖的百分含量，%；

IG_3——样品中异麦芽三糖占总糖的百分含量，%；

G_n——样品中四糖(含四糖)以上占总糖的百分含量，%。

计算结果保留至整数。

A.4.4 精密度

在重复性条件下获得的两次独立测定结果的绝对差值应不超过算术平均值的 1%。

ICS 67.180.20
X 31

中华人民共和国国家标准

GB/T 20882—2007

果 葡 糖 浆

High fructose syrup

2007-02-02 发布　　　　2007-12-01 实施

中华人民共和国国家质量监督检验检疫总局
中国国家标准化管理委员会　发布

前言

本标准主要参考了国际饮料技术学会(ISBT)标准,在QB/T 1216—2004《果葡糖浆》基础上,首次制定。

自本标准实施之日起,QB/T 1216—2004自行废止。

本标准的附录A为规范性附录。

本标准由全国食品工业标准化技术委员会工业发酵分技术委员会提出并归口。

本标准起草单位:中国食品发酵工业研究院、山东保龄宝生物技术有限公司、鲁洲生物科技(山东)有限公司、安徽丰原生物化学股份有限公司、大成-嘉吉高果糖(上海)有限公司、广州双桥股份有限公司、广东新怡糖业有限公司。

本标准主要起草人:郭新光、王乃强、牛继超、蔡其海、梁智、徐正康、朱力洪。

果葡糖浆

1 范围

本标准规定了果葡糖浆的产品分类、要求、试验方法、检验规则、标志、包装、运输和贮存。

本标准适用于果葡糖浆。

2 规范性引用文件

下列文件中的条款通过本标准的引用而成为本标准的条款。凡是注日期的引用文件，其随后所有的修改单(不包括勘误的内容)或修订版均不适用于本标准，然而，鼓励根据本标准达成协议的各方研究是否可使用这些文件的最新版本。凡是不注日期的引用文件，其最新版本适用于本标准。

GB/T 191 包装储运图示标志(GB/T 191—2000,eqv ISO 780:1997)

GB/T 4789.2 食品卫生微生物学检验 菌落总数测定

GB/T 4789.3 食品卫生微生物学检验 大肠菌群测定

GB/T 4789.4 食品卫生微生物学检验 沙门氏菌检验

GB/T 5009.11 食品中总砷及无机砷的测定方法

GB/T 5009.12 食品中铅的测定方法

GB/T 5009.34 食品中亚硫酸盐的测定方法

GB/T 6682—1992 分析实验室用水规格和试验方法(neq ISO 3696:1987)

GB 15203 淀粉糖卫生标准

GB/T 20885—2007 葡萄糖浆

3 产品分类

按果糖含量分为:

42 型(F42)——果糖含量不低于 42%(占干物质)的果葡糖浆。

55 型(F55)——果糖含量不低于 55%(占干物质)的果葡糖浆。

4 要求

4.1 感官要求

糖浆为无色或浅黄色，透明的黏稠液体。甜味柔和，具有果葡糖浆特有的香气，无异味。无正常视力可见杂质。

4.2 理化要求

应符合表 1 的规定。

表 1 果葡糖浆理化要求

项 目		要 求		
		F42		F55
干物质[a](固形物)/(%)	≥	71.0	63.0	77.0
果糖(占干物质)/(%)	≥	42～44		55～57
葡萄糖+果糖(占干物质)/(%)	≥	92		95

表 1(续)

项　目		要　求	
		F42	F55
pH		3.3～4.5	
色度/RBU	≤	50	
不溶性颗粒物/(mg/kg)	≤	6.0	
硫酸灰分/(%)	≤	0.05	
透射比/(%)	≥	96	
[a] 干物质实测值与标示值不应超过±0.5%(质量分数)。			

4.3 卫生要求

应符合 GB 15203 的规定。

5 试验方法

本方法中所用的水,在未注明其他要求时,应符合 GB/T 6682—1992 中三级以上(含三级)水的规格。所用试剂,在未注明其他规格时,均指分析纯(AR)。

5.1 感官检验

取样品约 30 mL 于无色、洁净干燥的样品杯(或 50 mL 小烧杯)中。置于明亮处,用肉眼观察其色泽和透明度。检查其有无正常视力可见杂质,并用玻璃棒取适量样品放入口中,品尝其滋味(品尝第二个样品前,应用清水漱口)。做好记录。

5.2 干物质(固形物)

按 GB/T 20885—2007 中 6.2 测定,测出折光率后查附录 A 得出干物质含量。

5.3 果糖、葡萄糖含量(HPLC 法)

5.3.1 原理

同一时刻进入色谱柱的各组分,由于在流动相和固定相之间溶解、吸附、渗透或离子交换等作用的不同,随流动相在色谱柱两相之间进行反复多次的分配。由于各组分在色谱柱中的移动速度不同,经过一定长度的色谱柱后,彼此分离开来。按顺序流出色谱柱,进入信号检测器,在记录仪上或数据处理装置上显示出各组分的谱峰数值。根据保留时间对照定性,依据峰面积用外标法定量。

5.3.2 仪器

5.3.2.1 高效液相色谱仪(配有示差折光检测器和柱恒温系统)。

5.3.2.2 流动相真空抽滤脱气装置及 0.2 μm、0.45 μm 微孔膜。

5.3.2.3 色谱柱:阳离子交换树脂柱(填料粒径:5 μm;柱尺寸:ϕ7.8 mm×300 mm)或氨基键合柱(填料粒径:5 μm;柱尺寸:ϕ4.6 mm×250 mm)或同等分析效果的色谱柱。

5.3.2.4 分析天平:精度 0.1 mg。

5.3.2.5 微量进样器:50 μL。

5.3.3 试剂

5.3.3.1 水:二次蒸馏水或超纯水。

5.3.3.2 乙腈:色谱纯(氨基柱用)。

5.3.3.3 葡萄糖、果糖、麦芽糖、麦芽三糖的标准品,纯度应为 95%以上,用每种糖的标准品在 0.5 mg/ mL～10mg/ mL范围内配制 6 个不同浓度的标准液系列。

5.3.4 分析步骤

5.3.4.1 样液的制备

称取样品 0.5 g(以干物质计,应使各种糖组分含量在标准液系列范围内,否则可适当增加或减少取样量),称准至0.000 1 g。加水溶解,移入50 mL容量瓶中并用水定容至刻度。用0.2 μm或0.45 μm水相微孔膜过滤,滤液备用。

5.3.4.2 色谱条件

阳离子交换树脂柱:流动相为纯水。在测定的前一天接通示差折光检测器电源,预热稳定。装上色谱柱,调柱温至85℃,以0.1 mL/min的流速通入流动相平衡过夜。正式进样分析前,将所用流动相输入参比池20 min以上。恢复正常流路使流动相经过样品池,调节流速至0.5 mL/min。走基线,待基线稳定后即可进样,进样量为10 μL~20 μL。

氨基键合柱:流动相为乙腈∶水=75∶25。在测定的前一天接通示差折光检测器电源,预热稳定,安上色谱柱,调柱温至75℃,以0.1 mL/min的流速通入流动相平衡过夜。正式进样分析前,将所用流动相输入参比池20 min以上。恢复正常流路使流动相经过样品池,调节流速至1.0 mL/min。走基线,待基线走稳后即可进样,进样量为10 μL~20 μL。

5.3.4.3 绘制标准曲线

用葡萄糖、果糖、麦芽糖、麦芽三糖的标准液系列分别进样后,以标样浓度对峰面积作标准曲线。线性相关系数应为0.999 0以上。

5.3.4.4 样品的测定

将制备好的样液进样。根据标准品的保留时间定性样品中各种糖组分的色谱峰。由样品的峰面积,以外标法计算各种糖组分的百分含量。

5.3.4.5 结果计算

样品中各种糖的含量按式(1)计算,数值以%表示。

$$X_i = \frac{A_i m_s V}{A_s m V_s} \times 100 \qquad \cdots\cdots(1)$$

式中:

X_i——样品中某种糖分的百分含量(质量分数,占干物质),%;

A_i——样品中某种糖分的峰面积;

m_s——标准样品中某种糖分标准品的质量的数值,单位为克(g);

V——样品的稀释体积的数值,单位为毫升(mL);

A_s——标准样品中某种糖分标准品的峰面积;

m——样品的质量(以干物质计)的数值,单位为克(g);

V_s——标准样品稀释体积的数值,单位为毫升(mL)。

计算结果保留至整数。

5.3.4.6 精密度

在重复性条件下获得的两次独立测定结果的绝对差值应不超过算术平均值的5%。

5.4 pH

5.4.1 原理

将玻璃电极(指示电极)与甘汞电极(参比电极)共同插入待测溶液中,构成一电池。该电池的电动势与溶液的pH有关,测量电池的电动势,进而求得溶液的pH。

5.4.2 仪器

5.4.2.1 pH计:精度为±0.01,附电磁搅拌器。

5.4.2.2 烧杯:250 mL。

5.4.2.3 天平:精度0.1 g。

5.4.3 分析步骤

5.4.3.1 样品的制备

称取样品100 g置于一干净的250 mL烧杯中,并放入搅拌子,备用。

5.4.3.2 仪器校正

按仪器使用说明书在25℃调试和校正仪器。

5.4.3.3 测量

用水冲洗电极头部,并用滤纸轻轻吸干,然后将电极插入待测样品中,开启电磁搅拌器。调节温度补偿,测定样液pH,稳定1 min后,读数,即为样品的pH。

结果表示至一位小数。

5.5 色度

5.5.1 原理

当一束平行单色光通过有色溶液时,溶液颜色越深,吸光度越大。

5.5.2 仪器

5.5.2.1 分光光度计:波长范围420 nm~720 nm;

5.5.2.2 比色皿:4 cm×1 cm或1 cm×1 cm;

5.5.2.3 天平:精度0.1 g。

5.5.3 分析步骤

将干物质含量为50%(质量分数)的样品装入比色皿中,用水作空白调节零点。分别在420 nm和720 nm下测其吸光度。

5.5.4 结果计算

样品的色度,按式(2)计算。

$$X = \frac{(A_{420} - 2 \times A_{720})}{L \times 0.614\ 78} \times 1\ 000 \qquad \cdots\cdots(2)$$

式中:

X——样品的色度,单位为RBU;

A_{420}——试样在420 nm下的吸光度;

A_{720}——试样在720 nm下的吸光度;

L——比色皿厚度的数值,单位为厘米(cm);

0.614 78——每毫升糖浆[干物质为50%(质量分数)]中糖的克数,单位为克(g)。

5.6 不溶性颗粒物

5.6.1 仪器

5.6.1.1 真空抽滤装置一套。

5.6.1.2 中速滤纸:直径5.5 cm。

5.6.1.3 坩埚:100 mL。

5.6.1.4 真空干燥箱。

5.6.1.5 干燥器:用变色硅胶作干燥剂。

5.6.2 分析步骤

安装好真空抽滤装置,将滤纸放在装置的漏斗上。打开真空泵,用200 mL热水(约80℃)冲洗滤纸。然后将滤纸放在坩埚中,于100℃真空干燥1 h。移出,加盖,置于干燥器中冷却,称重。

称取样品500 g于2 L的容器中,加入热水1 L(约80℃),搅拌使其溶解完全。将称过重的滤纸放在装置的漏斗上,把溶解后的样液缓缓倒入,真空抽滤。并用200 mL热水(约80℃)洗涤沉淀。将滤纸放入坩埚中,于100℃真空干燥1 h,取出加盖,置于干燥器中冷却,称重。

5.6.3 结果计算

样品的不溶性颗粒物含量按式(3)计算。

$$X = \frac{(m_2 - m_1) \times 10^6}{m} \quad \cdots\cdots(3)$$

式中：

X——样品的不溶性颗粒物含量，单位为毫克每千克(mg/kg)；

m_2——干燥后滤纸加残渣加坩埚的质量的数值，单位为克(g)；

m_1——干燥后滤纸加坩埚的质量的数值，单位为克(g)；

m——称取样品的质量的数值，单位为克(g)。

5.7 硫酸灰分

按 GB/T 20885—2007 中 6.8 测定。

5.8 透射比

5.8.1 原理

当一束平行单色光通过溶液时，溶液的吸光度与溶液的浓度及液层的厚度成正比。溶液的吸光度愈小，则透光率愈大，溶液愈清澈透明。

5.8.2 仪器

5.8.2.1 分光光度计：波长范围 420 nm～720 nm。

5.8.2.2 天平：精度 0.1 g。

5.8.3 分析步骤

5.8.3.1 样液准备

取适量样品，用水稀释至含干物质 30%(质量分数)，备用。

5.8.3.2 测定

将样品装入 1 cm 比色皿中，用水作空白调节零点。在 720 nm 下测其透光率，即为样品的透光率。结果表示至一位小数。

5.9 二氧化硫

按 GB/T 5009.34 测定。

5.10 砷

按 GB/T 5009.11 测定。

5.11 铅

按 GB/T 5009.12 测定。

5.12 菌落总数

按 GB/T 4789.2 测定。

5.13 大肠菌群

按 GB/T 4789.3 测定。

5.14 致病菌(沙门氏菌)

按 GB/T 4789.4 测定。

6 检验规则

6.1 组批

同原料、同配方、同工艺生产的产品，以一次投料为一批，最大批量不得超过班产量。每批产品应经生产厂的检验部门检验合格后出厂，并附有产品质量合格证。

6.2 抽样

6.2.1 按表 2 规定抽取样本。

表 2 果葡糖浆样品抽样表

批量范围/桶	抽取样本数/桶
<50	2
50～100	4
>100	6

6.2.2 槽车装产品每车必检。

6.2.3 桶装和槽车装产品应液面 10 cm 以下处抽取样品，取样器应符合食品卫生标准。

6.2.4 槽车装产品每份取样量应不少于 2 kg；桶装产品每份取样量应不少于 1 kg；瓶装产品取样总量应不少于 2 kg。

6.2.5 抽取的样品混匀后分作两份，签封。粘贴标签，在标签上注明产品名称、生产厂名及地址、批号、取样日期及地点、取样人姓名。一份送化验室进行检验，另一份封存，保留半个月备查。作微生物检验时，取样器和玻璃瓶应事先灭菌(样品不得接触瓶口)。

6.3 出厂检验

6.3.1 产品出厂前，应由生产厂的质检部门负责按本标准规定逐批进行检验。符合标准要求，并签署质量合格证的产品方可出厂。

6.3.2 出厂检验的项目：感官要求、干物质、果糖、果糖＋葡萄糖、pH、透射比、不溶性颗粒物、菌落总数。

6.4 型式检验

型式检验项目为本标准要求中规定的全部项目。一般情况下，型式检验半年进行一次。有下列情况之一时，亦应进行型式检验：

a) 原辅材料有较大变化时；

b) 更改关键工艺或设备；

c) 新试制的产品或正常生产的产品停产 3 个月后，重新恢复生产时；

d) 出厂检验与上次型式检验结果有较大差异时；

e) 国家质量监督检验机构按有关规定需要抽检时。

6.5 判定规则

6.5.1 检验结果如有 1 项～2 项指标不合格时，应重新自同批产品中抽取两倍量样品进行复验，以复验结果为准。若仍有一项不合格，则判整批产品为不合格。

7 标志、包装、运输和贮存

7.1 标志

7.1.1 包装箱的标签上要注明：产品名称、生产厂厂名、厂址、净含量、产品类型、注册商标、生产日期、批号、保质期、执行标准号。

7.1.2 包装储运图示按 GB/T 191 的规定执行。

7.2 包装

7.2.1 包装容器应整洁、卫生、无破损，并应符合《中华人民共和国食品卫生法》的有关规定。

7.3 运输和贮存

7.3.1 运输过程中应有防尘、防蝇、防止曝晒、雨淋等措施；严禁与有毒、有害、有腐蚀性物质及其污染物混装、混运。装卸时应符合包装储运图示要求。

7.3.2 成品应贮于阴凉、干燥、通风、清洁的库房中，按照先进先出的原则出库。本品宜在 28℃～32℃贮存。

7.3.3 产品在贮存中若有晶体析出不影响本品质量。

附　录　A
（规范性附录）
果葡糖浆固形物含量与折光率对照表

表 A.1　F42 产品

固形物/[%(质量分数)]	折光率		固形物/[%(质量分数)]	折光率		固形物/[%(质量分数)]	折光率	
	20℃	45℃		20℃	45℃		20℃	45℃
30.00	1.380 59	1.376 36	32.90	1.385 76	1.381 43	35.80	1.391 04	1.386 61
30.10	1.380 76	1.376 53	33.00	1.385 94	1.381 61	35.90	1.391 22	1.386 79
30.20	1.380 94	1.376 70	33.10	1.386 12	1.381 78	36.00	1.391 41	1.386 97
30.30	1.381 12	1.376 88	33.20	1.386 30	1.381 96	36.10	1.391 59	1.387 15
30.40	1.381 29	1.377 05	33.30	1.386 48	1.382 14	36.20	1.391 77	1.387 33
30.50	1.381 47	1.377 22	33.40	1.386 66	1.382 32	36.30	1.391 96	1.387 52
30.60	1.381 65	1.377 40	33.50	1.386 84	1.382 49	36.40	1.392 14	1.387 70
30.70	1.381 83	1.377 57	33.60	1.387 02	1.382 67	36.50	1.392 33	1.387 88
30.80	1.382 00	1.377 75	33.70	1.387 20	1.382 85	36.60	1.392 51	1.388 06
30.90	1.382 18	1.377 92	33.80	1.387 39	1.383 03	36.70	1.392 70	1.388 24
31.00	1.382 36	1.378 09	33.90	1.387 57	1.383 20	36.80	1.392 88	1.388 42
31.10	1.382 54	1.378 27	34.00	1.387 75	1.383 38	36.90	1.393 07	1.388 60
31.20	1.382 71	1.378 44	34.10	1.387 93	1.383 56	37.00	1.393 25	1.388 79
31.30	1.382 89	1.378 62	34.20	1.388 11	1.383 74	37.10	1.393 44	1.388 97
31.40	1.383 07	1.378 79	34.30	1.388 29	1.383 92	37.20	1.393 62	1.389 15
31.50	1.383 25	1.378 97	34.40	1.388 48	1.384 10	37.30	1.393 81	1.389 33
31.60	1.383 43	1.379 14	34.50	1.388 66	1.384 27	37.40	1.394 00	1.389 52
31.70	1.383 61	1.379 32	34.60	1.388 84	1.384 45	37.50	1.394 18	1.389 70
31.80	1.383 79	1.379 49	34.70	1.389 02	1.384 63	37.60	1.394 37	1.389 88
31.90	1.383 96	1.379 67	34.80	1.389 20	1.384 81	37.70	1.394 55	1.390 06
32.00	1.384 14	1.379 84	34.90	1.389 39	1.384 99	37.80	1.394 74	1.390 25
32.10	1.384 32	1.380 02	35.00	1.389 57	1.385 17	37.90	1.394 93	1.390 43
32.20	1.384 50	1.380 20	35.10	1.389 75	1.385 35	38.00	1.395 11	1.390 61
32.30	1.384 68	1.380 37	35.20	1.389 94	1.385 53	38.10	1.395 30	1.390 80
32.40	1.384 86	1.380 55	35.30	1.390 12	1.385 71	38.20	1.395 49	1.390 98
32.50	1.385 04	1.380 72	35.40	1.390 30	1.385 89	38.30	1.395 67	1.391 17
32.60	1.385 22	1.380 90	35.50	1.390 49	1.386 07	38.40	1.395 86	1.391 35
32.70	1.385 40	1.381 08	35.60	1.390 67	1.386 25	38.50	1.396 05	1.391 53
32.80	1.385 58	1.381 25	35.70	1.390 85	1.386 43	38.60	1.396 24	1.391 72

表 A.1(续)

固形物/[%(质量分数)]	折光率		固形物/[%(质量分数)]	折光率		固形物/[%(质量分数)]	折光率	
	20℃	45℃		20℃	45℃		20℃	45℃
38.70	1.396 42	1.391 90	42.20	1.403 07	1.398 44	45.60	1.409 69	1.404 94
38.80	1.396 61	1.392 09	42.30	1.403 26	1.398 63	45.70	1.409 88	1.405 14
38.90	1.396 80	1.392 27	42.40	1.403 46	1.398 82	45.80	1.410 08	1.405 33
39.00	1.396 99	1.392 46	42.50	1.403 65	1.399 01	45.90	1.410 28	1.405 53
39.10	1.397 18	1.392 64	42.60	1.403 84	1.399 19	46.00	1.410 48	1.405 72
39.20	1.397 36	1.392 83	42.70	1.404 04	1.399 38	46.10	1.410 67	1.405 92
39.30	1.397 55	1.393 01	42.80	1.404 23	1.399 57	46.20	1.410 87	1.406 11
39.40	1.397 74	1.393 20	42.90	1.404 42	1.399 76	46.30	1.411 07	1.406 30
39.50	1.397 93	1.393 38	43.00	1.404 61	1.399 95	46.40	1.411 27	1.406 50
39.60	1.398 12	1.393 57	43.10	1.404 81	1.400 14	46.50	1.411 47	1.406 69
39.70	1.398 31	1.393 75	43.20	1.405 00	1.400 33	46.60	1.411 66	1.406 89
39.90	1.398 68	1.394 12	43.30	1.405 20	1.400 53	46.70	1.411 86	1.407 08
40.00	1.398 87	1.394 31	43.40	1.405 39	1.400 72	46.80	1.412 06	1.407 28
40.10	1.399 06	1.394 50	43.50	1.405 58	1.400 91	46.90	1.412 26	1.407 48
40.20	1.399 25	1.394 68	43.60	1.405 78	1.401 10	47.00	1.412 46	1.407 67
40.30	1.399 44	1.394 87	43.70	1.405 97	1.401 29	47.10	1.412 66	1.407 87
40.40	1.399 63	1.395 06	43.80	1.406 17	1.401 48	47.20	1.412 86	1.408 06
40.50	1.399 82	1.395 24	43.90	1.406 36	1.401 67	47.30	1.413 05	1.408 26
40.60	1.400 01	1.395 43	44.00	1.406 55	1.401 86	47.40	1.413 25	1.408 45
40.70	1.400 20	1.395 62	44.10	1.406 75	1.402 05	47.50	1.413 45	1.408 65
40.80	1.400 39	1.395 80	44.20	1.406 94	1.402 25	47.60	1.413 65	1.408 85
40.90	1.400 58	1.395 99	44.30	1.407 14	1.402 44	47.70	1.413 85	1.409 04
41.00	1.400 77	1.396 18	44.40	1.407 33	1.402 63	47.80	1.414 05	1.409 24
41.10	1.400 97	1.396 37	44.50	1.407 53	1.402 82	47.90	1.414 25	1.409 44
41.20	1.401 16	1.396 55	44.60	1.407 73	1.403 01	48.00	1.414 45	1.409 63
41.30	1.401 35	1.396 74	44.70	1.407 92	1.403 21	48.10	1.414 65	1.409 83
41.40	1.401 54	1.396 93	44.80	1.408 12	1.403 40	48.20	1.414 85	1.410 03
41.50	1.401 73	1.397 12	44.90	1.408 31	1.403 59	48.30	1.415 05	1.410 23
41.60	1.401 92	1.397 31	45.00	1.408 51	1.403 78	48.40	1.415 25	1.410 42
41.70	1.402 11	1.397 49	45.10	1.408 70	1.403 98	48.50	1.415 45	1.410 62
41.80	1.402 30	1.397 68	45.20	1.408 90	1.404 17	48.60	1.415 66	1.410 82
41.90	1.402 50	1.397 87	45.30	1.409 10	1.404 36	48.70	1.415 86	1.411 02
42.00	1.402 69	1.398 06	45.40	1.409 29	1.404 56	48.80	1.416 06	1.411 22
42.10	1.402 88	1.398 25	45.50	1.409 49	1.404 75	48.90	1.416 26	1.411 41

表 A.1(续)

固形物/[%(质量分数)]	折光率		固形物/[%(质量分数)]	折光率		固形物/[%(质量分数)]	折光率	
	20℃	45℃		20℃	45℃		20℃	45℃
49.00	1.416 46	1.411 61	52.40	1.423 40	1.418 44	55.80	1.430 49	1.425 44
49.10	1.416 66	1.411 81	52.50	1.423 60	1.418 65	55.90	1.430 71	1.425 65
49.20	1.416 86	1.412 01	52.60	1.423 81	1.418 85	56.00	1.430 92	1.425 86
49.30	1.417 07	1.412 21	52.70	1.424 02	1.419 05	56.10	1.431 13	1.426 07
49.40	1.417 27	1.412 41	52.80	1.424 22	1.419 26	56.20	1.431 34	1.426 28
49.50	1.417 47	1.412 61	52.90	1.424 43	1.419 46	56.30	1.431 55	1.426 48
49.60	1.417 67	1.412 81	53.00	1.424 64	1.419 67	56.40	1.43 176	1.426 69
49.70	1.417 88	1.413 01	53.10	1.424 84	1.419 87	56.50	1.431 98	1.426 90
49.80	1.418 08	1.413 20	53.20	1.425 05	1.420 07	56.60	1.432 19	1.427 11
49.90	1.418 28	1.413 40	53.30	1.425 26	1.420 28	56.70	1.432 40	1.427 32
50.00	1.418 48	1.413 60	53.40	1.425 47	1.420 48	56.80	1.432 61	1.427 53
50.10	1.418 69	1.413 80	53.50	1.425 67	1.420 69	56.90	1.432 83	1.427 74
50.20	1.418 89	1.414 00	53.60	1.425 88	1.420 89	57.00	1.433 04	1.427 95
50.30	1.419 09	1.414 20	53.70	1.426 09	1.421 10	57.10	1.433 25	1.428 16
50.40	1.419 30	1.414 41	53.80	1.426 30	1.421 30	57.20	1.433 47	1.428 37
50.50	1.419 50	1.414 61	53.90	1.426 51	1.421 51	57.30	1.433 68	1.428 58
50.60	1.419 70	1.414 81	54.00	1.426 72	1.421 72	57.40	1.433 89	1.428 79
50.70	1.419 91	1.415 01	54.10	1.426 92	1.421 92	57.50	1.434 11	1.429 00
50.80	1.420 11	1.415 21	54.20	1.427 13	1.422 13	57.60	1.434 32	1.429 21
50.90	1.420 32	1.415 41	54.30	1.427 34	1.422 32	57.70	1.434 53	1.429 42
51.00	1.420 52	1.415 61	54.40	1.427 55	1.422 54	57.80	1.434 75	1.429 64
51.10	1.420 72	1.415 81	54.50	1.427 76	1.422 75	57.90	1.434 96	1.429 85
51.20	1.420 93	1.416 01	54.60	1.427 97	1.422 95	58.00	1.435 18	1.430 06
51.30	1.421 13	1.416 22	54.70	1.428 18	1.423 16	58.10	1.435 39	1.430 27
51.40	1.421 34	1.416 42	54.80	1.428 39	1.423 37	58.20	1.435 61	1.430 48
51.50	1.421 54	1.416 62	54.90	1.428 60	1.423 57	58.30	1.435 82	1.430 69
51.60	1.421 75	1.416 82	55.00	1.428 81	1.423 78	58.40	1.436 04	1.430 91
51.70	1.421 95	1.417 02	55.10	1.429 02	1.423 99	58.50	1.436 25	1.431 12
51.80	1.422 16	1.417 23	55.20	1.429 23	1.424 19	58.60	1.436 47	1.431 33
51.90	1.422 37	1.417 43	55.30	1.429 44	1.424 40	58.70	1.436 68	1.431 54
52.00	1.422 57	1.417 63	55.40	1.429 65	1.424 61	58.80	1.436 90	1.431 76
52.10	1.422 78	1.417 83	55.50	1.429 86	1.424 82	58.90	1.437 11	1.431 97
52.20	1.422 98	1.418 04	55.60	1.430 07	1.425 02	59.00	1.437 33	1.432 18
52.30	1.423 19	1.418 24	55.70	1.430 28	1.425 23	59.10	1.437 55	1.432 39

表 A.1(续)

固形物/[%(质量分数)]	折光率		固形物/[%(质量分数)]	折光率		固形物/[%(质量分数)]	折光率	
	20℃	45℃		20℃	45℃		20℃	45℃
59.20	1.437 76	1.432 61	62.60	1.445 20	1.439 95	66.00	1.452 81	1.447 47
59.30	1.437 98	1.432 82	62.70	1.445 42	1.440 17	66.10	1.453 04	1.447 69
59.40	1.438 19	1.433 04	62.80	1.445 64	1.440 39	66.20	1.453 27	1.447 92
59.50	1.438 41	1.433 25	62.90	1.445 86	1.440 61	66.30	1.453 49	1.448 14
59.60	1.438 63	1.433 46	63.00	1.446 09	1.440 82	66.40	1.453 72	1.448 36
59.70	1.438 84	1.433 68	63.10	1.446 31	1.441 04	66.50	1.453 95	1.448 59
59.80	1.439 06	1.433 89	63.20	1.446 53	1.441 26	66.60	1.454 18	1.448 81
59.90	1.439 28	1.434 11	63.30	1.446 75	1.441 48	66.70	1.454 40	1.449 04
60.00	1.439 50	1.434 32	63.40	1.446 98	1.441 70	66.80	1.454 63	1.449 26
60.10	1.439 71	1.434 53	63.50	1.447 20	1.441 92	66.90	1.454 86	1.449 49
60.20	1.439 93	1.434 75	63.60	1.447 42	1.442 14	67.00	1.455 09	1.449 71
60.30	1.440 15	1.434 96	63.70	1.447 64	1.442 36	67.10	1.455 31	1.449 94
60.40	1.440 37	1.435 18	63.80	1.447 87	1.442 58	67.20	1.455 54	1.450 16
60.50	1.440 58	1.435 39	63.90	1.448 09	1.442 80	67.30	1.455 77	1.450 39
60.60	1.440 80	1.435 61	64.00	1.448 31	1.443 02	67.40	1.456 00	1.450 62
60.70	1.441 02	1.435 83	64.10	1.448 54	1.443 24	67.50	1.456 23	1.450 84
60.80	1.441 24	1.436 04	64.20	1.448 76	1.443 47	67.60	1.456 46	1.451 07
60.90	1.441 46	1.436 26	64.30	1.448 98	1.443 69	67.70	1.456 69	1.451 30
61.00	1.441 68	1.436 47	64.40	1.449 21	1.443 91	67.80	1.456 92	1.451 52
61.10	1.441 90	1.436 69	64.50	1.449 43	1.444 13	67.90	1.457 15	1.451 75
61.20	1.442 12	1.436 91	64.60	1.449 66	1.444 35	68.00	1.457 37	1.451 98
61.30	1.442 34	1.437 12	64.70	1.449 88	1.444 57	68.10	1.457 60	1.452 20
61.40	1.442 55	1.437 34	64.80	1.450 11	1.444 79	68.20	1.457 83	1.452 43
61.50	1.442 77	1.437 56	64.90	1.450 33	1.445 02	68.30	1.458 06	1.452 66
61.60	1.442 99	1.437 77	65.00	1.450 56	1.445 24	68.40	1.458 29	1.452 88
61.70	1.443 21	1.437 99	65.10	1.450 78	1.445 46	68.50	1.458 53	1.453 11
61.80	1.443 43	1.438 21	65.20	1.451 01	1.445 68	68.60	1.458 76	1.453 34
61.90	1.443 65	1.438 42	65.30	1.451 23	1.445 91	68.70	1.458 99	1.453 57
62.00	1.443 87	1.438 64	65.40	1.451 46	1.446 13	68.80	1.459 22	1.453 80
62.10	1.444 09	1.438 86	65.50	1.451 68	1.446 35	68.90	1.459 45	1.454 02
62.20	1.444 32	1.439 08	65.60	1.451 91	1.446 57	69.00	1.459 68	1.454 25
62.30	1.444 54	1.439 29	65.70	1.452 13	1.446 80	69.10	1.459 91	1.454 48
62.40	1.444 76	1.439 51	65.80	1.452 36	1.447 02	69.20	1.460 14	1.454 71
62.50	1.444 98	1.439 73	65.90	1.452 59	1.447 24	69.30	1.460 37	1.454 94

表 A.1(续)

固形物/[%(质量分数)]	折光率		固形物/[%(质量分数)]	折光率		固形物/[%(质量分数)]	折光率	
	20℃	45℃		20℃	45℃		20℃	45℃
69.40	1.460 61	1.455 17	71.30	1.465 04	1.459 55	73.20	1.469 53	1.463 99
69.50	1.460 84	1.455 40	71.40	1.465 27	1.459 78	73.30	1.469 77	1.464 23
69.60	1.461 07	1.455 63	71.50	1.465 51	1.460 02	73.40	1.470 01	1.464 46
69.70	1.461 30	1.455 86	71.60	1.465 74	1.460 25	73.50	1.470 25	1.464 70
69.80	1.461 53	1.456 09	71.70	1.465 98	1.460 48	73.60	1.470 48	1.464 94
69.90	1.461 77	1.456 32	71.80	1.466 22	1.460 72	73.70	1.470 72	1.465 17
70.00	1.462 00	1.456 55	71.90	1.466 45	1.460 95	73.80	1.470 96	1.465 41
70.10	1.462 23	1.456 78	72.00	1.466 69	1.461 18	73.90	1.471 20	1.465 65
70.20	1.462 47	1.457 01	72.10	1.466 92	1.461 41	74.00	1.471 44	1.465 88
70.30	1.462 70	1.457 24	72.20	1.467 16	1.461 65	74.10	1.471 68	1.466 12
70.40	1.462 93	1.457 47	72.30	1.467 40	1.461 88	74.20	1.471 92	1.466 36
70.50	1.463 17	1.457 70	72.40	1.467 63	1.462 12	74.30	1.472 16	1.466 59
70.60	1.463 40	1.457 93	72.50	1.467 87	1.462 35	74.40	1.472 40	1.466 83
70.70	1.463 63	1.458 16	72.60	1.468 11	1.462 58	74.50	1.472 64	1.467 07
70.80	1.463 87	1.458 39	72.70	1.468 34	1.462 82	74.60	1.472 88	1.467 30
70.90	1.464 10	1.458 62	72.80	1.468 58	1.463 05	74.70	1.473 12	1.467 54
71.00	1.464 34	1.458 86	72.90	1.468 82	1.463 29	74.80	1.473 36	1.467 78
71.10	1.464 57	1.459 09	73.00	1.469 06	1.463 52	74.90	1.473 60	1.468 02
71.20	1.464 80	1.459 32	73.10	1.469 29	1.463 76	75.00	1.473 84	1.468 26

表 A.2 F55 产品

固形物/[%(质量分数)]	折光率		固形物/[%(质量分数)]	折光率		固形物/[%(质量分数)]	折光率	
	20℃	45℃		20℃	45℃		20℃	45℃
30.00	1.380 56	1.376 25	31.20	1.382 68	1.378 34	32.40	1.384 83	1.380 44
30.10	1.380 73	1.376 43	31.30	1.382 86	1.378 51	32.50	1.385 01	1.380 61
30.20	1.380 91	1.376 60	31.40	1.383 04	1.378 69	32.60	1.385 19	1.380 79
30.30	1.381 09	1.376 77	31.50	1.383 22	1.378 86	32.70	1.385 37	1.380 97
30.40	1.381 27	1.376 95	31.60	1.383 40	1.379 04	32.80	1.385 55	1.381 14
30.50	1.381 44	1.377 12	31.70	1.383 58	1.379 21	32.90	1.385 73	1.381 32
30.60	1.381 62	1.377 29	31.80	1.383 75	1.379 39	33.00	1.385 91	1.381 50
30.70	1.381 80	1.377 47	31.90	1.383 93	1.379 56	33.10	1.386 09	1.381 67
30.80	1.381 97	1.377 64	32.00	1.384 11	1.379 74	33.20	1.386 27	1.381 85
30.90	1.382 15	1.377 82	32.10	1.384 29	1.379 91	33.30	1.386 45	1.382 03
31.00	1.382 33	1.377 99	32.20	1.384 47	1.380 09	33.40	1.386 63	1.382 20
31.10	1.382 51	1.378 16	32.30	1.384 65	1.380 26	33.50	1.386 81	1.382 38

表 A.2(续)

固形物/[%(质量分数)]	折光率 20℃	折光率 45℃	固形物/[%(质量分数)]	折光率 20℃	折光率 45℃	固形物/[%(质量分数)]	折光率 20℃	折光率 45℃
33.60	1.386 99	1.382 56	37.00	1.393 22	1.388 67	40.40	1.399 60	1.394 93
33.70	1.387 17	1.382 74	37.10	1.393 41	1.388 85	40.50	1.399 79	1.395 11
33.80	1.387 36	1.382 91	37.20	1.393 59	1.389 03	40.60	1.399 98	1.395 30
33.90	1.387 54	1.383 09	37.30	1.393 78	1.389 21	40.70	1.400 17	1.395 49
34.00	1.387 72	1.383 27	37.40	1.393 96	1.389 39	40.80	1.400 36	1.395 67
34.10	1.387 90	1.383 45	37.50	1.394 15	1.389 58	40.90	1.400 55	1.395 86
34.20	1.388 08	1.383 63	37.60	1.394 34	1.389 76	41.00	1.400 74	1.396 05
34.30	1.388 26	1.383 80	37.70	1.394 52	1.389 94	41.10	1.400 93	1.396 23
34.40	1.388 45	1.383 98	37.80	1.394 71	1.390 13	41.20	1.401 12	1.396 42
34.50	1.388 63	1.384 16	37.90	1.394 90	1.390 31	41.30	1.401 32	1.396 61
34.60	1.388 81	1.384 34	38.00	1.395 08	1.390 49	41.40	1.401 51	1.396 80
34.70	1.388 99	1.384 52	38.10	1.395 27	1.390 67	41.50	1.401 70	1.396 98
34.80	1.389 17	1.384 70	38.20	1.395 46	1.390 86	41.60	1.401 89	1.397 17
34.90	1.389 36	1.384 88	38.30	1.395 64	1.391 04	41.70	1.402 08	1.397 36
35.00	1.389 54	1.385 06	38.40	1.395 83	1.391 22	41.80	1.402 27	1.397 55
35.10	1.389 72	1.385 23	38.50	1.396 02	1.391 41	41.90	1.402 46	1.397 74
35.20	1.389 91	1.385 41	38.60	1.396 21	1.391 59	42.00	1.402 66	1.397 92
35.30	1.390 09	1.385 59	38.70	1.396 39	1.391 78	42.10	1.402 85	1.398 11
35.40	1.390 27	1.385 77	38.80	1.396 58	1.391 96	42.20	1.403 04	1.398 30
35.50	1.390 46	1.385 95	38.90	1.396 77	1.392 14	42.30	1.403 23	1.398 49
35.60	1.390 64	1.386 13	39.00	1.396 96	1.392 33	42.40	1.403 43	1.398 68
35.70	1.390 82	1.386 31	39.10	1.397 14	1.392 51	42.50	1.403 62	1.398 87
35.80	1.391 01	1.386 49	39.20	1.397 33	1.392 70	42.60	1.403 81	1.399 06
35.90	1.391 19	1.386 67	39.30	1.397 52	1.392 88	42.70	1.404 00	1.399 25
36.00	1.391 37	1.386 85	39.40	1.397 71	1.393 07	42.80	1.404 20	1.399 44
36.10	1.391 56	1.387 03	39.50	1.397 90	1.393 25	42.90	1.404 39	1.399 63
36.20	1.391 74	1.387 22	39.60	1.398 09	1.393 44	43.00	1.404 58	1.399 82
36.30	1.391 93	1.387 40	39.70	1.398 28	1.393 62	43.10	1.404 78	1.400 01
36.40	1.392 11	1.387 58	39.80	1.398 46	1.393 81	43.20	1.404 97	1.400 20
36.50	1.392 30	1.387 76	39.90	1.398 65	1.394 00	43.30	1.405 16	1.400 39
36.60	1.392 48	1.387 94	40.00	1.398 84	1.394 18	43.40	1.405 36	1.400 58
36.70	1.392 67	1.388 12	40.10	1.399 03	1.394 37	43.50	1.405 55	1.400 77
36.80	1.392 85	1.388 30	40.20	1.399 22	1.394 55	43.60	1.405 75	1.400 96
36.90	1.393 04	1.388 48	40.30	1.399 41	1.394 74	43.70	1.405 94	1.401 15

表 A.2(续)

固形物/[%(质量分数)]	折光率		固形物/[%(质量分数)]	折光率		固形物/[%(质量分数)]	折光率	
	20℃	45℃		20℃	45℃		20℃	45℃
43.80	1.406 13	1.401 34	47.20	1.412 82	1.407 91	50.60	1.419 67	1.414 65
43.90	1.406 33	1.401 53	47.30	1.413 02	1.408 11	50.70	1.419 87	1.414 85
44.00	1.406 52	1.401 72	47.40	1.413 22	1.408 30	50.80	1.420 08	1.415 05
44.10	1.406 72	1.401 91	47.50	1.413 42	1.408 50	50.90	1.420 28	1.415 25
44.20	1.406 91	1.402 10	47.60	1.413 62	1.408 70	51.00	1.420 49	1.415 45
44.30	1.407 11	1.402 30	47.70	1.413 82	1.408 89	51.10	1.420 69	1.415 65
44.40	1.407 30	1.402 49	47.80	1.414 02	1.409 09	51.20	1.420 90	1.415 85
44.50	1.407 50	1.402 68	47.90	1.414 22	1.409 29	51.30	1.421 10	1.416 05
44.60	1.407 69	1.402 87	48.00	1.414 42	1.409 48	51.40	1.421 31	1.416 25
44.70	1.407 89	1.403 06	48.10	1.414 62	1.409 68	51.50	1.421 51	1.416 46
44.80	1.408 09	1.403 26	48.20	1.414 82	1.409 88	51.60	1.421 72	1.416 66
44.90	1.408 28	1.403 45	48.30	1.415 02	1.410 07	51.70	1.421 92	1.416 86
45.00	1.408 48	1.403 64	48.40	1.415 22	1.410 27	51.80	1.422 13	1.417 06
45.10	1.408 67	1.403 83	48.50	1.415 42	1.410 47	51.90	1.422 33	1.417 26
45.20	1.408 87	1.404 03	48.60	1.415 62	1.410 66	52.00	1.422 54	1.417 47
45.30	1.409 07	1.404 22	48.70	1.415 82	1.410 86	52.10	1.422 74	1.417 67
45.40	1.409 26	1.404 41	48.80	1.416 03	1.411 06	52.20	1.422 95	1.417 87
45.50	1.409 46	1.404 61	48.90	1.416 23	1.411 26	52.30	1.423 16	1.418 07
45.60	1.409 66	1.404 80	49.00	1.416 43	1.411 46	52.40	1.423 36	1.418 28
45.70	1.409 85	1.404 99	49.10	1.416 63	1.411 65	52.50	1.423 57	1.418 48
45.80	1.410 05	1.405 19	49.20	1.416 83	1.411 85	52.60	1.423 77	1.418 68
45.90	1.410 25	1.405 38	49.30	1.417 03	1.412 05	52.70	1.423 98	1.418 89
46.00	1.410 44	1.405 57	49.40	1.417 24	1.412 25	52.80	1.424 19	1.419 09
46.10	1.410 64	1.405 77	49.50	1.417 44	1.412 45	52.90	1.424 39	1.419 29
46.20	1.410 84	1.405 96	49.60	1.417 64	1.412 65	53.00	1.424 60	1.419 50
46.30	1.411 04	1.406 16	49.70	1.417 84	1.412 85	53.10	1.424 81	1.419 70
46.40	1.411 24	1.406 35	49.80	1.418 05	1.413 05	53.20	1.425 02	1.419 90
46.50	1.411 43	1.406 55	49.90	1.418 25	1.413 25	53.30	1.425 22	1.420 11
46.60	1.411 63	1.406 74	50.00	1.418 45	1.413 45	53.40	1.425 43	1.420 31
46.70	1.411 83	1.406 94	50.10	1.418 65	1.413 64	53.50	1.425 64	1.420 52
46.80	1.412 03	1.407 13	50.20	1.418 86	1.413 84	53.60	1.425 85	1.420 72
46.90	1.412 23	1.407 33	50.30	1.419 06	1.414 04	53.70	1.426 06	1.420 93
47.00	1.412 43	1.407 52	50.40	1.419 26	1.414 24	53.80	1.426 26	1.421 13
47.10	1.412 62	1.407 72	50.50	1.419 47	1.414 44	53.90	1.426 47	1.421 34

表 A.2(续)

固形物/[%(质量分数)]	折光率		固形物/[%(质量分数)]	折光率		固形物/[%(质量分数)]	折光率	
	20℃	45℃		20℃	45℃		20℃	45℃
54.00	1.426 68	1.421 54	57.40	1.433 86	1.428 61	60.80	1.441 20	1.435 84
54.10	1.426 89	1.421 75	57.50	1.434 07	1.428 82	60.90	1.441 42	1.436 06
54.20	1.427 10	1.421 95	57.60	1.434 28	1.429 03	61.00	1.441 64	1.436 27
54.30	1.427 31	1.422 16	57.70	1.434 50	1.429 24	61.10	1.441 86	1.436 49
54.40	1.427 52	1.422 36	57.80	1.434 71	1.429 45	61.20	1.442 08	1.436 70
54.50	1.427 73	1.422 57	57.90	1.434 93	1.429 66	61.30	1.442 29	1.436 92
54.60	1.427 93	1.422 78	58.00	1.435 14	1.429 87	61.40	1.442 51	1.437 14
54.70	1.428 14	1.422 98	58.10	1.435 35	1.430 08	61.50	1.442 73	1.437 35
54.80	1.428 35	1.423 19	58.20	1.435 57	1.430 29	61.60	1.442 95	1.437 57
54.90	1.428 56	1.423 40	58.30	1.435 78	1.430 51	61.70	1.443 17	1.437 79
55.00	1.428 77	1.423 60	58.40	1.436 00	1.430 72	61.80	1.443 39	1.438 00
55.10	1.428 98	1.423 81	58.50	1.436 21	1.430 93	61.90	1.443 61	1.438 22
55.20	1.429 19	1.424 02	58.60	1.436 43	1.431 14	62.00	1.443 83	1.438 44
55.30	1.429 40	1.424 22	58.70	1.436 64	1.431 35	62.10	1.444 05	1.438 65
55.40	1.429 62	1.424 43	58.80	1.436 86	1.431 57	62.20	1.444 27	1.438 87
55.50	1.429 83	1.424 64	58.90	1.437 07	1.431 78	62.30	1.444 49	1.439 09
55.60	1.430 04	1.424 85	59.00	1.437 29	1.431 99	62.40	1.444 72	1.439 31
55.70	1.430 25	1.425 05	59.10	1.437 51	1.432 20	62.50	1.444 94	1.439 53
55.80	1.430 46	1.425 26	59.20	1.437 72	1.432 42	62.60	1.445 16	1.439 74
55.90	1.430 67	1.425 47	59.30	1.437 94	1.432 63	62.70	1.445 38	1.439 96
56.00	1.430 88	1.425 68	59.40	1.438 16	1.432 84	62.80	1.445 60	1.440 18
56.10	1.431 09	1.425 89	59.50	1.438 37	1.433 06	62.90	1.445 82	1.440 40
56.20	1.431 30	1.426 09	59.60	1.438 59	1.433 27	63.00	1.446 04	1.440 62
56.30	1.431 52	1.426 30	59.70	1.438 81	1.433 48	63.10	1.446 27	1.440 84
56.40	1.431 73	1.426 51	59.80	1.439 02	1.433 70	63.20	1.446 49	1.441 05
56.50	1.431 94	1.426 72	59.90	1.439 24	1.433 91	63.30	1.446 71	1.441 27
56.60	1.432 15	1.426 93	60.00	1.439 46	1.434 12	63.40	1.446 93	1.441 49
56.70	1.432 37	1.427 14	60.10	1.439 67	1.434 34	63.50	1.447 15	1.441 71
56.80	1.432 58	1.427 35	60.20	1.439 89	1.434 55	63.60	1.447 38	1.441 93
56.90	1.432 79	1.427 56	60.30	1.440 11	1.434 77	63.70	1.447 60	1.442 15
57.00	1.433 00	1.427 77	60.40	1.440 33	1.434 98	63.80	1.447 82	1.442 37
57.10	1.433 22	1.427 98	60.50	1.440 55	1.435 20	63.90	1.448 05	1.442 59
57.20	1.433 43	1.428 19	60.60	1.440 76	1.435 41	64.00	1.448 27	1.442 81
57.30	1.433 64	1.428 40	60.70	1.440 98	1.435 63	64.10	1.448 49	1.443 03

表 A.2(续)

固形物/[%(质量分数)]	折光率		固形物/[%(质量分数)]	折光率		固形物/[%(质量分数)]	折光率	
	20℃	45℃		20℃	45℃		20℃	45℃
64.20	1.448 72	1.443 25	67.60	1.456 41	1.450 84	71.00	1.464 28	1.458 61
64.30	1.448 94	1.443 47	67.70	1.456 64	1.451 07	71.10	1.464 51	1.458 84
64.40	1.449 16	1.443 69	67.80	1.456 87	1.451 29	71.20	1.464 75	1.459 07
64.50	1.449 39	1.443 91	67.90	1.457 09	1.451 52	71.30	1.464 98	1.459 30
64.60	1.449 61	1.444 14	68.00	1.457 32	1.451 74	71.40	1.465 22	1.459 53
64.70	1.449 84	1.444 36	68.10	1.457 55	1.451 97	71.50	1.465 45	1.459 77
64.80	1.450 06	1.444 58	68.20	1.457 78	1.452 20	71.60	1.465 69	1.460 00
64.90	1.450 29	1.444 80	68.30	1.458 01	1.452 42	71.70	1.465 92	1.460 23
65.00	1.450 51	1.445 02	68.40	1.458 24	1.452 65	71.80	1.466 16	1.460 46
65.10	1.450 73	1.445 24	68.50	1.458 47	1.452 88	71.90	1.466 39	1.460 70
65.20	1.450 96	1.445 46	68.60	1.458 70	1.453 11	72.00	1.466 63	1.460 93
65.30	1.451 19	1.445 69	68.70	1.458 93	1.453 33	72.10	1.466 86	1.461 16
65.40	1.451 41	1.445 91	68.80	1.459 17	1.453 56	72.20	1.467 10	1.461 39
65.50	1.451 64	1.446 13	68.90	1.459 40	1.453 79	72.30	1.467 34	1.461 63
65.60	1.451 86	1.446 35	69.00	1.459 63	1.454 02	72.40	1.467 57	1.461 86
65.70	1.452 09	1.446 58	69.10	1.459 86	1.454 24	72.50	1.467 81	1.462 09
65.80	1.452 31	1.446 80	69.20	1.460 09	1.454 47	72.60	1.468 05	1.462 33
65.90	1.452 54	1.447 02	69.30	1.460 32	1.454 70	72.70	1.468 28	1.462 56
66.00	1.452 77	1.447 25	69.40	1.460 55	1.454 93	72.80	1.468 52	1.462 80
66.10	1.452 99	1.447 47	69.50	1.460 78	1.455 16	72.90	1.468 76	1.463 03
66.20	1.453 22	1.447 69	69.60	1.461 02	1.455 39	73.00	1.468 99	1.463 26
66.30	1.453 45	1.447 92	69.70	1.461 25	1.455 62	73.10	1.469 23	1.463 50
66.40	1.453 67	1.448 14	69.80	1.461 48	1.455 85	73.20	1.469 47	1.463 73
66.50	1.453 90	1.448 36	69.90	1.461 71	1.456 07	73.30	1.469 71	1.463 97
66.60	1.454 13	1.448 59	70.00	1.461 94	1.456 30	73.40	1.469 95	1.464 20
66.70	1.454 35	1.448 81	70.10	1.462 18	1.456 53	73.50	1.470 18	1.464 44
66.80	1.454 58	1.449 04	70.20	1.462 41	1.456 76	73.60	1.470 42	1.464 67
66.90	1.454 81	1.449 26	70.30	1.462 64	1.456 99	73.70	1.470 66	1.464 91
67.00	1.455 04	1.449 49	70.40	1.462 88	1.457 22	73.80	1.470 90	1.465 15
67.10	1.455 27	1.449 71	70.50	1.463 11	1.457 45	73.90	1.471 14	1.465 38
67.20	1.455 49	1.449 94	70.60	1.463 34	1.457 68	74.00	1.471 38	1.465 62
67.30	1.455 72	1.450 16	70.70	1.463 58	1.457 92	74.10	1.471 62	1.465 85
67.40	1.455 95	1.450 39	70.80	1.463 81	1.458 15	74.20	1.471 85	1.466 09
67.50	1.456 18	1.450 61	70.90	1.464 04	1.458 38	74.30	1.472 09	1.466 33

表 A.2(续)

固形物/[%(质量分数)]	折光率		固形物/[%(质量分数)]	折光率		固形物/[%(质量分数)]	折光率	
	20℃	45℃		20℃	45℃		20℃	45℃
74.40	1.472 33	1.466 56	76.30	1.476 92	1.471 09	78.20	1.481 56	1.475 68
74.50	1.472 57	1.466 80	76.40	1.477 16	1.471 33	78.30	1.481 80	1.475 92
74.60	1.472 81	1.467 04	76.50	1.477 40	1.471 57	78.40	1.482 05	1.476 16
74.70	1.473 05	1.467 27	76.60	1.477 64	1.471 81	78.50	1.482 30	1.476 41
74.80	1.473 29	1.467 51	76.70	1.477 89	1.472 05	78.60	1.482 54	1.476 65
74.90	1.473 53	1.467 75	76.80	1.478 13	1.472 29	78.70	1.482 79	1.476 89
75.00	1.473 77	1.467 99	76.90	1.478 37	1.472 53	78.80	1.483 04	1.477 14
75.10	1.474 01	1.468 22	77.00	1.478 62	1.472 77	78.90	1.483 28	1.477 38
75.20	1.474 26	1.468 46	77.10	1.478 86	1.473 01	79.00	1.483 53	1.477 63
75.30	1.474 50	1.468 70	77.20	1.479 11	1.473 26	79.10	1.483 78	1.477 87
75.40	1.474 74	1.468 94	77.30	1.479 35	1.473 50	79.20	1.484 02	1.478 12
75.50	1.474 98	1.469 18	77.40	1.479 60	1.473 74	79.30	1.484 27	1.478 36
75.60	1.475 22	1.469 42	77.50	1.479 84	1.473 98	79.40	1.484 52	1.478 61
75.70	1.475 46	1.469 65	77.60	1.480 09	1.474 22	79.50	1.484 77	1.478 85
75.80	1.475 70	1.469 89	77.70	1.480 33	1.474 46	79.60	1.485 02	1.479 10
75.90	1.475 95	1.470 13	77.80	1.480 58	1.474 71	79.70	1.485 26	1.479 34
76.00	1.476 19	1.470 37	77.90	1.480 82	1.474 95	79.80	1.485 51	1.479 59
76.10	1.476 43	1.470 61	78.00	1.481 07	1.475 19	79.90	1.485 76	1.479 83
76.20	1.476 67	1.470 85	78.10	1.481 31	1.475 43	80.00	1.486 01	1.480 08

ICS 67.180.20
X 31

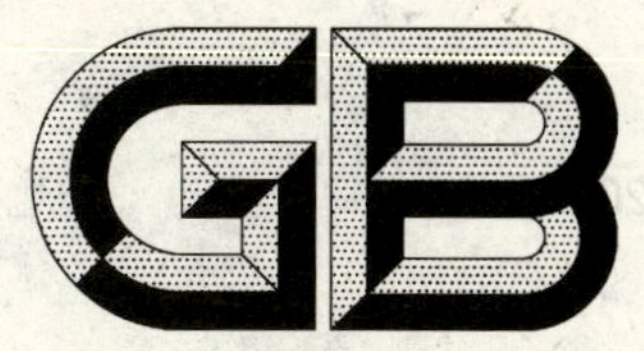

中华人民共和国国家标准

GB/T 20883—2007

麦芽糖

Maltose

2007-02-02 发布　　　　2007-12-01 实施

中华人民共和国国家质量监督检验检疫总局
中国国家标准化管理委员会　发布

前 言

本标准以 QB/T 2347—1997《麦芽糖饴(饴糖)》为基础,首次制定。

自本标准实施之日起,QB/T 2347—1997 自行废止。

本标准由全国食品工业标准化技术委员会工业发酵分技术委员会提出并归口。

本标准起草单位:鲁洲生物科技(山东)有限公司、广州双桥股份有限公司、黄龙食品工业有限公司、上海融氏企业有限公司、长春帝豪食品发展有限公司、中国食品发酵工业研究院。

本标准起草人:赵玉斌、徐正康、于灵武、谢海华、张玉英、郭新光。

麦 芽 糖

1 范围

本标准规定了麦芽糖的术语和定义、产品分类、要求、试验方法、检验规则、标志、包装、运输和贮存。

本标准适用于麦芽糖。

2 规范性引用文件

下列文件中的条款通过本标准的引用而成为本标准的条款。凡是注日期的引用文件，其随后所有的修改单(不包括勘误的内容)或修订版均不适用于本标准，然而，鼓励根据本标准达成协议的各方研究是否可使用这些文件的最新版本。凡是不注日期的引用文件，其最新版本适用于本标准。

GB/T 191 包装储运图示标志(GB/T 191—2000,eqv ISO 780:1997)

GB/T 5009.3—2003 食品中水分的测定

GB/T 6682—1992 分析实验室用水规格和试验方法(neq ISO 3696:1987)

GB 15203 淀粉糖卫生标准

GB/T 20880—2007 食用葡萄糖

GB/T 20884—2007 麦芽糊精

GB/T 20885—2007 葡萄糖浆

3 术语和定义

下列术语和定义适用于本标准。

3.1

麦芽糖 maltose

以淀粉或淀粉质为原料，经液化、糖化、精制而成的，主要成分为麦芽糖的产品。

4 产品分类

4.1 按产品形态分为液体麦芽糖、麦芽糖粉和结晶麦芽糖。

4.2 按麦芽糖含量分为四类：

a) 麦芽糖饴(粉)；

b) 麦芽糖浆(粉)；

c) 高麦芽糖浆(粉)；

d) 结晶麦芽糖。

5 要求

5.1 感官要求

应符合表1的规定。

表1 麦芽糖感官要求

项目	要求		
	液体麦芽糖	麦芽糖粉	结晶麦芽糖
外观	呈粘稠状透明液体，无肉眼可见杂质	无定形粉末或结晶性粉末，无肉眼可见杂质	
香气	具有麦芽糖浆的正常香气		

表 1(续)

项目	要求		
	液体麦芽糖	麦芽糖粉	结晶麦芽糖
滋味	甜味温和、纯正、无异味		
颜色	无色或微黄色或棕黄色	白色或略带浅黄色	

5.2 理化要求

应符合表 2 的规定。

表 2 麦芽糖理化要求

项目	要求						
	麦芽糖饴(粉)		麦芽糖浆(粉)		高麦芽糖浆(粉)		结晶麦芽糖
	糖饴	糖饴粉	糖浆	糖粉	糖浆	糖粉	
干物质(固形物)/(%) ≥	70	—	70	—	70	—	—
水分/(%) ≤	—	5	—	5	—	5	6.5
pH	4.0～6.0						
熬糖温度/℃ ≥	115	—	140	—	150	—	—
麦芽糖含量(以干物质计)/(%)	＜50		≥50		≥70		≥95
透射比/(%) ≥	95	—	95	—	95	—	—
硫酸灰分/(%) ≤	0.3						
氯化物/(%)	—						0.01
碘试验	—	无蓝色反应	—	无蓝色反应	—	无蓝色反应	无蓝色反应

5.3 卫生要求

应符合 GB 15203 的规定。

6 试验方法

本方法中所用的水，在未注明其他要求时，应符合 GB/T 6682—1992 中三级以上(含三级)水的规格。所用试剂，在未注明其他规格时，均指分析纯(AR)。

6.1 感官检查

6.1.1 液体麦芽糖

6.1.1.1 颜色、外观

取 30 mL 麦芽糖样品于洁净、干燥的 50 mL 小烧杯中，置于明亮处，观察其色泽、透明度、有无肉眼可见杂质等，并做好记录。

6.1.1.2 香气

用煮沸的蒸馏水配制 4%的麦芽糖溶液 100 mL，立即嗅其气味，并记录麦芽糖特有香味。

6.1.1.3 滋味

清水漱口后品尝 6.1.1.2 中样品的口味特性，并记录其滋味特性。

6.1.2 麦芽糖粉(结晶麦芽糖)

6.1.2.1 颜色、外观

取适量样品，在自然光线下，用肉眼观察样品的颜色和形态，有无杂质，并做好记录。

6.1.2.2 香气

取样品 20 g，放入 100 mL 磨口瓶中，加入 50℃的水 50 mL，加盖，振摇 30 s，倾出上清液，嗅其气味,并记录麦芽糖特有香味。

6.1.2.3 滋味

清水漱口后,取少量样品放入口中,仔细品尝,并记录其滋味特性。

6.2 干物质(固形物)

按 GB/T 20885—2007 中 6.2 测定。

6.3 水分

按 GB/T 5009.3—2003 中第二法"减压干燥法"测定。

6.4 pH

按 GB/T 20885—2007 中 6.4 测定。

6.5 熬糖温度

按 GB/T 20885—2007 中 6.6 测定。

6.6 透射比

按 GB/T 20885—2007 中 6.5 测定。

6.7 硫酸灰分

按 GB/T 20885—2007 中 6.8 测定。

6.8 麦芽糖含量的测定(高效液相色谱法)

6.8.1 原理

同一时刻进入色谱柱的各组分,由于在流动相和固定相之间溶解、吸附、渗透或离子交换等作用的不同,随流动相在色谱柱两相之间进行反复多次的分配。由于各组分在色谱柱中的移动速度不同,经过一定长度的色谱柱后,彼此分离开来。按顺序流出色谱柱,进入信号检测器,在记录仪上或数据处理装置上显示出各组分的谱峰数值。根据保留时间对照定性,依据峰面积用外标法定量。

6.8.2 仪器

6.8.2.1 高效液相色谱仪(配有示差折光检测器和柱恒温系统)。

6.8.2.2 流动相真空抽滤脱气装置及 0.20 μm 或 0.45 μm 滤膜。

6.8.2.3 色谱柱

6.8.2.3.1 钙型阳离子交换树脂柱 SCR101C,柱尺寸 ϕ7.9 mm×300 mm 或分析效果类似的色谱柱。

6.8.2.3.2 氨基键合柱:Waters SpHerisor 5 μm NH_2,柱尺寸 ϕ4.6 mm×250 mm 或分析效果类似的色谱柱。

6.8.2.4 分析天平:精度 0.1 mg。

6.8.2.5 微量进样器:20 μL。

6.8.3 试剂和溶液

6.8.3.1 水:二次蒸馏水或超纯水。

6.8.3.2 乙腈:色谱纯(氨基柱用)。

6.8.3.3 麦芽糖:纯度应为 95%以上,用超纯水配成 5 mg/mL 的水溶液。

6.8.4 分析步骤

6.8.4.1 样液的制备

称取麦芽糖样品 2 g(以干物质计)精确至 0.000 1 g,加水溶解移入 100 mL 容量瓶中,并用水定容至刻度,再用 0.20 μm 或 0.45 μm 水相滤膜过滤,滤液备用。

6.8.4.2 色谱条件

阳离子交换树脂柱:流动相为纯水。在测定的前一天接通示差折光检测器电源,预热稳定,装上色谱柱,调柱温至 85℃,以 0.1 mL/min 的流速通入流动相平衡过夜。正式进样分析前,将所用流动相输入参比池 20 min 以上,再恢复正常流路使流动相经过样品池,调节流速至 0.6 mL/min,走基线,待基线稳定后即可进样,进样量为 5 μL~10 μL。

氨基键合柱:流动相为乙腈:水=75:25。在测定的前一天接通示差折光检测器电源,预热稳定,装上色谱柱,调柱温至75℃,以0.1 mL/min的流速通入流动相平衡过夜。正式进样分析前,将所用流动相输入参比池20 min以上。再恢复正常流路使流动相经过样品池,调节流速至1.0 mL/min。走基线,待基线走稳后即可进样,进样量为10 μL~20 μL。

6.8.4.3 **绘制标准曲线**

用麦芽糖的标准液系列分别进样后,以标样浓度对峰面积作标准曲线。线性相关系数应为0.999 0以上。

6.8.4.4 **样品的测定**

将制备好的样液进样。根据标准品的保留时间定性样品中麦芽糖的色谱峰。根据样品的峰面积,以外标法计算各种麦芽糖的百分含量。

6.8.4.5 **结果计算**

样品中麦芽糖占总糖的百分含量按式(1)计算,数值以%表示。

$$X_i = \frac{A_i m_s V}{A_s m V_s} \times 100 \qquad \cdots\cdots(1)$$

式中:

X_i——样品中麦芽糖的百分含量(以干物质计),%;

A_i——样品中麦芽糖的峰面积;

m_s——麦芽糖标样的质量的数值,单位为克(g);

V——样品的稀释体积的数值,单位为毫升(mL);

A_s——麦芽糖标样的峰面积;

m——样品的质量(以干物质计)的数值,单位为克(g);

V_s——麦芽糖标样的稀释体积的数值,单位为毫升(mL)。

计算结果保留至整数。

6.8.5 **精密度**

在重复性条件下获得的两次独立测定结果的绝对差值应不超过算术平均值的1%。

6.9 **氯化物**

按GB/T 20880—2007中6.4测定。

6.10 **碘试验**

按GB/T 20884—2007中6.7测定。

7 检验规则

7.1 **组批**

凡在同一班次内生产且经包装出厂的具有同样质量证明书的产品为一批,产品出厂前须按本标准规定经生产厂检验部门逐批进行检验,合格后出具产品合格证方可出厂。

7.2 **抽样**

7.2.1 液体麦芽糖根据批量大小,按表3规定随机抽取样本。

表3 液体麦芽糖抽样表

批量/桶	样本大小/桶
<50	2
50~100	4
<100	6

7.2.1.1 槽车装产品每车必检。

7.2.1.2 桶装和槽车装产品须从液面 10 cm 以下抽取样品,取样器应符合卫生标准要求,每份取样量应不少于 1 kg。

7.2.1.3 将抽取的样品置于 2 个洁净、干燥的广口瓶中,封好,注明产品名称、批号、取样时间、取样人姓名,一瓶化验,另一瓶封存备查。做微生物检验时,取样器和取样瓶应事先灭菌(样品不得接触瓶口)。

7.2.2 固体麦芽糖、结晶麦芽糖抽样

7.2.2.1 从整批产品中抽取样品时,应先从整批中抽取若干包装单位,然后再从抽出的包装单位中抽取均匀试样。

7.2.2.2 整批产品中包装单位的抽取

抽取包装单位的数量,按式(2)计算。

$$A = \sqrt{N/2} \qquad \cdots\cdots(2)$$

式中:

A——应抽取的包装单位数,单位为袋;

N——批量的总包装单位数,单位为袋。

7.2.2.3 均匀试样的抽取

取样时,用清洁、干燥的取样工具插入包装袋的 2/3。每袋取样 100 g,将抽取的样品迅速混匀,用四分法缩分,然后分装于两个 1 000 mL 清洁干燥的磨口瓶中。密封,贴上标签,一瓶检测,一瓶封存备查。

7.3 出厂检验

7.3.1 成品出厂前应经检验部门逐批检验,签发合格证后方可出厂。

7.3.2 出厂检验项目:

a) 液体麦芽糖:感官要求、pH、透光率、熬糖温度。

b) 麦芽糖粉:感官要求、水分、pH、碘试验。

c) 结晶麦芽糖:感官要求、水分、pH、氯化物、碘试验。

7.4 型式检验

型式检验项目为本标准要求中规定的全部项目。一般情况下,型式检验半年进行一次(麦芽糖含量应三个月进行一次)。有下列情况之一时,亦应进行型式检验:

a) 原辅材料有较大变化时;

b) 更改关键工艺或设备;

c) 新试制的产品或正常生产的产品停产 3 个月后,重新恢复生产时;

d) 出厂检验与上次型式检验结果有较大差异时;

e) 国家质量监督检验机构按有关规定需要抽检时。

7.5 判定规则

7.5.1 检验结果如有 1 项～2 项指标不合格时,应重新自同批产品中抽取两倍量样品进行复检,以复检结果为准,若仍有一项不合格,则判整批产品为不合格。

7.5.2 购、销双方对产品质量发生争议时,应由双方共同抽样后,交仲裁机构检验,以仲裁机构的检验结果为准。

8 标志、包装、运输和贮存

8.1 标志

8.1.1 液体麦芽糖:包装容器外面应注有产品名称、生产厂厂名、厂址、净含量、生产日期、保质期、执行标准和规格。

8.1.2 麦芽糖粉(结晶麦芽糖):每批产品都应附有质量证明书,外包装上应注明产品名称、生产厂厂名、厂址、生产日期、批号、净含量、产品类型、保质期、执行标准号。

8.2 包装

8.2.1 包装储运图示标志应符合GB/T 191的规定，外销产品按合同执行。

8.2.2 液体麦芽糖

包装容器（瓶、桶、槽车）应符合《中华人民共和国食品卫生法》的有关规定。槽车装运麦芽糖，应使用洁净的专用槽车。

8.2.3 麦芽糖粉（结晶麦芽糖）

内包装采用符合食品卫生要求的聚乙烯塑料袋；外包装可采用塑料编织袋或双层牛皮纸袋。产品的包装应袋质结实，标签清晰整洁，袋口密封，能保证在装卸、运输和贮存过程中无破露现象。

8.3 运输和贮存

8.3.1 运输工具应清洁、无异味，运输中应注意轻装、轻卸、防雨、防晒。

8.3.2 运输过程中避免和有害、有毒、有腐蚀性物质及其污染物质混放、混运。

8.3.3 产品应存放于通风阴凉、干燥、清洁、无异味的库房中，库内温度＜25℃。麦芽糖粉（结晶麦芽糖）产品包装袋应堆放在离地100 mm以上的垫板上，堆垛四周应离墙壁500 mm以上，垛间应留有600 mm以上的通道。

8.3.4 运输装卸搬运过程应小心轻放，严禁摔、砸、磕、碰。

ICS 67.180.20
X 31

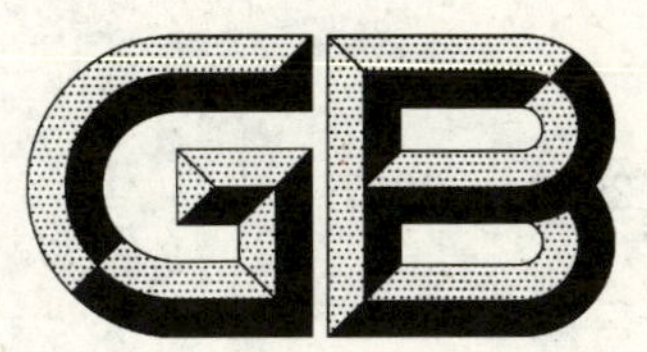

中华人民共和国国家标准

GB/T 20884—2007

麦芽糊精

Maltodextrin

2007-02-02 发布　　　　2007-12-01 实施

中华人民共和国国家质量监督检验检疫总局
中国国家标准化管理委员会　发布

前　言

本标准以 QB/T 2320—1997《麦芽糊精》为基础，首次制定。

本标准实施之日起，QB/T 2320—1997 自行废止。

本标准由全国食品工业标准化技术委员会工业发酵分技术委员会提出并归口。

本标准起草单位：中国食品发酵工业研究院、鲁洲生物科技(山东)有限公司、山东西王集团有限公司、华润赛力事达玉米工业有限公司、广州双桥股份有限公司、黑龙江华冠科技股份有限公司。

本标准起草人：郭新光、牛纪超、李伟、肖非、汤桂标、田兆春。

麦 芽 糊 精

1 范围

本标准规定了麦芽糊精的术语和定义、产品分类、要求、试验方法、检验规则、标志、包装、运输和贮存。

本标准适用于麦芽糊精。

2 规范性引用文件

下列文件中的条款通过本标准的引用而成为本标准的条款。凡是注日期的引用文件,其随后所有的修改单(不包括勘误的内容)或修订版均不适用于本标准,然而,鼓励根据本标准达成协议的各方研究是否可使用这些文件的最新版本。凡是不注日期的引用文件,其最新版本适用于本标准。

GB/T 191 包装储运图示标志(GB/T 191—2000,eqv ISO 780:1997)

GB/T 601 化学试剂 标准滴定溶液的制备

GB/T 6682—1992 分析实验室用水规格和试验方法(neq ISO 3696:1987)

GB 15203 淀粉糖卫生标准

GB/T 20885—2007 葡萄糖浆

3 术语和定义

下列术语和定义适用于本标准。

3.1

麦芽糊精 maltodextrin(MD)

以淀粉或淀粉质为原料,经酶法低度水解、精制、喷雾干燥制成的不含游离淀粉的淀粉衍生物。

4 产品分类

按DE值分为三类:MD10;MD15;MD20。

5 要求

5.1 感官要求

应符合表1的规定。

表1 麦芽糊精感官要求

项 目	要 求		
	MD10	MD15	MD20
外观、色泽	白色或略带浅黄色的无定形粉末,无肉眼可见杂质		
气味	具有麦芽糊精固有的特殊气味,无异味		
滋味	不甜或微甜,无异味		

5.2 理化要求

应符合表2的规定。

表 2　麦芽糊精理化要求

项　　目	要　　求		
	MD10	MD15	MD20
DE 值/(%)	<11	11≤DE 值<16	16≤DE 值≤20
水分/(%)　　　≤	6.0		
溶解度/(%)　　≥	98.0		
pH	4.5～6.5		
硫酸灰分/(%)　≤	0.6		
碘试验	无蓝色反应		

5.3　卫生要求

应符合 GB 15203 的规定。

6　试验方法

本方法中所用的水，在未注明其他要求时，应符合 GB/T 6682－1992 中三级以上（含三级）水的规格。所用试剂，在未注明其他规格时，均指分析纯(AR)。

6.1　感官检查

6.1.1　外观、色泽

取适量糊精样品，在自然光线下，用肉眼观察样品的颜色和形态，有无杂质。

6.1.2　气味

取样品 20 g，放入 100 mL 磨口瓶中，加入 50℃的温水 50 mL，加盖，振摇 30 s，倾出上清液，嗅其气味，并记录其气味特征。

6.1.3　滋味

清水漱口后，取少量样品放入口中，仔细品尝，并记录其滋味特征。

6.2　DE 值

按 GB/T 20885—2007 中的 6.3 测定。

6.3　水分(直接干燥法)

6.3.1　仪器

6.3.1.1　恒温干燥箱：控温精度±2℃。

6.3.1.2　分析天平：精度 0.1 mg。

6.3.1.3　称量皿：50 mm×30 mm。

6.3.1.4　干燥器：用变色硅胶做干燥剂。

6.3.2　分析步骤

称取样品 2 g(精确至 0.000 1 g)于已烘至恒重的称量皿中，放入 105℃±2℃恒温干燥箱内干燥 2 h，移入干燥器中冷却，30 min 后称量。再放入恒温箱内烘 1 h，称量，直至恒重。

6.3.3　结果计算

样品的水分按式(1)计算，数值以%表示。

$$X_1 = \frac{m_1 - m_2}{m_1 - m} \times 100 \qquad \cdots\cdots(1)$$

式中：

X_1——样品水分的质量分数，%；

m_1——干燥前称量皿加样品的质量的数值，单位为克(g)；

m_2——干燥后称量皿加样品的质量的数值，单位为克(g)；

m——称量皿的质量的数值,单位为克(g)。

所得结果表示至一位小数。

6.3.4 精密度

在重复性条件下获得的两次独立测定结果的绝对差值应不超过算术平均值的 2%。

6.4 溶解度(重量法)

6.4.1 仪器

6.4.1.1 定量滤纸:ϕ12.5 cm。

6.4.1.2 称量皿:ϕ50 mm~70 mm。

6.4.1.3 分析天平:精度 0.1 mg。

6.4.1.4 干燥器:用变色硅胶做干燥剂。

6.4.1.5 恒温干燥箱:控温精度±2℃。

6.4.2 分析步骤

称取样品 5 g(精确至 0.000 1 g)于 50 mL 烧杯中,加适量 35℃~40℃的水溶解。用定量滤纸过滤(事先将定量滤纸放入称量皿中,置于 105℃±2℃干燥箱内干燥至恒重,即最后两次重量差不超过 2 mg)。再用水 50 mL 分 3 次~4 次洗涤烧杯及定量滤纸。然后用洗瓶冲洗定量滤纸两次。将附有滤渣的定量滤纸放入称量皿中,置于 105℃±2℃干燥箱内干燥 2 h,移入干燥器中冷却,30 min 后称量。再放入恒温干燥箱内烘 1 h,称量,直至恒重。

6.4.3 结果计算

样品的溶解度按式(2)计算,数值以%表示。

$$X_2 = 100 - \frac{(m_2 - m_1) \times 100}{(1 - X_1) \times m} \quad \cdots\cdots\cdots(2)$$

式中:

X_2——样品溶解度的质量分数,%;

X_1——样品水分的质量分数,%;

m_2——称量皿和定量滤纸加滤渣干燥后的质量的数值,单位为克(g);

m_1——称量皿和定量滤纸的质量的数值,单位为克(g);

m——样品的质量的数值,单位为克(g)。

所得结果表示至一位小数。

6.4.4 精密度

在重复性条件下获得的两次独立测定结果的绝对差值应不超过算术平均值的 1%。

6.5 pH

6.5.1 仪器

酸度计:精度±0.01pH,备有玻璃电极和甘汞电极(或复合电极)。

6.5.2 分析步骤

6.5.2.1 按仪器使用说明书调试和校正酸度计

6.5.2.2 测定

称取样品 20 g 于 50 mL 小烧杯中,用除去二氧化碳的中性水 20 mL~40 mL 加热溶解。用蒸馏水冲洗电极探头,用滤纸轻轻吸干。然后将电极插入待测样液中,调节温度调节器,使仪器指示温度与溶液温度相同,稳定后读数。

所得结果表示至一位小数。

6.5.3 精密度

在重复性条件下获得的两次独立测定结果的绝对差值应不超过算术平均值的 1%。

6.6 硫酸灰分

按 GB/T 20885—2007 中 6.7 测定。

6.7 碘试验

6.7.1 试剂

6.7.1.1 碘标准溶液[$c(\frac{1}{2}I^{2-})=0.1$ mol/L]:按 GB/T 601 配制与标定。

6.7.1.2 碘标准使用液:吸取碘标准溶液(6.7.1.1)20 mL,用水稀释至 100 mL。

6.7.2 分析步骤

称取样品 1 g,加入新煮沸冷却后的蒸馏水 10 mL,加 5 滴碘标准使用液,搅匀后仔细观察,有无蓝色反应。

7 检验规则

7.1 组批

凡在同一班次内生产且经包装出厂的具有同样质量证明书的产品为一批。产品出厂前应按本标准规定经生产厂检验部门逐批进行检验,合格后出具产品合格证,方可出厂。

7.2 抽样

从整批产品中抽取样品时,应先从整批中抽取若干包装单位,然后再从抽出的包装单位中抽取均匀试样。

7.2.1 整批产品中包装单位的抽取

抽取包装单位的数量,根据式(3)计算:

$$A=\sqrt{N/2} \qquad \cdots\cdots\cdots\cdots(3)$$

式中:

A——应抽取的包装单位数,单位为袋。

N——批量的总包装单位数,单位为袋。

7.2.2 均匀试样的抽取

取样时,用清洁、干燥的取样工具插入包装袋的三分之二。每袋取样 100 g,将抽取的样品迅速混匀,用四分法缩分,然后分装于两个 1 000 mL 应清洁干燥的磨口瓶中,密封。贴上标签,一瓶检测,一瓶封存备查。

7.3 出厂检验

7.3.1 成品出厂前应经检验部门逐批检验,签发合格证后方可出厂。

7.3.2 出厂检验项目包括:感官要求、水分、DE 值、pH、碘试验。

7.4 型式检验

型式检验项目为本标准要求中规定的全部项目。一般情况下,型式检验半年进行一次。有下列情况之一时,亦应进行型式检验:

a) 原辅材料有较大变化时;

b) 更改关键工艺或设备;

c) 新试制的产品或正常生产的产品停产 3 个月后,重新恢复生产时;

d) 出厂检验与上次型式检验结果有较大差异时;

e) 国家质量监督检验机构按有关规定需要抽检时。

7.5 判定规则

7.5.1 检验结果如有 1 项~2 项指标不合格时,应重新自同批产品中抽取两倍量样品进行复验,以复检结果为准,若仍有一项不合格,则判整批产品为不合格。

7.5.2 购、销双方对产品质量发生争议时,应由双方共同抽样后,交仲裁机构检验,以仲裁机构的检验结果为准。

8 标志、包装、运输和贮存

8.1 标志

8.1.1 每批产品都应附有质量证明书，外包装上应注明产品名称、生产厂厂名、厂址、生产日期、批号、净含量、产品类型、保质期、执行标准号。

8.1.2 包装储运图示按 GB/T 191 的规定执行。

8.2 包装

包装容器应整洁、卫生、无破损，并应符合《中华人民共和国食品卫生法》的有关规定。

8.3 运输

运输设备要洁净卫生，无其他强烈刺激味。运输时，用篷布遮盖，不得受潮。在整个运输过程中要保持干燥、清洁，不得与有毒、有害、有腐蚀性物品混装、混运，避免日晒和雨淋。装卸时，应轻拿轻放，严禁直接钩、扎包装袋。

8.4 贮存

存放地点应保持清洁、通风干燥、阴凉，严防日晒、雨淋，严禁火种。不得与有毒、有害、有腐蚀性和含有异味的物品堆放在一起。产品包装袋应堆放在离地 100 mm 以上的垫板上，堆垛四周应离墙壁 500 mm 以上，垛间应留有 600 mm 以上的通道。

ICS 67.180.20
X 31

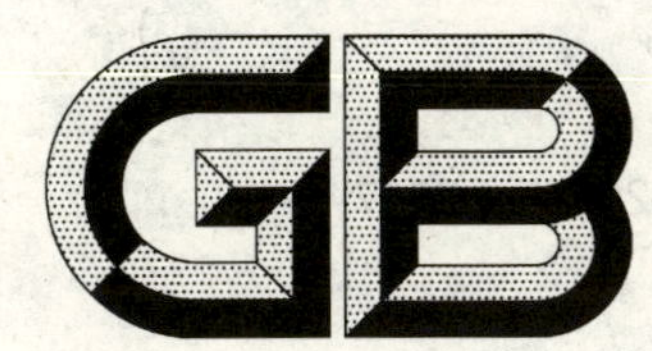

中华人民共和国国家标准

GB/T 20885—2007

葡萄糖浆

Glucose syrup

2007-02-02 发布　　　　2007-12-01 实施

中华人民共和国国家质量监督检验检疫总局
中国国家标准化管理委员会　发布

前言

本标准参考了 CODEX STAN 212—1999《糖》,并以 QB/T 2319—1997《液体葡萄糖》为基础,首次制定。

自本标准实施之日起,QB/T 2319—1997 自行废止。

本标准的附录 A 为规范性附录。

本标准由全国食品工业标准化技术委员会工业发酵分技术委员会提出并归口。

本标准起草单位:鲁洲生物科技(山东)有限公司、广州双桥股份有限公司、黄龙食品工业有限公司、秦皇岛骊骅淀粉股份有限公司、中国食品发酵工业研究院。

本标准主要起草人:王德友、徐正康、于灵武、茹彩友、郭新光。

葡 萄 糖 浆

1 范围

本标准规定了葡萄糖浆的术语和定义、产品分类、要求、试验方法、检验规则、标志、包装、运输和贮存。

本标准适用于葡萄糖浆。

2 规范性引用文件

下列文件中的条款通过本标准的引用而成为本标准的条款。凡是注日期的引用文件，其随后所有的修改单(不包括勘误的内容)或修订版均不适用于本标准，然而，鼓励根据本标准达成协议的各方研究是否可使用这些文件的最新版本。凡是不注日期的引用文件，其最新版本适用于本标准。

GB/T 191 包装储运图示标志(GB/T 191—2000,eqv ISO 780:1997)

GB/T 601 标准滴定溶液的制备

GB/T 603 化学试剂 试验方法中所用制剂及制品的制备(GB/T 603—2002,ISO 6353-1:1982,NEQ)

GB/T 6682—1992 分析实验室用水规格和试验方法(neq ISO 3696:1987)

GB 15203 淀粉糖卫生标准

3 术语和定义

下列术语和定义适用于本标准。

3.1

葡萄糖浆 glucose syrup

以淀粉或淀粉质为原料，经全酶法、酸法、酶酸法或酸酶法水解、精制而得的含有葡萄糖的混合糖浆。

4 产品分类

按DE值将产品分为三类，即：

a) 低DE值产品；

b) 中DE值产品；

c) 高DE值产品。

5 要求

5.1 感官要求

应符合表1的规定。

表1 葡萄糖浆感官要求

项 目	要 求
外观	呈粘稠状液体、无肉眼可见杂质
色泽	无色或微黄色、清亮透明
香气和滋味	甜味温和，无异味

5.2 理化要求

应符合表2的规定。

表2 葡萄糖浆理化要求

项 目		要 求		
		低DE值	中DE值	高DE值
DE值		20%<DE值≤41%	41%<DE值≤60%	>60%
干物质(固形物)/(%)	≥	50		
pH		4.0～6.0		
透射比/(%)	≥	95	98	
熬糖温度/℃	≥	105	130	155
蛋白质/(%)	≤	0.10		
硫酸灰分/(%)	≤	0.3		

5.3 卫生要求

应符合GB 15203的规定。

6 试验方法

本方法中所用的水,在未注明其他要求时,应符合GB/T 6682—1992中三级以上(含三级)水的规格。所用试剂,在未注明其他规格时,均指分析纯(AR)。

6.1 感官检查

6.1.1 外观、色泽

取30 mL葡萄糖浆样品倒入洁净、干燥的50 mL小烧杯中,置于明亮处,观察其色泽、透明度、肉眼可见杂质等,并做好记录。

6.1.2 气味

用煮沸的蒸馏水配制干物质为4%的葡萄糖浆100 mL,立即嗅其气味,并做好记录。

6.1.3 滋味

清水漱口后品尝6.1.2中样品的口味特性,并记录其滋味特性。

6.2 干物质(固形物)

6.2.1 仪器

6.2.1.1 阿贝折射仪:精度为0.000 1单位。

6.2.1.2 恒温水浴:精度为±0.1℃。

6.2.1.3 玻璃棒:末端弯曲扁平。

6.2.2 仪器校正

在20℃时,以重蒸蒸馏水校正折射仪的折光率为1.333 0,相当于干物质(固形物)含量为零。仪器每日至少校正一次。

6.2.3 分析步骤

将折射仪放置在光线充足的位置,与恒温水浴连接,将折射仪棱镜的温度调节至20℃。分开两面棱镜,用玻璃棒加少量样品1滴～2滴于固定的棱镜面上(玻璃棒不得接触棱镜面,且涂样时间应少于2 s),立即闭合棱镜停留几分钟。使样品达到棱镜的温度。调节棱镜的螺旋直至视场分为明暗两部分,转动补偿器旋钮,消除虹彩并使明暗分界线清晰。继续调节螺旋使明暗分界线对准在十字线上,从标尺上读取折光率(读准至0.000 1),再立即重读一次,取其平均值作为一次测定值。清洗并擦干两个棱镜,将同一样品按上述操作进行第二次测定,取两次测定的平均值,根据附录A,查表得出样品的干物质含量。

6.3 **DE值**

6.3.1 **试剂和溶液**

6.3.1.1 次甲基蓝指示液(10 g/L):称取1.0 g次甲基蓝,溶于水中,并稀释至100 mL。

6.3.1.2 葡萄糖标准溶液(2 g/L):称取于100℃±2℃烘干至恒重的基准无水葡萄糖0.5 g(精确至0.000 1 g),用水溶解,并稀释至250 mL,摇匀,备用。

6.3.1.3 费林试剂:按GB/T 603配制。

标定:预滴定时,先吸取费林溶液Ⅱ,再吸取费林溶液Ⅰ各5.0 mL于150 mL锥形瓶中。加水20 mL,加入玻璃珠3粒,用50 mL滴定管预先加入24 mL的葡萄糖标准溶液(6.3.1.2),摇匀。置于铺有石棉网的电炉上加热,控制瓶中液体在120 s±15 s内沸腾,并保持微沸。加2滴次甲基蓝指示液(6.3.1.1),继续以葡萄糖标准溶液滴定,直至蓝色刚好消失为其终点。整个滴定操作应在3 min内完成。正式滴定时,预先加入比预滴定少1 mL的葡萄糖标准溶液。操作同预滴定,并做平行试验。记录消耗葡萄糖溶液的总体积,取其算术平均数。

计算:

$$RP = \frac{m_1 \times V_1}{250} \qquad \cdots\cdots(1)$$

式中:

RP——费林溶液Ⅱ、Ⅰ各5 mL相当于葡萄糖的质量,单位为克(g);

m_1——称取基准无水葡萄糖的质量,单位为克(g);

V_1——消耗葡萄糖标准溶液的总体积,单位为毫升(mL);

250——配制葡萄糖标准溶液的总体积,单位为毫升(mL)。

6.3.2 **分析步骤**

6.3.2.1 **样液的制备**

称取一定量的样品,精确至0.000 1 g(取样量以每100 mL样液中含有还原糖量125 mg~200 mg为宜)。置于50 mL小烧杯中,加热水溶解后全部移入250 mL容量瓶中,冷却至室温。加水稀释至刻度,摇匀备用。

6.3.2.2 **预滴定**

按费林溶液的标定操作,先吸取费林溶液Ⅱ,再吸取费林溶液Ⅰ各5.0 mL于150 mL锥形瓶中。加水20 mL,加入玻璃珠3粒,用50 mL滴定管预加入一定量的样液(6.3.2.1)。将锥形瓶置于铺有石棉网的电炉上加热至沸,控制在120 s±15 s内沸腾,并保持微沸。以样液继续滴定(滴加样液的速度约为每两秒1滴),至溶液蓝色将消失时,加入次甲基蓝指示液2滴。再继续滴加样液至蓝色刚好消失为其终点,记录消耗样液的总体积。

6.3.2.3 **正式滴定**

按上述操作吸取费林溶液Ⅱ和Ⅰ各5.0 mL于150 mL锥形瓶中,用滴定管加入比预滴定时耗用量约少1 mL的样液于锥形瓶中,加热。使溶液在120 s±15 s内沸腾,并保持微沸状态。与预滴定同样操作,继续以样液滴定至终点,整个滴定操作须在3 min内完成,记录消耗样液的总体积。

6.3.3 **结果计算**

样品DE值按式(2)计算,数值以%表示。

$$X = \frac{RP}{m_2 \times \frac{V_2}{250} \times DMC} \times 100 \qquad \cdots\cdots(2)$$

式中:

X——DE值[样品葡萄糖当量值(样品中还原糖占干物质的百分数)],%;

RP——费林溶液Ⅱ、Ⅰ各5 mL相当于葡萄糖的质量的数值，单位为克(g)；

m_2——称取样品的质量的数值，单位为克(g)；

V_2——滴定时，消耗样液的体积的数值，单位为毫升(mL)；

250——配制样液的总体积的数值，单位为毫升(mL)；

DMC——样品干物质(固形物)的质量分数，%。

所得结果应表示至整数。

6.3.4 **精密度**

在重复性条件下获得的两次独立测定结果的绝对差值应不超过算术平均值的2%。

6.4 **pH**

6.4.1 **仪器**

酸度计：精度0.01 pH，备有玻璃电极和甘汞电极(或复合电极)。

6.4.2 **分析步骤**

按仪器使用说明书调试和校正酸度计。

用新煮沸冷却的中性蒸馏水配制干物质为30%的葡萄糖浆待测液。然后，用蒸馏水冲洗电极探头，用滤纸轻轻吸干，将电极插入待测样液中，调节温度调节器，使仪器指示温度与溶液温度相同，稳定后读数。

所得结果表示至一位小数。

6.4.3 **精密度**

在重复性条件下获得的两次独立测定结果的绝对差值应不超过算术平均值的1%。

6.5 **透射比**

6.5.1 **仪器**

可见分光光度计。

6.5.2 **分析步骤**

按仪器说明书，在440 nm波长下调整仪器的零点和透射比。

用新煮沸冷却的中性蒸馏水配制干物质为30%的葡萄糖浆待测液。然后，将葡萄糖浆待测液注入1 cm比色皿中，使用分光光度计，在440 nm波长下，以蒸馏水作参比，测定样液的透射比。

所得结果表示至整数。

6.5.3 **精密度**

在重复性条件下获得的两次独立测定结果的绝对差值应不超过算术平均值的1%。

6.6 **熬糖温度**

称取试样200 g于500 mL烧杯中，置于1 000 W电炉上，在烧杯中心插一支0℃～200℃水银温度计(温度计水银头距杯底0.5 cm)。当糖浆缓慢沸腾时加入植物油2滴，继续加热熬煮并注意观察。当熬至试样刚开始变色时，记录变色温度，即为熬糖温度。

所得结果表示至整数。

6.7 **蛋白质**

6.7.1 **试剂和溶液**

所有试剂均须用不含氨的蒸馏水进行配制。

6.7.1.1 硫酸铜。

6.7.1.2 硫酸钾。

6.7.1.3 浓硫酸。

6.7.1.4 硼酸溶液(20 g/L)。

6.7.1.5 混合指示液：1份甲基红乙醇溶液(10 g/L)与5份溴甲酚绿乙醇溶液(10 g/L)，临用时混合。

6.7.1.6 氢氧化钠溶液(400 g/L)：按GB/T 603配制。

6.7.1.7 盐酸标准溶液[c(HCL)=0.02 moL/L]:按 GB/T 601 配制与标定 0.1 moL/L 盐酸标准溶液,使用时,再准确稀释 5 倍。

6.7.2 **仪器**

6.7.2.1 凯氏烧瓶。

6.7.2.2 定氮蒸馏装置(凯氏)。

6.7.2.3 水蒸气发生瓶:2 L。

6.7.2.4 锥形瓶。

6.7.3 **分析步骤**

6.7.3.1 **样品处理**

称取样品 5 g(精确至 0.000 1 g),移入干燥的凯氏烧瓶中。加入硫酸铜 0.2 g、硫酸钾 3 g 和浓硫酸 20 mL,摇匀,于瓶口放一小漏斗。在通风橱中,成 45°角支好,先用小火加热。待内容物全部炭化,泡沫停止后,加大火力,并保持瓶内液体微沸。消化至内容物呈蓝绿色澄清透明后,再继续加热 0.5 h。取下冷却。小心加入 20 mL 水,放冷后,移入 100 mL 容量瓶中。用少量水洗涤凯氏烧瓶,洗液并入容量瓶中,加水至刻线,混匀备用。取与样品处理时同样量的试剂按同样方法做空白试验。

6.7.3.2 **蒸馏与滴定**

安装好定氮蒸馏装置(自动定氮仪器按说明书操作),于水蒸气发生瓶内加水至约 2/3 处。加入混合指示液(6.7.1.5)数滴及 5 mL 硫酸,使水呈酸性。放入数粒玻璃珠以防暴沸,加热煮沸水蒸气发生瓶内的水。向接收用的锥形瓶中加入硼酸溶液(6.7.1.4)10.0 mL 及混合指示液 2 滴,并使冷凝管的下端插入液面下,开启冷却水。吸取样品消化稀释液 10.0 mL 由小玻杯流入反应室内,并用水 10 mL 冲洗小玻杯使其流入反应室,塞紧小玻杯的棒状玻塞。取氢氧化钠溶液(6.7.1.6)10 mL 倒入小玻杯内,提起玻塞让其缓缓流入反应室,立即将玻塞塞紧,并加水于小玻杯中进行水封(防止漏气)。通水蒸气进行蒸馏,使氨通过冷凝管进入接受瓶,蒸馏 5 min,将冷凝管尖端提出液面,再蒸馏 1 min,然后用水淋洗冷凝管下端,停止蒸馏。取下接收瓶,用盐酸标准溶液(6.7.1.7)滴定至灰色为其终点,记录消耗盐酸标准溶液的体积。同时吸取 10 mL 试剂消化液做空白试验。

6.7.4 **结果计算**

样品蛋白质含量按式(3)计算,数值以%表示。

$$X_1 = \frac{(V - V_0) \times c \times 0.014 \times 6.25}{m \times \frac{10}{100}} \times 100 \qquad \cdots\cdots(3)$$

式中:

X_1——样品中蛋白质含量的质量分数,%;

V——样品消耗盐酸标准溶液的体积的数值,单位为毫升(mL);

V_0——空白消耗盐酸标准溶液的体积的数值,单位为毫升(mL);

c——盐酸标准溶液的浓度,单位为升每摩尔(mol/L);

0.014——与 1.00 mL 盐酸标准溶液[c(HCL)=1.000 moL/L]相当的以克表示的氮的质量的数值,单位为克(g);

6.25——氮换算为蛋白质的系数;

m——称取样品的质量的数值,单位为克(g)。

所得结果表示至两位小数。

6.7.5 **精密度**

在重复性条件下获得的两次独立测定结果的绝对差值应不超过算术平均值的 5%。

6.8 **硫酸灰分**

6.8.1 **试剂**

浓硫酸。

6.8.2 仪器

6.8.2.1 铂坩埚(或石英坩埚、瓷坩埚):50 mL。

6.8.2.2 高温炉:温控范围 525℃±25℃。

6.8.2.3 干燥器:用变色硅胶作干燥剂。

6.8.2.4 分析天平:精度 0.1 mg。

6.8.3 分析步骤

坩埚先用盐酸加热煮沸洗涤,再用自来水冲洗,然后用蒸馏水漂洗干净。将洗净的坩锅置于高温炉内,在 525℃±25℃下灼烧 0.5 h,取出室温下冷却至 200℃以下,放入干燥器中冷却至室温,精确称量,并重复灼烧直至恒重。

称取样品 2 g(精确至 0.000 1 g),置于上述恒重的坩埚中。滴加浓硫酸 1 mL,缓慢转动,使其均匀。置于电炉上小心加热,直至全部炭化。然后,放入高温炉内,在 525℃±25℃下灼烧,保持此温度直至炭化物全部消失为止(至少 2 h)。取出冷却,加几滴浓硫酸润湿残留物。重新放入高温炉内灼烧,直至完全灰化。取出在室温下冷却至 200℃以下。放入干燥器中,冷却至室温,精确称量。重复灼烧,至前后两次称量值之差不超过 0.3 mg 为恒量。

6.8.4 结果计算

样品的硫酸灰分按式(4)计算,数值以%表示。

$$X_2=\frac{m_2-m_0}{m_1-m_0}\times 100 \qquad \cdots\cdots(4)$$

式中:

X_2——样品的硫酸灰分,%;

m_2——坩埚加灰分的质量的数值,单位为克(g);

m_0——坩埚的质量的数值,单位为克(g);

m_1——坩埚加样品的质量的数值,单位为克(g)。

所得结果表示至一位小数。

6.8.5 精密度

在重复性条件下获得的两次独立测定结果的绝对差值应不超过算术平均值的 3%。

7 检验规则

7.1 组批

同原料、同配方、同工艺生产的产品,以一次投料为一批,最大批量不得超过班产量。每批产品应经过生产厂的检验部门检验合格后出厂,并附有产品质量合格证。

7.2 抽样

7.2.1 按表 3 规定随机抽取样本。

表 3 葡萄糖浆样品抽样表

批量范围/桶	抽取样本数/桶
<50	2
50~100	4
>100	6

7.2.2 槽车装产品每车必检。

7.2.3 桶装和槽车装产品应从液面 10 cm 以下抽取样品,取样器应符合食品卫生标准。

7.2.4 槽车装产品每份取样量应不少于2 kg,桶装产品每份取样量应不少于1 kg;瓶装产品取样总量应不少于2 kg。

7.2.5 将抽取的样品混匀后分作两份,签封。粘贴标签,在标签上注明产品名称、生产厂厂名及地址、批号、取样日期及地点、取样人姓名。一份送化验室进行检验,另一份封存,保留半个月备查。做微生物检验时,取样器和玻璃瓶应事先灭菌(样品不得接触瓶口)。

7.3 出厂检验

7.3.1 产品出厂前,应由生产厂的质检部门负责按本标准规定逐批进行检验。符合标准要求,并签署质量合格证的产品方可出厂。

7.3.2 出厂检验项目包括:感官要求、干物质(固形物)、DE值、pH、透射比、熬糖温度。

7.4 型式检验

型式检验项目为本标准要求中规定的全部项目。一般情况下,型式检验半年进行一次。有下列情况之一时,亦应进行型式检验:

a) 原辅材料有较大变化时;

b) 更改关键工艺或设备;

c) 新试制的产品或正常生产的产品停产3个月后,重新恢复生产时;

d) 出厂检验与上次型式检验结果有较大差异时;

e) 国家质量监督检验机构按有关规定需要抽检时。

7.5 判定规则

7.5.1 检验结果如有1项~2项指标不合格时,应重新自同批产品中抽取两倍量样品,对不合格项目进行复检,以复检结果为准,若仍有一项不合格,则判整批产品为不合格。

7.5.2 购、销双方对产品质量发生争议时,应由双方共同抽样后,交仲裁机构检验,以仲裁机构的检验结果为准。

8 标志、包装、运输和贮存

8.1 标志

8.1.1 包装容器外面标签应注明:产品名称、生产厂厂名、厂址、净含量、产品类型、生产日期、批号、保质期、执行的标准号。

8.1.2 包装储运图示按GB/T 191的规定执行。

8.2 包装

8.2.1 包装容器(桶、槽车)应符合《中华人民共和国食品卫生法》的有关规定。

8.2.2 包装容器(瓶、桶)应洁净、严密、无漏糖浆现象。

8.2.3 槽车装葡萄糖浆,应使用洁净的专用槽车。

8.3 运输和贮存

8.3.1 运输过程中应有防尘、防蝇、防止曝晒、雨淋等措施;严禁与有毒、有害、有腐蚀性物质及其污染物混装、混运。装卸时应符合包装储运图示要求。

8.3.2 成品应贮于阴凉、干燥、通风、清洁的库房中,按照先进先出的原则出库。

附 录 A
（规范性附录）
干物质与折光率关系表

表 A.1 玉米糖浆（酸转化法）DE 值 28

干物质/(%)	折光率			
	20℃	30℃	45℃	60℃
0	1.332 99	1.331 94	1.329 85	1.327 25
2	1.335 97	1.334 90	1.332 77	1.330 15
4	1.339 04	1.337 93	1.335 78	1.333 13
6	1.342 15	1.341 02	1.338 83	1.336 15
8	1.345 31	1.344 15	1.341 93	1.339 23
10	1.348 52	1.347 34	1.345 08	1.342 36
12	1.351 78	1.350 57	1.348 29	1.345 54
14	1.355 09	1.353 85	1.351 54	1.348 77
16	1.358 46	1.357 19	1.354 84	1.352 05
18	1.361 87	1.360 58	1.358 20	1.355 38
20	1.365 34	1.364 02	1.361 61	1.358 77
22	1.368 86	1.367 52	1.365 08	1.362 22
24	1.372 44	1.371 07	1.368 60	1.365 72
26	1.376 07	1.374 68	1.372 18	1.369 28
28	1.379 76	1.378 35	1.375 82	1.372 90
30	1.383 52	1.382 07	1.379 52	1.376 58
32	1.387 33	1.385 86	1.383 28	1.380 32
34	1.391 20	1.389 71	1.387 10	1.384 13
36	1.395 13	1.393 62	1.390 98	1.387 99
38	1.399 13	1.397 59	1.394 93	1.391 92
40	1.403 19	1.401 63	1.398 94	1.395 92
42	1.407 32	1.405 73	1.403 02	1.399 98
44	1.411 52	1.409 91	1.407 17	1.404 11
46	1.415 78	1.414 15	1.411 39	1.408 32
48	1.420 11	1.418 46	1.415 67	1.412 59
50	1.424 52	1.422 84	1.420 03	1.416 94
52	1.429 00	1.427 30	1.424 47	1.421 36
54	1.433 55	1.431 83	1.428 97	1.425 85
56	1.438 18	1.436 43	1.433 56	1.430 42

表 A.1(续)

干物质/(%)	折光率			
	20℃	30℃	45℃	60℃
58	1.442 88	1.441 12	1.438 22	1.435 07
60	1.447 67	1.445 88	1.442 96	1.439 81
62	1.452 53	1.450 72	1.447 79	1.444 62
64	1.457 48	1.455 65	1.452 69	1.449 52
66	1.462 51	1.460 66	1.457 68	1.454 50
68	1.467 62	1.465 76	1.462 76	1.459 57
70	1.472 83	1.470 94	1.467 92	1.464 73

表 A.2 玉米糖浆(酸转化法)DE 值 42

干物质/(%)	折光率			
	20℃	30℃	45℃	60℃
0	1.332 99	1.331 94	1.329 85	1.327 25
2	1.335 93	1.334 85	1.332 73	1.330 10
4	1.338 95	1.337 84	1.335 69	1.333 04
6	1.342 02	1.340 89	1.338 70	1.336 02
8	1.345 14	1.343 98	1.341 76	1.339 06
10	1.348 30	1.347 12	1.344 87	1.342 14
12	1.351 52	1.350 31	1.348 03	1.345 28
14	1.354 79	1.353 55	1.351 24	1.348 46
16	1.358 11	1.356 84	1.354 50	1.351 70
18	1.361 48	1.360 19	1.357 81	1.355 00
20	1.364 90	1.363 59	1.361 18	1.358 34
22	1.368 38	1.367 04	1.364 60	1.361 75
24	1.371 91	1.370 55	1.368 08	1.365 20
26	1.375 50	1.374 11	1.371 61	1.368 72
28	1.379 14	1.377 73	1.375 20	1.372 29
30	1.382 84	1.381 40	1.378 85	1.375 92
32	1.386 60	1.385 13	1.382 56	1.379 60
34	1.390 42	1.388 93	1.386 32	1.383 35
36	1.394 29	1.392 78	1.390 15	1.387 16
38	1.398 23	1.396 69	1.394 03	1.391 03
40	1.402 22	1.400 66	1.397 98	1.394 96
42	1.406 28	1.404 70	1.401 99	1.398 96
44	1.410 40	1.408 80	1.406 07	1.403 02
46	1.414 59	1.412 96	1.410 21	1.407 14

表 A.2(续)

干物质/(%)	折光率			
	20℃	30℃	45℃	60℃
48	1.418 84	1.417 19	1.414 41	1.411 33
50	1.423 16	1.421 49	1.418 69	1.415 59
52	1.427 55	1.425 85	1.423 03	1.419 92
54	1.432 00	1.430 28	1.427 44	1.424 32
56	1.436 53	1.434 79	1.431 92	1.428 79
58	1.441 12	1.439 36	1.436 47	1.433 33
60	1.445 79	1.444 01	1.441 10	1.437 95
62	1.450 53	1.448 73	1.445 80	1.442 64
64	1.455 34	1.453 52	1.450 57	1.447 41
66	1.460 23	1.458 39	1.455 42	1.452 25
68	1.465 20	1.463 34	1.460 35	1.457 17
70	1.470 24	1.468 36	1.465 36	1.462 18
72	1.475 37	1.473 47	1.470 45	1.467 26
74	1.480 58	1.478 66	1.475 62	1.472 43
76	1.485 87	1.483 93	1.480 88	1.477 68
78	1.491 24	1.489 29	1.486 22	1.483 01
80	1.496 70	1.494 73	1.491 64	1.488 44
82	1.502 25	1.500 26	1.497 16	1.493 95
84	1.507 88	1.505 87	1.502 76	1.499 56

表 A.3 玉米糖浆(酸转化法)DE 值 55

干物质/(%)	折光率			
	20℃	30℃	45℃	60℃
0	1.332 99	1.331 94	1.329 85	1.327 25
2	1.335 90	1.334 83	1.332 71	1.330 08
4	1.338 90	1.337 80	1.335 64	1.332 99
6	1.341 95	1.340 81	1.338 63	1.335 95
8	1.345 04	1.343 88	1.341 66	1.338 96
10	1.348 18	1.346 99	1.344 74	1.342 02
12	1.351 37	1.350 16	1.347 87	1.345 13
14	1.354 61	1.353 37	1.351 06	1.348 28
16	1.357 90	1.356 63	1.354 29	1.351 49
18	1.361 24	1.359 95	1.357 57	1.354 76
20	1.364 63	1.363 31	1.360 91	1.358 07
22	1.368 07	1.366 73	1.364 30	1.361 44

表 A.3(续)

干物质/(%)	折光率			
	20℃	30℃	45℃	60℃
24	1.371 57	1.370 20	1.367 74	1.364 86
26	1.375 12	1.373 73	1.371 23	1.368 34
28	1.378 72	1.377 31	1.374 79	1.371 87
30	1.382 38	1.380 94	1.378 39	1.375 46
32	1.386 10	1.384 63	1.382 06	1.379 10
34	1.389 87	1.388 38	1.385 78	1.382 81
36	1.393 70	1.392 18	1.389 56	1.386 57
38	1.397 58	1.396 05	1.393 39	1.390 39
40	1.401 53	1.399 97	1.397 29	1.394 27
42	1.405 54	1.403 95	1.401 25	1.398 22
44	1.409 60	1.408 00	1.405 27	1.402 22
46	1.413 73	1.412 10	1.409 35	1.406 29
48	1.417 92	1.416 27	1.413 50	1.410 42
50	1.422 18	1.420 51	1.417 71	1.414 62
52	1.426 50	1.424 80	1.421 98	1.418 88
54	1.430 88	1.429 17	1.426 32	1.423 21
56	1.435 33	1.433 60	1.430 73	1.427 61
58	1.439 85	1.438 09	1.435 21	1.432 08
60	1.444 44	1.442 66	1.439 76	1.436 61
62	1.449 10	1.447 30	1.444 37	1.441 22
64	1.453 82	1.452 01	1.449 06	1.445 90
66	1.458 62	1.456 79	1.453 82	1.450 66
68	1.463 50	1.461 64	1.458 66	1.455 49
70	1.468 44	1.466 57	1.463 57	1.460 39
72	1.473 47	1.471 57	1.468 56	1.465 37
74	1.478 57	1.476 65	1.473 62	1.470 44
76	1.483 74	1.481 81	1.478 77	1.475 58
78	1.489 00	1.487 05	1.483 99	1.480 80
80	1.494 34	1.492 37	1.489 30	1.486 10
82	1.499 76	1.497 77	1.494 69	1.491 49
84	1.505 26	1.503 26	1.500 16	1.496 97

表 A.4　玉米糖浆(双转化法)DE值32

干物质/(%)	折光率			
	20℃	30℃	45℃	60℃
0	1.332 99	1.331 94	1.329 85	1.327 25
2	1.335 94	1.334 87	1.332 75	1.330 12
4	1.338 99	1.337 88	1.335 73	1.333 08
6	1.342 08	1.340 95	1.338 76	1.336 08
8	1.345 22	1.344 06	1.341 84	1.339 14
10	1.348 41	1.347 23	1.344 98	1.342 25
12	1.351 66	1.350 45	1.348 16	1.345 41
14	1.354 95	1.353 72	1.351 40	1.348 63
16	1.358 30	1.357 04	1.354 69	1.351 90
18	1.361 71	1.360 42	1.358 04	1.355 22
20	1.365 17	1.363 85	1.361 44	1.358 60
22	1.368 68	1.367 34	1.364 90	1.362 04
24	1.372 25	1.370 88	1.368 41	1.365 54
26	1.375 87	1.374 48	1.371 99	1.369 09
28	1.379 56	1.378 14	1.375 62	1.372 70
30	1.383 30	1.381 86	1.379 31	1.376 37
32	1.387 10	1.385 64	1.383 06	1.380 10
34	1.390 97	1.389 48	1.386 87	1.383 90
36	1.394 89	1.393 38	1.390 74	1.387 75
38	1.398 88	1.397 34	1.394 68	1.391 67
40	1.402 93	1.401 37	1.398 68	1.395 66
42	1.407 04	1.405 46	1.402 75	1.399 71
44	1.411 22	1.409 62	1.406 88	1.403 83
46	1.415 47	1.413 84	1.411 08	1.408 01
48	1.419 78	1.418 13	1.415 35	1.412 27
50	1.424 17	1.422 49	1.419 69	1.41659
52	1.428 62	1.426 92	1.424 09	1.420 98
54	1.433 14	1.431 42	1.428 57	1.425 45
56	1.437 74	1.436 00	1.433 12	1.429 99
58	1.442 41	1.440 65	1.437 75	1.434 61
60	1.447 15	1.445 37	1.442 45	1.439 30
62	1.451 97	1.450 17	1.447 23	1.444 07
64	1.456 87	1.455 04	1.452 09	1.448 92
66	1.461 84	1.460 00	1.457 02	1.453 85

表 A.4(续)

干物质/(%)	折光率			
	20℃	30℃	45℃	60℃
68	1.466 90	1.465 03	1.462 04	1.458 86
70	1.472 04	1.470 15	1.467 14	1.463 95
72	1.477 26	1.475 35	1.472 32	1.469 13
74	1.482 56	1.480 64	1.477 59	1.474 39
76	1.487 95	1.486 01	1.482 95	1.479 74
78	1.493 43	1.491 47	1.488 39	1.485 18
80	1.498 99	1.497 01	1.493 92	1.490 71
82	1.504 65	1.502 65	1.499 55	1.496 33
84	1.510 40	1.508 39	1.505 27	1.502 05

表 A.5 玉米糖浆(双转化法)DE 值 63

干物质/(%)	折光率			
	20℃	30℃	45℃	60℃
0	1.332 99	1.331 94	1.329 85	1.327 25
2	1.335 89	1.334 81	1.332 69	1.330 06
4	1.338 87	1.337 77	1.335 61	1.332 96
6	1.341 90	1.340 77	1.338 58	1.335 90
8	1.344 98	1.343 82	1.341 60	1.338 90
10	1.348 10	1.346 91	1.344 66	1.341 94
12	1.351 27	1.350 06	1.347 77	1.345 03
14	1.354 49	1.353 25	1.350 93	1.348 16
16	1.357 75	1.356 49	1.354 14	1.351 35
18	1.361 07	1.359 78	1.357 40	1.354 59
20	1.364 44	1.363 12	1.360 72	1.357 88
22	1.367 85	1.366 51	1.364 08	1.361 22
24	1.371 32	1.369 96	1.367 49	1.364 62
26	1.374 84	1.373 45	1.370 96	1.368 07
28	1.378 42	1.377 00	1.374 48	1.371 57
30	1.382 04	1.380 61	1.378 06	1.375 13
32	1.385 73	1.384 26	1.381 69	1.378 74
34	1.389 46	1.387 98	1.385 38	1.382 41
36	1.393 26	1.391 75	1.389 12	1.386 14
38	1.397 11	1.395 57	1.392 92	1.389 92
40	1.401 01	1.399 46	1.396 78	1.393 76
42	1.404 98	1.403 40	1.400 70	1.397 67

表 A.5(续)

干物质/(%)	折光率			
	20℃	30℃	45℃	60℃
44	1.409 00	1.407 40	1.404 67	1.401 63
46	1.413 09	1.411 46	1.408 71	1.405 65
48	1.417 23	1.415 58	1.412 81	1.409 74
50	1.421 44	1.419 77	1.416 97	1.413 89
52	1.425 71	1.424 02	1.421 20	1.418 10
54	1.430 04	1.428 33	1.425 49	1.422 38
56	1.434 44	1.432 71	1.429 85	1.426 73
58	1.438 90	1.437 15	1.434 27	1.431 14
60	1.443 43	1.441 66	1.438 76	1.435 62
62	1.448 03	1.446 24	1.443 32	1.440 17
64	1.452 70	1.450 88	1.447 94	1.444 79
66	1.457 43	1.455 60	1.452 64	1.449 48
68	1.462 24	1.460 39	1.457 41	1.454 25
70	1.467 12	1.465 25	1.462 25	1.459 08
72	1.472 07	1.470 18	1.467 17	1.464 00
74	1.477 10	1.475 19	1.472 16	1.468 98
76	1.482 20	1.480 27	1.477 23	1.474 05
78	1.487 38	1.485 43	1.482 38	1.479 19
80	1.492 63	1.490 67	1.487 60	1.484 42
82	1.497 97	1.495 99	1.492 91	1.489 72
84	1.503 38	1.501 39	1.498 30	1.495 11

表 A.6 玉米糖浆(双转化法)DE 值 70

干物质/(%)	折光率			
	20℃	30℃	45℃	60℃
0	1.332 99	1.331 94	1.329 85	1.327 25
2	1.335 88	1.334 80	1.332 68	1.330 05
4	1.338 85	1.337 74	1.335 59	1.332 93
6	1.341 86	1.340 73	1.338 54	1.335 87
8	1.344 92	1.343 77	1.341 55	1.338 84
10	1.348 03	1.346 85	1.344 59	1.341 87
12	1.351 19	1.349 97	1.347 69	1.344 94
14	1.354 39	1.353 15	1.350 84	1.348 07
16	1.357 64	1.356 38	1.354 03	1.351 24
18	1.360 94	1.359 65	1.357 28	1.354 46

表 A.6(续)

干物质/(%)	折光率			
	20℃	30℃	45℃	60℃
20	1.364 29	1.362 97	1.360 57	1.357 73
22	1.367 69	1.366 35	1.363 91	1.361 06
24	1.371 14	1.369 77	1.367 31	1.364 44
26	1.374 64	1.373 25	1.370 76	1.367 86
28	1.378 19	1.376 78	1.374 26	1.371 35
30	1.381 80	1.380 36	1.377 81	1.374 88
32	1.385 46	1.383 99	1.381 42	1.378 47
34	1.389 17	1.387 68	1.385 08	1.382 12
36	1.392 94	1.391 43	1.388 80	1.385 82
38	1.396 76	1.395 23	1.392 58	1.389 58
40	1.400 64	1.399 09	1.396 41	1.393 39
42	1.404 58	1.403 00	1.400 30	1.397 27
44	1.408 57	1.406 97	1.404 25	1.401 20
46	1.412 63	1.411 00	1.408 25	1.405 20
48	1.416 74	1.415 09	1.412 32	1.409 25
50	1.420 91	1.419 24	1.416 45	1.413 37
52	1.425 14	1.423 45	1.420 64	1.417 54
54	1.429 44	1.427 73	1.424 89	1.421 79
56	1.433 80	1.432 07	1.429 21	1.426 09
58	1.438 22	1.436 47	1.433 59	1.430 46
60	1.442 71	1.440 93	1.438 04	1.434 90
62	1.447 26	1.445 47	1.442 55	1.439 41
64	1.451 88	1.450 07	1.447 13	1.443 98
66	1.456 56	1.454 73	1.451 78	1.448 62
68	1.461 32	1.459 47	1.456 50	1.453 34
70	1.466 14	1.464 27	1.461 29	1.458 12
72	1.471 04	1.469 15	1.466 15	1.462 98
74	1.476 01	1.474 10	1.471 08	1.467 91
76	1.481 05	1.479 12	1.476 09	1.472 91
78	1.486 16	1.484 22	1.481 17	1.477 99
80	1.491 35	1.489 39	1.486 33	1.483 15
82	1.496 62	1.494 64	1.491 57	1.488 39
84	1.501 96	1.499 97	1.496 88	1.493 70

表 A.7 玉米糖浆(双转化法)DE 值 95

干物质/(%)	折光率			
	20℃	30℃	45℃	60℃
0	1.332 99	1.331 94	1.329 85	1.327 25
2	1.335 82	1.334 75	1.332 63	1.330 00
4	1.338 74	1.337 64	1.335 49	1.332 84
6	1.341 71	1.340 58	1.338 40	1.335 72
8	1.344 72	1.343 56	1.341 35	1.338 65
10	1.347 76	1.346 58	1.344 34	1.341 62
12	1.350 86	1.349 65	1.347 37	1.344 63
14	1.353 99	1.352 76	1.350 45	1.347 69
16	1.357 17	1.355 91	1.353 58	1.350 79
18	1.360 39	1.359 11	1.356 75	1.353 94
20	1.363 66	1.362 36	1.359 96	1.357 14
22	1.366 98	1.365 65	1.363 22	1.360 38
24	1.370 34	1.368 98	1.366 53	1.363 67
26	1.373 75	1.372 37	1.369 89	1.367 01
28	1.377 21	1.375 80	1.373 29	1.370 39
30	1.380 71	1.379 28	1.376 75	1.373 83
32	1.384 27	1.382 81	1.380 25	1.377 32
34	1.387 87	1.386 40	1.383 81	1.380 86
36	1.391 53	1.390 03	1.387 42	1.384 45
38	1.395 24	1.393 71	1.391 08	1.388 09
40	1.399 00	1.397 45	1.394 79	1.391 79
42	1.402 81	1.401 24	1.398 55	1.395 54
44	1.406 68	1.405 08	1.402 37	1.399 35
46	1.410 60	1.408 98	1.406 25	1.403 21
48	1.414 58	1.412 94	1.410 18	1.407 13
50	1.418 61	1.416 95	1.414 17	1.411 10
52	1.422 70	1.421 02	1.418 22	1.415 14
54	1.426 85	1.425 15	1.422 33	1.419 23
56	1.431 06	1.429 34	1.426 49	1.423 39
58	1.435 33	1.433 59	1.430 72	1.427 61
60	1.439 66	1.437 90	1.435 01	1.431 89
62	1.444 05	1.442 27	1.439 36	1.436 23
64	1.448 51	1.446 70	1.443 78	1.440 64
66	1.453 03	1.451 20	1.448 26	1.445 11

表 A.7(续)

干物质/(%)	折光率			
	20℃	30℃	45℃	60℃
68	1.457 61	1.455 77	1.452 80	1.449 65
70	1.462 26	1.460 40	1.457 42	1.454 26
72	1.466 98	1.465 10	1.462 10	1.458 93
74	1.471 77	1.469 86	1.466 85	1.463 68

表 A.8 玉米糖浆、高麦芽糖(双转化法)DE 值 42

干物质/(%)	折光率			
	20℃	30℃	45℃	60℃
0	1.332 99	1.331 94	1.329 85	1.327 25
2	1.335 94	1.334 86	1.332 74	1.330 11
4	1.338 97	1.337 87	1.335 72	1.333 06
6	1.342 06	1.340 93	1.338 74	1.336 06
8	1.345 19	1.344 03	1.341 81	1.339 11
10	1.348 37	1.347 18	1.344 93	1.342 20
12	1.351 60	1.350 38	1.348 10	1.345 35
14	1.354 88	1.353 64	1.351 32	1.348 55
16	1.358 21	1.356 94	1.354 60	1.351 80
18	1.361 59	1.360 30	1.357 92	1.355 11
20	1.365 02	1.363 71	1.361 30	1.358 46
22	1.368 51	1.367 17	1.364 73	1.361 88
24	1.372 05	1.370 69	1.368 22	1.365 34
26	1.375 65	1.374 26	1.371 77	1.368 87
28	1.379 30	1.377 89	1.375 37	1.372 45
30	1.383 01	1.381 57	1.379 02	1.376 09
32	1.386 78	1.385 32	1.382 74	1.379 78
34	1.390 61	1.389 12	1.386 51	1.383 54
36	1.394 49	1.392 98	1.390 35	1.387 36
38	1.398 44	1.396 90	1.394 24	1.391 24
40	1.402 44	1.400 88	1.398 20	1.395 18
42	1.406 51	1.404 93	1.402 22	1.399 18
44	1.410 64	1.409 04	1.406 30	1.403 25
46	1.414 84	1.413 21	1.410 45	1.407 39
48	1.419 10	1.417 45	1.414 67	1.411 59
50	1.423 42	1.421 75	1.418 95	1.415 86
52	1.427 82	1.426 12	1.423 30	1.420 19

表 A.8(续)

干物质/(%)	折光率			
	20℃	30℃	45℃	60℃
54	1.432 28	1.430 56	1.427 72	1.424 60
56	1.436 81	1.435 07	1.432 21	1.429 08
58	1.441 42	1.439 66	1.436 77	1.433 63
60	1.446 09	1.444 31	1.441 40	1.438 25
62	1.450 84	1.449 04	1.446 11	1.442 95
64	1.455 66	1.453 84	1.450 89	1.447 72
66	1.460 56	1.458 72	1.455 75	1.452 58
68	1.465 53	1.463 67	0.460 69	1.457 51
70	1.470 59	1.468 71	1.465 70	1.462 52
72	1.475 72	1.473 82	1.470 80	1.467 61
74	1.480 93	1.479 02	1.475 98	1.472 78
76	1.486 23	1.484 29	1.481 24	1.478 04
78	1.491 61	1.489 66	1.486 59	1.483 39
80	1.497 08	1.495 11	1.492 02	1.488 82
82	1.502 63	1.500 64	1.497 55	1.494 34
84	1.508 28	1.506 27	1.503 16	1.499 95

表 A.9 玉米糖浆、高麦芽糖(双转化法)DE 值 50

干物质/(%)	折光率			
	20℃	30℃	45℃	60℃
0	1.332 99	1.331 94	1.329 85	1.327 25
2	1.335 92	1.334 84	1.332 72	1.330 09
4	1.338 94	1.337 83	1.335 68	1.333 02
6	1.342 00	1.340 87	1.338 68	1.336 00
8	1.345 11	1.343 95	1.341 73	1.339 03
10	1.348 27	1.347 08	1.344 83	1.342 11
12	1.351 48	1.350 27	1.347 98	1.345 23
14	1.354 74	1.353 50	1.351 18	1.348 41
16	1.358 05	1.356 78	1.354 44	1.351 64
18	1.361 41	1.360 12	1.357 74	1.354 92
20	1.364 82	1.363 50	1.361 10	1.358 26
22	1.368 28	1.366 94	1.364 51	1.361 65
24	1.371 80	1.370 44	1.367 97	1.365 09
26	1.375 38	1.373 99	1.371 49	1.368 59
28	1.379 01	1.377 59	1.375 07	1.372 15

表 A.9(续)

干物质/(%)	折光率			
	20℃	30℃	45℃	60℃
30	1.382 69	1.381 25	1.378 70	1.375 76
32	1.386 43	1.384 97	1.382 39	1.379 44
34	1.390 23	1.388 74	1.386 14	1.383 17
36	1.394 09	1.392 57	1.389 94	1.386 96
38	1.398 00	1.396 47	1.393 81	1.390 81
40	1.401 98	1.400 42	1.397 74	1.394 72
42	1.406 02	1.404 44	1.401 73	1.398 69
44	1.410 12	1.408 51	1.405 78	1.402 73
46	1.414 28	1.412 65	1.409 90	1.406 83
48	1.418 51	1.416 86	1.414 08	1.411 00
50	1.422 80	1.421 13	1.418 32	1.415 23
52	1.427 16	1.425 46	1.422 64	1.419 53
54	1.431 58	1.429 86	1.427 02	1.423 90
56	1.436 07	1.434 34	1.431 47	1.428 34
58	1.440 64	1.438 88	1.435 99	1.432 85
60	1.445 27	1.443 49	1.440 58	1.437 43
62	1.449 97	1.448 17	1.445 24	1.442 09
64	1.454 75	1.452 93	1.449 98	1.446 82
66	1.459 60	1.457 76	1.454 79	1.451 62
68	1.464 52	1.462 66	1.459 68	1.456 50
70	1.469 53	1.467 65	1.464 65	1.461 46
72	1.474 61	1.472 71	1.469 69	1.466 50
74	1.479 77	1.477 85	1.474 81	1.471 62
76	1.485 01	1.483 07	1.480 02	1.476 82
78	1.490 33	1.488 37	1.485 31	1.482 11
80	1.495 73	1.493 76	1.490 68	1.487 48
82	1.501 22	1.499 23	1.496 14	1.492 94
84	1.506 80	1.504 79	1.501 69	1.498 48

ICS 67.220.20
X 69

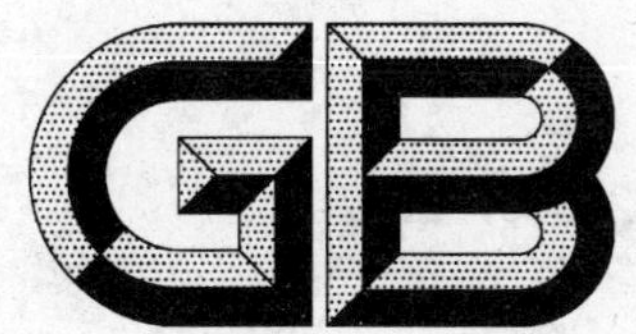

中华人民共和国国家标准

GB/T 20886—2007

食品加工用酵母

Yeast used for food processing

2007-02-02 发布　　2007-12-01 实施

中华人民共和国国家质量监督检验检疫总局
中国国家标准化管理委员会　发布

前　言

本标准以行业标准 QB/T 1501—1992《面包酵母》和 QB 2074—1995《酿酒活性干酵母》为基础，将两项行业标准的主要内容整合制定成本标准。对标准中的感官要求、理化要求和分析方法均作了调整与修改，以适应市场多元化发展的需要。

本标准实施之日起，QB/T 1501—1992 和 QB 2074—1995 自行废止。

本标准的附录 A、附录 B 为规范性附录。

本标准由全国食品工业标准化技术委员会工业发酵分技术委员会提出并归口。

本标准由安琪酵母股份公司、广东丹宝利酵母有限公司、中国食品发酵工业研究院、广东番禺梅山-马力酵母有限公司负责起草。

本标准主要起草人：陈蓉、张蔚、王会民、张立彬、罗必英、陈佳泉、柴艳平、康永璞。

食品加工用酵母

1 范围

本标准规定了食品加工用酵母的术语和定义、产品分类、要求、分析方法、检验规则和标志、包装、运输、贮存。

本标准适用于食品加工用酵母。

2 规范性引用文件

下列文件中的条款通过本标准的引用而成为本标准的条款。凡是注日期的引用文件，其随后所有的修改单(不包括勘误的内容)或修订版均不适用于本标准，然而，鼓励根据本标准达成协议的各方研究是否可使用这些文件的最新版本。凡是不注日期的引用文件，其最新版本适用于本标准。

GB/T 191 包装储运图示标志(GB/T 191—2000，eqv ISO 780:1997)

GB 317 白砂糖

GB/T 601 标准滴定溶液的制备

GB/T 603 化学试剂 试验方法中所用制剂及制品的制备(GB/T 603—2002，ISO 6353-1:1982，NEQ)

GB 1353 玉米

GB 1355 小麦粉

GB/T 4789.4 食品卫生微生物学检验 沙门氏菌检验

GB/T 4789.5 食品卫生微生物学检验 志贺氏菌检验

GB/T 4789.10 食品卫生微生物学检验 金黄色葡萄球菌检验

GB/T 5009.11 食品中总砷及无机砷的测定

GB/T 5009.12 食品中铅的测定

GB/T 6682—1992 分析实验室用水规格和试验方法(neq ISO 3696:1987)

GB 7718 预包装食品标签通则

JJF 1070—2005 定量包装商品净含量计量检验规则

国家质量监督检验检疫总局令[2005]第75号 定量包装商品计量监督管理办法

3 术语和定义

下列术语和定义适用于本标准。

3.1

面包酵母 baker's yeast

以糖蜜、淀粉质为原料，经发酵法通风培养酿酒酵母(*Saccharomyces cerevisiae*)所制得的有发酵力的用于面粉深加工的酵母。

3.2

酿酒酵母 brewing yeast

以糖蜜、淀粉质为原料，经发酵通风培养的酿酒酵母(*Saccharomyces cerevisiae*)、葡萄汁酵母(*S. uvarum*)、贝酵母(*S. bayanus*)等所制得的有发酵产生酒精能力的酵母。

3.3

特种功能酵母 specific functional yeast

有别于面包酵母、酿酒酵母具有特殊功能或特殊用途的酵母。

3.4

鲜酵母　fresh yeast

具有强壮生命活力的酵母细胞所组成的有发酵力的菌体，经压榨后水分含量高，俗称压榨酵母。

3.5

高活性干酵母　instant active dry yeast

具有强壮生命活力的压榨酵母，经干燥后制成的有高发酵力的干菌体，且发酵速度快、溶解性能好，含水量低。

3.6

发酵力　fermentation abilities

单位时间内面包酵母利用外界营养源发酵产生二氧化碳的能力，是衡量面包酵母活性高低的指标。

3.7

低糖型酵母　low-sugar yeast

不能耐受高的渗透压，在无糖或低糖(7%以下)条件下发酵力较高的面包酵母。

3.8

高糖型酵母　high-sugar yeast

可以耐受一定的渗透压，在高糖条件下发酵力较高的面包酵母。

3.9

淀粉出酒率　alcoholic rate from fermention starch

在一定温度下(耐高温型干酵母为40℃，常温型干酵母和普通干酵母为32℃)，一定量酵母发酵一定量的玉米粉醪液，在规定时间内发酵所产生的酒精量[以96%(体积分数)乙醇计]占发酵可用淀粉的百分比。

4　产品分类

产品按用途分为面包酵母、酿酒酵母、特种功能酵母三大类。

4.1　面包酵母

4.1.1　鲜酵母

4.1.1.1　低糖型鲜酵母。

4.1.1.2　高糖型鲜酵母。

4.1.2　高活性干酵母

4.1.2.1　低糖型干酵母。

4.1.2.2　高糖型干酵母。

4.2　酿酒酵母

4.2.1　鲜酵母

4.2.1.1　常温型鲜酵母。

4.2.1.2　耐高温型鲜酵母。

4.2.2　高活性干酵母

4.2.2.1　常温型干酵母。

4.2.2.2　耐高温型干酵母。

注：本标准中的酿酒酵母主要指用于白酒、酒精生产的酵母产品。

4.3　特种功能酵母

4.3.1　营养强化酵母。

4.3.2　固定化酵母。

4.3.3　其他。

注：特种功能酵母指标执行相应标准。

5 要求

5.1 感官要求

应符合表1的要求。

表1 食品加工用酵母的感官要求

项 目	鲜 酵 母	高活性干酵母
色 泽	淡黄色、乳白色	淡黄色至淡黄棕色
气 味	具有酵母特殊气味，无腐败，无异臭	
组 织	不发软，不沾手，用手易搓成粉末状	颗粒或条状
杂 质	无肉眼可见异物	

5.2 理化要求

5.2.1 面包鲜酵母

应符合表2的规定。

表2 面包鲜酵母的理化要求

项 目		低糖型	高糖型
发酵力(CO_2)/(mL/h)	≥	550	500
水分/(%)	≤	68	
酸度/mL	≤	30	

5.2.2 酿酒鲜酵母

应符合表3的规定。

表3 酿酒鲜酵母理化指标

项 目		常温型	耐高温型
淀粉出酒率/(%)	≥	48.0	45
水分/(%)	≤	68.0	68.0
活细胞率/(%)	≥	96.0	96.0
酸度/(mL/100 g)	≤	30	30

5.2.3 高活性干酵母

应符合表4的规定。

表4 高活性干酵母的理化要求

项 目		面包高活性干酵母		酿酒高活性干酵母	
		低糖型	高糖型	常温型	耐高温型
发酵力(CO_2)/(mL/h)	≥	450	450	—	
淀粉出酒率(以96%(体积分数)乙醇计)/(%)	≥	—		48	45
水分/(%)	≤	5.5		5.5	
活细胞率/(%)	≥	75		80	
保存率/(%)	≥	80		80	

5.3 卫生要求

应符合表5的规定。

表5 卫生要求

项　　目		面包酵母	酿酒酵母
铅(以干基计)/(mg/kg)	≤	1.0	2.0
总砷(以 As,干基计)/(mg/kg)	≤	1.5	2.0
致病菌(沙门氏菌、志贺氏菌、金黄色葡萄球菌)		不得检出	

6 分析方法

本标准中所用的水,在未注明其他要求时,均指符合 GB/T 6682—1992 中水的要求。

本标准中所用的试剂,在未注明规格时,均指分析纯(AR)。若有特殊要求另作明确规定。

本标准中的溶液,在未注明用何种溶剂配制时,均指水溶液。

6.1 发酵力

6.1.1 方法提要

在 30℃±0.2℃时,测定按一定成分配制的面团,在规定的时间内,经酵母发酵产生的二氧化碳气体的体积,用 SJA 发酵仪直接测定,或用排水法测定二氧化碳体积的排水量。结果均用毫升数表示。

发酵力读数方法:要求从零点开始作为起始点,如不能以零点为起始点,假如起始点为 A,终点读数为 B,则最终读数为从 B 点向下减去"0～A"的高度后的读数值。

6.1.2 仪器

6.1.2.1 SJA 发酵仪(活力计)。

6.1.2.2 发酵力测定装置(见图 1)。

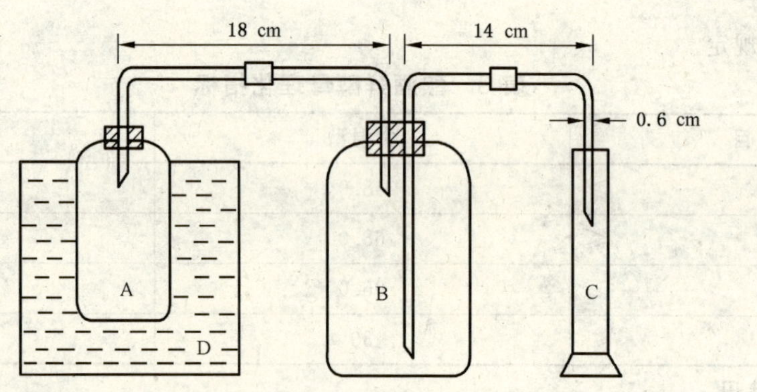

A——1 000 mL 广口玻璃瓶;

B——2 500 mL 小口试剂瓶;

C——1 000 mL 玻璃量筒;

D——恒温水浴。

图 1 发酵力测定装置

6.1.2.3 恒温水浴:控温精度±0.2℃。

6.1.2.4 天平:精度 0.01 g。

6.1.2.5 恒温和面机。

注:能保证搅拌均匀,数据测定稳定。

6.1.2.6 水银温度计:分度值为 0.1℃～0.2℃。

6.1.2.7 恒温箱。

6.1.3 试剂和材料

6.1.3.1 氯化钠。

6.1.3.2 硫酸。

6.1.3.3 排出液：称取 200 g 氯化钠，加水溶解，加入 20 mL 硫酸，用水稀释至 2 000 mL。

6.1.3.4 中筋小麦粉三级（符合 GB 1355）：每包面粉使用前用快速干燥仪测定其水分。测定方法为：

用称量盆在快速干燥仪上称取 3.00 g 面粉，放入恒温干燥箱内，于 110℃下干燥 10 min 后读数，即为面粉的水分（%）。

注：对于相同产地，质量相对稳定的面粉，发酵力测定时要求计算面粉含水量从而控制总加水量。

6.1.3.5 白砂糖

应符合 GB 317 的规定。

6.1.4 鲜酵母分析步骤

6.1.4.1 面团制备

a) 面团不含糖（低糖型酵母）

称取 4.0 g 氯化钠，加约 145 mL 水溶解，制成盐水溶液（以下简称为盐水）。称取 280.0 g 中筋小麦粉（6.1.3.4），倒入和面机中。另称取 6.0 g 鲜酵母样品（若样品已冷藏，应事先在 30℃下放置 1 h）至一 50 mL 的小烧杯中，用少量上述盐水溶解鲜酵母，将溶解后的鲜酵母倒入和面机内，并用少量盐水洗涤小烧杯 2 次，洗涤液和剩下的盐水一并倒入和面机内，混合搅拌 5 min，面团温度应为30℃±0.2℃。

b) 面团含糖 16%（高糖型酵母）

称取 2.80 g 氯化钠和 44.8 g 白砂糖，加约 125 mL 水溶解，制成糖盐水。称取 280.0 g 中筋小麦粉（6.1.3.4），倒入和面机中。另称取 9.0 g 鲜酵母样品（若样品已冷藏，应事先在 30℃下放置 1 h）至一 50 mL 的小烧杯中，用少量上述糖盐水溶解鲜酵母，将溶解后的鲜酵母倒入和面机内，然后再用少量糖盐水洗涤小烧杯 2 次，洗涤液和剩下的糖盐水一并倒入和面机内，混合搅拌 5 min，面团温度应为 30℃±0.2℃。

6.1.4.2 测定

a) 方法一

将面团放入仪器的不锈钢盒中，送入活力室内。发酵温度为 30℃±0.5℃。调节记录仪零点，关闭放气小孔。从和面到面团放入仪器内的第 8 分钟开始计时。记录第 1 小时面团产生的二氧化碳气体量，即为该酵母的发酵力。

b) 方法二

测定装置如图 1 所示。立即将面团投入 A 瓶，并把 A 瓶放入 30℃±0.5℃恒温水浴中，连接 B 瓶（B 瓶内盛有 2 000 mL 排除液）。从和面到面团放入 A 瓶内的第 8 分钟，开始计时。记录第 1 小时的排水量，即为面团产生的二氧化碳气体量，记为该酵母的发酵力。

6.1.5 高活性干酵母分析步骤

6.1.5.1 面团制备

a) 面团不含糖（低糖型酵母）

称取 4.0 g 氯化钠，加约 150 mL 水溶解，制成盐水。分别称取 280.0 g 中筋小麦粉（6.1.3.4）和 2.8 g 干酵母，倒入和面机中，混合搅拌 1 min，然后加入盐水，继续混合搅拌 5 min，面团温度应为 30℃±0.2℃。

b) 面团含糖 16%（高糖型酵母）

称取 2.80 g 氯化钠和 44.8 g 白砂糖，加约 130 mL 水溶解，制成糖盐水。分别称取 280.0 g 中筋小麦粉（6.1.3.4）和 4.0 g 高活性干酵母，倒入和面机中，混合搅拌 1 min，加入糖盐水，继续混合搅拌 5 min，面团温度应为 30℃±0.2℃。

6.1.5.2 测定

a) 方法一

同 6.1.4.2a）。

b） 方法二

同6.1.4.2b)。

注：发酵力检测注意事项：

——发酵力检测室内室温应控制在17℃～25℃，即夏季时室温不超过25℃，冬季时室温不低于17℃。

——冬天，糖盐水（或盐水）温度要求控制在不超过38℃，如用38℃以下的糖盐水（或盐水）检测发酵力时，面团温度不能控制在30℃±0.2℃时，可将面粉放在40℃烘箱中烘10 min～20 min；夏天，室温较高时，糖盐水（或盐水）可在冰箱适当降温，但糖盐水（或盐水）温度要求控制在不低于10℃，如用10℃以上的糖盐水（或盐水）检测发酵力时，面团温度不能控制在30℃±0.2℃时，可将面粉放在4℃～10℃冰箱中静置10 min～20 min。

——测量面团温度时，面团与温度计必须紧密、充分接触，看温度时，温度计应竖直，视线与温度计刻度线平行。测量时应多测几次温度。

——和好后面团温度要求控制在30℃±0.2℃范围内，如和面后面团温度超出在30℃±0.2℃范围之外，应将面团扔掉后重做。

——每次发酵力检测时面团的柔软度要保持一致，和出的面团以柔软，表面光滑，不沾手为原则。

6.1.5.3 结果的允许差

平行试验，两次测定二氧化碳量之差应小于20 mL/h。

6.2 淀粉出酒率

6.2.1 仪器

6.2.1.1 高压蒸汽灭菌锅：0.3 MPa。

6.2.1.2 碘量瓶：500 mL。

6.2.1.3 恒温箱：控温精度±0.5℃。

6.2.1.4 精密酒精计：精度0.2% vol。

6.2.1.5 容量瓶：100 mL。

6.2.1.6 蒸馏烧瓶：1 000 mL。

6.2.1.7 分析天平：感量0.1 mg。

6.2.2 试剂和材料

6.2.2.1 黄玉米粉或白玉米粉(GB 1353)。

6.2.2.2 蔗糖溶液：20 g/L。

6.2.2.3 α-淀粉酶。

6.2.2.4 糖化酶。

6.2.2.5 消泡剂：食用油。

6.2.2.6 硫酸溶液：10%(体积分数)。

6.2.2.7 氢氧化钠溶液：4 mol/L。

6.2.3 分析步骤

6.2.3.1 酵母活化

称取1.0 g酿酒鲜酵母或高活性干酵母，加入16 mL蔗糖溶液[6.2.2.2，38℃～40℃]，摇匀，置于32℃恒温箱内活化1 h，备用。

6.2.3.2 液化

称取过40目筛的玉米粉(6.2.2.1)50 g于500 mL三角瓶内，按每克玉米粉加入80 U～100 U α-淀粉酶，并加入热水175 mL，搅匀。调pH至6.0～6.5，在电炉上边加热边搅拌。至沸后停止加热，用自来水冲洗三角瓶壁上的玉米糊，使内容物总质量为250 g。放入70℃～85℃恒温箱内液化30 min。

6.2.3.3 蒸煮

将装有已液化好玉米糊的三角瓶用棉塞和防水纸封口后，放入高压蒸汽灭菌锅，于压力0.1 MPa保压1 h。取出，冷却至60℃。

6.2.3.4 **糖化**

用硫酸溶液(6.2.2.6)调整蒸煮液 pH 至 4.5 左右。按每克玉米粉加入 150 U～200 U 糖化酶,搅匀。放入 60℃恒温箱内,糖化 60 min。冷却至 30℃～35℃。

6.2.3.5 **发酵**

于每个三角瓶中加入酵母活化液 2.0 mL,摇匀,盖塞。将三角瓶放入 32℃恒温箱内,发酵 65 h。测定耐高温型干酵母时,将碘量瓶放入 40℃恒温箱内发酵 65 h。

6.2.3.6 **蒸馏**

用氢氧化钠溶液(6.2.2.7)中和发酵醪 pH 至 6.0～7.0,将发酵醪液全部倒入 1 000 mL 蒸馏烧瓶中。用 100 mL 水几次冲洗碘量瓶,并将洗液倒入蒸馏烧瓶中,加入消泡剂 1 滴～2 滴,进行蒸馏。用 100 mL 容量瓶(外加冰水浴)接收蒸馏液。当蒸馏液至约 95 mL 时,停止蒸馏,取下。待温度平衡至室温后,定容至 100 mL。

6.2.3.7 **测量酒精度**

将定容后的馏出液全部倒入一洁净、干燥的 100 mL 量筒中,静置数分钟,待酒中气泡消失后,放入洗净、擦干的精密酒精计。静置后,水平观测与弯月面相切处的刻度示值,同时插入温度计记录温度。根据测得的温度和酒精示值,查附录 A,换算成 20℃时的酒精度。

6.2.4 **计算**

出酒率按式(1)计算,其数值以%表示。

$$X_1 = \frac{D \times 0.8411 \times 100}{50(1-W) \times S} \times 100 \qquad \cdots\cdots (1)$$

式中:

X_1——100 g 样品的淀粉出酒率(以 96%乙醇计),%;

D——试样在 20℃时的酒精度,% vol;

0.841 1——将 100%乙醇换算成 96%乙醇的系数;

50——玉米粉的质量,单位为克(g);

S——玉米粉中的淀粉含量,%;

W——玉米粉中的水分,%。

6.2.5 **允许差**

每个样品做三个平行试验,测定值相对误差≤2%。

6.3 **水分**

6.3.1 **方法提要**

样品于 103℃±2℃直接干燥,所失质量分数即为水分。

6.3.2 **仪器**

6.3.2.1 电热干燥箱。

6.3.2.2 分析天平:感量为 0.1 mg。

6.3.2.3 称量瓶:50 mm×30 mm。

6.3.2.4 干燥器:用变色硅胶作干燥剂。

6.3.3 **分析步骤**

称取 3 g(称准至 0.000 2 g)捣碎的鲜酵母样品,或 1 g(称准至 0.000 2 g)高活性干酵母样品于已烘至恒重的称量瓶中,放入 103℃±2℃电热干燥箱内烘干 3 h,移入干燥器中冷却。30 min 后称重。再放入电热干燥箱内,继续烘干 1 h,称量,直至恒重。

6.3.4 **计算**

水分的含量按式(2)计算,其数值以%表示。

$$X_2 = \frac{m_1 - m_2}{m_1 - m} \times 100 \qquad \cdots\cdots (2)$$

式中：

X_2——水分的含量，%；

m_1——烘干前瓶加样品的质量，单位为克(g)；

m_2——烘干后瓶加样品的质量，单位为克(g)；

m——称量瓶的质量，单位为克(g)。

6.3.5 允许差

平行试验，两次测定之差，不得超过平均值的1%。

6.4 酸度

6.4.1 方法提要

采用酸碱滴定法测定样品的酸度。

6.4.2 仪器

6.4.2.1 三角瓶：250 mL。

6.4.2.2 碱式滴定管：10 mL。

6.4.2.3 分析天平：精度 0.01 g。

6.4.3 试剂和溶液

6.4.3.1 1%酚酞指示液，按 GB/T 603 配制。

6.4.3.2 0.1 mol/L 氢氧化钠标准溶液，按 GB/T 601 配制与标定。

6.4.4 分析步骤

称取 2 g～3 g(称准至 0.01 g)鲜酵母样品于三角瓶中，加入 50 mL 冷却过的去二氧化碳的水溶解，使溶解后溶液的温度在 15℃～20℃，迅速加酚酞指示液(6.4.3.1)2 滴，用氢氧化钠标准溶液(6.4.3.2)滴定至微红色，保持 15 s 不褪色为终点，记录消耗的氢氧化钠标准溶液体积数。

6.4.5 计算

酸度按式(3)计算：

$$X_3 = \frac{c \times V}{m_3 \times 0.1} \times 100 \quad \cdots\cdots(3)$$

式中：

X_3——100 g 样品消耗 0.1 mol/L 氢氧化钠标准溶液折算的酸度，单位为毫升(mL)；

c——氢氧化钠标准溶液的浓度；

m_3——样品的质量，单位为克(g)；

V——消耗氢氧化钠标准溶液的体积，单位为毫升(mL)。

6.4.6 允许差

在重复性条件下获得的两次独立测定结果的绝对差值不得超过算术平均值的 5%。

6.5 活细胞率

6.5.1 方法提要

利用活的酵母细胞因新陈代谢的不断进行，具有一定的还原能力能将进入细胞的染色剂还原而不被染色的特点，计算定量高活性干酵母中的活细胞数。

6.5.2 仪器

6.5.2.1 显微镜。

6.5.2.2 血球计数板：16×25。

6.5.2.3 电子天平：精度 0.1 mg。

6.5.2.4 恒温水浴：控温精度±0.5℃。

6.5.3 试剂和材料

6.5.3.1 无菌生理盐水。

6.5.3.2 次甲基蓝染色液。

将 0.025 g 次甲基蓝，0.042 g 氯化钾，0.048 g 六水氯化钙，0.02 g 碳酸氢钠，1.0 g 葡萄糖加无菌生理盐水定容至 100 mL。

6.5.4 酵母活化

称取 0.1 g 高活性干酵母或 0.3 g 鲜酵母(若样品已冷藏，应事先在 30℃下放置 1 h，准确至 0.000 2 g，准确加入 20 mL 无菌生理盐水 38℃～40℃中，在 32℃恒温水浴中活化 1 h。

6.5.5 活细胞率的测定

将活化液振荡均匀，吸取酵母活化液 0.1 mL，加入染色液 0.9 mL，摇匀，室温下染色 10 min，立刻在显微镜下用血球计数板计数。

6.5.6 分析步骤

6.5.6.1 将盖玻片盖在血球计数板计数室上，使之紧紧盖在血球计数板上，用 0.1 mL 刻度吸管吸取 0.1 mL 染色后的溶液，从血球计数板和盖玻片结合处放 0.02 mL 染色后的溶液至血球计数板的计数室内(从刻度吸管的最上端开始往下放 0.02 mL)，让菌液自动吸入计数室。菌液中不得含有气泡，静置 1 min～2 min 后，用显微镜观察计数。

6.5.6.2 用 10×接物镜和 16×接目镜找出方格后，换用 40×接物镜，调整微调至视野最清晰，开始计数，当细胞处于方格线上时，计数原则：数上不数下，数左不数右。计芽孢时，超过母细胞的二分之一者按细胞计，小于二分之一者按芽孢计。

6.5.6.3 计数方法

调整显微镜(15×40)视野，检查计数室内酵母细胞分散是否均匀，随机计数 4 个中方格(100 个小方格)内的酵母细胞数，取三次计数的平均值为结果。无色透明的细胞为酵母活细胞，被染为蓝色的为酵母死细胞。

6.5.7 计算

活细胞率按式(4)计算，其数值以%表示。

$$X_4 = \frac{A_1}{A_1 + d} \times 100 \qquad \cdots\cdots\cdots\cdots(4)$$

式中：

X_4——活细胞率，%；

A_1——酵母活细胞数；

d——酵母死细胞数。

6.5.8 允许差

平行试验，测定值相对误差≤5%。

6.6 保存率

6.6.1 面包酵母

6.6.1.1 方法提要

在一定温度下，将样品放置一定时间后，所测得的发酵力与原样品发酵力之比的百分数为该样品的保存率。

6.6.1.2 仪器

同 6.1.2。

6.6.1.3 试剂和材料

同 6.1.3。

6.6.1.4 分析步骤

将未拆封的原包装高活性干酵母放入 47.5℃保温箱内，保温 7 d 后取出，按 6.1.5 测定其发酵力。

6.6.1.5 计算

保存率按式(5)计算，其数值以%表示。

$$X_5 = \frac{A_3}{A_2} \times 100 \quad \cdots\cdots(5)$$

式中：

X_5——保存率，%；

A_3——经保温后样品的发酵力，单位为毫升每小时(mL/h)；

A_2——原样品的发酵力，单位为毫升每小时(mL/h)。

6.6.1.6 **允许差**

平行试验，两次测定之差应小于2%。

6.6.2 **酿酒酵母**

6.6.2.1 **方法提要**

在一定温度下将样品放置一定时间后，所测得的酵母活细胞率与原样品的酵母活细胞率之比的百分数，即为该批样品的保存率。

6.6.2.2 **仪器**

同6.5.2。

6.6.2.3 **试剂和材料**

同6.5.3。

6.6.2.4 **分析步骤**

a) 测定并计算原样的酵母活细胞率。

同6.5.4～6.5.7。

b) 测定经保温处理后样品的酵母活细胞率。

将原包装的酿酒高活性干酵母放入47.5℃恒温箱内，保温7 d后，取出并自然冷却至室温。以下操作按6.5.4～6.5.7进行。

6.6.2.5 **计算**

酿酒酵母保存率按式(6)计算，其数值以%表示。

$$X_6 = \frac{X_8}{X_7} \times 100 \quad \cdots\cdots(6)$$

式中：

X_6——试样的保存率，%；

X_7——原试样的酵母活细胞率，%；

X_8——经保温处理后样品的酵母活细胞率，%。

6.6.2.6 **允许差**

酿酒酵母保存率平行试验，两次测定结果之差小于2%。

6.7 **净含量**

按JJF 1070－2005及国家质量技术监督局[2005]第75号令执行。

6.8 **砷**

按GB/T 5009.11测定。

6.9 **铅**

按GB/T 5009.12测定。

6.10 **致病菌**

按GB/T 4789.4、GB/T 4789.5、GB/T 4789.10测定。

7 检验规则

7.1 **组批**

同一生产厂名、同一产品名称、同一规格、同一商标及批号，并具有同样质量合格证的产品为一批。

7.2 抽样

7.2.1 按表6规定抽取样本及单位包装。

表6 袋装样品抽样表

批量范围/箱	抽取样本数/箱	抽去单位包装数/袋
<100	4	1
100～250	6	1
251～500	10	1
>500	20	1

7.2.2 将抽取的样本分为两份，一份作感官和理化分析，另一份保留备查。需要做微生物检验时，取样器和玻璃瓶应事先灭菌（样品不得接触瓶口），当抽取的样本总量少于200 g时，应适当加大抽样比例。

7.3 出厂检验

7.3.1 产品出厂前，应由生产厂的质检部门负责按本标准规定逐批进行检验。符合标准要求，并签署质量合格证的产品方可出厂。

7.3.2 出厂检验的项目

7.3.2.1 面包酵母：包装、净含量、感官要求、发酵力、水分、酸度（鲜酵母）。

7.3.2.2 酿酒酵母：包装、净含量、感官要求、淀粉出酒率、活细胞率、水分、酸度（鲜酵母）。

7.4 型式检验

7.4.1 型式检验的项目：除7.3.2规定的项目外，还应检验活细胞率（面包酵母）、保存率、砷、铅、致病菌。

7.4.2 一般情况下，型式检验每半年进行一次。有下列情况之一时，亦进行型式检验：

a) 原辅材料有较大变化时；
b) 更改关键工艺或设备；
c) 新试制的产品或正常生产的产品停产3个月后，重新恢复生产时；
d) 出厂检验与上次型式检验结果有较大差异时；
e) 国家质量监督检验机构按有关规定需要抽检时。

7.5 判定规则

7.5.1 当产品中的卫生指标（铅、砷、致病菌）有一项不合格时，判整批产品为不合格。

7.5.2 除卫生指标以外的其他指标，如有一项指标不合格，应重新自同批产品中抽取两倍量样品进行复验，以复验结果为准。若仍有一项不合格，则判整批产品为不合格。

8 标志、包装、运输、贮存

8.1 标志

8.1.1 销售产品的标签应符合GB 7718的有关规定，并标明产品名称、原料（或配料）、净含量、生产日期（批号）、厂名、厂址、执行标准号。

8.1.2 外包装箱上应标明产品名称、生产日期（批号）、厂名、厂址、净重。

8.1.3 储运图示的标志应符合GB/T 191的有关规定。

8.2 包装

8.2.1 包装材料应符合《中华人民共和国食品卫生法》中第五章第十四条的有关规定。

8.2.2 内包装可用镀铝塑料袋、食用塑料膜及蜡纸等。

8.2.3 外包装可用瓦楞纸箱，包装要完整，无破损现象。

8.3 运输

8.3.1 产品在运输时，车厢或其他运输工具应保持清洁、干燥，无外来气味和污染物。

8.3.2 产品在运输时，箱子上不应压重物，应有防雨、防晒设施。

8.3.3 货物装卸时应轻拿轻放。

8.4 贮存

8.4.1 成品不应露天堆放，不应与有霉变、有毒、有异味、有腐蚀性物质混存混放。

8.4.2 成品仓库要保持阴凉、干燥、通风，仓库内应有防潮湿、防霉烂、防鼠虫害。对仓库要定期进行检查，如发现有虫害或霉变现象，应及时处理。

8.4.3 鲜酵母放入包装箱内，应于－4℃～4℃储存。

8.4.4 高活性干酵母宜于20℃以下阴凉、干燥处储存。

8.4.5 在上述条件下存放，鲜酵母保质期不低15 d；高活性干酵母保质期不低于12个月。生产企业可根据自身技术条件和市场营销情况，在标签上具体标注产品的保质期。

附 录 A

（规范性附录）

酒精水溶液温度与酒精度(乙醇)含量换算表

表 A.1 酒精水溶液温度与酒精度(乙醇)含量换算表

溶液温度/℃	酒精计示值/℃																			
	30	29.5	29	28.5	28	27.5	27	26.5	26	25.5	25	24.5	24	23.5	23	22.5	22	21.5	21	20.5
	温度+20℃时用体积分数表示乙醇浓度/(%)																			
35	24.2	23.7	23.2	22.8	22.3	21.8	21.3	20.8	20.4	20.0	19.6	19.2	18.8	18.4	17.9	17.4	16.9	16.4	16.0	15.6
34	24.5	24.0	23.5	23.1	22.7	22.2	21.7	21.2	20.8	20.4	20.0	19.6	19.1	18.6	18.2	17.7	17.2	16.8	16.4	16.0
33	24.9	24.4	23.9	23.5	23.1	22.6	22.0	21.6	21.2	20.8	20.3	19.8	19.4	19.0	18.6	18.1	17.6	17.2	16.7	16.2
32	25.3	24.8	24.3	23.8	23.4	22.9	22.4	22.0	21.6	21.2	20.7	20.2	19.8	19.4	18.9	18.4	17.9	17.4	17.0	16.6
31	25.7	25.2	24.7	24.2	23.8	23.3	22.8	22.4	21.9	21.4	21.0	20.6	20.2	19.8	19.3	18.8	18.3	17.8	17.4	17.0
30	26.1	25.6	25.1	24.6	24.2	23.7	23.2	22.8	22.3	21.9	21.4	20.9	20.5	20.0	19.6	19.1	18.6	18.2	17.7	17.3
29	26.4	26.0	25.5	25.0	24.6	24.1	23.6	23.2	22.7	22.2	21.8	21.3	20.8	20.4	19.9	19.4	19.0	18.5	18.0	17.6
28	26.8	26.4	25.9	25.4	24.9	24.4	24.0	23.5	23.0	22.6	22.1	21.6	21.2	20.7	20.2	19.8	19.3	18.8	18.4	17.9
27	27.2	26.7	26.3	25.8	25.3	24.8	24.4	23.9	23.4	22.9	22.5	22.0	21.5	21.0	20.6	20.1	19.6	19.2	18.7	18.2
26	27.6	27.1	26.6	26.2	25.7	25.2	24.7	24.2	23.8	23.3	22.8	22.4	21.9	21.4	20.9	20.5	20.0	19.5	19.0	18.6
25	28.0	27.5	27.0	26.6	26.1	25.6	25.1	24.6	24.1	23.7	23.2	22.7	22.2	21.8	21.3	20.8	20.3	19.8	19.4	18.9
24	28.4	27.9	27.4	26.9	26.4	26.0	25.5	25.0	24.5	24.0	23.5	23.1	22.6	22.1	21.6	21.1	20.7	20.2	19.7	19.2
23	28.8	28.3	27.8	27.2	26.8	26.3	25.8	25.4	24.9	24.4	23.9	23.4	22.9	22.4	22.0	21.5	21.0	20.5	20.0	19.5
22	29.2	28.7	28.2	27.7	27.2	26.7	26.2	25.8	25.3	24.8	24.3	23.8	23.3	22.8	22.3	21.8	21.3	20.8	20.4	19.9
21	29.6	29.1	28.6	28.1	27.6	27.1	26.6	26.1	25.6	25.1	24.6	24.1	23.6	23.1	22.6	22.2	21.7	21.2	20.7	20.2
20	30.0	29.5	29.0	28.5	28.0	27.5	27.0	26.5	26.0	25.5	25.0	24.5	24.0	23.5	23.0	22.5	22.0	21.5	21.0	20.5
19	30.4	29.9	29.4	28.9	28.4	27.9	27.4	26.9	26.4	25.9	25.4	24.8	24.4	23.8	23.3	22.8	22.3	21.8	21.3	20.8
18	30.8	30.3	29.8	29.3	28.8	28.3	27.8	27.2	26.7	26.2	25.7	25.2	24.7	24.2	23.7	23.2	22.6	22.1	21.6	21.2
17	31.2	30.7	30.2	29.7	29.2	28.6	28.1	27.6	27.1	26.6	26.1	25.6	25.1	24.5	24.0	23.5	23.0	22.5	22.0	21.4
16	31.6	31.1	30.6	30.1	29.5	29.0	28.5	28.0	27.5	27.0	26.5	25.9	25.4	24.9	24.4	23.8	23.3	22.8	22.3	21.8
15	32.0	31.5	31.0	30.5	29.9	29.5	28.9	28.4	27.9	27.4	26.8	26.3	25.8	25.3	24.7	24.2	23.7	23.1	22.6	22.1
14	32.4	31.9	31.4	30.9	30.4	29.9	29.3	28.8	28.3	27.8	27.2	26.7	26.2	25.6	25.1	24.6	24.0	23.5	23.0	22.4
13	32.8	32.3	31.8	31.2	30.8	30.3	29.7	29.2	28.7	28.2	27.6	27.1	26.5	26.0	25.4	24.9	24.4	23.8	23.3	22.7
12	33.3	32.8	32.2	31.6	31.2	30.7	30.2	29.6	29.1	28.5	28.0	27.4	26.9	26.4	25.8	25.3	24.7	24.2	23.6	23.0
11	33.7	33.2	32.7	32.0	31.6	31.3	30.6	30.0	29.5	28.9	28.4	27.8	27.3	26.7	26.2	25.6	25.0	24.5	23.9	23.4
10	34.1	33.6	33.1	32.5	32.0	31.5	31.0	30.4	29.9	29.3	28.8	28.2	27.7	27.1	26.6	26.0	25.4	24.8	24.3	23.7

表 A.1(续)

溶液温度/℃	酒精计示值/℃																			
	20	19.5	19	18.5	18	17.5	17	16.5	16	15.5	15	14.5	14	13.5	13	12.5	12	11.5	11	10.5
	温度+20℃时用体积分数表示乙醇浓度/(%)																			
35	15.2	14.8	14.5	14.0	13.6	13.2	12.8	12.4	12.1	11.6	11.2	10.8	10.4	10.0	9.6	9.2	8.7	8.3	7.9	7.4
34	15.5	15.2	14.8	14.4	13.9	13.5	13.1	12.8	12.4	12.0	11.5	11.0	10.6	10.2	9.8	9.4	8.9	8.5	8.1	7.6
33	15.8	15.4	15.1	14.6	14.2	13.8	13.4	13.0	12.6	12.2	11.8	11.4	10.9	10.4	10.0	9.6	9.1	8.7	8.3	7.8
32	16.2	15.8	15.4	15.0	14.5	14.0	13.6	13.2	12.9	12.4	12.0	11.6	11.0	10.6	10.2	9.8	9.4	9.0	8.5	8.0
31	16.5	16.1	15.7	15.2	14.8	14.4	13.9	13.5	13.1	12.6	12.2	11.8	11.4	11.0	10.5	10.0	9.6	9.2	8.7	8.2
30	16.8	16.4	16.0	15.5	15.1	14.7	14.2	13.8	13.4	12.9	12.5	12.0	11.6	11.1	10.7	10.2	9.8	9.3	8.9	8.4
29	17.2	16.7	16.3	15.8	15.4	15.0	14.5	14.1	13.6	13.2	12.7	12.3	11.8	11.4	10.9	10.5	10.0	9.5	9.1	8.6
28	17.5	17.0	16.6	16.1	15.7	15.2	14.8	14.4	13.9	13.4	13.0	12.6	12.1	11.6	11.2	10.7	10.3	9.8	9.3	8.9
27	17.8	17.3	16.9	16.4	16.0	15.5	15.1	14.6	14.2	13.7	13.2	12.8	12.3	11.9	11.4	10.9	10.5	10.0	9.5	9.1
26	18.1	17.6	17.2	16.7	16.3	15.8	15.4	14.9	14.4	14.0	13.5	13.0	12.6	12.1	11.7	11.2	10.7	10.2	9.8	9.3
25	18.4	18.0	17.5	17.0	16.6	16.1	15.6	15.2	14.7	14.2	13.8	13.3	12.8	12.4	11.9	11.4	10.9	10.4	10.0	9.5
24	18.7	18.3	17.8	17.3	16.9	16.4	15.9	15.4	15.0	14.5	14.0	13.5	13.1	12.6	12.1	11.6	11.2	10.7	10.2	9.7
23	19.0	18.6	18.1	17.6	17.1	16.6	16.2	15.7	15.2	14.7	14.3	13.8	13.3	12.8	12.3	11.8	11.4	10.9	10.4	9.9
22	19.4	18.9	18.4	17.9	17.4	17.0	16.5	16.0	15.5	15.0	14.5	14.0	13.6	13.1	12.6	12.1	11.6	11.1	10.6	10.1
21	19.7	19.2	18.7	18.2	17.7	17.2	16.7	16.2	15.7	15.2	14.8	14.3	13.8	13.3	12.8	12.3	11.8	11.3	10.8	10.3
20	20.0	19.5	19.0	18.5	18.0	17.5	17.0	16.5	16.0	15.5	15.0	14.5	14.0	13.5	13.0	12.5	12.0	11.5	11.0	10.5
19	20.3	19.8	19.3	18.8	18.3	17.8	17.3	16.8	16.3	15.8	15.2	14.7	14.2	13.7	13.2	12.7	11.2	11.7	11.2	10.7
18	20.6	20.1	19.6	19.1	18.6	18.1	17.6	17.0	16.5	16.0	15.5	15.0	14.4	13.9	13.4	12.9	12.4	11.9	11.4	10.9
17	20.9	20.4	19.9	19.4	18.9	18.3	17.9	17.3	16.8	16.2	15.7	15.2	14.7	14.1	13.6	13.1	12.6	12.1	11.5	11.0
16	21.2	20.7	20.2	19.7	19.2	18.6	18.1	17.5	17.0	16.5	15.9	15.4	14.9	14.3	13.8	13.3	12.8	12.2	11.7	11.2
15	21.6	21.0	20.5	20.0	19.4	18.9	18.3	17.8	17.2	16.7	16.2	15.6	15.1	14.5	14.0	13.5	12.9	12.4	11.9	11.3
14	21.6	21.3	20.8	20.2	19.7	19.1	18.6	18.0	17.5	16.9	16.4	15.8	15.3	14.7	14.2	13.6	13.1	12.5	12.0	11.5
13	22.2	21.6	21.1	20.5	20.0	19.4	18.8	18.3	17.7	17.2	16.6	16.0	15.5	14.9	14.4	13.8	13.2	12.7	12.2	11.6
12	22.5	21.9	21.4	20.8	20.2	19.7	19.1	18.5	18.0	17.4	16.8	16.2	15.7	15.1	14.5	14.0	13.4	12.8	12.3	11.8
11	22.8	22.2	21.7	21.1	20.5	20.0	19.4	18.8	18.2	17.6	17.0	16.4	15.8	15.3	14.7	14.1	13.6	13.0	12.4	11.9
10	23.1	22.5	22.0	21.4	20.8	20.2	19.6	19.0	18.4	17.8	17.2	16.6	16.0	15.4	14.9	14.3	13.7	13.1	12.6	12.0

附 录 B
（规范性附录）
玉米粉中淀粉含量的测定

B.1 原理

玉米粉中的淀粉经酸水解成具有还原性的单糖，水解液经处理除杂质后，用直接滴定法，测定还原糖含量，再乘以系数，折算为淀粉含量。

B.2 仪器

B.2.1 水浴锅：温度 0℃～100℃。
B.2.2 三角瓶。
B.2.3 容量瓶。
B.2.4 滴定管(25 mL)。
B.2.5 回流装置(250 mL)。

B.3 试剂和溶液

B.3.1 盐酸。
B.3.2 盐酸溶液[$c(HCl)=1.5$ mol/L]：按 GB/T 601 配制。
B.3.3 氢氧化钠溶液(400 g/L)：称取氢氧化钠 40 g，加水溶解，并定容至 100 mL。
B.3.4 乙酸铅溶液(200 g/L)：称取乙酸铅 20 g，加水溶解，并定容至 100 mL。
B.3.5 硫酸钠溶液(100 g/L)：称取硫酸钠 10 g，加水溶解，并定容至 100 mL。
B.3.6 碱性酒石酸铜甲液：称取硫酸铜($CuSO_4 \cdot 5H_2O$)15 g，和次甲基蓝 0.5 g，加水溶解，并定容至 1 000 mL，贮于棕色玻璃瓶中。
B.3.7 碱性酒石酸铜乙液：称取酒石酸钾钠 50 g 和氢氧化钠 75 g，溶于水中，再加入亚铁氰化钾 4 g，待完全溶解后，加水稀释，并定容至 1 000 mL，贮于橡胶塞玻璃瓶中。
B.3.8 葡萄糖标准溶液(1 g/L)：称取已于 98℃～100℃下烘至恒重的无水葡萄糖 1.000 g，用 500 mL 水溶解后，加入盐酸(B.3.1)5 mL，再加水稀释，并定容至 1 000 mL。
B.3.9 甲基红指示剂：称取甲基红 0.2 g，用 95%乙醇溶解，并定容至 100 mL。

B.4 分析步骤

B.4.1 样品处理

称取玉米粉 1 g(精确至 0.000 2 g)于 250 mL 磨口三角瓶中，加入盐酸溶液(B.3.2)100 mL，插上冷凝管，置沸水浴中回流 2 h。然后冷却至室温，加入甲基红指示液(B.3.9)2 滴，用氢氧化钠溶液(B.3.3)中和至溶液呈淡黄色。慢慢加入乙酸铅溶液(B.3.4)10 mL，摇匀，放置 10 min。再加入硫酸钠溶液(B.3.5)10 mL，摇匀，将其全部移入 500 mL 容量瓶中，用水洗涤三角瓶，洗液一并倒入容量瓶中，定容。过滤，弃去最初滤液约 20 mL，收集其余滤液供测定用。

B.4.2 还原糖测定

B.4.2.1 标定碱性酒石酸铜溶液

吸取碱性酒石酸铜甲液、乙液各 5.0 mL 于 150 mL 三角瓶中，加入 10 mL 水和 2 粒玻璃珠，从滴定管放葡萄糖标准溶液约 9 mL，控制在 2 min 内加热至沸，趁沸以每两秒 1 滴的速度继续滴加葡萄糖标准溶液，直至溶液的蓝色刚好褪去为终点，记录消耗葡萄糖标准溶液的总体积。平行测样三份，取平均值计算每 10 mL(甲、乙液各 5 mL)碱性酒石酸铜溶液相当于葡萄糖的质量(mg)。

B.4.2.2 样品溶液预测定

吸取碱性酒石酸铜甲液、乙液各 5.0 mL 于 150 mL 三角瓶中,加入 10 mL 水和 2 粒玻璃珠,从滴定管放样品溶液约 5 mL,控制在 2 min 内加热至沸,趁沸以先慢后快的速度,从滴定管中滴加样品溶液,待溶液颜色变浅时,以每 2 s 1 滴的速度滴定,直至溶液的蓝色刚好褪去为终点,记录消耗样品溶液的体积。

B.4.2.3 样品溶液的测定

吸取碱性酒石酸铜甲液、乙液各 5.0 mL 于 150 mL 三角瓶中,加入 10 mL 水和 2 粒玻璃珠,从滴定管放比预测定体积少 1 mL 的样品溶液,控制在 2 min 内加热至沸,趁沸以每 2 s 1 滴的速度滴定,直至溶液的蓝色刚好褪去为终点,记录消耗样品溶液的体积。同时做三份平行样,取平均值计算。

B.5 计算

淀粉含量按式(B.1)计算:

$$S=\frac{m_1\times 45}{m(1-W)\times V} \qquad \cdots\cdots\cdots(\text{B.1})$$

式中:

S——试样中淀粉含量,%;

m_1——10 mL 碱性酒石酸铜溶液(甲、乙液各 5 mL)相当于还原糖(以葡萄糖计)的质量,单位为毫克(mg);

m——试样质量,单位为克(g);

W——玉米粉的水分,%;

V——测定时平均消耗样品溶液的体积,单位为毫升(mL)。

ICS 77.140.50
H 46

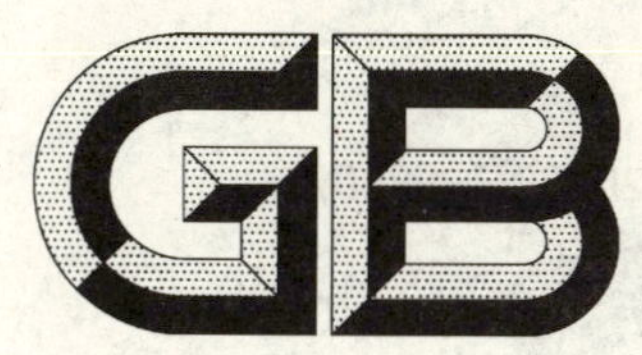

中华人民共和国国家标准

GB/T 20887.1—2007

汽车用高强度热连轧钢板及钢带
第1部分:冷成形用高屈服强度钢

Continuously hot rolled high strength steel sheet and strip for automobile—
—Part 1: High yield strength steel for cold forming

2007-03-09 发布　　　　2007-10-01 实施

中华人民共和国国家质量监督检验检疫总局
中国国家标准化管理委员会　发布

前　言

GB/T 20887《汽车用高强度热连轧钢板及钢带》共分为5部分：

——第1部分：冷成形用高屈服强度钢；

——第2部分：高扩孔率钢[1]；

——第3部分：双相钢[1]；

——第4部分：相变诱导塑性钢[1]；

——第5部分：马氏体钢[1]。

本部分为GB/T 20887《汽车用高强度热连轧钢板及钢带》的第1部分。

本部分与EN 10149-2：1985《冷成形用高屈服强度热轧扁平材产品　第2部分：热机械轧制钢交货条件》的一致性程度为非等效。

本部分的附录A为资料性附录。

本部分由中国钢铁工业协会提出。

本部分由全国钢标准化技术委员会归口。

本部分起草单位：宝山钢铁股份有限公司。

本部分主要起草人：李玉光、黄锦花、施鸿雁、涂树林、孙忠明、徐宏伟、于成峰。

1）拟制定。

汽车用高强度热连轧钢板及钢带
第1部分:冷成形用高屈服强度钢

1 范围

本部分规定了冷成形用高屈服强度热连轧钢板及钢带的分类和代号、尺寸、外形、重量、技术要求、检验和试验、包装、标志及质量证明书。

本部分适用于厚度不大于20 mm的冷成形用高屈服强度热连轧钢带以及由钢带横切成的钢板及纵切成的纵切钢带,以下简称钢板及钢带。

2 规范性引用文件

下列文件中的条款通过本部分的引用而成为本部分的条款。凡是注日期的引用文件,其随后所有的修改单(不包括勘误的内容)或修订版均不适用于本部分,然而,鼓励根据本部分达成协议的各方研究是否可使用这些文件的最新版本。凡是不注日期的引用文件,其最新版本适用于本部分。

GB/T 222 钢的成品化学成分允许偏差

GB/T 223.9 钢铁及合金化学分析方法 铬天青S光度法测定铝量

GB/T 223.10 钢铁及合金化学分析方法 铜铁试剂分离-铬天青S光度法测定铝量

GB/T 223.12 钢铁及合金化学分析方法 碳酸钠分离-二苯酸铣二肼光度法测定铬量

GB/T 223.17 钢铁及合金化学分析方法 二安替吡啉甲烷光度法测定钛量

GB/T 223.26 钢铁及合金化学分析方法 硫氰酸盐直接光度法测定钼量

GB/T 223.40 钢铁及合金化学分析方法 离子交换分离-氯磺酚S光度法测定铌量

GB/T 223.53 钢铁及合金化学分析方法 火焰原子吸收分光光度法测量铜量

GB/T 223.54 钢铁及合金化学分析方法 火焰原子吸收分光光度法测定镍量

GB/T 223.58 钢铁及合金化学分析方法 亚砷酸钠-亚硝酸钠滴定法测定锰量

GB/T 223.59 钢铁及合金化学分析方法 锑磷钼蓝光度法测定磷量

GB/T 223.60 钢铁及合金化学分析方法 高氯酸脱水重量法测定硅含量

GB/T 223.62 钢铁及合金化学分析方法 乙酸丁酯萃取光度法测定磷量

GB/T 223.63 钢铁及合金化学分析方法 高碘酸钠(钾)光度法测定锰量

GB/T 223.64 钢铁及合金化学分析方法 火焰原子吸收光谱法测定锰量

GB/T 223.76 钢铁及合金化学分析方法 火焰原子吸收光谱法测定钒量(GB/T 223.76—1994, eqv ISO 9647:1989)

GB/T 223.78 钢铁及合金化学分析方法 姜黄素直接光度法测定硼含量

GB/T 228 金属材料 室温拉伸试验方法(GB/T 228—2002,eqv ISO 6892:1998)

GB/T 229 金属夏比缺口冲击试验方法

GB/T 232 金属材料 弯曲试验方法(GB/T 232—1999,eqv ISO 7438:1985)

GB/T 247 钢板和钢带检验、包装、标志及质量证明书的一般规定

GB/T 709 热轧钢板和钢带的尺寸、外形、重量及允许偏差

GB/T 2975 钢及钢产品 力学性能试验取样位置及试样制备(GB/T 2975—1998,eqv ISO 377:1997)

GB/T 4336 碳素钢和中低合金钢 火花源原子发射光谱分析方法(常规法)

GB/T 6394　金属平均晶粒度测定方法

GB/T 8170　数值修约规则

GB/T 10561　钢中非金属夹杂物显微评定方法

GB/T 17505　钢及钢产品交货一般技术要求(GB/T 17505—1998,eqv ISO 404:1992)

GB/T 20066　钢和铁　化学成分测定用试样的取样和制样方法(GB/T 20066—2006,ISO 14284:1996,IDT)

ASTM E 1019　钢铁、镍基和钴基合金中碳、硫、氮和氧的分析方法

3　分类和代号

3.1　牌号命名方法

钢的牌号由热轧的英文“Hot Rolled”的首位字母“HR”、规定最小屈服强度值和成形的英文“Forming”的首位字母“F”三个部分组成。

示例:HR315F

HR——热轧的英文“Hot Rolled”的首位字母;

315——规定的最小屈服强度值,单位 MPa;

F——成形的英文“Forming”的首位字母。

3.2　钢板及钢带的表面状态分为热轧表面和热轧酸洗表面,当表面状态为热轧酸洗表面时,用代号“P”表示。

3.3　钢板及钢带的表面质量分为普通级表面(FA)和较高级表面(FB)。

4　订货所需信息

4.1　订货时用户应提供以下信息:

a)　产品名称(钢板或钢带);

b)　本部分号;

c)　牌号;

d)　尺寸规格、不平度精度;

e)　表面状态、表面质量级别;

f)　边缘状态;

g)　包装方式;

h)　重量;

i)　其他要求。

4.2　订货时,如未说明表面状态,则以热轧表面交货。当表面状态为热轧酸洗表面时,如未说明是否涂油时,则以涂油交货。

5　尺寸、外形、重量及允许偏差

钢板及钢带的尺寸、外形、重量及允许偏差应符合 GB/T 709 的规定。

6　技术要求

6.1　化学成分

6.1.1　钢的化学成分(熔炼分析)应符合表 1 的规定。钢的成品化学成分允许偏差应符合 GB/T 222 的规定。

6.1.2　钢中残余元素铜、铬、镍的含量应各不大于 0.30%,供方如能保证,可不作分析。

6.2 冶炼方法

钢板及钢带所用的钢采用氧气转炉或电炉冶炼。除非另有规定，冶炼方法由供方选择。

6.3 交货状态

6.3.1 钢板及钢带以热轧状态交货。

6.3.2 钢板及钢带为热轧酸洗表面时，通常以涂油状态供货，所涂油膜应能用碱水溶液去除，在通常的包装、运输、装卸和储存条件下，供方保证自生产完成之日起 3 个月内不生锈。经供需双方协商，并在合同中注明，热轧酸洗表面也可以不涂油状态交货。不涂油的酸洗钢板及钢带，在运输和加工过程中易产生锈蚀和擦伤。

表 1

<table>
<tr><th rowspan="3">牌号</th><th colspan="11">化学成分(质量分数)/%不大于</th></tr>
<tr><th>C</th><th>Si</th><th>Mn</th><th>P</th><th>S</th><th>Alt[a]</th><th>Nb[b]</th><th>V[b]</th><th>Ti[b]</th><th>Mo</th><th>B</th></tr>
<tr><th colspan="5">不大于</th><th>不小于</th><th colspan="5">不大于</th></tr>
<tr><td>HR270F</td><td rowspan="2">0.12</td><td rowspan="2">0.50</td><td rowspan="2">1.30</td><td rowspan="2">0.025</td><td rowspan="2">0.020</td><td rowspan="2">0.015</td><td rowspan="2">0.09</td><td rowspan="2">0.20</td><td rowspan="2">0.15</td><td rowspan="2">—</td><td rowspan="2">—</td></tr>
<tr><td>HR315F</td></tr>
<tr><td>HR355F</td><td rowspan="2">0.12</td><td rowspan="2">0.50</td><td rowspan="2">1.50</td><td rowspan="2">0.025</td><td rowspan="2">0.015</td><td rowspan="2">0.015</td><td rowspan="2">0.09</td><td rowspan="2">0.20</td><td rowspan="2">0.15</td><td rowspan="2">—</td><td rowspan="2">—</td></tr>
<tr><td>HR380F</td></tr>
<tr><td>HR420F</td><td rowspan="2">0.12</td><td rowspan="2">0.50</td><td rowspan="2">1.60</td><td rowspan="2">0.025</td><td rowspan="2">0.015</td><td rowspan="2">0.015</td><td rowspan="2">0.09</td><td rowspan="2">0.20</td><td rowspan="2">0.15</td><td rowspan="2">—</td><td rowspan="2">—</td></tr>
<tr><td>HR460F</td></tr>
<tr><td>HR500F</td><td>0.12</td><td>0.50</td><td>1.70</td><td>0.025</td><td>0.015</td><td>0.015</td><td>0.09</td><td>0.20</td><td>0.15</td><td>—</td><td>—</td></tr>
<tr><td>HR550F</td><td>0.12</td><td>0.50</td><td>1.80</td><td>0.025</td><td>0.015</td><td>0.015</td><td>0.09</td><td>0.20</td><td>0.15</td><td>—</td><td>—</td></tr>
<tr><td>HR600F</td><td>0.12</td><td>0.50</td><td>1.90</td><td>0.025</td><td>0.015</td><td>0.015</td><td>0.09</td><td>0.20</td><td>0.22</td><td>0.50</td><td>0.005</td></tr>
<tr><td>HR650F</td><td>0.12</td><td>0.60</td><td>2.00</td><td>0.025</td><td>0.015</td><td>0.015</td><td>0.09</td><td>0.20</td><td>0.22</td><td>0.50</td><td>0.005</td></tr>
<tr><td>HR700F</td><td>0.12</td><td>0.60</td><td>2.10</td><td>0.025</td><td>0.015</td><td>0.015</td><td>0.09</td><td>0.20</td><td>0.22</td><td>0.50</td><td>0.005</td></tr>
<tr><td colspan="12">a 当检验酸溶铝时，其含量不小于 0.010%。
b 钢中可添加 Nb、Ti、V 中一种或几种微合金元素，但三种元素之和应不超过 0.22%。</td></tr>
</table>

6.4 力学和工艺性能

6.4.1 钢板及钢带的力学和工艺性能应符合表 2 的规定。

6.4.2 180°弯曲试验后，试样的外侧表面不应有目视可见的裂纹。

表 2

<table>
<tr><th rowspan="4">牌 号</th><th colspan="4">拉伸试验[a]</th><th rowspan="4">180°弯曲试验[b]
d=弯心直径，mm
a=试样厚度，mm</th></tr>
<tr><th rowspan="3">最小屈服强度
R_{eH}[c]
/MPa</th><th rowspan="3">抗拉强度
R_m
/MPa</th><th colspan="2">最小断后伸长率/%</th></tr>
<tr><th>L_0=80 mm
b=20 mm</th><th>$L_0=5.65\sqrt{S_0}$</th></tr>
<tr><th colspan="2">公称厚度/mm</th></tr>
<tr><td></td><td></td><td></td><td><3.0</td><td>≥3.0</td><td></td></tr>
<tr><td>HR270F</td><td>270</td><td>350～470</td><td>23</td><td>28</td><td>d=0a</td></tr>
<tr><td>HR315F</td><td>315</td><td>390～510</td><td>20</td><td>26</td><td>d=0a</td></tr>
<tr><td>HR355F</td><td>355</td><td>430～550</td><td>19</td><td>25</td><td>d=0.5a</td></tr>
</table>

表 2（续）

牌　号	拉伸试验[a]				180°弯曲试验[b] d=弯心直径，mm a=试样厚度，mm
	最小屈服强度 R_{eH}[c] /MPa	抗拉强度 R_m /MPa	最小断后伸长率/%		
			L_0=80 mm b=20 mm	$L_0=5.65\sqrt{S_0}$	
			公称厚度/mm		
			＜3.0	≥3.0	
HR380F	380	450～590	18	23	d=0.5a
HR420F	420	480～620	16	21	d=0.5a
HR460F	460	520～670	14	19	d=1.0a
HR500F	500	550～700	12	16	d=1.0a
HR550F	550	600～760	12	16	d=1.5a
HR600F	600	650～820	11	15	d=1.5a
HR650F[d]	650	700～880	10	14	d=2.0a
HR700F[d]	700	750～950	10	13	d=2.0a

a　拉伸试验规定值适用于纵向试样。

b　弯曲试验适用于横向试样，弯曲试样宽度 $b\geqslant35$ mm，仲裁试验时试样宽度为 35 mm。

c　无明显屈服时采用 $R_{P0.2}$。

d　厚度大于 8.0 mm 的钢板及钢带，其最小屈服强度允许降低 20 MPa。

6.5　**表面质量**

6.5.1　钢板及钢带表面不应有裂纹、结疤、折叠、气泡和夹杂等对使用有害的缺陷。钢板及钢带不应有分层。

6.5.2　钢板及钢带各表面质量级别的特征按表 3 的规定。

6.5.3　对于钢带，由于没有机会切除有缺陷部分，因此允许带缺陷交货，但有缺陷部分应不超过钢带总长度的 6%。

6.6　经供需双方协商并在合同中注明，可补充夏比 V 型冲击试验、晶粒度和非金属夹杂测定。

表 3

级　别	适用的表面状态	特　征
普通级表面 (FA)	热轧表面 热轧酸洗表面	表面允许有深度（或高度）不超过钢板及钢带厚度公差之半的麻点、凹面、划痕等轻微、局部的缺陷，但应保证钢板及钢带允许的最小厚度
较高级表面 (FB)	热轧酸洗表面	表面允许有不影响成形性的缺陷，如轻微的划伤、轻微压痕、轻微麻点、轻微辊印及色差等

7　检验和试验

7.1　钢板及钢带的外观用目视检查。

7.2　钢板及钢带的尺寸和外形应用合适的测量工具测量。

7.3　每批钢板及钢带的检验项目、试样数量、取样方法和试验方法应符合表 4 的规定。

表 4

序号	检验项目	试样数量/个	取样方法	试验方法
1	化学分析	1/每炉	GB/T 20066	GB/T 233、GB/T 4336、ASTM E1019
2	拉伸	1	GB/T 2975	GB/T 228
3	弯曲	1	GB/T 2975	GB/T 232
4	夏比冲击	3	GB/T 2975	GB/T 229
5	晶粒度	—	—	GB/T 6394
6	非金属夹杂物	—	—	GB/T 10561

7.4 对不切头尾的钢带,试样应在距离轧制钢带头尾大于 6 m 处截取。

7.5 钢板及钢带应成批验收,每批应由重量不大于 40 t 的同牌号、同炉号、同厚度和同轧制制度的钢板或钢带组成。供方在保证技术要求的前提下,可适当调整检验批重量,但每批的最大重量应不大于 75 t。

7.6 钢板及钢带的复验按 GB/T 17505 规定。

8 包装、标志和质量证明书

钢板及钢带的包装、标志及质量证明书应符合 GB/T 247 的规定。

9 数值修约

数值修约按 GB/T 8170 的规定。

10 国内外牌号近似对照

本部分牌号与国外标准牌号的近似对照见附录 A(资料性附录)。

附 录 A
（资料性附录）
国内外牌号近似对照

本部分牌号与国外标准牌号的近似对照见表 A.1。

表 A.1

GB/T 20887.1	EN10149-2:1995	ISO 6930-1:2001(E)	ASTM A1011:2001
HR270F	—	—	—
HR315F	S315MC	FeE315	—
HR355F	S355MC	FeE355	HSLAS—F Grade 340
HR380F	—	—	—
HR420F	S420MC	FeE420	HSLAS—F Grade 410
HR460F	S460MC	FeE460	—
HR500F	S500MC	FeE500	HSLAS—F Grade 480
HR550F	S550MC	FeE550	HSLAS—F Grade 550
HR600F	S600MC	FeE600	—
HR650F	S650MC	FeE650	—
HR700F	S700MC	FeE700	—

ICS 13.040.50
Z 64

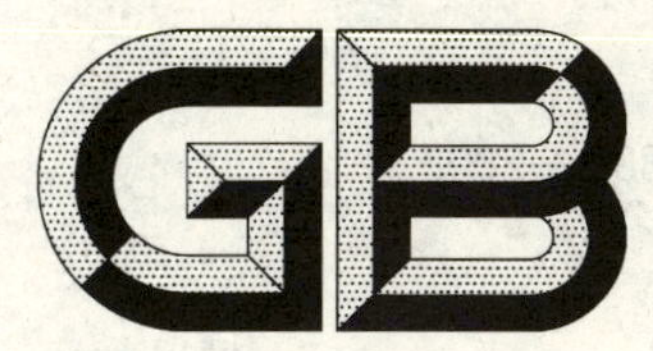

中华人民共和国国家标准

GB 20890—2007

重型汽车排气污染物排放控制系统耐久性要求及试验方法

Test procedures and requirements of durability of emission control systems for heavy-duty vehicles

2007-04-03 发布　　2007-10-01 实施

国家环境保护总局
中华人民共和国国家质量监督检验检疫总局　发布

前言

为贯彻《中华人民共和国环境保护法》和《中华人民共和国大气污染防治法》,防治机动车污染物排放对环境的污染,改善环境空气质量,制定本标准。

本标准耐久性要求和耐久性运行试验方法修改采用欧洲 2005/55/EC(2005/78/EC)附录Ⅱ“排放控制系统耐久性试验方法(ANNEX Ⅱ PROCEDURES FOR CONDUCTING THE TEST FOR DURABILITY OF EMISSION CONTROL SYSTEMS)”的有关技术内容,并采用日本国土交通省自动车交通局技术安全部“日本 2005 重型汽车排放法规”规定的道路耐久性行驶试验循环作为推荐循环。

本标准规定了重型汽车排气污染物排放控制系统耐久性要求及试验方法。

本标准适用于采用排气后处理装置、设计车速大于 25 km/h 的 M_2、M_3、N_2 和 N_3 类及总质量大于 3 500 kg 的 M_1 类机动车的型式核准和生产一致性检查对排气污染物排放控制系统耐久性的考核。

本标准规定了采用排气后处理装置的机动车按《车用点燃式发动机及装用点燃式发动机汽车排气污染物排放限值及测量方法》(GB 14762—2002)或《车用压燃式发动机排气污染物排放限值及测量方法》(GB 17691—2001)第Ⅱ阶段或《车用压燃式、气体燃料点燃式发动机与汽车排气污染物排放限值及测量方法(中国Ⅲ、Ⅳ、Ⅴ阶段)》(GB 17691—2005)第Ⅲ阶段进行型式核准和生产一致性检查时,对排气污染物排放控制系统耐久性的要求。

以独立技术总成进行型式核准的排气后处理装置,可执行本标准。

本标准自实施之日起,按 GB 14762—2002 或 GB 17691—2001 第Ⅱ阶段、或者 GB 17691—2005 第Ⅲ阶段排放标准申请型式核准和生产一致性检查的汽车,如果采用了排气后处理装置,应按本标准规定进行耐久性试验。对符合本标准规定的耐久性要求以及国家相应排放标准规定的汽车予以型式核准和通过生产一致性检查。

本标准为首次发布。

本标准附录 A 为规范性附录。

本标准由国家环境保护总局科技标准司提出。

本标准起草单位:中国汽车技术研究中心、济南汽车检测中心。

本标准由国家环境保护总局 2006 年 5 月 8 日批准。

本标准自 2007 年 10 月 1 日起实施。

本标准由国家环境保护总局解释。

重型汽车排气污染物排放控制系统耐久性要求及试验方法

1 范围

本标准规定了重型汽车排气污染物排放控制系统耐久性要求及试验方法。

本标准适用于采用排气后处理装置、设计车速大于 25 km/h 的 M_2、M_3、N_2 和 N_3 类及总质量大于 3 500 kg 的 M_1 类机动车的型式核准和生产一致性检查对排气污染物排放控制系统耐久性的考核。

凡采用排气后处理装置的机动车按 GB 14762—2002 或 GB 17691—2001 第Ⅱ阶段、或者 GB 17691—2005第Ⅲ阶段进行型式核准和生产一致性检查时，应满足本标准对排气污染物排放控制系统耐久性的要求。

以独立技术总成进行型式核准的排气后处理装置，可执行本标准。

2 规范性引用文件

下列文件中的条款通过本标准的引用而成为本标准的条款。凡是注日期的引用文件，其随后所有的修改单(不包括勘误的内容)或修订版均不适用于本标准，然而，鼓励根据本标准达成协议的各方研究是否可使用这些文件的最新版本。凡是不注日期的引用文件，其最新版本适用于本标准。

GB 14762—2002 车用点燃式发动机及装用点燃式发动机汽车排气污染物排放限值及测量方法

GB 17691—2001 车用压燃式发动机排气污染物排放限值及测量方法

GB 17691—2005 车用压燃式、气体燃料点燃式发动机与汽车排气污染物排放限值及测量方法(中国Ⅲ、Ⅳ、Ⅴ阶段)

GB 17930 车用无铅汽油

GB 18047—2000 车用压缩天然气

GB 19159—2003 车用液化石油气

GB/T 5181—2001 汽车排放术语和定义

GB/T 12548—1990 汽车速度表、里程表检验校正方法

GB/T 12534—1990 汽车道路试验方法通则

GB/T 12678—1990 汽车可靠性行驶试验方法

GB/T 12679—1990 汽车耐久性行驶试验方法

GB/T 15089—2001 机动车辆及挂车分类

GB/T 18297—2001 汽车发动机性能试验方法

GB/T 19055—2003 汽车发动机可靠性试验方法

GB/T 19147—2003 车用柴油

3 术语和定义

3.1 排气后处理装置

指安装在发动机排气系统中，能降低排气中一种或数种排气污染物的系统，包括催化转化器和(或)颗粒捕集器、电子控制单元执行器及其管路等。

3.2 催化转化器

3.2.1 三效催化转化器

指安装在汽油、NG 和 LPG 燃料汽车排气系统中，通过催化剂进行还原氧化反应，能同时降低排气

中一氧化碳(CO)、总碳氢化合物(THC)和氮氧化物(NO_x)的催化转化器。

3.2.2　氧化型催化转化器

指安装在柴油、汽油、NG和LPG汽车排气系统中,通过催化剂对排气进行氧化反应,能同时降低排气中一氧化碳(CO)、总碳氢化合物(THC)的催化转化器。

3.2.3　柴油机降氮氧化物催化转化系统

指安装在柴油汽车排气系统中,用于将柴油机排气中氮氧化物(NO_x)催化还原成 N_2 和其他无害物质的催化转化系统,例如氮氧化物选择性催化转化系统(SCR)、氮氧化物储存型催化转化系统(NSR)。

3.2.4　柴油机四效催化器

指安装在柴油汽车排气系统中,通过催化剂进行化学反应,能同时降低排气中一氧化碳(CO)、总碳氢化合物(THC)、氮氧化物(NO_x)和颗粒物(PM)的催化转化系统。

3.3　柴油机颗粒捕集器

指安装在柴油汽车排气系统中,通过催化反应或(和)过滤作用降低排气中颗粒物(PM)的装置。

3.4　发动机系族和源机

发动机系族和源机应符合国家有关排放标准的规定。

3.5　劣化修正值

指装用带后处理装置发动机的汽车在完成表1规定的耐久性要求行驶里程或实际使用时间行驶后,或发动机和后处理装置组合完成等效试验时间后,某种排气污染物排放量的增加值;其确定方法按附录A规定。

3.6　M_1、M_2、M_3、N_1、N_2、N_3 类车辆

M_1 类车指包括驾驶员座位在内,座位数不超过9座的载客车辆。

M_2 类车指包括驾驶员座位在内,座位数超过9座,且最大设计总质量不超过5 000 kg的载客车辆。

M_3 类车指包括驾驶员座位在内,座位数超过9座,且最大设计总质量超过5 000 kg的载客车辆。

其中:

A级　可载乘员数(不包括驾驶员)不多于22人,并允许乘员站立。

B级　可载乘员数(不包括驾驶员)不多于22人,不允许乘员站立。

Ⅰ级　可载乘员数(不包括驾驶员)多于22人,允许乘员站立,并且乘员可以自由走动。

Ⅱ级　可载乘员数(不包括驾驶员)多于22人,只允许乘员站立在过道和(或)提供不超过相当于两个双人座位的站立面积。

Ⅲ级　可载乘员数(不包括驾驶员)多于22人,不允许乘员站立。

N_1 类车指最大设计总质量不超过3 500 kg的载货车辆。

N_2 类车指最大设计总质量超过3 500 kg,但不超过12 000 kg的载货车辆。

N_3 类车指最大设计总质量超过12 000 kg的载货车辆。

4　试验用燃料

耐久性运行试验用燃料应为符合有关标准规定的市售车用燃料。排放试验用燃料应符合国家有关排放标准的规定。

5　耐久性要求和试验

5.1　按GB 14762—2002或GB 17691—2001第Ⅱ阶段、或GB 17691—2005第Ⅲ阶段排放标准申请型式核准和生产一致性检查的汽车,若采用了排气后处理装置,其排放控制装置应满足本章规定的耐久性要求。

5.2 由汽车或发动机制造企业提交符合附录 A 要求的汽车或发动机(带后处理装置),向型式核准机关提出排气污染物排放控制系统耐久性试验申请。

5.3 汽车或发动机(带后处理装置)耐久性试验应在有效监督下,按附录 A 的规定,完成表 1 规定的耐久性试验,并确定劣化修正值。

表 1 耐久性要求和试验规定

汽车分类		耐久性要求[1]		允许最短试验里程[2]/km
		行驶里程/km	实际使用时间/a	
汽油车		80 000	5	50 000
柴油车、NG 和 LPG 车	M_1[3]	80 000	5	50 000
	M_2	80 000	5	50 000
	M_3[Ⅰ、Ⅱ、A、B(GVM≤7.5 t)]	100 000	5	60 000
	M_3[Ⅲ、B(GVM>7.5 t)]	250 000	6	80 000
	N_2	100 000	5	60 000
	N_3(GVM≤16 t)	100 000	5	60 000
	N_3(GVM>16 t)	250 000	6	80 000

(1) 耐久性要求中的行驶里程和实际使用时间两者以先到为准。
(2) 允许最短试验里程指采用道路试验方法时最短耐久性试验里程。
(3) 仅包括 GVM 大于 3 500 kg 的 M_1 类汽车。

5.4 劣化修正值应用于汽车和发动机(带后处理装置)的型式核准和生产一致性检查。

5.4.1 制造企业提交的型式核准汽车或发动机(带后处理装置)的排气污染物排放测量值与耐久性试验中所确定的劣化修正值之和,仍满足国家相应排放标准规定的型式核准限值要求,才能准予型式核准。

5.4.2 用于生产一致性检查的汽车或发动机(带后处理装置)的排气污染物排放测量值与耐久性试验中所确定的劣化修正值之和,仍满足国家相应排放标准规定的生产一致性检查限值要求,才能准予通过生产一致性检查。

5.5 排气后处理装置的机械性能要求。排气后处理装置在整个耐久性试验过程中,不能出现影响耐久性试验进行的机械故障,如管路和壳体的开裂、断裂、烧蚀、变形、漏气,载体松动、破碎等。

6 与污染控制装置耐久性有关的扩展

对某一已型式核准的车(机)型,可以扩展到不同车(机)型,只要发动机和污染控制装置的组合与已型式核准车(机)型相同。

为此,与下列所描述的参数相同或能保持在其规定限值之内的车(机)型,都认为其发动机和污染控制装置的组合是相同的。

6.1 发动机

——缸心距

——汽缸数

——发动机排量(±15%)

——缸体构造

——气阀数

——燃油系统

——冷却系型式

——燃烧过程

6.2 污染控制装置

6.2.1 催化转化器:有/无

——催化转化器和催化单元的数量

——催化转化器的尺寸和形状(载体容积±10%)

——催化活性的类型(氧化,三效,……)

——贵金属含量(相同或更多)

——贵金属比例(±15%)

——载体(结构和材料)

——孔密度

——催化转化器封装型式

——催化转化器位置(在排气系统中的位置和尺寸不应使催化转化器入口温度的变化大于 50 K,应在所采用的排放试验循环的最大转速最大负荷的稳定工况下测量)

6.2.2 颗粒捕集器:有/无

——颗粒捕集器的数量

——颗粒捕集器的尺寸和形状(过滤体容积±10%)

——颗粒捕集器过滤体结构和材料类型(壁流式,泡沫陶瓷,……)

——颗粒捕集器再生方式(电加热,连续再生,……)

——贵金属含量(相同或更多)(如有)

——贵金属比例(±15%)(如有)

——颗粒捕集器封装型式

——颗粒捕集器位置(在排气系统中的位置和基准距离,有催化转化作用的同 6.2.1)

6.2.3 空气喷射:有或无

——型式(脉动,空气泵,……)

6.2.4 EGR:有/无

6.3 符合同一系族特征的发动机,这些发动机具有类似的排气排放特性。

6.4 满足 GB 17691—2005 第 8 章“在车辆上的安装”规定的要求。

7 耐久性试验的申请

耐久性试验前,制造企业应向型式核准机关提交耐久性试验申请。在申请中应对耐久性试验进行详细阐述,其内容至少包括:

——试验源机参数

——后处理装置参数

——试验方法

——发动机后处理装置性能稳定里程或时间

——整车道路耐久性行驶试验道路的里程数和道路分配;或发动机台架运行试验时间和试验循环以及发动机耐久性运行试验与整车道路耐久性行驶试验道路的相关性分析

——耐久性试验期间测量排气污染物的种类、测量方法和间隔里程或时间

——劣化修正值确定方法

——维护保养项目

8 标准的实施

8.1 凡自本标准实施之日起,所有按 GB 14762—2002 或 GB 17691—2001 第Ⅱ阶段,或者 GB 17691—

2005 第Ⅲ阶段排放标准申请型式核准或已获得型式核准、以及生产一致性检查的汽车和发动机，如果采用了排气后处理装置，应按本标准规定进行耐久性试验，并按规定向型式核准机关提交试验报告。满足本标准规定的耐久性要求并符合国家相应排放标准规定的汽车才准予型式核准和通过生产一致性检查。否则不得生产、销售和注册。

8.2　本标准自 2007 年 10 月 1 日起实施。

附 录 A
（规范性附录）
重型汽车排气污染物排放控制系统耐久性试验方法

A.1 概述

本附录规定了重型汽车排气污染物排放控制系统耐久性试验方法和劣化修正值的确定方法。

本附录规定的耐久性试验方法包括整车道路耐久性行驶试验和发动机台架耐久性运行试验。

本附录规定了耐久性试验过程中有关的维护保养项目，包括与排放相关和与排放无关的维护保养项目。

在本附录“附件AA耐久性试验循环”中规定了推荐性的“整车道路耐久性行驶试验循环”和“发动机台架耐久性运行试验循环”两种固定试验循环模式。

A.2 耐久性试验发动机的选择

A.2.1 发动机系族的源机

从发动机系族中选择源机进行耐久性及排放试验，以确定其耐久性要求行驶里程后的劣化修正值。从发动机系族中选择源机的方法应符合国家有关排放标准的规定。

A.2.2 发动机源机和后处理装置组合系族

不同发动机系族的源机可与其系族采用的排气后处理装置进一步组成发动机和后处理装置组合的系族。若发动机的汽缸数量和汽缸参数不同但对排气后处理装置的技术规格和安装要求相同，而且制造企业能向型式核准机关提供数据证明这些发动机的排放特性是相似的，则可归入同一发动机和后处理装置组合系族。

A.2.3 在耐久性试验前，由制造企业根据国家有关排放标准所规定的源机选择方法或本标准规定的组合系族选择方法，选出1台发动机代表系族进行耐久性试验。

A.2.4 如果型式核准机关认为已选定源机不能代表发动机系族和（或）组合系族的最差排放水平，则可要求发动机制造企业另选1台源机或增加1台源机。

A.3 耐久性试验方法

A.3.1 耐久性试验方法包括整车道路耐久性行驶试验和发动机台架耐久性运行试验；其中发动机台架耐久性运行试验方法作为整车道路耐久性行驶试验的等效方法，供制造企业选用。

A.3.2 整车道路耐久性行驶试验

A.3.2.1 采用装有选定源机（带后处理装置）的汽车进行道路耐久性行驶试验。试验道路里程分配应由制造企业根据良好的工程经验确定，并应尽可能包括各地区典型道路。对试验道路的要求可参考GB/T 12678中第4.2条的规定。

A.3.2.2 试验汽车的准备、试验条件和试验用仪器设备应分别符合本附录第A.4.1条、第A.5.1条和第A.6章的有关规定。

A.3.2.3 试验方法可参考GB/T 12678和GB/T 12679的有关规定。

A.3.2.4 制造企业可选用“附件AA耐久性试验循环”推荐的“整车道路耐久性行驶试验循环（AA.2）”。

A.3.3 发动机台架耐久性运行试验

A.3.3.1 将发动机和后处理装置组合安装在发动机台架上进行。

A.3.3.2 试验发动机的准备、试验条件和试验用仪器设备应分别符合本附录第A.4.2条、第A.5.2

条和第 A.6 章的有关规定。

A.3.3.3 由制造企业根据良好的工程经验来确定发动机台架耐久性试验循环，或选用附件 AA“耐久性试验循环”推荐的“发动机台架耐久性运行试验循环(AA.3)”。

A.3.3.4 制造企业应提供充分数据和分析说明第 A.3.3.3 条所确定的发动机台架耐久性运行试验循环与整车道路行驶试验之间的相关性，例如，车速和发动机转速之间、道路耐久性行驶试验里程和发动机台架耐久性运行试验时间之间等关系。

A.3.3.5 试验方法可参考 GB/T 19055 的有关规定。

A.4 试验汽车(发动机)的准备

A.4.1 试验汽车的准备

A.4.1.1 当采用整车道路耐久性行驶试验方法时，用于试验的汽车可以是专用试验汽车，也可以是实际运营汽车。

A.4.1.2 试验汽车应具有良好的机械状态，发动机和污染控制装置应是新的。

A.4.1.3 行驶检查，行驶里程应不大于 2 000 km。该里程可计入发动机和后处理装置性能稳定行驶里程，但不计入耐久性行驶里程。

A.4.1.4 其他按 GB/T 12534 第 4 章的规定。

A.4.2 试验发动机的准备

A.4.2.1 当采用发动机台架耐久性运行试验方法时，试验用发动机应经制造企业检验合格。

A.4.2.2 试验发动机应具有良好的机械状态，发动机和污染控制装置应是新的。

A.4.2.3 发动机在进行耐久性运行试验之前，可按制造企业规范进行磨合。发动机磨合时后处理装置应起作用。磨合时间可计入发动机和后处理装置性能稳定时间，但不计入发动机台架耐久性运行试验时间。

A.5 试验条件

A.5.1 整车道路耐久性行驶试验条件

A.5.1.1 整车道路耐久性行驶试验可以在试验跑道上、在道路上或在底盘测功机上进行。

A.5.1.2 当采用专用试验汽车进行耐久性行驶试验时，试验汽车装载质量应不小于制造企业定最大载质量的 50%、加乘员 1 人。当采用实际运营汽车进行耐久性行驶试验时，装载质量应符合制造企业的规定。

A.5.1.3 当试验在底盘测功机进行时，汽车有关系统的温度(如润滑油、冷却液、排气等)应保持与汽车实际道路行驶时的温度相似。

A.5.1.4 在汽车上可安装必要的传感器用以监测发动机进气温度、排气温度(后处理装置前、后)、排气背压、NH_3 排放量(如适用)、氮氧化物(推荐)等参数。

A.5.1.5 试验条件应符合 GB/T 12678 的规定。

A.5.2 发动机台架耐久性运行试验条件

A.5.2.1 发动机试验室的环境条件应符合 GB/T 19055 的规定。

A.5.2.2 试验时，发动机及其所有与排放相关的装置、零部件、电控单元、传感器、执行器应保持与原车相同的状态。

A.5.2.3 试验发动机进气系统应采用实车进气系统标准配置，并保证进气阻力与实车相同。

A.5.2.4 试验发动机应采用实车后处理系统。若使用试验室排气系统，应保证后处理系统安装位置与实车一致；若装有排气制动器，则节流阀应固定在全开位置；排气系统容积和排气背压应满足制造企业和有关排放标准的规定。

A.5.2.5 催化转化器入口温度测量点与载体前端面的距离应小于 300 mm。

A.5.2.6 允许采用实车中冷器或试验室中冷系统。试验时，中冷器出口温度和压力应符合制造企业的规定。

A.5.2.7 可采用实车冷却系统或试验室冷却系统。当采用实车冷却系统时，发动机散热器、节温器、风扇和风扇罩在试验台架上的安装位置应与车辆上的相对位置基本相同。当采用试验室冷却系统时，应有足够的冷却能力保证发动机正常工作；若试验发动机不便安装冷却风扇，则应在台架测功机设定时将风扇的吸收功率考虑在内。

A.5.2.8 应监测发动机进气温度、进气量、燃料消耗量、排气温度(后处理装置前、后)、排气背压、NH_3排放量(如适用)、氮氧化物(推荐)等主要参数。

A.6 试验设备和仪器

A.6.1 底盘测功机

A.6.1.1 当整车道路耐久性行驶试验在底盘测功机上进行时，底盘测功机应能实现第A.3.2条所确定的试验循环。

A.6.1.2 底盘测功机应调整到可吸收80 km/h稳定车速时作用在驱动轮上的功率。确定功率和调整制动器的方法参考底盘测功机制造企业的有关规定。

A.6.2 测功机。当采用发动机台架进行发动机耐久性运行试验时，测功机应能实现第A.3.3条所确定的试验循环，并满足GB/T 19055的要求。

A.6.3 采用汽车上安装的速度表和里程表测量车速和里程时，试验前应按GB/T 12548进行误差矫正。

A.6.4 耐久性试验监测用传感器应满足制造企业的有关要求。

A.6.5 发动机台架试验室用仪器设备应满足GB/T 19055和GB/T 18297的要求。

A.6.6 排放测量仪器设备应符合国家相关排放标准的要求。

A.6.7 其他检测仪器、设备精度应符合有关标准的规定。

A.7 试验过程

A.7.1 发动机和后处理装置组合的性能稳定

A.7.1.1 在耐久性试验开始前，汽车或发动机(带后处理装置)应运行至发动机和后处理装置组合的性能达到稳定。

A.7.1.2 汽车行驶里程(或发动机运转时间)和运行模式由制造企业根据良好的工程经验确定，并应向型式核准机关提供有关数据和分析资料。

A.7.1.3 制造企业可选用汽车累计行驶5 000 km或发动机和后处理装置组合累计运行125 h，作为第A.7.1.2条中性能稳定里程或时间。

A.7.1.4 第A.4.1.3条的汽车行驶检查里程和第A.4.2.3条的发动机磨合时间可计入发动机和后处理装置组合性能稳定所需里程(或时间)。

A.7.2 耐久性试验

A.7.2.1 发动机和后处理装置组合性能稳定后，开始进行耐久性试验，试验方法按第A.3章的规定。

A.7.2.2 汽车耐久性实际试验里程(或发动机耐久性实际试验时间)。

A.7.2.2.1 汽车耐久性实际试验里程应由制造企业确定，但试验里程不能少于表1规定的"允许最短试验里程"。

A.7.2.2.2 如采用发动机台架耐久性试验方法，则试验时间应符合第A.7.2.2.1条和第A.3.2条的规定。

A.7.3 耐久性试验期间排气污染物测量

A.7.3.1 排气污染物测量间隔里程(次数)

A.7.3.1.1　在耐久性试验期间所进行的排气污染物测量次数和数据应足以进行线性回归拟合并得出正确结果。

A.7.3.1.2　至少应在耐久性试验开始(0 km)、30 000 km(±500 km),此后每 30 000 km(±500 km)的固定里程间隔直至耐久性试验结束进行排气污染物的测量。

A.7.3.1.3　制造企业可提出耐久性试验期间排气污染物的测量次数和间隔里程的要求,但应在试验前上报型式核准机关并获得批准。

A.7.3.1.4　如果型式核准机关要求增加排气污染物的测量次数,则制造企业应根据要求修改耐久性试验方案,并报型式核准机关批准。

A.7.3.2　排气污染物测量方法

A.7.3.2.1　在耐久性试验期间,应按照国家有关排放标准进行发动机(带后处理装置)排气污染物的测量。排气污染物测量数据的小数点后的位数应保留比标准限值多一位。

A.7.3.2.2　对 GB 17691—2005 规定需进行 ESC 和 ETC 排放试验的汽车,制造企业可向型式核准机关提出申请,只采用其中一种试验循环(ESC 或 ETC)进行第 A.7.3.1 条规定的全部排放测量点的排放试验;而另一种试验循环(ETC 或 ESC)只用于耐久性试验起点和终点的排放测量。

A.7.3.2.3　进行线性回归拟合时(见第 A.8 章),仅采用在全部测点测量排放的循环(ETC 或 ESC)所测污染物数据。然而,所确定的劣化修正值也适用于另一循环。

A.7.3.3　在进行排气污染物试验时,应测量并记录发动机排气系统的背压。

A.8　劣化修正值的确定

A.8.1　以污染物为纵坐标、行驶里程为横坐标,将耐久性试验期间排放试验测得的每一种排气污染物数据分别对应行驶距离进行绘图,并用最小二乘法得到每一种排气污染物所有测量数据点的最佳拟合直线。

A.8.2　利用最佳拟合直线,求出拟合直线上 0 km 时的某种(i)污染物的排放值 G_{0i},并利用拟合直线推算出耐久性要求行驶里程终点的污染物排放值 G_{1i}。G_{0i}、G_{1i} 应保留小数点后 4 位,结果(ΔG_i)圆整到小数点后 3 位。

某种(i)污染物劣化修正值 ΔG_i 用下式计算:

$$\Delta G_i = G_{1i} - G_{0i}$$

A.8.3　如果某种污染物的劣化修正值 $\Delta G_i < 0$,则应取 $\Delta G_i = 0$。

A.9　维护保养

在耐久性试验期间对发动机的维护保养项目可分为与排放相关项目(包括关键项目,普通项目)和与排放无关项目两种模式。这两种项目又分为计划性项目和非计划性项目。

在耐久性试验之前,制造企业应向型式核准机关提交耐久性试验期间所需进行的全部维护保养项目清单。

不允许采用未经制造企业指定的设备、仪器和工具来诊断、调整、维修发动机。

在耐久性试验过程,应记录被试发动机零部件、排放控制系统和燃油系统的维修内容。

A.9.1　与排放相关的计划性维护保养项目

A.9.1.1　在耐久性试验期间进行的与排放相关的计划性维护保养项目,应与汽车制造企业对用户要求的维护保养项目相同。

A.9.1.2　在耐久性试验期间,进行与排放相关的计划性维护保养项目的里程(或时间)间隔,应与制造企业对用户要求的维护保养的规定等效或等同。

A.9.1.3　在耐久性试验期间,发动机任何与排放相关的维护保养,应满足相关标准对在用车符合性的要求。同时,制造企业应向型式核准主管部门提交材料,证明所有与排放相关的计划性维护保养项目都是技术上所需要的。

A.9.1.4　发动机制造企业应规定下列维护保养项目(如需要)：

——废气再循环系统(EGR)中滤芯和冷却装置

——曲轴箱通风装置(PCV 阀)[1]

——喷油嘴(只清洗)

——喷油器

——涡轮增压器

——发动机电子控制单元及其传感器、执行器[1]

——颗粒物捕集装置(包括相关零部件)

——废气再循环装置,包括相关控制阀和管路[1]

——排气后处理装置[1]

A.9.1.5　与排放相关计划性维护保养项目的更改。

A.9.1.5.1　在耐久性试验期间,制造企业如需开展新维护保养项目,应及时报告型式核准机关并获批准;新维护保养项目同时也应通知用户。

A.9.1.5.2　制造企业应对新计划性维护保养项目进行分类(例如,与排放相关、与排放无关、关键和非关键项目等),其中与排放相关项目应规定可行的维护保养最大里程(时间)。

A.9.1.5.3　应同时提交材料说明新计划性维护保养项目及其维护保养间隔里程(时间)的合理性。

A.9.2　与排放无关的计划性维护保养项目

A.9.2.1　在耐久性试验期间,允许进行与排放无关的计划性维护保养项目,例如,更换润滑油、更换燃油滤和空滤、冷却系统保养、怠速调整、调速器调整、发动机螺栓拧紧力矩检查、气门间隙调整、喷油器间隙调整、正时和驱动带张力调整等。

A.9.2.2　在耐久性试验期间,规定的维护保养最短间隔里程(时间)应与用户维护保养要求相同。

A.9.3　非计划性维修

A.9.3.1　在耐久性试验期间,当 OBD 系统明确探测到一个故障而导致故障指示器(MI)被激活时,允许对发动机和汽车进行非计划性维修。

A.9.3.2　与排放相关的非计划性关键维护保养。在耐久性试验期间,允许进行与排放相关的非计划性关键维护保养项目,但这些项目应与用户维护保养要求相同。

A.10　故障记录

应记录在耐久性试验期间汽车零部件、总成发生的所有故障,内容包括：

——总成名称

——故障里程

——故障描述

——故障原因分析

——故障后果

——处理措施

A.11　试验报告

试验结束后应向型式核准机关提交报告,内容至少应包括：

——在耐久性试验期间全部排气污染物排放试验结果

1) 排放相关的关键项目。

——劣化修正值

——在耐久性试验期间,故障统计

——在耐久性试验期间,发动机维护保养记录

附　件　AA
（规范性附件）
耐久性试验循环

AA.1　概述

本附件规定了重型汽车排气污染物排放控制系统耐久性试验的两种循环模式（推荐性）：

——整车道路耐久性行驶试验循环

——发动机台架耐久性运行试验循环

AA.2　整车道路耐久性行驶试验循环

汽车在跑道、道路或底盘测功机上进行的耐久性行驶试验，试验循环应满足图 AA.1、表 AA.1 和表 AA.2 的规定。试验循环由 10 个正常行驶循环和 1 个高速行驶循环组成。

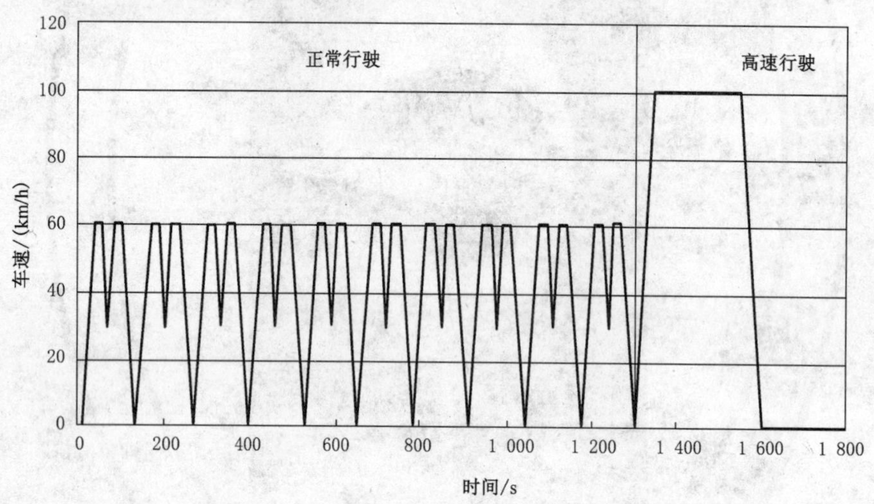

图 AA.1　整车道路耐久性行驶试验循环

表 AA.1　正常行驶试验循环

工况序号	行驶状态	车速/(km/h)	运转时间/s	累计时间/s
1	怠速	0	10	10
2	加速	0→60	30	40
3	等速	60	15	55
4	减速	60→30	15	70
5	加速	30→60	15	85
6	等速	60	15	100
7	减速	60→0	30	130

表 AA.2 高速行驶试验循环

工况序号	行驶状态	车速/ (km/h)	行驶时间/ s	累计时间/ s
1	怠速	0	10	10
2	加速	0→100[(1)]	40	50
3	等速	100	200	250
4	减速	100→0	50	300
5	怠速[(2)]	0	200	500

(1) 如果汽车在高速循环中最高车速达不到 100 km/h,则汽车从停止点开始以最大加速度加速到该车 95%最高车速。

(2) 该工况可省略,由制造企业自定。

AA.3 发动机台架耐久性运行试验循环

发动机台架耐久性运行试验应按照表 AA.3 规定的试验循环。循环工况之间的转换时间为 60±5 s,该转换时间计入下一工况的运转时间内。

表 AA.3 发动机台架耐久性运行试验循环[(1)]

工况序号	转速/ (r/min)	负荷/ %	运转时间/ s
1	怠速	0	120
2	最大扭矩转速	10	600
3	最大扭矩转速	100(90)[(2)]	1 200
4	怠速	0	120
5	额定转速[(3)]	25	600
6	额定转速[(3)]	50	600
7	额定转速[(3)]	75	600
8	额定转速[(3)]	100(90)[(2)]	1 200
9	1/2(最大扭矩转速+额定转速)[(4)]	25	600
10	1/2(最大扭矩转速+额定转速)[(4)]	50	600
11	1/2(最大扭矩转速+额定转速)[(4)]	75	600
12	1/2(最大扭矩转速+额定转速)[(4)]	100(90)[(2)]	1 200
13	最大扭矩转速	25	600
14	最大扭矩转速	50	600
15	最大扭矩转速	75	600
16	最大扭矩转速	100(90)[(2)]	1 200
17	怠速	0	120
18	1/2(最大扭矩转速+额定转速)[(4)]	25	600
19	1/2(最大扭矩转速+额定转速)[(4)]	50	600

续表

工况序号	转速/ (r/min)	负荷/ %	运转时间/ s
20	1/2(最大扭矩转速+额定转速)(4)	75	600
21	1/2(最大扭矩转速+额定转速)(4)	100(90)(2)	1 200
22	额定转速(3)	25	600
23	额定转速(3)	50	600
24	额定转速(3)	75	600
25	额定转速(3)	100(90)(2)	1 200
26	怠 速	0	120
27	停 车	0	720

(1) 一个循环所用时间为 5 h；

(2) 括弧内的负荷只用于重型汽油机；

(3) 汽油发动机该转速为最大扭矩转速；

(4) 汽油发动机该转速为最大扭矩转速；

(5) 本台架耐久性运行试验一个循环(5 h)，换算为整车道路耐久性行驶里程数 800 km(推荐)。

ICS 13.040.50
Z 64

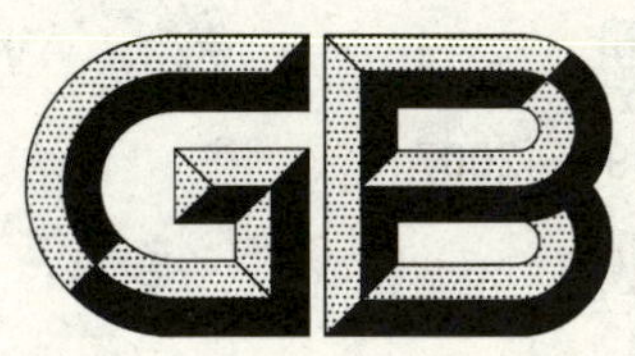

中华人民共和国国家标准

GB 20891—2007

非道路移动机械用柴油机排气污染物排放限值及测量方法(中国Ⅰ、Ⅱ阶段)

Limits and measurement methods for exhaust pollutants from diesel engines of non-road mobile machinery(Ⅰ、Ⅱ)

2007-04-03 发布　　2007-10-01 实施

国家环境保护总局
中华人民共和国国家质量监督检验检疫总局　发布

前　言

为贯彻《中华人民共和国环境保护法》和《中华人民共和国大气污染防治法》，防治非道路移动机械用柴油机排气对环境的污染，制定本标准。

本标准修改采用欧盟(EU)指令97/68/EC(截止到修订版2002/88/EC)《关于协调各成员国采取措施防治非道路移动机械用压燃式发动机气态污染物和颗粒物排放的法律》的有关技术内容。

本标准与2002/88/EC修订版相比主要变化如下：

——增加了农、渔业机械的要求。

——在第Ⅰ阶段增加了对小于37 kW的柴油机的排放控制，在第Ⅱ阶段增加了对小于18 kW的柴油机的排放控制。

——删除了点燃式发动机的全部技术内容。

——实施时间和管理要求。

——增加了ISO 8178中的G2测试循环的技术内容。

——基准柴油的部分技术参数。

本标准规定了非道路移动机械用柴油机排气污染物第Ⅰ阶段和第Ⅱ阶段型式核准和生产一致性的排放限值和测量方法。

本标准的附录A、附录B、附录C、附录D、附录E、附录F和附录G为规范性附录，附录H为资料性附录。

按有关法律规定，本标准具有强制执行的效力。

本标准由国家环境保护总局科技标准司提出。

本标准起草单位：济南汽车检测中心、上海内燃机研究所、国家重型汽车质量监督检验中心。

本标准国家环境保护总局2006年9月8日批准。

本标准自2007年10月1日实施。

本标准由国家环境保护总局解释。

非道路移动机械用柴油机排气污染物排放限值及测量方法(中国Ⅰ、Ⅱ阶段)

1 适用范围

本标准规定了非道路移动机械用柴油机排气污染物排放限值及测量方法。

本标准适用于以下(包括但不限于)非道路移动机械装用的额定净功率不超过560 kW,在非恒定转速下工作的柴油机。

——工业钻探设备;

——工程机械(包括装载机、推土机、压路机、沥青摊铺机、非公路用卡车、挖掘机等);

——农业机械(包括拖拉机、联合收割机等);

——林业机械;

——材料装卸机械;

——叉车;

——雪犁装备;

——机场地勤设备。

本标准适用于以下(包括但不限于)非道路移动机械装用的额定净功率不超过560 kW,在恒定转速下工作的柴油机。

——空气压缩机;

——发电机组;

——渔业机械(增氧机、池塘挖掘机等);

——水泵。

本标准规定了在道路上用于载人(货)的车辆装用的第二台柴油机排气污染物排放限值及测量方法。

若额定净功率不超过37 kW的非道路移动机械用柴油机用于船舶驱动,可参照本标准执行。

以出口为目的制造的非道路移动机械用柴油机,适用进口国家或地区的污染物排放法规。

2 规范性引用文件

下列文件中的条款通过本标准的引用而成为本标准的条款。凡是注日期的引用文件,其随后所有的修改单(不包括勘误的内容)或修订版均不适用于本标准;然而,鼓励根据本标准达成协议的各方研究是否可使用这些文件的最新版本。凡是不注日期的引用文件,其最新版本适用于本标准。

GB 252 轻柴油

GB/T 17692—1999 汽车用发动机净功率测试方法

3 术语和定义

3.1 非道路移动机械 non-road mobile machinery

指用于非道路上的,如“适用范围”中提到的各类机械,即:

(1) 自驱动或具有双重功能:既能自驱动又能进行其他功能操作的机械;

(2) 不能自驱动,但被设计成能够从一个地方移动或被移动到另一个地方的机械。

3.2 第二台柴油机 secondary engine

指道路车辆装用的、不为车辆提供行驶驱动力而为车载专用设施提供动力的柴油机。

3.3　柴油机型式核准　diesel engine type-approval

指就柴油机排气污染物的排放水平核准一种柴油机机型。

3.4　柴油机机型　diesel engine type

指在附录A附件AA中列出的柴油机基本特性参数无差异的同一类柴油机。

3.5　柴油机系族　diesel engine family

指制造厂按附录A附件AB规定所设计的一组柴油机，这些柴油机具有类似的排气排放特性；同一系族中所有柴油机都必须满足相应的排放限值。

3.6　源机　parent engine

指从柴油机系族中选出的、能代表这一柴油机系族排放特性的柴油机。

3.7　排气污染物　emission pollutants

指柴油机排气管排出的气态污染物和颗粒物。

3.8　气态污染物　gaseous pollutants

指排气污染物中的一氧化碳(CO)、碳氢化合物(HC)和氮氧化物(NO_x)。碳氢化合物(HC)以C_1当量表示(假定碳氢比为1∶1.85)，氮氧化物(NO_x)以二氧化氮(NO_2)当量表示。

3.9　颗粒物　(PM) particulate matter

指按附录B所描述的试验方法，在温度不超过325 K(52℃)的稀释排气中，由规定的过滤介质收集到的排气中所有物质。

3.10　净功率　(P)net power

指在柴油机试验台架上，按照GB/T 17692—1999规定的净功率测量方法，在本标准规定的试验条件[1]下，在柴油机曲轴末端或其等效部件上测得的功率。

3.11　额定净功率　(P_{max})rated net power

指制造厂为柴油机型式核准时标明的额定净功率。

3.12　额定转速　rated speed

指制造厂使用说明书中规定的、调速器所允许的全负荷最高转速；如果柴油机不带调速器，则指制造厂在使用说明书中规定的柴油机最大功率时的转速。

3.13　负荷百分比　percent load

指在柴油机某一转速下可得到的最大扭矩的百分数。

3.14　中间转速　intermediate speed

指设计在非恒定转速下工作的柴油机，按全负荷扭矩曲线运行时，符合下列条件之一的转速：

——如果标定的最大扭矩转速在额定转速的60%～75%之间，则中间转速取标定的最大扭矩转速；

——如果标定的最大扭矩转速低于额定转速的60%，则中间转速取额定转速的60%；

——如果标定的最大扭矩转速高于额定转速的75%，则中间转速取额定转速的75%。

3.15　缩写、符号及单位

3.15.1　试验参数符号

所有的体积和体积流量都必须折算到273 K(0℃)和101.3 kPa的基准状态。

符号	单位	定义
A_p	m^2	等动态取样探头的横截面积
A_T	m^2	排气管的横截面积
aver		加权平均值

1) 净功率试验时，柴油机上所安装的装备和辅件见附录E，使用的基准燃料技术参数见附录D。

	m^3/h	—体积流量
	kg/h	—质量流量
C_1	—	碳氢化合物，以 C_1 当量表示
conc	10^{-6}（或体积分数，%）	某组分的浓度（用下标表示）
$conc_c$	10^{-6}（或体积分数，%）	背景校正后的某组分浓度（用下标表示）
$conc_d$	10^{-6}（或体积分数，%）	稀释空气的某组分浓度（用下标表示）
DF	—	稀释系数
f_a	—	实验室大气因子
F_{FH}	—	燃油特性系数，用来根据氢碳比从干基浓度转化为湿基浓度
G_{AIRW}	kg/h	湿基进气质量流量
G_{AIRD}	kg/h	干基进气质量流量
G_{DILW}	kg/h	湿基稀释空气质量流量
G_{EDFW}	kg/h	湿基当量稀释排气质量流量
G_{EXHW}	kg/h	湿基排气质量流量
G_{FUEL}	kg/h	燃油质量流量
G_{TOTW}	kg/h	湿基稀释排气质量流量
H_{REF}	g/kg	绝对湿度基准值 10.71 g/kg，用于计算 NO_x 和颗粒物的湿度校正系数
H_a	g/kg	进气绝对湿度
H_d	g/kg	稀释空气绝对湿度
i	—	表示某一工况的下标
K_H	—	NO_x 湿度校正系数
K_p	—	颗粒物湿度校正系数
$K_{w,a}$	—	进气干-湿基校正系数
$K_{w,d}$	—	稀释空气干-湿基校正系数
$K_{w,e}$	—	稀释排气干-湿基校正系数
$K_{w,r}$	—	原排气干-湿基校正系数
L	%	试验转速下的扭矩相对最大扭矩的百分数
mass	g/h	排气污染物质量流量（用下标表示）
M_{DIL}	kg	通过颗粒物取样滤纸的稀释空气质量
M_{SAM}	kg	通过颗粒物取样滤纸的稀释排气质量
M_d	mg	从稀释空气中收集到的颗粒物质量
M_f	mg	收集到的颗粒物质量
p_a	kPa	进气饱和蒸汽压（ISO 3046：p_{sy}＝PSY 测试环境）
p_B	kPa	总大气压（ISO 3046：p_x＝PX 现场环境总压力 P_y＝PY 试验环境总压力）
p_d	kPa	稀释空气的饱和蒸汽压
p_s	kPa	干空气压
$P_{(n)}$	kW	试验转速下测量的最大功率（安装附录 E 的装备和辅件）
$P_{(a)}$	kW	试验时应安装的柴油机辅件所吸收的功率

$P_{(b)}$	kW	试验时应拆除的柴油机辅件所吸收的功率
$P_{(m)}$	kW	试验台上测得的功率
q	—	稀释比
r	—	等动态取样探头与排气管横截面面积比
R_a	%	进气相对湿度
R_d	%	稀释空气相对湿度
R_f	—	FID 响应系数
S	kW	测功机设定值
T_a	K	进气热力学温度
T_D	K	露点热力学温度
T_{ref}	K	基准温度(进气:298 K)
V_{AIRD}	m^3/h	干基进气体积流量
V_{AIRW}	m^3/h	湿基进气体积流量
V_{DIL}	m^3	通过颗粒物取样滤纸的稀释空气体积
V_{DILW}	m^3/h	湿基稀释空气体积流量
V_{EDFW}	m^3/h	湿基当量稀释排气体积流量
V_{EXHD}	m^3/h	干基排气体积流量
V_{EXHW}	m^3/h	湿基排气体积流量
V_{SAM}	m^3	通过颗粒物取样滤纸的稀释排气体积
V_{TOTW}	m^3/h	湿基稀释排气体积流量
WF	—	加权系数
WF_E	—	有效加权系数

3.15.2 化学组分符号

CO	一氧化碳
CO_2	二氧化碳
HC	碳氢化合物
NO_x	氮氧化物
NO	一氧化氮
NO_2	二氧化氮
O_2	氧气
PM	颗粒物
DOP	邻苯二甲酸二辛酯
CH_4	甲烷
C_3H_8	丙烷
H_2O	水
PTFE	聚四氟乙烯

3.15.3 缩写

FID	氢火焰离子化检测器
HFID	加热型氢火焰离子化检测器
NDIR	不分光红外线分析仪
CLD	化学发光检测器
HCLD	加热型化学发光检测器

PDP 容积式泵

CFV 临界流量文丘里管

4 型式核准的申请与批准

4.1 型式核准的申请

非道路移动机械用柴油机的型式核准的申请由其制造厂或制造厂授权的代理人向负责排放型式核准的机关提出。

4.1.1 应按本标准附录A的要求，提交型式核准有关技术资料。如果制造厂使用催化转化器和(或)颗粒物捕集器等排气后处理装置，则应提交相关的耐久性试验方法和试验结果的资料。

4.1.2 应按本标准附录G的要求提交生产一致性保证计划。

4.1.3 应向负责进行型式核准试验的检验机构，提交一台符合附录A所描述的"柴油机机型"(或"源机")特性的柴油机，完成本标准规定的检验内容。

4.1.4 如果检验机构认为申请者提供的源机不能完全代表附录A附件AB中定义的发动机系族，作为替代，如果有必要，由制造厂提供另一台源机，按照第4.1.1条和第4.1.3条的要求提交型式核准。

4.2 型式核准的批准

4.2.1 型式核准机关对于满足本标准第5条和附录G要求的柴油机机型(或系族)批准型式核准，并颁发附录F规定的型式核准证书。

4.2.2 当柴油机只有与非道路移动机械的其他部件联合工作才能完成其功能或提供一种工作特性时，型式核准必须核实柴油机与非道路移动机械的其他部件联合工作时(不管是真实的还是模拟的)的一种或更多的要求是否得到满足。柴油机型式核准的范围应根据这些条件进行限制，柴油机机型或系族的型式核准证书中应该包括使用限制条件和安装说明。

5 技术要求和试验

5.1 总则

制造厂采取的技术措施必须确保柴油机在正常的工作条件下、在规定的使用寿命期内，排放符合本标准的要求。

如果制造厂使用催化转化器和(或)颗粒物捕集器等后处理装置，则必须通过耐久性试验证明后处理装置在柴油机的正常工作条件下、在规定的使用寿命期内能够发挥作用，耐久性试验可通过技术成熟的工程方法来完成。柴油机运行一段时间后，可以定期更换后处理装置。通过定期调整、修理、拆卸、清洗、更换零部件或系统，保证柴油机及后处理装置工作正常，这些工作必须在技术允许的范围内进行。系统维护的要求必须包括在用户使用手册中(其中包括制造厂对排气后处理装置耐久性的保证书)。制造厂在型式核准申请时，使用说明书中与后处理装置维修、更换有关的内容摘要必须包含在附录A所描述的型式核准申报材料中。

5.2 排气污染物的规定

柴油机排气污染物的测量与取样规程按附录B附件BA的规定进行，试验循环按附录B中表B.1.1、或表B.1.2、或表B.2的规定进行。

柴油机的排气污染物应使用附录C描述的系统测定。

如果其他系统或分析仪能得到和下述基准系统等效的结果，则型式核准机关可以对其认可：

——在原始排气中测量气态污染物所应用的系统(见附录C图C.1)；

——在全流稀释系统中测量气态污染物所应用的系统(见附录C图C.2)；

——在全流稀释系统中测量颗粒物，使用单滤纸(在整个试验循环中使用一对滤纸)方法或多滤纸(每工况使用一对滤纸)方法取样所应用的系统(见附录C图C.12)。

其他系统或分析仪与本标准的某一个或几个基准系统之间的等效性，应在至少7对样本的相关性研究基础上加以确认。

判定等效性的准则定义为配对样本均值的一致性在±5%内。对于引入本标准的新系统，其等效性应根据 ISO 5725 所述的再现性和重复性计算作为根据。

5.2.1 限值。非道路移动机械用柴油机排气污染物中一氧化碳(CO)、碳氢化合物(HC)和氮氧化物(NO_x)、颗粒物(PM)的比排放量，在第Ⅰ阶段不超过表1中给出的限值，在第Ⅱ阶段不超过表2中给出的限值。

表1 非道路移动机械装用柴油机排气污染物限值[1]（第Ⅰ阶段）

额定净功率(P_{max})/kW	CO/[g/(kW·h)]	HC/[g/(kW·h)]	NO_x/[g/(kW·h)]	HC+NO_x/[g/(kW·h)]	PM/[g/(kW·h)]
$130 \leqslant P_{max} \leqslant 560$	5.0	1.3	9.2	—	0.54
$75 \leqslant P_{max} < 130$	5.0	1.3	9.2	—	0.7
$37 \leqslant P_{max} < 75$	6.5	1.3	9.2	—	0.85
$18 \leqslant P_{max} < 37$	8.4	2.1	10.8	—	1.0
$8 \leqslant P_{max} < 18$	8.4	—	—	12.9	—
$0 < P_{max} < 8$	12.3	—	—	18.4	—

1) 排气污染物限值是在排气后处理装置(若安装)之前，柴油机排气口处应达到的限值。

表2 非道路移动机械装用柴油机排气污染物限值（第Ⅱ阶段）

额定净功率(P_{max})/kW	CO/[g/(kW·h)]	HC/[g/(kW·h)]	NO_x/[g/(kW·h)]	HC+NO_x/[g/(kW·h)]	PM/[g/(kW·h)]
$130 \leqslant P_{max} \leqslant 560$	3.5	1.0	6.0	—	0.2
$75 \leqslant P_{max} < 130$	5.0	1.0	6.0	—	0.3
$37 \leqslant P_{max} < 75$	5.0	1.3	7.0	—	0.4
$18 \leqslant P_{max} < 37$	5.5	1.5	8.0	—	0.8
$8 \leqslant P_{max} < 18$	6.6	—	—	9.5	0.8
$0 < P_{max} < 8$	8.0	—	—	10.5	1.0

5.2.2 根据附录A附件AB的定义，若一个柴油机系族中有多个功率段的柴油机，则源机和该系族内柴油机的排气污染物值都必须满足相应的高功率段更加严格的排放要求。制造厂可选择将柴油机系族限制在一个功率段内，并进行该功率段的柴油机系族的型式核准申请。

5.3 柴油机安装在非道路移动机械上的要求

安装在非道路移动机械上的柴油机应满足该柴油机型式核准的下列特征：

5.3.1 进气压力降不应超过附录A附件AA.1.18对已经型式核准的发动机规定的压力降。

5.3.2 排气背压不应超过附录A附件AA.1.19对已经型式核准的发动机规定的背压。

6 生产一致性检查

制造厂应按照附录G的要求采取措施来保证生产一致性。

6.1 一般要求

6.1.1 对已通过型式核准而批量生产的非道路移动机械用柴油机机型(或系族)，制造厂必须采取措施确保柴油机机型(或系族)与该柴油机机型(或系族)排放申报材料一致。

6.1.2 生产一致性检查是以该非道路移动机械用柴油机机型(或系族)排放申报材料的内容为基础。

6.1.3 型式核准机关可以根据监督管理的需要，在制造厂内按第6.2条要求抽取样机。

6.1.4 如果某一柴油机机型(或系族)不能满足本标准第5条的要求，则制造厂应积极采取措施恢复生产一致性保证体系。在该柴油机机型(或系族)的生产一致性保证体系未得到恢复之前，型式核准机关可以暂时撤销该柴油机机型(或系族)的型式核准证书。

6.1.5 生产一致性检查使用符合 GB 252 规定的市售柴油;在制造厂的要求下,可以使用附录 D 中描述的基准柴油。

6.2 生产一致性检查的规定

6.2.1 从批量生产的柴油机中随机抽取一台样机。制造厂不得对抽样后用于检验的柴油机进行任何调整,但可以按照制造厂的技术规范进行磨合。

6.2.2 若抽取的柴油机通过试验测得的一氧化碳、碳氢化合物、氮氧化物及颗粒物的比排放量均不超过本标准第 5 条规定的限值,则该批产品的生产一致性合格。

6.2.3 如果从成批产品中抽取的一台柴油机不能达到本标准第 5 条规定的限值要求,则制造厂可以要求从批量产品中抽取若干台柴油机进行生产一致性检查。制造厂应确定抽检样机的数量 n(包括原来抽检的一台)。除原来抽检的那台柴油机以外,其余的柴油机也都需进行试验。然后,根据抽检的 n 台样机上测得的每一种污染物的比排放量,求出算术平均值($\bar{x}$)。如能满足下列条件,则该批产品的生产一致性合格,否则为不合格。

$$\bar{x}+k\cdot S\leqslant L_i$$

$$S^2=\sum_{i=1}^{n}\frac{(x_i-\bar{x})^2}{n-1}$$

式中:

L_i——表 1、表 2 中规定的某种污染物的限值;

k——根据抽检样机数 n 确定的统计因数,其数值见表 3;

x_i——n 台样机中第 i 台的试验结果;

$\bar{x}$——n 台样机测试结果的算术平均值。

表 3 统计因数

n	2	3	4	5	6	7	8	9	10
k	0.973	0.613	0.489	0.421	0.376	0.342	0.317	0.296	0.279
n	11	12	13	14	15	16	17	18	19
k	0.265	0.253	0.242	0.233	0.224	0.216	0.210	0.203	0.198

如果 $n\geqslant 20$,则

$$k=\frac{0.860}{\sqrt{n}}$$

7 柴油机标签

7.1 制造厂应在每台根据本标准获得型式核准的柴油机上安装具有以下内容的标签:

7.1.1 发动机的型号、发动机的功率参数、制造厂厂名、生产日期。

7.1.2 第 5.2.1 条描述的型式核准批准的对应功率段及限值阶段、附录 F 描述的型式核准号。

7.2 在柴油机的使用寿命内,标签必须牢固、容易看到、不容易涂抹掉,在没有损坏或污损的情况下,不能移动。

7.3 标签必须固定在柴油机使用寿命内不需要经常更换的部件上。

7.3.1 标签必须固定在柴油机正常运转所需的辅件安装完成后,常人容易看到的部件上。

7.3.2 当柴油机装在非道路移动机械上时,为了使标签容易被常人看见并获取相关的信息,如果必要,每一台柴油机必须另外提供一块用耐用材料制作的可移动标牌。

7.4 柴油机出厂之前,必须安装标签。

7.5 柴油机标签的位置在附录 A 中申报,在附录 F 型式核准证书中说明。

8 确定柴油机系族的参数

柴油机系族根据系族内柴油机必须共有的基本设计参数确定。在某些条件下有些设计参数可能会相互影响，这些影响也必须被考虑进去，以确保只有具有相似排放特性的柴油机才包含在一个柴油机系族内。

同一系族的柴油机必须共有下列基本参数和型号：

8.1 工作循环

——2 冲程

——4 冲程

8.2 冷却介质

——空气

——水

——油

8.3 单缸排量

——系族内各柴油机间总相差不超过 15%

——汽缸数(对于带后处理装置的柴油机)

8.4 进气方式

——自然吸气

——增压

——增压中冷

8.5 燃烧室型式/结构

——预燃式燃烧室

——涡流式燃烧室

——开式燃烧室

8.6 气阀和气口——结构、尺寸和数量

——汽缸盖

——汽缸壁

——曲轴箱

8.7 燃料喷射系统

——泵-管-嘴

——直列泵

——分配泵

——单体泵

——泵喷嘴

8.8 其他特性

——废气再循环

——喷水/乳化

——空气喷射

——增压中冷系统

8.9 排气后处理

——氧化催化器

——还原催化器

——热反应器

——颗粒物捕集器

9 源机的选择

9.1 柴油机系族源机的选取，应根据最大扭矩转速时，每冲程最高燃油供油量作为首选原则；若有两台或更多的柴油机符合首选原则，则应根据额定转速时，每冲程最大燃油供油量作为次选原则。在第5.2.2条或某些情况下，可以另选一台（或几台）柴油机进行试验以确定系族中的最差排放率。因此，可以增选一台（或几台）柴油机进行试验，选取的柴油机具有本系族中的最差排放水平。

9.2 如果系族内的柴油机还有其他能够影响排放的可变特性，那么选择源机时，这些特性也被确定并考虑在内。

10 标准的实施

自表4规定的型式核准执行日期起，凡进行排气污染物排放型式核准的非道路移动机械用柴油机都必须符合本标准要求。在表4规定执行日期之前，可以按照本标准的相应要求进行型式核准的申请和批准。

对于按本标准批准型式核准的非道路移动机械用柴油机，其生产一致性检查，自批准之日起执行。

自表4规定型式核准执行日期之后一年起，所有制造和销售的非道路移动机械用柴油机，其排气污染物排放必须符合本标准要求。

表4 型式核准执行日期

第Ⅰ阶段	第Ⅱ阶段
2007年10月1日	2009年10月1日

附　录　A
（规范性附录）
型式核准申报材料

进行非道路移动机械用柴油机型式核准申报时，应该提供下面这些资料及其内容目次，一式三份。

如果有示意图，应以适当的比例充分说明细节；其幅面尺寸为A4，或折叠至该尺寸。如果有照片，应显示其细节。如果柴油机机型或柴油机系族采用微处理计算机控制，应提供其相关的资料。

源机/柴油机机型[1)]：______

A.1　概述

A.1.1　厂牌：______

A.1.2　源机和柴油机系族（如适用）[1)]名称：______

A.1.3　制造厂的名称和地址：______

制造厂授权的代理人（如果有）的名称和地址：______

A.1.4　柴油机标签的位置和固定方法：______

A.1.5　总装厂地址：______

A.1.6　柴油机工作方式（恒速/非恒速）[1)]：______

A.2　附属文件

A.2.1　柴油机（源机）的基本特点以及有关试验的资料（见附件AA）。

A.2.2　柴油机系族的基本特点（见附件AB）。

A.2.3　系族内的各个柴油机机型的基本特点（见附件AC）。

A.2.4　源机/机型的照片和/（或）图纸。

A.2.5　列出其他附属文件（如有）。

A.3　日期，卷宗

1）划掉不适用者。

附 录 AA
（规范性附件）
柴油机（源机）的基本特点以及有关试验的资料[1]

AA.1 柴油机描述

AA.1.1 制造厂：＿＿＿＿

AA.1.2 制造厂的发动机型号：＿＿＿＿

AA.1.3 循环：四冲程/二冲程[2]

AA.1.4 汽缸数和排列：＿＿＿＿

AA.1.4.1 缸径：＿＿＿＿mm

AA.1.4.2 冲程：＿＿＿＿mm

AA.1.4.3 着火次序：＿＿＿＿

AA.1.5 排量：＿＿＿＿cm^3

AA.1.6 容积压缩比[3]：＿＿＿＿

AA.1.7 燃烧室和活塞顶图：＿＿＿＿

AA.1.8 进、排气口的最小横截面积：＿＿＿＿cm^2

AA.1.9 燃烧系统的说明：＿＿＿＿

AA.1.10 怠速转速：＿＿＿＿r/min

AA.1.11 额定转速：＿＿＿＿r/min

AA.1.12 额定净功率：＿＿＿＿kW 在＿＿＿＿r/min 下

AA.1.13 最大净扭矩：＿＿＿＿Nm 在＿＿＿＿r/min 下

AA.1.14 冷却系统

AA.1.14.1 液冷

AA.1.14.1.1 液体性质：＿＿＿＿

AA.1.14.1.2 循环泵：有/无[2]

AA.1.14.1.3 特性或厂牌和型号（如适用）：＿＿＿＿

AA.1.14.1.4 驱动比（如适用）：＿＿＿＿

AA.1.14.2 风冷

AA.1.14.2.1 风机：有/无[2]

AA.1.14.2.2 特性或厂牌和型号（如适用）：＿＿＿＿

AA.1.14.2.3 驱动比（如适用）：＿＿＿＿

AA.1.15 制造厂的允许温度

AA.1.15.1 液冷：冷却液出口处最高温度：＿＿＿＿K

AA.1.15.2 风冷：基准点：＿＿＿＿基准点处最高温度：＿＿＿＿K

AA.1.15.3 进气中冷器（如适用）出口处空气的最高温度：＿＿＿＿K

AA.1.15.4 排气管靠近排气歧管或增压器的出口凸缘处内的最高排气温度：＿＿＿＿K

AA.1.15.5 润滑油温度：最低＿＿＿＿K，最高＿＿＿＿K

AA.1.16 增压器：有/无[2]

1）对于几台源机的情况，应分别提交本附件。

2）划掉不适用者。

3）注明公差。

AA.1.16.1 制造厂：____________________

AA.1.16.2 型号：____________________

AA.1.16.3 系统描述[如：最高增压压力、废气旁通阀(如有)]：____________________

AA.1.17 中冷器：有/无[1)]

AA.1.17.1 制造厂：____________________

AA.1.17.2 型号：____________________

AA.1.18 进气系统

按照 GB/T 17692—1999 规定的净功率测量方法，按本标准规定的试验条件，并在柴油机额定转速和 100%负荷下，允许的最大进气压力降：__________ kPa

AA.1.19 排气系统

按照 GB/T 17692—1999 规定的净功率测量方法，按本标准规定的试验条件，并在柴油机额定转速和 100%负荷下，允许的最大排气背压：__________ kPa

AA.2 防治空气污染的措施

AA.2.1 附加的污染控制装置(如有，而没有包含在其他项目内)

AA.2.1.1 催化转化器：有/无[1)]

AA.2.1.1.1 制造厂：____________________

AA.2.1.1.2 型号：____________________

AA.2.1.1.3 催化转化器及其催化单元的数目：____________________

AA.2.1.1.4 催化转化器的尺寸、形状和体积：____________________

AA.2.1.1.5 催化反应的型式：____________________

AA.2.1.1.6 贵金属总含量：____________________

AA.2.1.1.7 贵金属的相对浓度：____________________

AA.2.1.1.8 载体(结构和材料)：____________________

AA.2.1.1.9 孔密度：____________________

AA.2.1.1.10 催化转化器壳体的型式：____________________

AA.2.1.1.11 催化转化器的位置(在排气管路中的位置和基准距离)：____________________

AA.2.1.2 氧传感器：有/无[1)]

AA.2.1.2.1 制造厂：____________________

AA.2.1.2.2 型号：____________________

AA.2.1.2.3 位置：____________________

AA.2.1.3 空气喷射：有/无[1)]

AA.2.1.3.1 类型(脉动空气，空气泵等)：____________________

AA.2.1.4 EGR：有/无[1)]

AA.2.1.4.1 特性(流量等)：____________________

AA.2.1.5 颗粒物捕集器：有/无[1)]

AA.2.1.5.1 制造厂：____________________

AA.2.1.5.2 型号：____________________

AA.2.1.5.3 颗粒物捕集器的尺寸、形状和容积：____________________

AA.2.1.5.4 颗粒物捕集器的型式和结构：____________________

AA.2.1.5.5 位置(排气管道中的基准距离)：____________________

---

1) 划掉不适用者。

AA.2.1.5.6 再生方法或系统,描述和(或)图纸:________

AA.2.1.6 其他系统:有/无[2]

AA.2.1.6.1 种类和作用:________

AA.3 燃料供给

AA.3.1 输油泵

压力[1]:________ kPa

AA.3.2 喷射系统

AA.3.2.1 喷油泵

AA.3.2.1.1 制造厂:________

AA.3.2.1.2 型号:________

在全负荷供油位置,泵转速为:________ r/min(额定和最大扭矩)时,供油量[1]:________ mm^3/冲程(或循环);或特性曲线(说明所用的试验方法:在柴油机上/在油泵试验台上[2])

AA.3.2.1.3 喷油提前

AA.3.2.1.3.1 喷油提前曲线[1]:________

AA.3.2.1.3.2 静态喷油正时[1]:________

AA.3.2.2 高压油管

AA.3.2.2.1 长度:________ mm

AA.3.2.2.2 内径:________ mm

AA.3.2.3 喷油器

AA.3.2.3.1 制造厂:________

AA.3.2.3.2 型号:________

AA.3.2.3.3 开启压力:________ kPa[1]

或特性曲线[1),2)]:________

AA.3.2.4 调速器

AA.3.2.4.1 制造厂:________

AA.3.2.4.2 型号:________

AA.3.2.4.3 全负荷开始减油点的转速:________ r/min

AA.3.2.4.4 最高空转转速:________ r/min

AA.3.2.4.5 怠速转速:________ r/min

AA.3.3 冷启动装置

AA.3.3.1 制造厂:________

AA.3.3.2 型号:________

AA.3.3.3 描述:________

AA.4 气阀正时

AA.4.1 气阀最大升程,开启和关闭角度:________

AA.4.2 基准值和(或)设定范围[1]:________

AA.5 由柴油机驱动的辅件

提交试验的柴油机,应带柴油机运转所需辅件(见附录E)。

---

1) 注明公差。

2) 划掉不适用者。

AA.5.1 试验中应安装的辅件

如果不可能或不适合在试验台架上安装这些辅件，则应确定这些辅件所吸收的功率，并从试验循环整个运转范围所测得的柴油机功率中减去。

AA.5.2 试验中应拆除的辅件

试验中应拆除仅为非道路移动机械运行所需的辅件(如：空压机、空调系统等)。若这些辅件不能拆除，则确定这些辅件所吸收的功率，并加到试验循环整个运转范围所测得的柴油机功率中。

AA.6 试验条件的附加说明

AA.6.1 所用的润滑油

AA.6.1.1 制造厂：________________

AA.6.1.2 牌号：________________

AA.6.2 由柴油机驱动的辅件(如适用)

仅需确定辅件吸收的功率：

——若柴油机运转所需辅件没有装在柴油机上，和(或)

——若柴油机运转所不需的辅件装在柴油机上。

AA.6.2.1 列举并确定其细节：________________

AA.6.2.2 在规定的柴油机转速下吸收的功率(按照制造厂的规定)(表 AA.1)：

表 AA.1

辅件	不同柴油机转速下吸收的功率/kW		
	怠速	中间转速(如适用)	额定转速
$P_{(a)}$ 柴油机运转所需辅件(从所测得的柴油机功率中减去，见第 AA.5.1 条)			
$P_{(b)}$ 柴油机运转所不需辅件(增加到所测得的柴油机功率中，见第 AA.5.2 条)			

AA.7 柴油机性能

AA.7.1 柴油机转速

怠速：________________ r/min

中间转速(如适用)：________________ r/min

额定转速：________________ r/min

AA.7.2 柴油机功率(表 AA.2)

表 AA.2

条件	不同转速下柴油机功率/kW		
	怠速	中间转速(如适用)	额定转速
$P_{(m)}$ 试验台架上测得的功率/kW			
$P_{(a)}$ 按第 AA.5.1 条，试验中可能安装的辅件吸收的功率/kW ——如安装 ——如未安装	0	0	0

续表

条　　件	不同转速下柴油机功率/kW		
	怠　　速	中间转速(如适用)	额定转速
$P_{(b)}$ 按第 AA.5.2 条，试验中可能拆去的辅件吸收的功率/kW ——如安装 ——如未安装	0	0	0
柴油机净功率 $P_{(n)}=P_{(m)}-P_{(a)}+P_{(b)}$			

附 件 AB
（规范性附件）
柴油机系族的基本特点

AB.1 公有参数

AB.1.1 燃烧循环：__________

AB.1.2 冷却介质：__________

AB.1.3 吸气方式：__________

AB.1.4 燃烧室型式/结构：__________

AB.1.5 气阀和气口——结构、尺寸和数量：__________

AB.1.6 燃油系统：__________

AB.1.7 柴油机管理系统：__________

依据提供的表格或清单，能证明下述各项相同：

——增压中冷系统[1)]：__________

——排气再循环[1)]：__________

——喷水/乳化[1)]：__________

——空气喷射[1)]：__________

AB.1.8 排气后处理[1)]：__________

提供（有关排气后处理装置的）表格或清单：__________

依据上述所提供的表格或清单，能证明“系统能力/每冲程供油量”比率相同，或对于源机比率为最低。

AB.2 柴油机系族清单

AB.2.1 柴油机系族名称：__________

AB.2.2 此系族内柴油机的规格（表 AB.1）：

表 AB.1

					源机[2)]
柴油机型号					
汽缸数					
额定转速/(r/min)					
对应额定转速时，每冲程供油量/mm^3					
额定净功率/kW					
最大扭矩转速/(r/min)					
对应最大扭矩转速时，每冲程供油量/mm^3					
最大扭矩/Nm					
低怠速转速/(r/min)					
汽缸排量与源机相比的百分数/%					100

1）如不适用，注以“不适用”。

2）详细资料见附件 AA。

附 件 AC

（规范性附件）

系族内柴油机机型的基本特点[1]

AC.1 柴油机描述

AC.1.1 制造厂：____________________

AC.1.2 制造厂的柴油机型号：____________________

AC.1.3 循环：四冲程/二冲程[2]

AC.1.4 汽缸数和排列：____________________

AC.1.4.1 缸径：____________________mm

AC.1.4.2 冲程：____________________mm

AC.1.4.3 着火次序：____________________

AC.1.5 排量：____________________cm^3

AC.1.6 容积压缩比[3]：____________________

AC.1.7 燃烧室和活塞顶图：____________________

AC.1.8 进、排气口的最小横截面积：____________________cm^2

AC.1.9 燃烧系统的说明：____________________

AC.1.10 怠速转速：____________________r/min

AC.1.11 额定转速：____________________r/min

AC.1.12 额定净功率：____________kW 在____________r/min 下

AC.1.13 最大净扭矩：____________Nm 在____________r/min 下

AC.1.14 冷却系统

AC.1.14.1 液冷

AC.1.14.1.1 液体性质：____________________

AC.1.14.1.2 循环泵：有/无[2]

AC.1.14.1.3 特性或厂牌和型式(如适用)：____________________

AC.1.14.1.4 驱动比(如适用)：____________________

AC.1.14.2 风冷

AC.1.14.2.1 风机：有/无[2]

AC.1.14.2.2 特性或厂牌和型式(如适用)：____________________

AC.1.14.2.3 驱动比(如适用)：

AC.1.15 制造厂的允许温度

AC.1.15.1 液冷：冷却液出口处最高温度：____________________K

AC.1.15.2 风冷：基准点：____________基准点处最高温度：____________K

AC.1.15.3 进气中冷器(如适用)出口处空气的最高温度：____________________K

AC.1.15.4 排气管靠近排气歧管或增压器的出口凸缘处内的最高排气温度：____________K

AC.1.15.5 润滑油温度：最低____________K，最高____________K

AC.1.16 增压器：有/无[2]

1）由制造厂提供系族内每种柴油机机型的详细资料

2）划掉不适用者。

3）注明公差。

AC. 1. 16. 1　制造厂：________________

AC. 1. 16. 2　型号：________________

AC. 1. 16. 3　系统描述[如：最高增压压力、废气旁通阀(如有)]：________________

AC. 1. 17　中冷器：有/无[1)]

AC. 1. 17. 1　制造厂：________________

AC. 1. 17. 2　型号：________________

AC. 1. 18　进气系统

按照 GB/T 17692—1999 规定的净功率测量方法，按本标准规定的试验条件，并在柴油机额定转速和 100%负荷下，允许的最大进气压力降：________ kPa。

AC. 1. 19　排气系统

按照 GB/T 17692—1999 规定的净功率测量方法，按本标准规定的试验条件，并在柴油机额定转速和 100%负荷下，允许的最大排气背压：________ kPa。

AC. 2　防治空气污染的措施

AC. 2. 1　附加的污染控制装置(如有，而没有包含在其他项目内)

AC. 2. 1. 1　催化转化器：有/无[1)]

AC. 2. 1. 1. 1　制造厂：________________

AC. 2. 1. 1. 2　型号：________________

AC. 2. 1. 1. 3　催化转化器及其催化单元的数目：________________

AC. 2. 1. 1. 4　催化转化器的尺寸、形状和体积：________________

AC. 2. 1. 1. 5　催化反应的型式：________________

AC. 2. 1. 1. 6　贵金属总含量：________________

AC. 2. 1. 1. 7　贵金属的相对浓度：________________

AC. 2. 1. 1. 8　载体(结构和材料)：________________

AC. 2. 1. 1. 9　孔密度：________________

AC. 2. 1. 1. 10　催化转化器壳体的型式：________________

AC. 2. 1. 1. 11　催化转化器的位置(在排气管路中的位置和基准距离)：________________

AC. 2. 1. 2　氧传感器：有/无[1)]

AC. 2. 1. 2. 1　制造厂：________________

AC. 2. 1. 2. 2　型号：________________

AC. 2. 1. 2. 3　位置：________________

AC. 2. 1. 3　空气喷射：有/无[1)]

AC. 2. 1. 3. 1　类型(脉动空气，空气泵等)：________________

AC. 2. 1. 4　EGR：有/无[1)]

AC. 2. 1. 4. 1　特性(流量等)：________________

AC. 2. 1. 5　颗粒物捕集器：有/无[1)]

AC. 2. 1. 5. 1　制造厂：________________

AC. 2. 1. 5. 2　型号：________________

AC. 2. 1. 5. 3　颗粒物捕集器的尺寸、形状和容积：________________

AC. 2. 1. 5. 4　颗粒物捕集器的型式和结构：________________

AC. 2. 1. 5. 5　位置(排气管道中的基准距离)：________________

---

1) 划掉不适用者。

AC.2.1.5.6 再生方法或系统，描述和(或)图纸：____

AC.2.1.6 其他系统：有/无[2]

AC.2.1.6.1 种类和作用：____

AC.3 燃料供给

AC.3.1 输油泵

压力[1]：____ kPa

AC.3.2 喷射系统

AC.3.2.1 喷油泵

AC.3.2.1.1 制造厂：____

AC.3.2.1.2 型号：____

在全负荷供油位置，泵转速为：____ r/min(额定和最大扭矩)时，供油量[1]：____ mm^3/冲程(或循环)；或特性曲线(说明所用的试验方法：在柴油机上/在油泵试验台上[2])

AC.3.2.1.3 喷油提前

AC.3.2.1.3.1 喷油提前曲线[1]：____

AC.3.2.1.3.2 静态喷油正时[1]：____

AC.3.2.2 高压油管

AC.3.2.2.1 长度：____ mm

AC.3.2.2.2 内径：____ mm

AC.3.2.3 喷油器

AC.3.2.3.1 制造厂：____

AC.3.2.3.2 型号：____

AC.3.2.3.3 开启压力：____ kPa[1]

或特性曲线[1),2)]：____

AC.3.2.4 调速器

AC.3.2.4.1 制造厂：____

AC.3.2.4.2 型号：____

AC.3.2.4.3 全负荷开始减油点的转速：____ r/min

AC.3.2.4.4 最高空转转速：____ r/min

AC.3.2.4.5 怠速转速：____ r/min

AC.3.3 冷启动装置

AC.3.3.1 制造厂：____

AC.3.3.2 型号：____

AC.3.3.3 描述：____

AC.4 气阀正时

AC.4.1 气阀最大升程，开启和关闭角度：____

AC.4.2 基准值和(或)设定范围[1]：____

1）注明公差。

2）划掉不适用者。

附 录 B
（规范性附录）
试 验 规 程

B.1 概述

B.1.1 本附录描述了柴油机排气污染物的测量方法。
B.1.2 试验应在发动机测功机台架上进行。

B.2 试验条件

B.2.1 所有的体积和体积流量都必须折算到273K(0℃)和101.3 kPa的基准状态。
B.2.2 柴油机试验条件
B.2.2.1 柴油机进气的热力学温度 T_a 用K表示，干空气压 p_s 用kPa表示，应根据下列公式计算实验室大气因子 f_a：

对于自然吸气和机械增压柴油机：

$$f_a=\left(\frac{99}{p_s}\right)\times\left(\frac{T_a}{298}\right)^{0.7}$$

对于带或不带进气中冷的涡轮增压柴油机：

$$f_a=\left(\frac{99}{p_s}\right)^{0.7}\times\left(\frac{T_a}{298}\right)^{1.5}$$

B.2.2.2 试验有效性的判定

当实验室大气因子 f_a 满足下列条件时，认为试验有效：

$$0.96\leqslant f_a\leqslant 1.06$$

B.2.2.3 对于增压中冷柴油机，必须记录冷却介质和增压空气的温度。
B.2.3 柴油机进气系统

试验柴油机应该装有一套进气系统，其进气压力降应为制造厂规定的上限值：在制造厂规定的柴油机最大进气流量的工作条件下，由清洁的空气滤清器所产生的进气压力降。

如果试验室系统可以代表实际的柴油机运行条件，则可以使用试验室系统。

B.2.4 柴油机排气系统

试验柴油机应该装有一套排气系统，其排气背压为制造厂规定的上限值：即在柴油机最大标定功率的工作条件下所产生的排气背压。

B.2.5 冷却系统

柴油机的冷却系统应有足够的能力使柴油机保持制造厂规定的正常工作温度。

B.2.6 润滑油

应该记录试验时所用润滑油的规格。

B.2.7 试验燃油

试验时应该使用附录D表D.1规定的基准燃油。

试验用基准燃油的十六烷值、含硫量和密度应该分别记录在附录F附件FA的第FA.1.1.1条、第FA.1.1.2条和第FA.1.1.3条中。

喷油泵进口处的燃油温度应为306～316 K(33～43℃)，或符合制造厂的规定。

B.2.8 功率

比排放量测量以不修正的净功率为基础。

试验时，应拆除某些安装在柴油机上、仅用于操纵非道路移动机械所需的辅件。诸如：

——制动用空气压缩机；

——制动转向用压缩泵；

——空调压缩机；

——液压驱动泵。

见附录E的描述。

如上述辅件未被拆除，则应确定这些辅件在试验转速下所吸收的功率，以便按照第B.2.9条的规定计算测功机的设定值。

B.2.9 测功机设定值的确定

进气压力降和排气背压的设定值应根据第B.2.3条和第B.2.4条的规定调节到制造厂规定的上限。

为了计算规定试验工况的扭矩值，应根据试验确定规定试验转速下的最大扭矩值。对于不在全负荷扭矩特性曲线的转速范围内工作的柴油机，应由制造厂确定测试转速下的最大扭矩。

每个试验工况的柴油机设定值应用下列公式计算：

$$S=P_{(n)}\times\frac{L}{100}+(P_{(a)}-P_{(b)})$$

如果$\frac{P_{(b)}-P_{(a)}}{P_{(n)}}\geqslant 0.03$，则$(P_{(b)}-P_{(a)})$值需经型式核准机关同意。

B.3 试验

B.3.1 准备取样滤纸

试验前至少1 h，每张(对)滤纸应该放在一个有盖但不密封的培养皿中，放入称重室进行稳定。稳定结束后，应称量每张(对)滤纸的净质量并记录，然后把这张(对)滤纸放置在有盖的培养皿中或滤纸保持架上直到试验需要，如果这张(对)滤纸在离开称重室的8 h内没有使用，在使用前必须重新稳定、称重。

B.3.2 安装测量设备

仪器和取样探头应根据要求进行安装。当用全流稀释系统对排气进行稀释时，排气管应与系统相连。

B.3.3 起动稀释系统和柴油机

起动并预热稀释系统和柴油机直到在全负荷和额定转速下所有的温度和压力达到制造厂规定的要求。

B.3.4 调节稀释比

稀释空气的设定应保证每个试验工况滤纸表面温度不超过325 K(52℃)，总稀释比应该不低于4。

对全流稀释系统单滤纸方法，在所有工况下(对于没有旁通能力的系统每工况的前10s除外)，通过滤纸的取样质量流量与稀释排气质量流量应保持一恒定的比例，该质量流量比的偏差应控制在±5%以内。对部分流稀释系统单滤纸方法，在所有工况下(对于没有旁通能力的系统每工况的前10 s除外)，通过滤纸的取样质量流量应保持恒定，其偏差应控制在±5%以内。

B.3.5 背景颗粒物的测量

对单滤纸方法(多滤纸方法选用)，应启动颗粒物取样系统并在旁通条件下运行。按照附录B附件BA规定的方法对稀释空气进行颗粒物取样，测量稀释空气的背景颗粒物值。如果稀释空气经过过滤，可以在试验前、试验中、试验后的任何时间测量一次。如果稀释空气没有经过过滤，最少需要测量三次(即：启动后、接近试验循环中间和结束之前)，然后求平均值。

B.3.6　背景稀释空气浓度的测量

对于通过测量 CO_2 和 NO_x 浓度控制稀释比的系统，应在每次试验的开始和结束时测量稀释空气中 CO_2 和 NO_x 的含量，试验前后测量的稀释空气中 CO_2 和 NO_x 的背景浓度应分别在 100×10^{-6} 和 5×10^{-6} 以内。

当使用稀释排气分析系统时，相关的背景浓度应该根据整个试验过程中采入取样袋的稀释空气确定。

连续背景浓度测量(无取样袋)至少需要在试验前、接近试验循环中间和试验后测量 3 次，并求平均值。在制造厂的要求下，背景测量可以被忽略。

B.3.7　检查分析仪

应标定排放分析仪的零点和量距点。

B.3.8　试验程序

B.3.8.1　试验循环

B.3.8.1.1　对于在非恒定转速下工作的柴油机，按表 B.1.1 八工况循环进行试验。

表 B.1.1

工　况　号	柴油机转速	负荷百分比/%	加权系数
1	额定转速	100	0.15
2	额定转速	75	0.15
3	额定转速	50	0.15
4	额定转速	10	0.1
5	中间转速	100	0.1
6	中间转速	75	0.1
7	中间转速	50	0.1
8	怠　速	0	0.15

对于额定净功率小于 18 kW、在非恒定转速下工作的柴油机，也可以按表 B.1.2 六工况循环进行试验。

表 B.1.2

工　况　号	柴油机转速	负荷百分比/%	加权系数
1	额定转速	100	0.09
2	额定转速	75	0.20
3	额定转速	50	0.29
4	额定转速	25	0.30
5	额定转速	10	0.07
6	怠　速	0	0.05

B.3.8.1.2　对于在恒定转速下工作的柴油机，按表 B.2 五工况循环进行试验。

表 B.2

工　况　号	柴油机转速	负荷百分比[1]/%	加权系数
1	额定转速	100	0.05
2	额定转速	75	0.25
3	额定转速	50	0.3
4	额定转速	25	0.3
5	额定转速	10	0.1

1) 负荷百分比是在某一给定试验工况下，所需扭矩与该给定转速下最大可用扭矩之比的百分数。最大可用扭矩对应的功率(prime power)为在制造厂规定的保养周期内和大气条件下，可以不限工作小时数持续发出的功率。

B.3.8.2 柴油机的调节

为了使柴油机参数稳定到制造厂的规定值，应在额定转速和100%负荷百分比条件下预热柴油机和系统。

B.3.8.3 试验程序

按照第B.3.8.1条中表B.1.1、或表B.1.2、或表B.2列出的工况号的顺序，依次进行。

试验循环中，每工况过渡阶段以后，规定的转速必须保持稳定，偏差应在额定转速的±1%或±3 r/min，取其中较大值；怠速点应该在制造厂规定的偏差以内。规定扭矩在试验测量阶段的平均值应该保持稳定，偏差应在试验转速下最大扭矩的±2%以内。

每工况最少需要10 min，当对某台柴油机进行试验，为了在测量滤纸上获得足够的颗粒物质量，需要更长的取样时间时，试验工况时间可以根据需要延长。

工况时间应该记录并写入报告中。

在每个工况的最后3 min测量气态污染物浓度值并记录。

在柴油机达到稳定状态之前，不应该进行颗粒物的采样和气态污染物的测量，稳定条件由制造厂确定。颗粒物采样和气态污染物测量的完成时间应一致。

燃油温度应在制造厂规定的位置或在燃油喷射泵的进口测量，应记录测量点的位置。

B.3.8.4 分析仪响应

排气应至少在每工况的最后3 min通过分析仪，分析仪的输出结果应该用磁带记录仪或等效的数据采集系统记录。如果对稀释后的CO和CO_2气体使用取样袋方式测量，排气应在每工况的最后3 min进入取样袋，然后对取样袋分析并记录结果。

B.3.8.5 颗粒物取样

采用单滤纸方法或多滤纸方法进行颗粒物取样，由于使用不同的方法所产生的结果可能会略有不同，使用的方法必须和结果一起说明。

对单滤纸方法，试验循环中的加权系数在取样过程中应该考虑，并据此调节取样流量和取样时间。

必须尽可能在每个工况的最后进行取样，每个工况的取样时间，对单滤纸方法最少20 s，对多滤纸方法最少60 s；对没有旁通功能的系统，每工况的取样时间，对单滤纸和多滤纸方法最少必须60 s。

B.3.8.6 柴油机状态

当每工况柴油机稳定后，应该测量柴油机的速度和负荷、进气温度、燃油流量、进气或排气流量。

如果不可能进行排气流量的测量或进气和燃油消耗的测量，可以用碳平衡方法或氧平衡方法计算。

计算需要的任何附加的数据都必须记录。

B.3.9 分析仪的检查

排放试验过后，应该用零气和相同的量距气重新检查分析仪，如果试验前、后的检查结果相差不超过2%，则认为试验有效。

附　录　BA
（规范性附件）
测量和取样规程

BA.1　测量和取样规程

应使用附录C规定的系统来测量被提交试验的柴油机的排气污染物。附录C描述了推荐的气态污染物分析系统（见第C.1.1条）和推荐的颗粒物稀释和取样系统（见第C.1.2条）。

BA.1.1　测功机技术规格

应使用具有合适特性的测功机完成第B.3.8.1条表B.1.1、或表B.1.2、或表B.2规定的试验循环。扭矩和转速的测量仪器通过附加的计算，使测量的轴端功率在允许的功率范围内。

测量设备的精度应不超过表BA.1中给出的最大限值。

BA.1.2　排气流量

根据第BA.1.2.1条～第BA.1.2.4条提及的方法之一测量排气流量。

BA.1.2.1　直接测量方法

用流量喷嘴或等效的流量计系统[1)]直接测量排气流量。

BA.1.2.2　进气空气流量和燃油消耗量的测量方法

应使用符合表BA.1规定精度的空气流量计和燃油流量计测量进气空气流量和燃油消耗量。

排气流量按下式计算：

$$G_{EXHW}=G_{AIRW}+G_{FUEL}\text{（湿基排气质量流量）}$$

或

$$V_{EXHD}=V_{AIRD}-0.766\times G_{FUEL}\text{（干基排气体积流量）}$$

或

$$V_{EXHW}=V_{AIRW}-0.746\times G_{FUEL}\text{（湿基排气体积流量）}$$

BA.1.2.3　碳平衡方法

用碳平衡方法，根据燃油消耗量和排气浓度计算排气质量流量（见附件BC）。

BA.1.2.4　总稀释排气流量测量方法

当使用全流稀释系统时，总稀释排气（G_{TOTW}，V_{TOTW}）流量应该用PDP或CFV方式测量（见第C.1.2.1.2条），测量精度应符合第BB.2.2条的要求。

BA.1.3　测量设备精度要求

所有测量设备的校准应该可溯源到国家基准并满足表BA.1条件：

表 BA.1

序　号	项　目	允许偏差（柴油机最大值的±值）
1	柴油机转速	2%
2	扭　矩	2%
3	功　率	2%
4	燃油消耗量	2%
5	比油耗	不适用
6	空气消耗量	2%

1）详见ISO 5167描述。

续表

序　　号	项　　目	允许偏差(柴油机最大值的±值)
7	排气流量	4%
8	冷却液温度	2 K
9	润滑油温度	2 K
10	排气压力	最大值的5%
11	进气歧管阻力	最大值的5%
12	排气温度	15 K
13	进气温度	2 K
14	大气压力	读数的0.5%
15	进气湿度(相对湿度)	3%
16	柴油温度	2 K
17	稀释通道温度	1.5 K
18	稀释空气湿度	3%
19	稀释排气流量	读数的2%

BA.1.4 气态污染物的测定

BA.1.4.1 分析仪的一般技术规格

分析仪应该有适合用来测量排气组分浓度(见第BA.1.4.1.1条)所需精度的量程,推荐分析仪在满量程的15%到100%之间测量,应使测量的浓度落在此区间内。

如果满量程值是155×10^{-6}(或$10^{-6}C_1$)或以下,或读出系统(计算机,数据记录仪)在低于满量程15%时能达到足够的精度和分辨率,则低于满量程15%的浓度测量结果也可以接受,在这种情况下,要额外增加标定点以确保标定曲线的准确度(见第BB.1.5.5.2条)。

设备的电磁兼容性应达到使附加误差最小的水平。

BA.1.4.1.1 测量误差

总测量误差,包括对其他气体的交叉响应(见第BB.1.9条)应不超过读数的±5%或满量程的3.5%,取其中较小值。对低于100×10^{-6}的测量误差应不超过$\pm4\times10^{-6}$。

BA.1.4.1.2 重复性

对某一给定标定或量距气所测10次重复响应值标准差的2.5倍,对超过155×10^{-6}(或$10^{-6}C_1$)的这些气体,应不超过该量程满量程浓度的±1%,对低于155×10^{-6}(或$10^{-6}C_1$)的这些气体,应不超过该量程满量程浓度的±2%。

BA.1.4.1.3 噪声

在所有的应用量程,分析仪对零气、标定气或量距气在10 s期间的峰-峰响应值应不超过满量程的2%。

BA.1.4.1.4 零点漂移

在30 s的时间间隔内对零气(包括噪声在内)的平均响应。

对所用的最低量程,1 h期间的零点漂移不应该超过该量程满量程的2%。

BA.1.4.1.5 量距点漂移

在30 s的时间间隔内对量距气(包括噪声在内)的平均响应。

对所用的最低量程,1 h期间的量距点漂移不应该超过该量程满量程的2%。

BA.1.4.2 气体干燥

选用的气体干燥装置必须对所测气体的浓度影响最小，不可采用化学干燥剂除去样气中的水分。

BA.1.4.3 分析仪

第 BA.1.4.3.1 条～第 BA.1.4.3.4 条描述了所用分析仪的测量原理，测量系统的详细描述见附录 C。

测量的气体应用下列设备进行分析，对于非线性化分析仪，允许使用线性化电路。

BA.1.4.3.1 一氧化碳(CO)分析仪

一氧化碳分析仪应是不分光红外线吸收型分析仪(NDIR)。

BA.1.4.3.2 二氧化碳(CO_2)分析仪

二氧化碳分析仪应是不分光红外线吸收型分析仪(NDIR)。

BA.1.4.3.3 碳氢化合物(HC)分析仪

碳氢化合物分析仪应是加热型氢火焰离子化分析仪，需对检测器、阀、管道等元件加热以保持气体温度在 463 K±10 K(190℃±10℃)。

BA.1.4.3.4 氮氧化物(NO_x)分析仪

在干基情况下测量，氮氧化物分析仪应该选用带 NO_2/NO 转化器的化学发光检测器(CLD)或加热型化学发光检测器(HCLD)；如果在湿基情况下测量，在水熄光检查(见第 BB.1.9.2.2 条)满足要求的情况下，可以使用温度保持在 333 K(60℃)以上的带转化器的加热型化学发光检测器(HCLD)。

BA.1.4.4 气态污染物的取样

气态污染物取样探头必须装在离排气系统出口至少 0.5 m 或 3 倍排气管直径(取其较大者)的上游处，尽量远离排气管出口和靠近柴油机，以保证在探头处的排气温度不低于 343 K(70℃)。

对于具有分支排气歧管的柴油机，探头进口位置应位于下游足够远的地方，以保证所取气样代表了所有汽缸的平均排放物。若多缸柴油机具有几组排气歧管，如“V”型柴油机，允许从每组排气歧管单独采样，并计算平均排气排放量，也可使用与上述方法相关的其他方法。必须使用排气质量总流量计算排气排放量。

如果排气的成分受排气后处理系统的影响，进行第Ⅰ阶段限值试验时，排气取样必须在排气后处理系统的上游；进行第Ⅱ阶段限值试验时，排气取样必须在排气后处理系统的下游。当使用全流稀释系统测量颗粒物排放物时，气态污染物也可以根据稀释后排气测量确定。在稀释通道中，排气取样探头应该和颗粒物取样探头足够近(见第 C.1.2.1.2 条中 DT 和第 C.1.2.2 条中 PSP)，CO 和 CO_2 的排放测量可以选择把样气取入样气袋中，通过测量样气袋中气体浓度的方法确定。

BA.1.5 颗粒物的测量

颗粒物的测量需要使用稀释系统，稀释系统分为全流稀释系统和部分流稀释系统。稀释系统的流量能力应足以完全消除水在稀释和取样系统中的凝结，并使紧靠滤纸保持架上游处的稀释排气温度不超过 325 K(52℃)。如果空气湿度高，稀释空气在进入稀释通道前允许除湿。如果环境温度低于 293 K(20℃)，建议将稀释空气预热超过温度上限 303 K(30℃)。然而，将排气引入稀释通道前，稀释空气温度应不超过 325 K(52℃)。

对于部分流稀释系统，如第 C.1.2.1.1 条图 C.3～图 C.11 中 EP 和 SP 所示，颗粒物取样探头应该紧靠并位于排气取样探头的上游，排气取样探头由第 C.1.1.1 条定义。

部分流稀释系统设计成把排气流分成两部分，其中一小部分被空气稀释后用于颗粒物的测量，准确地测定稀释比是非常重要的。可以使用不同的气体分流方法，使用的分流方法在很大程度上决定了所用的取样系统和取样程序(见第 C.1.2.1.1 条)。

测量颗粒物质量需要有颗粒物取样系统、颗粒物取样滤纸、微克天平和控制温度及湿度的称重室。

对颗粒物取样，可以使用两种方法：

——单滤纸方法：在试验循环的所有工况使用一对滤纸(见第 BA.1.5.1.3 条)。在试验的取样阶段，必须特别注意取样时间和流量。然而，在整个试验循环只需要一对滤纸。

——多滤纸方法：在试验循环的每个工况使用一对滤纸(见第 BA.1.5.1.3 条)，这种方法对取样程序的要求更宽但需要多对滤纸。

BA.1.5.1 颗粒物取样滤纸

BA.1.5.1.1 滤纸规格

型式核准试验应使用碳氟化合物涂层的玻璃纤维滤纸或碳氟化合物为基体的膜片滤纸。对特殊应用，可以使用不同的滤纸材料。所有类型的滤纸，当气体迎面速度在 35～80 cm/s 时，对 0.3 μm 的 DOP(邻苯二甲酸二辛酯)应该至少有 95%的采集效率，当在试验室之间、制造厂和型式核准机构之间进行比对试验时，必须使用相同质量水平的滤纸。

BA.1.5.1.2 滤纸尺寸

颗粒物取样滤纸最小直径 47 mm(污染面直径 37 mm)，也可以使用更大直径的滤纸(见表 BA.2)。

BA.1.5.1.3 初级滤纸和次级滤纸

试验时，应该用一对串联布置的初级滤纸和次级滤纸对稀释排气进行采样，次级滤纸应该位于初级滤纸下游不超过 100 mm 的地方并且不应该和初级滤纸接触。滤纸应该分别称重或把滤纸的污染面对置后放在一起称重。

BA.1.5.1.4 滤纸迎面速度

气体通过滤纸的迎面速度应在 35～80 cm/s 之间。从试验开始到试验结束，压力降的增加量应不超过 25 kPa。

BA.1.5.1.5 滤纸荷重

对单滤纸方法，推荐的最小滤纸荷重是 0.5 mg/1 075 mm^2 污染面积，对最常用的滤纸尺寸，推荐荷重见表 BA.2。

表 BA.2

滤纸直径/mm	推荐的污染面直径/mm	推荐的最小荷重/mg
47	37	0.5
70	60	1.3
90	80	2.3
110	100	3.6

对多滤纸方法，所有滤纸之和的推荐最小滤纸荷重应是上述对应的推荐的最小荷重和工况数的平方根的乘积。

BA.1.5.2 称重室和分析天平

BA.1.5.2.1 称重室条件

在颗粒物取样滤纸预处理和称重期间，称重室的温度应该保持在 295 K±3 K(22℃±3℃)，湿度应保持在露点温度为 282.5 K±3 K(9.5℃±3℃)和相对湿度 45%±8%。

BA.1.5.2.2 参比滤纸的称量

在颗粒物取样滤纸稳定过程中，称重室内应无任何可能落在滤纸上的环境污染物(如灰尘)。允许称量室偏离第 BA.1.5.2.1 条的条件，只要偏离持续时间不超过 30 min。工作人员进入称重室进行称重时，称重室应符合第 BA.1.5.2.1 条的条件。在对取样滤纸(对)称重后的 4 h 内，应同时称重两张未经使用的参比滤纸或参比滤纸对，参比滤纸(对)的尺寸和材料应与取样滤纸相同。

在取样滤纸两次称重期间，如果参比滤纸(对)的平均质量的改变量超过推荐滤纸最小荷重(见第 BA.1.5.1.5 条)的±5%(滤纸对±7.5%)，则所有的取样滤纸作废，重做排放试验。

如称重室不符合第 BA.1.5.2.1 条的条件，但参比滤纸(对)称重符合上述要求，则柴油机制造厂可选择承认取样滤纸的质量，或否定该试验，在调整称重室控制系统后，重做试验。

BA. 1.5.2.3 分析天平

对于滤纸直径大于或等于 70 mm 的滤纸，用来称量滤纸质量的分析天平应有 20 μg 的精确度和 10 μg 的分辨率。对于滤纸直径小于 70 mm 的滤纸，分析天平的精确度和分辨率应分别为 2 μg 和 1 μg。

BA. 1.5.2.4 消除滤纸的静电效应

为了消除静电效应，滤纸应在称重之前中和。如用钚中和器或有相同效果的装置进行中和。

BA. 1.5.3 颗粒物测量的附加条件

从排气管到滤纸保持架，与原始排气和稀释排气接触的稀释系统和取样系统的所有部件，必须设计成对颗粒物的附着和改变为最小。所有部件应使用不与排气成分发生反应的导电材料来制造，并必须接地以防止静电效应。

附 件 BB
（规范性附件）
标 定 规 程

BB.1 分析仪器的标定

BB.1.1 概述

每台分析仪都应根据需要经常标定，以满足本标准对仪器准确度的要求。对于第 BA.1.4.3 条所列出的分析仪，本附件阐述了所用的标定方法。

BB.1.2 标定气

必须遵守所有标定气的贮存日期。

应记录制造厂规定的标定气体的失效日期。

BB.1.2.1 纯气体

应具备下列工作气体，气体中杂质的含量不能超过下列限值要求：

——纯氮气，其中杂质：C≤1×10^{-6}，CO≤1×10^{-6}，CO_2≤400×10^{-6}，NO≤0.1×10^{-6}

——纯氧气：纯度（体积分数）>99.5%

——氢-氦混合气（体积分数 40%±2% 氢气，氦气做平衡气），其中杂质：C≤1×10^{-6}，CO_2≤400×10^{-6}

——合成空气，其中杂质：C≤1×10^{-6}，CO≤1×10^{-6}，CO_2≤400×10^{-6}，NO≤0.1×10^{-6}；氧（体积分数）18%～21%

BB.1.2.2 标定气和量距气

应具备下列化学组分的混合气体：

——C_3H_8 和合成空气

——CO 和纯氮气

——NO 和纯氮气（在此标定气中 NO_2 含量不得超过 NO 含量的 5%）

——O_2 和纯氮气

——CO_2 和纯氮气

注：允许使用其他混合气体，只要这些气体之间不互相反应。标定气和量距气的实际浓度必须在标称值的±2%以内，所有标定气和量距气的浓度应以体积分数（10^{-6}或%）表示。

用作标定和量距的气体也可用气体分割器获得，用纯氮气或合成空气稀释。混合装置的准确度必须使稀释标定气体的浓度误差控制在±2%以内。

BB.1.3 分析仪和取样系统的操作规程

分析仪的操作规程应遵守仪器制造厂的启动和操作说明书。应包括第 BB.1.4 条～第 BB.1.9 条给出的最低要求。

BB.1.4 泄漏试验

应进行系统的泄漏试验。将取样探头从排气系统拆下，用塞子堵住端部，启动分析仪取样泵，初始稳定期过后，所有流量计读数应为零。如不为零，应检查取样管路并排除故障。最大允许泄漏量为系统受检部分在用流量的 0.5%。在用流量用分析仪流量和旁通流量进行估算。

另一种方法：在取样管路前端引入从零气到量距气的浓度阶梯增加的标气，假如经过足够长时间后，分析仪读数显示的浓度低于引入的量距气的浓度，则表示有标定或泄漏问题。

BB.1.5 标定规程

BB.1.5.1 分析仪总成

应该标定分析仪总成，并用标定气检查标定曲线。标定气所用流量应与排气取样的流量相同。

BB.1.5.2 预热时间

预热时间应按照制造厂的规定。若无规定,建议分析仪至少预热 2 h。

BB.1.5.3 NDIR 和 HFID 分析仪

应按需要调整 NDIR 分析仪,并将 HFID 分析仪的燃烧火焰调至最佳(见第 BB.1.8.1 条规定)。

BB.1.5.4 标定

应标定通常使用的工作量程。

应使用合成空气(或氮气)标定 CO,CO_2,NO_x,HC 和 O_2 分析仪的零位。

将适当的标定气引入分析仪,记录其值,并按第 BB.1.5.5 条建立标定曲线。

必要时,再次检查零点标定,并重复标定规程。

BB.1.5.5 建立标定曲线

BB.1.5.5.1 总则

分析仪的标定曲线至少应由 5 个尽可能均匀分布的标定点(不包括零点)组成。最高标称浓度应等于或高于满量程的 90%。

标定曲线应用最小二乘法计算。如所用多项式的次数大于 3,则标定点(包括零点)的数目至少应等于该多项式次数加 2。

标定曲线与每个标定点的标称值之差不得大于±2%,而在零点应不大于满量程的±1%。

根据标定曲线和标定点就能检验标定是否正确,应表明分析仪的不同特性参数,特别是:

——测量范围

——灵敏度

——标定日期

BB.1.5.5.2 低于 15%满量程的标定

分析仪的标定曲线至少应由 10 个间距大致相等的标定点(不包括零点)组成,其中 50%的标定点在满量程的 10%以下。

标定曲线用最小二乘法计算。

标定曲线与每个标定点的标称值之差不得大于±4%,而在零点应不大于满量程的±1%。

BB.1.5.5.3 替代方法

如果能表明替代技术(如计算机、电子控制量程开关等)能达到同等的准确度,则可使用这些替代技术。

BB.1.6 标定的验证

每次工作前,应按照下列程序检查每个通常使用的工作量程。

使用零气和量距气检查标定,量距气的标称值为测量满量程的 80%以上。

如果该两点的实测值与标称值之差不大于满量程的±4%,则可修改调整参数。否则,应按照第 BB.1.5.5 条建立新的标定曲线。

BB.1.7 NO_x 转化器的效率检验

按第 BB.1.7.1 条~第 BB.1.7.8 条的规定,检验转化器把 NO_2 转化为 NO 的效率。

BB.1.7.1 检验装置

利用图 BB.1 所示的检验装置及以下程序,用臭氧发生器检验转化器的效率。

BB.1.7.2 标定

应根据制造厂的规范,用零气和量距气在最常用工作量程标定 CLD 和 HCLD(量距气的 NO 含量应达到工作量程的 80%左右,混合气中的 NO_2 浓度小于 NO 浓度的 5%)。NO_x 分析仪应置于 NO 模式,使量距气不通过转化器,记录指示浓度。

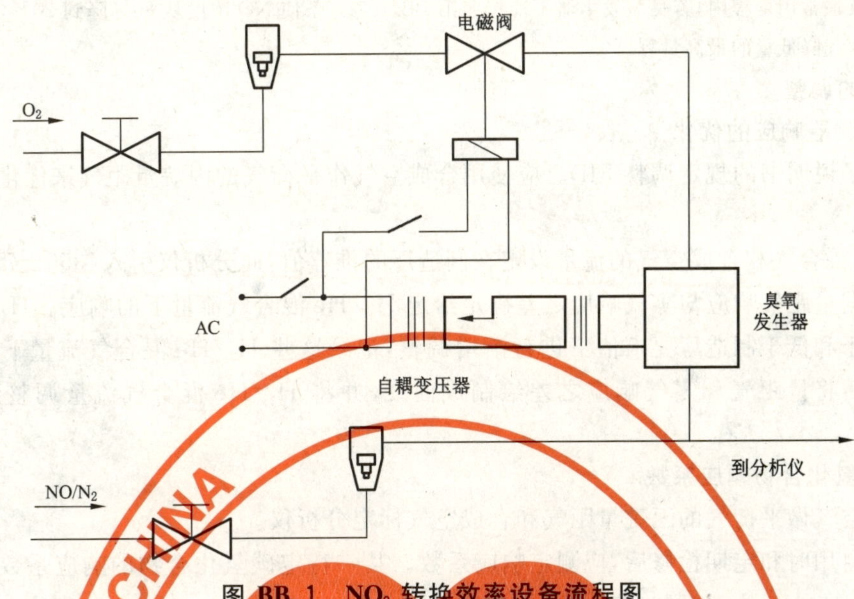

图 BB.1 NO_2 转换效率设备流程图

BB.1.7.3 计算

NO_x 转化器的效率按下式计算：

$$\eta=\left(1+\frac{a-b}{c-d}\right)\times 100$$

式中：

η——转化器的效率，%；

a——按照第 BB.1.7.6 条得到的 NO_x 浓度；

b——按照第 BB.1.7.7 条得到的 NO_x 浓度；

c——按照第 BB.1.7.4 条得到的 NO 浓度；

d——按照第 BB.1.7.5 条得到的 NO 浓度。

BB.1.7.4 加入氧气

分析仪置于 NO 模式，通过一个"T"F 型接头，将氧气或合成空气连续加入气流中，直到指示浓度比第 BB.1.7.2 条给出的标定浓度低 20%左右，记录指示浓度(c)。在此过程中臭氧发生器不起作用。

BB.1.7.5 激发臭氧发生器

分析仪置于 NO 模式，激发臭氧发生器以产生足够的臭氧，使 NO 浓度降到约为第 BB.1.7.2 条给出的标定浓度的 20%(最低 10%)，记录指示浓度(d)。

BB.1.7.6 NO_x 模式

分析仪切换到 NO_x 模式，使混合气(含有 NO,NO_2,O_2 和 N_2)通过转化器，记录指示浓度(a)。

BB.1.7.7 停止激发臭氧发生器

分析仪置于 NO_x 模式，停止激发臭氧发生器，使第 BB.1.7.6 条所述的混合气通过转化器，记录指示浓度(b)。

BB.1.7.8 NO 模式

臭氧发生器停止激发的情况下，切换到 NO 模式，氧气或合成空气的气流也被切断，分析仪的 NO_x 读数不应偏离按照第 BB.1.7.2 条测得值±5%以上。

BB.1.7.9 试验间隔

在每次标定 NO_x 分析仪前均应进行转换器的效率试验。

BB.1.7.10 效率要求

转化器的效率不应低于 90%，但推荐最好超过 95%。

注：在分析仪最常用量程内，若臭氧发生器不能按照第 BB.1.7.5 条使 NO 浓度从 80%降到 20%，则在试验时应使用能达到此降低量的最高量程。

BB.1.8 FID 的调整

BB.1.8.1 检测器响应的优化

应按制造厂说明书的规定调整 FID。应使用合成空气作平衡气的丙烷量距气来优化最常用量程的响应。

将 H_2/He 混合气和合成空气的流量设定在制造厂的推荐值，向分析仪引入$(350\pm75)\times10^{-6}C_1$ 的量距气。应根据量距气响应与零气响应之差确定给定 H_2/He 混合气流量下的响应。H_2/He 混合气流量应分别在高于和低于制造厂要求值下进行渐增调整，记录这些 H_2/He 混合气流量下的量距气和零气的响应。然后将量距气和零气响应之差绘制成曲线，并将 H_2/He 混合气流量调整到曲线的高响应区。

BB.1.8.2 碳氢化合物响应系数

使用合成空气做平衡气的丙烷量距气和合成空气标定分析仪。

分析仪在启用时和定期检修后，应测定响应系数。某一特定碳氢化合物的响应系数(R_f)是指 FID 的 C_1 读数与以 $10^{-6}C_1$ 表示的气瓶气体浓度之比。

测试气体的浓度必须能够产生满量程 80%左右的响应。基于重量基准，用体积表示的已知浓度必须达到±2%的准确度。另外，气瓶应在 298 K±5 K(25℃±5℃)温度下预处理 24 h。

所使用的测试气体和推荐的响应系数范围如下：

甲烷和合成空气　　$1.00\leqslant R_f\leqslant1.15$

丙烯和合成空气　　$0.90\leqslant R_f\leqslant1.10$

甲苯和合成空气　　$0.90\leqslant R_f\leqslant1.10$

以上各值均指相对于丙烷和合成空气的 R_f 为 1 时的响应系数。

BB.1.8.3 氧干扰检查

分析仪在启用时和定期检修后，应检查氧干扰。

应按第 BB.1.8.2 条的规定测定响应系数，所使用的检验气体和推荐的响应系数如下：

丙烷和纯氮气　　$0.95\leqslant R_f\leqslant1.15$

此值是指相对于丙烷和合成空气的 R_f 为 1 时的响应系数。

FID 燃烧器中空气的氧浓度应在最近氧干扰检查时所用燃烧器中空气的氧浓度的±1 mol%以内，假如相差很大，应进行氧干扰检查，必要时应调整分析仪。

BB.1.9 NDIR 和 CLD 分析仪的干扰影响

除所分析的气体外，排气中存在的其他气体会以多种方式干扰读数。NDIR 仪器中出现的正干扰，是指干扰气体产生与被测气体的相同的作用，但影响程度较小。NDIR 仪器中出现的负干扰，是指由于干扰气体扩大了被测气体的吸收带；而在 CLD 仪器中出现的负干扰则是由于干扰气体的熄光作用。分析仪在启用前和定期检修后，应按照第 BB.1.9.1 条和第 BB.1.9.2 条的规定进行干扰检查。

BB.1.9.1 CO 分析仪的干扰检查

水和 CO_2 会干扰 CO 分析仪的性能。因此，应在室温下，将浓度为试验时所用最大工作量程 80%～100%的 CO_2 量距气从水中冒泡流出，并记录分析仪的响应值。若 CO 量程等于或高于 300×10^{-6}，分析仪的响应值应不大于满量程的 1%，若 CO 量程低于 300×10^{-6}，分析仪的响应值应不大于3×10^{-6}。

BB.1.9.2 NO_x 分析仪的熄光检查

对 CLD(或 HCID)分析仪有熄光作用的两种气体是 CO_2 和水蒸气。这些气体的熄光响应与其浓度成正比，因而要求用试验方法，在试验经验认为的最高浓度下，测定熄光。

BB.1.9.2.1 CO_2 熄光检查

将浓度为最大工作量程80%～100%满量程的CO_2量距气通入NDIR分析仪，记录CO_2值作为A；然后用NO量距气将其稀释到50%左右，并通入NDIR和(H)CLD，记录CO_2和NO值分别作为B和C；然后切断CO_2，只让NO量距气通过(H)CLD，记录NO值作为D。

按下式计算的熄光应不超过3%：

$$CO_2\ 熄光(\%)=\left[1-\left(\frac{C\times A}{D\times A-D\times B}\right)\right]\times 100$$

式中：

A——NDIR测定的未稀释CO_2浓度，%；

B——NDIR测定的稀释CO_2浓度，%；

C——(H)CLD测定的稀释NO浓度，10^{-6}；

D——(H)CID测定的未稀释NO浓度，10^{-6}。

BB.1.9.2.2 水熄光检查

这种检查仅适用于湿基NO_x分析仪。水熄光计算必须用水蒸气稀释NO量距气，并且使混合气的水蒸气浓度达到预期在试验中出现的浓度。

将浓度为常用工作量程80%～100%满量程的NO量距气通入(H)CLD，记录NO值作为D；NO量距气从室温下的水中冒泡流出通过NO分析仪，记录NO值作为C。测定分析仪的绝对压力和起泡器水温，分别记录作为E和F。计算对应于起泡器水温(F)的混合气饱和蒸汽压力，记录作为G，按下式计算混合气的水蒸气浓度(H,%)：

$$H=100\times\left(\frac{G}{E}\right)$$

按下式计算预期的稀释NO量距气(水蒸气中)的浓度(D_e)：

$$D_e=D\times\left(1-\frac{H}{100}\right)$$

对于柴油机排气，假设燃料原子H：C为1.8：1，根据未稀释CO_2量距气的浓度(A，按第BB.1.9.2.1条测定)，试验期间排气中预期的最大水蒸气浓度(H_m,%)估算如下：

$$H_m=0.9\times A$$

按下式计算的水熄光应不超过3%：

$$H_2O\ 熄光(\%)=100\times\left(\frac{D_e-C}{D_e}\right)\times\left(\frac{H_m}{H}\right)$$

式中：

D_e——预期稀释NO的浓度，10^{-6}；

C——稀释NO的浓度，10^{-6}；

H_m——最大水蒸气浓度，%；

H——实际水蒸气浓度，%。

注：由于熄光计算中未考虑NO_2在水中的吸收，所以在该检查中NO量距气所含NO_2浓度要尽量低。

BB.1.10 标定周期

至少每3个月按照第BB.1.5条规定标定分析仪一次，或在系统检修、调整后可能影响标定时进行标定。

BB.2 颗粒物测量系统的标定

BB.2.1 概述

为了达到本标准的精度要求，每个部件都应经常标定。本节叙述第BA.1.5条和附录C中所示部件的标定方法。

BB.2.2 流量测量

气体流量计或流量测量仪的标定应溯源到国际标准和(或)国家标准。

测量值的最大误差应在读数的±2%以内。

如气体流量用差压流量测量法测定,流量差值的最大误差应使 G_{EDFW} 的准确度在±4%以内(参见第 C.1.2.1.1 条 EGA)。该值可用各仪器误差的均方根进行计算。

BB.2.3 检查稀释比

当使用不带排气分析仪的颗粒物取样系统时(见第 C.1.2.1.1 条),对每一台新安装的柴油机,通过运转柴油机及测量在原始排气或稀释排气中 CO_2 或 NO_x 浓度的方法来检查稀释比。

测量的稀释比应在根据测量的 CO_2 或 NO_x 浓度计算的稀释比的±10%以内。

BB.2.4 检查部分流条件

应检查排气速度和压力波动范围,如适用,根据第 C.1.2.1.1 条中 EP 的要求进行调整。

BB.2.5 标定周期

流量测量装置应定期标定,或系统发生改变可能影响标定时进行标定。

附 件 BC
（规范性附件）
数据确定和计算

BC.1 数据确定和计算

BC.1.1 气态污染物数据确定

气态污染物的确定，应将每工况最后 60 s 记录的读数取平均值。应根据记录读数的平均值和相应的校正数据确定每个工况的 HC、CO、NO_x 和 CO_2（如果使用碳平衡法）的平均浓度（conc）。如果能够确保获取等效数据，可以使用不同的记录形式。

可以根据稀释空气取样袋的读数或连续背景读数和相应的校正数据确定平均背景浓度（$conc_d$）。

BC.1.2 颗粒物

颗粒物排放量的确定，应该记录每工况通过滤纸的取样质量（$M_{SAM,i}$）或体积（$V_{SAM,i}$）。

试验完成后，应将滤纸送回称重室稳定至少 1 h，但不超过 80 h，然后称重。记录滤纸的总质量并减去其净质量（见第 B.3.1 条），颗粒物质量（M_f 对单滤纸方法，$M_{f,i}$ 对多滤纸方法）是在初级、次级滤纸收集的颗粒物质量之和。

如果进行背景校正，应该记录通过滤纸的稀释空气质量（M_{DIL}）或体积（V_{DIL}）和颗粒物质量（M_d）。如果进行多次测量，应该计算每次测量的 M_d/M_{DIL} 或 M_d/V_{DIL} 并取平均值。

BC.1.3 气态污染物的计算

应该根据下列步骤计算试验的最终结果。

BC.1.3.1 排气流量的确定

应该根据第 BA.1.2.1 条～第 BA.1.2.3 条确定每工况的排气流量（G_{EXHW}，V_{EXHW} 或 V_{EXHD}）。

当使用全流稀释系统时，应该根据第 BA.1.2.4 条计算每工况的总稀释排气流量（G_{TOTW}；V_{TOTW}）。

BC.1.3.2 干/湿基校正

当应用 G_{EXHW}、V_{EXHW}、G_{TOTW} 或 V_{TOTW} 时，如果不是在湿基状况下测量，应该根据下列公式将干基浓度转换成湿基浓度：

$$\text{conc(湿)} = K_w \times \text{conc(干)}$$

对原始排气取样：

$$K_{w,r,1} = \left(1 - F_{FH} \times \frac{G_{FUEL}}{G_{AIRD}}\right) - K_{w2}$$

或

$$K_{w,r,2} = \left(\frac{1}{1 + 1.85 \times 0.005 \times (CO\%[\text{干}] + CO_2\%[\text{干}])}\right) - K_{w2}$$

对稀释排气取样：

$$K_{w,e,1} = \left(1 - \frac{1.85 \times CO_2\%(\text{湿})}{200}\right) - K_{w1}$$

或

$$K_{w,e,2} = \left(\frac{1 - K_{w1}}{1 + \frac{1.85 \times CO_2\%(\text{干})}{200}}\right)$$

FH 由下面的公式计算：

$$F_{FH} = \frac{1.969}{\left(1 + \frac{G_{FUEL}}{G_{AIRW}}\right)}$$

对稀释空气：

$$K_{w,d}=1-K_{w1}$$

$$K_{w1}=\frac{1.608\times[H_d\times(1-1/DF)+H_a\times(1/DF)]}{1\,000+1.608\times[H_d\times(1-1/DF)+H_a\times(1/DF)]}$$

式中：

$$H_d=\frac{6.22\times R_d\times p_d}{p_B-p_d\times R_d\times 10^{-2}}$$

$$H_a=\frac{6.22\times R_a\times p_a}{p_B-p_a\times R_a\times 10^{-2}}$$

对进气(如果不同于稀释空气)：

$$K_{w,a}=1-K_{w2}$$

$$K_{w2}=\frac{1.608\times H_a}{1\,000+1.608\times H_a}$$

$$H_a=\frac{6.22\times R_a\times p_a}{p_B-p_a\times R_a\times 10^{-2}}$$

BC.1.3.3 NO_x 湿度校正

由于 NO_x 排放与环境大气条件有关，NO_x 浓度应该根据下式给出的系数 K_H 进行环境温度和湿度校正，NO_x 湿度校正系数公式如下：

$$K_H=\frac{1}{1+A\times(H_a-10.71)+B\times(T_a-298)}$$

式中：

$$A=0.309\times\frac{G_{FUEL}}{G_{AIRD}}-0.026\,6$$

$$B=-0.209\times\frac{G_{FUEL}}{G_{AIRD}}+0.009\,54$$

$$H_a=\frac{6.22\times R_a\times p_a}{p_B-p_a\times R_a\times 10^{-2}}$$

BC.1.3.4 排放物质量流量计算

每工况的排放物质量流量应根据下式计算：

(a) 对原始排气[1]：

$$Gas_{mass}=u\times conc\times G_{EXHW}$$

或

$$Gas_{mass}=v\times conc\times V_{EXHD}$$

或

$$Gas_{mass}=w\times conc\times V_{EXHW}$$

(b) 对稀释排气：

$$Gas_{mass}=u\times conc_c\times G_{TOTW}$$

或

$$Gas_{mass}=w\times conc_c\times V_{TOTW}$$

式中：

$conc_c$ 是背景校正浓度

$$conc_c=conc-conc_d\times(1-1/DF)$$

---

1) NO_x 浓度(conc NO_x 或 $conc_c$ NO_x)必须乘以 K_H(NO_x 湿度校正系数，见 BC.1.3.3)，公式如下：

$$K_H\times conc\ NO_x(或\ conc_c\ NO_x)$$

$$DF=\frac{13.4}{\mathrm{concCO_2}+(\mathrm{concCO}+\mathrm{concHC})\times 10^{-4}}$$

表 BC.1 给出了使用系数，u—湿基，v—干基，w—湿基。

表 BC.1 质量流量计算使用系数

气体	u	v	w	conc
NO_x	0.001 587	0.002 053	0.002 053	10^{-6}
CO	0.000 966	0.001 25	0.001 25	10^{-6}
HC	0.000 479	—	0.000 619	10^{-6}
CO_2	15.19	19.64	19.64	%

BC.1.3.5 比排放量的计算

每一种组分的比排放量[g/(kW·h)]应该根据下列公式计算：

$$每种气体=\frac{\sum_{i=1}^{n}(\mathrm{Gas}_{\mathrm{mass},i}\times WF_i)}{\sum_{i=1}^{n}(P_{(\mathrm{n})i}\times WF_i)}$$

在上述计算中使用的加权系数和工况号(n)按照第 B.3.8.1 条的规定。

BC.1.4 颗粒物的计算

颗粒物应该根据下列公式计算：

BC.1.4.1 颗粒物的湿度校正系数

由于柴油机的颗粒物排放与环境大气条件有关，颗粒物质量流量应该用下式的系数 K_p 对环境空气湿度进行校正，用于计算最终结果的颗粒物的质量流量 PM_{mass} 等于测量的颗粒物的质量乘以湿度校正系数 K_p。

$$K_p=\frac{1}{1+0.0133\times(H_a-10.71)}$$

$$H_a=\frac{6.22\times R_a\times p_a}{p_B-p_a\times R_a\times 10^{-2}}$$

BC.1.4.2 部分流稀释系统

颗粒物的最终结果应该根据下列步骤确定。由于使用不同的稀释流量控制方式，对当量排气质量流量 G_{EDFW} 或当量排气体积流量 V_{EDFW} 可以使用不同的计算方法。所有的计算应以各工况取样阶段的平均值为基础。

BC.1.4.2.1 等动态系统

$$G_{\mathrm{EDFW},i}=G_{\mathrm{EXHW},i}\times q_i$$

或

$$V_{\mathrm{EDFW},i}=V_{\mathrm{EXHW},i}\times q_i$$

式中：

$$q_i=\frac{G_{\mathrm{DILW},i}+(G_{\mathrm{EXHW},i}\times r)}{(G_{\mathrm{EXHW},i}\times r)}$$

或

$$q_i=\frac{V_{\mathrm{DILW},i}+(V_{\mathrm{EXHW},i}\times r)}{(V_{\mathrm{EXHW},i}\times r)}$$

式中：

$$r=\frac{A_p}{A_T}$$

BC. 1. 4. 2. 2　带 CO_2 或 NO_x 浓度测量的系统

$$G_{EDFW,i}=G_{EXHW,i}\times q_i$$

或

$$V_{EDFW,i}=V_{EXHW,i}\times q_i$$

$$q_i=\frac{conc_{E,i}-conc_{A,i}}{conc_{D,i}-conc_{A,i}}$$

式中：

$conc_E$——原始排气中示踪气的湿基浓度；

$conc_D$——稀释排气中示踪气的湿基浓度；

$conc_A$——稀释空气中示踪气的湿基浓度。

应根据第 BC. 1. 3. 2 条，将测得的干基浓度转换为湿基浓度。

BC. 1. 4. 2. 3　带 CO_2 测量和碳平衡法的系统

$$G_{EDFW,i}=\frac{206.6\times G_{FUEL,i}}{CO_{2D,i}-CO_{2A,i}}$$

式中：

CO_{2D}——稀释排气中 CO_2 浓度，以湿基体积分数(%)表示；

CO_{2A}——稀释空气中 CO_2 浓度，以湿基体积分数(%)表示。

下式的计算是以碳平衡假设为依据(即：供给柴油机的碳原子全部以 CO_2 形式排出)。

$$G_{EDFW,i}=G_{EXHW,i}\times q_i$$

$$q_i=\frac{206.6\times G_{FUEL,i}}{G_{EXHW,i}\times(CO_{2D,i}-CO_{2A,i})}$$

BC. 1. 4. 2. 4　带流量测量的系统

$$G_{EDFW,i}=G_{EXHW,i}\times q_i$$

$$q_i=\frac{G_{TOTW,i}}{G_{TOTW,i}-G_{DILW,i}}$$

BC. 1. 4. 3　全流稀释系统

应该按照下列步骤确定颗粒物的最终结果。

所有计算应以各工况取样阶段的平均值为依据。

$$G_{EDFW,i}=G_{TOTW,i}$$

或

$$V_{EDFW,i}=V_{TOTW,i}$$

BC. 1. 4. 4　颗粒物质量流量计算

颗粒物质量流量应根据如下公式计算：

对单滤纸方法：

$$PM_{mass}=\frac{M_f}{M_{SAM}}\times\frac{(G_{EDFW})_{aver}}{1\,000}$$

或

$$PM_{mass}=\frac{M_f}{V_{SAM}}\times\frac{(V_{EDFW})_{aver}}{1\,000}$$

式中：

整个试验循环中的$(G_{EDFW})_{aver}$，$(V_{EDFW})_{aver}$，$(M_{SAM})_{aver}$，$(V_{SAM})_{aver}$是取样过程中各工况的加权平均值之和。

$$(G_{EDFW})_{aver}=\sum_{i=1}^{n}(G_{EDFW,i}\times WF_i)$$

$$(V_{EDFW})_{aver}=\sum_{i=1}^{n}(V_{EDFW,i}\times WF_i)$$

$$M_{SAM}=\sum_{i=1}^{n}M_{SAM,i}$$

$$V_{SAM}=\sum_{i=1}^{n}V_{SAM,i}$$

式中：$i=1,\cdots,n$

对多滤纸方法：

$$PM_{mass,i}=\frac{M_{f,i}}{M_{SAM,i}}\times\frac{G_{EDFW,i}}{1\ 000}$$

或

$$PM_{mass,i}=\frac{M_{f,i}}{V_{SAM,i}}\times\frac{V_{EDFW,i}}{1\ 000}$$

式中：$i=1,\cdots,n$

颗粒物质量流量根据下式进行背景校正：

对单滤纸方法：

$$PM_{mass}=\left[\frac{M_f}{M_{SAM}}-\left(\frac{M_d}{M_{DIL}}\times\left(\sum_{i=1}^{n}\left(\left(1-\frac{1}{DF_i}\right)\times WF_i\right)\right)\right)\right]\times\frac{(G_{EDFW})_{aver}}{1\ 000}$$

或

$$PM_{mass}=\left[\frac{M_f}{V_{SAM}}-\left(\frac{M_d}{V_{DIL}}\times\left(\sum_{i=1}^{n}\left(\left(1-\frac{1}{DF_i}\right)\times WF_i\right)\right)\right)\right]\times\frac{(V_{EDFW})_{aver}}{1\ 000}$$

如果是多次测量，则(M_d/M_{DIL})或(M_d/V_{DIL})应分别被$(M_d/M_{DIL})_{aver}$或$(M_d/V_{DIL})_{aver}$替代。

$$DF=\frac{13.4}{concCO_2+(concCO+concHC)\times10^{-4}}$$

或

$$DF=\frac{13.4}{concCO_2}$$

对多滤纸方法：

$$PM_{mass,i}=\left[\frac{M_{f,i}}{M_{SAM,i}}-\left(\frac{M_d}{M_{DIL}}\times\left(1-\frac{1}{DF}\right)\right)\right]\times\frac{G_{EDFW,i}}{1\ 000}$$

或

$$PM_{mass,i}=\left[\frac{M_{f,i}}{V_{SAM,i}}-\left(\frac{M_d}{M_{DIL}}\times\left(1-\frac{1}{DF}\right)\right)\right]\times\frac{V_{EDFW,i}}{1\ 000}$$

如果是多次测量，则(M_d/M_{DIL})或(M_d/V_{DIL})应分别被$(M_d/M_{DIL})_{aver}$或$(M_d/V_{DIL})_{aver}$替代。

$$DF=\frac{13.4}{concCO_2+(concCO+concHC)\times10^{-4}}$$

或

$$DF=\frac{13.4}{concCO_2}$$

BC.1.4.5 比排放量的计算

颗粒物比排放量PM[g/(kW·h)]应该根据下列公式计算[1]：

对单滤纸方法：

$$PM=\frac{PM_{mass}}{\sum_{i=1}^{n}(P_{(n)i}\times WF_i)}$$

---

1) PM_{mass}必须乘以K_p(颗粒物的湿度校正系数，见BC.1.4.1)。

对多滤纸方法：

$$\mathrm{PM}=\frac{\sum_{i=1}^{n}(\mathrm{PM}_{\mathrm{mass},i}\times WF_i)}{\sum_{i=1}^{n}(\mathrm{P}_{(\mathrm{n})i}\times WF_i)}$$

BC.1.4.6 颗粒物比排放量的硫含量修正

考虑到市场趋势的变动，为了保持同一个标准，根据用户的要求，对不带后处理装置的柴油机初次型式核准，允许使用含硫量 500×10^{-6}（最低 300×10^{-6}）的燃油。在此情况下，测量颗粒物必须按下述公式修正到名义硫含量 $1\,500\times10^{-6}$ 的燃油的颗粒物比排放量值：

$$\mathrm{PM}_{\mathrm{adj}}=\mathrm{PM}+[\mathrm{SFC}\times0.091\,7\times(\mathrm{NSLF}-\mathrm{FSF})]$$

式中：

$\mathrm{PM}_{\mathrm{adj}}$——颗粒物比排放量的修正值，g/(kW·h)；

PM——测量的颗粒物比排放量，g/(kW·h)；

NSLF——名义硫含量质量分数，如 0.15%/100；

FSF——燃油硫含量质量分数，%/100；

SFC——根据下式计算的加权比燃油消耗量，g/(kW·h)

$$\mathrm{SFC}=\frac{\sum_{i=1}^{n}(G_{\mathrm{FUEL},i}\times WF_i)}{\sum_{i=1}^{n}(P_{(\mathrm{n})i}\times WF_i)}$$

BC.1.4.7 有效加权系数

对单滤纸方法，每工况的有效加权系数应根据下列公式计算：

$$WF_{\mathrm{E},i}=\frac{M_{\mathrm{SAM},i}\times(G_{\mathrm{EDFW},i})_{\mathrm{aver}}}{M_{\mathrm{SAM}}\times G_{\mathrm{EDFW},i}}$$

或

$$WF_{\mathrm{E},i}=\frac{V_{\mathrm{SAM},i}\times(V_{\mathrm{EDFW},i})_{\mathrm{aver}}}{V_{\mathrm{SAM}}\times V_{\mathrm{EDFW},i}}$$

式中：$i=1,\cdots,n$

有效加权系数应在表 B.1.1、或表 B.1.2、或表 B.2 列出的加权系数的±0.005（绝对值）范围内。

附 录 C
（规范性附录）
气体和颗粒物取样系统

C.1 分析和取样系统

气体和颗粒物取样系统见表C.1。

表C.1 气体和颗粒物取样系统

图 号	描 述
图C.1	原始排气的排气分析系统
图C.2	稀释排气的排气分析系统
图C.3	部分流，等动态流，抽气泵控制，部分取样
图C.4	部分流，等动态流，压气机控制，部分取样
图C.5	部分流，CO_2 和 NO_x 控制，部分取样
图C.6	部分流，CO_2 和碳平衡控制，全部取样
图C.7	部分流，单文丘里管和浓度测量，部分取样
图C.8	部分流，双文丘里管或孔板和浓度测量，部分取样
图C.9	部分流，管路分流和浓度测量，部分取样
图C.10	部分流，流量控制，全部取样
图C.11	部分流，流量控制，部分取样
图C.12	全流，容积泵或临界流文丘里管，部分取样
图C.13	颗粒物取样系统
图C.14	全流稀释系统

C.1.1 气态污染物的测定

第C.1.1.1条图C.1和图C.2中包含推荐的取样和分析系统的详细描述，由于不同的配置能产生相同的效果，完全符合这些图没有必要。可以使用附加部件，如仪表、阀、电磁阀、泵和开关，以便提供附加的信息及协调部件系统的功能。若其他部件对于保持某些系统精确度并非必需，则可凭成熟的工程判断加以去除。

C.1.1.1 气态污染物组分CO，CO_2，HC，NO_x

对在原始排气和稀释排气中测定气态污染物的分析系统的描述是建立在使用以下分析仪的基础上的。

——测量碳氢化合物的HFID；

——测量CO和 CO_2 的NDIR；

——测量 NO_x 的HCLD或等效的分析仪。

对原始排气（图C.1），所有组分的取样可以用一个取样探头或两个相互靠近的取样探头并在内部分流到不同的分析仪。应采取措施确保在分析系统的任何部位不发生排气组分（包括水和硫酸盐）的凝结。

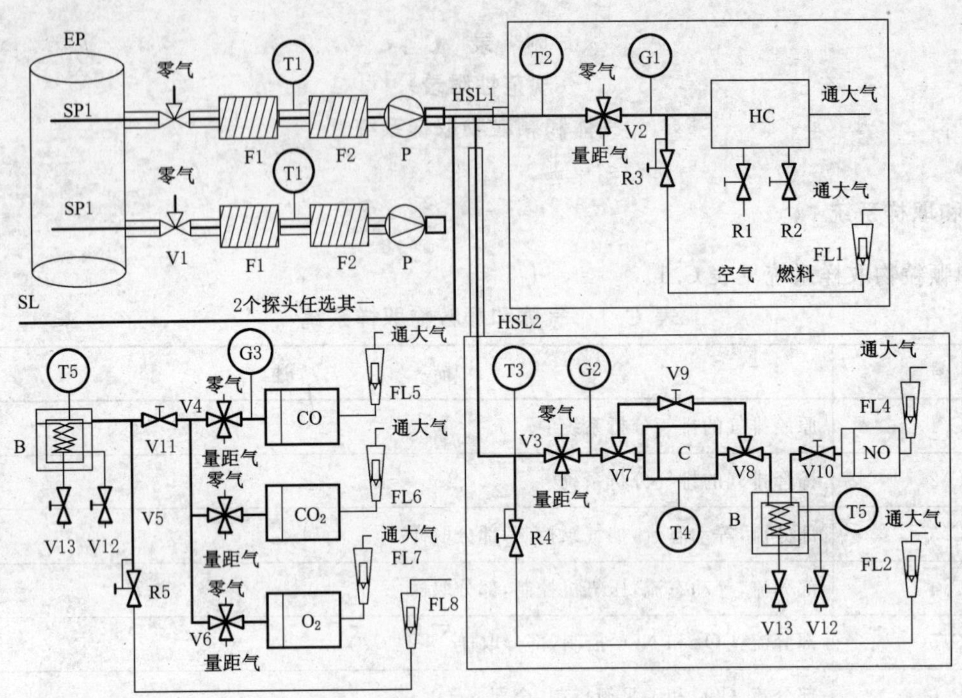

图 C.1 测量原始排气的 CO、CO_2、O_2、NO_x 和 HC 分析系统流程图

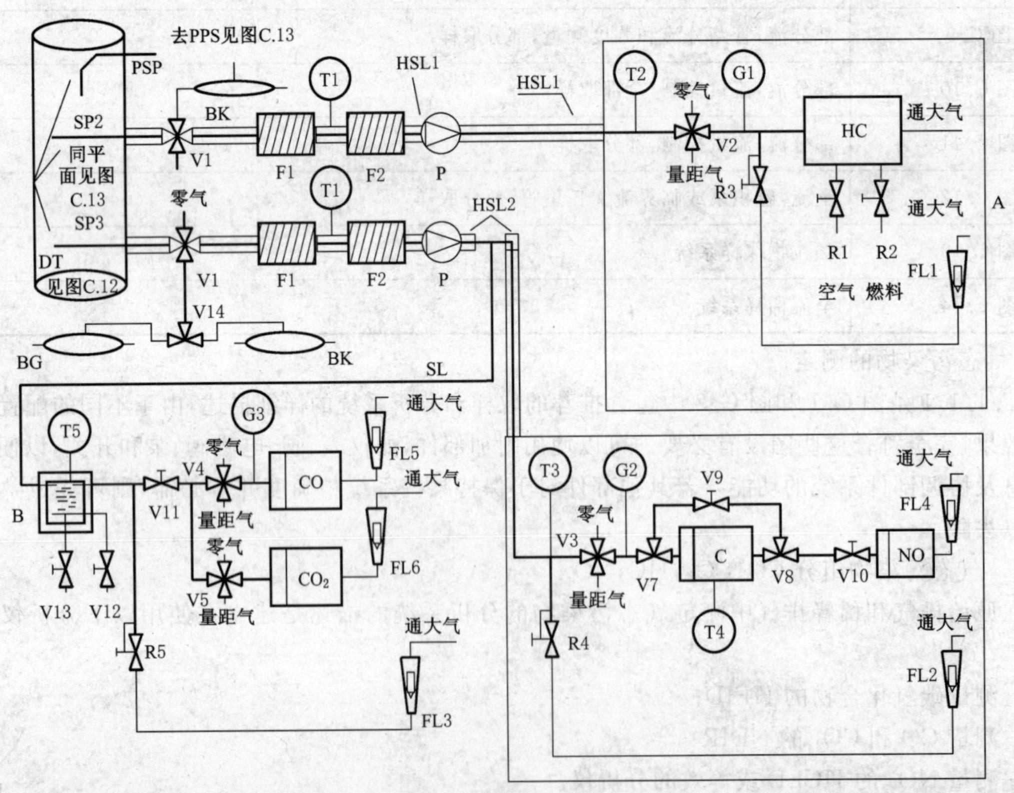

图 C.2 测量稀释排气的 CO、CO_2、NO_x 和 HC 分析系统流程图

描述—图 C.1 和图 C.2

总则：

取样通道的所有部件必须保持各系统要求的相应温度。

(1) SP1 原始排气取样探头(只用于图 C.1)

推荐使用顶端封闭、多孔、不锈钢直探头。内径不应该超过取样管的内径。取样探头的壁厚不应该超过 1 mm，在三个不同的径向平面上，至少应有取样流量大致相同的三个孔。取样探头必须延伸到排气管至少 80％内径的地方。

(2) SP2 稀释排气 HC 取样探头(只用于图 C.2)

取样探头应该：

——定义为 HC 取样管路(HSL1)前端 254 mm 到 762 mm 的部分；

——最小内径 5 mm；

——安装在稀释通道 DT(见第 C.1.2.1.2 条)内，稀释空气和排气充分混合的地方(如：距离排气进入稀释通道点的下游大约 10 倍管径的地方)；

——离其他取样探头和管壁足够远(径向)，以免受涡流或尾流的影响；

——加热，使取样探头出口气流温度保持在 463 K±10 K(190 ℃±10 ℃)。

(3) SP3 稀释排气 CO，CO_2，NO_x 取样探头(只用于图 C.2)

取样探头应该：

——位于和 SP2 相同的平面；

——离其他取样探头和管壁足够远(径向)，以免受涡流或尾流的影响；

——在整个长度加热并绝热，以保持温度最低在 328 K(55℃)以上以防止水分凝结。

(4) HSL1 加热取样管路

取样管把样气从取样探头输送到分流点和 HC 分析仪。

取样管路应该：

——最小内径 5 mm，最大内径 13.5 mm；

——用不锈钢或聚四氟乙烯(PTFE)制造；

——如果取样探头处的排气温度等于或低于 463 K(190℃)，保持每一个控制加热部分的壁温在 463 K±10 K(190℃±10℃)；

——如果取样探头处的排气温度高于 463 K(190℃)，保持壁温在 453 K(180℃)以上；

——保持加热过滤器(F2)和 HFID 前的气体温度在 463 K±10 K(190℃±10℃)。

(5) HSL2 加热的 NO_x 取样管路

取样管路应该：

——当使用冷却器时，保持到转化器前的壁温在 328 K 到 473 K(55℃到 200℃)；当不使用冷却器时，保持到分析仪的壁温在 328 K 到 473 K(55℃到 200℃)；

——用不锈钢或 PTFE 制造；

由于取样管路的加热仅仅用于防止水和硫酸盐的凝结，因此取样管路的温度取决于燃料的硫含量。

(6) SLCO(CO_2)取样管路

取样管路用不锈钢或 PTFE 制造。可以加热或不加热。

(7) BK 背景取样袋(选用；仅用于图 C.2)

用于测量背景浓度。

(8) BG 取样袋(选用；仅用于图 C.2 的 CO 和 CO_2)

用于测量取样浓度。

(9) F1 加热的前置过滤器(选用)

温度应该和 HSL1 相同。

(10) F2 加热的过滤器

样气进入分析仪之前，过滤器应该去掉任何固体颗粒物，温度应和 HSL1 相同，过滤器应根据需要进行更换。

(11) P 加热的取样泵

取样泵应该加热到 HSL1 的温度。

(12) HC

测量碳氢化合物的氢火焰离子化检测器(HFID)，温度应保持在 453～473 K(180～200℃)。

(13) CO，CO_2

用于测量 CO 和 CO_2 的 NDIR 分析仪。

(14) NO

测量 NO_x 的(H)CLD 分析仪，如果使用 HCLDD 分析仪，应保持温度在 328～473 K(55～200℃)。

(15) C 转化器

在 CD 或 HCLD 分析仪之前使用，把 NO_2 催化还原为 NO 的转化器。

(16) B 冷凝槽

为了冷凝排气气样中的水分，应通过冰或冷凝器使冷凝槽的温度保持在 273～277 K(0～4℃)。如果分析仪按照第 BB.1.9.1 条和第 BB.1.9.2 条测定免受水蒸气的干扰，则冷凝槽是可选件。

不允许使用化学干燥剂除掉样气中的水分。

(17) T1，T2，T3 温度传感器

用来监视气流温度。

(18) T4 温度传感器

NO_2—NO 转化器的温度。

(19) T5 温度传感器

用来监视冷凝槽温度。

(20) G1，G2，G3 压力表

用来测量取样管路压力。

(21) R1，R2 压力调节阀

分别控制 HFID 空气和燃料的压力。

(22) R3，R4，R5 压力调节阀

控制取样管路和到分析仪气流的压力。

(23) FL1，FL2，FL3 流量计

用来监视样气旁通流量。

(24) FL4 到 FL7 流量计(选用)

用来监视通过分析仪的流量。

(25) V1 到 V6 选择阀

用于选择流向分析仪的样气、距气或零气。

(26) V7，V8 电磁阀

旁通 NO_2—NO 转化器。

(27) V9 针阀

平衡通过 NO_2—NO 转化器和旁通的流量。

(28) V10，V11 针阀

调节到分析仪的流量。

(29) V12，V13 拨钮阀

排除冷凝槽 B 中的水分。

(30) V14 选择阀

选择样气取样袋或背景取样袋。

C.1.2　颗粒物的测量

第C.1.2.1条和第C.1.2.2条图C.3～图C.14包含了推荐的取样和稀释系统的详细描述。由于不同的配置能产生等效的效果,完全符合这些图是不必要的。可以使用附加部件,如仪表、阀、电磁阀、泵和开关等,用来提供附加的信息以及协调各部件系统的功能。如果其他部件对维持某些系统的准确度并非必需,可根据成熟的工程判断予以去除。

C.1.2.1　稀释系统

C.1.2.1.1　部分流稀释系统(图C.3～图C.11)

本段描述了基于对部分排气气流稀释的稀释系统。排气气流的分流和随后的稀释处理可以通过不同的稀释系统类型来实现。关于随后的颗粒物收集,可以采用全部稀释排气或仅仅部分稀释排气通过颗粒物取样系统(第C.1.2.2条图C.13)。第一种方法称为全流采样型,第二种方法称为部分流采样型。

稀释比的计算取决于所用稀释系统的类型。

推荐使用下列类型稀释系统:

——等动态系统(图C.3和图C.4)

使用这些系统,进入输送管的流量与排气体积流量在气流速度和(或)压力方面相似,因此在取样探头处需要获得无干扰或均匀的排气流。这通常可以采用在取样点上游使用整流器或直管段实现。分流比可以通过容易测量的管径值来计算。应该注意的是等动态仅仅和流量条件相似而不是和尺寸分布相似。后者一般是没有必要的,因为颗粒物足够小,可以随着排气流流线流动。

——带浓度测量的流量控制系统(图C.5～图C.9)

这种系统通过调节稀释空气流量和总稀释排气流量,从总排气流中采集样气。根据在柴油机排气中自然地产生的示踪气如CO_2和NO_x的浓度计算稀释比。需测量稀释排气和稀释空气中示踪气的浓度,而原始排气中示踪气的浓度可以通过测量得到,如果已知燃油组分,也可根据燃油流量和碳平衡公式计算得到。系统可以由计算的稀释比控制(图C.5和图C.6)或由进入输送管的流量控制(图C.7,图C.8和图C.9)。

——带流量测量的流量控制系统(图C.10和图C.11)

这种系统通过设定稀释空气流量和总稀释排气流量,从总排气流中采集样气。根据两流量之差进行计算稀释比。由于两流量的相对差值在高稀释比时会导致很大的误差,需要准确地相互标定两流量计(图C.8和上述各图)。需要时,只要保持稀释排气流量恒定而改变稀释空气流量来直接控制流量。

为了实现部分流稀释系统的优点,必须注意避免在输送管中的损失颗粒物的问题,确保所取的样气能代表柴油机排气,并计算分流比。

以上所述系统均须注意这些关键方面。

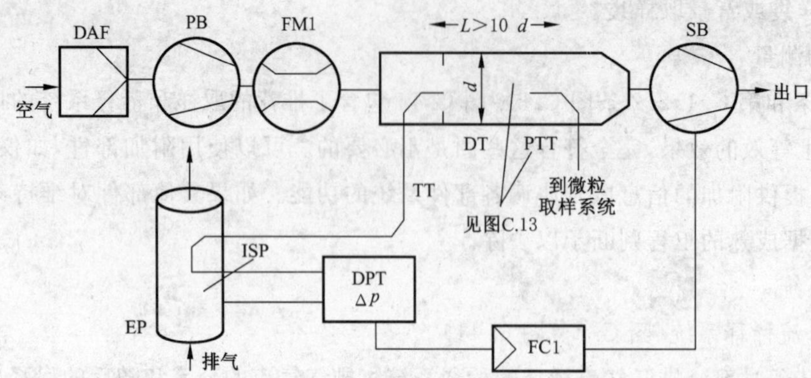

图 C.3　带等动态探头和部分流采样的部分流稀释系统(SB 控制)

原始排气从排气管 EP,由等动态取样探头 ISP 采样,通过输送管 TT 输送到稀释通道 DT。排气管和探头进口之间的排气压差用压力传感器 DPT 测量。这个信号传送到流量控制器 FC1,FC1 控制抽气风机 SB 使在探头末端维持零压差。在这些条件下,在 EP 和 ISP 中的排气速度是相同的,通过 ISP 和 TT 的流量相对于排气流量是一个固定的比例。分流比可以根据 EP 和 ISP 的横截面面积计算。稀释空气流量用流量测量装置 FM1 测量,稀释比可以根据稀释空气流量和分流比计算。

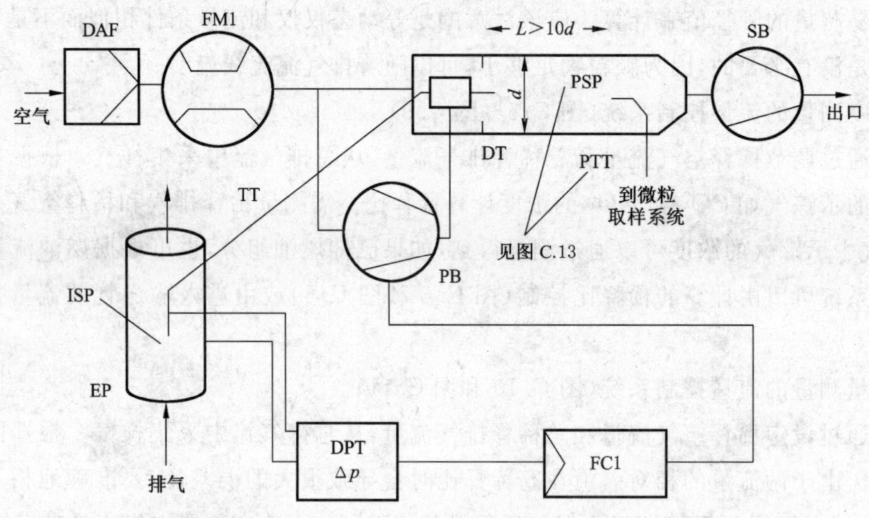

图 C.4　带等动态探头和部分流采样的部分流稀释系统(PB 控制)

原始排气从排气管 EP,由等动态取样探头 ISP 采样,通过输送管 TT 输送到稀释通道 DT。排气管和探头进口之间的排气压差用压力传感器 DPT 测量。这个信号传送到流量控制器 FC1,FC1 控制抽气风机 PB 使在探头末端维持零压差。稀释空气流量由流量测量装置 FM1 测量,从稀释空气中取一部分稀释空气,并用一气动孔板把它送回 TT。在这些条件下,在 EP 和 ISP 中的排气速度是相同的,通过 ISP 和 TT 的流量相对于排气流量是一个固定的比例。分流比可以根据 EP 和 ISP 的横截面面积计算。稀释空气是用抽气风机 SB 通过 DT 吸入,其流量用流量测量装置 FM1 在 DT 进口处测量,稀释比可根据稀释空气流量和分流比计算。

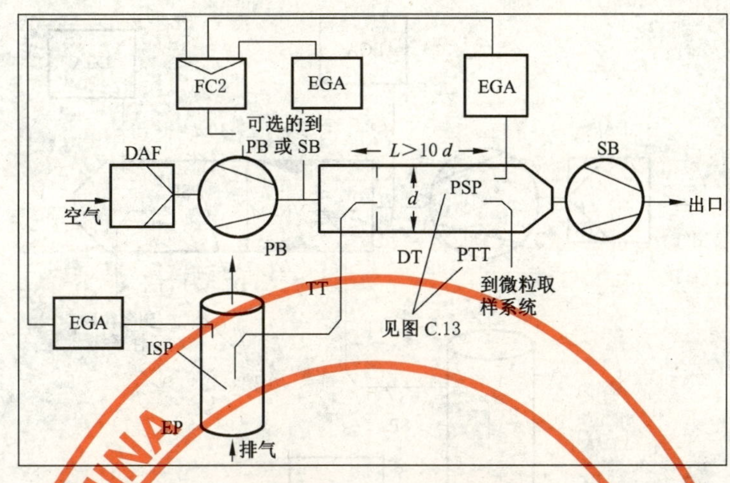

图 C.5 带 CO_2 和 NO_x 浓度测量和部分流采样的部分流稀释系统

原始排气从排气管 EP，由取样探头 SP 采样，通过输送管 TT 输送到稀释通道 DT。原始排气、稀释排气和稀释空气中的示踪气（CO_2 或 NO_x）的浓度用排气分析仪 EGA 测量。这些信号传送到流量控制器 FC2，FC2 控制排气风机 PB 或抽气风机 SB，以保持期望的排气分流比和 DT 中的稀释比。根据原始排气、稀释排气和稀释空气中示踪气的浓度计算稀释比。

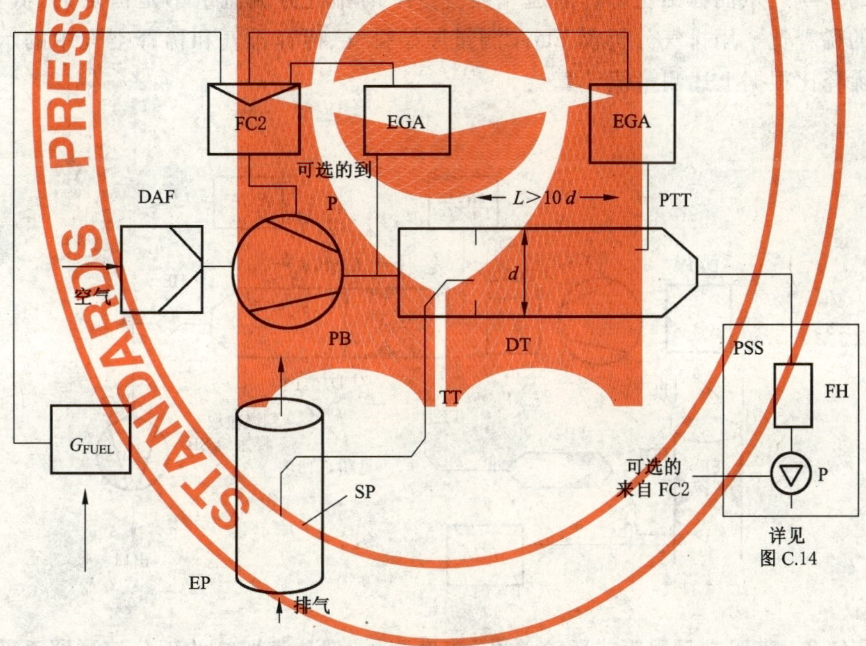

图 C.6 带 CO_2 浓度测量，碳平衡和全部取样的部分流稀释系统

原始排气从排气管 EP，由取样探头 SP 采样，通过输送管 TT 输送到稀释通道 DT。稀释排气和稀释空气中的 CO_2 浓度用排气分析仪 EGA 测量。CO_2 和燃油流量 G_{FUEL} 信号传送到流量控制器 FC2 或颗粒物取样系统（见图 C.13）中的流量控制器 FC3。FC2 控制压力风机 PB，而 FC3 控制颗粒物取样系统（见图 C.13），这样即可调节进、出系统的流量，以保持期望的排气分流比和 DT 中的稀释比。根据 CO_2 浓度和 G_{FUEL} 使用碳平衡方法计算稀释比。

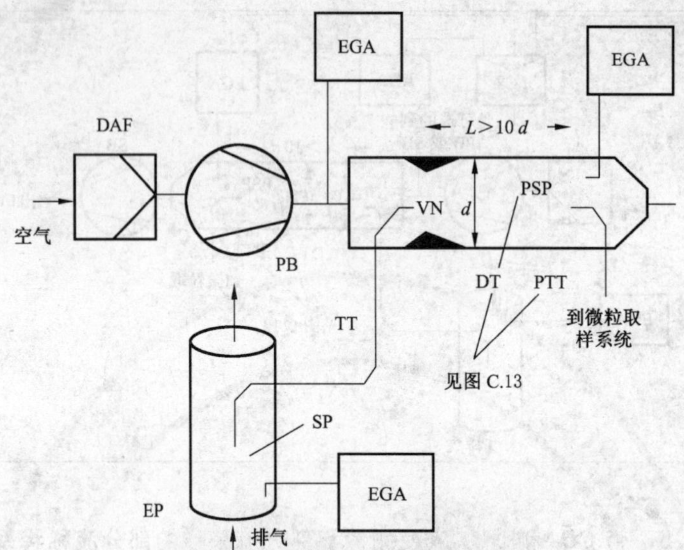

图 C.7 带单文丘里管，浓度测量，部分流取样的部分流稀释系统

由于在 DT 中由文丘里管 VN 产生的负压，原始排气从排气管 EP，由取样探头 SP 采样，通过输送管 TT 输送到稀释通道 DT。通过 TT 的气体流量取决于文丘里管区域的动量交换，因此受 TT 出口处气体绝对温度的影响。从而在给定稀释通道气体流量下的排气分流流量不是恒定的，低负荷的稀释比稍低于高负荷的稀释比。用排气分析仪 EGA 测量原始排气、稀释排气和稀释空气中的示踪气（CO_2 或 NO_x）的浓度，稀释比根据上述测量值计算。

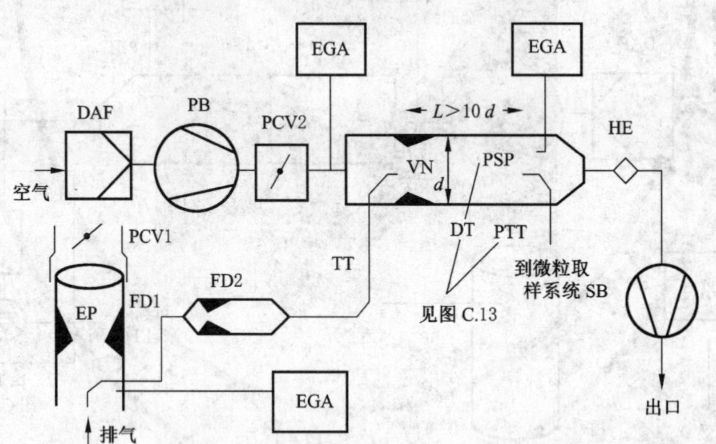

图 C.8 带双文丘里管或双流量孔，浓度测量，部分流取样的部分流稀释系统

通过包含一对孔板或文丘里管的流量分流器，原始排气从排气管 EP，由取样探头 SP 采样，通过输送管 TT 输送到稀释通道 DT。第一个（FD1）位于 EP 内，第二个（FD2）位于 TT 内。此外，必须有两个压力控制阀（PCV1 和 PCV2），以便通过控制 EP 中的背压和 DT 中的压力保持一个恒定的排气分流比。PCV1 位于 EP 中 SP 的下游，PCV2 位于压力风机 PB 和 DT 之间。用排气分析仪 EGA 测量原始排气、稀释排气和稀释空气中的示踪气（CO_2 或 NO_x）的浓度。为了检查排气分流比及为了实现精确的分流控制而调节 PCV1 和 PCV2，则必须测量示踪气（CO_2 或 NO_x）的浓度。根据示踪气浓度计算稀释比。

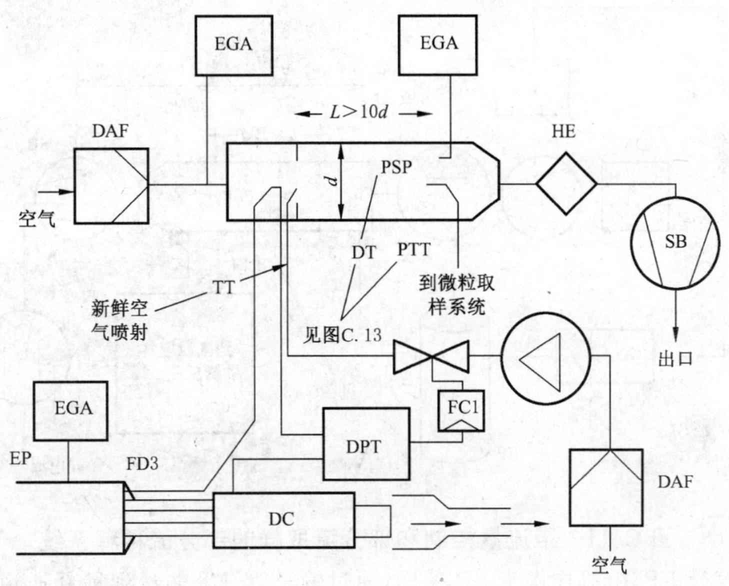

图 C.9 带多分流管、浓度测量,部分流取样的部分流稀释系统

通过安装在 EP 内若干相同尺寸(相同直径,长度和弯曲半径)的管子组成的流量分流器 FD3,原始排气从排气管 EP,通过输送管 TT 输送到稀释通道 DT。在这些管路中,其中之一管路中的排气被引入 DT,而其余管路中的排气被引入缓冲室。因此,排气分流比是由管子总数量决定的,恒定的分流比控制要求在 DC 和 TT 出口之间的压差为零,用差压传感器 DPT 测量该压差。通过在 TT 出口处把新鲜空气喷射入 DT,实现该压差为零。用排气分析仪 EGA 测量原始排气、稀释排气和稀释空气中的示踪气(CO_2 或 NO_x)的浓度。为了检查排气分流比及为了实现精确的分流控制而调节喷射空气量,则必须测量示踪气(CO_2 或 NO_x)的浓度。根据示踪气浓度计算稀释比。

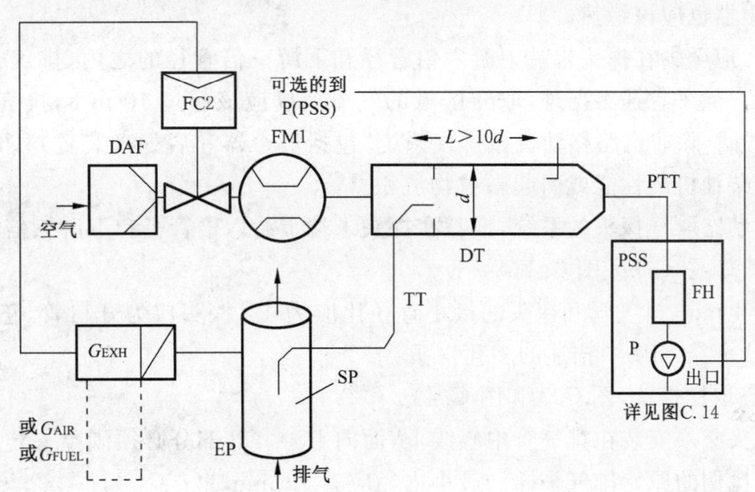

图 C.10 带流量控制和总取样的部分流稀释系统

原始排气从排气管 EP,由取样探头 SP 采样,通过输送管 TT 输送到稀释通道 DT。通过稀释通道的总流量由颗粒物取样系统(见图 C.15)的流量控制器 FC3 和取样泵 P 调节。稀释空气流量由流量控制器 FC2 控制,使用 G_{EXH}、G_{AIR} 或 G_{FUEL} 作为命令信号来获得期望的排气分流。进入 DT 的取样流量是总流量和稀释空气流量的差。稀释空气流量用流量测量装置 FM1 测量,总气体流量用颗粒物取样系统中(见图 C.13)的流量测量装置 FM3 测量。根据这两种流量计算稀释比。

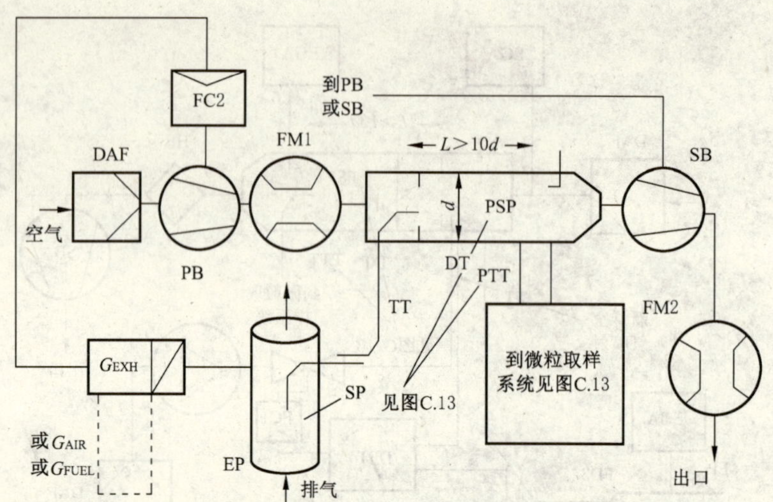

图 C.11　带流量控制和部分流取样的部分流稀释系统

原始排气从排气管 EP，由取样探头 SP 采样，通过输送管 TT 输送到稀释通道 DT。排气分流和进入 DT 的流量由流量控制器 FC2 控制，根据需要，FC2 调节压力风机 PB 或抽气风机 SB 的流量(或速度)。由于颗粒物取样系统的样气又返回到 DT，这种控制方式是可能的。G_{EXH}、G_{AIR} 或 G_{FUEL} 可以作为 FC2 的命令信号。稀释空气流量用流量测量装置 FM1 测量，总气体流量用流量测量装置 FM2 测量，根据这两种流量计算稀释比。

描述—图 C.3～图 C.11

(1) EP 排气管

可将排气管绝热。为了降低热惯量，推荐排气管的壁厚和直径之比小于或等于 0.015。柔性管路部分应该限制长度和直径之比为 12 或更小。为了减少惯性沉积应尽量少弯曲。如果系统包括一个试验台消声器，则消声器也应该绝热。

对等动态系统，应至少在探头末端上游六倍管径和下游三倍管径的之内，排气管应免受涡流、弯曲和管径突变的影响。除了怠速工况外，取样区域的气流速度应该超过 10 m/s，排气管内的平均压力波动不得超过±500 Pa。除非道路移动机械排气系统(包括消声器和后处理装置)外，任何降低压力波动的措施均不得改变柴油机的性能或引起颗粒物沉积。

对没有使用等动态取样探头的系统，推荐在探头末端上游六倍管径和下游三倍管径之内为直管。

(2) SP 取样探头(图 C.5～图 C.11)

最小内径应为 4 mm，排气管和探头的最小直径比应为 4。探头应为开口管，正对着排气管中心线上游，或在第 C.1.1.1 条 SP1 中描述的多孔探头。

(3) ISP 等动态取样探头(图 C.3 和图 C.4)

等动态取样探头必须安装在排气管中心线上，面向上游，EP 部分必须满足一定的流量条件，且 ISP 设计成能提供一定比例的原始排气采样。最小内径应为 12 mm。

控制系统必须通过保持 EP 和 ISP 之间的压差为零，实现等动态排气分流。在这种条件下，EP 和 ISP 中的排气速度是相同的，通过 ISP 的质量流量是排气流量的一个恒定部分。ISP 必须与一个压差传感器相连。利用风机速度和流量控制器使得 EP 和 ISP 之间的压差为零。

(4) FD1，FD2 分流器(图 C.8)

一套文丘里管或流量孔板分别安装在排气管 EP 和输送管 TT 中，以提供一定比例的原始排气样气。包含两个压力控制阀 PCV1 和 PCV2 的流量控制系统是必要的，以通过控制 EP 和 DT 内的压力实现一定比例的排气分流。

(5) FD3 分流器(图 C.9)

在排气管 EP 中安装一组管(多管部件),以提供一定比例的原始排气样气。其中之一把排气输送到稀释通道 DT,其他管子把排气送到缓冲室 DC。这些管子必须有相同大的尺寸(相同直径、长度、弯曲半径),因此排气分流取决于总的管子数目。控制系统对比例分流是必要的,以保持进入 DC 的多管单元的出口和 TT 的出口之间的压差为零。在这种条件下,EP 和 ISP 中的排气速度是成比例的,通过 TT 的质量流量是排气流量的恒定比例。这两点必须连接到压差传感器 DPT 上。由流量控制器 FC1 控制提供零压差。

(6) EGA 排气分析仪(图 C.5～图 C.9)

可能使用 CO_2 和 NO_x 分析仪(用碳平衡方法时,只用 CO_2 分析仪)。应该按照分析仪测量气态污染物一样校准分析仪。可能使用一个或几个分析仪,以测量不同浓度。

测量系统的精度应使 G_{EDFW} 或 V_{EDFW} 的精度在±4%以内。

(7) TT 输送管(图 C.3～图 C.11)

颗粒物取样输送管应该:

——长度应尽量短,但不超过 5 m;

——直径等于或大于探头直径,但不超过 25 mm;

——在稀释通道的中心线上排出,面向下游。

如果管路长度小于或等于 1 m,用最大导热系数为 0.05 W/(m·K)的材料绝缘,其径向绝缘厚度相当于探头直径。如果管路长度大于 1 m,该管必须绝热,并加热到最小壁温 523 K(250℃)。

相应地,输送管的壁温需要根据标准传热计算来确定。

(8) DPT 压差传感器(图 C.3,图 C.4 和图 C.9)

压差传感器的量程应小于或等于±500 Pa。

(9) FC1 流量控制器(图 C.3,图 C.4 和图 C.9)

对等动态系统(图 C.3 和图 C.4),需要采用流量控制器以保持 EP 和 ISP 之间的压差为零。可通过以下步骤进行调节:

(a) 在每一工况内,控制抽气风机(SB)的速度和流量,以保持排气风机(PB)的速度稳定。

(b) 调节抽气风机(SB)使稀释排气的质量流量稳定,并控制排气风机的流量,因此调节在输送管末端(TT)(图 C.4)一定区域内的排气取样流量。

在压力控制系统中,控制回路内的误差应不超过±3 Pa,稀释通道内的压力波动不应超过平均值的±250 Pa。

对多管系统(图 C.9),为了达到比例分流,必须采用流量控制器,以保持多管单元的出口和 TT 的出口之间的压差为零。通过控制 TT 出口处进入 DT 的空气流量进行调节。

(10) PCV1,PCV2 压力控制阀(图 C.8)

对双文丘里管或双流量孔板系统,为了达到比例分流,必须采用两个压力控制阀,以控制 EP 的背压和 DT 的压力。两阀应分别安装在 EP 中 SP 的下游和在 PB 和 DT 之间。

(11) DC 缓冲室(图 C.9)

缓冲室应该安装在多管单元的出口,以降低排气管 EP 的压力波动。

(12) VN 文丘里管(图 C.7)

文丘里管安装在稀释通道 DT 中,以在输送管 TT 的出口区域产生负压。通过 TT 的气体流量是由文丘里管区域的动量交换确定的,与压力风机 PB 的流量成一定比例,导致恒定的稀释比。由于动量交换受 TT 出口温度和 EP 与 DT 之间压差的影响,实际稀释比在低负荷时比高负荷时稍低。

(13) FC2 流量控制器(图 C.5,图 C.6,图 C.10 和图 C.11,选用)

流量控制器可以用来控制压力风机 PB 和抽气风机 SB 的流量,它可与排气流量或燃油流量信号和(或)CO_2 或 NO_x 等差动放大信号连接。

当应用压缩空气供给装置时(图 C.10),FC2 直接控制空气流量。

(14) FM1 流量测量装置(图 C.5,图 C.6,图 C.10 和图 C.11)

使用气体流量计或其他流量测量装置测量稀释空气流量。如果 PB 经校准来测量流量,则 FM1 是可选件。

(15) FM2 流量测量装置(图 C.11)

使用气体流量计或其他流量测量装置测量稀释空气流量。如果抽气风机 SB 经校准来测量流量,则 FM2 是可选件。

(16) PB 压力风机(图 C.3,图 C.4,图 C.5,图 C.6,图 C.7,图 C.8 和图 C.11)

为了控制稀释空气流量,可把 PB 连接到流量控制器 FC1 或 FC2。当使用蝶型阀时,PB 不需要。PB 经校准后,可以用来测量稀释空气流量。

(17) SB 抽气风机(图 C.3,图 C.4,图 C.5,图 C.8,图 C.9 和图 C.11)

仅用于部分流取样系统。SB 经校准后,可以用来测量稀释排气流量。

(18) DAF 稀释空气过滤器(图 C.3～图 C.11)

建议将稀释空气过滤,并用活性炭消除背景碳氢化合物。稀释空气应该保持在 298 K±5 K(25℃±5℃)。

应制造厂的要求,应该按照良好的工程经验取样稀释空气,以测定背景颗粒物水平,然后从稀释排气中的颗粒物测量值中扣除。

(19) PSP 颗粒物取样探头(图 C.3,图 C.4,图 C.5,图 C.7,图 C.8,图 C.9 和图 C.11)

该探头是 PTT 的引导部分,且:

——应该面对上游,在稀释空气和排气充分混合的地方安装,即在稀释系统稀释通道 DT 的中心线上,在排气进入稀释通道处的下游大约 10 倍稀释通道管径处安装;

——最小内径是 12 mm;

——可通过直接加热的方法把壁温加热到不超过 325 K(52℃),或只要在排气进入稀释通道前的空气温度不超过 325 K(52℃),也可通过稀释空气预热;

——应该绝热。

(20) DT 稀释通道(图 C.3～图 C.11)

该稀释通道:

——应该具有足够的长度,以使排气和稀释空气在紊流条件下充分混合;

——应该用不锈钢制造,并有:

——对内径超过 75 mm 的稀释通道,其厚度和直径比应小于或等于 0.025;

——对内径小于或等于 75 mm 的稀释通道,稀释通道名义壁厚不低于 1.5 mm;

——对部分取样型,其内径至少为 75 mm;

——对全流取样型,推荐内径至少为 25 mm;

——可通过直接加热的方法把其壁温加热到不超过 325 K(52℃),或只要在排气进入稀释通道前的空气温度不超过 325 K(52℃),也可通过稀释空气预热;

——应该绝热。

柴油机排气与稀释空气应充分混合。对部分取样系统,在系统投入使用后,在柴油机运转状态下,用通道内的 CO_2 浓度分布图(至少 4 个间距大致相等的测量点)检查混合的质量。如必要,可使用混合流量孔板。

注:如果靠近稀释通道(DT)附近的环境温度低于 293 K(20℃),应采取措施防止颗粒物在稀释通道上的冷壁损失。因此,在上述准荐的温度范围内,加热或绝热稀释通道。

在柴油机高负荷时,可采用诸如循环风扇那样不太剧烈的方式冷却通道,只要冷却介质温度不低于 293 K(20℃)。

(21) HE 热交换器(图 C.8 和图 C.9)

热交换器应有足够的能力,以保持在整个试验过程中,抽气风机 SB 进口的温度在所测平均工作温度的±11 K 内。

C.1.2.1.2 全流稀释系统(图 C.12)

所述稀释系统是基于使用定容取样(CVS)的概念,对全部排气稀释的系统。必须测量排气和稀释空气混合的总体积。可使用 PDP 或 CFV 系统。

为进行随后的颗粒物收集,将稀释排气样气引入颗粒物取样系统(第 C.1.2.2 条图 C.13 和图 C.14)。如果直接这样做,则称为单级稀释。如果把稀释样气再在次级稀释通道内稀释,则称为两级稀释。如果使用单级稀释,其滤纸表面温度不能满足要求,则使用双级稀释。尽管双级稀释是稀释系统的一部分,因为它具有典型颗粒物取样系统的绝大部分部件,双级稀释系统可作为第 C.1.2 条图 C.14 中的颗粒物取样系统的变型。

也可在全流稀释系统的稀释通道中测定气态污染物。所以,气态组分的取样探头在图 C.12 中标明,但没有出现在描述表中。在第 C.1.1.1 条描述了其相应的要求。

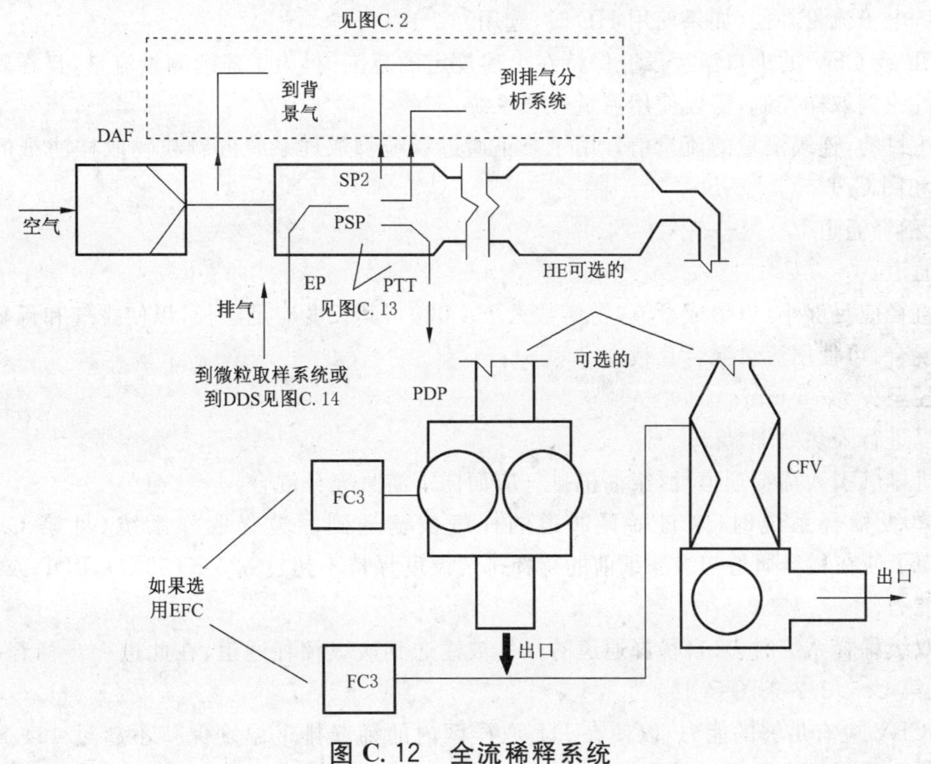

图 C.12 全流稀释系统

描述—图 C.12

(1) EP 排气管

从柴油机排气歧管出口、涡轮增压器出口或后处理装置到稀释通道的排气管长度不得超过 10 m。如果系统长度超过 4 m,超过 4 m 的部分应该绝热。使用串接烟度计时,烟度计处可除外。绝缘材料的径向厚度不少于 25 mm。绝缘材料在 673 K(400℃)时的传热率不得超过 0.1 W/(m·K)。为了降低排气管的热惯量,推荐其壁厚与直径之比应小于或等于 0.015。使用的柔性部分应限制在长度和直径之比 12 或更小。

全部原始排气需在稀释通道 DT 内与稀释空气混合。

稀释排气流量可用容积泵(容积式泵)PDP 或临界流文丘里管 CFV 测量。可使用热交换器(HE)或电子流量补偿器(EFC),以进行比例颗粒物取样和流量测定。由于颗粒物质量测量是基于总稀释排气流量,不需要计算稀释比。

(2) PDP 容积泵

PDP 根据泵的转数和排量测量总的稀释排气流量。排气系统背压不应该被 PDP 或稀释进气系统人为降低。在相同的柴油机转速和负荷下，连接 CVS 系统测得的静态排气背压与没有连接 CVS 系统测得的静态排气背压的差值应保持在±1.5 kPa 内。

当没使用流量补偿时，PDP 前的气体混合物的温度应为试验过程中平均工作温度的±6 K 以内。

仅当 PDP 进口温度不超过 50℃(323 K)，才用流量补偿。

(3) CFV 临界流量文丘里管

通过使流动保持阻塞状态(临界流)，CFV 测量总稀释排气流量。在相同的柴油机转速和负荷下，连接 CVS 系统测得的静态排气背压与没有连接 CVS 系统测得的静态排气背压的差值应保持在±1.5 kPa内。当没使用流量补偿时，CFV 前的气体混合物的温度应为试验过程中平均工作温度的±11 K以内。

(4) HE 热交换器(如果使用 EFC 时，选用)

热交换器应有足够的能力，以保持温度在上述要求的范围内。

(5) EFC 电子流量补偿(如果使用 HE 时，选用)

如果 PDP 或 CFV 的进口温度没有保持在上述规定的范围内，为了连续测量流量，且在颗粒物取样系统中的进行比例取样控制，需要使用流量补偿系统。

为达上述目的，连续测量的流量信号用于修正通过颗粒物取样系统的颗粒物取样滤纸的样气流量(见图 C.13 和图 C.14)。

(6) DT 稀释通道

该稀释通道：

——其直径应足够小，以形成紊流(雷诺数大于 4 000)，其长度应足够长，以使排气和稀释空气的充分混合，可使用流量混合孔板；

——直径至少为 75 mm；

——可以进行隔热处理。

在柴油机排气引入稀释通道处，柴油机排气应面向下游且充分混合。

当使用单级稀释系统时，来自稀释通道的样气被输送到颗粒物取样系统(见第 C.1.2.2 条图 C.13)。为了使在稀释通道初级滤纸前的稀释排气温度保持不超过 325 K(52℃)，PDP 或 CFV 应有足够的流量能力。

当使用双级稀释系统时，来自稀释通道的样气被输送到次级稀释通道，在此进一步稀释，然后通过取样滤纸(见第 C.1.2.2 条图 C.14)。

PDP 或 CFV 应有足够的能力，以使在 DT 取样区内的稀释排气温度保持不超过 464 K(191℃)。次级稀释系统应提供足够的次级稀释空气，以使在初级颗粒物取样滤纸前的双级稀释排气气流的温度保持不超过 325 K(52℃)。

(7) DAF 稀释空气过滤器

建议稀释空气被过滤并用活性炭消除背景碳氢化合物。稀释空气应该保持在 298 K(25℃)±5 K。应制造厂的要求，应按照良好的工程经验进行稀释空气取样，以测定背景颗粒物水平，然后从稀释排气中的颗粒物测量值中扣除。

(8) PSP 颗粒物取样探头

探头是 PTT 的引导部分，且：

——应面对上游，在稀释空气和排气充分混合的地方安装，即在稀释系统稀释通道 DT 的中心线上，在排气进入稀释通道处的下游大约 10 倍稀释通道管径处安装；

——最小内径 12 mm；

——可通过直接加热的方法把壁温加热到不超过 325 K(52℃)，或只要在排气进入稀释通道前的

空气温度不超过 325 K(52℃),也可通过稀释空气预热;

——可以进行隔热处理。

C.1.2.2 颗粒物取样系统(图 C.13 和图 C.14)

为在颗粒物取样滤纸上收集颗粒物,需使用颗粒物取样系统。对部分流稀释,全部取样情况,全部稀释排气样气通过滤纸,稀释系统(见第 C.1.2.1.1 条图 C.6 和图 C.10)和取样系统通常组成一个整体。对部分流稀释或全流稀释系统,部分取样情况,仅仅部分稀释排气通过滤纸(见第 C.1.2.1.1 条图 C.3,图 C.4,图 C.5,图 C.7,图 C.8,图 C.9 和图 C.11 和第 C.1.2.1.2 条图 C.12),且取样系统通常为其他单元。

在本标准中,全流稀释系统的双级稀释系统 DDS(图 C.14)可当做如图 C.13 所示的典型颗粒物取样系统的特定变型。双级稀释系统包括颗粒物取样系统的所有重要部件,如滤纸保持架、取样泵和其他一些稀释系统特征,如稀释空气源和二级稀释通道。

为了避免控制循环的任何影响,推荐取样泵在整个测试循环中运转。对单滤纸方法,为了让样气在规定的时间内通过取样滤纸,应该使用旁通系统。开关过程对控制循环的影响必须最小。

描述—图 C.13 和图 C.14

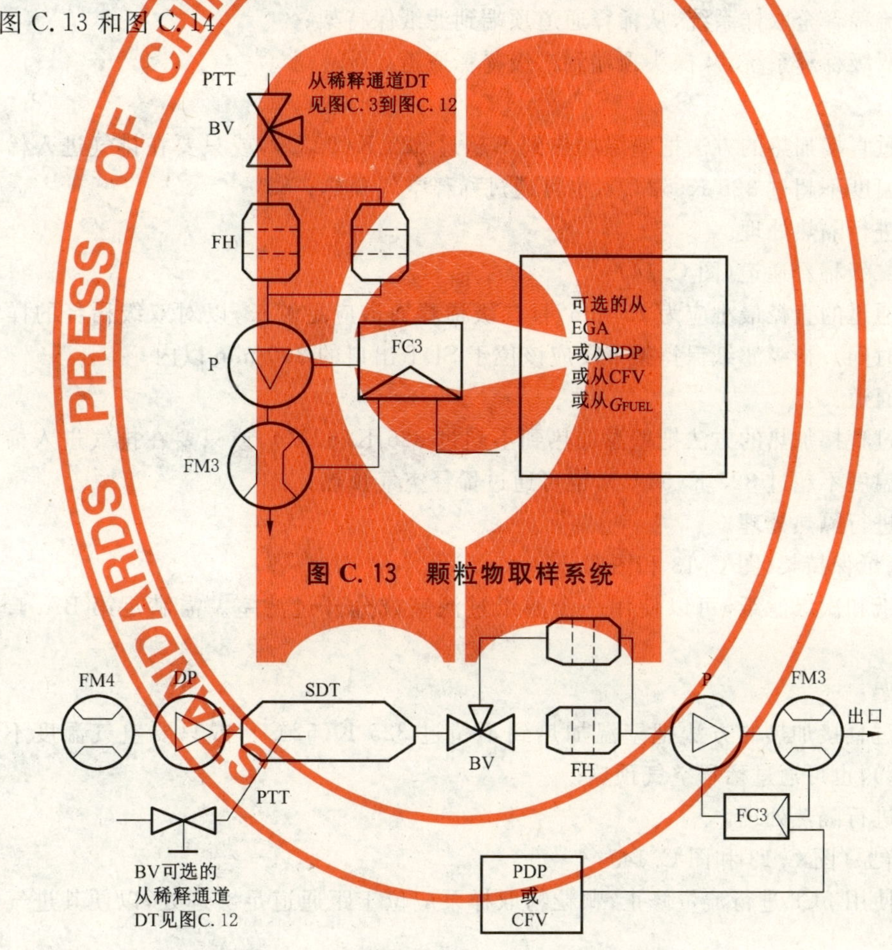

图 C.13 颗粒物取样系统

图 C.14 稀释系统(仅用于全流系统)

(1) PSP 颗粒物取样探头(图 C.13 和图 C.14)

图示的颗粒物取样探头是颗粒物输送管 PTT 的引导部分,且:

——应该面对上游,在稀释空气和排气充分混合的地方安装,即在稀释系统稀释通道 DT 的中心线上,在排气进入稀释通道处的下游大约 10 倍稀释通道管径处安装;

——最小内径是 12 mm;

——可通过直接加热的方法把壁温加热到不超过 325 K(52℃),或只要在排气进入稀释通道前的

空气温度不超过 325 K(52℃),也可通过稀释空气预热;

——可以进行隔热处理。

利用取样泵 P,稀释排气样气通过颗粒物取样探头 PSP 和颗粒物输送管 PTT、稀释通道 DT 从部分流或全流稀释系统中取出。样气通过包含有颗粒物取样滤纸的滤纸保持架。样气流量由流量控制器 FC3 控制。如果使用电子流量补偿器 EFC(见图 C.12),稀释排气流量可以作为 FC3 的控制信号。

稀释排气的样气从全流稀释系统的稀释通道 DT,通过颗粒物取样探头 PSP 和颗粒物输送管 PTT 传送到二级稀释通道 SDT,在那里被进一步稀释。然后,样气通过装有颗粒物取样滤纸的滤纸保持架 FH。当取样流量由流量控制器 FC3 控制时,稀释空气流量通常是稳定的。如果采用电子流量补偿装置 EFC(见图 C.12),总稀释排气流量通常作为 FC3 的控制信号。

(2) PTT 颗粒物输送管(图 C.13 和图 C.14)

颗粒物输送管长度不应该超过 1 020 mm,并应尽可能短。

该尺寸是指:

——部分流稀释部分取样系统和全流单稀释系统,从探头顶端到滤纸保持架;

——部分流稀释全取样系统,从稀释通道顶端到滤纸保持架;

——全流双级稀释系统,从探头顶端到二级稀释通道。

输送管:

——可通过直接加热的方法把壁温加热到不超过 325 K(52℃),或只要在排气进入稀释通道前的空气温度不超过 325 K(52℃),也可通过稀释空气预热;

——可以进行隔热处理。

(3) SDT 二级稀释通道(图 C.14)

二级稀释通道的直径最小应为 75 mm,且二级稀释通道应足够长,以对双级稀释的样气提供最小 0.25 s 的驻留时间。初级滤纸保持架 FH 应该位于 SDT 出口的 300 mm 以内。

二级稀释通道:

——可通过直接加热的方法把壁温加热到不超过 325 K(52℃),或只要在排气进入稀释通道前的空气温度不超过 325 K(52℃),也可通过稀释空气预热;

——可以进行隔热处理。

(4) FH 滤纸保持架(图 C.13 和图 C.14)

对初级滤纸和次级滤纸,可以使用一个滤纸过滤室或分开过滤室。需满足第 BA.1.5.1.3 条的要求。

滤纸保持架:

——可通过直接加热的方法把壁温加热到不超过 325 K(52℃),或只要空气温度不超过 325 K(52℃),也可通过稀释空气预热;

——可以进行隔热处理。

(5) P 取样泵(图 C.13 和图 C.14)

如果没有使用 FC3 进行流量修正,颗粒物取样泵应位于距通道足够远处,以便其进气温度保持恒定(±3 K)。

(6) DP 稀释空气泵(图 C.14)(仅用于全流双级稀释系统)

稀释空气泵应能提供温度为 298 K±5 K(25℃±5℃)的二级稀释空气。

(7) FC3 流量控制器(图 C.13 和图 C.14)

如果没有其他的合适措施,应使用流量控制器,以补偿由于取样路径内温度和背压的波动所造成的颗粒物取样流量波动。如果使用电子流量补偿器,则需要流量控制器 FC3(见图 C.12)。

(8) FM3 流量测量装置(图 C.13 和图 C.14)(颗粒物取样流量)

如果没有使用 FC3 进行流量修正,则气体流量计或流量测量装置应位于距离取样泵足够远处,以保持进气温度恒定(±3 K)。

(9) FM4 流量测量装置(图 C.14)(稀释空气,仅用于全流双级稀释)

气体流量计或流量测量装置应位于进气温度保持稳定在 298 K±5 K(25℃±5℃)的地方。

(10) BV 球阀(选用)

球阀直径不应低于取样管内径,且开关时间小于 0.5 s。

注:如果靠近 PSP,PTT,SDT 和 FH 附近的环境温度低于 293 K(20℃),应采取措施防止颗粒物在稀释通道冷壁上的损失。因此,推荐对这些部件加热或进行隔热处理,使其温度在各自描述的范围内。也推荐在取样过程中滤纸表面的温度不低于 293 K(20℃)。

在柴油机高负荷,上述部件可以用非剧烈的方式冷却,如风扇冷却,只要冷却介质温度不低于 293 K(20℃)。

附 录 D
（规范性附录）
基准柴油的技术要求[1]

表 D.1

	单 位	限值[2]		试验方法
		最 小	最 大	
十六烷值[3]	—	45[7]	50	GB/T 386
20℃下密度	kg/m^3	835	845[8]	GB/T 1884 GB/T 1885
馏程－95％点[4]	℃	—	365	GB/T 6536
20℃下黏度	mm^2/s	3.0	8.0	GB/T 265
硫含量（质量分数）	％	0.1	0.2[9]	GB/T 380
闪点	℃	55	—	GB/T 261
冷滤点	℃	—	5	SH/T 0248
铜腐蚀	—	—	1	GB/T 5096
10％蒸余物残碳（质量分数）	％	—	0.3	GB/T 268
灰分（质量分数）	％	—	0.01	GB/T 508
水分（体积分数）	％	—	痕迹	GB/T 260
中和数（KOH/强酸）	mg/g	—	0.2	GB/T 258
氧化安定性[5]	mg/100 ml	—	2.5	SH/T 0175
添加剂[6]	—	—	—	—

注：

1）如果需要计算柴油机或非道路移动机械的热效率，燃料热量值可用下式计算：

比能量（热值）（净）（MJ/kg）＝$(46.423-8.792d^2+3.17d)\times[1-(x+y+s)]+9.42s-2.499x$

式中：d——288 K（15℃）的密度；

x——水的质量分数（％/100）；

y——灰的质量分数（％/100）；

s——硫的质量分数（％/100）。

2）在技术规格中引用的值是"真值"，在确定这些限值时，采用了 ISO 4259"石油产品——与试验方法有关的精密数据的确定和运用"中的条款，在确定最小值时，考虑了零以上 $2R$ 的最小差值，在确定最大值和最小值时，最小差值为 $4R$（R＝再现性）。

尽管有了这个为了统计原因而采取的必要措施，然而燃料制造厂应该在规定的最大值 $2R$ 时，瞄准零值，而在以最大和最小表示的情况下，瞄准平均值，一旦需要澄清燃料是否满足了技术规格的规定，应该使用 ISO 4259 中的条款。

3）十六烷值的范围并不符合最小范围为 $4R$ 的要求。但是，在燃油供应商和燃油使用者之间发生争议时，可以采用 ISO 4259中的条款来解决这类争议，只要为达到必要的精度进行了足够数量的重复测量，就比单一判断来得好。

4）所示数值表明总蒸发量（已回收的％＋损失％）

5）即使控制了氧化稳定性，燃油的储藏寿命也可能是有限的。应向供应商征求关于储藏条件和寿命的建议。

6）此燃油应仅以直馏和裂化烃馏分为基础，允许脱硫处理，不得含有任何金属添加剂或十六烷值改善添加剂。

7）允许使用更低限值，只要基准燃油的十六烷值写入报告。

8）若基准燃油的密度写入报告，则允许使用最大值到 855 kg/m^3 的基准燃油。为了根据本标准第 6 条的要求评估生产一致性，需要使用密度符合最小值和最大值在 835～845 kg/m^3 的基准燃油。

9）允许使用更高限值，只要基准燃油的含硫量值写入报告。

附 录 E
（规范性附录）
柴油机功率测试所需安装的装备和辅件

表 E.1

序号	装备和辅件	排放试验装用情况
1	**进气系统** 进气歧管 曲轴箱排放控制系统 双吸气进气歧管系统用控制装置 空气流量计 进气管路系统 空气滤清器 进气消声器 限速装置	 是，装标准生产部件 是，装标准生产部件 是，装标准生产部件 是，装标准生产部件 是1) 是1) 是1) 是1)
2	**进气歧管进气加热装置**	是，装标准生产部件。尽可能调整在最佳状态
3	**排气系统** 排气净化器 排气歧管 连接管 消声器 尾管 排气制动器 增压装置	 是，装标准生产部件 是，装标准生产部件 是2) 是2) 是2) 否3) 是，装标准生产部件
4	输油泵	是，装标准生产部件4)
5	**燃油喷射装置** 粗滤器 滤清器 喷油泵 高压油管 喷油器 空气进气阀 电子控制装置，空气流量计等 调速/控制系统 随大气状况控制齿条全负荷自动限位装置	 是，装标准生产部件或试验台设备 是，装标准生产部件或试验台设备 是，装标准生产部件 是，装标准生产部件油机 是，装标准生产部件 是，装标准生产部件5) 是，装标准生产部件 是，装标准生产部件 是，装标准生产部件
6	**液体冷却装置** 散热器 风扇 风扇罩壳 水泵 节温器	 否 否 否 是，装标准生产部件6) 是，装标准生产部件7)

续表

序号	装备和辅件	排放试验装用情况
7	**空气冷却装置** 导风罩 风扇或鼓风机 温度调节装置	 否[8] 否[8] 否
8	**电气设备** 发电机	 是,装标准生产部件[9]
9	**增压装置** 压气机,由柴油机直接驱动或由排气驱动 中冷器 冷却泵或风扇(柴油机驱动) 冷却液流量控制装置	 是,装标准生产部件 是,装标准生产部件[10),11] 否[8] 是,装标准生产部件
10	**试验台辅助风扇**	是,需要时安装
11	**防污染装置**	是,装标准生产部件[12]
12	**启动装置**	使用试验台设备
13	**润滑油泵**	是,装标准生产部件

注:

1) 如属以下情况时,应装上全部进气系统:

——可能对柴油机功率产生相当大的影响;

——当制造厂提出此要求时。

在其他情况下,可以使用一等效进气系统,但应检查,确保进气压力与制造厂规定的,装有清洁空气滤清器时的进气压力上限值之差不大于 100 Pa。

2) 如属以下情况时,应装上全部排气系统:

——可能对柴油机功率产生相当大的影响;

——当制造厂提出此要求时。

在其他情况下,可以使用一等效排气系统,但所测压力与制造厂规定的压力上限值之差不大于 1 000 Pa。

3) 柴油机设有排气制动装置,则节流阀应固定在全开位置。

4) 需要时燃料供给压力可以调节,以便能重新达到柴油机杂某一用途时所需的压力(特别在使用“燃料回流”系统时)。

5) 进气阀是喷油泵气动调速器的控制阀,调速器或喷油装置可以装有其他可能影响喷油量的装置。

6) 只能用柴油机的水泵来实施冷却液的循环。可用外循环来冷却冷却液,使该循环的压力损失和水泵进口处压力保持与原来柴油机冷却系统的大致相同。

7) 节温器应固定在全开位置。

8) 当试验装有冷却风扇或鼓风机时,应将其吸收功率加到试验结果中去,风扇或鼓风机的功率应按试验所用转速,根据标定特性计算或实际试验确定。

9) 发电机最小功率:发电机的电功率应限于使柴油机运行所必需的辅件在工作时所吸收的功率。如需接上蓄电池,应使用充满电的,有良好状态的蓄电池。

10) 进气中冷柴油机应带中冷器(液冷或空冷)进行试验,但如制造厂要求,也可用台架试验系统来代替中冷器。无论哪种情况,均应按照制造厂规定的柴油机空气在经过试验台中冷器的最大压力降和最小温度降,测量每一转速时的功率。

11) 这些装置包括诸如废气再循环系统(EGR),催化转化器,热反应器,二次空气供给系统和燃油蒸发防护系统等。

12) 电气或其他系统的启动功率应由试验台提供。

附 录 F
（规范性附录）
型式核准证书

根据……（本标准名称和编号）的要求，对下列柴油机机型或柴油机系族给予型式核准/型式核准扩展[1]。

型式核准号：____________ 型式核准扩展号：____________

型式核准扩展的理由（如适用）：____________

F.1 概述____________

F.1.1 厂牌：____________

F.1.2 柴油机机型或柴油机系族的名称：____________

F.1.3 制造厂的名称和地址：____________

制造厂授权的代理人（如果有）的名称和地址：____________

F.1.4 柴油机标签

位置：____________

固定方法：____________

F.1.5 总装厂地址：____________

F.1.6 柴油机驱动的移动机械说明[2]：____________

____

____

F.2 使用的限制条件（如果有）：____________

F.2.1 柴油机安装到非道路移动机械上应遵守的特别条件：

F.2.1.1 最大允许进气阻力：____________ kPa

F.2.1.2 最大允许排气背压：____________ kPa

F.3 负责进行试验的检验机构：

F.4 试验报告日期：____________

F.5 试验报告编号：____________

F.6 型式核准扩展的依据：____________

F.4 型式核准的批准

签章：____________

签发日期：____________

附属资料：

制造厂提交的符合附录A要求的型式核准有关技术资料。

试验结果（见附件FA）。

1）删掉不适用者。

2）参照正文的“范围”。

附 件 FA
（规范性附件）
试验结果

FA.1 与试验相关的信息[1)]

FA.1.1 试验用基准燃油

FA.1.1.1 十六烷值：____________

FA.1.1.2 硫含量(质量分数)：____________

FA.1.1.3 密度(20℃)：____________

FA.1.2 润滑油

FA.1.2.1 厂牌：____________

FA.1.2.2 型号：____________

FA.1.3 柴油机驱动辅件(如适用)

FA.1.3.1 列举并详述细节：____________

FA.1.3.2 在规定的柴油机转速下吸收的功率(由制造厂确定)(见表 FA.1)

表 FA.1

辅 件	不同转速下辅件吸收的功率/kW		
	怠 速	中间转速(如适用)	额定转速
$P_{(a)}$ 柴油机运转所需辅件(从所测得的柴油机功率中减去，见第 AA.5.1 条)			
$P_{(b)}$ 柴油机运转所不需辅件(增加到所测得的柴油机功率中，见第 AA.5.2 条)			

FA.1.4 柴油机性能

FA.1.4.1 柴油机转速：

怠速：____________ r/min

中间转速(如适用)：____________ r/min

额定转速：____________ r/min

FA.1.4.2 柴油机功率[2)](见表 FA.2)

表 FA.2

条 件	不同转速下柴油机功率/kW		
	怠 速	中间转速(如适用)	额定转速
$P_{(m)}$ 试验台架上测得的功率/kW			

1) 如果进行了几个源机的试验，则应对每一个源机都应有对应的相关试验信息。

2) 按照本标准第 2.4 部分的条件，测量的未经校正的功率。

续表

条 件	不同转速下柴油机功率/kW		
	怠 速	中间转速(如适用)	额定转速
$P_{(a)}$ 按第 AA.5.1 条，试验中可能安装的辅件吸收的功率/kW			
——如安装	0	0	0
——如未安装			
$P_{(b)}$ 按第 AA.5.2 条，试验中可能拆去的辅件吸收的功率/kW			
——如安装			
——如未安装	0	0	0
柴油机净功率 $P_{(n)}=P_{(m)}-P_{(a)}+P_{(b)}$			

FA.1.5 排放水平

FA.1.5.1 测功机设定值(见表 FA.3)

表 FA.3

负荷百分比	不同发动机转速下测功机设定值/kW		
	怠 速	中间转速(如适用)	额定转速
10(如适用)			
25(如适用)			
50			
75			
100			

FA.1.5.2 试验循环排放结果

所应用的循环(八工况循环/六工况循环/五工况循环)[2] ____________

CO：____________ g/(kW·h)

HC：____________ g/(kW·h)

NO_x：____________ g/(kW·h)

颗粒物：____________ g/(kW·h)

FA.1.5.3 用于试验的取样系统

FA.1.5.3.1 气体排放[1]：

FA.1.5.3.2 颗粒物[1]：

FA.1.5.3.2.1 方法[2]：单/多滤纸

1) 填写附录 C 中第 C.1 条定义的示图编号。

2) 划掉不适用者。

附　录　G
（规范性附录）
生产一致性

G.1　总则

为确保批量生产的柴油机的排放特性与型式核准的一致性，型式核准机关对制造厂提出了生产一致性保证的要求。

G.2　生产一致性保证计划

G.2.1　型式核准机关在批准型式核准时，必须核实制造厂是否已具备了为相应型式核准内容所作的生产一致性保证计划。

G.2.2　制造厂必须按照生产一致性保证计划进行生产，使其按照本标准型式核准的每一柴油机机型（或系族）与已型式核准柴油机机型（或系族）一致。生产一致性保证应至少包括：

G.2.2.1　具有并执行能有效地控制产品（系统、零部件或总成）与已型式核准柴油机机型（或系族）一致的规程；

G.2.2.2　为检查已型式核准柴油机机型（或系族）的一致性，需使用必要的试验设备或其他相应设备；

G.2.2.3　记录试验或检查的结果并形成的文件，该文件要在型式核准机关规定的期限内一直保留，并可获取；

G.2.2.4　分析试验或检查结果，以便验证和确保产品排放特性的稳定性，以及制订生产过程控制允差；

G.2.2.5　如任一组样品或试件在要求的试验或检查中被确认一致性不符合，需进行再次取样并试验或检查，并采取必要纠正措施，恢复其一致性。

G.3　监督检查

G.3.1　型式核准机关可随时和（或）定期监督检查制造厂生产一致性保证计划的持续有效性。

G.3.1.1　由型式核准机关和（或）其委托的单位进行监督检查。

G.3.1.2　由型式核准机关确定监督检查的周期，确保制造厂的生产一致性保证计划的持续有效性得到监督检查。

G.3.2　若监督检查发现不满意的结果，则制造厂必须采取一切必要措施尽快恢复生产一致性。

附 录 H
（资料性附录）
参 考 文 献

GB/T 386 柴油着火性质测定法(十六烷值法)

GB/T 1884 原油和液体石油产品密度实验室测定法(密度计法)

GB/T 1885 石油计量表

GB/T 6536 石油产品蒸馏测定法

GB/T 261 石油产品闪点测定法(闭口杯法)

GB/T 265 石油产品运动黏度测定法和动力黏度计算法

GB/T 380 石油产品硫含量测定法(燃灯法)

GB/T 5096 石油产品铜片腐蚀试验法

GB/T 268 石油产品残炭测定法(康氏法)

GB/T 508 石油产品灰分测定法

GB/T 260 石油产品水分测定法

GB/T 258 汽油、煤油、柴油酸度测定法

SH/T 0248 馏分燃料冷滤点测定法

SH/T 0606 中间馏分烃类组成测定法

SH/T 0175 馏分燃料油氧化安定性测定法(加速法)

ISO 5725 Accuracy (trueness and precision) of measurement methods and results—Part 2: Basic method for the determination of repeatability and reproducibility of a standard measurement method (测量方法和结果的准确度(真值和精密度)第 2 部分:判断标准测试方法的重复性和再现性的基本方法)

ISO 4259 Petroleum products—Determination and application of precision data in relation to methods of test (石油产品——试验方法精密度数据判定法和应用)

ISO 3046-3:1989 Reciprocating internal combustion engines—Performance—Part 3: Test measurements(往复式内燃机——性能 第 3 部分:试验测量)

ISO 5167-3:2003 Measurement of fluid flow by means of pressure differential devices inserted in circular cross-section conduits running full—Part 3: Nozzles and Venturi nozzles(使用圆截面全流喷嘴差压装置测量液体的流动 第 3 部分:喷管和文丘里管喷管)

ISO 8528-1:1993 Reciprocating internal combustion engine driven alternating current generating sets—Part 1: Application, ratings and performance(往复式内燃机驱动的交流发电机组 第 1 部分:应用,额定功率和性能)

ICS 77.120.99
H 65

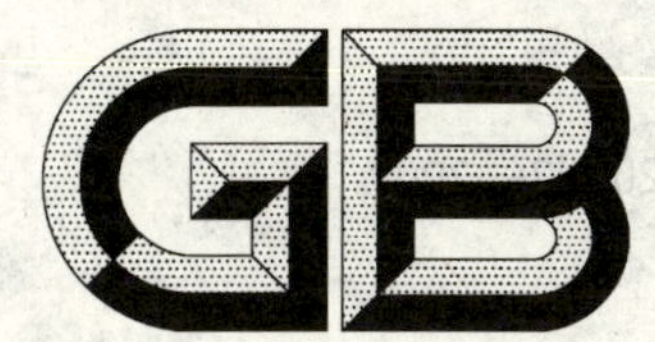

中华人民共和国国家标准

GB/T 20892—2007

镨钕合金

Praseodymium-Neodymium alloy

2007-04-19 发布　　　　2007-11-01 实施

中华人民共和国国家质量监督检验检疫总局
中国国家标准化管理委员会　发布

前 言

本标准由国家发展和改革委员会稀土办公室提出。

本标准由全国稀土标准化技术委员会归口并负责解释。

本标准由江西南方稀土高技术股份有限公司负责起草。

本标准由包头稀土研究院参加起草。

本标准主要起草人：杜雯、肖方春、卢能迪、邱立东。

镨 钕 合 金

1 范围

本标准规定了镨钕合金产品的要求、试验方法、检验规则及标志、包装、运输和贮存。

本标准适用于以镨钕氧化物为原料，经熔盐电解法生产的，供作磁性材料等用的镨钕合金。

2 规范性引用文件

下列文件中的条款通过本标准的引用而成为本标准的条款。凡是注日期的引用文件，其随后所有的修改单(不包括勘误的内容)或修订版均不适用于本标准，然而，鼓励根据本标准达成协议的各方研究是否可使用这些文件的最新版本。凡是不注日期的引用文件，其最新版本适用于本标准。

GB/T 8170 数值修约规则

GB/T 12690 稀土金属及其氧化物中非稀土杂质化学分析方法

GB/T 14635 稀土金属及其化合物化学分析方法

3 要求

3.1 化学成分

镨钕合金的化学成分应符合表1的规定。如需方对产品有特殊要求，供需双方可另行协商，并在合同中注明。

表 1

产品牌号	化学成分(质量分数)/%														
	RE 不小于	Pr/RE	Nd/RE	杂质含量，不大于											
				稀土杂质			非稀土杂质								
				La/RE	Ce/RE	Sm/RE	Fe	Si	Mg	Ca	Al	(Mo+W)	S	C	O
045080	99	20±2	80±2	0.1	0.1	0.05	0.3	0.05	0.02	0.02	0.1	0.05	0.01	0.05	0.05
045075	99	25±2	75±2	0.1	0.1	0.05	0.3	0.05	0.02	0.02	0.1	0.05	0.01	0.05	0.05
045070	99	30±2	70±2	0.1	0.1	0.05	0.3	0.05	0.02	0.02	0.1	0.05	0.01	0.05	0.05

3.2 外观

产品为铸态合金，无夹杂物和氧化脱落粉末，新截面呈银灰色。

4 试验方法

4.1 产品中稀土总量的分析方法参照 GB/T 14635 的规定进行。

4.2 产品中镨、钕及稀土杂质含量的分析方法参照供方现行方法进行。

4.3 产品中非稀土杂质的分析方法按 GB/T 12690 的规定进行。

4.4 数值修约按 GB/T 8170 的规定进行。

4.5 产品外观用目视检查。

5 检验规则

5.1 检查与验收

5.1.1 产品由供方技术监督部门检验，保证产品质量符合本标准规定，并填写产品质量证明书。

5.1.2 需方可对收到的产品按本标准的规定进行检验，如结果与本标准规定不符时，应在收到产品之日起一个月内向供方提出，由供需双方协商解决。如需仲裁，可委托双方认可的单位进行，并在需方共同取样。

5.2 组批

产品应成批提交验收，每批应由同一牌号的产品组成。

5.3 检验项目

每批产品应进行化学成分和外观的检验。

5.4 取样

5.4.1 化学成分分析的仲裁取样件数按表 2 的规定进行。

表 2

每批质量/kg	≤10	>10～50	>50～100	>100～200	>200～500	>500
取样件数/块	2	3	4	5	8	10

5.4.2 化学成分分析的仲裁取样方法按下述规定进行：

分析氧含量时，在合金锭中间位置截取块状样品，取样量不少于 10 g；分析其他杂质元素含量时，用直径 5 mm 的钻头在合金锭上、下两面等距离处各钻取 3 点，距合金锭块表面小于 1.0 mm 的钻屑应弃去，取样量不少于 10 g，将所得试样迅速混匀缩分至所需数量，并放入磨口瓶中密封保存。

5.5 检验结果判定

化学成分分析结果不合格时，则从该批产品中取双倍样锭对不合格项目进行复验，若仍有一项结果不合格，则该批产品为不合格。

6 标志、包装、运输和贮存

6.1 标志、包装

包装桶外应有不褪色标志，注明：供方名称、产品名称、牌号、批号、净重、毛重、出厂日期及“防潮”标志或字样。产品应采取防氧化措施密封装入铁桶中，桶内有产品质量证明书。如需方对包装有特殊要求，由供需双方协议。

6.2 运输和贮存

运输时严防受潮，产品应置于干燥处，不得露天堆放。

6.3 质量证明书

每批产品应附有质量证明书，其上注明：

a) 供方名称；

b) 产品名称和牌号；

c) 批号；

d) 净重和件数；

e) 各项分析检验结果及检验部门印记；

f) 本标准编号；

g) 出厂日期。

ICS 77.120.99
H 65

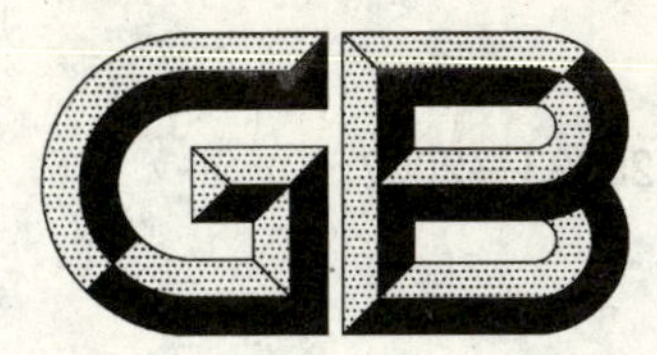

中华人民共和国国家标准

GB/T 20893—2007

金属铽

Terbium metal

2007-04-19 发布　　　　2007-11-01 实施

中华人民共和国国家质量监督检验检疫总局
中国国家标准化管理委员会　发布

前　言

本标准由国家发展和改革委员会稀土办公室提出。

本标准由全国稀土标准化技术委员会归口并负责解释。

本标准由包头稀土研究院负责起草。

本标准由有研稀土新材料股份有限公司、湖南稀土金属材料研究院参加起草。

本标准主要起草人:李瑞红、解萍、武国琴、杨广禄、翁国庆。

金 属 铽

1 范围

本标准规定了金属铽产品的要求、试验方法、检验规则和标志、包装、运输、贮存。

本标准适用于钙热直接还原法和钙热中间合金法以及真空蒸馏法生产的金属铽，主要用于超磁致伸缩合金、光磁记录材料、钕铁硼合金及有色金属合金的添加剂等。

2 规范性引用文件

下列文件中的条款通过本标准的引用而成为本标准的条款。凡是注日期的引用文件，其随后所有修改单（不包括勘误的内容）或修订版均不适用于本标准，然而，鼓励根据本标准达成协议的各方研究是否可使用这些文件的最新版本。凡是不注日期的引用文件，其最新版本适用于本标准。

GB/T 8170 数值修约规则

GB/T 12690 稀土金属及其氧化物中非稀土杂质化学分析方法

GB/T 14635 稀土金属及其化合物化学分析方法

GB/T 18115.8 稀土金属及其氧化物中稀土杂质化学分析方法 铽中镧、铈、镨、钕、钐、铕、钆、镝、钬、铒、铥、镱、镥和钇量的测定

3 要求

3.1 化学成分

产品牌号及化学成分应符合表1的规定。需方如有特殊要求，由供需双方协议。

表 1

产品牌号	化学成分（质量分数）/%											
	RE 不小于	Tb/RE 不小于	杂质含量，不大于									
			稀土杂质	非稀土杂质								
			(Eu+Gd+Dy+Ho+Y)/RE	Fe	Si	Ca	Al	Cu	Ni	(W+Ta+Nb+Mo+Ti)	C	O
094040	99.0	99.99	0.01	0.02	0.01	0.01	0.02	0.02	0.01	0.01	0.01	0.05
094030	99.0	99.9	0.1	0.05	0.03	0.02	0.03	0.03	0.03	0.10	0.02	0.15
094025	99.0	99.5	0.5	0.10	0.06	0.05	0.05	0.05	0.08	0.20	0.03	0.20
094020	99.0	99.0	1.0	0.15	0.08	0.10	0.10	0.05	0.10	0.30	0.05	0.20
094015	98.5	98.5	1.5	0.20	0.10	0.15	0.20	0.10	0.10	0.35	0.05	0.25

3.2 外观

3.2.1 产品为铸态或结晶态，呈银灰色。

3.2.2 金属锭表面应清洁，无机械夹杂物。

4 试验方法

4.1 产品中稀土总量(RE)的分析方法按 GB/T 14635 的规定进行。

4.2 产品中稀土杂质含量的分析方法按 GB/T 18115.8 的规定进行。

4.3 产品中铁、硅、钙、铝、铜、镍、钨、钼、钛、碳、氧含量的分析方法按 GB/T 12690 的规定进行。

4.4 产品中钽、铌含量的分析方法按供方现行方法进行。

4.5 数值修约按 GB/T 8170 的规定进行。

4.6 产品外观用目视检查。

5 检验规则

5.1 检查与验收

5.1.1 产品由供方质量检验部门进行检验，保证产品质量符合本标准规定，并填写质量证明书。

5.1.2 需方应对收到的产品按本标准的规定进行检验，如检验结果与本标准规定不符时，应在收到产品之日起二月内向供方提出，由供需双方协商解决。如需仲裁，可委托双方认可的单位进行，并在需方共同取样。

5.2 组批

产品应成批提交检验，每批应由同一牌号的产品组成。

5.3 检验项目

每批产品应进行化学成分和外观检验。

5.4 取样与制样

5.4.1 仲裁取样数量按表 2 的规定进行。

表 2

每批质量/kg	≤10	>10～50	>50～100	>100～200	>200～500	>500
取样件数/块	2	3	4	5	8	10

5.4.2 化学成分分析的仲裁取样方法按下述规定进行：

取样时，首先将试样打磨干净。分析氧含量，用锯在金属锭中间截面位置上锯切试样（板状产品用剪切机剪切 5 mm 断口截面取样），取样量不少于 10 g，取好的块状样应迅速放入带盖的磨口瓶中；分析其他杂质含量时，用直径 5 mm～10 mm 的钻头在金属锭上下两面各钻三点以上，弃去距锭块表面 0.5 mm～1.0 mm深的钻屑，取样量不少于 10 g，并将试样立即放入带盖的磨口瓶中。

5.5 检验结果判定

化学成分分析结果不合格时，则从该批产品中取双倍样锭对不合格项目进行复验，如仍有一项结果不合格，则判该批产品为不合格。

6 标志、包装、运输、贮存

6.1 标志、包装

包装桶（箱）外应有不褪色标志，注明：供方名称、产品名称、牌号、批号、净重、毛重、出厂日期及“防潮”等标志或字样。产品采取防氧化措施密封装入铁桶内，如需方对包装有特殊要求，由供需双方协商。

6.2 运输、贮存

运输时严防受潮，产品需存放干燥处，不得露天放置。

6.3 质量证明书

每批产品应附质量证明书，注明：

a) 供方名称；

b) 产品名称；

c) 牌号、批号、净重、毛重、件数；

d) 各项分析检验结果和供方质量检验部门印记；

e) 本标准编号；

f) 检验日期；

g) 出厂日期。

ICS 47.080
U 37

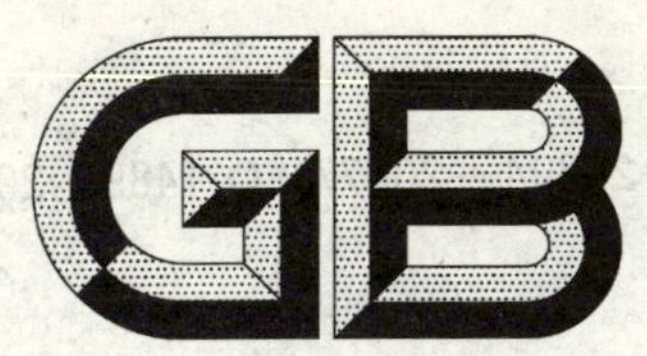

中华人民共和国国家标准

GB/T 20894—2007/ISO 14895:2000

小艇　液体燃料厨灶

Small craft—Liquid-fuelled galley stoves

（ISO 14895:2000,IDT）

2007-03-26 发布　　　　2007-09-01 实施

中华人民共和国国家质量监督检验检疫总局
中国国家标准化管理委员会　发布

前　言

本标准等同采用 ISO 14895:2000《小艇　液体燃料厨灶》(英文版)。

本标准等同翻译 ISO 14895:2000。

为便于使用,本标准做了下列编辑性修改:

——“本国际标准”一词改为“本标准”;

——删除国际标准的前言;

——在正文中补充提及附录 A 的条文。

本标准的附录 A 为规范性附录。

本标准由中国船舶工业集团公司提出。

本标准由全国小艇标准化技术委员会(SAC/TC 241)归口。

本标准起草单位:中国船舶工业集团公司第七〇八研究所。

本标准主要起草人:林德辉、张伟东。

小艇　液体燃料厨灶

1　范围

本标准规定了在艇体长度不大于 24 m 的小艇上永久性安装的使用在大气压力下为液态燃料的厨灶的设计和安装。

本标准不适用于专门设计或预定作为可携式独立野营灶的灶具。

2　规范性引用文件

下列文件中的条款通过本标准的引用而成为本标准的条款。凡是注日期的引用文件，其随后所有的修改单(不包括勘误的内容)或修订版均不适用于本标准，然而，鼓励根据本标准达成协议的各方研究是否可使用这些文件的最新版本。凡是不注日期的引用文件，其最新版本适用于本标准。

GB/T 18821—2002　小艇　液化石油气(LPG)系统(ISO 10239:2000,IDT)

GB/T 19311—2003　小艇　电气系统　超低压直流装置(ISO 10133:2000,IDT)

GB/T 19917—2005　小艇　艇主手册

GB/T 20847.1—2007　小艇　防火　第 1 部分:艇体长度不大于 15 m 的艇(ISO 9094-1: 2003,IDT)

ISO 9094-2:2002　小艇　防火　第 2 部分:艇长为 15 m 以上但不大于 24 m 的艇

3　术语和定义

本标准采用下列术语和定义。

3.1

厨灶　galley stove

灶　stove

使用燃烧器、烘炉、烤焙器或这些器件任意组合的用于烹饪的器具。

3.2

液体燃料　liquid fuel

在大气压下为液态的燃料。

例如:酒精、煤油和柴油。

3.3

汽油　petrol

用于火花点火发动机的石油分馏的燃料。

3.4

易于接近　readily accessible

无需拆除任何艇体结构或使用任何工具，即能到达进行使用、检查和维护的能力。

3.5

室密封的装置　room-sealed appliance

具有燃烧系统的装置，在该系统中进入的可燃性气体和排出的燃烧产物都通过密封的管道，此管道连接至密闭的燃烧室且终止于艇外。

4　一般要求

4.1　厨灶应按制造厂的小艇安装说明书和本标准的要求进行安装。

4.2 不应安装使用任何液态或半液态形式的汽油作为燃料或点火的厨灶。

4.3 在厨灶上或者在紧邻厨灶处应设有经久耐用和清晰的标牌，该标牌应说明厨灶的使用方法，包括加燃料步骤(如果适用)，以及在使用中涉及的任何特定危险。见 5.3,5.8 和 5.9。

4.4 在艇相对水平面任何方向的纵倾或横倾不大于 15°，且在最大角度至少持续 15 s 的情况下，厨灶应能工作。在单体帆艇上的厨灶应装有万向接头，能在横倾角持续 30°时工作。

4.5 燃烧器的控制器不应安装在需要穿过正在工作的燃烧器才能到达的地方。

4.6 在厨灶顶部烹饪表面上或其邻近处应设有装置，用于防止艇在纵倾角不大于 15°或者横摇角不大于 30°(对于帆艇)或者纵倾角或横摇角不大于 15°(对于发动机驱动艇)时，无论深的还是浅的烹饪器具滑动或滑出厨灶。

4.7 烘炉的门应具有用于防止由于食品和器具滑动产生力而使门无意打开的装置。

4.8 金属燃料罐应耐内部和外部腐蚀。接缝应焊接或钎焊，但对装有保存在吸收性材料中的燃料的金属罐的接缝除外。

4.9 厨灶的控制旋钮应为非金属的，或者位于厨灶使用时不会变热的部位。

4.10 小艇制造厂应在艇主手册中列入液体燃料厨灶使用的有关内容，见附录 A。

5 安装

5.1 厨灶以及任一相关的远距离燃料罐均应紧固在艇上。

厨灶的安装应符合 GB/T 20847.1—2007 和 ISO 9094-2 对于无烟道明火厨灶的要求。这不适用于厨灶的控制旋钮，见 4.9。

5.2 在厨灶上或其邻近处应张贴使用国可接受文字的永久性和清晰的警告标牌。该标牌应至少具有下列内容：

警告

燃料燃烧器具产生一氧化碳

为避免窒息

在厨灶使用时保持通风

禁止用于舱室加热

最后一行对有烟道的厨灶不作要求。对室密封的厨灶不要求有标牌。

5.3 在远距离燃料罐的附近，应设置不与厨灶构成整体的易于接近的截止阀。此阀应设计成用于截断燃料流，且应指示出截断和流通的位置以及截断的方向。如果此阀位于厨房外，则应在厨房内燃料管路上易于接近的部位设置第二个阀，该阀不应位于燃烧器上方以及 GB/T 20847.1—2007 和 ISO 9094-2:2002 中所定义的区域Ⅱ之外。

5.4 安装在有厨灶的舱室内的远距离燃料罐应位于 GB/T 20847.1—2007 和 ISO 9094-2:2002 中所定义的区域Ⅱ之外。

5.5 从远距离燃料罐引出的燃料管道或软管，在该罐的截止阀至厨灶的截止阀之间，或者至紧邻装有万向接头的厨灶之前的软管段之间，应以无接头或附件的连续管线安装。

5.6 用于对远距离燃料罐的加注设施应在 GB/T 20847.1—2007 和 ISO 9094-2:2002 中所定义的区域Ⅱ之外。

5.7 具有整体式燃料罐的厨灶应在厨灶上或其邻近处应设一以使用国可接受文字表示的永久性警告标牌。该标牌应具有下列内容：

警告

可能有爆炸和失火的危险

燃料容器加注燃料前断开厨灶的燃烧器

5.8 具有整体式燃料罐，其燃料保存在吸收性材料中，且设计成必须把燃料容器从厨灶取下进行加注的非受压的厨灶，应设一以使用国可接受文字表示的标牌。该标牌具有下列内容：

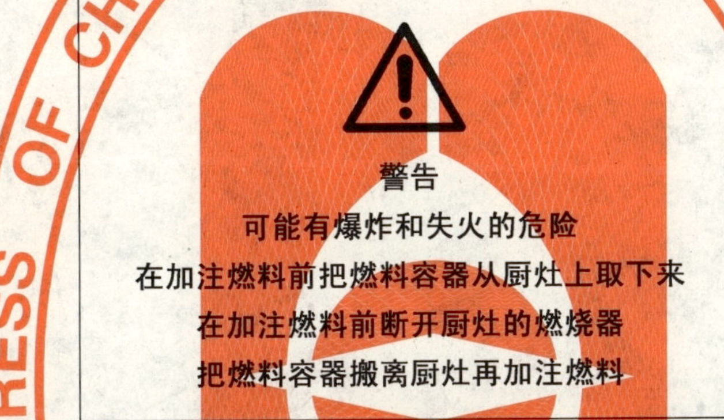

警告

可能有爆炸和失火的危险

在加注燃料前把燃料容器从厨灶上取下来

在加注燃料前断开厨灶的燃烧器

把燃料容器搬离厨灶再加注燃料

5.9 燃料罐的加注口应予以标识，指出该系统应使用的燃料类型。不应只使用"燃料"一词。

5.10 对于装有明火(即非室密封的)厨灶的起居处所，应按 GB/T 18821 的要求设置通风。

5.11 如果装设用于排除燃烧产物的烟道，则该烟道应符合 GB/T 18821 的要求。

5.12 厨灶的制造厂应提供符合本标准的厨灶安装说明书。

6 厨灶的设计和结构

6.1 液体燃料的注油盘或槽应固定在燃烧器或气体发生器上，以保持它们之间的联系。

6.2 注油盘或槽的设计应使得艇向任何方向纵倾或横摇 15°的情况下，能保持燃料不会溢出。

6.3 在所有燃烧器的下方应设有深度至少为 20 mm 的易于接近、液密、不可燃的集油盘，足以容纳在 4.6 中所述纵倾和横摇条件下，从注油盘中溢出的所有燃料。

6.4 远距离非受压的燃油供应罐应能承受 20 kPa 的内部压力试验而无漏泄。

6.5 受压的液体燃料罐应装设有安全阀，该安全阀设计成在压力燃料在 60℃下使用的蒸气压力的2 倍时能够释放。

6.6 与厨灶构成整体受压的液体燃料罐应予以屏罩或隔离，使在最大发热下连续运行，罐内的压力不会超过安全阀压力整定值的 50%。

6.7 受压燃料罐的设计应能承受 4 倍于安全阀压力整定值的压力。

6.8 受压液体燃料罐应进行承受设计工作压力的 2 倍或 700 kPa(取大者)的最小内部压力试验。

6.9 具有要求连接至艇的超低压电气系统的厨灶，其连接应符合 GB/T 19311—2003 的要求。

7 标志

每一厨灶均应永久性地设置具有下列内容的铭牌或标牌：

——制造厂名或注册商标；

——型号；

——系列号；

——在罐(容器)的加注口上,标明燃料的类型。

附　录　A
（规范性附录）
在艇主手册中应列入的内容

A.1　在艇主手册中应列入下列内容（见 GB/T 19917—2005）。

a)　厨灶的点火、起燃和使用，以及关闭厨灶和切断燃料供给的说明。

b)　所使用燃料的类型（例如酒精类、柴油、煤油）以及对使用其他不适用燃料的警告和可能发生的危险。

c)　加注燃料程序的说明，包括有关可能失火和爆炸危险的警告。

d)　厨灶和燃料系统的清洁与维护。

e)　至少具有下列内容的警告和注意：

——明火炊具消耗氧气；

——氧气供给不足可能引起窒息；

——在厨灶使用时保持通风；

——禁止把厨灶用于舱室或取暖加热。

f)　对备用燃料贮存的建议：

——保持备用燃料为最少，且贮于耐蚀材料制成的容器中；

——保持贮存在起居处所之外；

——贮存在温度不可能超过 60℃的区域内。

ICS 47.080
U 18

中华人民共和国国家标准

GB/T 20895.1—2007/ISO 12217-1:2002

小艇 稳性和浮性的评定与分类
第1部分:艇体长度不小于6 m的非帆艇

Small craft—Stability and buoyancy assessment and categorization—Part 1:Non-sailing boats of hull length greater than or equal to 6 m

(ISO 12217-1:2002,IDT)

2007-03-26 发布 2007-09-01 实施

中华人民共和国国家质量监督检验检疫总局
中国国家标准化管理委员会 发布

前　言

GB/T 20895《小艇　稳性和浮性的评定与分类》共为3部分：

——第1部分：艇体长度不小于6 m的非帆艇；

——第2部分：艇体长度不小于6 m的帆艇；

——第3部分：艇体长度小于6 m的艇。

本部分为GB/T 20895的第1部分。

本部分等同采用ISO 12217-1:2002《小艇　稳性和浮性的评定与分类　第1部分：艇体长度不小于6 m的非帆艇》(英文版)。

本部分等同翻译ISO 12217-1:2002。

为便于使用，本部分做了下列编辑性修改：

——"ISO 12217的这一部分"一词改为"GB/T 20895的本部分"或"本部分"'；

——用小数点"."代替作为小数点的逗号","；

——删除国际标准的前言；

——"规范性引用文件"的引导语按GB/T 1.1—2000作了修改。

——附录A中"如果凹体为非快速泄水的，$F_3=0.7+k^{0.5}$；"国际标准中为"$F_3=0.7+k_{0.5}$"，有误，已更正。

本部分的附录A、附录B、附录C、附录D、附录E、附录F和附录G为规范性附录，附录H和附录I为资料性附录。

本部分由中国船舶工业集团公司提出。

本部分由全国小艇标准化技术委员会(SAC/TC 241)归口。

本部分起草单位：中国船舶工业集团公司第七〇八研究所。

本部分主要起草人：林德辉、梁启康。

小艇　稳性和浮性的评定与分类
第1部分:艇体长度不小于6 m的非帆艇

注意:符合GB/T 20895的本部分要求不意味着保证小艇百分之百的安全,也不保证其无倾覆或沉没的危险。

1　范围

GB/T 20895的本部分规定了评定完整(即未破损)艇稳性和浮性的方法,也包括评定易灌水下沉艇的浮性。

利用本部分对稳性和浮性进行评估,可为每一艘艇划定与其设计载荷和最大总载荷相适应的设计类别(A类、B类、C类或D类)。

本部分适用于艇体长度为6 m～24 m的主要以人力或机械动力推进的艇。但如果这些艇未达到GB/T 20895.3中所规定的设计类别,且其设有甲板并具有符合GB/T 20896要求的快速泄水的凹体,则也可适用于6 m以下的艇。

本部分不包括:

——ISO 6185所涉及的8 m及以下的充气艇和刚性充气艇;

——独木舟、皮艇或艇宽小于1.1 m的其他艇;

——依靠动力支承方式航行的水翼艇和气垫艇;

——潜水器。

本部分未考虑或评估拖航、捕鱼、挖泥或起重作业对稳性的影响,此类情况应另行考虑(如果适用)。

2　规范性引用文件

下列文件中的条款通过GB/T 20895的本部分的引用而成为本部分的条款。凡是注日期的引用文件,其随后所有的修改单(不包括勘误的内容)或修订版均不适用于本部分,然而,鼓励根据本部分达成协议的各方研究是否可使用这些文件的最新版本。凡是不注日期的引用文件,其最新版本适用于本部分。

GB/T 19315—2003　小艇　最大装载量(ISO 14946:2001,IDT)

GB/T 19317.1—2003　小艇　通海旋塞及贯穿艇体的附件　第1部分:金属件(ISO 9093-1:1994, IDT)

GB/T 19916—2005　小艇　主要数据(ISO 8666:2002,IDT)

GB/T 19917—2005　小艇　艇主手册

GB/T 19919—2005　小艇　窗、舷窗、舱口盖、风暴盖和门　强度和密封性要求(ISO 12216:2002,IDT)

GB/T 20895.2—2007　小艇　稳性和浮性的评定与分类　第2部分:艇体长度不小于6 m的帆艇(ISO 12217-2:2002,IDT)

GB/T 20847.1—2007　小艇　防火　第1部分:艇体长度不大于15 m的艇(ISO 9094-1: 2003,IDT)

GB/T 20896—2007　小艇　水密艉舱和快速泄水艉舱(ISO 11812:2001,IDT)

ISO 2896:2001　硬质泡沫塑料　吸水率测定

ISO 9093-2 : 2002　小艇　通海旋塞和贯穿艇体的配件　第2部分:非金属制件

ISO 9094-2: 2002　小艇　防火　第2部分:艇体长度为15 m以上的艇

国际海事组织IMO决议海上安全委员会(MSC)MSC.81决议(70),对救生设备试验的经修正的建议案

3 术语和定义

下列术语和定义适用于本部分。在第4章中列出了这些定义中所用的某些符号的含义。

3.1 基本术语

3.1.1

设计类别 design category

本部分用于评定艇所适用的海况和风力条件的描述。

注：另见7.2。

3.1.2

非帆艇 non-sailing boat

不是以风力作为主要推进手段的艇，其 $A_S < 0.07 \times (m_{LDC})^{2/3}$。

3.1.3

凹体 recess

可能积水的露天的任何容积。

例如：艉舱、围阱、由舷墙或围槛围成的开敞容积或区域。

注：设置符合GB/T 19919—2005要求的关闭装置的住舱、遮蔽区域或储藏室不属于凹体。

3.1.4

快速泄水凹体 quick-draining recess

符合GB/T 20896对"快速泄水艉舱和凹体"所有要求的凹体。

注：按其特性，对某一设计类别，艉舱可考虑为快速泄水型，但对更高的设计类别，也许不考虑为快速泄水型。

3.1.5

水密凹体 watertight recess

符合GB/T 20896对"水密艉舱和凹体"之所有要求的凹体。

注：此术语仅指与水密性和门槛高度有关的要求，而与泄水的要求无关。

3.1.6

全甲板艇 fully decked boat

舷弧线区域的水平投影由下列各项的任意组合构成的艇：

——水密甲板和上层建筑，和/或

——符合GB/T 20896要求的快速泄水凹体，和/或

——符合GB/T 20896要求的合计容积小于 $L_H B_H F_M/40$ 的水密凹体；

——按GB/T 19919—2005要求为水密的所有关闭装置。

注：对设计类别A或B的帆艇所许可的凹体的投影面积应符合6.3.1中的要求。

3.1.7

部分甲板艇 partially decked boat

舷弧线区域水平投影的至少三分之二设有甲板、住舱、遮蔽或硬质舱口罩盖（其符合GB/T 19919—2005的水密性要求，且指定用于把水排出舷外）的艇。

注：该舷弧区域包括距艇首 $L_H/3$ 范围内的所有区域，以及从艇的周边（不包括尾板）向艇内100 mm的区域。

3.2 下沉进水

3.2.1

下沉进水开口 downflooding opening

可允许水进入艇内或舱底或凹体的任何开口（包括有围槛的凹体），但6.1.1.1中未包括的开口除外。

3.2.2

下沉进水角 ϕ_D downflooding angle

当艇以与设计纵倾相应的装载状态在静水中时，6.1.1中所述的下沉进水开口开始浸水的横倾角。

注1：如果这些开口相对于艇中心线是不对称的，则采用在最小角度时出现的情况。

注2：下沉进水角的单位为度(°)表示。

3.2.3

下沉进水高度 h_D downflooding height, h_D

当艇以满载排水量和设计纵倾在静水中正浮时，从水线向上至任何下沉进水开口(但 6.1.1.1 中未包括的开口除外)的最小高度。

注：下沉进水高度的单位为米(m)。

3.3 主尺度、面积和角度

3.3.1

艇体长度 L_H length of hull, L_H

符合 GB/T 19916—2005 要求的艇体的长度。

注：艇体长度的单位为米(m)。

3.3.2

水线长度 L_{WL} length waterline, L_{WL}

当艇以与设计纵倾相应的装载状态在静水中正浮时，按 GB/T 19916—2005 的要求量取的水线长度。

注 1：对于多体艇，此长度与最长的单艇体有关。

注 2：艇体长度的单位为米(m)。

3.3.3

艇体宽度 B_H beam of hull, B_H

符合 GB/T 19916—2005 的艇体的最大宽度。

注 1：对于双体艇和三体艇，B_H 应以横跨外侧艇体的宽度作为最大宽度。

注 2：艇体宽度的单位为米(m)。

3.3.4

水线宽度 B_{WL} beam waterline, B_{WL}

当艇以与设计纵倾相应的装载状态和正浮时，按 GB/T 19916—2005 的要求在水线处量取的最大宽度，对于多体艇，该宽度为所有单艇体最大水线宽度的总和。

注：水线宽度的单位为米(m)。

3.3.5

艇舯部干舷 F_M freeboard amidships, F_M

当艇以与设计纵倾相应的装载状态和正浮时，按 GB/T 19916—2005 的要求在 $L_H/2$ 处量取的舷弧线或甲板至水线的距离。

注：舯部干舷的单位为米(m)。

3.3.6

单艇体吃水 T_C draught of the canoe body, T_C

当艇以与设计纵倾相应的装载状态和正浮时，按 GB/T 19916—2005 中的定义，其水线以下艇体主要漂浮部分的吃水。

注：单艇体吃水的单位为米(m)。

3.3.7

受风面积 A_{LV} windage area, A_{LV}

当艇以相应的装载状态正浮时，水线以上的艇体、上层建筑、甲板室和帆桁的侧向投影面积。

注 1：包括在恶劣气候中航行时可能安装的小艇天蓬和挡风板，例如艉舱防浪板、小艇舱口罩棚。

注 2：受风面积的单位为平方米(m^2)。

3.3.8

稳性消失角 ϕ_V angle of vanishing stability, ϕ_V

在相应的装载状态下，横向稳性恢复力矩为零时，假定无偏移载荷和所有可能的下沉进水开口为水密时测定的最接近正浮(并非正浮)的横倾角。

注1：如果艇具有非快速泄水的凹体，则这些凹体的下沉进水角为 ϕ_V，除非在确定 ϕ_V 时已充分考虑了这些凹体的影响。

注2：稳性消失角的单位为度(°)。

3.4 状态、质量和容积

3.4.1

空艇状态 light craft condition

按 GB/T 19916—2005 规定配置的空艇质量，加上下列各项质量进行配置：

a) 由功率大于 3 kW 的舷外机推进的艇，制造厂推荐的最重的舷外机安装在其工作位置上。

b) 如果设有蓄电池，则蓄电池应安装在制造厂预留的位置上。

c) 桅杆、张帆杆和在艇上存贮位置备用，但未固定的其他帆桁，以及所有处于原位的静索和动索。

d) 制造厂提供的在艇上备用，但未升起的所有帆具，例如：张帆杆上的主帆，已卷起的卷帆，以及堆放在前甲板上用帆眼圈系牢在支索上的前帆。

注：在 b)项中，舷外发动机的蓄电池，其质量应不小于表 E.1 和表 E.2 的第 3 栏中所列值。如果未为蓄电池提供专门的贮存处，则应允许在发动机位置周围的 1.0 m 范围内为每台功率超过 7 kW 的发动机配 1 只蓄电池的质量。

3.4.2

最大总载荷 m_{MTL} maximum total load, m_{MTL}

除空艇状态外，设定艇承载的最大载荷，包括 GB/T 19315—2003 中规定的制造厂所推荐的最大装载量，以及固定式或可移式舱柜最大容量的所有液体(例如燃料、油类、淡水，压载水或在饵舱和活鲜舱中的水)。

注：最大总载荷的单位为千克(kg)。

3.4.3

满载排水状态 loaded displacement condition

空艇状态的艇加上最大总载荷，使艇产生按附录 B 中所述的和偏移载荷试验用的设计纵倾和垂直分布的乘员质量。

3.4.4

满载排水量 m_{LDC} loaded displacement mass, m_{LDC}

满载排水状态时艇的质量。

注：满载排水量的单位为千克(kg)。

3.4.5

排水体积 V_D displacement volume, V_D

与相应装载状态相对应的艇的排水体积，水的密度取 1 025 kg/m^3。

注：排水体积的单位为立方米(m^3)。

3.4.6

最小运行状态 minimum operating condition

空艇状态(3.4.1)的艇加上下列各项(如果适合)：

a) 相当于位于艇中心线上，接近最高主控制站位置的乘员的质量：

——75 kg，若 $L_H \leqslant 8$ m；

——150 kg，若 8 m $< L_H \leqslant 16$ m；

——225 kg，若 16 m $< L_H \leqslant 24$ m。

b) 质量不小于 $(L_H-2.5)^2$ kg 的重要的安全设备。

c) 艇上通常携载的非消耗品和设备。

d) 对称装在中心线两侧液舱内的压载水，在艇主手册中注明，每当艇漂浮时，这些压载水舱总是充满压载水。

e) 装在预留贮存处的救生筏(如果配备)。

3.4.7

最小运行质量 m_{MOC} minimum operating mass, m_{MOC}

最小运行状态时艇的质量。

注:最小运行质量的单位为千克(kg)。

3.5 其他术语和定义

3.5.1

计算风速 v_W calculation wind speed, v_W

计算用的稳态风速的中间值或平均值。

注:计算风速的单位为米每秒(m/s)。

3.5.2

乘员 crew

艇上所有人员的统称。

3.5.3

乘员限额 CL crew limit, CL

在评定设计类别时所用的最大乘员数(每位乘员按 75 kg 计)。

3.5.4

设计纵倾 design trim

当艇正浮,且乘员、贮藏品和设备都位于设计者或制造者所指定的位置时艇的纵向姿态(角)。

3.5.5

浮性器材 flotation element

为艇提供浮力,且因此而影响艇漂浮特性的器材。

3.5.5.1

空气柜 air tank

与艇体或甲板结构连为一体的,由艇体结构材料制成的柜。

3.5.5.2

空气瓶 air container

不与艇体或甲板结构连为一体的,由刚性材料制成的容器。

3.5.5.3

低密度材料 low density material

密度小于1,主要置于艇内,以在灌水时增加浮力的材料。

3.5.5.4

带状加强环 rib collar

沿艇四周装设的能承受重载荷,无论该艇是否使用都要充气的管状环。

3.5.5.5

充气囊 inflated bag

由柔性材料制成,不与艇体或甲板连为一体,可接近进行目测检验,且当艇使用时总是要充气的袋。

注:在浸水时拟自动充气的囊(例如:置于桅顶,作为一种防止倾覆的手段),不应视为浮性器材。

3.5.6

倾斜试验 inclining experiment

用于确定艇的重心垂向位置(VCG)的方法。

注1:VCG加上艇体形状(型线图)和在已知装载状态下水线位置的信息,就能进行所有的完整稳性参数的计算。

注 2：对于如何进行倾斜试验的完整描述，查阅权威的造船学教科书，例如由美国造船师与轮机工程师学会（S.N.A.M.E）出版的《造船学原理》或参考“美国材料与试验学会”的《进行稳性试验的导则》（ASTM F-1321-90）。

3.5.7

满载水线　loaded waterline

当艇在满载排水量和设计纵倾下正浮时的水线。

3.5.8

复原力矩 RM　righting moment，RM

在静水中处于指定的横倾角时，由于艇的重心横向偏离艇体浸水部分的浮心而形成的恢复力矩。

注 1：复原力矩随横倾角变化而变化，且通常与横摇角的关系采用图表的方式进行标绘。利用已知的艇体形状和重心的位置，通过计算机可精确地得出各复原力矩，也可应用其他近似的方法。此复原力矩实质上随艇体形状、重心位置、艇的质量和纵倾姿态的变化而变化。

注 2：复原力矩的单位为牛米（N·m）。

3.5.9

复原力臂 GZ　righting lever，GZ

在横剖面上浮心与重心之间的水平距离。

注：复原力臂等于复原力矩除以质量（kg）与重力加速度（9.806 m/s^2）的乘积，单位为米（m）。

3.5.10

水密性等级　watertightness degree

水密性等级按 GB/T 20896 和 GB/T 19919—2005 中规定。

注：水密性等级归纳如下：

1 级：对持续浸水提供防护作用的密封性等级；

2 级：对暂时浸水提供防护作用的密封性等级；

3 级：对溅水提供防护作用的密封性等级；

4 级：对与垂线所成夹角不大于 15°的下落水滴提供防护的密封性等级。

4　符号

本部分采用表 1 中的符号和相关的单位。

表 1　符号

符号	单位	含　义
ϕ	(°)	横倾角
ϕ_D	(°)	实际的下沉进水角，见 3.2.2
$\phi_{D(R)}$	(°)	所要求的下沉进水角，见 6.1.3
ϕ_{GZmax}	(°)	产生最大复原力矩或力臂时的横倾角
ϕ_O	(°)	在偏移载荷试验期间的横倾角，见 6.2
$\phi_{O(R)}$	(°)	在偏移载荷试验期间允许的最大横倾角，见 6.2
ϕ_R	(°)	在航行中的假定横摇角，见 6.3.2
ϕ_V	(°)	稳性消失角，见 3.3.8
ϕ_W	(°)	由计算风速所致的横倾角，见 6.4
A_C	m^2	乘员可使用的甲板或艉舱的面积，见 B.3.1
A_{LV}	m^2	在相应的装载状态时艇体的受风投影面积，见 3.3.7
A_S	m^2	符合 GB/T 19916—2005 要求的帆的标称面积

表 1(续)

符号	单位	含　义
B_H	m	符合 GB/T 19916—2005 要求的艇体宽度
B_{WL}	m	符合 GB/T 19916—2005 要求的，在相应的装载状态下的水线宽度。对于多体艇，其为每一艇体之水线宽度的和
CD		乘员密度——乘员所需的艇平面面积的比例，见 B.3
CL		乘员定额——艇上最大的乘员数，见 3.5.3
d		浸水试验重物的密度系数，见 E.3
F_M	m	在相应的装载状态下符合 GB/T 19916—2005 要求的艇舯部干舷
GM	m	横稳心高
GZ	m	复原力臂＝复原力矩(N·m)/[质量(kg)×9.806]，见 3.5.9
h_D	m	实际的下沉进水高度，见 6.1.2
$h_{D(R)}$	m	要求的下沉进水高度，见 6.1.2
LCG	m	重心距所选择基准线的纵向位置
L_H	m	符合 GB/T 19916—2005 要求的艇体长度
L_{WL}	m	符合 GB/T 19916—2005 要求的在相应的装载状态下的水线长度
M_C	N·m	由于乘员所致的最大偏移载荷力矩，见 B.3.1
m_L	kg	在最小操作状态时应携载的载荷的质量，见 3.4.6
m_{LDC}	kg	满载排水量，见 3.4.4
m_{MOC}	kg	在最小操作状态时艇的质量，见 3.4.6 和 3.4.7
m_{MTL}	kg	最大总载荷的质量，见 3.4.2
M_W	N·m	由于风所致的横倾力矩，见 6.3.2
RM	N·m	复原力矩，见 3.5.8
T_C	m	符合 GB/T 19916—2005 要求的在相应的装载状态下的单艇体吃水
V_D	m^3	排水体积，见 3.4.5
V_R	m^3	非快速泄水凹体的容积，见附录 A
v_W	m/s	计算风速，见 3.5.1
VCG	m	重心距所选择基准线的垂向位置
x_D	m	下沉进水开口距最近艇端部的纵向距离
x'_D	m	下沉进水开口距艇的前端部的纵向距离
y_D	m	下沉进水开口距艇的周边的横向距离
y'_D	m	下沉进水开口距艇中心线的横向距离
z_D	m	下沉进水开口在水线以上的高度

5　步骤

5.1　最大总载荷

按定义确定艇预定运载的乘员限额和最大总载荷。乘员限额应不超过按 GB/T 19315—2003 规定的由座位或站立空间要求所确定的值。

重要的是确保最大总载荷不能估计过低。

5.2 帆艇或非帆艇

确定该艇为非帆艇。非帆艇系指 $A_S < 0.07 \times (m_{LDC})^{2/3}$ 的艇。

其他的艇为帆艇，且应按 GB/T 20895.2 进行评定。

5.3 应做的试验和计算

根据总浮力和甲板设置的情况，以及艇是否设有适用的凹体，非帆艇应符合六个任选项中任一项的所有要求。在表 2 中列出了这些任选项及其应做的试验(如第 6 章中所述)。

最后得出的设计类别应符合这些任选项中任一项所规定的适用于该艇的所有相关要求，参见附录 H。

表 2 应进行的试验

任选项编号	1	2	3	4	5	6
可能的设计类别	A 和 B	C 和 D	B	C 和 D	C 和 D	C 和 D
甲板或敷层	全甲板[a]	全甲板[a]	任何量值	任何量值	部分甲板[b]	任何量值
下沉进水开口	6.1.1	6.1.1	6.1.1	6.1.1	6.1.1	6.1.1
下沉进水高度	6.1.2	6.1.2	6.1.2	6.1.2[c]	6.1.2	6.1.2
下沉进水角	6.1.3	6.1.3	6.1.3	6.1.3[c]		
偏移载荷试验	6.2	6.2	6.2	6.2	6.2	6.2
抗风浪	6.3		6.3			
由风作用所致的横倾		6.4[d]		6.4[d]	6.4[d]	6.4[d]
浮力试验			6.5	6.5		
浮性材料			附录 F	附录 F		

[a] 此术语在 3.1.6 中已定义。

[b] 此术语在 3.1.7 中已定义。

[c] 对按任选项 4 评定的艇，如果在附录 E 中的灌水下沉载荷试验时，已表明艇能支承相当于最大总载荷之 133% 的干质量，则不必进行此试验。

[d] 仅对 $A_{LV} \geqslant L_H B_H$ 的艇要求做 6.4 的试验。

6 试验、计算和要求

6.1 下沉进水

6.1.1 下沉进水开口

6.1.1.1 以下所列及 6.1.2 和 6.1.3 的要求适用于所有下沉进水开口，但下列情况除外：

a) 合计容积小于 $(L_H B_H F_M)/40$ 的水密凹体或快速泄水凹体；

b) 从快速泄水凹体或从水密凹体以管道泄水，当艇正浮时，如果注水不会导致下沉进水或倾覆；

c) 非开口装置；

d) 位于顶边舱，符合 GB/T 19919—2005 水密性等级 2 级要求，且在艇主手册中已述及(见附录 G)和清晰地标以"水密封闭——在航行中保持关闭"的开口装置；且其

   1) 设有螺旋关闭的应急脱险舱口盖或装置；或

   2) 在具有有限容积的舱室内，即使该舱室浸水，艇仍能满足所有要求；或

   3) 在设计类别 C 或 D 的艇内，在满载排水量时，由于该装置开启导致影响的舱室浸水，该艇也不会沉没；

e) 位于顶边舱，符合 GB/T 19919—2005 水密性等级 2 级要求，且在艇主手册中已述及和清晰地

标以“水密封闭——在航行中保持关闭”的开口装置；

f) 发动机的排气口或仅连接至水密系统的其他开口；

g) 舷外机围阱两侧的开口，即：

1) 水密性等级为2级，下沉进水的最低点在满载水线以上的距离大于0.1 m；或

2) 若设有围阱泄水孔，水密性等级为3级，下沉进水的最低点在满载水线以上的距离大于0.2 m，也可在发动机安装处的艉板顶部之上，见图1；或

3) 若设有围阱泄水孔，且内部处所或非快速泄水处所部分允许水进入的长度小于 $L_H/6$，至满载水线以上0.2 m处所泄出的水，不能泄至该艇内部处所或非快速泄水处所的其他部分水密性等级为4级，下沉进水的最低点在满载水线以上的距离大于0.2 m，在发动机安装处的艉板顶部之上，见图1。

6.1.1.2 根据设计类别和装置的安装区域，安装在下沉进水开口的所有关闭装置均应符合GB/T 19919—2005的要求。

6.1.1.3 决不应把开口型的装置装设在低于满载水线以上0.2 m处的艇体上，除非它们符合ISO 9093或者它们是符合ISO 9094的应急脱险舱口盖。

6.1.1.4 艇内的开口，例如舷外机围阱或自由进水的鱼饵舱应视为可能的下沉进水开口。

6.1.1.5 对于设计类别为A或B类的艇，只有当下沉进水开口主要用于通风或发动机的点火时，才可允许其为不设任何型式关闭装置的下沉进水开口。

单位为米

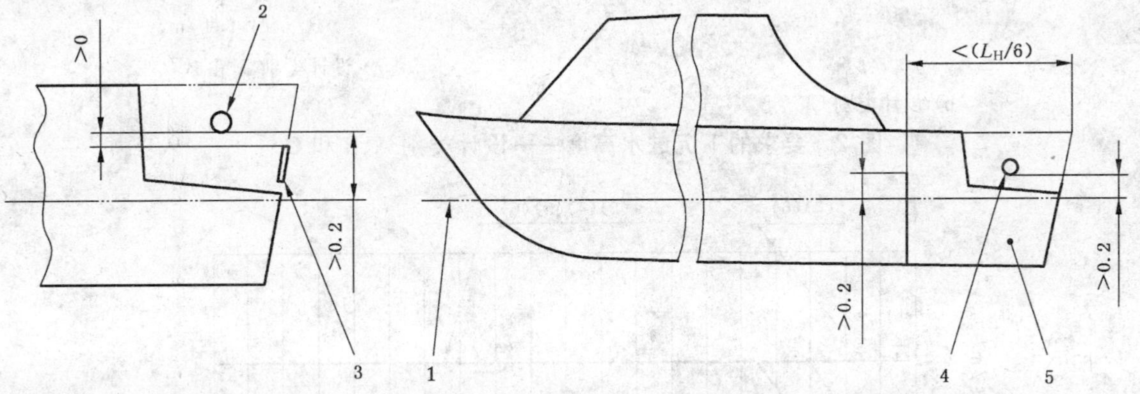

1——水线；

2——水密性等级为3级或4级；

3——泄水；

4——水密性等级为4级；

5——非快速泄水处所。

图1 舷外机围阱内的开口

6.1.2 下沉进水高度

6.1.2.1 试验

本试验用于验证在满载排水量下，当水进入前，艇具有足够裕度的干舷。

使用任选项4进行评定的艇，如果在E.3.2的浮性试验期间，表明该艇能支承相当于最大总载荷的133%的干重，则不必进行本试验。

本试验所用乘员应如下所述，用试验重物代替被试乘员(每人按75 kg计)，或利用型线图和通过称重或勘测干舷推算的排水量进行计算。

a) 选取等于乘员限额的乘员数，其平均质量不小于75 kg。

b) 在静水中将最大总载荷中的各项质量装至艇上，并使乘员定位，使艇达到设计纵倾。

c) 测量从水线至水可能开始进入 6.1.1.1 中所述任何下沉进水开口各点的高度。如果下沉进水开口完全由伸出凹体四周较高的围板保护，则下沉进水高度应测量至此围板的最低点。

6.1.2.2 要求值

a) 采用下列任一方法将测量值与经以下 b)～d) 修正的最小下沉进水高度的要求值相比较来确定设计类别：

1) 附录 A 的方法，通常得出最低要求值；或

2) 图 2 和图 3，仅取决于艇长。

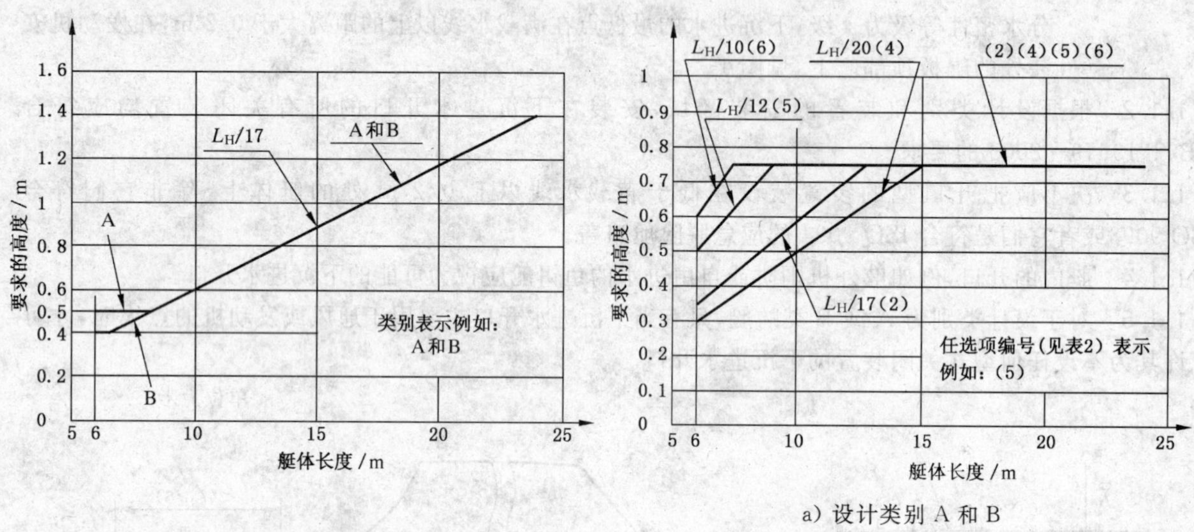

a) 设计类别 A 和 B

b) 设计类别 C

图 2 要求的下沉进水高度——设计类别 A、B 和 C

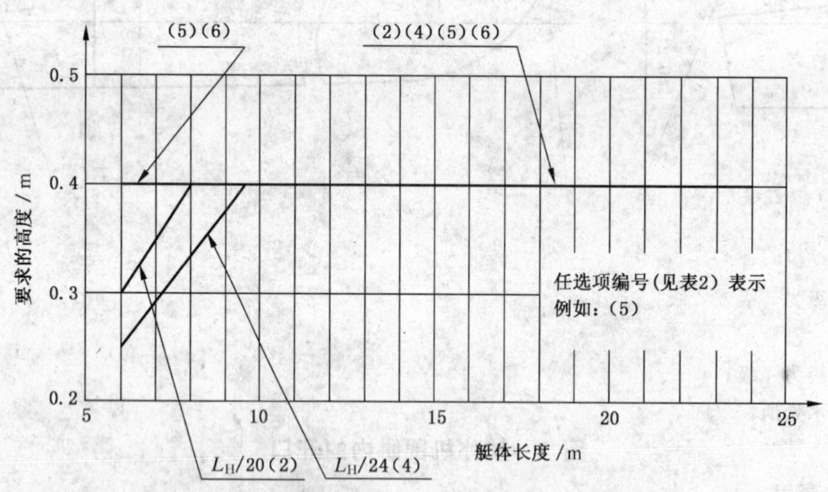

图 3 要求的下沉进水高度——设计类别 D

b) 采用任选项 3、4 或 6(见表 2)进行评定的艇，在离艇首 $L_H/3$ 之内，要求的下沉进水高度应按图 4 中所示增加。

c) 采用任选项 3、4 进行评定的艇，只要舷外机安装位置处的宽度为最小，允许将要求的下沉进水高度降低 20％。

d) 采用图 2 和图 3 进行评定的艇，应允许在尾部 $L_H/4$ 之内的有合计净面积不大于碍 $50L_H^2$ (mm^2) 下沉进水开口，条件是这些开口的下沉进水高度不小于这些图所要求值的 3/4。

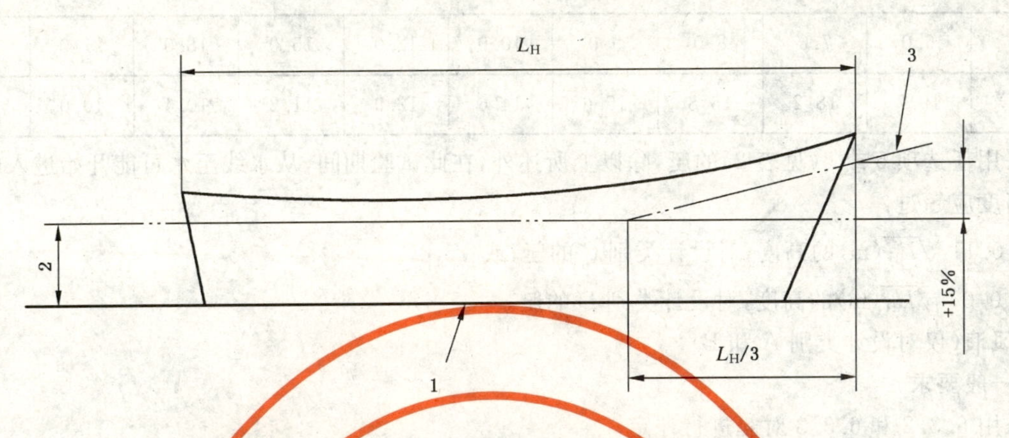

1——水线；

2——基本的下沉进水高度的要求值；

3——艇首的要求增加值。

图 4 要求下沉进水高度的增加——任选项 3、4 和 6

6.1.3 下沉进水角

本要求表明在大量的水可能进入艇前艇的横倾角具有足够裕度。

艇应在最小工作状态下进行评定，除非 $m_{LDC}/m_{MOC}>1.15$，在这种情况下，它们还应在满载排水状态下进行评定。

具有合计总面积大于由 $50L_H^2$(mm²)的 6.1.1.1 所述各下沉进水开口开始浸水时的横倾角，应大于表 3 所列的作为偏移载荷横倾角(ϕ_O)函数的要求值，见 6.2。

表 3 下沉进水角的要求值

设计类别	最小的下沉进水角/(°)	
	任选项 1～5[a]，取大者	
A	ϕ_O+25	30
B	ϕ_O+15	25
C	ϕ_O+5	20
D	ϕ_O	

[a] 见表 2。

如果下沉进水开口由伸出凹体周围的较高的围槛保护，则下沉进水角应由此围槛的最低点所确定，见附录 C 中的图 C.1。

下沉进水角(ϕ_D)可采用附录 C 中任一种方法确定。

6.2 偏移载荷试验

本试验用于验证在满载排水量下，艇对于由乘员移动所产生的偏移载荷是否具有足够的稳性。

按附录 B 采用实艇试验或计算方法进行偏移装载试验，得出偏移载荷横倾角 ϕ_O。

对所有设计类别，此横倾角 ϕ_O 应不大于：

$$\phi_{O(R)}=10+\frac{(24-L_H)^3}{600}\quad(见表 4)$$

表 4 偏移载荷试验的最大横倾角

L_H/m	6.0	7.0	8.0	9.0	10.0	12.0	15.0	18.0	21.0	24.0
$\phi_{O(R)}$/(°)	19.7	18.2	16.8	15.6	14.6	12.9	11.2	10.4	10.0	10.0

对采用任选项 5 或 6(见表 2)的艇，除以上所述外，在此试验期间，从水线至水可能开始进入艇内点的最小高度应超过：

a) $0.11\sqrt{L_H}$(m)的高度，对设计类别 C 的艇；或

b) $0.07\sqrt{L_H}$(m)的高度，对设计类别 D 的艇。

6.3 抗风浪(仅对设计类别 A 和 B)

6.3.1 一般要求

应采用 6.3.2 和 6.3.3 对艇进行评定。

应在最小工作状态下对艇进行评定，除非比值 $m_{LDC}/m_{MOC}>1.15$，在这种情况下，还应在满载排水状态下进行评定。

采用表 2 的任选项 1 评定为设计类别 A 或 B 之艇的凹体，应符合下列的水平投影面积限值，除非在计算稳性特征时，已对此凹体可容纳水的质量和自由液面的影响予以专门考虑。

如果采用这一特定的计算任选项，则应在假定每一凹体均按不再泄水处理时计算复原力矩，且假定初始保持的水为其最大(正浮)容量的下列百分数：

$$充入的百分数 = 60 - 240F/L_H$$

式中：

F——为至所涉及的凹体之围槛的最小干舷。

应假定这些水在艇横倾时溢出，且假定此复原力矩相对于正浮状态为对称的。

对设计类别 A：所有凹体的水平投影面积$<0.2L_HB_H$(m^2)；

在 $L_H/2$ 前方的所有凹体的水平投影面积$<0.1L_HB_H$(m^2)；

对设计类别 B：所有凹体的水平投影面积$<0.3L_HB_H$(m^2)；

在 $L_H/2$ 前方的所有凹体的水平投影面积$<0.15L_HB_H$(m^2)。

6.3.2 在横浪和风中的横摇

用附录 D 确定下沉进水角、稳性消失角或 50°(取其中之最小者)的艇的复原力矩的曲线。

假定在任一横倾角时，风的横倾力矩 M_W(N·m)为常数，且应按下式计算：

$$M_W = 0.3A_{LV}(A_{LV}/L_{WL} + T_M)v_W^2$$

式中：

T_M——为水线长度中点处的吃水，单位为米(m)；

v_W——对设计类别 A，$v_W=28$ m/s，对设计类别 B，$v_W=21$ m/s；

A_{LV}——3.3.7 中所规定的受风面积，但其取值应不小于 $0.55\ L_H\ B_H$。

此外，风的横倾特性可根据风洞试验来评定。

应按下列公式计算假定的横摇角 ϕ_R：

对设计类别 A，$\phi_R=25+20/V_D$；对设计类别 B，$\phi_R=20+20/V_D$。

在同一图上画出复原力矩曲线和风的横倾力矩，如图 5 所示。

如果 A_1 和 A_2 为图 5 中所示的面积，则 A_2 的面积应大于 A_1。

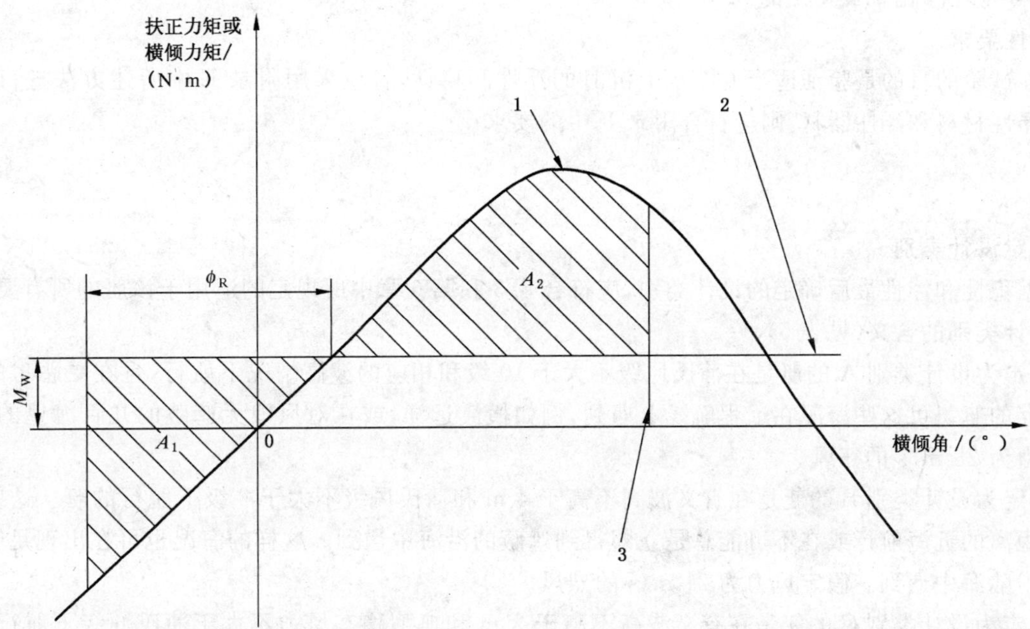

1——复原力矩；

2——风的横倾力矩；

3——ϕ_D、ϕ_V 或 50°(取其中之最小者)。

图 5　抗风浪的横摇阻力

6.3.3　抗波浪

除 6.3.2 的要求外，在横倾角至 ϕ_D、ϕ_V 或 50°(取其中之最小者)之复原力臂的曲线应符合下列要求：

a)　如果在 30°或以上的横倾角时产生最大复原力矩，则在 30°横倾时的复原力矩，对设计类别 A，应不小于 25 kN·m，而对设计类别 B，应不小于 7 kN·m。此外，在 30°时的复原力臂应不小于 0.2 m。

b)　如在小于 30°的横倾角时产生最大复原力矩，则最大复原力矩，对设计类别 A，应不小于($750/\phi_{GZmax}$)kN·m，而对设计类别 B，应不小于($210/\phi_{GZmax}$)kN·m。此外，最大复原力臂应不小于($6/\phi_{GZmax}$) m，式中 ϕ_{GZmax} 为产生最大复原力臂时的横倾角(°)，同时只考虑横倾角小于下沉进水角的曲线部分。

6.4　由风作用所致的横倾(仅对设计类别 C 和 D)

应在最小工作状态下对艇进行评定，除非 $m_{LDC}/m_{MOC}>1.15$，在这种情况下，还应在满载排水状态下进行评定。

设计类别 C 和 D 的艇，如果 $A_{LV}<L_H B_H$，则不必进行评定。其他艇应按下列要求进行评定：

风的横倾力矩(M_W)应按 6.3.2 进行计算，但采用：

对设计类别 C，$v_W=17$ m/s；对设计类别 D，$v_W=13$ m/s。

由于风的横倾力矩所致的横倾角 ϕ_W 应通过将该横倾力矩与复原力矩曲线相比较或通过下式确定：

$$\phi_W=(M_W/M_C)\times\phi_O$$

式中：

M_C——由于乘员所致的最大偏移载荷力矩(N·m)，见附录 B；

ϕ_O——由于 M_C 所致的偏移载荷横倾角。

角 ϕ_W 应小于由 6.2 得出的 $0.5\phi_{O(R)}$。

6.5 浮性要求

浮性试验的目的是验证适当的灌水下沉时的浮性和稳性，且应采用附录 E 中所述方法进行试验。如采用浮性材料和浮性器材，则应符合附录 F 中的要求。

7 应用

7.1 确定设计类别

根据稳性和浮性最后确定的设计类别，应符合 5.3 和第 6 章中所规定的适用于该艇的所有要求。

7.2 设计类别的含义(见表 5)

7.2.1 定为设计类别 A 的艇是在蒲氏风级不大于 10 级和相应的波高情况下航行，且在更恶劣的海况下能生存的艇。可这些海况在远程航线上遇到，例如横渡远洋，或在对风浪无遮蔽的几百海里的近海。假定风力为 28 m/s 的狂风。

7.2.2 定为设计类别 B 的艇是在有义波高不高于 4 m 和蒲氏风级不大于 8 级下航行的艇。这些海况可在远距离的近海航行或在不可能总是立即得到遮蔽的沿海中遇到。这样的海况也可在出现足够大的波高的内陆海中遇到。假定风力为 21 m/s 的烈风。

7.2.3 定为设计类别 C 的艇是在有义波高不高于 2 m 和典型稳态风力不大于蒲氏 6 级下航行的艇。这样的海况可在通海的内陆水域、河口海湾和中等气候条件的沿海水域中遇到。假定风力为 17 m/s 的大风。

7.2.4 定为设计类别 D 的艇是在偶发波高为 0.5 m 和典型稳态风力不大于蒲氏 4 级下航行的艇。这样的海况可在遮蔽的内陆水域和在良好气候的沿海水域中遇到。假定风力为 13 m/s 的强风。

7.2.5 有义波高系指三分之一的最大波高的平均高度，由有经验的观察者近似地估计得出。某些波将为此高度的 2 倍。

表 5 设计类别定义的汇总

设计类别	A	B	C	D
波高小于或等于	约 7 m 有义波高	4 m 有义波高	2 m 有义波高	0.5 m 最大波高
典型的蒲氏风级	≤10	≤8	≤6	≤4
计算风速(m/s)	28	21	17	13

附 录 A
(规范性附录)
要求的下沉进水高度的计算方法

除采用图 2 外,也可按下列方法计算所要求的下沉进水高度。任何情况下均应采用表 A.1 中所列限值:

表 A.1 要求的下沉进水高度的限值 单位为米

设计类别	A	B	C	C	D	D
任选项	1	1,3	2,4,5	6	2,4,5	6
$h_{D(R)}$ 应不小于	0.5	0.4	0.3	0.5	0.2	0.4
$h_{D(R)}$ 应不大于	1.41	1.41	0.75	0.75	0.4	—

按下式分别计算每一下沉进水开口所要求的下沉进水高度($h_{D(R)}$):

$$h_{D(R)} = H_1 \times F_1 \times F_2 \times F_3 \times F_4 \times F_5$$

式中:

$H_1 = L_H/15$;

F_1——开口位置系数(在 0.5~1.0 之间变化):

当沉进水开口在艇的周边时 $F_1 = 1.0$,如对无甲板的开敞式艇;或者当开口在顶边舱上;$F_1 = (1 - x_D/L_H)$或$(1 - y_D/B_H)$,取大者,见图 A.1。

式中:

x_D——下沉进水开口距艇首或艇尾端部的纵向距离(取小者);

y_D——下沉进水开口距艇的周边的最小横向距离。

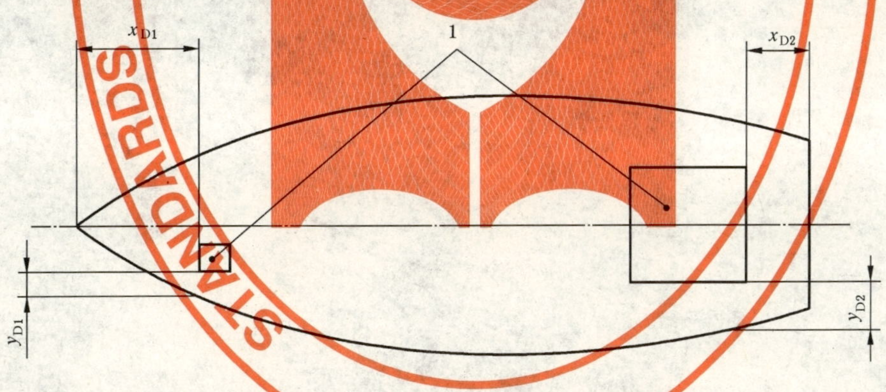

1——下沉进水开口。

图 A.1 *x* 和 *y* 的尺寸

F_2——开口尺寸系数(在 0.6~1.0 之间变化):

如果 $a \geqslant (30L_H)^2$,$F_2 = 1.0$。

式中:

a——直至任一下沉进水开口顶部的各开口的合计面积,单位为平方毫米(mm^2)。

$$如\ a < (30L_H)^2, F_2 = 1 + \frac{x'_D}{L_H}\left[\frac{\sqrt{a}}{75L_H} - 0.4\right]。$$

式中:

x'_D——艇尾的开口至 L_H 前端的纵向距离。

F_3——凹体尺寸系数，大于0.7，但不大于1.2：

如果开口不是凹体，$F_3=1.0$；

如果凹体为快速泄水的，$F_3=0.7$；

如果凹体为非快速泄水的，$F_3=0.7+k^{0.5}$；

式中：

$$k = V_R/(L_H B_H F_M)$$

式中：

V_R——非快速泄水凹体的容积(m^3)；

F_4——排水量系数(通常在0.7～1.1之间变化)

$$F_4 = \left[\frac{10V_D}{L_H B^2}\right]^{1/3}$$

式中：

V_D——在满载排水状态下的排水容积，$V_D=m_{LDC}/1\ 025$；

B——B_H(对单体艇)和B_{WL}(对双体艇和三体艇)；

F_5——浮性系数：

采用任选项3和4(见表2)的艇，$F_5=0.8$；

所有其余的艇，$F_5=1.0$。

附 录 B
(规范性附录)
偏移载荷试验方法

B.1 目的

本试验的目的是确定当艇上最大的推荐乘员数(乘员限额)集中一舷时所得的横倾角。

B.2 确定的方式

此横倾角可由下列任一种方式确定:

a) 实船试验。就此试验而言,在到达偏移载荷横倾角之前浸水的所有下沉进水开口可暂时予以密封;

b) 通过辅助性试验进行计算,但包括对误差所容许的各单独附加裕度,见D.2;

c) 采用从倾斜试验得到的辅助性资料进行计算。

在B.3～B.5中列出了这些方法的应用细节。

B.3 方法

艇应处于满载排水量状态。

B.3.1 对单甲板艇的基本方法

a) 由下式计算乘员密度(CD):

$$CD = \frac{CL}{4A_C}$$

式中:

CL——乘员限额;

A_C——乘员面积,它是制造厂拟定的当艇航行时乘员使用的甲板或尾舱的面积,即人员可能站、坐、行走或躺卧的任何区域,以及在下列任一活动中可能使用的区域:

——艇的操纵和驾驶;

——通至外部或内部的居住舱室;

——娱乐;

——任何帆的处理或调整。

面积 A_C 不应包括:

——挡风玻璃;

——驾驶室的顶部,除非其为乘员使用设置;

——在满载排水量和设计纵倾时对水线的倾斜大于15°的任何区域;

——由制造厂拟定仅在低速准备抛锚或系泊时使用的区域,例如宽度小于100 mm的甲板区域。

注:较小的艇,例如小帆艇(dayboats)上,面积 A_C 可只限于尾舱。

b) 由下列各式计算由于乘员集中一舷所致的预期最大横倾力矩 M_C:

如果 $CD \geqslant 0.5$, $M_C = 314A_C B_C$ (N·m),

如果 $CD < 0.5$, $M_C = 314CL \times B_c(1-CD)$ (N·m)。

式中：

B_C——面积 A_C 之最大极端之间的横向距离。

c) 对艇施加横倾力矩 M_C，然后测量其横倾角(ϕ_O)。

注：B.4 详述了通过实船试验施加 M_C，而 B.5 详述了通过计算施加 M_C。

d) 当施加此横倾力矩时，乘员重心的垂向位置可通过把他们作为压载重物放置在座位的面板上，或置于甲板上(如果假定人员是站立)来表示。

B.3.2 对多甲板艇的方法

如果艇具有多层乘员可能居住的甲板，则应采用下列程序。

a) 假定使用最高甲板的最大乘员数(N_1)不超过该层甲板乘员面积(如 B.3.1 中的定义，A_{C1})上每平方米 2 人。

注 1：如果制造厂对假定位于露天航行桥楼或艇舱棚顶的人员数的限值小于上述值，则在本计算中可使用此限值，条件是在通至此层甲板面的所有地点均应清晰地标明此相关限值。

b) 采用与该层甲板相对应的 B_C 值(B_{C1})和 B.3.1 的方法，计算该层甲板的 CD_1 和 M_{C1}。

c) 假定使用下一层最高甲板的最大乘员数(N_2)不超过该层甲板面之乘员面积(A_{C2})上每平方米 2 人，其中 $N_2 \leqslant (CL-N_1)$。

d) 采用与该层甲板相对应的 B_C 值(B_{C2})和 B.3.1 的方法，计算该层甲板的 CD_2 和 M_{C2}。

e) 假定使用再下一层最高甲板的最大人员数(N_3)不超过该层甲板面之乘员面积(A_{C3})上每平方米 2 人，其中 $N_3 \leqslant (CL-N_1-N_2)$。

f) 采用与该甲板相对应的 B_C 值(B_{C3})和 B.3.1 的方法，计算该层甲板的 CD_3 和 M_{C3}。

g) 按需要重复 e)和 f)，直至 $N_1+N_2+N_3\cdots\cdots+N_N=CL$

h) 计算 $M_C=M_{C1}+M_{C2}+M_{C3}+\cdots\cdots M_{CN}$。

i) 对艇施加横倾力矩 M_C，然后测量其横倾角(ϕ_O)。

注 2：B.4 详述了通过实船试验施加 M_C，而 B.5 详述了通过计算施加 M_C。

j) 当对艇施加横倾力矩 M_C 时，此艇加上最大总载荷的重心的垂向位置应反映出在计算 M_C 中所采用的乘员的垂直分布，考虑到乘员重心的垂向位置可通过把他们作为压载重物放置在座位的面板上，或置于甲板上(如假定人员为站立)。

B.3.3 顶部重物的附加

因为顶部重物的附加可显著地影响 ϕ_O，所以对于与标准舾装有显著差别的任何艇应进行试验和/或计算是重要的。特别是桅、雷达天线、设备和收帆装置都可能显著地影响稳性。已进行试验的艇，这些变化的影响可采用质量和这些变量的坐标通过计算确定。

如果 $\sum(m,h)>0.02B_H m_{LDC}$时，应假定其与标准舾装产生显著差别。

式中：

$\sum(m,h)$——以部件的质量与其在水线以上高度的乘积表示的与标准舾装的所有变量的总和。

B.4 通过实船试验施加 M_C

可使用试验重物或人员来代替乘员的质量。如果使用人员，则他们的平均质量应大于或等于 75 kg。如果站立，则他们应以双脚站立，且无需使用扶手而能保持其平衡。

当已经找到 B.3 所要求横倾力矩 M_C 的试验重物或人员的位置时，应测量横倾角。然后应以该艇在其他方向的横倾来重复该试验。就本部分而言，应取此两次测得横倾角中的较大值为 ϕ_O 的值。

当记录该艇的横倾角时，艇上从事横倾角测量的人员应返回至记录每次测量结果时的同一位置。

在试验期间应注意避免艇倾覆或沉没。

B.5　通过计算施加 M_C

由偏移载荷所致的横倾角可按下述进行计算。

a)　采用附录D的方法，计算艇在有关横倾角范围内的复原力矩曲线。

b)　按下式计算横倾力矩曲线：

$$M_{C\phi} = M_C \cos\phi$$

式中：

$M_{C\phi}$——在横倾角 ϕ 时的横倾力矩。

c)　偏移载荷试验横倾角(ϕ_O)是复原力矩曲线与横倾力矩曲线相交的最接近于正浮状态的角度。

附 录 C
（规范性附录）
下沉进水角的计算方法

C.1 方法的选择

可采用下列任一种方法。

C.2 理论计算

采用由型线图得出的艇体形状，通过计算机计算，最精确地确定下沉进水角。大部分用于计算稳性的软件包已对如何得出规定坐标点开始浸水的横倾角作出规定。因此，如果使用计算机软件来确定复原力矩，则可同时获得下沉进水角。

C.3 小于或等于60°的下沉进水角的近似方法

可采用下列近似方法估算下沉进水角，但它仅适用于小于约60°的角，见表C.1和图C.1。

$$\phi_D = \tan^{-1}(z_D/y'_D)$$

式中：

ϕ_D——其正切值为(z_D/y'_D)的角；

z_D——下沉进水点在水线以上的高度，单位为米(m)；

y'_D——下沉进水点离艇中心线的横向距离，单位为米(m)。

表 C.1 确定下沉进水角的近似方法

z_D/y'_D	ϕ_D/(°)	z_D/y'_D	ϕ_D/(°)
0.10	5.7	0.80	38.7
0.15	8.5	0.85	40.4
0.20	11.3	0.90	42.0
0.25	14.0	0.95	43.5
0.30	16.7	1.00	45.0
0.35	19.3	1.05	46.4
0.40	21.8	1.10	47.7
0.45	24.2	1.15	49.0
0.50	26.6	1.20	50.2
0.55	28.8	1.30	52.4
0.60	31.0	1.40	54.5
0.65	33.0	1.50	56.3
0.70	35.0	1.60	58.0
0.75	36.9	1.70	59.5

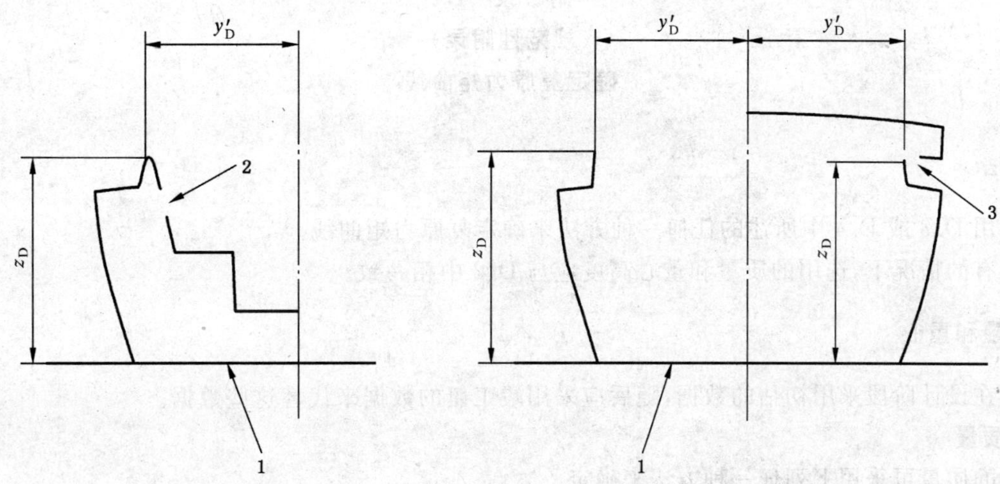

1——水线；

2——由围板保护的下沉进水开口；

3——发动机进气口示例。

图 C.1 确定下沉进水角的近似方法

附　录　D
（规范性附录）
确定复原力矩曲线

D.1　方法

可选用 D.3 或 D.4 中所述的任何一种方法来确定复原力矩曲线。

在所有的情况下，选用的质量和重心高度应与 D.2 中相一致。

D.2　质量和重心

如果在设计阶段采用初估的数据，随后应采用竣工艇的数据来代替这些数据。

D.2.1　质量

采用的质量可采用下列任一种方法来确定。

a)　利用起重机称重器、地秤、载荷传感器或类似的装置直接称重，以修正至相应的排水质量；

b)　利用在一艘处于已知载荷状态的艇上，通过干舷或吃水测得的水线，从型线图和测量该水域的水的密度进行计算，且修正至相应的排水质量；

c)　根据通过上述 a)或 b)方法求得的相当类似的艇的质量进行计算，加上仅通过计算确定的已知的质量变化。

方法 c) 应仅在空艇状态的质量变化小于 10%的情况下采用。

D.2.2　重心垂向位置

可采用下列任一种方法来确定重心的垂向位置(VCG)：

a)　在水中进行倾斜试验(见 3.5.6)，其结果修正至相应的排水状态；

b)　采用已知长度的悬挂装置和横向移动的重物在大气中进行倾斜试验(如同在水中一样)，其结果修正至相应的排水状态；

c)　根据各个部件计算的质量和重心进行计算，再提高(F_M+T_C)的 5%。

对于初稳性高度大于 5.0 m 的艇，不应使用方法 a)，因为这种艇，在水中进行倾斜试验可能出现明显的误差。

对于初稳性高度小于 1.5 m 的艇，不应使用方法 c)，因为可能引起明显的误差。但此方法可用于初步估算。

就确定复原力矩曲线而言，乘员质量的垂向定位应：

- 在用于计算最小操作状态的最高的主控制位置上；或
- 在附录 B 中所述的偏移载荷试验中用于满载排水状态的计算。

D.2.3　重心纵向位置

可采用下列任一种方法得出重心的纵向位置(LCG)：

a)　D.2.1 中的方法 b)或方法 c)；

b)　根据各个部件的计算质量和重心进行计算；

c)　把艇悬挂在大气中，从悬挂点采用铅垂线鉴别 LCG。

D.3　通过精确计算确定

D.3.1　处于静水中艇的复原力矩曲线，采用能正确地计及纵倾和艇在横倾时发生的升沉变化的特定软件，通过计算机计算，最精确地加以确定。应使用从倾斜试验中得到的重心垂向位置(VCG)，除非该艇具有特别高的初稳性，此时仔细计算 VCG 将更精确。重心纵向位置(LCG)应通过从倾斜试验所得的浮心纵向位置的计算求取。

D.3.2 在对水密艇体、尾舱、凹体、首侧推管隧和所有对浮力有作用的附体进行定义时，应正确予以说明。通常复原力矩曲线应以模拟的凹体进行计算，假定在每一横倾角时，这些凹体都进水至外部的水面。但是，在直至凹体将另行进水（例如围槛浸水）的横倾角时，复原力距可通过忽略凹体进水的下列任一方法进行计算：

——长度为0.5 m或以上的管子排水；或

——装有止回阀瓣的排水口，符合GB/T 19919—2005的3级水密封。

D.3.3 在计算时可包括上层建筑和甲板室的浮力。但是，该结构（包括窗）应具有符合GB/T 19919—2005要求的水密封性和足够的强度，使该艇在横摇达90°横倾角时保持生存状态。

D.3.4 如果有要求，在计算复原力矩时可包括桅杆和静索（但不包括吊杆、斜桁或动索）的浮力。在这种情况下，仅包括其浮力容积，即不包括自由进水或非水密桅杆的内部容积。桅杆质量的影响已在倾斜试验结果中反映。

D.4 通过试验确定

复原力矩曲线可从实艇试验中得到。由于实际困难，通常仅考虑符合偏离载荷试验的要求（6.2）或由于风作用产生的横倾角（6.4）的要求。

附 录 E
（规范性附录）
漂浮试验方法

E.1 一般要求

应采用E.2、E.3和E.4中所述方法，通过实艇试验，或用等效的计算来完成。

E.2 试验条件

在试验期间，艇应在静水中，处于空艇状态，且配置如下：

a) 应在中心线 $L_H/2$ 处的内部甲板上加一相当于最大总载荷中所包括贮藏品和设备干重的25%的质量。

b) 可在正确位置放置合适的重物，以代替易损坏的设备，如发动机。

c) 对于舷外机，应采用制造厂推荐的最大功率。表E.1和表E.2的第2栏和第4栏列出了与汽油发动机的功率相应的替代物质量。如已记入艇主手册中，则可使用更重的质量。对于柴油机、舷外喷水推进装置或舷外电力推进装置，如果它们作为标准件提供，则应采用其实际干重的86%的质量。对配舷外机和不配舷外机均可使用的艇，应在两种情况下都进行试验。

d) 对于艇内发动机，替代物应是铅、钢和铁，其质量相当于发动机和尾部驱动装置安装干质量的75%。

e) 替代物的重心位置应尽可能与实际发动机相同。

f) 可移式燃油箱应取下，固定式燃油箱应或者取下，或者注满油或水。

g) 应打开所有艉舱和在艇航行中通常打开的类似的泄水孔。在艇靠岸时用于排空剩水的泄水孔塞应在原位。

h) 整个试验期间应注意除去除空气柜或空气瓶中以外的截留空气。

i) 对与艇结构构成整体、且不符合附录F中对空气柜要求的空舱应予打开，以使其灌满水。

j) 拟配置功率大于3 kW发动机，结构上有薄板状、粘接、焊接或螺栓连接接缝的整体式空气柜，且空气柜不符合附录F中的增强压力试验的艇，在试验期间应按表E.3有若干向大气开放的空气柜。

表 E.1 单台发动机装置的质量

发动机功率 kW	发动机+控制器 kg		蓄电池 kg	
栏	1	2	3	4
	干	灌水	干	灌水
0～1.9	13.0	11.2	—	—
2.0～3.6	23.0	19.8	—	—
3.7～5.8	32.0	37.5	—	—
5.9～6.9	42.0	36.1	9.1	5.0
7.0～13.9	54.0	46.4	20.4	11.3
14.0～17.9	63.0	54.2	20.4	11.3
18.0～28.9	82.0	70.5	20.4	11.3

表 E.1(续)

发动机功率 kW	发动机＋控制器 kg		蓄电池 kg	
栏	1 干	2 灌水	3 干	4 灌水
29.0～43.9	121.0	104.1	20.4	11.3
44.0～54.9	157.0	135.0	20.4	11.3
55.0～83.9	187.0	160.8	20.4	11.3
84.0～186.0	235.0	202.1	20.4	11.3
＞186	257.0	221.0	20.4	11.3
注：功率(kW)＝英制马力×0.745 7 英制马力＝功率(kW)×1.341 功率(kW)＝公制马力×0.735 5 公制马力＝功率(kW)×1.360				

表 E.2 双台发动机装置的质量

发动机总功率 kW	发动机＋控制器 kg		蓄电池 kg	
栏	1 干	2 灌水	3 干	4 灌水
28.0～35.9	126.0	108.4	40.8	22.7
36.0～57.9	164.0	141.0	40.8	22.7
58.0～87.9	242.0	208.1	40.8	22.7
88.0～109.9	314.0	270.0	40.8	22.7
110.0～167.9	374.0	321.6	40.8	22.7
168.0～372.0	470.0	404.2	40.8	22.7
＞372.0	514.0	442.0	40.8	22.7

E.3 灌水下沉稳性试验

E.3.1 依次在艇的舷边四个位置悬挂一个干重为($6d$CL)kg，但不少于($15d$)kg的金属试验重物。这四个位置应在距艇两端为$L_H/3$处(如图E.1所示)，或者在艉舱两端处(如果该悬挂点更靠近舯部)。除E.2中所要求者外，在试验期间艇中应无其他试验重物。

表 E.3 应打开的空气舱的数量

空气舱的总数	应打开数
≤4	最多1个
4～8	最多2个
＞8	最多3个

E.3.2 d为计算试验重物浮力的系数，如果表E.4中所示。如试验重物不是全部为相同的材料，则计算应近似为：

$$\frac{m_L}{1.099}+\frac{m_{Cl}}{1.163}+\frac{m_A}{1.612}=6CL$$

式中：

m_L——铅重物的质量，单位为千克(kg)；

m_{Cl}——铸铁重物的质量，单位为千克(kg)；

m_A——铝重物的质量，单位为千克(kg)。

E.3.3 可采用在艇内座椅面板上放置各重物或人员，以给艇施加等效的横倾力矩的方法来代替在舷边悬挂试验重物(当艇处于正浮状态时进行计算)。如果艇在横倾时不会浸水，则可只使用人员进行试验。

E.3.4 依次在每一位置悬挂重物，通过在 L_H 中点附近的护舷材上某一位置施加向下的力，直至该护舷材或围槛的最深点在水面以下 0.1 m～0.3 m 之间，使艇灌水下沉。使艇保持在此位置，直至艇内外的水面持平，或保持 5 min(取小者)，然后卸去施加在艇上的力。

注：这通常有助于以这种方式使此艇在灌水下沉前部分注水。

E.3.5 对试验重物的每一位置，在 5 min 后，艇横倾应不大于 45°。

表 E.4 材料系数

材料	铅	65/365 黄铜	钢	铸铁	铝
d 值	1.099	1.138	1.151	1.163	1.612

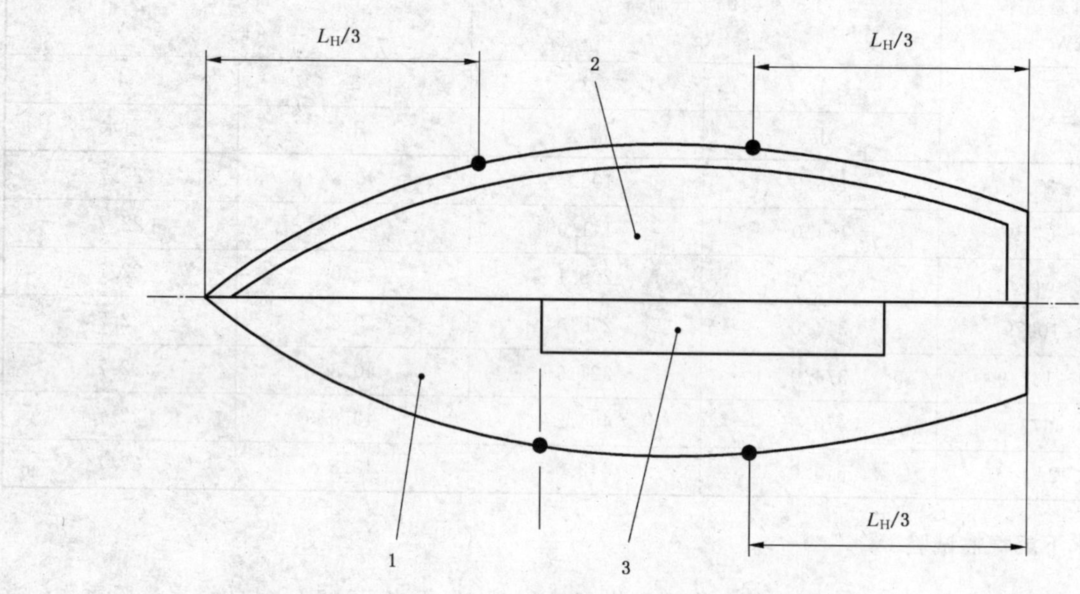

1——甲板；

2——开敞式艇；

3——艉舱。

图 E.1 试验重物放置位置

E.4 灌水下沉浮性试验

E.4.1 按表 E.5 中所列的乘员限额(CL)，在艇的内底上，接近艇员区域的中心均匀地装载金属试验重物。该区域在灌水下沉水线以上应有 0.6 m 的最小顶部净空。作为替代，如果浸水在膝部以下，则可用人员来代替试验重物，条件是总干重不小于所要求的试验重物的质量(假定 d 取为 1.1)。

表 E.5 载荷试验重物的质量

设计类别	B	C	D
干质量不小于/kg	$4dm_{MTL}/3$	$d(60+15CL)$	$d(50+10CL)$

E.4.2 通过在接近 L_H 中点的护舷材上某一位置施加向下的力，直至护舷材或围槛的最深点在水面以下 0.1 m～0.3 m，使艇灌水下沉。使艇保持在此位置，直至在艇内外的水面持平，或保持 5 min(取小者)，然后卸去施加在艇上的力。

注：通常以这种方式有助于使艇灌水下沉前部分注水。

E.4.3 在 5 min 后，艇的浮性应近似地使护舷材或围板(包括通过船首或船尾者)顶部的三分之二以上保持在水面以上。

注：在表 E.6 中列出了 E.3.1 和 E.4.1 中所述公式的值。

表 E.6 试验重物的质量

单位为千克

乘员限额(CL)	1	2	3	4	5	6	7	8	9	10
$6d$CL，最小为 $15d$	$15d$	$15d$	$18d$	$24d$	$30d$	$36d$	$42d$	$48d$	$54d$	$60d$
$d(60+15CL)$	$75d$	$90d$	$105d$	$120d$	$135d$	$150d$	$165d$	$180d$	$195d$	$210d$
$d(50+10CL)$	$60d$	$70d$	$80d$	$90d$	$100d$	$110d$	$120d$	$130d$	$140d$	$150d$

附 录 F
(规范性附录)
浮性材料和器材

F.1 要求

第3章中所定义的浮性器材应符合表F.1中的各项要求。其他类型的浮性器材应遵照相同的原则来评定。

艇上那些主要不是用来提供浮力,但或多或少具有浮性的材料和部件无需符合本附录中的要求。

表 F.1 对浮性器材的要求

性 能	空气柜	空气瓶	充气囊	低密度材料
气密性	RT	RT	R	—
坚固性和防护性	R	R	R	R
泄水性	R	R	—	—
耐阳光或防阳光照射	—	R	R	R
设置一个充气点	—	—	R	—
耐温－40℃～60℃	—	—	—	R
吸水率最大为8%(以体积计)	—	—	—	R
固定可靠	—	R	R	R
密封性或耐各种溶液	—	—	R	R
标签:“不得戳破——空气柜/瓶/囊”	R	R	R	—
注1:R表示要求该特性,但制造厂不必作专项试验。 注2:RT表示要求该特性,且要求制造厂进行试验。				

F.2 试验

如果采用空气柜或空气瓶,则其应经受在初始超压时进行的压力试验,且在30 s内压力降的许可值如表F.2中所示。

表 F.2 试验压力

状 态	基本压力试验	增强压力试验
在浮性试验中要求打开的舱室	如E.2 j)中所述	无要求
初始超压	1.25 kPa(125 mm 水柱)	2.5 kPa(250 mm 水柱)
在30 s内的最大压力降	0.75 kPa(75 mm 水柱)	1.0 kPa(100 mm 水柱)

在上述试验期间,指定用于释放由于环境温度变化产生的气压的透气孔可暂时予以密封,只要它们的位置,在附录E的浮性试验期间不致改变舱柜的有效性。

在按ISO 2896要求浸水8 d后,低密度材料的吸水率(以体积计)应不大于8%。符合IMO的MSC.81(70)决议的材料,应认为符合此要求。

附 录 G
（规范性附录）
艇主手册的内容

G.1 一般内容

在 GB/T 19917—2005 中所规定的艇主手册中，应包括以下与设计类别相关的稳性内容：

已用于评定稳性和浮性的最大总载荷，包括：

——制造厂推荐的最大载荷……………………………………kg；

——装至固定式舱柜最大容量的燃油、淡水或其他液体……………kg；

——最大总载荷……………………………………………kg。

评定艇的稳性时假定：

——空艇状态下艇的质量为……………………………………kg；

——推荐舷外机的最大质量为…………………………………kg；

——所有标准配置设备已在艇上。

G.2 特定内容

如果适用，应在艇主手册中包括如下内容：

a） 本艇业经评定，即使在灌水下沉后仍能支承其所有乘员（当符合 E.3 的要求时）。

b） 以下开口标以“水密封闭——在航行中保持关闭”，且应注意遵照此警告：（插入有关开口位置的一览表）（按 6.1.1.1 有要求时，应插入文字）。

附 录 H
（资料性附录）
要求的汇总

根据稳性和浮性得出的设计类别使该艇符合 5.3 的所有要求，这些要求汇总于表 H.1 中。

表 H.1 要求的汇总表

结构和要求	任选项编号	1		2		3	4		5		6	
	设计类别	A	B	C	D	B	C	D	C	D	C	D
甲板或敷层设置	任何量值					√	√	√			√	√
	部分甲板								√	√		
	全甲板	√	√	√	√							
下沉进水开口符合(6.1.1)要求		√	√	√	√	√	√	√	√	√	√	√
要求的下沉进水高度（采用图表）	$h_{D(R)}$>	0.5	0.4	0.353	0.3	0.4	0.3	0.4	0.5	0.4	0.6	0.4
	$h_{D(R)}$应>	$L_H/17$	$L_H/17$	$L_H/17$	$L_H/20$	$L_H/17$	$L_H/20$	$L_H/24$	$L_H/12$	—	$L_H/10$	—
	$h_{D(R)}$不必>	1.41	1.41	0.75	0.4	1.41	0.75	0.4	0.75	—	0.75	—
下沉进水高度（采用附录 A）	$h_{D(R)}$应>	0.5	0.4	0.3	0.2	0.4	0.3	0.2	0.3	0.2	0.5	0.4
	$h_{D(R)}$不必>	1.41	1.41	0.75	0.4	1.41	0.75	0.4	0.75	0.4	0.75	—
下沉进水角(6.1.3)	ϕ_D应>$\phi_{D(R)}$=	ϕ_O+25	ϕ_O+15	ϕ_O+5	ϕ_O	ϕ_O+15	ϕ_O+5	ϕ_O	—	—	—	—
	或=（取大者）	30°	25°	20°	ϕ_O	25°	20°	ϕ_O	—	—	—	—
偏移载荷(6.2)	$\phi_O<\phi_{O(R)}$=	$10+(24-L_H)^3/600$										
	剩余干舷应>	（不适用）							$0.11\sqrt{L_H}$	$0.07\sqrt{L_H}$	$0.11\sqrt{L_H}$	$0.07\sqrt{L_H}$
在波浪中横摇(6.3.2)	当 v_W(m/s)=	28	21			21						
	$A_2 \geqslant A_1$，当 $\phi_{(R)}$=	$25+20/V_D$	$20+20/V_D$			$20+20/V_D$						
抗波浪(6.3.3)	如果 $\phi_{GZmax} \geqslant 30°$，$RM_{30}$应≥	25 kN·m	7 kN·m			7 kN·m						
	如果 $\phi_{GZmax} \geqslant 30°$，$GZ_{30}$应≥	0.20 m	0.20 m			0.20 m						
	如果 $\phi_{GZmax} < 30°$，RM_{max}应≥	$750/\phi_{GZmax}$ kN·m	$210/\phi_{GZmax}$ kN·m			$210/\phi_{GZmax}$ kN·m						
	如果 $\phi_{GZmax} < 30°$，GZ_{max}应≥	$6/\phi_{GZmax}$ m	$6/\phi_{GZmax}$ m			$6/\phi_{GZmax}$ m						
由风作用所致的横倾(6.4)仅当 $A_{LV}>L_H B_M$ 时	当 v_W(m/s)=			17	13		17	13	17	13	17	13
	风的横倾角 ϕ_W<			$\phi_{O(R)}/2$	$\phi_{O(R)}/2$		$\phi_{O(R)}/2$	$\phi_{O(R)}/2$	$\phi_{O(R)}/2$	$\phi_{O(R)}/2$	$\phi_{O(R)}/2$	$\phi_{O(R)}/2$
平浮试验(6.5)	无要求	√	√	√	√				√	√	√	√
	有要求					√	√	√				

附 录 I
(资料性附录)
计 算 表 格

提供下列计算表格,以有助于按 GB/T 20895 的本部分对艇进行系统的评定。

艇体长度不小于 6 m 的非帆艇

计算表格 1

设计:

拟定的设计类别:	单体艇/多体艇:			
项　目	符　号	单　位	数　值	参　见
符合 GB/T 19916—2005 要求的艇体长度	L_H	m		3.3.1
质量:				
最大总载荷:				3.4.2
要求的乘员限额	CL	—		3.5.3
质量包括:				
要求的乘员限额,每人以 75 kg 计		kg		
供应品+私人物品		kg		
淡水		kg		
燃油		kg		
艇上所载其他液体		kg		
备品、备件和货物(如果有)		kg		
不在基本舾装件之列的选配的设备和附件		kg		
充气式救生筏		kg		
艇上所载其他小艇		kg		
为未来添加的余度		kg		
最大总载荷=以上质量的总和	m_{MTL}	kg		3.4.2
空艇状态质量	m_{LCC}	kg		3.4.1
满载排水质量=$m_{LCC}+m_{MTL}$	m_{LDC}	kg		3.4.4
质量包括:				
按 3.4.6 要求的最小乘员数		kg		3.4.6
重要安全设备[不小于$(L_H-2.5)^2$]		kg		3.4.6
艇上通常携载的非消耗品和设备		kg		3.4.6
在艇主手册中已注明,每当艇漂浮时,在液舱内的压载水				3.4.6
充气式救生筏		kg		3.4.6
在最小工作状态时所包括的载荷	m_L	kg		3.4.6
空艇状态量:	m_{LCC}	kg		3.4.1
最小操作状态时的量=$m_{LCC}+m_L$	m_{MOC}	kg		3.4.7
艇是帆艇或非帆艇?				3.1.2
标称帆面积	A_S	m^2		3.1.2
帆面积/排水量的比值=$A_S/(m_{LDC})^{2/3}$		—		3.1.2
归类于[非帆艇,如果 $A_S/(m_{LDC})^{2/3}<0.07$]	帆艇/非帆艇?			3.1.2
注:如果为非帆艇,则继续使用这些表格,如果为帆艇,则采用 GB/T 20895.2。				
转至计算表格 2				

计算表格 2 应进行的试验

问题	答案	参见
艇为全甲板吗? (参见条文中的定义) 是/否?		3.1.6
艇为部分甲板吗? (参见条文中的定义) 是/否?		3.1.7
m_{LDC}/m_{MOC}的比值(采用计算表格 1 的数据)		
如果比值>1.15,则 6.3 要求在 m_{MOC}和 m_{LDC}这两种情况下进行评定		6.3.1

项目	符号	单位	数值	参见
受风面积	A_{LV}	m^2		3.3.7
艇体长度	L_H	m		3.3.1
艇体宽度	B_H	m		3.3.3
$A_{LV}/(L_H B_H)$的比值		—		

选择下列任选项中的任一项,且采用任选项指定的所有计算表格。

任选项		1	2	3	4	5	6
可能的设计类别		A 和 B	C 和 D	B	C 和 D	C 和 D	C 和 D
甲板或敷层		全甲板	全甲板	任何量值	任何量值	部分甲板	任何量值
偏移载荷试验		3	3	3	3	3	3
下沉进水开口		4	4	4	4	4	4
下沉进水角		4[a]	4[a]	4[a]	4[a,b]		
下沉进水高度试验	所有艇	4	4	4	4[b]	4	4
	方法	5	5	5	5[b]	5	5
抗风浪		6a+6b[a]		6a+6b[a]			
由风作用所致的横倾			7[a,c]		7[a,c]	7[a,c]	7[a,c]
浮性试验				8	8		
浮性材料				8	8		
汇总		9	9	9	9	9	9

a 如果比值 $m_{LDC}/m_{MOC}>1.15$,则对最小工作状态和满载排水状态这两种情况都应满足此要求。

b 如果在计算表格 8 的灌水下沉装载试验期间,已表明该艇能支承最大总载荷的 $1\frac{1}{3}$ 的相当的干质量,则对于采用任选项 4 评定的艇,不必进行此项试验。

c 仅对 $A_{LV}/(L_H B_H)>1.0$ 的艇,要求采用计算表格 7。

选定的任选项	

计算表格 3　偏移载荷试验

不多于一层甲板的艇的横倾力矩的计算：

项　　目	符号	单位	数值	参见
用于计算乘员力矩的面积	A_C	m^2		B.3.1 a)
乘员密度＝$CL/4A_C$	CD	m^{-2}		B.3.1 a)
乘员面积的最大宽度	B_C	m		B.3.1 b)
乘员横倾力矩＝3.14 A_C B_C，如果 CD≥0.5 ＝3.14 CL·B_C(1－CD)，如果 CD＜0.5	M_C	N·m		B.3.1 b)

多于一层甲板的艇的横倾力矩的计算：

符号	乘员面积	乘员数	乘员密度	乘员面积的最大宽度	乘员横倾力矩	参　见
	A_C	N	CD	B_C	M_C	
单位	m^2	—	m^{-2}	m	N·m	
甲板层		≤$2A_C$	＝$N/4A_C$ ≤0.5		按上表计算	附录 B
最高层						B.3.2 a)和 B.3.2 b)
下一最高层						B.3.2 c)和 B.3.2 d)
再下一最高层						B.3.2 e)和 B.3.2 f)
再下一最高层						B.3.2 g)
各 N 值的总和＝CL			各 M_C 值的总和			B.3.2g)和 B.3.2 h)

需符合的要求：

项　　目	符号	单位	数值	参见
试验的等效力矩/(kg·m)＝M_C/9.806		kg·m		
所施加 M_C 的横倾角	ϕ_O	(°)		6.2
允许的最大横倾角＝$10+\frac{(24-L_H)^3}{600}$	$\phi_{O(R)}$	(°)		6.2
通过/不通过？				

采用任选项 5 和 6 的艇，附加：

要　　求	设计类别 C	设计类别 D	数值	参见
最小的水线高度/m				6.2 a)和 6.2 b)
	选定的设计类别：			

计算表格4 下沉进水

下沉进水开口：

问　　　题	答案	参见
所有相应的下沉进水开口均已验证了吗？　是/否		6.1.1.1
所有关闭装置均符合 GB/T 19919—2005 的要求吗？　是/否		6.1.1.2
低于水线以上 0.2 m 处未装设开口型装置(除非其符合 ISO 9093 或 ISO 9094)？　是/否		6.1.1.3
所有开口均装设关闭装置吗？(除用于通风或发动机的点火者外)是/否？		6.1.1.5
可能的设计类别：A 或 B，如果所有各项都为“是”；C 或 D，如果前三项为“是”		6.1.1

下沉进水角：

项　目	符号	单位	数值	参见
要求的值：(如果 ϕ_O＝偏移载荷试验中所得的角)				6.1.3
设计类别 A＝(ϕ_O＋25)°或 30°中较大者	$\phi_{D(R)}$	(°)		表3
设计类别 B＝(ϕ_O＋15)°或 25°中较大者	$\phi_{D(R)}$	(°)		表3
设计类别 C＝(ϕ_O＋5)°或 20°中较大者	$\phi_{D(R)}$	(°)		表3
设计类别 D＝ϕ_O	$\phi_{D(R)}$	(°)		表3
允许进水的各开口的面积＝$50L_H{}^2$		mm^2		6.1.3
实际的下沉进水角：在质量＝m_{MOC}时	$\phi_{D(R)}$	(°)		6.1.3
如果比值 m_{LCC}/m_{MOC}＞1.15，那么在质量＝m_{LDC}时	$\phi_{D(R)}$	(°)		6.1.3
确定 ϕ_D 所采用的方法：				附录C
根据下沉进水角所确定的可能的设计类别：				6.3

下沉进水高度：

要　求			基本要求	小开口的缩减值	在舷外的缩减值	在艇首的增加值
适用于			所有任选项	所有任选项，但仅在采用图时	任选项 3、4	任选项 3、4、6
参见			6.1.2.2 a)	6.1.2.2 d)	6.1.2.2 c)	6.1.2.2 b)
从图2和图3或附录A求得？				基准值×0.75	基准值×0.80	基准值×1.15
各小开口的最大面积($50L_H^2$)/mm^2						
要求的下沉进水高度 $h_{D(R)}$/m	图2/附录A	设计类别A				
	图2/附录A	设计类别B				
	图2/附录A	设计类别C				
	图3/附录A	设计类别D				
实际的下沉进水高度 h_D						
可能的设计类别						
根据下沉进水高度确定的可能的设计类别＝以上的最低的类别						

计算表格 5　下沉进水高度

采用附录 A 计算，假定使用任选项……

项　　目	符号	单位	开口 1	开口 2	开口 3	开口 4
开口的位置：						
至艇首/艇尾的最小纵向距离	x	m				
至舷边的最小横向距离	y	m				
$F_1=(1-x/L_H)$或$(1-y/B_H)$（取大者）	F_1	—				
开口的尺寸：						
位于任何下沉进水开口顶部的开口的合计面积	a	mm^2				
开口至艇前端的纵向距离	x'_D	m				
$a=(30L_H)^2$ 的限值		mm^2				
如果 $a\geqslant(30L_H)^2$，$F_2=1.0$ 如果 $a<(30L_H)^2$，$F_2=1+\frac{x'_D}{L_H}\left[\frac{\sqrt{a}}{75L_H}-0.4\right]$	F_2	—				
凹体的尺寸：						
按 GB/T 20896 并非自泄水的凹体的容积	V_R	m^3				
舯部干舷（见 3.3.5）	F_M	m				
$k=V_R/(L_H B_H F_M)$	k	—				
如果开口不是凹体，$F_3=1.0$ 如果开口是快速泄水的，$F_3=0.7$ 如果开口不是快速泄水的，$F_3=(0.7+k^{0.5})$	F_3	—				
排水量：						
满载排水体积（见 3.4.5）	V_D	m^3				
对单体艇，$B=B_H$；对多体艇，$B=B_{WL}$	B	m				
$F_4=[(10V_D)/(L_H\cdot B^2)]^{1/3}$	F^4	—				
浮性：						
对采用任选项 3 或 4 的艇，$F_5=0.8$ 对所有其他艇，　　$F_5=1.0$	F_5	—				
要求的计算高度：$=F_1\ F_2\ F_3\ F_4\ F_5 L_H/15$	$h_{D(R)}$	m				
具有所采用限值的要求的下沉进水高度（见附录 A，表 A.1）　设计类别 A	$h_{D(R)}$	m				
设计类别 B	$h_{D(R)}$	m				
设计类别 C	$h_{D(R)}$	m				
设计类别 D	$h_{D(R)}$	m				
测得的下沉进水高度：	h_D	m				
可能的设计类别：						
以上的最低类别为：						

计算表格 6a　抗风浪

输入数据：　　　　　　　　　　　　　　　　　　　　　　　　仅对设计类别 A 和 B

项　目	符号	单位	设计类别 A	设计类别 B	参见
最小操作状态时的质量	m_{MOC}	kg			3.4.7
满载排水量	m_{LDC}	kg			3.4.4
比值 m_{LCC}/m_{MOC}＞1.15 吗？是/否					
注：如果为“是”，则应对于这两种载荷状态都完成表格 6a 和 6b。					6.3.1
排水体积（$=m_{MOC}$或 $m_{LDC}/1025$）	V_D	m^3			3.4.5
所有凹体的水平投影面积	A_R	m^2			6.3.1
在 $L_H/2$ 前方的所有凹体的水平投影面积	A_{RF}	m^2			6.3.1
（艇的水线以上侧向投影的）受风面积	A_{LV}	m^2			3.3.7
所采用的受风面积（应不小于 $0.55L_H B_H$）	A'_{LV}	m^2			6.3.2
水线长度	L_{WL}	m			3.3.2
水线长度 L_{WL}中点处的吃水	T_M	m			6.3.2
下沉进水角	ϕ_D	(°)			3.2.2
计算风速	v_W	m/s	28	21	3.5.1

凹体的限值：

项　目	符号	数值	参见
凹体面积对艇体长度×艇体宽度的比值	$A_R/L_H B_H$		6.3.1
可能的设计类别（如果比值＜0.2，为 A；如果比值＜0.3，为 B）			6.3.1
$L_H/2$ 前方凹体面积对于艇体长度×艇体宽度的比值	$A_{RF}/L_H B_H$		6.3.1
可能的设计类别（如果比值＜0.1，为 A；如果比值＜0.15，为 B）			6.3.1

计算表格 6b 抗风浪

由复原力矩曲线得出(见附录 D):

在横浪和风中的横摇:

项　　目	符号	单位	设计类别 A	设计类别 B	参见
稳性消失角	ϕ_V	(°)			
ϕ_D、ϕ_V 或 50°中的最小角	ϕ_{A2}	(°)			
风的横倾力矩$=A'_{LV}(A'_{LV}/L_{WL}+T_M)v_W^2$	M_W	N·m			6.3.2
假定的横摇角　设计类别 A=(25+20/V_D) 设计类别 B=(20+20/V_D)	ϕ_R	(°)			6.3.2
从平衡点至 ϕ_R 的在 M_W 以下的面积 A_1	A_1	任何			图 5
从平衡点至 ϕ_{A2}的在 M_W 以上的面积 A_2	A_2	任何			图 5
比值		—			6.3.2
比值 A_2/A_1 大于或等于 1.0 吗?　是/否					6.3.2

抗波浪:

项　　目	符号	单位	设计类别 A	设计类别 B	参见
ϕ_D、ϕ_V 或 50°中的最小角	ϕ_{A2}	(°)			
在复原力矩为最大时的横倾角	ϕ_{GZmax}	(°)			
如果 $\phi_{GZmax}\geqslant 30°$: 在 30°至 ϕ_{A2} 范围内的扶正力矩的最大值	RM_{max}	N·m			
要求的复原力矩的最大值		N·m	25	7	6.3.3 a)
RM_{max}大于或等于要求的最大值吗?　是/否					6.3.3b)
复原力臂的最大值$=RM_{max}/(9.806m_{LDC})$	GZ_{max}	m			3.5.9
要求的复原力臂的最大值		m	0.20		6.3.3a)
GZ_{max}大于或等于要求的最大值吗?　是/否					6.3.3a)
如果 $\phi_{GZmax}<30°$: 复原力矩的最大值	RM_{max}	N·m			6.3.3b)
要求的 RM_{max} 的值(A=750/ϕ_{GZmax},B=210/ϕ_{GZmax})		N·m			6.3.3b)
RM_{max}大于或等于要求的最大值吗?　是/否					6.3.3b)
复原力臂的最大值$=RM_{max}/(9.806m_{LDC})$	GZ_{max}	m			3.5.9
要求的复原力臂的最大值$=6/\phi_{GZmax}$		m			6.3.3b)
GZ_{max}大于或等于要求的最大值吗?　是/否					6.3.3b)

选定的设计类别:

注:艇应满足对凹体的两种限值,具有大于或等于 1 的 A_2/A_1 的比值,且在抗波浪中也两次得出“是”。

计算表格 7　由风作用所致的横倾

初始检查：　　　　　　　　　　　　　　　　　　　　　　　　　　　　仅对设计类别 C 和 D

项　　目	符号	单位	数值	参见
比值 $m_{LCC}/m_{MOC}>1.15$ 吗？　　是/否				
注：如果为"是"，则必须对两种载荷状态都完成此表格				6.4
(艇的水线以上侧向投影的)受风面积	A_{LV}	m^2		3.3.7
艇体长度	L_H	m		3.3.1
艇体宽度	B_H	m		3.3.3
比值 $A_{LV}/(L_H\ B_H)$		—		
比值 $A_{LV}/(L_H\ B_H)$ 等于或大于 1.0 吗？　　是/否				6.4
如果答案为"否"，则不要求做进一步的评定。				

风的横倾力矩的计算：

项　　目	符号	单位	设计类别 A	设计类别 B	参见
水线长度	L_{WL}	m			3.3.2
L_{WL} 的中点处的吃水	T_M	m			6.3.2
计算风速	v_W	m/s	17	13	3.5.1
风的横倾力矩 $=0.3A_{LV}(A_{LV}/L_{WL}+T_M)v_W{}^2$	M_W	N·m			6.3.2

由风所致的横倾角：

项　　目	符号	单位	设计类别 A	设计类别 B	参见
由复原力矩曲线得出：					
由风所致的横倾角	ϕ_W	(°)			6.4
或者用另一种方法：					
由乘员所致的偏移载荷力矩(见计算表格 3)	M_C	N·m			附录 B
偏移载荷试验期间的横倾角(见计算表格 3)	ϕ_O	(°)			6.2
由风所致的横倾角 $=(M_W/M_C)\phi_O$	ϕ_W	(°)			6.4
在偏移载荷试验期间所允许的最大的横倾角(由计算表格 3 得出)	$\phi_{O(R)}$	(°)			6.2
允许的由风所致的最大的横倾角 $=\phi_{O(R)}/2$		(°)			
由风所致的横倾角小于允许值吗？　　是/否					
对风所致横倾，可能的设计类别＝					

计算表格8 漂浮试验

附录E和附录F　　　　假定乘员限额(CL)=

配置:

项　目	单位	答案	参见
加上了相当于贮藏品和设备的干重的25%的质量吗?　是/否			E.2 a)
装设艇内机或舷外机?			
如果装设艇内机,装设了正确的发动机替代质量吗?　是/否			E.2 d)
假定的舷外机功率	kW		E.2 c)
所装设的代表舷外机、控制器和蓄电池的质量	kg		表E.1和表E.2
可移式燃油箱已卸空和/或固定式油箱已注满油吗?　是/否			E.2 f)
尾舱泄水孔已打开和泄水孔塞已装设吗?　是/否			E.2 g)
除空气柜以外的空舱已打开吗?　是/否			E.2 i)
要求打开的整体式空气柜的数量			表E.3
所使用试验重物的类型:铅、65/35黄铜、钢、铸铁、铝			
材料系数 d			表E.4

灌水下沉稳性试验:

项　目	单位	答案	参见
试验重物的干重=(6dCL),但≥(15d)	kg		表E.6
依此在舷边4个位置中的每一点悬挂试验重物吗?　是/否			E.3.1
灌水下沉后5 min,艇以小于45°的横倾漂浮吗?　通过/不通过			E.3.4, B.3.5

灌水下沉浮性试验:

项　目	单位	答案	参见
装载试验(对平浮和基本浮性):			E.4
最大总载荷质量 m_{MTL}	kg		3.4.2和计算表格1
评定的设计类别			
所采用的试验重物的干重	kg		表E.5
灌水下沉后5 min,艇周边的2/3以上平浮在水面上吗?　通过/不通过			E.4.3

浮性材料与器材:

项　目	答案	参见
所有浮性器材都符合全部要求吗?　通过/不通过		表F.1

选定的设计类别:注:在上述各表中,艇必须3次获得"通过"。

计算表格 9 汇总

设计的说明：		
拟定的设计类别	乘员限额：	日期：

表格	项目		符号	单位	数值
1	艇体长度(按 GB/T 19916—2005 定义)		L_H	m	
	质量：				
	最大总载荷		m_{MTL}	kg	
	空艇状态质量		m_{LCC}	kg	
	满载排水质量$=m_{LCC}+m_{MTL}$		m_{LDC}	kg	
	最小操作状态的质量		m_{MOC}	kg	
	比值 $m_{LCC}/m_{MOC}>1.15$ 吗？　是/否				
1	艇为帆艇或非帆艇？			帆艇/非帆艇	
2	所选的任选项：				
3	偏移载荷试验：	单位	要求值	实际值	通过/不通过
	对施加力矩的横倾角	(°)	<		
	对任何选项 5 和 6 的艇：最小的水线高度	m	>		
4	下沉进水开口：	所有要求都满足吗？			
	下沉进水角：在 m_{MOL} 时	(°)	>		
	如果 $m_{LCC}/m_{MOC}>1.15$：在 m_{LCC} 时	(°)	>		
4 和 5	下沉进水高度：	用于基本高度的计算表格			
	基本要求	m	≥		
	小开口的减缩的高度(仅对工作表格 4)	m	≥		
	在舷外的缩减的高度(仅对任选项 3 和 4)	m	≥		
	在艇首的增加的高度(仅对任选项 3、4 和 6)	m	≥		
6a	抗风浪：(任选项 1、3)，在 m_{MOC} 时，且如果 $m_{LCC}/m_{MOC}>1.15$，则在 m_{LCC} 时也必须符合				
	对总的凹体面积的限值：	m^2	<		
	对 $L_H/2$ 前方的凹体面积的限值：	m^2	<		
	在横浪和风中的横摇：比值 A_2/A_1	—	≥1.0		
6b	抗波浪：　ϕ_{GZMAX}的值	(°)	—		
	RM_{MAX}的值	N·m	>		
	GZ_{MAX}的值	m	≥		
7	由风所致的横倾：(任选项 2、4、5、6)比值 $A_{LV}/(L_H B_H)\leqslant 1.0$ 吗？				
	在 m_{MOC} 时：由风所致的横倾角	(°)	<		
	如果有要求，在 m_{LCC} 时：由风所致的横倾角	(°)	<		
8	浮性试验：(仅对任选项 3 和 4)所有配置都完成了吗？			是/否	
	灌水下沉稳性：在灌水下沉后 5 min，艇的横倾角小于 45°吗？				
	装载试验：在灌水下沉后 5 min，艇的 2/3 周边平浮在水面上吗？				
	浮性器材：所有器材都符合所有要求吗？				
注：艇应符合拟定设计类别指定任选项的所有要求。					
	选定的设计类别		评定者：		

参 考 文 献

[1] ISO 6185-3:2001 充气艇 第3部分:发动机最大功率定额为15 kW及以上

ICS 47.080
U 18

中华人民共和国国家标准

GB/T 20895.2—2007/ISO 12217-2:2002

小艇 稳性和浮性的评定与分类
第2部分:艇体长度不小于6 m的帆艇

Small craft—Stability and buoyancy assessment and categorization—Part 2:Sailing boats of hull length greater than or equal to 6 m

(ISO 12217-2:2002,IDT)

2007-03-26 发布　　　　2007-09-01 实施

中华人民共和国国家质量监督检验检疫总局
中国国家标准化管理委员会　发布

前　言

GB/T 20895《小艇　稳性和浮性的评定与分类》共为3部分：

——第1部分：艇体长度不小于6 m的非帆艇；

——第2部分：艇体长度不小于6 m的帆艇；

——第3部分：艇体长度小于6 m的艇。

本部分为GB/T 20895的第2部分。

本部分等同采用ISO 12217-2:2002《小艇　稳性和浮性的评定与分类　第2部分：艇体长度不小于6 m的非帆艇》(英文版)。

本部分等同翻译ISO 12217-2:2002。

为便于使用，本部分做了下列编辑性修改：

——“ISO 12217的这一部分”一词改为“GB/T 20895的本部分”或“本部分”；

——用小数点“.”代替作为小数点的逗号“,”；

——删除国际标准的前言；

——“规范性引用文件”的引导语按GB/T 1.1—2000作了修改。

本部分的附录A、附录B、附录C、附录D、附录E和附录F为规范性附录，附录G、附录H和附录I为资料性附录。

本部分由中国船舶工业集团公司提出。

本部分由全国小艇标准化技术委员会(SAC/TC 241)归口。

本部分起草单位：中国船舶工业集团公司第七〇八研究所。

本部分主要起草人：林德辉、梁启康。

小艇　稳性和浮性的评定与分类
第2部分:艇体长度不小于6 m的帆艇

注意:符合GB/T 20895的本部分要求不意味着保证小艇百分之百的安全,也不保证其无倾覆或沉没的危险。

1　范围

GB/T 20895的本部分规定了评定完整(即未破损)艇的稳性和浮性的方法,也包括评定易灌水下沉艇的浮性。

利用本部分对稳性和浮性进行评估,可为每一艘艇划定与其设计载荷和最大总载荷相适应的设计类别(A、B、C或D类)。

本部分适用于艇体长度为6 m～24 m的主要以人力或机械动力推进的艇。但如果这些艇未达到GB/T 20895.3(ISO 12217-3)中规定所要求的设计类别,且其设有甲板并具有符合ISO 11812要求的快速泄水的凹体,则也可适用于6 m以下的艇。

本部分不包括:

——ISO 6185所涉及的不大于8 m的充气艇和刚性充气艇;

——独木舟、皮艇或艇宽小于1.1 m的其他艇。

本部分未考虑或评估拖航、捕鱼、挖泥或起重作业对稳性的影响,此类情况应另行考虑(如果适用)。

2　规范性引用文件

下列文件中的条款通过GB/T 20895的本部分的引用而成为本部分的条款。凡是注日期的引用文件,其随后所有的修改单(不包括勘误的内容)或修订版均不适用于本部分,然而,鼓励根据本部分达成协议的各方研究是否可使用这些文件的最新版本。凡是不注日期的引用文件,其最新版本适用于本部分。

GB/T 19315—2003　小艇　最大装载量(ISO 14946:2001,IDT)

GB/T 19317.1—2003　小艇　通海旋塞及贯穿艇体的附件　第1部分:金属件(ISO 9093-1:1994,IDT)

GB/T 19916—2005　小艇　主要数据(ISO 8666:2002,IDT)

GB/T 19917—2005　小艇　艇主手册

GB/T 19919—2005　小艇　窗、舷窗、舱口盖、风暴盖和门　强度和密封性要求(ISO 12216:2002,IDT)

GB/T 20895.1—2007　小艇　稳性和浮性的评定分类　第1部分:船体长度不小于6 m的非帆艇(ISO 12217-1:2002,IDT)

GB/T 20847.1—2007　小艇　防火　第1部分:艇体长度不大于15 m的艇(ISO 9094-1:2003,IDT)

GB/T 20896—2007　小艇　水密艉舱和快速泄水艉舱(ISO 11812:2001,IDT)

ISO 2896:2001　硬质泡沫塑料　吸水率测定

ISO 9093-2:2002　小艇　通海旋塞和贯穿艇体的配件　第2部分:非金属制件

ISO 9094-2:2002　小艇　防火　第2部分:艇体长度为15 m以上的艇

国际海事组织IMO海上安全委员会(MSC)决议MSC.81(70)对救生设备试验的经修正的建议案

3 术语和定义

GB/T 20895 本部分采用下列术语和定义。在第 4 章中列出了这些定义中所用的某些符号的含义。

3.1 基本术语

3.1.1

设计类别 design category

本部分用于评定艇所适用的海况和风力条件的描述。

注：另见 8.2。

3.1.2

帆艇 sailing boat

以风力作为主要推进手段的艇，其 $A_S \geqslant 0.07 \times (m_{LDC})^{2/3}$。

3.1.3

双体帆艇 catamaran

具有两个承载的主艇体的艇。

例如：具有承受不足 30% 总满载排水量的中央舱室或桥楼甲板舱室的艇视为双体帆艇。马来帆艇是不对称的双体帆艇。

3.1.4

三体帆艇 trimaran

具有一个中心的主艇体和两个边艇体的帆艇，在三个艇体中，当该艇处于正浮状态时中心艇体承受30%或以上的总满载排水量。

3.1.5

凹体 recess

可能积水的露天的任何容积。

例如：艉舱、围阱、由舷墙或围槛围成的开敞容积或区域。

注：设置符合 GB/T 19919—2005 要求的关闭装置的住舱、遮蔽区域或储藏室不属于凹体。

3.1.6

快速泄水凹体 quick-draining recess

符合 GB/T 20896 对快速泄水艉舱和凹体之所有要求的凹体。

注 1：按其特性，对于某一设计类别，艉舱可考虑为快速泄水型，但对更高的设计类别，其也许不考虑为快速泄水型。

注 2：GB/T 20896 包括了大部分小帆艇不能满足的要求。

3.1.7

水密凹体 watertight recess

符合 GB/T 20896 对"水密艉舱和凹体"所有要求的凹体。

注：此术语仅指与水密性和门槛高度有关的要求，与泄水的要求无关。

3.1.8

全甲板艇 fully decked boat

舷弧区域的水平投影由下列各项的任意组合构成按 GB/T 19919—2005 要求为水密门所有的关闭装置的艇：

——水密甲板和上层建筑，和/或

——符合 GB/T 20896 要求的快速泄水凹体，和/或

——符合 GB/T 20896 要求的合计容积小于 $L_H B_H F_M/40$ 的水密凹体。

注：设计类别 A 或 B 的帆艇所许可的凹体的投影面积符合 6.1.5 的要求。

3.2 事故

3.2.1

倾覆 capsize

在无外力干预情况下，艇出现达到不能重新恢复至接近正浮的平衡状态的横倾角时的事故。

3.2.2

撞倒 knockdown

当艇出现达到足以使桅顶浸水的某一横倾角时的事故，在无外力干预情况下，有可能或不可能复原。

3.2.3

翻转 inversion

当艇出现倒置时的事故。

3.3 下沉进水

3.3.1

下沉进水开口 downflooding opening

可允许水进入艇内或舱底或凹体的任何开口(包括有围槛的凹体)，但 6.2.1.1 中未包含的开口除外。

3.3.2

下沉进水角 ϕ_D downflooding angle, ϕ_D

当艇以与设计纵倾相应的装载状态在静水中(正浮)时，6.2.1.1 中所述的下沉进水开口开始浸水时的横倾角。

注 1：如果这些开口相对于艇中心线是不对称的，则采用在最小角度时出现的情况。特别考虑下列因素：

——任何下沉进水开口的下沉进水角 ϕ_{DA}；

——非快速泄水的凹体充满水时的下沉进水角 ϕ_{DC}；

——直接通至开敞式主操舵位置的任何主通道舱口(每个舱口的面积大于 0.18 m^2)首先开始浸水时的下沉进水角 ϕ_{DH}；

注 2：下沉进水角的单位为度(°)。

3.3.3

下沉进水高度 h_D downflooding height, h_D

当艇以满载排水量和设计纵倾在静水中正浮时，从水线向上至任何下沉进水开口(但 6.2.1.1 中未包括的开口除外)的最小高度。

注：下沉进水高度的单位为米(m)。

3.4 主尺度、面积和角度

3.4.1

艇体长度 L_H length, L_H

符合 GB/T 19916—2005 要求的艇体长度。

注：艇体长度的单位为米(m)。

3.4.2

水线长度 L_{WL} length waterline, L_{WL}

当艇以与设计纵倾相应的装载状态在静水中正浮时，按 GB/T 19916—2005 的要求量取的水线长度。

注 1：对于多体艇，此长度与最长的单艇体有关。

注 2：水线长度的单位为米(m)。

3.4.3

艇体宽度 B_H beam of hull, B_H

符合 GB/T 19916—2005 要求的最大艇体宽度。

注 1：对于双体艇和三体艇，B_H 应量至外侧艇体所得的最大宽度。

注 2：艇体宽度的单位为米(m)。

3.4.4

水线宽度 B_{WL} beam waterline, B_{WL}

当艇以与设计纵倾相应的装载状态在静水中正浮时，按 GB/T 19916—2005 的要求在水线处量取的最大宽度。对于多体艇，该宽度为所有单艇体最大水线宽度的总和。

注：水线宽度的单位为米(m)。

3.4.5

艇体中心线之间的宽度 B_{CB} beam between hull centres, B_{CB}

在双体帆艇和三体帆艇上，边艇体浮心之间的横向距离。

注：艇体中心线之间的宽度的单位为米(m)。

3.4.6

艇舯部干舷 F_M freeboard amidships, F_M

当艇以与设计纵倾相应的装载状态在静水中正浮时，按 GB/T 19916—2005 的要求在 $L_H/2$ 处量取的舷弧或甲板至水线的距离。

注：艇舯部干舷的单位为米(m)。

3.4.7

单艇体吃水 T_C draught of the canoe body, T_C

当艇以与设计纵倾相应的装载状态正浮时，按 GB/T 19916—2005 的定义，其水线以下艇体主要漂浮部分的吃水。

3.4.8

标称的帆面积 A_S nominal sail area, A_S

按 GB/T 19916—2005 定义的帆的标称侧投影面积。

注：帆面积的单位为平方米(m^2)。

3.4.9

实际帆面积 A'_S actual sail area, A'_S

具体组合帆的实际侧投影面积。

注 1：帆面积的单位为平方米(m^2)。

注 2：帆面积是随考虑的帆的不同组合而变化的。

3.4.10

稳性消失角 ϕ_V angle of vanishing stability, ϕ_V

在相应的装载状态下，横向稳性复原力矩为零时，假定无偏移载荷和所有可能下沉进水开口为水密时测定的最接近正浮(并非正浮)的横倾角。

注 1：如果艇具有非快速泄水的凹体，则 ϕ_V 应取为 ϕ_{DC}，除非在确定 ϕ_V 时已充分考虑了这些凹体的影响。

注 2：稳性消失角的单位为度(°)。

3.5 状态、质量和容积

3.5.1

空艇状态 light craft condition

按 GB/T 19916—2005 规定的空艇质量加上在合适位置上的适用的各项质量(如适用)的艇：

a) 功率大于 3 kW 的舷外机推进的艇，制造厂推荐的最重的舷外机安装在其工作位置上；

b) 如果设有蓄电池，则蓄电池应安装在制造厂预留的位置上；

c) 桅杆、张帆杆和在艇上贮存位置备用,但未固定的其他帆桁,以及所有处于原位的静索和动索;

d) 制造厂提供的在艇上备用的,但未升起的所有帆具。例如:张帆杆上的主帆,已卷起的卷帆,以及堆放在前甲板上用帆眼圈系牢在支索上的前帆。

注:在 b)项中,如果未为该蓄电池提供专门的贮存处,则应允许在发动机位置周围的 1.0 m 范围内为每台功率超过 7 kW 的发动机配 1 只蓄电池的质量。

3.5.2

最小工作状态　minimum operating condition

空艇状态的艇加上下列各项:

a) 相当于位于艇中心线上,接近最高主控制站位置的乘员的质量:

——75 kg,若 $L_H \leqslant 8$ m;

——150 kg,若 8 m$<L_H\leqslant 16$ m;

——225 kg,若 16 m$<L_H\leqslant 24$ m。

b) 质量不小于$(L_H-2.5)^2$ kg 的重要的安全设备。

c) 艇上通常携载的非消耗品和设备。

d) 对称装在中心线两侧液舱内的压载水,且在艇主手册中注明,每当艇漂浮时,这些压载水舱总是充满压载水的,制造厂提供在航行中用来不对称变动压载用的压载水舱无液体。

e) 装在预留贮存处的救生筏(如果配备)。

对称安置在艇中心线两侧的可变位置的部件(例如削斜的龙骨、可移动的固体压载、斜桅)。

任何披水板或龙骨应在收起的位置上,除非其能固定在最低的位置上,并应在艇主手册中予以适当的说明。

3.5.3

最小工作质量 m_{moc}　minimum operating mass, m_{moc}

最小工作状态时艇的质量

注:最小工作质量的单位为千克(kg)。

3.5.4

最大总载荷 m_{MTL}　maximum total load, m_{MTL}

除空艇状态外,设定艇承载的最大载荷,包括 GB/T 19315—2003 中所规定的制造者所推荐的最大装载量,以及加上固定式和可移式舱柜最大容量的所有液体(例如燃油、油类、淡水,在压载水或饵舱和活鲜舱中的水)。

注:最大总载荷单位为千克(kg)。

3.5.5

满载排水状态　loaded displacement condition

空艇状态的艇加上最大总载荷,使艇产生 C.2.2 中所述的设计纵倾和垂直分布的乘员质量。

3.5.6

满载排水量 m_{LDC}　loaded displacement mass, m_{LDC}

满载排水状态时艇的质量。

注:满载排水量的单位为千克(kg)。

3.5.7

排水体积 V_D　displacement volume, V_D

与相应装载状态相对应的艇的排水体积,水的密度取 1 025 kg/m^3。

注:排水体积的单位为立方米(m^3)。

3.6 其他术语和定义

3.6.1

计算风速 v_W　calculation wind speed, v_W

计算中使用的风速。

注:风速的单位为米每秒(m/s)。

3.6.2

乘员 crew

艇上所有人员的统称。

3.6.3

乘员限额 CL crew limit,CL

在评定设计类别时用的最大乘员数(每位乘员按 75 kg 计)。

3.6.4

设计纵倾 design trim

当艇正浮,且乘员、贮藏品和设备都位于设计者或制造者所指定的位置时艇的纵向姿态(角)。

3.6.5

浮性器材 flotation element

对艇提供浮力,且因此而影响艇漂浮特性的器材。

3.6.5.1

空气柜 air tank

与艇体或甲板结构连为一体的,由艇体结构材料制成的柜。

3.6.5.2

空气瓶 air container

不与艇体或甲板结构连为一体的,由刚性材料制成的容器。

3.6.5.3

低密度材料 low density material

密度小于1,主要置于艇内,以在灌水时增加浮力的材料。

3.6.5.4

充气囊 inflated bag

由柔性材料制成,不与艇体或甲板连成一体,可按靠近进行目测检验,且当艇使用时总是要充气的袋。

注:在浸水时拟自动充气的囊(例如:置于桅顶,作为一种防止倾覆的手段),不应视为浮性器材。

3.6.6

倾斜试验 inclining experiment

确定艇重心的垂向位置(VCG)的方法。

注1:VCG 加上对艇体形状(型线图)和在已知装载状态下水线位置的信息就能进行所有完整稳性参数的计算。

注2:对于如何进行倾斜试验的完整描述,应查阅权威的造船学教科书,例如:美国造船师与轮机工程师学会册(S.N.A.M.E)出版的“造船学原理”或参考“美国材料与试验学会”的“稳性试验标准导则”(ASTM F-1321-90)。

3.6.7

复原力矩 RM righting moment,RM

在静水中处于规定的横倾角时,由于艇的重心横向偏离艇体浸水部分的浮心而形成的恢复力矩。

注1:复原力矩随横倾角变化而变化,且通常与横倾角的关系采用图表的方式进行标绘。利用已知的艇体形状和重心位置,通过计算机可精确地得出各复原力矩,也可应用其他近似的方法。复原力矩实质上是随艇体形状、重心位置、艇的质量和纵倾姿态的变化而变化。

注2:复原力矩的单位为牛米(N·m)。

3.6.8

复原力臂 GZ righting lever,GZ

在横剖面上浮心与重心之间的水平距离。

注:复原力臂等于复原力矩除以质量(kg)与重力加速度(9.806 m/s^2)的乘积,其单位为 m。

3.6.9

满载水线 loaded waterline

当艇在满载排水量和设计纵倾下正浮时的水线。

3.6.10

水密性等级 watertightness degree

水密性等级按 GB/T 20896 和 GB/T 19919—2005 中规定。

注：水密性等级归纳如下：

1 级：对连续浸水提供防护作用的密封性等级；

2 级：对暂时浸水提供防护作用的密封性等级；

3 级：对溅水提供防护作用的密封性等级；

4 级：对于垂线所成夹角大于 15°的下落水滴提供防护的密封性等级。

4 符号

本部分采用表 1 中的符号和相关的单位。

表 1 符号

符号	单位	定 义
ϕ	(°)	横倾角
ϕ_D	(°)	实际的下沉进水角，见 3.3.2
$\phi_{D(R)}$	(°)	所要求的下沉进水角，见 6.2.3
ϕ_{DA}	(°)	任何下沉进水开口的下沉进水角
ϕ_{DC}	(°)	GB/T 20896 定义的非快速泄水艉舱的下沉进水角
ϕ_{DH}	(°)	任何主通道舱口的下沉进水角
ϕ_{GZmax}	(°)	形成最大复原力矩或力臂时的横倾角
ϕ_V	(°)	稳性消失角，见 3.4.10
$\phi_{V(R)}$	(°)	所要求的稳性消失角，见 6.3
A_{GZ}	m·(°)	复原力臂曲线下正的面积，见 6.4.2
A_S	m^2	符合 GB/T 19916—2005 要求的标称帆面积，见 3.4.8
A'_S	m^2	具体组合帆的实际侧投影面积，见 3.4.9
B_{CB}	m	边艇体浮心之间的宽度，见 3.4.5
B_H	m	符合 GB/T 19916—2005 要求的艇体宽度
B_{WL}	m	按 GB/T 19916—2005 和 3.4.4 要求在相应装载状态下水线的宽度，对于多体艇，为所有各艇体水线宽度的总和
CL		乘员限额——艇上的最大的乘员数，见 3.6.3
F_M	m	在相应装载状态下符合 GB/T 19916—2005 要求的艇舯干舷
GM	m	横稳性高度
GZ	m	复原力臂＝复原力矩(N·m)/[质量(kg)×9.806]，见 3.6.8
GZ_{90}	m	在 90°横倾时的复原力臂
h_{CE}	m	在相应装载状态的质量时 A'_S的型心距水线的高度
h_D	m	实际的下沉进水高度，见 3.3.3

表 1(续)

符号	单位	定　义
$h_{D(R)}$	m	要求的下沉进水高度,见 6.2.2
h_{LP}	m	在相应装载状态时水线至浸水投影面积(包括龙骨和舵)型心的高度
L_{BS}	m	基础尺寸的长度$=(2L_{WL}+L_H)/3$
LCG	m	重心距所选择基准线的纵向位置
L_H	m	符合 GB/T 19916—2005 要求的艇体长度
L_{WL}	m	符合 GB/T 19916—2005 要求的在相应装载状态下的水线长度
m	kg	在相应装载状态下艇的质量
m_{LCC}	kg	空艇状态艇的质量,见 3.5.1
m_{LDC}	kg	满载排水质量,见 3.5.5 和 3.5.6
m_{MOC}	kg	最小工作状态艇的质量,见 3.5.3
m_{MTL}	kg	最大总载荷的质量,见 3.5.4
RM	N·m	复原力矩,见 3.6.7
STIX	—	符合 6.4 的在相应装载状态下实际的稳性指数值
$STIX_{(R)}$	—	要求的稳性指数值,见 6.4.9
T_C	M	符合 GB/T 19916—2005 要求在相应装载状态下的艇体吃水
VCG	m	重心的垂直位置
V_D	m^3	排水体积,见 3.5.7
V_R	m^3	非快速泄水凹体的体积,见附录 A
v_W	m/s	计算风速,见 3.6.1
x_D	m	下沉进水开口距最近艇端部的纵向距离
x'_D	m	下沉进水开口距艇前端部的纵向距离
y_D	m	下沉进水开口距艇周边的横向距离
y'_D	m	下沉进水开口距艇中心线的横向距离
z_D	m	下沉进水开口在水线以上的高度

5　步骤

5.1　最大总载荷

按定义确定艇预定装载的乘员限额和最大总载荷。乘员限额应不超过 GB/T 19315—2003 规定的由座位或站立的空间要求所确定的值。

重要的是确保最大总载荷不能估计过低。

5.2　帆艇或非帆艇

确定该艇为帆艇。帆艇系指 $A_S \geqslant 0.07 \times (m_{LDC})^{2/3}$ 的艇。

其他艇均为非帆艇,并应按 GB/T 20895.1 进行评定。

5.3　应做的试验、计算和要求

第 6 章适用于单体帆艇。

第 7 章适用于双体帆艇或三体帆艇。

应符合从第 6 章或第 7 章中选取的任选项所对应的全部要求,参见附录 H。

6 对单体帆艇的要求

6.1 适用的要求

6.1.1 根据总浮力和甲板设置的情况，以及艇是否设有适用的凹体，单体帆艇应符合七个任选项中任一项所对应的所有要求。在表2中列出了这些任选项以及应做的试验。

表2 单体帆艇适用的要求

任选项	1	2	3	4	5	6	7
可能的设计类别	A和B	C和D	C和D	C和D	C和D	C和D	C和D
甲板或遮蔽	全甲板[a]	任何量值	任何量值	任何量值	任何量值	任何量值	任何量值
下沉进水开口	6.2.1	6.2.1	6.2.1	6.2.1	6.2.1	6.2.1	
下沉进水高度	6.2.2	6.2.2	6.2.2		6.2.2		
下沉进水角	6.2.3	6.2.3					
稳性消失角	6.3	6.3					
稳性指数	6.4	6.4					
撞倒复原试验			6.5	6.5			
抗风试验					6.6	6.6	
浮性试验				6.7		6.7	
倾覆复原试验							6.8
a 该术语在3.1.8中已定义。							

6.1.2 最后得出的是艇已符合这些任选项中任一项所有有关要求的设计类别。

6.1.3 采用任选项1或2的艇，应满足最小工作状态的要求，除非另有特别说明。如果m_{LDC}/m_{MOC}的比值超过1.15，则在满载排水状态和最小工作状态的所有要求均应满足。在计算满载排水状态的重心位置时，应遵照下列要求：

——燃油和水应放置在固定的舱柜内；

——备品应贮存在相应的部位；

——附加乘员（乘员定额小于m_{MOC}所要求值时）的质量应加到$L_H/2$处的舷弧高度上。

6.1.4 采用任选项1或2，并在航行中装有对称压载的备品（无论是液体或固体）的艇均应：

a) 符合表2中标明的被选用的任选项的所有要求；和

b) 在考虑每种状态的稳性要求时，应符合6.2.3、6.3（如果适用）和6.4中对下一级稍低的设计类别的要求，同时可移动压载取产生不利因素的数量和位置。

6.1.5 采用表2任选项1设定设计类别A或B之艇的凹体应符合下列的水平投影面积限值，除非在计算稳性特性曲线时已对此凹体可容纳水的质量和自由液面的影响予以专门考虑。

如果采用这一特定的计算任选项，在计算复原力臂时，假定每一凹体为不泄水并应假定初始保持的舱内水为下列其最大（扶正）容量之比百分数：

$$充入百分数=(60-240F/L_H)$$

式中：

F——所涉及的凹体的围槛的最小干舷。

在艇倾斜时，假定这些水溅出艇外而正浮力矩是左右对称的。

对设计类别A：所有凹体的水平投影面积$<0.2L_HB_H(m^2)$；

$L_H/2$前的所有凹体的水平投影面积$<0.1L_HB_H(m^2)$。

对设计类别B：所有凹体的水平投影面积$<0.3L_HB_H(m^2)$；

$L_H/2$ 前的所有凹体的水平投影面积 $<0.15L_HB_H(m^2)$。

6.2 下沉进水

这些要求确保与设计类别相适应的水密性等级得以保持。

6.2.1 下沉进水开口

6.2.1.1 以下所列及 6.2.2 和 6.2.3 的要求适用于所有下沉进水开口，但下列情况除外：

a) 合计容积小于$(L_HB_HF_M)/40$ 的水密凹体或快速泄水凹体；

b) 从快速泄水凹体或从水密凹体以管道泄水，当艇正浮时，如果注水，不会导致下沉进水或倾覆的；

c) 非开口装置；

d) 位于顶边舱符合 GB/T 19919—2005 的水密性等级 2 级要求，且在艇主手册中已述及和清晰地标以“水密封闭——在航行中保持关闭”的开口装置；且其

1) 设有螺旋关闭的应急脱险舱口盖或装置；或

2) 在有限的容积的舱室内，即使该舱室浸水，该艇仍能满足所有要求；或

3) 在设计类别 C 或 D 的艇内，在满载排水量时，由于该装置开启导致影响的舱室浸水，该艇也不会沉没；

e) 位于顶边舱符合 GB/T 19919—2005 水密性等级 2 级要求，且在艇主手册中已述及和清晰地标以“水密封闭——在航行中保持关闭”的开口装置；

f) 发动机的排气口或仅连接至水密系统的其他开口；

g) 舷外机围阱两侧开口，即：

1) 水密性等级为 2 级，下沉进水的最低点在满载水线以上的距离大于 0.1 m；或

2) 若设有围阱的泄水孔，水密性等级为 3 级，下沉进水的最低点在满载水线以上的距离大于 0.2 m；也可在发动机安装处的艉板顶部之上，见图 1；或

3) 若设有围阱的泄水孔，且内部处所或非快速泄水处所允许进水的部分的长度小于 $L_H/6$，且至满载水线以上 0.2 m 处所泄出的水，不能泄至该艇内部处所或非快速泄水处所的其他部分，水密性等级为 4 级，下沉进水的最低点在满载水线以上的距离大于 0.2 m，在发动机安装处的艉板顶部之上，见图 1。

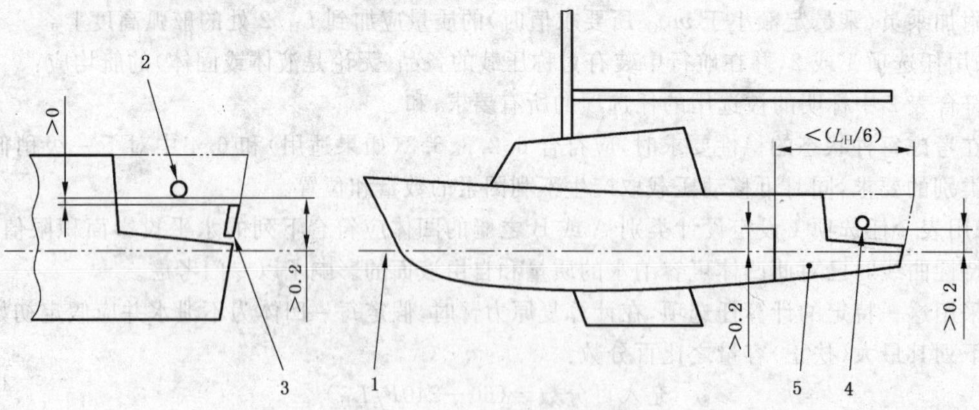

1——水线；

2——水密性等级为 3 级或 4 级；

3——泄水；

4——水密性等级为 4 级；

5——非快速泄水处所。

图 1 舷外机阱内的开口

6.2.1.2 根据设计类别和装置安装的区域，安装在下沉进水开口的所有关闭装置均应符合GB/T 19919—2005的要求。

6.2.1.3 决不应把开口型的装置装设在低于满载水线以上0.2 m处的艇体上，除非它们符合ISO 9093，或者它们是符合ISO 9094要求的应急脱险舱口盖。

6.2.1.4 艇内的开口，例如舷外机围阱或自由进水的鱼饵舱应视为可能的下沉进水开口。

6.2.1.5 对于设计类别为A或B的艇，只有当下沉进水开口主要用于通风或发动机点火时，才可允许其为不设任何型式关闭装置的下沉进水开口。

6.2.2 下沉进水高度

6.2.2.1 试验

本试验用于验证在满载排水量下，当水进入前，艇具有足够裕度的干舷。

本实验所用乘员应如下所述，用试验重物代替被试乘员（每人按75 kg计），或利用型线图和通过称重或勘测干舷推算的排水量进行计算。

a) 选取等于乘员限额的人乘数，平均质量不小于75 kg。

b) 在静水中将最大总载荷中的各项质量装至艇上，并使乘员定位，使其达到设计纵倾。

c) 测量从水线至水可能开始进入6.2.1.1中所述的任何下沉进水开口各点的高度。如果下沉进水完全由伸出凹体四周较高的围板保护，则下沉进水高度应测量至此围板的最低点。

6.2.2.2 要求值

a) 采用下列任一方法将测量值与经以下b)和c)修正的最小下沉进水高度的要求值相比较，来确定设计类别：

1) 附录A的方法，通常得出最低要求值；或

2) 图2，其仅取决于艇长。

b) 图2评定的艇，应允许在尾部$L_H/4$之内有合计净面积不大于$50L_H^2$(mm²)的下沉进水开口，条件这些开口的下沉进水高度不小于图2要求值的3/4。

c) 中披水板、抗漂龙骨或中插板的机舱棚的下沉进水高度的要求值应为上述a)确定值的一半。

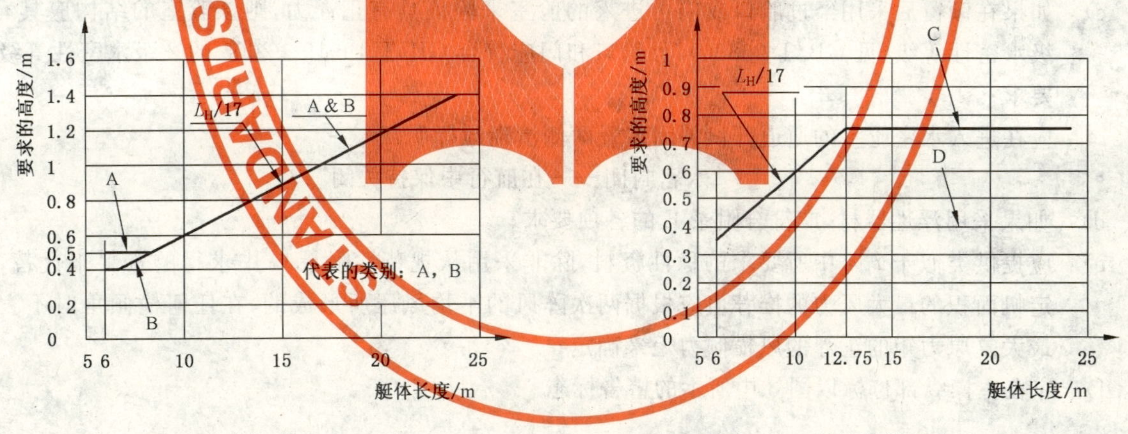

a) 设计类别A和B　　b) 设计类别C和D

图2 要求的下沉进水高度

6.2.3 下沉进水角

本要求表明在大量的水进入艇前，艇的横倾角具有足够裕度。

采用附录B中任何一种方法确定的6.2.1.1不包括的任何下沉进水开口的下沉进水角(ϕ_{DA})，应超过如表3所列的要求的下沉进水角($\phi_{D(R)}$)。

如果下沉进水开口由伸出凹体四周的较高的围槛保护，则下沉进水角应由此围槛的最低点所确定，见附录B中的B.1。

表 3 要求的下沉进水角

设计类别	A 和 B	C	D
要求的下沉进水角 $\phi_{D(R)}$/(°)	40	35	30

6.3 稳性消失角和最小质量

这些要求拟用于确保在恶劣状态下极端的最小生存能力。

应采用附录 C 求得相应装载状态下的稳性消失角。

通常,艇应符合 6.3.1 的要求,但设计类别 A 或 B 的艇可选择符合 6.3.2 的要求。

6.3.1 一般要求

评定为设计类别 A 或 B 的艇应符合表 4 中所列的要求。

表 4 要求的稳性消失角

设计类别	要求的稳性消失角
A	$m>3\ 000$ kg,$\phi_{V(R)}=(130-0.002\ m)$但总是大于等于 100°
B	$m>1\ 500$ kg,$\phi_{V(R)}=(130-0.005\ m)$但总是大于等于 95°
C	$\phi_{V(R)}=90°$
D	$\phi_{V(R)}=75°$

6.3.2 对设计类别 A 和 B 的艇的替代要求

作为 6.3.1 的替代,也可评定为设计类别 A 或 B 的艇,条件是:

a) 对于设计类别 A,$\phi_V\geqslant 90°$,或对于设计类别 B,$\phi_V\geqslant 75°$;

b) 采用附录 D 通过计算表明,当灌水下沉或翻转的艇全部浸水时,由艇体结构、附体和浮性器材提供的浮力容积大于(m_{LDC}/850)(m^3),因此确保由余度足以支承满载艇的质量,但不包括密封在内的空气层(专用的空气舱柜和水密舱室除外)的储备;

c) 如果在倾覆后采用经过舱口或门可进入的舱室来验证具有正浮力,则该舱室的结构应具有 1 级水密性等级(见 GB/T 20896),且舱口和门应符合 GB/T 19919—2005 的 2 级水密性等级的要求;

应在进入水密舱室的通道开口关闭装置两侧清晰地标明:

"水密封闭——在航行中保持关闭";

d) 如果采用浮性器材,应符合附录 E 的各项要求;

e) 应提供类似于 7.4 中所要求的稳性资料,除非采用从规范性附录 G 中求得的资料来代替,给定帆面积的最大风力的推荐值应根据两次阵风的平均风压所形成的,在任何横倾角时不大于最大复原力矩的正浮的风横倾力矩来确定;

f) 应在主操纵部位标以图 3 中所示的警告标志。

a) 警告

b) 倾覆危险

c) 阅读艇主手册

图 3 警告标志

6.4 稳性指数(STIX)

6.4.1 方法

稳性指数是全面评定单体帆艇稳性的一种方法。该指数由分别表达稳性和浮性方面的7个系数修正的长度系数组成。

每一系数应分别按6.4.2～6.4.8的要求,采用与相应的装载状态有关的每一参数进行计算,然后按6.4.9的要求确定稳性指数值及与其相应的设计类别。

可采用下列三种中的任一方法求得每一修正系数:

a) 最小的许用值,无需进一步计算;

b) 使用近似方法;

c) 精确计算。

应指出每一系数的值均受上、下限值的约束。

所有复原力臂和下沉进水性能均针对相应装载状态的艇,按照设有作为对称压载备品的需要进行修正。如果精确计算这些性能,则能获得最有利的设计类别。下沉进水角可从提供近似计算方法的附录B求得,或可采用稳性指数中规定的该系数的下限值。精确计算和近似计算的任意组合,或取下限值都是许可的。

6.4.2 动稳性系数(FDS)

此系数指在稳性事故发生前用于克服此事故的固有复原能力。

$$\mathrm{FDS}=\left(\frac{A_{GZ}}{15.81\sqrt{L_H}}\right)$$,但FDS的取值决不小于0.5,也不必大于1.5。

式中:

A_{GZ}——复原力臂曲线下的正面积,单位为米度[m·(°)],对于相应的装载状态;其取值如下:

如果$\phi_D \geq \phi_V$,则从正浮至ϕ_V;

如果$\phi_D < \phi_V$,则从正浮至ϕ_D;

ϕ_D应取ϕ_{DC}或ϕ_{DH}中之较小者。

6.4.3 翻转复原系数(FIR)

该系数代表翻转后自行复原的能力。

如果$m<40\,000$,则$\mathrm{FIR}=\phi_V/(125-m/1\,600)$

如果$m\geq 40\,000$,则$\mathrm{FIR}=\phi_V/100$

式中:

m——该艇在相应装载状态下的质量,单位为千克(kg)。

但FIR的取值决不小于0.4,也不必大于1.5。

6.4.4 撞倒复原系数(FKR)

该系数代表遭受撞倒后艇甩出帆中溅水和复原的能力。

计算:

$$F_R = GZ_{90}\,m/(2A_S h_{CE})$$

式中:

m——艇在相应装载状态下的质量,单位为千克(kg);

GZ_{90}——质量为m的艇,在横倾角90°时的复原力臂,单位为米(m);

h_{CE}——质量为m的艇正浮时,标称帆面积(A_S)的型心在水线以上的高度,单位为米(m)。

如果$F_R \geq 1.5$,$\mathrm{FKR}=0.875+0.083\,3F_R$;

如果$F_R < 1.5$,$\mathrm{FKR}=0.5+0.333F_R$;

如果$\phi_V < 90°$,$\mathrm{FKR}=0.5$。

但FKR的取值决不应小于0.5,也不必大于1.5。

6.4.5 排水量——长度系数(FDL)

此系数计及在给定长度情况下,较重的排水量对有利于增加抗倾覆能力的作用。

$$\mathrm{FDL}=\left\{0.6+\left[\frac{15mF_{\mathrm{L}}}{L_{\mathrm{BS}}^{3}(333-8L_{\mathrm{BS}})}\right]\right\}^{0.5}$$

但 FDL 的取值决不小于 0.75,也不必大于 1.25。

式中:

$L_{\mathrm{BS}}=(2L_{\mathrm{WL}}+L_{\mathrm{H}})/3$;

$F_{\mathrm{L}}=(L_{\mathrm{BS}}/11)^{0.2}$;

m——该艇在相应的装载状态下的质量,单位为千克(kg)。

6.4.6 艇宽——排水量系数(FBD)

此系数计及具有适当的顶部外飘艇在横浪中易受倾覆程度的增加和与排水量有关的艇宽的增加。

计算:

$$F_{\mathrm{B}}=3.3B_{\mathrm{H}}/(0.03m)^{1/3}$$

式中:

m——艇在相应装载状态下的质量,单位为千克(kg)。

如果 $F_{\mathrm{B}}>2.20$,$\mathrm{FBD}=[13.31B_{\mathrm{WL}}/(B_{\mathrm{H}}F_{\mathrm{B}}^{3})]^{0.5}$;

如果 $F_{\mathrm{B}}<1.45$,$\mathrm{FBD}=[B_{\mathrm{WL}}F_{\mathrm{B}}^{2}/(1.682B_{\mathrm{H}})]^{0.5}$;

其他情况,$\mathrm{FBD}=1.118(B_{\mathrm{WL}}/B_{\mathrm{H}})]^{0.5}$;

但 FBD 的取值决不小于 0.75,也不必大于 1.25。

6.4.7 风矩系数(FWM)

对于 ϕ_{D} 或 ϕ_{DH} 小于 90°的艇,该系数代表由于阵风使未收起帆的艇横倾而引起下沉进水的危险程度。

如果 $\phi_{\mathrm{D}}\geqslant 90°$,FWM=1.0;

如果 $\phi_{\mathrm{D}}<90°$,$\mathrm{FWM}=v_{\mathrm{AW}}/17$;

但 FWM 的取值决不小于 0.5,也不必大于 1.0。

式中:

v_{AW}——当帆全部张开时(即未收起帆)使艇横倾至 ϕ_{D} 所要求的稳态视在风速,单位为米每秒(m/s);

$$v_{\mathrm{AW}}=\{13m\mathrm{GZ}_{\mathrm{D}}/[A_{\mathrm{S}}(h_{\mathrm{CE}}+h_{\mathrm{LP}})|\cos\phi_{\mathrm{D}}|^{1.3}]\}^{0.5}$$

式中:

GZ_{D}——横倾角$=\phi_{\mathrm{D}}$ 时的复原力臂,单位为米(m);

ϕ_{D}——ϕ_{DC} 和 ϕ_{DH} 中之较小者;

$h_{\mathrm{CE}}+h_{\mathrm{LP}}$——当艇正浮时,艇包括帆、桅杆和艇体的水上和水下部分投影面积的型心之间的高度,单位为米(m),这时该艇的中披水板、中插板或减横飘板均在最低位置。

6.4.8 下沉进水系数(FDF)

该系数代表撞击时下沉进水的危险程度。

$$\mathrm{FDF}=\phi_{\mathrm{D}}/90$$

但 FDF 的取值决不应小于 0.5,也不必大于 1.25。

式中 ϕ_{D} 应取下列数值中的最小者:ϕ_{DC}、ϕ_{DH} 和 ϕ_{DAI}。

ϕ_{DAI} 为不能按 GB/T 19919—2005 的 3 级水密性等级要求关闭的开口处的横倾角,该开口的合计总面积大于开始浸水的值 $50L_{\mathrm{H}}^{2}$(mm²)。

6.4.9 计算稳性指数(STIX)

稳性指数(STIX)按下式求得:

$$\mathrm{STIX}=(7+2.25L_{\mathrm{BS}})(\mathrm{FDS}\times\mathrm{FIR}\times\mathrm{FKR}\times\mathrm{FDL}\times\mathrm{FBD}\times\mathrm{FWM}\times\mathrm{FDF})^{0.5}+\delta$$

式中：

$L_{BS}=(2L_{WL}+L_H)/3$，单位为米(m)；

$\delta=5$，如果当艇完全进水时，艇保持 6.3.2b)或 7.6.1 要求的浮性，且 $GZ_{90}>0$；

$\delta=0$，在其他情况时。

STIX 应大于表 5 中所列的与设计类别相应的要求值($STIX_{(R)}$)。

表 5　STIX 的要求值

设计类别	A	B	C	D
STIX 应大于 $STIX_{(R)}=$	32	23	14	5

6.5　撞倒复原试验

6.5.1　本试验用于验证艇受撞倒后能自行恢复到正浮状态。可通过实艇试验或按 6.5.5 进行计算予以验证。

6.5.2　试验应在静水中进行，且艇处于空艇状态，艇上人员、有自由液面的水或其他试验重物的总质量不小于乘员限额的质量。除非其固定在较低的位置，并在艇主手册中作适当说明，帆应降下且予以堆置，收起中披水板或抗漂龙骨。如果采用人员进行试验，则在桅杆脱离水面之前，人员应定位在图 4 所示的位置上。如果采用水或其他重物进行试验，则应放在艇内。如果当艇按 6.5.3 或 6.5.4 要求横倾时，水不能保留在艇内，则不应采用水进行试验。

图 4　乘员的位置(设计类别 C 的试验)

6.5.3　设计类别 C 的艇，艇应迅速翻转，直至其桅顶接触水面，经过 60 s 后放开艇。艇可能开始进水，但只要艇迅速回复至接近正浮位置，且艇不致沉没和剩余干舷能确保艇将水泵出或戽出，则艇是合格的。可选择乘员的纵向位置，以确保为泵出或戽出水所要求的足够的剩余干舷。

6.5.4　设计类别 D 的艇，艇应迅速翻转，直至桅保持水平，经过 10 s 后放开艇。艇可能开始进水，但只要艇迅速回复至接近正浮位置，且艇不致沉没和剩余干舷能确保艇将水泵出或戽出，则艇是合格的。可选择乘员的纵向位置，以确保为泵出或戽出水所要求的足够的剩余干舷。

6.5.5　在初始横倾角下复原力矩为正值，只要假定至舱室的主要通路舱口是完全敞开的，且下沉进水，水可进入任何处所，可用计算代替实艇试验。

6.5.6　如果左舷和右舷的下沉进水特性并不相同，则应在最危险的方向进行试验。如果不能判定哪个方向最危险，则应在两个方向进行。

6.6　抗风试验

6.6.1　本试验用于验证当帆艇受到与设计类别相当的稳态风速而横倾时，艇不会开始进水。

6.6.2　使艇处于空艇状态，将 75kg 的人员或试验重物置于艉舱底板的中心线上，以代表一名位于舵轮区范围内的乘员。除非能固定在较低的位置，并在艇主手册中作适当说明，否则帆应堆置，以备升起，而中披水板或抗漂龙骨应收起。

6.6.3　对艇施加横倾力偶(例如采用图 5 中所示方法)，且注意保持两根拉索平行，直至下列情况之一首次出现：

——艇开始灌水;或

——载荷 T 和相应的横倾角符合所期望的风速的要求;或

——艇横倾达到 45°。

注:本试验中,桅可作临时加强或固定,采用两根位于桅前和桅后的水下约束绳索,可使艇偏航的趋势减至最小。

6.6.4 测定横倾力臂高度 h(m)、拉力 T(kg)和横倾角 ϕ_T(°)。

6.6.5 按下式计算形成这一横倾角所需的稳态风速,单位为米每秒(m/s):

$$\text{计算风速}=\sqrt{\frac{13hT+390B_H}{A'_S(h_{CE}+h_{LP})(\cos\phi_T)^{1.3}}}$$

式中:

A'_S——标准帆的实际侧投影面积,单位为平方米(m^2);

h_{CE}——正浮时 A'_S 的型心至水线的高度,单位为米(m);

h_{LP}——正浮时水下艇体和龙骨/中披水板及舵的横剖面几何中心至水线的高度,单位为米(m)。

注:图 6 中已标出 h_{CE} 和 h_{LP}。

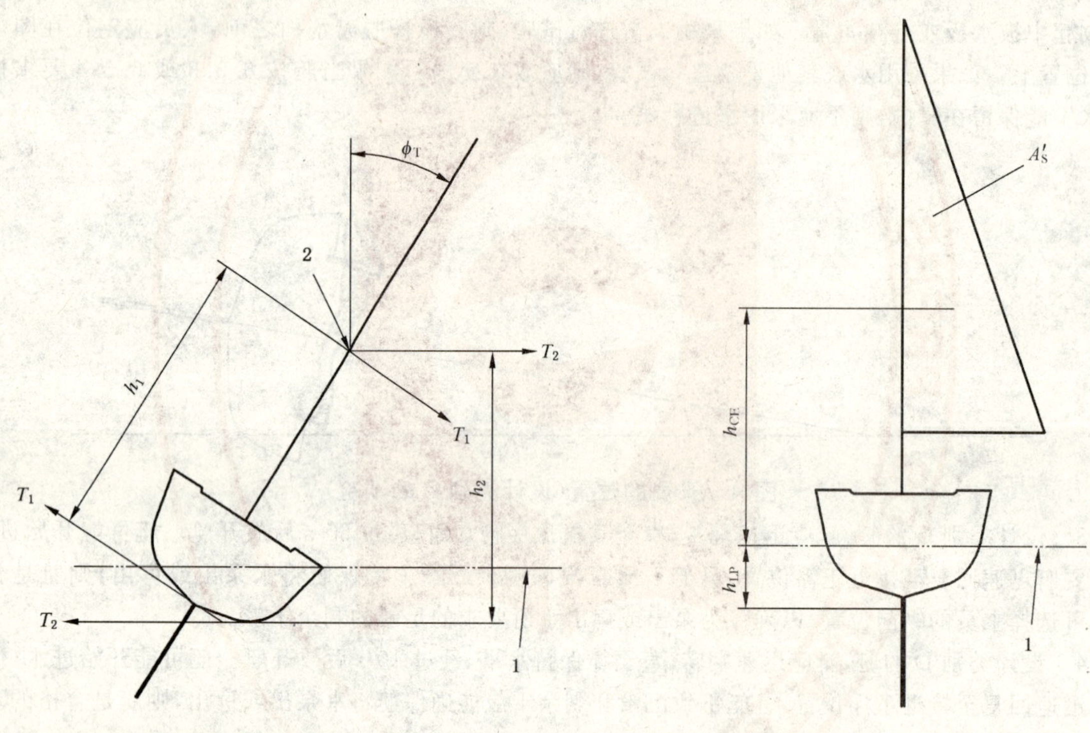

1——水线;

2——任何方便的位置。

图 5 抗风试验

1——水线。

图 6 h_{CE} 和 h_{LP} 的尺寸

6.6.6 另一种方法是通过把复原力矩曲线与风的横倾力矩曲线相比较,完全采用计算方法确定上述的稳态风速。艇体的复原力矩应为上风乘坐的一位乘员增加 $294B_H\cos\phi$(N·m)的裕度。风的横倾力矩(N·m)应按下式计算:

$$75v_W{}^2A'_S(h_{CE}+h_{LP})(\cos\phi)^{1.3}$$

式中:

v_W——风速,单位为米每秒(m/s)。

6.6.7 应根据计算风速是否超过表 6 中所列要求值来评定艇的设计类别为 C 类或 D 类。

表6 计算风速的要求值

单位为米每秒

设计类别	C	D
任选项5	13	8
任选项6	11	6

6.6.8 如果艇不能以满帆符合表6的要求,但在缩帆时符合这些要求,则艇可定为设计类别C或D,只要:

——缩起的帆的面积不小于6.6.5规定的A'_S的三分之二;

——在艇主手册中清晰地说明必须缩帆的蒲氏风级;和

——在主操纵位置上显示出图3中所示的警告符号。

6.7 浮性试验

6.7.1 当艇翻转和/或完全进水时,如果处理不当,某些帆艇可能倾覆,应表明:

a) 采用附录D的方法,艇体、附件和设备的浮力容积大于$m_{LDC}/1\ 000(m^3)$,因此确保其能足以支承满载艇的质量。但不包括相应密封在内的空气层(专用的空气舱柜和水密舱室除外)的储备;或者

b) 通过实艇试验验证,当装载至m_{LDC}时,艇不致沉没。

6.7.2 如果在倾覆或灌水下沉后,采用经过舱口或门可进入的舱室来验证具有正浮力,则该舱室的结构应具有1级水密性等级(GB/T 20896),且通道的关闭装置应符合GB/T 19919—2005的2级水密性等级的要求。

应在进入水密舱室的通道开口的关闭装置处两侧清晰地标明:

"水密封闭——在航行中保持关闭"

如果采用浮性器材,则应符合附录E中的各项要求。

6.8 倾覆复原试验

6.8.1 本试验用于验证倾覆的帆艇能否由乘员通过其身体的作用和/或通过专门设计并永久装于艇上的复原装置使复原至正浮状态继续漂浮,并验证所推荐的最小乘员质量足以适合所采用的复原方法。

6.8.2 试验艇中所采用的浮性材料和浮性器材应符合附录E的各项要求。

6.8.3 试验应在静水中进行,艇处于空艇状态,带有处于正常操作位置的未固定设备,及已按附录E中的要求试验过的空气柜、空气瓶或空气囊。

6.8.4 前后帆应升起并固定。

6.8.5 中披水板或抗漂龙骨应放下。

6.8.6 艇应倾覆接近180°或尽可能达到的最大平衡横倾角,且乘员先处于水中一侧。试验水域应有足够的水深,以便艇能充分运动。在以这种方法漂浮至少5 min后,艇不应沉没。

6.8.7 乘员的数量和合计质量应是制造厂推荐的适合于该艇的最小值。

6.8.8 艇应由乘员无需利用海底或借助任何外力予以复原。最多允许进行3次试验,每次试验限于5 min内完成。

6.8.9 艇主手册中应记录下列内容:

——在正常使用时,倾覆的可能性;

——最有效果的复原方法;

——所必需的最小乘员质量,单位为千克(kg)。

注:倾覆的可能性可用下述类似的措词表述:

——"本艇有很好的耐倾覆能力,如果合理操纵,几乎不会倾覆,除非在恶劣情况下";或

——"如果谨慎驾驶，该艇在正常使用中不可能倾覆，只要其帆的面积调节得适合主风的情况，且主帆帆脚索未被系住"；或

——"即使在使用时极其小心并有高超的技能，或在空艇状态时，本艇仍然存在倾覆的可能"。

6.8.10 在艇复原，且质量不小于75 kg的一名人员重新上艇后，艇漂浮时的剩余干舷应能将水泵出或戽出。可选择乘员的纵向位置，以确保为泵出或戽出水所要求的足够的剩余干舷。

6.8.11 无需全部戽出艇内的水，其余乘员（直至乘员限额）重新上艇后，艇应大致为水平浮态，甲板或舷墙的浸水不大于三分之一；时间不小于5 min。

6.8.12 通过上述试验的艇，经制造厂同意应定为设计类别C或D，且应在某一明显的位置永久性地标以图7中所示的警告标志。

a) 警告

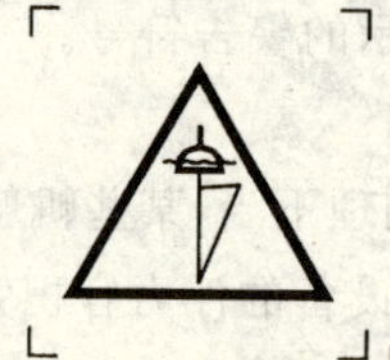

b) 倾覆危险

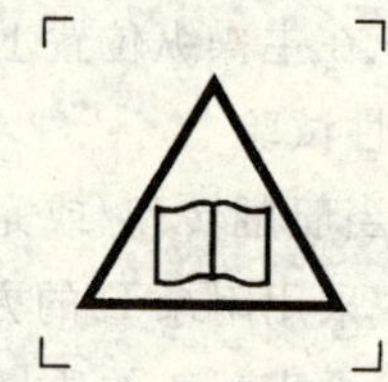

c) 阅读艇主手册

图7 倾覆复原艇的警告标志

7 对双体帆艇和三体帆艇的要求

7.1 适用的要求

艇体长度 $L_H>5B_{CB}$ 的双体帆艇和三体帆艇，帆应符合第6章的要求。所有其他的双体帆艇和三体帆艇应符合下列之一的要求：

a) 7.2～7.7；或

b) 经制造厂同意，艇确实为设计类别C或D时，6.8中所述的倾覆复原试验。

7.2 下沉进水开口

应采用6.2.1的各项要求。

7.3 下沉进水高度

应采用6.2.2的各项要求。

7.4 稳性资料

因为多体帆艇可能倾覆，所以应在艇主手册中提供下列全部项目的内容，见附录F。

a) 对易受损坏的艇，包括在横摇和纵摇时出现倾覆危险的艇的稳性损失，特别在破浪前进时。

b) 考虑到阵风的不利影响，当以最小工作状态在静水中航行时，操帆作业海区的蒲氏风级应降低。若有要求也应提供与满载排水质量有关的附加内容。

这些资料可采用附录G（包括抗阵风的余度）计算或从实艇试航中获取。应说明选用的方法。

如果从实艇试航得到这些资料，则在艇主手册中引用的风力应相当于不大于下列情况时所要求的风速的70%：

1) 将双体帆艇受风一侧艇体抬出水面；或

2) 将三体帆艇主艇体抬出水面，或使背风一侧艇体浸水，取稍早出现的情况。

c) 选择装用与主风强度、相对的风向和海况相适应的帆具。

d) 当航向从顺风转变为横风时，应采取的相应措施。

7.5 警告符号

应在主操纵位置上永久性标以图8和图9所示的警告标志：

a) 警告

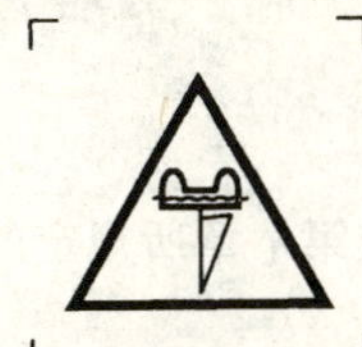

b) 倾覆危险

c) 阅读艇主手册

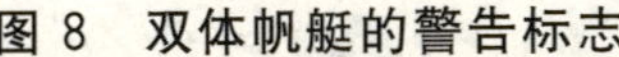

图 8 双体帆艇的警告标志

a) 警告

b) 倾覆危险

c) 阅读艇主手册

图 9 三体帆艇的警告标志

7.6 翻转时的浮性

7.6.1 因为多体帆艇可能倾覆,所以采用附录D通过计算表明当翻转和/或完全进水时,艇体、附件和设备中的浮力容积大于 $(m_{LDC}/850)(m^3)$,则可确保其足以能支承满载艇的质量,且有一定储备。但不包括密封在内的空气夹层(专用的空气舱柜和水密舱室除外)的储备。

7.6.2 如果具有在倾覆时采取的脱险措施,则无论艇处于正浮或倾覆状态,这些措施均不应损害艇的稳性或浮性。

7.6.3 如果在倾覆后,采用经过舱口或门可进入的舱室来验证艇具有正浮力,则该舱室的结构应具有1级水密性等级(见GB/T 20896),且舱口和门应符合GB/T 19919—2005的2级水密性等级的要求。

7.6.4 应在进入水密舱室的通道开口的关闭装置处两侧清晰地标明:

"水密封闭——在航行中保持关闭"。

7.6.5 如果采用浮性器材,应符合附录E中的各项要求。

7.7 碎浪

为对碎浪造成的翻转提供一定程度的保护,多体帆艇尺度系数应大于表7中所列的要求值。

多体帆艇尺度系数 $=1.75 m_{MOC}\sqrt{L_H B_{CB}}$

应根据称重或测量水线和利用型线图进行计算所得的艇体质量求取最小的操作质量(m_{MOC})。

表 7 多体帆艇尺度系数要求值

设计类别	多体帆艇尺度系数要求值		
	$L/B<2.2$	$2.2\leqslant L/B\leqslant 3.2$	$L/B>3.2$
A	$193\ 600/(L/B)^2$	40 000	$313\ 600/(6-L/B)^2$
B	$72\ 600/(L/B)^2$	15 000	$117\ 600/(6-L/B)^2$
C 和 D	不适用	不适用	不适用

注:对于双体帆艇:$L/B=L_H/B_{CB}$。

对于三体帆艇:$L/B=2L_H/B_{CB}$。

8 应用

8.1 确定设计类别

某一特定艇的设计类别应符合第6章或第7章所规定的适用于该艇的所有相关的要求。

8.2 设计类别的含义(见表8)

8.2.1 定为设计类别A的艇是在蒲氏风力不大于10级和相应的波高情况下航行,且在更恶劣的海况下能生存的艇。这些海况可在远程的航线上遇到,例如横渡远洋,或在对风浪无遮蔽时的几百海里的近海。假定风力为28 m/s的狂风。

8.2.2 定为设计类别B的艇是在有义波高不高于4 m和蒲氏风力不大于8级下航行的艇。这些海况可在远距离的近海航行或不可能总是立即得到遮蔽的沿海中遇到。这样的海况也可在出现足够大的波高的内陆海中遇到。假定风力为21 m/s的烈风。

8.2.3 定为设计类别C的艇是在有义波高不高于0.2 m和典型稳态风力不大于蒲氏6级下航行的艇。这些海况可在通海的内陆水域、河口海湾和中等气候条件的沿海水域中遇到。假定风力为17 m/s的大风。

8.2.4 定为设计类别D级的艇是在偶发波高为0.5 m和典型稳态风力不大于蒲氏4级下航行的艇。这些海况可在遮蔽的内陆水域和良好气候的沿海水域中遇到。假定风力为13 m/s的强风。

表8 设计类别定义的汇总

设计类别	A	B	C	D
波高小于或等于	约7 m 有义波高	4 m 有义波高	2 m 有义波高	0.5 m 最大波高
典型蒲氏风级	≤10	≤8	≤6	≤4
计算风速/(m/s)	28	21	17	13

8.2.5 有义波高指三分之一的最大波高的平均高度,由有经验的观察者近似地估计得出。某些波将为此高度的2倍。

附 录 A
（规范性附录）
要求的下沉进水高度的计算方法

除采用图 2 外，也可按下列方法计算所要求的下沉进水高度。在任何情况下均应采用表 A.1 中所列的限值。

表 A.1 要求的下沉进水高度的限值 单位为米

设计类别	A	B	C	D
$h_{D(R)}$ 应不小于	0.5	0.4	0.3	0.2
$h_{D(R)}$ 应不大于	1.41	1.41	0.75	0.4

按下式分别计算每一下沉进水开口所要求的下沉进水高度（$h_{D(R)}$）：

$$h_{D(R)}=H_1\times F_1\times F_2\times F_3\times F_4\times F_5$$

式中：

$H_1=L_H/15$

F_1——开口位置系数（在 0.5 和 1.0 之间变化）。

当下沉进水开口在艇的周边 $F_1=1.0$，例如无甲板开敞式艇，或者在顶边舱上的开口：

$$F_1=(1-x_D/L_H)\text{或}(1-y_D/B_H)\text{，取大者，见图 A.1。}$$

式中：

x_D——下沉进水开口距艇首或艇尾端部的纵向距离（取小者）；

y_D——下沉进水开口距艇的周边的最小横向距离。

F_2——开口尺寸系数（在 0.6 至 1.0 之间变化）。

$$\text{当 } a\geqslant(30L_H)^2, F_2=1.0$$

式中：

a——直至任一下沉进水开口顶端的各开口的合计面积，平方毫米（mm^2）。

$$F_2=1+\frac{x'_D}{L_H}\left[\frac{\sqrt{a}}{75L_H}-0.4\right]\text{，当 } a<(30L_H)^2$$

式中：

x'_D——艇尾的开口至 L_H 前端的纵向距离。

F_3——凹体尺寸系数，它大于 0.7，但决不大于 1.2。

如开口并不是一个凹体，$F_3=1.0$；否则：

如凹体为快速泄水凹体，$F_3=0.7$；

如凹体为非快速泄水凹体，$F_3=(0.7+k0.5)$，

式中：

$$k=V_R/(L_H B_H F_M)$$

式中：

V_R——非快速泄水凹体的容积，单位为立方米（m^3）。

F_4——排水量系数（通常在 0.7 与 1.1 之间变化）。

$$F_4=\left[\frac{10V_D}{L_H B^2}\right]^{1/3}$$

式中：

V_D——满载排水状态下的排水体积，$V_D=m_{LDC}/1\,025$；

B——对单体艇取 B_H 和对双体艇和三体艇取 B_{WL}。

F_5——浮性系数。

采用任选项 3 和 4 的艇(见表 2)，$F_5=0.8$；

对所有其他艇，$F_5=1.0$。

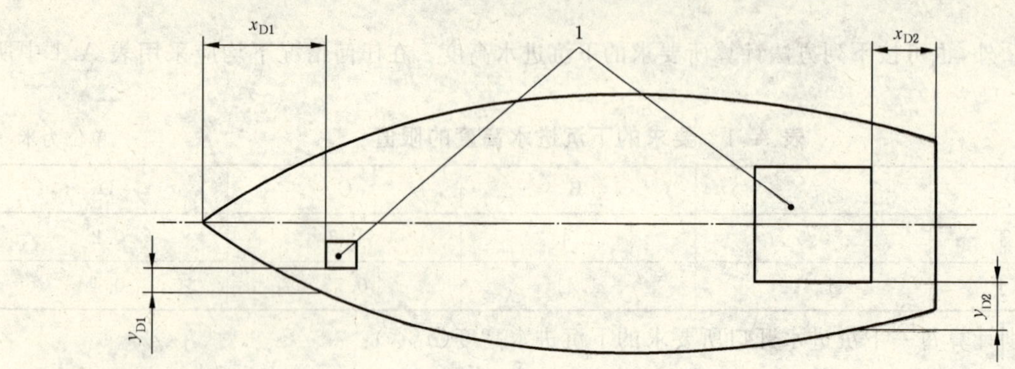

1——下沉进水开口。

图 A.1 x_D 和 y_D 的尺寸

附 录 B
（规范性附录）
下沉进水角的计算方法

B.1 方法的选择

可采用下列任一种方法。

B.2 理论计算

采用由型线图得出的艇体形状，通过计算机计算，最精确地确定下沉进水角。大部分稳性计算的软件包已对如何得出使所规定座标点开始浸水的横倾角作出规定。因此，如果使用计算机软件来确定复原力矩，则可同时获得下沉进水角。

B.3 小于或等于60°的下沉进水角计算的近似方法

可采用下列近似方法估算下沉进水角，但它仅适用于小于约60°的角：

$$\phi_D = \tan^{-1}(z_D / y'_D)$$

ϕ_D＝其正切值为(z_D/y'_D)的角。

式中：

z_D——下沉进水点在水线以上的高度，单位为米(m)；

y'_D——下沉进水点离艇中心线的横向距离，单位为米(m)。

见表B.1和图B.1。

表B.1 下沉进水角计算的近似方法

z_D/y'_D	ϕ_D/(°)	z_D/y'_D	ϕ_D/(°)
0.10	5.7	0.80	38.7
0.15	8.5	0.85	40.4
0.20	11.3	0.90	42.0
0.25	14.0	0.95	43.5
0.30	16.7	1.00	45.0
0.35	19.3	1.05	46.4
0.40	21.8	1.10	47.7
0.45	24.2	1.15	49.0
0.50	26.6	1.20	50.2
0.55	28.8	1.30	52.4
0.60	31.0	1.40	54.5
0.65	33.0	1.50	56.3
0.70	35.0	1.60	58.0
0.75	36.9	1.70	59.5

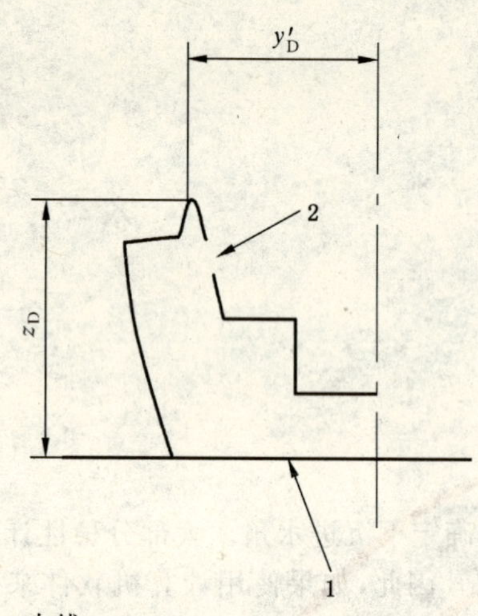

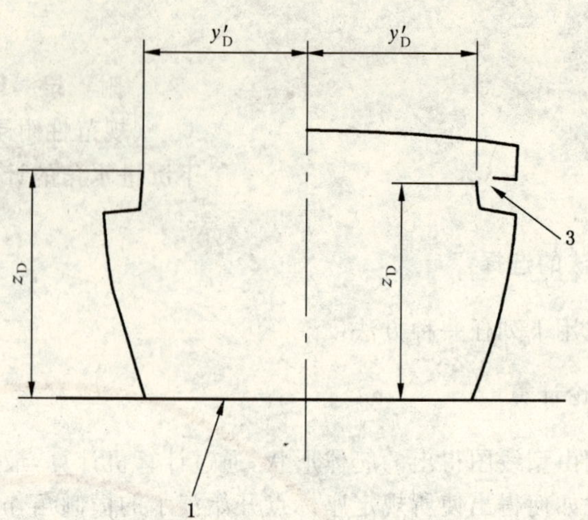

1——水线；

2——由围板保护的下沉进水开口；

3——发动机进气口示例。

图 B.1 下沉进水角计算的近似方法

附　录　C
（规范性附录）
确定复原力臂曲线

C.1　方法

可采用 C.3 中所述的方法来确定复原力臂曲线。采用的质量和重心应与 C.2 中相一致。

C.2　质量和重心

如果在设计阶段采用初估数据，则随后应采用竣工艇的数据来替代这些数据。

C.2.1　质量

采用的质量应采用下列任一种方法来确定：

a)　利用起重机称重器、地秤、载荷传感器或类似的装置直接称重，以换算到相应的排水质量；

b)　利用在一艘处于已知载荷状态浮动的艇上，通过干舷或吃水得出的水线，从型线图和测得的该水域水的密度进行计算，且换算到相应的排水质量；

c)　根据上述 a)或 b)求得的相当类似艇的质量进行计算，加上仅通过计算确定的已改变的质量。

方法 c)应仅在空艇状态的质量变化小于 10%的情况下采用。

C.2.2　重心垂向位置

可采用下列任一种方法来确定重心的垂向位置(VCG)：

——在水中进行倾斜试验(见 3.6.6)将验结果修正到相应的排水量状态；

——采用已知悬挂长度和横向移动的重物在大气中进行倾斜试验(如同在水中试验一样)，将试验结果修正到相应的排水量状态；

——根据各个部件的计算质量和重心进行计算，再提高(F_M+T_C)5%。

在求解 VCG 时，任何中披水板或抗漂龙骨应处在收起的位置上，除非其能固定在较低的位置上，并在艇主手册中作适当的说明。

对于稳心高度大于 5.0 m 的艇，不应使用方法 a)，因为对于这种艇在水中进行的倾斜试验可能出现明显的误差。

对于稳心高度小于 1.5 m 的艇，不应使用方法 c)，因为可能出现明显的误差，但是这种方法可用来进行预评估。

就确定复原力臂曲线而言：

a)　对于计算最小操作状态：全体乘员的质量应定位在主操纵位置上；

b)　对于计算满载排水量状态：

——燃料和水应放在固定的舱内；

——备品应贮存在相应的部位；

——附加乘员(乘员定额小于 m_{MOC} 所要求值时)的质量应加到 $L_H/2$ 处的舷弧高度上。

C.2.3　重心纵向位置

可采用下列任一种方法来求得重心的纵向位置(LCG)：

a)　C.2.1 中的方法 b)或 c)；

b)　根据各个部件的计算质量和重心进行计算；

c)　把艇悬挂在大气中，从悬挂点采用铅垂线鉴别 LCG。

C.3　通过精确计算确定

C.3.1　处于静水中艇的复原力臂曲线，采用正确地计及艇在横倾时发生的升沉和纵倾时变化的特定软件，通过计算机计算，最精确地予以确定。应使用从倾斜试验中得到的重心垂向位置(VCG)，除非该艇具有特别高的初稳性，此时仔细计算 VCG 将更精确。重心纵向位置(LCG)应通过从倾斜试验获得的浮心纵向位置的计算求取。

C.3.2 在对水密艇体、尾舱、凹体、首侧推管隧和所有对浮力有作用的附体进行定义时，应正确地予以说明。通常在每一横倾角时，假定这些凹体浸水直至与舷外水位持平的情况下以模拟的凹体计算复原力臂曲线。但是，直至凹体将另行进水(例如围板浸水)的横倾角时，复原力矩可通过而忽略凹体浸水的下列任一方法进行计算：

——用长度为 0.5 m 或以上的管子排水；或

——装有符合 GB/T 19919—2005 的 3 级水密封非止回阀瓣的排水口。

C.3.3 在计算中可包括上层建筑和甲板室的浮力，但是该结构(包括窗)应具有符合 GB/T 19919—2005 要求的水密性等级和足够的结构强度，使艇在横摇至 90°横倾角时仍保持生存状态。

C.3.4 如果有要求，在计算复原力矩时可包括桅杆和静索(但不包括吊杆、斜桁或动索)的浮力。在这种情况下，仅包括其浮力容积，即不包括自由进水或非水密桅杆的内部容积。桅杆质量的影响已在倾斜试验结果中予以反映。

附 录 D
(规范性附录)
翻转或进水后储备浮力的计算方法

D.1 引言

D.2 提出符合 6.7 和 7.6 浮性要求的计算方法。用于表示当进水或翻转的艇完全浸没于水中时由艇体结构、附件和浮性器材所提供的浮力超过了用于支持满载排水量所要求的值,并有规定的裕度。

D.2 方法

D.2.1 根据各种不同材料的质量和密度,采用下式计算艇的各种不同器材的体积:

$$V=m/\rho$$

式中:

V——器材的体积,单位为立方米^3(m^3);

m——该器材的质量,单位为千克(kg);

ρ——该器材的密度,单位为千克每立方米(kg/m^3)。

D.2.2 通过将下列各项的体积相加计算艇的总浮力体积 V_B:

——艇体结构(见表 D.1);

——发动机和其他附件及设备(见表 D.1);

——固定式燃油舱、水舱或其他液体贮藏舱的总体积;和

——符合附录 E 各项要求的空气柜或空气瓶的总体积。

不应包括密封在内的空气层,或乘员、桅杆、帆和索具的储备。

D.2.3 结果应为:

对于 6.3.2 b)和 7.6 的要求,$V_B>(m_{LDC}/850)$;

对于 6.7 的要求,$V_B>(m_{LDC}/1\,000)$。

式中:

V_B——D.2.2 计算的艇的总浮力体积,单位为立方米(m^3)。

D.3 材料密度

在计算部件体积时应采用表 D.1 中的密度。

表 D.1 材料密度 单位为千克每立方米

材 料	密 度	材 料	密 度
铅	11 400	各种设备	2 000
青铜	8 900	食物和其他贮存品	2 000
黄铜(65/35)	8 450	堆置的帆和索具	1 200
钢	7 800	窗玻璃	2 500
铸铁	7 300	窗塑料	1 200
铝合金	2 700	柴油机	5 000
玻璃纤维增强材料层合板	1 500	汽油机	4 000
浮性泡沫材料	40	舷外机	3 000
结构泡沫材料	80	帆驱动支架	3 000
轻木芯材	150	艉机驱动支架	3 000
橡木	770	胶合板	600
柚木	640	红洋杉	370
桃花心木	550	云杉	430

附 录 E
（规范性附录）
浮性材料和器材

E.1 要求

第3章中所定义的浮性器材应符合表E.1中的各项要求。其他类型的浮性器材应遵照相同的原则来评定。

艇上那些主要不是用来提供浮力,但或多或少具有浮性的材料和部件无需符合本附录中的要求。

表E.1 对浮性器材的要求

性 能	空气柜	空气瓶	充气囊	低密度材料
气密性	RT	RT	R	—
坚固性和防护性	R	R	R	R
泄水性	R	R	—	—
耐阳光或防阳光照射	—	R	R	R
设置一个充气点	—	—	R	—
耐温－40℃～60℃	—	—	—	R
吸水率最大为8%(以体积计)	—	—	—	R
可靠地固定	—	R	R	R
密封性或耐各种溶液	—		R	R
标签:“不得戳破——空气柜/瓶/囊”	R	R	R	—

注1:R表示要求该特性,但制造厂不必作专项试验。

注2:RT表示要求该特性,且需由制造厂进行试验。

E.2 试验

在按ISO 2896:2001要求浸水8 d后,低密度材料的吸水率(以体积计)应不大于8%。对符合IMO的MSC.81(70)决议的材料,应认为其符合此要求。

如果采用空气柜或空气瓶,则其应经受在初始超压时进行的压力试验,且在30s内的压力降的许可值如表E.2中所示。

表E.2 试验压力

状态	增强压力试验	基本压力试验
要求视作无效的舱室	无要求	如表E.3中所述
初始超压	2.5 kPa(250 mm水柱)	1.25 kPa(125 mm水柱)
在30 s内的最大压力降	1.0 kPa(100 mm水柱)	0.75 kPa(75 mm水柱)

如果假定所有的空气舱室和空气瓶罐在对进水的艇提供浮力时都完全有效,则应采用增强压力试验。

如果假定部分的空气舱室和空气瓶罐对进水的艇提供浮力时不可能完全有效,则应采用基本压力试验。如果采用基本压力试验,则表E.3中规定了在浮力计算或浮性试验中无效的舱室数。

表 E.3 认为是无效的空气舱室数

空气舱室或空气瓶罐总数	认为是无效的数量
≤4	最多 1 个
>4～8	最多 2 个
>8	最多 3 个

对于采用表 2 的任选项 3、4 或 7 进行评定的艇，在试验期间可以临时密封空气舱室中设计用于大气温度变化而释放空气压力的呼吸孔，只要在按 6.5 或 6.8 进行试验期间，其位置不会改变舱室的有效性。

附 录 F
(规范性附录)
艇主手册的内容

F.1 一般内容

在 GB/T 19917 中所规定的艇主手册,应包括以下与设计类别相关的稳性内容。

已用于评定稳性和浮性的最大总载荷,包括:

——制造厂推荐的最大载荷……………………kg;

——装至固定式舱柜最大容量的燃油、淡水或其他液体……………………kg;

——最大总载荷……………………kg。

评定艇的稳性时假定:

——空艇状态下艇的质量……………………kg;

——舷外机的最大推荐质量……………………kg;

——所有标准配置设备已在艇上。

F.2 特定内容

如果适用,应在艇主手册中包括以下内容:

a) 重要的:每当该艇为漂浮时,位于……的压载水舱拟完全充满压载水(如果适用)。

b) 重要的:本艇仅拟在中披水板或抗漂龙骨锁定在较低位置时航行(如稳性仅在此条件下进行评定,见 6.5.2,6.6.2 和 C.2.2)。

c) 位于……的压载水舱可以注入不同数量的液体以适应航行状态。当使用这些压载时,仅要求该艇符合(比对称压载状态时指定者低一级的)设计类别的各项要求(如果适用)。

d) 可移式固体压载的位置可变动,以适应航行状态,当使用这些压载时,仅要求该艇符合(比对称压载状态时指定者低一级的)设计类别的各项要求(如果适用)。

e) 该艇已通过采用稳性指数(STIX)的评定。该指数是衡量稳性安全的综合指标,它计及艇的长度、排水量、艇体性能,稳性和抗沉性等方面的影响,该评定已得出下列数据:

	最小操作状态	满载排水状态(如果适用)
稳性指数	……	……
稳性消失角(°)		……

f) 本艇业经评定,确定在灌水下沉后仍能支承所有乘员(当满足 6.7 或 7.6 的各项要求时)。

g) 以下开口标示"水密封闭——在航行中保持关闭",且应注意遵照此警告:(插入有关开口位置的明细表)(当按 6.1.1,6.3.2,6.7.2 或 7.6.4 有要求时应插入文字)。

h) 本帆艇在倾覆后拟由乘员完成复原。所需最小乘员质量为……kg,且推荐采用以下复原方法(插入适当方法)。在正常环境条件下使用时,该艇倾覆的可能性为……(采用 6.8)。

i) 如果进行超过限值的航行,该艇可能灌水下沉或倾覆,如果发生这种情况,它可能沉没。如果平均风力超过蒲氏……级,则应减小正在工作的帆的面积。应特别注意阵风状态(采用表 2 任选项 5)。

j) 如果进行超过限值的航行,该艇可能灌水下沉或倾覆,如果发生这种情况,应努力使其不沉没。如果平均风力超过蒲氏……级,则应减小正在工作的帆的面积。应特别注意阵风状态(采用表 2 任选项 6)。

k) 如果进行超过限值的航行,该艇可能倾覆和保持翻转状态。如果发生这种情况,应努力使其不沉没。如果平均风力超过蒲氏 ______ 级,则应减小正在工作的帆的面积。其他稳性危险为 ______ (见 7.4 和插入适用内容)(采用 6.3.2 或第 7 章)。

注:如果采用 6.3.2 或第 7 章来评定艇,则应提供类似于表 F.1 的表格。

表 F.1 采用 6.3.2 的双体艇、三体艇和单体艇的稳性数据

<table>
<tr><td colspan="3">稳性数据

艇名:__________
制表者:__________
日期:__________
采用的方法:计算/试航(删除不适用的项目)
最小操作质量=______kg=______t
满载排水质量=______kg=______t</td></tr>
<tr><td rowspan="2">帆 装 置</td><td colspan="2">对于每种帆具组合建议的最大蒲氏风力</td></tr>
<tr><td>最小操作状态</td><td>满载排水状态(任选)</td></tr>
<tr><td>主帆+一般天气使用的艇首三角帆
主帆+正在迎风工作的艇首三角帆
主帆+正在工作的艇首三角帆
主帆上的第一缩帆+小的首三角帆
主帆上的第二缩帆+小的首三角帆
主帆上的第三缩帆+风暴中使用的首三角帆
小的首三角帆
风暴中使用的首三角帆</td><td></td><td></td></tr>
<tr><td colspan="3">注意:以上所列帆具组合可随艇的索具相应变化。经制造者同意,下列的注可以变化。
注 1:如果进行远程航行,该艇可能倾覆,但如果发生这种情况,不认为是沉没。
注 2:上表所列风力包括对阵风影响的余度。
在暴风或波涛汹涌或碎浪时,应采取附加措施。
注 3:在猛烈的阵风时 放开帆脚索
如果迎风航行时 使艇首迎风
如果顶着正横的风航行时 放开帆脚索
如果风是从艇尾部船舷吹来 改变航线顺风航行
注 4:当从顺风转到横风时,应特别注意,因为表观的风速和横倾的影响都会增大。不应迅速进行转变,在这一机动操纵前,应考虑减小帆面积。</td></tr>
</table>

附 录 G
（资料性附录）
确定风的横倾数据

G.1 方法

根据7.4的要求，本附录描述了可用于计算包括在艇主手册中风速数据的方法。

按附录C确定最小操作质量及相应的重心位置。如果有要求，也可采用满载排水质量进行计算。

按照G.2的要求，采用精确或近似方法，计算双体帆艇复原力矩的限值，但对于三体帆艇只能采用精确的方法。

——如果$(L_H+L_{WL})\geqslant 4B_{CB}$则仅考虑在横摇中的横摇力矩限值$(LM_R)$；

——如果$(L_H+L_{WL})<4B_{CB}$则应计算横摇力矩限值(LM_R)和纵摇力矩限值(LM_P)。

对于每组帆具和载荷状态的组合找出风速的限值，因此艇主手册中与稳性内容有关的蒲氏风力如下所述。若要求考虑横摇和纵摇，则选用LM_R和LM_P中之小者，

$$v_W=1.6\sqrt{\frac{LM_R}{A'_S(h_{CE}+h_{LP})}}$$

或 $$v_W=1.6\sqrt{\frac{LM_R}{A'_S(h_{CE}+h_{LP})}}$$

式中：

v_W——风速，单位为节(kn)；

$h_{CE}+h_{LP}$——艇处于正浮状态，中披水板或中插板已放下时，A'_S面积的型心至艇体水下部分剖面积型心之间的高度，单位为(m)；

A'_S——对于所考虑的特种帆具组合，帆和桅杆的侧投影面积，单位为平方米(m^2)。

G.2 复原力矩的限值

G.2.1 横摇

在任何横摇角时的极限力矩(LM_R)是最大的复原力矩(N·m)。这可按C.3精确地求得，或对于$B_{CB}>6T_C$的双体帆艇，可近似地按下式求得：

$$LM_R=9.4m(0.5B_{CB}\cos\phi_{GZmax}-VCG\sin\phi_{GZmax})$$

式中：

m——艇的质量，单位为千克(kg)；

VCG——取单底艇底部以上的高度，单位为米(m)，或保守地取在L_{WL}中点的甲板与顶边舱交点处的高度；

ϕ_{GZmax}——估算的最大复原力臂时的横倾角，单位为度(°)，$\phi_{GZmax}=\tan^{-1}\left[\frac{m}{254L_{WL}B_{WL}B_{CB}}\right]$。

G.2.2 纵摇

纵摇的复原力矩限值(LM_P)由艏部下沉的纵倾角（取自设计纵倾）确定，该角度为下列角度中的最小者：

——出现最大纵摇复原力矩时的角度；

——前甲板开始浸水时的角度；

——10°。

LM_P(N·m)可按C.3精确地求得，或对于双体帆艇，可近似地按下式求得：

$$LM_P = 2.45 m A_W / B_{WL}$$

式中：

m——艇的质量，单位为千克(kg)；

A_W——在设计水线处所有艇体水线面总面积，单位为平方米(m^2)。

附 录 H
（资料性附录）
要求的汇总

根据稳性和浮性确定设计类别，艇符合6.1或7.1中的所有要求，这些要求分别汇总于表H.1和表H.2中。

表H.1 对单体艇要求的汇总

	任选项编号	1		2		3	
	设计类别	A	B	C	D	C	D
甲板或敷层设置	任何量值	—	—	√	√	√	√
	全甲板 （见3.1.8）	√	√	—	—	—	—
下沉进水开口（见6.2.1）		√	√	√	√	√	√
要求的下沉进水高度 （采用图表）	应不小于	0.5	0.4	0.3	0.2	0.3	0.2
	应不小于	$L_H/17$	$L_H/17$	$L_H/17$	$L_H/17$	$L_H/17$	$L_H/17$
	不必大于	1.41	1.41	0.75	0.4	0.75	0.4
下沉进水高度 （采用附录A）	应不小于	0.5	0.4	0.3	0.2	0.3	0.2
	不必大于	1.41	1.41	0.75	0.4	0.75	0.4
下沉进水角	ϕ_{DA}应大于	40°	40°	35°	30°		
稳性消失角（6.3.1）	ϕ_V 应大于 另外 ϕ_V 应大于 和 M[a] 大于	$(130-2M)$[a] 100° 3.0	$(130-5M)$[a] 95° 1.5	—	—	—	—
稳性消失角（6.3.2）	ϕ_V 应大于 和浮性 V_B 大于 及稳性资料	90° $m_{LDC}/850$ 按7.4	75° $m_{LDC}/850$ 按7.4	—	—	—	—
稳性指数（6.4）	STIX 应大于	32	23	14	5		
撞倒复原试验（6.5）		—	—	—	—	√	√
抗风试验（6.6）		—	—	—	—		
浮性试验（6.7）		—	—	—	—		
倾覆复原试验（6.8）		—	—	—	—		

a $M=m/1\,000$。

表 H.1(续)

	任选项编号	4	5		6		7
	设计类别	C 和 D	C	D	C	D	C 和 D
甲板或敷层设置	任何量值	√	√	√	√	√	√
	全甲板(见 3.1.8)						
下沉进水开口(见 6.2.1)		√	√	√	√	√	—
要求的下沉进水高度(采用图表)	应不小于	—	0.3	0.2	—	—	—
	应不小于	—	$L_H/17$	$L_H/17$	—	—	—
	不必大于	—	0.75	0.4	—	—	—
下沉进水高度(采用附录 A)	应不小于	—	0.3	0.2	—	—	—
	不必大于	—	0.75	0.4	—	—	—
下沉进水角	ϕ_{DA} 应大于	—	—	—	—	—	—
稳性消失角(6.3.1)	ϕ_V 应大于	—	—	—	—	—	—
稳性指数(6.4)	STIX 应大于	—	—	—	—	—	—
撞击复原试验(6.5)		√	—	—	—	—	—
抗风试验(6.6)		—	$v_{AW}>13$	$v_{AW}>8$	$v_{AW}>11$	$v_{AW}>6$	—
浮性要求(6.7)		$m_{LDC}/1\,000$	—	—	$m_{LDC}/1\,000$	$m_{LDC}/1\,000$	—
倾覆复原试验(6.8)		—	—	—	—	—	√

表 H.2 对双体艇和三体艇要求的汇总

配置情况或要求	设计类别	A	B	C	D
甲板或敷层设置	任何量值	—	—	√	√
	全甲板(见 3.1.8)	√	√	—	—
下沉进水开口(见 6.2.1)		√	√	√	√
要求的下沉进水高度(采用图表)	应不小于	0.5	0.4	0.3	0.2
	应不小于	$L_H/17$	$L_H/17$	$L_H/17$	$L_H/17$
	不必大于	1.41	1.41	0.75	0.4
下沉进水高度(采用附录 A)	应不小于	0.5	0.4	0.3	0.2
	不必大于	1.41	1.41	0.75	0.4
稳性资料(见 7.4)		按 7.4 的要求			
翻转时浮性(见 7.6)		浮力体积 $V_B > m_{LDC}/850$(m^3)			
碎浪(见 7.7) 尺寸系数$=1.75m_{MSC}\sqrt{L_H B_{CB}}$ 应大于对应表示的数值,式中: $L/B=L_H/B_{CB}$,适用于双体艇; $L/B=2L_H/B_{CB}$,适用于三体艇	如果 $L/B<2.2$	$\frac{193\ 000}{(L/B)^2}$	$\frac{72\ 600}{(L/B)^2}$	0	0
	如果 $2.2<L/B\leqslant 3.2$	40 000	15 000	0	0
	如果 $L/B>3.2$	$\frac{313\ 600}{(6-L/B)^2}$	$\frac{117\ 600}{(6-L/B)^2}$	0	0

附 录 I
（资料性附录）
计算表格

提供下列计算表格，以有助于按 GB/T 20895 的本部分对艇进行系统的评定。

艇体长度不小于 6 m 的帆艇

计算表格 1

设计：

拟定的设计类别：	单体艇/多体艇：			
项 目	符 号	单 位	数 值	参 见
按 GB/T 19916—2005 定义的艇体长度	L_H	m		3.4.1
质量：				
最大总载荷：				3.5.4
要求的乘员限额	CL	—		3.6.3
质量包括：				
要求的乘员限额，每人以 75kg 计		kg		
供应品＋私人物品		kg		
淡水		kg		
燃油		kg		
艇上所载其他液体		kg		
备品、备件和货物（如有）		kg		
不在基本舾装件之列的选配的设备和附件		kg		
充气式救生筏		kg		
艇上所载其他小艇		kg		
为未来添加的余度		kg		
最大总载荷＝以上质量的总和	m_{MTL}	kg		3.5.4
空艇状态质量	m_{LCC}	kg		3.5.1
满载排水量＝ $m_{LCC}+m_{MTL}$	m_{LDC}	kg		3.5.6
质量包括：				
按 3.5.2 要求的最小乘员数		kg		3.5.2
重要安全设备的质量[不小于$(L_H-2.5)^2$]		kg		3.5.2
艇上通常携载的非消耗品和设备		kg		3.5.2
在艇主手册中已注明，每当该艇漂浮时，在这些的液舱内		kg		3.5.2
的压载水	m_L	kg		3.5.2
充气式救生筏		kg		3.5.2
最小工作状态时所包括的载荷	m_L	kg		3.5.2
空艇状态质量	m_{LCC}	kg		3.5.1
最小操作状态时的质量＝$m_{LCC}+m_L$	m_{LDC}	kg		3.5.3
艇是帆艇或非帆艇？				3.1.2
标称的帆面积	A_S	m^2		3.4.8
帆面积/排水量的比值＝$A_S/(m_{LDC})^{2/3}$		—		3.1.2
归类于（非帆艇，如果 $A_S/(m_{LDC})^{2/3}<0.07$）	帆艇/非帆艇			3.1.2
注意：若为帆艇，则继续使用这些表格，若为非帆艇，则采用 GB/T 20895.1				
转到计算表格 2				

计算表格 2 应进行的试验

问 题			答案	参见
艇为全甲板吗？ (参见条款中的定义)		是/否		3.1.8
艇是双体艇还是三体艇？		是/否		3.1.3 和 3.1.4
如果不是，从任选项 1～7 中选择。如果是，那么：				
艇体长度	L_H	m		3.4.1
边艇体浮心之间的宽度	B_{CB}	m		3.4.5
$L_H/B_{CB}>5$ 吗？		是/否		7.1
如果是，将艇按单体艇处理，并在任选项 1 至 7 中选择。如果不是，则采用任选项 8				
最小工作状态的质量		m_{MOC}	kg	3.5.3
满载排水状态的质量		m_{LDC}	kg	3.5.6
注：如果 $m_{LDC}/m_{MOC}>1.15$，以下注有 * 的所有的表格均必须对于这两种状态进行填写。				

选择下列任选项中的任一项，且采用该任选项指定的计算表格。

		所有艇，但 $L_H/B_{CB}\leqslant5$ 的双体艇和三体艇除外						双体艇/三体艇	
任选项		1	2	3	4	5	6	7	8
可能的设计类别		A+B	C+D	C+D	C+D	C+D	C+D	C+D	A—D
甲板或敷层设置		全甲板	任何量值	任何量值	任何量值	任何量值	任何量值	任何量值	任何量值
下沉进水开口		3	3	3	3	3	3	—	3
下沉进水角		3 *	3 *	—	—	—	—	—	—
下沉进水高度试验	所有艇	3	3	3	—	3	—	—	—
	详细方法	4	4	4	—	4	—	—	—
稳性指数		5 *	5 *	—	—	—	—	—	—
稳性消失角		6 *	6 *	—	—	—	—	—	—
撞倒复原试验		—	—	7	7	—	—	—	—
抗风试验		—	—	—	—	8	8	—	—
浮性试验		—	—	—	9	—	9	—	9
倾覆复原试验		—	—	—	—	—	—	10	—
多体艇尺度系数		—	—	—	—	—	—	—	11
稳性资料		—	—	—	—	—	—	—	12
总结		13 *	13 *	13	13	13	13	13	13

选定的任选项	

凹体的限值(仅对任选项 1)：

项 目	符号	单位	数值	参见
所有凹体的水平投影面积	A_R	m^2		6.1.5
$L_H/2$ 前的所有凹体的水平投影面积	A_{RF}	m^2		6.1.5
凹体的水平投影面积之和与长度×宽度之比值	$A_R/(L_H B_H)$	—		6.1.5
可能的设计类别(如果小于 0.2 则为 A，如果小于 0.3 则为 B)				6.1.5
前部的凹体的水平投影面积与长度×宽度之比值	$A_{RF}/(L_H B_H)$	—		6.1.5
可能的设计类别(如果小于 0.1 则为 A，如果小于 0.15 则为 B)				6.1.5

计算表格 3　下沉进水

下沉进水开口：

问　题	答案	参见
所有相应的下沉进水开口均已验证了吗?　是/否		6.2.1.1
所有关闭装置均符合 GB/T 19919—2005 的要求吗?　是/否		6.2.1.2
水线以上的 0.2 m 以下未装设开口型装置(除非其符合 ISO 9093 或 ISO 9094 的要求)? 是/否		6.2.1.3
所有开口均设关闭装置吗?(除用于通风或发动机的点燃者外)　是/否		6.2.1.5
可能的设计类别：如果所有问题答案都为"是"，则为 A 或 B；如果前三个问题答案都为"是"，则为 C 或 D		6.2.1

下沉进水角：

项　目	符号	单位	数值	参见
要求值：				6.2.3
设计类别 A 和 B 时 40°，设计类别 C 时 35°，设计类别 D 时 30°	$\phi_{D(R)}$	(°)		表 3
实际下沉进水角：任何开口　在 m_{MOC} 时	ϕ_{DA}	(°)		3.3.2
如果 $m_{LDC}/m_{MOC}>1.15$，则　也在 m_{LDC} 时	ϕ_{DA}	(°)		3.3.2
确定 ϕ_{DA} 所采用的方法：				附录 B
根据下沉进水角 ϕ_{DA} 确定的可能的设计类别				6.2.3
非快速泄水尾舱的实际下沉进水角	ϕ_{DC}	(°)		3.3.2
主通道舱口的实际下沉进水角	ϕ_{DH}	(°)		3.3.2

下沉进水高度：

要　求			基本要求	小开口的缩减值
适用于			任选项 1～6 和任选项 8	任选项 1～6 和任选项 8 但仅在采用图表时
参见			6.2.2.2 a)	6.2.2.2 b)
从图 2 或附录 A 求得?				=基准值×0.75
各小开口的最大面积($50L_H^2$)(mm^2)=				
要求的下沉进水高度 $h_{D(R)}$/m	图 2/附录 A	设计类别 A		
	图 2/附录 A	设计类别 B		
	图 2/附录 A	设计类别 C		
	图 2/附录 A	设计类别 D		
实际的下沉进水高度 h_D，参见 6.2.2.1				
可能的设计类别				
根据下沉进水高度确定的可能的设计类别=以上的最低的类别				

计算表格 4 下沉进水高度

采用附录 A 计算，假定使用任选项。

项目	符号	单位	开口 1	开口 2	开口 3	开口 4
开口的位置：						
至艇首/艇尾最小的纵向距离	x	m				
至舷边的最小的横向距离	y	m				
$F_1=(1-x/L_H)$或$(1-y/B_H)$(取大者)	F_1	—				
开口的尺寸：						
位于任何下沉进水开口顶部的开口的合计面积	a	mm^2				
开口至艇前端的纵向距离	x'_D	m				
$a=(30L_H)^2$ 时限值		mm^2				
如果 $a \geqslant (30L_H)^2$，$F_2=1.0$； 如果 $a<(30L_H)^2$，$F_2=1+\frac{x'_D}{L_H}\left[\frac{\sqrt{a}}{75L_H}-0.4\right]$	F_2	—				
凹体的尺寸：						
按 GB/T 20896 并非自泄水的凹体的容积	V_R	m^3				
舯部干舷(见 3.4.6)	F_M	m				
$k=V_R/(L_H B_H F_M)$	k	—				
如果开口不是凹体，$F_3=1.0$； 如果开口是快速泄水的，$F_3=0.7$； 如果开口不是快速泄水的，$F_3=(0.7+k^{0.5})$	F_3	—				
排水量：						
满载排水体积(见 3.5.7)	V_D	m^3				
对单体艇，$B=B_H$；对多体艇，$B=B_{WL}$	B	m				
$F_4=[(10V_D)/(L_H \cdot B^2)]^{1/3}$	F_4	—				
浮性：						
对采用任选项 3 或 4 的艇，$F_5=0.8$； 对所有其他艇，$F_5=10$	F_5	—				
所要求的计算高度$=F_1F_2F_3F_4F_5L_H/15$	$h_{D(R)}$	m				
具有所采用限值要求的下沉进水高度(见附录 A，表 A.1)：设计类别 A	$h_{D(R)}$	m				
设计类别 B	$h_{D(R)}$	m				
设计类别 C	$h_{D(R)}$	m				
设计类别 D	$h_{D(R)}$	m				
测得的下沉进水高度：	h_D	m				
可能的设计类别：						
以上的最低类别为：						

计算表格 5 稳性指数

稳性指数(STIX)：　　　　　　　　　　　　　　　　仅当 $m_{LDC}/m_{MOC}>1.15$ 时填写 m_{LDC} 栏

参数	项目	符号	单位	在 m_{MOC}	在 m_{LDC}	参见
FDS (6.4.2)	ϕ_V 或 ϕ_D 的复原力臂曲线下正面积(见正文)	A_{GZ}	m·(°)			6.4.2
	艇体长度	L_H	m			3.4.1
	计算用的系数 $A_{GZ}/(15.81L_H{}^{0.5})$	FDS	—			6.4.2
	FDS 限制在 0.5 至 1.5 范围内	FDS	—			6.4.2
FIR (6.4.3)	稳性消失角	ϕ_V	(°)			3.4.10
	如果 $m<40\,000$，则 $\mathrm{FIR}=\phi_V/(125-m/1\,600)$ 如果 $m\geqslant 40\,000$，则 $\mathrm{FIR}=\phi_V/100$	FIR	—			6.4.3
	FIR 限制在 0.4 至 1.5 范围内	FIR	—			6.4.3
FKR (6.4.4)	横倾角为 90°时的扶正力臂	GZ_{90}	m			6.4.4
	标称的帆面积(见 GB/T 19916—2005)	A_S	m^2			3.4.8
	A_S 的型心在水线以上的高度	H_{CE}	m			6.4.4
	计算 $F_R=(GZ_{90}m)/(2A_Sh_{CE})$	F_R	—			
	如果 $F_R\geqslant 1.5$，则 $\mathrm{FKR}=(0.875+0.083\,3F_R)$	FKR	—			6.4.4
	如果 $F_R<1.5$ 则 $\mathrm{FKR}=(0.5+0.333F_R)$； 如果 $GZ_{90}<0$，则 FKR=0.5					
	FKR 限制在 0.5 至 1.5 范围内	FKR	—			6.4.4
FDL (6.4.5)	水线长	L_{WL}	m			3.4.2
	基准长 $L_{BS}=(2L_{EL}+L_H)/3$	L_{BS}	m			6.4.5
	计算 $F_L=(L_{BS}/11)^{0.2}$	F_L	—			6.4.5
	计算 $\mathrm{FDL}=\left\{0.6+\left[\frac{1.5m\cdot F_L}{L_{BS}{}^3(333-8L_{BS})}\right]\right\}^{0.5}$	FDL	—			6.4.5
	FDL 限制在 0.75 至 1.25 范围内	FDL	—			6.4.5
FBD (6.4.6)	艇体宽度	B_H	m			3.4.3
	水线宽度	B_{WL}	m			3.4.4
	计算 $F_B=3.3B_H/(0.03m)^{1/3}$	F_B	—			6.4.6
	如果 $F_B>2.20$，则 $\mathrm{FBD}=[13.31B_{WL}/(B_HF_B{}^3)]^{0.5}$； 如果 $F_B<1.45$，则 $\mathrm{FBD}=[B_{WL}F_B{}^2/(1.682B_H)]^{0.5}$； 其他情况 $\mathrm{FBD}=1.118(B_{WL}/B_H)^{0.5}$	FBD	—			6.4.6
	FBD 限制在 0.75 至 1.25 范围内	FBD	—			6.4.6
FWM (6.4.7)	下沉进水角＝ϕ_{DC} 和 ϕ_{DH} 中之小者	ϕ_D	°			3.3.2
	如果 $\phi_D\geqslant 90°$(见计算表格 3)，则 FWM=1.0； 如果 ϕ_D 小于 90°，那么：					
	在下沉进水角度时的复原力臂	GZ_D	m			6.4.7
	艇体水下部分横向侧投影面积型心至帆面积型心的距离	$h_{CE}+h_{LP}$	m			6.4.7
	出现严重浸水的计算风速＝ $\{13mGZ_D/[A_S(h_{CE}+h_{LP})\mid \mathrm{COD}\mid^{1.3}]\}^{0.5}$	v_{AW}	m/s			6.4.7
	如果 $\phi_D<90°$　则 $\mathrm{FWM}=v_{AM}/17$； 如果 $\phi_D\geqslant 90°$　则 FWM=1.0	FWM				6.4.7
	FWM 限制在 0.5 至 1.0 范围内	FWM	—			6.4.7

计算表格 5(续)

仅当 $m_{LDC}/m_{MOC}>1.15$ 时填写 m_{LDC} 栏

参数	项　目	符号	单位	在 m_{MOC} 时	在 m_{LDC} 时	参见
FDF (6.4.8)	非快速泄水尾舱的下沉进水角	ϕ_{DC}	(°)			3.3.2
	主通道舱口的下沉进水角	ϕ_{DH}	(°)			3.3.2
	查找 $\phi_{DAI}=(50L_H^2)$ 时各种开口的总面积	mm²				6.4.8
	直至上述面积被浸没时的下沉进水角	ϕ_{DAI}	(°)			6.4.8
	上述三个角度中的最小者	ϕ_{DC}	(°)			6.4.8
	则 $FDF=\phi_D/90$					6.4.8
	FDF 限制在 0.5 至 1.25 范围内	FDF	—			6.4.8

注：每一参数最终选用的值是有阴影方框内的数字。

计算表格 6　稳性指标和稳性消失

计算稳性指数和评定设计类别：

项　目	符号	单位	在 m_{MOC} 时	在 m_{LDC} 时	参见
艇按 7.6 要求漂浮和当浸水时 $GZ_{90}>$吗？　是/否？					6.4.9
如果对上述问题的答案为“是”，则 $\delta=5$；如果为“否”，则 $\delta=0$	δ	—			6.4.9
基准长度 L_{BS}(摘自表格 5)$=(2L_{WL}+L_H)/3$	L_{BS}	m			6.4.9
所有 7 项参数的乘积 FDS×FIR×FKR×FDL×FBD×FWM×FDF=	F	—			6.4.9
$STIX=[F^{0.5}(7+2.25L_{BS})]+\delta$	STIX	—			6.4.9
根据 STIX 可能的设计类别： 当 STIX>32 时为 A，当 STIX>23 时为 B； 当 STIX>14 时为 C，当 STIX>5 时为 D					表 5

稳性消失角：　　　　仅当 $m_{LDC}/m_{MOC}>1.15$ 时填写 m_{LDC} 栏

项　目	符号	单位	在 m_{MOC} 时	在 m_{LDC} 时	参见
相关状态下的质量	m	kg			
根据质量确定的可能的设计分类(>3 000 kg，为 A；>1 500 kg，为 B)					表 4
稳性消失角的要求值					6.3.1
设计类别 A=(130−m/500)，但大于等于 100° 设计类别 B=(130−m/200)，但大于等于 95° 设计类别 C=90° 设计类别 D=75°	$\phi_{V(R)}$	(°)			表 4
实际的稳性消失角：	ϕ_V	(°)			3.4.10
根据稳性消失角可能的设计类别：					6.3.1

仅对设计类别 A 或 B 可以替代：

如果 $\phi_V\geqslant90°$(设计类别 A)或 $\geqslant75°$(设计类别 B)，可采用计算表格 9 替代上述表格吗？　是/否？

计算表格 7 撞倒复原试验

仅适用于设计类别 C 和 D

项目	符号	设计类别 C	设计类别 D	参见
试验方法： 乘员限额	CL			3.6.3
按 6.5.1 和 6.5.2 的要求进行艇的配置和人员定位了吗？	是/否？			6.5.1、6.5.2
采用水或其他重物来代替人员吗，如果是，采用哪一种？				6.5.2
桅顶接触		水线	持水平状态	6.5.3、6.5.4
桅顶保持其位置的时间		60 s	10 s	6.5.3、6.5.4
外力消除后艇复原吗？	是/否？			6.5.3、6.5.4
艇漂浮时能泵出或戽出水吗？	是/否？			6.5.4
如果对上述每一问题，都能得出肯定的答案，则设计类别就能确定				
其他的理论方法： 在以上所规定的横倾角时，GZ 是正的吗？	是/否？			6.5.5
选定的设计类别：				

计算表格 8 抗风试验

试验方法：

仅适用于设计类别 C 和 D

项目	符号	单位	未缩帆	已缩帆	参见
艇按 6.6.2 要求进行配置和重物定位	是/否				6.6.2
约束绳索的最终拉力	T	kg			6.6.4
约束绳索和系泊绳索之间的垂直距离	h	m			6.6.4、图 5
实测的最终横倾角	ϕ_T	(°)			6.6.4
艇体宽度	B_H	m			3.4.3
帆的实际侧投影面积	A'_S	m^2			3.4.9
从帆面积型心至艇体水下部分横向侧投影面积型心的扶正力臂	$h_{CE}+h_{LP}$	m			6.6.5、图 6
计算的风速 $=\sqrt{\dfrac{13hT+390B_H}{A'_S(h_{CE}+h_{LP})(\cos\phi_T)^{1.3}}}$	v_W	m/s			6.6.5
根据表 6 选定的设计类别					表 6
注：如果设计类别是根据缩帆面积得出的，则必须将警告标志固定在艇上。					

可替代的理论方法：

项目	符号	单位	未缩帆	已缩帆	参见
占上风坐的一位乘员复原正力矩曲线增大吗？	是/否？				6.6.6
(从计算表格 2)选用的任选项					表 2
拟定的设计类别					
从表 6 中选取的有关计算风速	v_W	m/s			表 6
帆的实际侧投影面积	A'_S	m^2			3.4.9
从帆面积型心至艇体水下部分横向侧投影面积型心的复原力臂	$L_{CE}+h_{LP}$	m			6.6.5、图 6
计算：$0.75v_W^2A'_S(h_{CE}+h_{LP})$	M_{WO}	N·m			
从复原力矩曲线和风的横倾力矩曲线 $[=M_{WO}(\cos\phi)^{1.3}]$ 得出的横倾角＝	ϕ	(°)			6.6.6
$\phi<\phi_{DA}$(见表 3)且$<45°$？	是/否				6.6.3
如果为"是"，得出的设计类别：					
注：如果设计类别是根据缩帆面积得出的，则必须将警告标志固定在艇上。					

计算表格9 漂浮要求

附录D

目的：表明由艇体结构、附体和浮性器材所提供的浮力等于或超过为支承满载艇的质量所要求的值。

项目	质量 kg	密度 kg/m^3	体积 m^3=质量/密度	参见
艇体结构： 玻璃纤维增强塑料层合板		1 500		表D.1
泡沫芯材		50		表D.1
轻木芯材		150		表D.1
胶合板		600		表D.1
其他木材(类型——)				表D.1
永久性压载(类型——)				表D.1
紧固件和其他金属制品(类型——)				表D.1
窗(玻璃/塑料)				表D.1
发动机及其他附件和设备： 柴油机		5 000		表D.1
汽油机		4 000		表D.1
舷外机		3 000		表D.1
帆驱动支架或艉机驱动支架		3 000		表D.1
桅和帆桁(材料——合金/云杉)				表D.1
堆置的帆和索具		1 200		表D.1
食物和其他备品		2 000		表D.1
其他设备		2 000		表D.1
非独立的燃油柜(材料——)				表D.1
非独立的水柜(材料——)				表D.1
燃油舱柜固定舱柜和空气瓶的总体积：				D.2.2
水舱				D.2.2
其他舱柜				D.2.2
符合附录E要求的空气柜或瓶				D.2.2
艇体、附件和设备的总体积，V_B=上述所有体积之和				D.2.2
满载排水质量	m_{LDC}	kg		3.5.6
计算比值 m_{LDC}/V_B=				D.2.3
对于替代设计类别B的任选项1和任选项8，$m_{LDC}/V_B<850$ 吗？ 是/否？				D.2.3
对任选项4和6，$m_{LDC}/V_B<1\,000$ 吗？ 是/否？				D.2.3

计算表格 10 倾覆复原试验

仅适用于设计类别 C 和 D

目的：用于验证艇能否在倾覆后，由乘员通过其身体的作用和/或通过专门设计，并永久性装于艇上的复原装置使其复原至正浮状态，使艇继续漂浮，并检验所推荐的最小乘员质量足以适合所采用的复原方法。

项 目	单位	数值	参见
要求的最少乘员数	—		6.8.7
要求的最小乘员质量	kg		6.8.7
艇已按 6.8.2～6.8.5 中要求配置了吗？	是/否？		6.8.2～6.8.5
在完全倾覆时，艇漂浮时间大于 5 min 吗？	是/否？		6.8.6
扶正艇所需的时间（至少作 1～3 次尝试）	min		6.8.8
这个时间少于 5 min 吗？	是/否？		6.8.8
一名 75 kg 的乘员上艇，艇漂浮时能泵出或戽出水吗？	是/否？		6.8.8
全体乘员上艇，无需戽出水，该艇至少有 2/3 周边平浮在水面上的时间大于 5 min 吗？是/否？ 艇主手册的内容： 在正常使用时出现倾覆的可能性：			
最有效的复原方法：			
所要求的最少乘员数：	所要求的最小乘员质量： kg		
制造者推荐的设计类别：			

计算表格 11 多体帆艇尺度系数

帆艇是双体艇/三体艇：

拟定的设计类别：

项 目	符号	单位	数值	参见
最小操作质量	m_{MOC}	kg		3.5.3
艇体长度（按 GB/T 19916 定义）	L_H	m		3.4.1
边艇体浮心之间的宽度	B_{CB}	m		3.4.5
对于双体帆艇 $L/B = L_H/B_{CB} =$				表 7
对于三体帆艇 $L/B = 2L_H/B_{CB} =$				表 7
对拟定的设计类别所要求的多体帆艇尺度系数（取自表 7）				表 7
实际的多体帆艇尺度系数 $= 1.75 m_{MOC}\sqrt{L_H B_{CB}} =$				7.7
实际值超过要求值吗？ 是/否？				7.7
授予的设计类别：				7.7

计算表格 12　稳性资料

初始资料：

项　　目	数值	参见
帆艇为双体艇或三体艇？		3.1.3、3.1.4
确定的方法：采用附录 G 进行计算或实艇试航？		7.4b)

采用附录 G 进行计算：

项　　目	符号	单位	最小操作状态	满载排水状态	参见
艇的质量(对所考虑的装载状况)	m	kg			
艇体长度(按 GB/T 19916—2005 规定)	L_H	m			3.4.1
水线长度(按 GB/T 19916—2005 规定)	L_{WL}	m			3.4.2
水线宽度(按 GB/T 19916—2005 规定)	B_{WL}	m			3.4.4
边艇体浮心之间的宽度	B_{CB}	m			3.4.5
单体艇底部以上的重心高度	VCG	m			G.2.1
在设计水线时所有艇体的水线面总面积	A_W	m^2			G.2.2
最大复原力臂时估算的横倾角(仅适用于双体艇) $=\tan^{-1}\left(\frac{m}{254L_{WL}B_{WL}B_{CB}}\right)$	ϕ_{GZmax}	(°)			G.2.1
计算比值$(L_H+L_{WL})/B_{CB}=$					G.1

注意：如果$(L_H+L_{WL})/B_{CB}\geqslant 4$，则仅考虑横摇力矩限值；
　　　如果$(L_H+L_{WL})/B_{CB}<4$，则应采用横摇力矩限值和纵摇力矩限值中之较小者。

项　　目	符号	单位	最小操作状态	满载排水状态	参见
横摇中的横摇力矩限值：(仅适用于双体帆艇)$=9.4m(0.5B_{CB}\cos\phi_{GZmax}-\mathrm{VCG}\sin\phi_{GZmax})$	LM_R	N·m			G.2.1
纵摇中的纵摇力矩限值：(仅适用于双体帆艇)$=2.45mA_W/B_{WL}$	LM_P	N·m			G.2.2
采用的力矩限值	LM	N·m			G.1

项　　目	装帆情况	A'_S/m^2	$h_{CE}+h_{LP}$/m	v_W/(m/s)	参见
计算下述帆具组合的风速限值 $=1.6\sqrt{\frac{LM_R\text{ 或 }LM_P}{A'_S(h_{LE}+h_{LP})}}$					G.1
	微风				
	操作帆				G.1
	第一次缩帆				G.1
	第二次缩帆				G.1
	风暴帆				G.1

计算表格 13　汇总

设计的说明：		
拟定的设计类别：	乘员限额：	日期

表格	项　　目	符号	单位	数值
1	艇体长度：（按 GB/T 19916—2005 定义）	L_H	m	
	质量 最大总载荷	m_{MTL}	kg	
	空艇状态质量	m_{LCC}	kg	
	满载排水质量＝$m_{LCC}+m_{MTL}$	m_{LDC}	kg	
	最小操作质量	m_{MOC}	kg	
	艇为帆艇或非帆艇？	帆艇/非帆艇		
2	所选的任选项			

表格	项　　目	单位	要求值	实际值	通过/未通过
3	下沉进水开口：符合所有要求？				
	下沉进水角：对任何开口，ϕ_{DA}	(°)	>		
	对非快速泄水尾舱，ϕ_{DC}	(°)			
	对主通道舱口，ϕ_{DH}	(°)			
3 和 4	下沉进水高度：基本高度采用的表格				
	基本要求	m	≥		
	小开口的缩减高度（仅适用于表格 3）	m	≥		
5 和 6	稳性指数（仅适用于任选项 1 和 2） STIX＝	—	>		
6	稳性消失角：（仅适用于任选项 1 和 2）ϕ_V＝	(°)	>		
7	撞倒复原试验：（仅适用于任选项 3 和 4）　通过/未通过				
	采用的方法：试验的或理论的？				
	设计类别				
8	抗风试验：（仅适用于任选项 5 和 6）v_W＝	m/s	>		
	设计类别				
	采用缩帆的帆面积吗？（即：要求警告标志吗？）				
9	浮性要求：比值 m_{LDC}/V_B＝ （仅适用于任选项 4、6 和 8）	kg/m³	<		
10	倾覆复原试验（仅适用于任选项 7）符合所有要求吗？				
	制造者推荐的设计类别				
11	多体帆艇尺度系数：（仅适用于任选项 8）尺度系数		>		
12	稳性资料：（仅适用于任选项 8）类似于表 F.1 提供的内容吗？是/否？				
	注意：艇必须符合对拟定设计类别所指定任选项的所有要求。				
	选定的设计类别：	评定者：			

参 考 文 献

[1] ISO 6185-3:2001　充气艇　第3部分:发动机最大功率定额为15 kW及以上的艇

[2] 造船学原理　美国造船师和轮机工程师学会出版

[3] ASTM F1321-92　为确定轻型船舶排水量和船舶重心而进行稳性试验的导则(轻型重量检验和倾斜试验)

ICS 47.080
U 18

中华人民共和国国家标准

GB/T 20895.3—2007/ISO 12217-3:2002

小艇　稳性和浮性的评定与分类
第3部分:艇体长度小于6 m的艇

Small craft—Stability and buoyancy assessment and categorization—Part 3:Boats of hull length less than 6 m

(ISO 12217-3:2002,IDT)

2007-03-26 发布　　2007-09-01 实施

中华人民共和国国家质量监督检验检疫总局
中国国家标准化管理委员会　发布

前　言

GB/T 20895《小艇　稳性和浮性的评定与分类》分为3部分：

——第1部分：艇体长度不小于6 m的非帆艇；

——第2部分：艇体长度不小于6 m的帆艇；

——第3部分：艇体长度小于6 m的艇。

本部分为GB/T 20895的第3部分。

本部分等同采用ISO 12217-3:2002《小艇　稳性和浮性的评定与分类　第3部分：艇体长度小于6 m的艇》(英文版)。

本部分等同翻译ISO 12217-3:2002。

为便于使用，本部分做了下列编辑性修改：

——“ISO 12217的这一部分”一词改为“GB/T 20895的本部分”；

——用小数点“.”代替作为小数点的逗号“,”；

——删除国际标准的前言；

——“规范性引用文件”的引导语按GB/T 1.1—2000作了修改。

本部分的附录A、附录B、附录C、附录D和附录E为规范性附录，附录F和附录G为资料性附录。

本部分由中国船舶工业集团公司提出。

本部分由全国小艇标准化技术委员会(SAC/TC 241)归口。

本部分起草单位：中国船舶工业集团公司第七〇八研究所。

本部分主要起草人：林德辉、梁启康。

小艇　稳性和浮性的评定与分类
第3部分:艇体长度小于6 m的艇

注意:符合GB/T 20895本部分要求不意味着保证小艇百分之百的安全,也不保证其无倾覆或沉没的危险。

1　范围

GB/T 20895的本部分规定了评定完整(即未破损)艇的稳性和浮性的方法,也包括评定易灌水下沉艇的浮性。

利用本部分对稳性和浮性进行评估,可为每一艘艇划定与其设计载荷和最大载荷相适应的设计类别(C或D类)。

本部分主要适用于艇体长度小于6 m的以人力或机械动力推进的艇,但可居住多体帆艇除外。设有全甲板和符合GB/T 20896要求的快速泄水艉舱的艇体长度小于6 m的艇,可分别选择按GB/T 20895.1或GB/T 20895.2进行评定。在这种情况下,可指定选用更高的设计类别。

本部分不包括:

——玩具艇;

——独木舟、皮艇或宽度不足1.1 m的其他艇;

——ISO 6185所涉及的不大于8 m的充气艇和刚性充气艇;

——ISO 13590所涉及的个人艇;

——依靠动力支承方式航行的水翼艇和气垫艇;

——潜水器。

本部分未考虑或评定拖航、捕鱼、挖泥或起重作业对稳性的影响,此类情况应另作考虑(如果适用)。

2　规范性引用文件

下列文件中的条款通过GB/T 20895的本部分的引用而成为本部分的条款。凡是注日期的引用文件,其随后所有的修改单(不包括勘误的内容)或修订版均不适用于本部分,然而,鼓励根据本部分达成协议的各方研究是否可使用这些文件的最新版本。凡是不注日期的引用文件,其最新版本适用于本部分。

GB/T 19315—2003　小艇　最大装载量(ISO 14946:2001,IDT)

GB/T 19317.1—2003　小艇　通海旋塞及贯穿艇体的附件　第1部分:金属件(ISO 9093-1:1994,IDT)

GB/T 19916—2005　小艇　主要数据(ISO 8666:2002,IDT)

GB/T 19917—2005　小艇　艇主手册

GB/T 19919—2005　小艇　窗、舷窗、舱口盖、风暴盖和门　强度和密封性要求(ISO 12216:2002,IDT)

GB/T 20895.1—2007　小艇　稳性和浮性的评定与分类　第1部分:艇体长度不小于6 m的非帆艇(ISO 12217-1:2002,IDT)

GB/T 20895.2—2007　小艇　稳性和浮性的评定与分类　第2部分:艇体长度不小于6 m的帆艇(ISO 12217-2:2002,IDT)

GB/T 20847.1—2007　小艇　防火　第1部分:艇体长度不大于15 m的艇(ISO 9094-1:2003,IDT)

GB/T 20896—2007　小艇　水密艉舱和快速泄水艉舱(ISO 11812:2001,IDT)

ISO 2896:2001　硬质泡沫塑料　吸水率测定

ISO 9093-2:2002　小艇　通海旋塞和贯穿艇体的配件　第2部分:非金属制件

ISO 9094-2:2002　小艇　防火　第2部分:艇体长度为15 m以上的艇

国际海事组织(IMO)海上安全委员会(MSC)的MSC.81(70)决议　对救生设备试验的经修正的建议案。

3　术语和定义

本部分采用下列术语和定义。在第4章中列出了这些定义中所用的某些符号的含义。

3.1　基本术语

3.1.1

设计类别　design category

本部分用于评定艇所适用的海况和风力条件的描述。

注:另见8.2。

3.1.2

凹体　recess

可能积水的向天空敞开的任何容积。

例如:艉舱、阱、由舷墙或围板围成的开敞容积或区域。

注:带有符合GB/T 19919—2005要求的围闭装置的住舱、遮蔽区域或储藏室不属于凹体。

3.1.3

快速泄水凹体　quick-draining recess

符合GB/T 20896对快速泄水艉舱和凹体所有要求的凹体。

注1:GB/T 20896包括了大部分小帆艇不能满足的要求。

注2:按其特性,对某一设计类别,艉舱可考虑为快速泄水型,但对更高的设计类别,其也许不考虑为快速泄水型。

3.1.4

水密凹体　watertight recess

符合GB/T 20896对水密艉舱和凹体的所有要求的凹体。

注:此术语仅指与水密性和门槛高度有关的要求,而与泄水的要求无关。

3.1.5

全甲板艇　fully decked boat

舷弧线区域的水平投影由下列各项的任意组合构成的艇:

——水密甲板和上层建筑;和/或

——符合GB/T 20896要求的快速泄水凹体;和/或

——符合GB/T 20896的合计容积小于$L_H B_H F_M/40$的水密凹体;

——按GB/T 19919—2005要求为水密的所有关闭装置。

3.1.6

部分甲板艇　partially decked boat

舷弧线区域的水平投影至少三分之二设有甲板、住舱、遮蔽或硬质罩盖(符合GB/T 19919—2005的水密性要求,且设计成向舷外排水)的艇。该区域包括距船首$L_H/3$范围内的所有区域,以及从艇的周边向艇内100 mm的区域。

注:舷外机阱即为提供了适合于此用途的罩盖。

3.2 下沉进水

3.2.1

下沉进水开口 downflooding opening

可允许水进入艇内或舱底或凹体的任何开口(包括凹体的边缘),但6.2.1.1中排除者除外。

3.2.2

下沉进水高度 downflooding height

h_D

当艇以满载排水量和设计纵倾在静水中正浮时,从水线向上至除6.2.1.1中排除者之外任何下沉进水开口的最小高度。

注:下沉进水高度以米(m)为单位。

3.3 状态和质量

3.3.1

空艇状态 light craft condition

按GB/T 19916—2005规定的空艇质量,在合适的位置加上下列各项质量的艇:

a) 由功率大于3 kW的舷外机推进的艇,制造厂推荐的最重的舷外机安装在其工作位置上;
b) 如果设有蓄电池,则蓄电池应安装在制造厂预留的位置上;
c) 桅杆、张帆杆和在艇上存贮位置备用,但未固定的其他帆桁,以及所有处于原位的静索和动索;
d) 制造厂提供的在艇上备用,但未升起的所有帆具,例如:张帆杆上的主帆,已卷起的卷帆,以及堆放在前甲板上用帆眼圈系牢在支索上的前帆。

注:在b)项中,舷外发动机的蓄电池,其质量应不小于表B.2和表B.3的第3栏中所列值。如果未为蓄电池指定专门的贮存处,则应为每台功率超过7 kW的发动机预留1只蓄电池的质量,且位于发动机位置周围1.0 m之内。

3.3.2

最大总载荷 maximum total load

m_{MTL}

艇按设计将要承载的除空艇状态以外的最大载荷,包括GB/T 19315—2003中规定的制造商所推荐的最大装载量,以及固定式或可移式舱柜最大容量的所有液体(例如燃料、油类、淡水,压载水或在饵舱和活鲜舱中的水)。

注:最大总载荷以千克(kg)为单位。

3.3.3

满载排水量 loaded displacement mass

m_{LDC}

空艇状态时艇的质量加上最大总载荷。

注:满载排水量以千克(kg)为单位。

3.4 其他定义

3.4.1

乘员 crew

艇上所有人员的统称。

3.4.2

乘员限额 crew limit

CL

在评定设计类别时所用的最大乘员数(按每位乘员75 kg计)。

3.4.3

设计纵倾　design trim

当艇正浮，且乘员、贮藏品和设备都位于设计者或制造者所指定的位置时艇的纵向姿态(角)。

注：假设乘员位于制造商指定的位置。在无制造商说明的情况下，则假设乘员和设备位于最可能会提供有利试验结果的位置，只要这些位置与该艇正确运营相一致，且假设乘员站立在具有扶手的指定位置，或坐在座椅上。

3.4.4

浮性器材　flotation elements

为艇提供浮力，且因此而影响艇漂浮特性的器材。

3.4.4.1

空气柜　air tank

与艇体或甲板结构连为一体的，由艇体结构材料制成的柜。

3.4.4.2

空气瓶　air container

不与艇体或甲板结构连为一体的，由刚性材料制成的瓶。

3.4.4.3

低密度材料　low density material

密度小于1，主要置于艇内以在灌水时增加浮力的材料。

3.4.4.4

带状加强环　rib collar

沿艇四周装设的能承受重载荷，无论艇是否使用都要充气的管状环。

3.4.4.5

充气囊　inflated bag

由柔性材料制成，不与艇体或甲板连为一体，可接近目测检验，且当艇使用时总是要充气的袋。

注：在浸水时拟自动充气的囊(例如：置于桅顶，作为一种防止倾覆的手段)，不应视为浮性器材。

3.4.5

满载水线　loaded waterline

当艇在满载排水量和设计纵倾下正浮时的水线。

3.4.6

水密性等级　watertightness degree

水密性等级按 GB/T 20896 和 GB/T 19919—2005 中规定，并归纳如下：

1级：对持续浸水提供防护作用的密封性等级；

2级：对暂时浸水提供防护作用的密封性等级；

3级：对溅水提供防护作用的密封性等级；

4级：对与垂线所成夹角不大于15°的下落水滴提供防护的密封性等级。

4　符号

本部分采用表1中所列符号。

表1　符号

符号	单位	含　义
A_S	m^2	符合 GB/T 19916—2005 要求的帆的标称面积
B_H	m	符合 GB/T 19916—2005 要求的艇体宽度

表 1(续)

符号	单位	含义
B_{WL}	m	按 GB/T 19916—2005,在满载水线下的水线宽度。对于多艇体,为每个艇体最大水线宽度之和
CL		符合 3.4.2 的乘员限额
F_M	m	符合 GB/T 19916—2005 要求至满载水线的舯部干舷
h_D	m	符合 6.2 的实际下沉进水高度
$h_{D(R)}$	m	符合 6.2 的下沉进水高度
L_H	m	符合 GB/T 19916—2005 的艇体长度
m_{LCC}	kg	空艇状态时艇的质量,见 3.3.1
m_{LDC}	kg	空艇状态加上最大总载荷的艇的质量,见 3.3.3
m_{MTL}	kg	最大总载荷的质量,见 3.3.2

5 步骤

5.1 最大总载荷

按定义确定艇预定运载的乘员限额和最大总载荷。乘员限额应不超过按 GB/T 19315—2003 中座位或站立空间要求所确定的值。

注:若某艇以不同的最大总载荷量进行评定,则可按载荷指定不同的设计类别。重要的是确保最大总载荷不会估计不足。

5.2 帆艇或非帆艇

确定该艇为帆艇或非帆艇。非帆艇系指满足下述要求的艇:

$$A_S < 0.07 \times (m_{LDC})^{2/3}$$

式中:

A_S——符合 GB/T 19916—2005 要求的帆的标称面积,单位为平方米(m^2);

m_{LDC}——艇的满载排水量,单位为千克(kg)。

所有其他的艇均为帆艇。表 2 列出了对于不同满载排水量的标称帆面积。

表 2 帆艇的最小标称帆面积

m_{LDC}/ kg	200	300	400	500	600	700	800	900	1 000	1 100	1 200	1 500
A_S/m^2 ≥	2.4	3.1	3.8	4.4	5.0	5.5	6.0	6.5	7.0	7.5	7.9	9.2

5.3 应进行的试验

非帆艇应按第 6 章的要求进行评定。

除可居住多体艇外,帆艇应按第 7 章要求进行评定。可居住多体帆艇应按 GB/T 20895.2 的要求进行评定。

若一艘帆艇也可作为非帆艇使用,例如用划桨或发动机推进,则它还应符合非帆艇的各项要求。最后得出的是该艇满足所有相关要求的设计类别。

5.4 替代

若艇达不到所要求的设计类别,则应修改其最大载荷和/或乘员数,然后再作评定。

全甲板艇可分别选择按 GB/T 20895.1 或 GB/T 20895.2 进行评定,在这种情况下,其设计类别可达到 A 类或 B 类。

6 非帆艇应进行的试验

6.1 一般要求

非帆艇可根据艇体长度、浮力和甲板设置的情况，以及艇是否设有符合 GB/T 20896 要求的合适的凹体，用六个任选项之一来进行评定。在表 3 中列出了这些任选项和相应应做的试验。

应根据稳性和浮性最后确定设计类别，艇满足与设计类别相关的所有要求。

表 3 非帆艇应进行的试验

任选项编号	1[a]	2	3[a]	4	5	6[a]
适用艇体长度	≤6 m			4.8 m～6.0 m		
可能的设计类别	C 和 D	C 和 D	D	C 和 D	仅为 D	C 和 D
适用的发动机功率	任何量值	任何量值	≤3 kW	任何量值	任何量值	任何量值
适用的发动机装置的类型	任何	任何	任何	任何	任何	仅对艇内机
甲板敷层或覆盖	任何量值	全甲板[b]	任何量值	部分甲板[c]	任何量值	任何量值
下沉进水高度试验	6.2[d]	6.2	6.2	6.2	6.2	6.2
偏移载荷试验	6.3	6.3	—	6.3	6.3	6.3
漂浮标准	平 稳	—	6.6	—	—	基 本
漂浮试验	6.4	—	6.6	—	—	6.5
浮性器材	附录 C	—	附录 C	—	—	附录 C
倾覆复原试验	—	—	6.6	—	—	—

a 选用任选项 1、3 和 6 的艇，在按其设计类别使用时，被认为是易灌水下沉的。

b 此术语在 3.1.5 中已定义。

c 此术语在 3.1.6 中已定义。

d 在做 6.4 的灌水下沉试验时，若该艇能支承相当于最大总载荷的 133% 的干重，或者当艇在空艇状态下从正浮横倾至 90°时该艇不会进水，则不必进行该试验。

6.2 下沉进水高度试验

6.2.1 下沉进水开口

6.2.1.1 以下所列以及在 6.2.2 和 6.2.3 中的要求适用于所有下沉进水开口，但下列情况除外：

a) 合计容积小于 $(L_H\ B_H\ F_M)/40$ 的水密凹体或快速泄水凹体；

b) 从快速泄水凹体或从水密凹体以管道泄水，当艇正浮时，如果注水，不会导致下沉进水或倾覆；

c) 非开口装置；

d) 位于顶边，符合 GB/T 19919—2005 水密性等级 2 级，且在艇主手册中已述及和清晰地标以“水密关闭——在航行中保持关闭”的开口装置；且其

 1) 装有螺旋关闭的应急脱险舱口盖或装置；或

 2) 在有限容积的舱室内，即使该舱室浸水，艇仍能满足所有要求；或

 3) 在设计类别 C 或 D 的艇内，在满载排水量时，由于该装置开启导致影响的舱室浸水，该艇也不会沉没；

e) 位于艇内顶边，符合 GB/T 19919—2005 水密性等级 2 级，且在艇主手册中已述及和清晰地标以“水密关闭——在航行中保持关闭”的开口装置；

f) 发动机的排气口或仅连接至水密系统的其他开口；

g) 舷外机围阱两侧的开口；即：

1) 水密性等级为 2 级，下沉进水的最低点在满载水线以上的距离大于 0.1 m；或

2) 若设有围阱泄水孔，水密性等级为 3 级，下沉进水的最低点在满载水线以上的距离大于 0.2 m，也可在发动机安装处的艉板顶部之上，见图 1；或

3) 若设有围阱泄水孔，且内部处所或非快速泄水处所允许水进入的部分的长度小于 $L_H/6$，至满载水线以上 0.2 m 处所泄出的水，不能泄至该艇内部处所或非快速泄水处所的其他部分，水密性等级为 4 级，下沉进水的最低点在满载水线以上的距离大于 0.2 m，且在发动机安装处的尾板顶部之上，见图 1。

6.2.1.2 根据设计类别和装置的安装区域，装设在下沉进水开口上的所有关闭装置均应符合 GB/T 19919—2005的要求。

6.2.1.3 决不应把开口型的装置装设在低于满载水线以上 0.2 m 处的艇体上，除非它们符合 ISO 9093或者它们为符合 ISO 9094 的应急脱险舱口盖。

6.2.1.4 在艇内的开口，例如舷外机围阱或自由进水的渔饵舱都应被认为是可能的下沉进水开口。

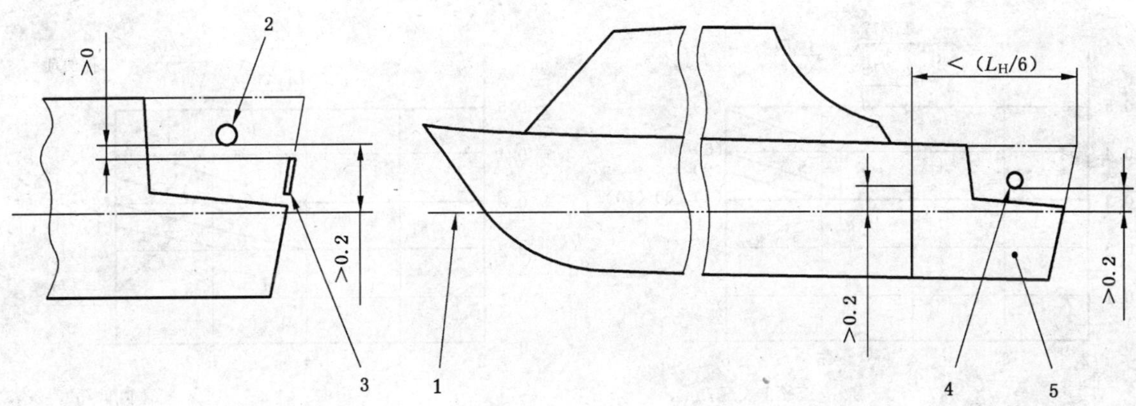

1——水线；

2——水密性等级为 3 级或 4 级；

3——泄水；

4——水密性等级为 4 级；

5——非快速泄水处所。

图 1 舷外机阱内的开口

6.2.2 带最大载荷

6.2.2.1 试验

本试验用于验证在满载排水量下，当水进入前，艇具有足够裕度的干舷。

使用任选项 1 进行评定的艇，如果在 B.4.3 的漂浮试验期间，表明该艇能支承相当于最大总载荷的 133%的干重，或者当艇在空艇状态下从正浮横倾至 90°时该艇不会进水，则不必进行本试验。

试验应使用下述人员，使用试验重物代替参试人员(每人 75 kg)进行，或利用型线图和通过称重或勘测干舷推算的排水量进行计算。

a) 选取等于乘员限额的人员数，平均质量不小于 75 kg。

b) 在静水中将“最大总载荷”中的各项质量装至艇上，并使人员定位，使其达到设计纵倾。

c) 测量从水线至水可能开始进入 6.2.1.1 中所述任何下沉进水开口各点的高度。如果下沉进水开口已由此开口所通达凹体周围的较高围板完全保护，则下沉进水高度应测量至此围板的最低点。

6.2.2.2 要求值

a) 将测量值与经以下 b)～f)修正的最小下沉进水高度的要求值相比较(采用下列任一种),确定设计类别:

1) 附录 A 的方法,通常得出最低要求值;或

2) 图 2,它仅依据艇长。

b) 采用任选项 1、3、5 或 6 进行评定的艇,在离艇首 $L_H/3$ 之内,要求的下沉进水高度应按图 3 中所示增加。

c) 采用任选项 1 或 3 进行评定的艇,只要舷外机安装位置处的宽度为最小,容许将要求的下沉进水高度降低 20%。

d) 采用任选项 1,设计类别为 C 的艇,只要这些艇具有水密的艉部凹体(例如艉舱),则在艉板上所要求的下沉进水高度应降低 0.05 m。

e) 采用图 2 评定的艇,应容许在尾部 $L_H/4$ 之内的下沉进水开口的合计净面积(mm^2)不大于($50\ L_H^2$),条件是这些开口的下沉进水高度不小于图 2 所要求值的 3/4。

f) 也作非帆艇使用的帆艇,有中披水板、抗漂龙骨或中插板的机舱棚的下沉进水高度要求值应为按上述 a)确定值的一半。

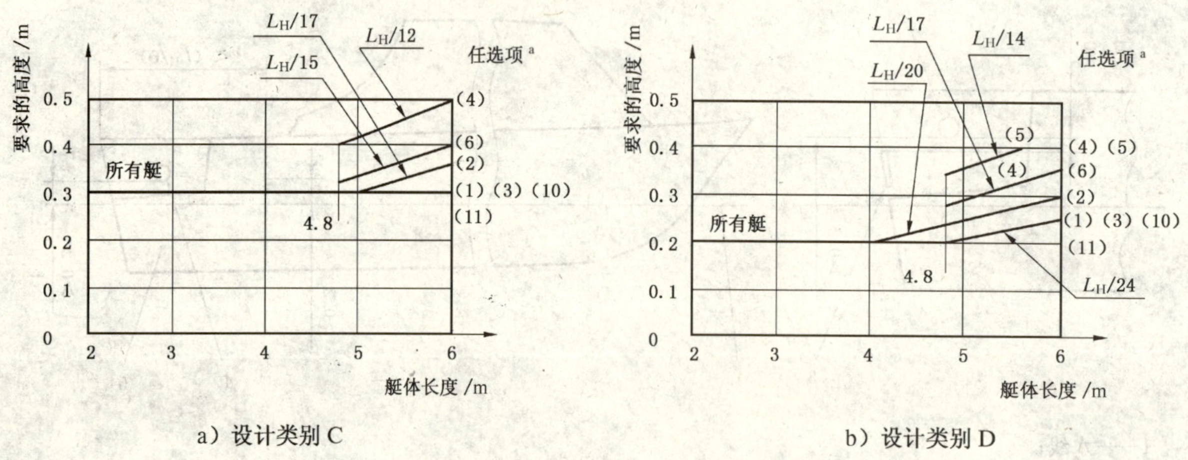

a 见表 3。

图 2 要求的下沉进水高度——设计类别 C 和 D

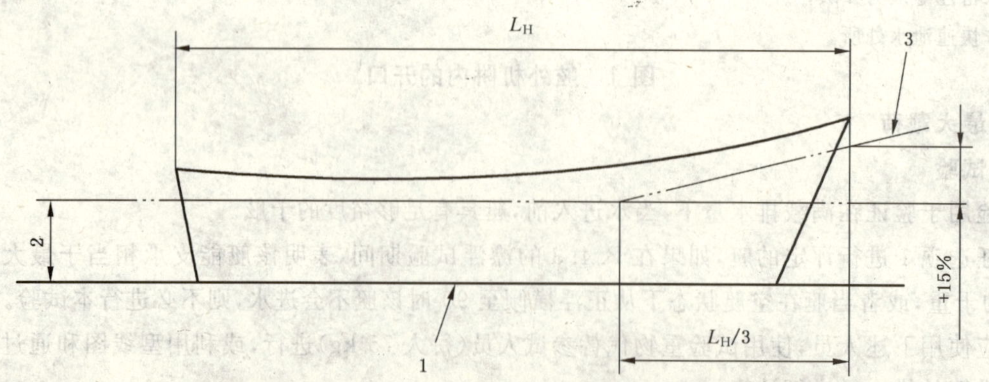

1——水线;

2——基本的下沉进水高度的要求值;

3——艇首的要求增加值。

图 3 要求的下沉进水高度的增加——任选项 1、3、5 和 6(见表 3)

6.2.3 开始灌水下沉的舷外机艇

此外,外部装有舷外机的艇,还应符合下列要求:

——当艇处于空艇状态,艇上装有发动机,且一位不小于 75 kg 的人位于发动机安装点前 0.5 m 时,从水线至艇从任一下沉进水开口开始进水之点的最小高度应大于 0.1 m 。

——汽油发动机的质量应从表 B.1 和表 B.2 中相关的第 1 栏和第 3 栏,按制造厂为该艇推荐的最大功率得出。其他发动机,应采用实艇发动机的质量。

6.3 偏移载荷试验

6.3.1 一般要求

本试验用于验证未灌水下沉的艇对乘员移动产生的偏移载荷是否具有足够的稳性。方便的话,可用人员来代替试验重物,只要参试的每个人的质量等于或超过相关试验重物的质量。可采用称重计算代替实艇试验。

6.3.2 试验

6.3.2.1 准备好代表每个人的试验重物达到乘员限额。代表每个人的质量应是 75 kg,对于 L_{H} 小于 4.8 m 的设计类别为 D 的艇,应采用 $75 \times L_{H}/4.8$ 的质量。

注:采用盛水的容器代替金属试验重物将得出较不利的结果。

6.3.2.2 将"最大总载荷"中除乘员以外的所有各项均装至艇上。

6.3.2.3 采用下列步骤放置试验重物,在重物定位于底板上之前把重物放置在相应的座位和座板上,予以阻挡。重物不应放在人员不可能站或坐的位置。在有疑问的情况下,重物应放在产生最不利结果的位置。

6.3.2.4 在静水中,放置试验重物,以代表一人操艇时相应的纵向和垂向位置,且得出尽可能接近制造者预定的纵倾。试验重物的重心位置应尽可能远离一舷,但是其与坐或站的区域的舷外侧的距离不小于 250 mm。

6.3.2.5 测量从水线至水可能开始进入艇内的点的最小高度。可不包括一个带保护罩壳但穿透性好的舷外机。在相反的横倾方向上重复测量,取两次测量中的较小值作为测得的干舷裕度。在有水密或快速泄水艉舱的艇上,试验中当艇横倾时,只要当艇复原至正浮时水能泄至舷外,水可通过泄水孔进入艉舱。然后测量水可能开始进入舱底的点的高度。

6.3.2.6 移去以前附加的试验重物,重新放置试验重物,以代表两人操艇时相应的纵向和垂向位置,且得出尽可能接近制造者预定的纵倾。试验重物的重心位置应尽可能远离一舷,只要代表每一乘员的这些重物的放置不致在任一方向上使它们的重心之间的距离小于 500 mm,或者其与坐或站的区域的舷外侧的距离小于 250 mm。

6.3.2.7 测量从水线至水可能开始进入艇内的点的最小高度。可不包括一个带保护罩壳但穿透性好的舷外机。在相反的横倾方向上重复测量,取两次测量中的较小值作为测得的干舷裕度。在有水密或快速泄水艉舱的艇上,在试验中当艇横倾时,只要当艇复原至正浮时这些水能泄至舷外,水可通过泄水孔进入艉舱。然后测量水可能开始进入舱底的点的高度。

6.3.2.8 每增加一个人都重复 6.3.2.6 和 6.3.2.7,直至达到乘员限额,把这些试验重物定位于底板上之前,要确保它们是放置在相应的座位和坐板上。在有疑问的情况下,重物应放置在产生最不利结果的位置。当其置于曲面艇底板上时,代表一个人的重物的重心不应位于与水平线成 15°的切线交点以外,见图 4。

6.3.2.9 在艇进水或倾覆之前应停止试验。

6.3.2.10 取按 6.3.2.5、6.3.2.7 或 6.3.2.8 测得的最小值作为最小干舷裕度,其值应大于表 4 中对于相应任选项的要求值。

6.3.2.11 对采用表 3 中任选项 2 进行评定的艇，应满足下列附加要求。应确定与按 6.3.2.5、6.3.2.7或6.3.2.8要求的每一次干舷测量相对应的艇横倾角。这些角中的最大角(ϕ_O)应不大于：

$$\phi_{O(R)}=10+\frac{(24-L_H)^3}{600}\text{（见表 5）。}$$

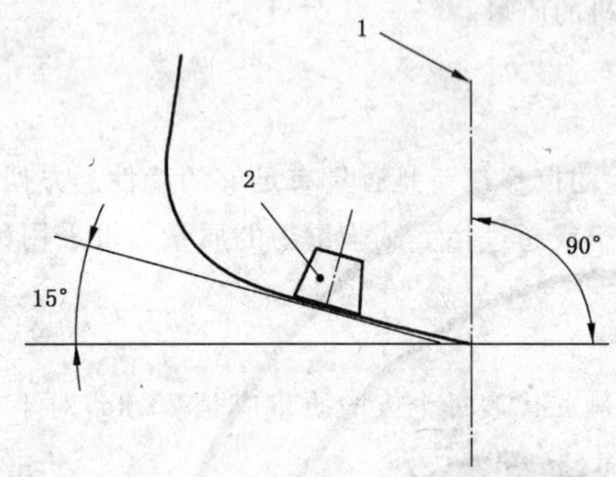

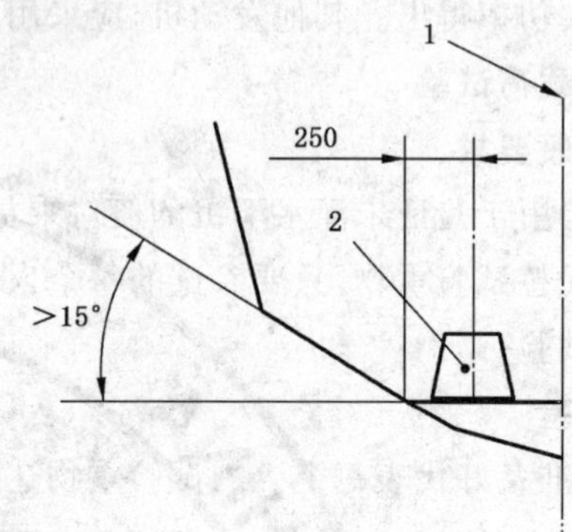

1——艇的中心线；

2——试验重物。

图 4 艇底板上试验重物的放置

表 4 要求的最小干舷裕度

单位为毫米

任选项	1	2	3	4	5	6
设计类别 C	100	100	100	150	不适用	100
设计类别 D	10	10	10	10	250	10

表 5 任选项 2：偏移载荷试验的最大横倾角

L_H/m	2.5	3.0	3.5	4.0	4.5	5.0	5.5	6.0
$\phi_{O(R)}$/(°)	26.6	25.4	24.4	23.3	22.4	21.4	20.6	19.7

6.4 平稳漂浮试验

本试验用于验证艇具有足够的灌水下沉浮性和稳性。

本试验应采用附录 B 中所列的全部方法进行。

若采用浮性器材，则应符合附录 C 的要求。

若在按附录 B 灌水下沉时，对于 B.4.3 的试验，艇应能支承相当于最大总载荷 133%的干重，而非表 B.5 中所列的质量，或者如果当艇在空艇状态下从正浮横倾 90°时，艇不会进水，则不要求进行 6.2 中所述的下沉进水高度试验。

6.5 基本漂浮试验

本试验用于验证艇具有足够的浮性，以满足 B.4.2 的灌水下沉浮力载荷试验要求。应通过 B.2 和 B.4.3 中所述的实艇试验方法或者通过附录 D 中对于相同状态和载荷的计算方法予以证明。

若采用浮性器材，则其应符合附录 C 的要求。此外该艇应设置某些设施，例如扶手，使水中人员与已灌水下沉的艇保持接触。

6.6 倾覆复原试验

6.6.1 本试验用于验证已倾覆的艇能否由乘员通过其身体的作用和/或通过专门设计并永久装于艇上

的复原装置复原至正浮状态，使该艇继续漂浮，并检验所推荐的最小乘员质量对所用的复原方法是否足够。

6.6.2 本试验中所使用的艇内的浮性材料和浮性器材应符合附录C的要求。

6.6.3 本试验应在静水状态下进行，艇处于空艇状态，带有处于正常使用位置的未固定设备，及已按附录C要求试验过的空气柜、空气瓶或空气囊。

6.6.4 艇应倾覆至约180°或尽可能达到的最大平衡横倾角，且乘员处于水中一侧。试验水域应有足够水深，以使艇能充分运动。在以这种方法漂浮至少5 min后，艇不应沉没。

6.6.5 乘员的数量和总质量应是制造厂为该艇所推荐的最小适用值。

6.6.6 该艇应由乘员无需利用海底或任何外力帮助予以扶正。最多允许进行三次试验，每一次限于在5 min内完成。

6.6.7 艇主手册中应记录下列内容：

——在正常使用时倾覆的可能性；

——效果最好的扶正方法；

——所必需的最小乘员质量(kg)。

注：倾覆的可能性可用类似于以下的术语表述：

——“本艇使用时，应极其小心谨防倾覆”；或

——“即使在使用时极其小心并有高超的技能，本艇即使在空艇状态时，仍然存在倾覆的可能。”。

6.6.8 在艇已扶正，且质量不小于75 kg的一名乘员重新上艇后，艇漂浮时其剩余干舷应能使该艇泵出或戽出水。此乘员的纵向位置可任选，以确保对于泵出或戽出水有足够的剩余干舷。

6.6.9 无需戽出该艇内的全部水，在乘员限额中的其余乘员重新上艇后，艇应大致为水平浮态，至少在5 min内，甲板或舷墙的浸水应不大于三分之一。

6.6.10 对通过上述试验的艇，应定为设计类别D，且应在显著位置永久性地标以图5中所示的警告符号。

警告

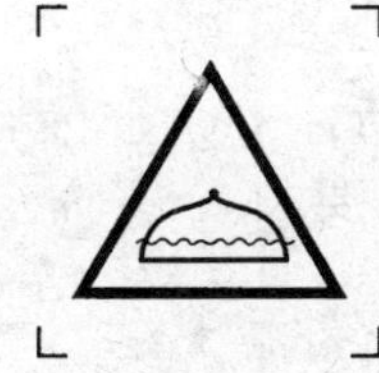

当心倾覆

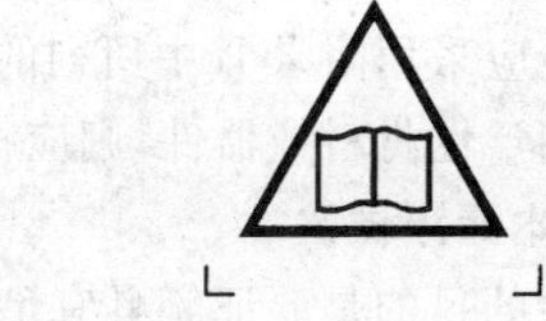

阅读艇主手册

图5 倾覆复原艇的警告符号

7 帆艇应进行的试验

7.1 一般要求

可居住多体帆艇以外的帆艇可根据浮力和甲板设置的情况，用五个任选项之一来进行评定，这些任选项和应进行的试验列于表6中。

可居住的多体帆艇应采用GB/T 20895.2进行评定。

若一艘帆艇也可作为非帆艇使用，例如用划桨或发动机推进，则其还尚应符合对非帆艇的各项要求。

应根据稳性和浮性最后确定设计类别，满足与该设计类别相关的所有要求。

表 6 帆艇应做的试验

任选项编号	7[a]	8[a]	9[a]	10	11
可能的类别	C和D	C和D	C和D	C和D	C和D
适用的艇体类型	所有	仅对单体艇	仅对单体艇	所有	所有
甲板敷层或覆盖	任何量值	任何量值	任何量值	全甲板	全甲板
下沉进水高度试验	—	—	—	7.2	7.2
漂浮标准	—	平稳(C级) 基本(D级)	平稳(C级)[b] 基本(D级)[b]	—	—
漂浮试验	—	7.3	7.3[b]	—	—
浮性器材	附录C	附录C	附录C	—	—
倾覆复原试验	7.4	—	—	—	—
撞倒复原试验	—	7.5	—	7.5	—
抗风试验	—	—	7.6	—	7.6

a 选用任选项7、8和9的艇，在按其设计类别使用时，被认为是易灌水下沉的，但使用任选项9，且注b中所列免除条件者除外。

b 对于满足7.3.1或7.3.2中所列免除条件的艇，不要求进行漂浮试验。

7.2 下沉进水高度试验

应按6.2，通过实艇试验进行下沉进水高度试验或通过计算验证。

7.3 漂浮试验

7.3.1 平稳漂浮试验

本试验的目的是验证艇具有足够的灌水下沉浮性和稳性。

对 $L_H>4.8$ m 和 $m_{LCC}>150L_H$ 的艇，只要它们为部分甲板艇(如3.1.6中的定义)，在无甲板区域包括符合GB/T 20896要求的水密凹体，且只要它们符合7.6的抗风试验的要求并满足表3中任选项4的下沉进水高度的要求，则可免除此试验。

本试验应采用附录B中所列的全部方法进行。

若采用浮性材料或器件，则应符合附录C的要求。

7.3.2 基本漂浮试验

本试验的目的是验证艇具有足够的灌水下沉浮性。

对 $L_H>4.8$ m 和 $m_{LCC}>150L_H$ 的艇，只要它们为部分甲板艇(如3.1.6中的定义)，符合7.6的抗风试验的要求并满足表3中任选项4的下沉进水高度的要求，则可免除此试验。

本试验应采用B.2和B.4.3中所述实艇试验方法，或者采用附录D对于相同的状态和装载的计算方法进行。

若使用浮性材料或浮性器材，则应符合附录C要求。

7.4 倾覆复原试验

7.4.1 应按6.6.1～6.6.9进行倾覆复原试验，且需作下列附加准备：

a) 前帆和后帆应升起并固定；

b) 应放下中披水板或龙骨。

注：帆艇采用6.6.7时，倾覆的可能性也可以用类似于以下的术语表述：

——“本艇有很好的耐倾覆能力，如果合理地操纵，除非在恶劣情况下，不太可能倾覆”；或

——“如果谨慎驾驶，该艇在正常使用中不易倾覆，但帆的面积要调节得适合于盛行风的情况，且主帆帆脚索未被系住。”。

7.4.2 通过上述试验的艇应按制造厂的判断定为设计类别C或D，且应在显著位置永久性地标以图6中所示的符号。

图6 警告符号

7.5 撞倒复原试验

7.5.1 本试验用于验证艇受撞击后能否在无辅助力的情况下复原至正浮状态。可通过实艇试验或按7.5.5进行计算予以验证。

7.5.2 试验应在静水中进行，艇应处于空艇状态，艇上人员、有自由液面的水或其他试验重物的总质量不小于乘员限额总质量。除非能固定在较低的位置，且在艇主手册中作适当的说明，否则帆应降下且予以堆置，中披水板或龙骨应升起。如果采用人员，则他们应如图7所示在桅放开前定位。如果采用水或其他重物，则应设置在艇内。如果当艇按7.5.3或7.5.4横倾时，水不能保持，则不能使用水。

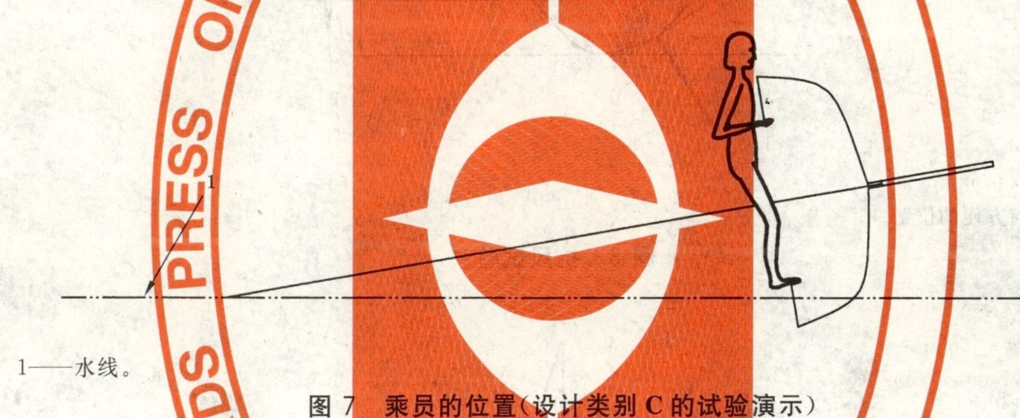

1——水线。

图7 乘员的位置(设计类别C的试验演示)

7.5.3 对设计类别C，应把艇快速翻转，直至其桅顶与水面接触，并在60 s后放开。该艇可能开始进水，只要该艇迅速回复至接近正浮位置，且该艇并未沉没，其剩余干舷能使该艇泵出或戽出水，则此艇是合格的。乘员的纵向位置可任选，以确保泵出或戽出水时该艇具有足够的剩余干舷。

7.5.4 对设计类别D，应把艇快速翻转，直至其桅为水平，并在10 s后放开。该艇可能开始进水，只要该艇迅速回复至接近正浮位置，且该艇并未沉没，其剩余干舷能使该艇泵出或戽出水，则此艇是合格的。乘员的纵向位置可任选，以确保泵出或戽出水时该艇具有足够的剩余干舷。

7.5.5 在初始横倾角下其扶正力矩为正值，只要假定至舱室的主要通路的舱口是完全敞开的，且对于下沉进水，水可进入任何处所，可用计算代替实艇的试验。

7.5.6 如果左舷和右舷下沉进水特性并不相同，则应在最危险的方向进行此试验。如果不能判定哪个方向最危险，则应两个方向都要进行试验。

7.6 抗风试验

7.6.1 本试验用于验证当帆艇受到与其设计类别相当的稳态风速而横倾时，该艇不会开始进水。

7.6.2 使艇处于空艇状态，将一个人或75 kg的重物置于艉舱底板的中线上来代替一名位于舵轮区范围内的乘员。除非能固定在较低的位置，且在艇主手册中作适当的说明，否则帆应堆置，以备升起，且中披水板或龙骨应升起。

7.6.3 对艇施加横倾力偶(例如采用图8所示方法)，且注意保持两线平行，直到下列情况之一首先发生：

——艇开始灌水；或

——载荷 T 和相应的横倾角满足所期望的风速的程度；或

——艇达到 45°横倾；或

——多体艇的一个艇体甲板开始浸水。

注：本试验中，桅可作临时的增强或固定。采用两根位于桅前和桅后的水下约束绳索可使艇偏航的趋势减至最小。

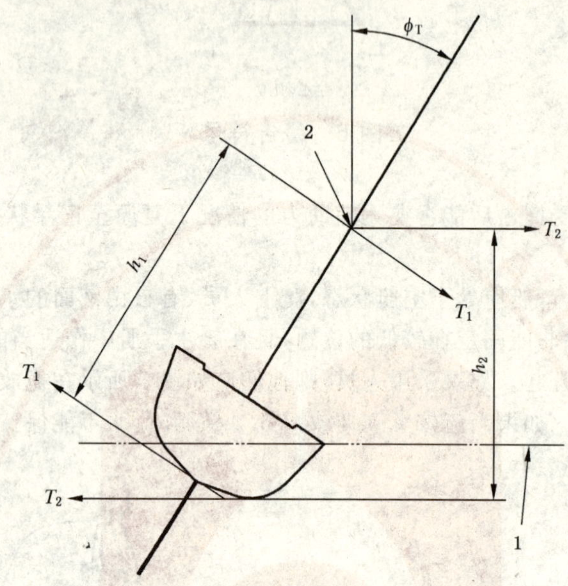

1——水线；

2——任何方便的位置。

图 8　抗风试验

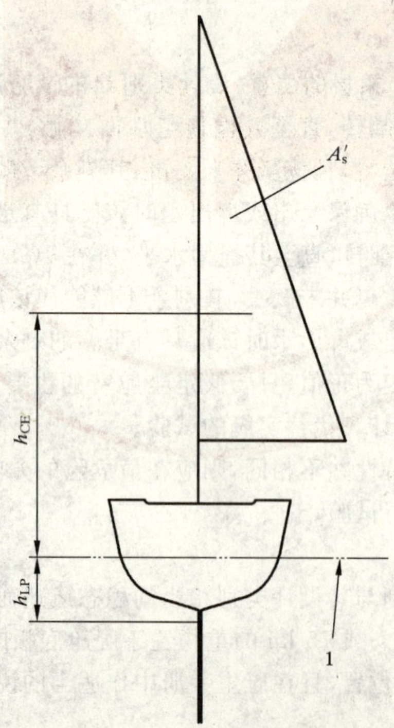

1——水线。

图 9　h_{CE} 和 h_{LP} 的尺寸

7.6.4　确定横倾力臂高度 h(m)，张力 T(kg)和横倾角 ϕ_T(°)。

7.6.5　产生此横倾角所需的稳定风速（m/s）按下式计算：

$$计算风速(m/s)=\sqrt{\frac{13hT+390B_H}{A'_S(h_{CE}+h_{LP})(\cos\phi_T)^{1.3}}}$$

式中：

A'_S——标准的帆平面图的实际轮廓投影面积，单位为米(m)；

h_{CE}——为艇正浮时水线以上 A'_S的几何中心的高度，单位为米(m)；

h_{LP}——水下艇体和龙骨/中拔水板以及舵的横剖面几何中心至水线的高度，单位为米(m)。

注：h_{CE}和 h_{LP}已在图 9 中表示。

7.6.6　另一种方法是通过把扶正力矩曲线与风的横倾力矩曲线相比较，完全采用计算确定上述的稳态风速。每一横倾角的艇体扶正力矩应通过对于上风乘坐的一位乘员以 $294B_H\cos\phi$(N·m)的容许量予以增加。风的横倾力矩(N·m)应按下式计算：

$$0.75v_W{}^2A'_S(h_{CE}+h_{LP})\ (\cos\phi)^{1.3}$$

式中：

v_W——风速，单位为米每秒(m/s)。

7.6.7　如果计算风速不小于 6 m/s，则该艇的设计类别应定为 D，而若计算风速不小于 11 m/s，则该艇的设计类别应定为 C。

7.6.8　如果艇不能以满帆满足 7.6.7 的要求，而若在缩帆时满足这些要求，则可定为设计类别 C 或 D，只要：

——此已缩起的帆的面积不小于 7.6.5 中所规定的 A'_S的三分之二；

——在艇主手册中清晰地说明必须缩帆的蒲氏风级；和

——在主控制位置上显示出在图 6 中所示的警告符号。

8　应用

8.1　确定设计类别

根据稳性和浮性最后确定设计类别，应符合 6.1 和/或 7.1 所要求的对该艇有关的所有试验要求。

8.2　设计类别的含义

8.2.1　定为设计类别 C 的艇是在有义波高不高于 2.0 m 和典型稳态风力为蒲氏不大于 6 级航行的艇。这些条件可在通海的内陆水域、河口海湾和中等气候条件的沿海水域中遇到。假定风力为 17 m/s 的大风。

8.2.2　定为设计类别 D 的艇是在偶发波高为 0.5 m，且典型稳定风力为蒲氏不大于 4 级航行的艇。这些条件可在遮蔽的内陆水域和在良好气候的沿海水域中遇到。假定风力为 13 m/s 的强风。

8.2.3　有义波高系指三分之一的最大波高的平均高度，由有经验的观察者近似地估计得出。某些波将为此高度的 2 倍。

附 录 A
（规范性附录）
要求的下沉进水高度的计算方法

除采用图 2 外，也可按以下方法计算所要求的下沉进水高度。任何情况下，均应采用表 A.1 中所列限值。

表 A.1 要求的下沉进水高度的限值 单位为米

设计类别	C	D	D
任选项	1～4、6、10、11	1～4、6、10、11	5
$h_{D(R)}$ 应不小于	0.3	0.2	0.4
$h_{D(R)}$ 应不大于	0.75	0.4	—

按下式分别计算每一下沉进水开口所要求的下沉进水高度($h_{D(R)}$)：

$$h_{D(R)} = H_1 \times F_1 \times F_2 \times F_3 \times F_4 \times F_5$$

式中：

$H_1 = L_H/15$。

F_1——开口位置系数(在 0.5 与 1.0 之间变化)：

当下沉进水开口在艇的周边，$F_1=1.0$。例如对无甲板的开敞式艇，或者对在顶端的开口：

$F_1=(1-x_D/L_H)$或$(1-y_D/B_H)$，取大者，见图 A.1。

式中：

x_D——从艇首或艇尾的尖端至下沉进水开口之间的纵向距离(取小者)；

y_D——从艇的舷缘至下沉进水开口之间的最小横向距离。

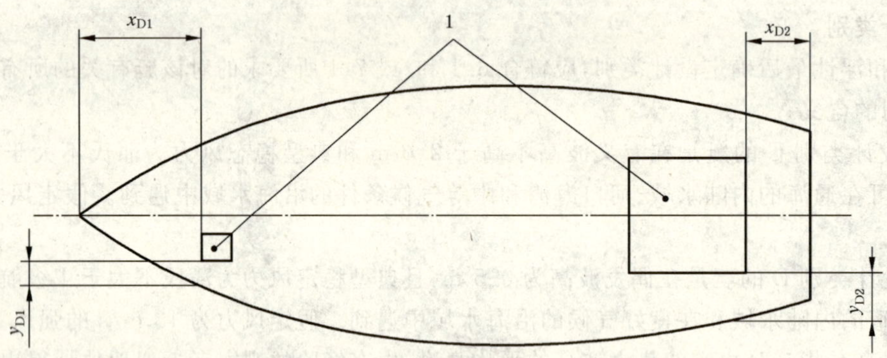

1——下沉进水开口。

图 A.1 x_D 和 y_D 的尺寸

F_2——开口尺寸系数(在 0.6 与 1.0 之间变化)：

$F_2 = 1.0$，当 $a \geqslant (30L_H)^2$

式中：

a——直至任一下沉进水开口顶端的各开口的合计面积，单位为平方毫米(mm²)。

$$F_2 = 1 + \frac{x'_D}{L_H}\left[\frac{\sqrt{a}}{75L_H} - 0.4\right]，如\ a < (30L_H)^2$$

式中：

x'_D——艇尾的开口至 L_H 前端的距离。

F_3——凹体尺寸系数，大于 0.7，但不大于 1.2。

$F_3 = 1.0$，如开口并不是一个凹体；否则

$F_3 = 0.7$，如凹体为快速泄水者；

$F_3 = 0.7 + k^{0.5}$

式中：

$k = V_R / (L_H B_H F_M)$

式中：

V_R——非快速泄水凹体的容积，单位为立方米(m^3)。

F_4——“排水量系数”(一般在 0.7 与 1.1 之间变化)：

$$F_4 = \left[\frac{10\ \nabla}{L_H B^2}\right]^{1/3}$$

式中：

∇——在满载排水状态下的排水容积，$\nabla = m_{LDC}/1025$；

B 为 B_H(对单体艇)和 B_{WL}(对双体艇和三体艇)。

F_5——浮性系数：

对采用任选项 1 和 3 的艇，$F_5 = 0.8$，见表 3；

对采用任选项 6 的艇，$F_5 = 0.9$；

对采用任选项 2、5、10 和 11 的所有艇，$F_5 = 1.0$；

对采用任选项 4 的艇，$F_5 = 1.25$。

附 录 B
（规范性附录）
漂浮试验方法

B.1 一般要求

应采用B.2、B.3和B.4中所述的方法，通过实艇试验，或用等效的计算来完成。

B.2 试验条件

在试验期间，艇应在静水中，处于空艇状态，且准备如下：

a) 应在中心线 $L_H/2$ 处的内部甲板上加一相当于最大总载荷中所包括的贮藏品和设备的干重25％的质量。

b) 应在正确位置放置合适的重物，以代替易损坏的设备(如发动机)。

c) 对于舷外机，应采用制造厂推荐的最大功率。表B.1和表B.2的第2栏和第4栏列出了与汽油发动机的功率相当的适用替代物质量。在艇主手册中有记载，则应使用更大的质量。对于柴油机、舷外喷水推进装置或舷外电力推进装置，如果它们是作为标准件供应时，应采用其实际干重86％的质量，对带舷外机和不带舷外机均可使用的艇，应在两种情况下均进行试验。

d) 对于舷内发动机，替代物应是铅、钢和铁，质量相当于发动机和艉部驱动装置已安装部分干重的75％。

e) 替代物的重心位置应尽可能与实际发动机相同。

f) 便携式燃油箱应取下，固定式燃油箱或者取下，或者注满油或水。

g) 应打开所有艉舱和类似的在艇运行中通常是打开的泄水孔。在艇靠岸时用于排空剩水的泄水孔塞应当在位。

h) 整个试验期间应注意除去除空气柜或空气瓶中以外的截留空气。

i) 对与艇结构构成整体、且不满足附录C对空气柜要求的空舱应予打开，以使其灌满水。

j) 拟设置功率大于3 kW的发动机，结构上有薄板状、粘接、焊接或螺栓连接接缝的整体式空气柜，且空气柜不符合附录C中的增强压力试验的艇，在试验期间应按表B.3有若干向大气开放的空气柜。

表B.1 单台动机装置的质量

发动机功率 kW	发动机+控制器 kg		蓄电池 kg	
栏	1	2	3	4
	干	灌水	干	灌水
0～1.9	13.0	11.2	—	—
2.0～3.6	23.0	19.8	—	—
3.7～5.8	32.0	27.5	—	—
5.9～6.9	42.0	36.1	9.1	5.0
7.0～13.9	54.0	46.4	20.4	11.3
14.0～17.9	63.0	54.2	20.4	11.3
18.0～28.9	82.0	70.5	20.4	11.3

表 B.1(续)

发动机功率 kW	发动机+控制器 kg		蓄电池 kg	
栏	1	2	3	4
	干	灌水	干	灌水
29.0～43.9	121.0	104.1	20.4	11.3
44.0～54.9	157.0	135.0	20.4	11.3
55.0～83.9	187.0	160.8	20.4	11.3
84.0～186.0	235.0	202.1	20.4	11.3
>186	257.0	221.0	20.4	11.3

注：功率(kW)=英制马力×0.745 7；
英制马力=功率(kW)×1.341；
功率(kW)=米制马力×0.735 5；
米制马力=功率(kW)×1.360。

表 B.2 双台发动机装置质量

发动机总功率 kW	发动机+控制器 kg		蓄电池 kg	
栏	1	2	3	4
	干	灌水	干	灌水
28.0～35.9	126.0	108.4	40.8	22.7
36.0～57.9	164.0	141.0	40.8	22.7
58.0～87.9	242.0	208.1	40.8	22.7
88.0～109.9	314.0	270.0	40.8	22.7
110.0～167.9	374.0	321.6	40.8	22.7
168.0～372.0	470.0	404.2	40.8	22.7
>372.0	514.0	442.0	40.8	22.7

表 B.3 应打开的空气柜的数量

空气柜的总数	应打开数
≤4	最大的1个
>4～8	最大的2个
>8	最大的3个

B.3 灌水下沉稳性试验

B.3.1 依次在该艇的舷边四个位置悬挂一个干重为($6dCL$)kg，但不少于($15d$)kg 的金属试验重物。这四个位置应在距该艇两端为 $L_H/3$ 处(如图 B.1 所示)或者在艉舱两端处(若该悬挂点更靠近舯部)。除 B.2 中所要求者外，在试验期间该艇中应无其他试验重物。

B.3.2 d 为计算试验重物浮力的系数，如表 B.4 中所列。若试验重物并非全部为相同的材料，则计算应近似为：

$$m_L/1.098+m_{CI}/1.161+m_A/1.601=6CL$$

式中：

m_L——铅重物的质量，单位为千克(kg)；

m_{CI}——为铸铁重物的质量，单位为千克(kg)；

m_A——为铝重物的质量，单位为千克(kg)。

B.3.3 作为对在舷边悬挂试验重物的替代，可采用在该艇内座椅面板上放置各重物或人员，以给艇施加一等效的横倾力矩(当该艇处于正浮状态时进行计算)。如果在艇横倾时不会浸水，则可只使用人员。

B.3.4 依次在每一位置悬挂重物，通过 L_H 中点附近的舷缘或围板上某一位置施加向下的力，直至该护舷材或围板的最深点在水面以下 0.1 m～0.3 m 之间，使艇灌水下沉。使艇保持在此位置，直至艇内外的水面相平，或保持 5 min(取小者)，然后去除施加在此艇上的力。

注：这通常对以这种方法使艇灌水下沉之前的部分注水有帮助。

B.3.5 对试验重物的每一位置，在 5 min 后，该艇横倾应不大于 45°。

表 B.4 材料系数

材料	铅	65 黄铜/35 黄铜	钢	铸铁	铝
d	1.099	1.138	1.151	1.163	1.612

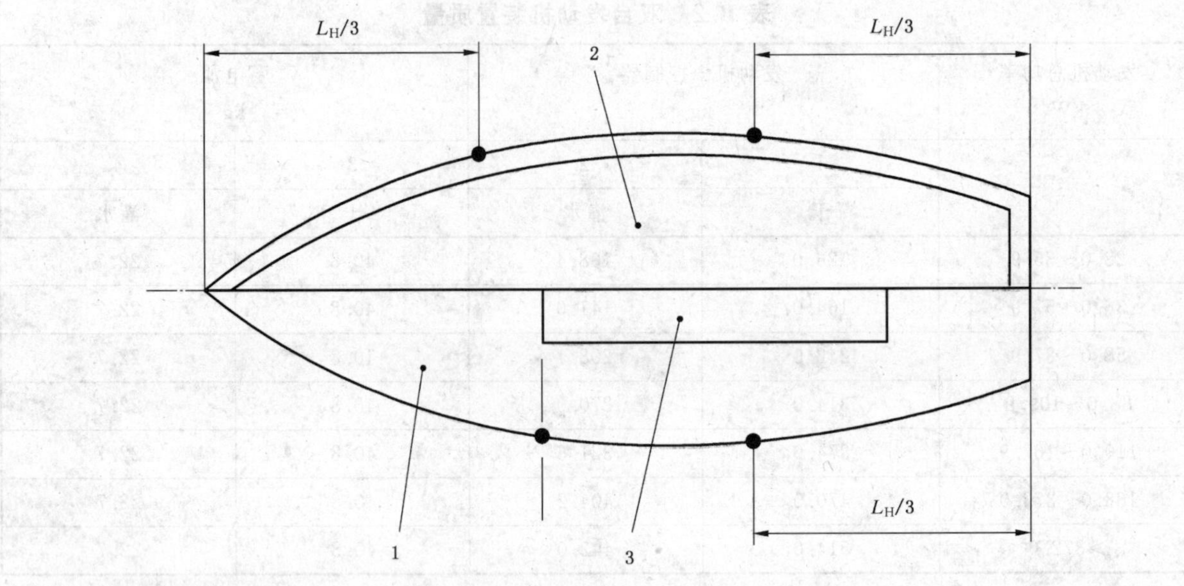

1——甲板；

2——开敞式艇；

3——尾舱。

图 B.1 试验重物放置位置

B.4 灌水下沉浮性试验

B.4.1 一般要求

L_H< 4.8 m 的艇应满足 B.4.2 和 B.4.3 中试验要求。

L_H≥4.8 的艇应满足 B.4.3 中试验要求。

B.4.2 一人试验

B.4.2.1 在艇的内底上装载干重为 $75d$ 的金属试验重物。如果浸水在膝部以下，则可用一名人员来代替试验重物，条件是总干重不小于 82.5 kg。重物可置于为满足 B.4.2.3 要求的任何纵向位置。

B.4.2.2 通过在 L_H 中点附近的舷缘上某一位置施加向下的力，直至该舷缘或围板的最深点在水面以下 0.1 m～0.3 m，使艇灌水下沉。使艇保持在此位置，直至艇内外的水面相平，或保持 5 min(取小者)，然后去除施加在此艇上的力。

注：这通常对于以这种方法使艇灌水下沉之前的部分注水有帮助。

B.4.2.3 在 5 min 后，应验证此艇的剩余干舷和一名人员的相应位置能使此人员泵出或戽出艇内的水。

B.4.3 载荷试验

B.4.3.1 按表 B.5 中所列的乘员限额(CL)，在艇的内底上，接近艇员区域的中心均匀地装载金属试验重物。该区域在灌水下沉水线以上应有 0.6 m 的最小顶部净空。作为替代，如果浸水在膝部以下，则可用人员来代替试验重物，条件是总干重不小于所要求的试验重物的质量(假定取 d 为 1.1)。

表 B.5 载荷试验重物的质量

单位为千克

设计类别	C	D
干重大于	$d(60+15CL)$	$d(50+10CL)$

B.4.3.2 通过在 L_H 中点附近的舷缘上某一位置施加向下的力，直至该舷缘或围板的最深点在水面以下 0.1 m～0.3 m，使艇灌水下沉。使艇保持在此位置，直至艇内外的水面相平，或保持 5 min(取小者)，然后去除施加在此艇上的力。

注：这通常对于以这种方法使艇灌水下沉之前的部分注水有帮助。

B.4.3.3 要求满足平稳浮性标准的艇在 5 min 后，应近似地使其舷缘或围板(包括通过船首或船尾者)顶部三分之二以上保持在水面以上。

B.4.3.4 要求满足基本浮性标准的艇应在 5 min 后继续漂浮，但可以任何姿态漂浮。

注：在表 B.6 中列出了 B.3.1 和 B.4.3.1 中所列公式的值。

表 B.6 试验重物的质量

单位为千克

乘员限额(CL)	1	2	3	4	5	6	7	8	9	10
$6d$ CL，最小为 $15d$	$15d$	$15d$	$18d$	$24d$	$30d$	$36d$	$42d$	$48d$	$54d$	$60d$
$d(60+15CL)$	$75d$	$90d$	$105d$	$120d$	$135d$	$150d$	$165d$	$180d$	$195d$	$210d$
$d(50+10CL)$	$60d$	$70d$	$80d$	$90d$	$100d$	$110d$	$120d$	$130d$	$140d$	$150d$

附 录 C
(规范性附录)
浮性材料和器材

C.1 要求

第3章中所定义的浮性器材应符合表C.1中的要求。其他类型的浮性器材应遵循相同的原则来评定。

艇上那些主要不是用来提供浮力,但或多或少具有浮力特性的材料和部件无需符合本附录中的要求。

表 C.1 对浮性器材的要求

性 能	空气柜	空气瓶	充气囊/环	低密度材料
气密性	RT	RT	R	—
坚固性和防护性	R	R	R	R
泄水性	R	R	—	—
耐阳光或防阳光照射	—	R	R	R
设置一个充气点	—	—	R	—
耐温−40℃~60℃	—	—	—	R
吸水率最大为8%(以体积计)	—	—	—	R
固定可靠	—	R	R	R
密封性或耐各种溶液	—	—	R	R
标签:"不得戳破——空气柜/瓶/囊"	R	R	R	—

注1:R表示要求该特性,但不必经制造厂作专项试验。
注2:RT表示要求该特性,且需由制造厂进行试验。

C.2 试验

如果采用空气柜或空气瓶,则其应经受在初始超压时进行的压力试验,且在30 s内压力降的许可值如表C.2中所示。

表 C.2 试验压力

状 态	基本压力试验	增强压力试验
在浮性试验中要求打开的舱室	如B.2 j)中所述	无
初始超压	1.25 kPa(125 mm水柱)	2.5 kPa(250 mm水柱)
在30 s内的最大压力降	0.75 kPa(75 mm水柱)	1.0 kPa(100 mm水柱)

在上述试验期间,指定用于释放由于环境温度变化产生的气压的透气孔可暂时予以密封,只要它们的位置,在附录B的浮性试验期间或者在7.4或7.5所要求的试验期间不致改变舱柜的有效性。

在按ISO 2896:2001浸水8天后,低密度材料的吸水率(以体积计)应不大于8%。对符合IMO的MSC.81(70)决议的材料,应认为满足此要求。

附　录　D
（规范性附录）
基本漂浮要求的计算方法

D.1　引言

D.2 提出符合基本漂浮要求的计算方法，用于表示当进水或翻转的艇完全浸没于水中时，由艇体结构、设备和浮性器材所获得的浮力超过了用于支持按 B.2 配备和按 B.4.3 装载的艇的质量所要求的值，并有规定的裕度。

D.2　方法

D.2.1　根据各种不同材料的质量和密度，采用下式来计算该艇的各种不同器材的体积：

$$V=m/\rho$$

式中：

V——器材的体积，单位为立方米（m^3）；

m——该器材的质量，单位为千克（kg）；

ρ——该器材的密度，单位为千克每立方米（kg/ m^3）。

D.2.2　通过将下列各项的体积相加计算该艇的总浮力容积：

——艇体结构（见表 D.1）；

——发动机和其他附件及设备（见表 D.1）；

——固定式燃油舱、水舱或其他贮存液舱以及蓄电池的总体积；及

——符合附录 C 各项要求的空气柜或空气瓶的总体积。

不应包括密封在内的空气层、艇员、桅杆或帆和索具（并非贮存于甲板以下者）的体积值。

D.2.3　结果应为：

$$V_B > \frac{m_{TEST}}{930}$$

式中：

V_B——在 D.2.2 中计算的艇总浮力体积，单位为立方米（m^3）；

m_{TEST}——按 B.2 配备和按 B.4.3 装载的艇的质量，单位为千克（kg）。

D.3　材料密度

在计算部件体积时应采用表 D.1 中的密度。

表 D.1　材料密度　　单位为千克每立方米

材　料	密　度	材　料	密　度
铅	11 400	玻璃纤维增强材料层压板	1 500
青铜	8 900	浮性泡沫材料	50
黄铜(65/35)	8 450	结构泡沫材料	80
钢	7 800	轻木芯材	150
铸铁	7 300	橡木	770
铝合金	2 700	柚木	640

表 D.1(续)　　单位为千克每立方米

材　料	密　度	材　料	密　度
桃花心木	550	汽油机	4 000
各种设备	2 000	舷外机	3 000
食物和其他备品	2 000	帆驱动支架	3 000
堆置帆和索具	1 200	艉机驱动支架	3 000
玻璃窗	2 500	胶合板	600
塑料窗	1 200	洋红杉	370
柴油机	5 000	云杉	430

附 录 E
(规范性附录)
艇主手册的内容

E.1 一般内容

在 GB/T 19917—2005 中所规定的艇主手册中应包括以下与其设计类别相适应的稳性内容。

已用于评定稳性和浮力的最大总载荷,包括:

——制造厂推荐的最大载荷 .... kg;

——装至固定式舱柜最大容量的燃油、淡水或其他液体 .... kg;

——最大总载荷 .... kg。

评定该艇的稳性时假定:

——空艇状态下该艇的质量为 .... kg;

——舷外发动机的最大推荐质量 .... kg;

——所有标准配置设备已在艇上。

E.2 特定内容

如适用,应在艇主手册中包括如下内容:

a) 重要:本艇仅拟在中拔水板或抗漂龙骨锁定在较低位置时航行(稳性仅在此条件下进行评定,见 7.5.2 和 7.6.2)。

b) 以下开口标以“水密关闭——在航行中保持关闭”,且应注意遵照此警告:(插入有关开口位置清单)(当按 6.2.1.1 要求时,应插入文字)。

c) 本艇业经评定,确定其在灌水下沉后仍能支承其所乘艇员(当满足 6.4、6.5、6.6、7.3 或 7.4 的要求时)。

d) 本艇在倾覆后拟由艇员完成复原。所需最小艇员质量为 ...... kg,且推荐采用以下复原方法:(插入适当方法)。在正常环境条件下使用时,该艇倾覆的可能性为 ...... (采用 6.6 或 7.4)。

e) 如果进行超过其限值的航行,本艇可能灌水下沉或倾覆。如果发生此情况,应努力使其不沉没。如果平均风力超过蒲氏 ...... 级,应减小工作帆的面积。应特别注意阵风状态(采用 7.6,即表 6 的任选项 9 或 11)。

附 录 F
(资料性附录)
要求的汇总

根据稳性和浮性确定设计类别，该艇符合 6.1 的所有要求，这些要求汇总于表 F.1 中，或符合 7.1 所规定的所有要求，这些要求汇总于表 F.2 中。

表 F.1 对非帆艇要求的汇总

结构或要求											
	任选项编号	1		2		3	4		5	6	
	设计类别	C	D	C	D	D	C	D	D	C	D
	适用艇长	≤6 m					4.8 m～6 m				
甲板设置或覆层的程度	任何量值	√	√	—	—	√	—	—	√	√	√
	部分甲板	—	—	—	—	—	√	√	—	—	—
	全甲板	—	—	√	√	—	—	—	—	—	—
要求的下沉进水高度（采用图 2）	应不小于	—	0.20	0.30	0.20	0.20	0.40	0.343	—	0.32	0.282
	应不小于	0.30	$L_H/24$	$L_H/17$	$L_H/20$	$L_H/24$	$L_H/12$	$L_H/14$	0.40	$L_H/15$	$L_H/17$
	不必大于	—	0.25	0.353	0.30	0.25	0.50	0.40	—	0.40	0.353
下沉进水高度（采用附录 A）	应不小于	0.30	0.20	0.30	0.20	0.20	0.30	0.20	0.40	0.30	0.20
	不必大于	0.75	0.40	0.75	0.40	0.40	0.75	0.40	—	0.75	0.40
偏移载荷试验（6.3）	每人所用的质量/kg $L_H \geq 4.8$ m	75	75	75	75	—	75	75	75	75	75
	每人所用的质量/kg $L_H < 4.8$ m	75	$15.63L_H$	75	$15.63L_H$	—	—	—	—	—	—
	剩余干舷/m>	0.10	0.01	0.10	0.01	—	0.15	0.01	0.25	0.10	0.01
	横倾角限值（表 5）	—	—	√	√	—	—	—	—	—	—
要求的漂浮试验	平稳(6.4)	√	√	—	—	—	—	—	—	—	—
	基本(6.5)	—	—	—	—	—	—	—	—	√	√
	无要求	—	—	√	√	√	√	√	√	—	—
倾覆复原试验（6.6）	进行试验	—	—	—	—	√	—	—	—	—	—
	警告牌	—	—	—	—	√	—	—	—	—	—

表 F.2　对帆艇要求的汇总

结构或要求	任选项编号	7	8	9		10		11	
	设计类别	C和D	C和D	C	D	C	D	C	D
甲板设置或覆层	任何量值	√	√	√	√	—	—	—	—
	全甲板	—	—	—	—	√	√	√	√
要求的下沉进水高度（采用图2）	应不小于	—	—	—	—	—	0.20	—	0.20
	应不小于	—	—	—	—	0.30	$L_H/24$	0.30	$L_H/24$
	不必大于	—	—	—	—	—	0.25	—	0.25
下沉进水高度（采用附录A）	应不小于	—	—	—	—	0.30	0.20	0.30	0.20
	不必大于	—	—	—	—	0.75	0.40	0.75	0.40
要求的浮性试验	基本(7.3)	—	√	√	√	—	—	—	—
	无要求	√	—	—	—	√	√	√	√
倾覆复原试验(7.4)	进行试验	√	—	—	—	—	—	—	—
	警告牌	√	—	—	—	—	—	—	—
撞倒复原试验(7.5)		—	√	—	—	√	√	—	—
抗风试验(7.6)	进行试验	—	—	√	√	—	—	√	√
	计算风速/(m/s)≥	—	—	11	6	—	—	11	6

附 录 G
（资料性附录）
工 作 表 格

提供下列工作表格，以有助于按 GB/T 20895 的本部分对艇进行系统的评定。

艇体长度小于 6 m 的艇

计算表格 1

设计：

拟定的设计类别：	单体艇/多体艇：			
项　　目	符号	单位	数值	参见
艇体长度	L_H	m		GB/T 19916—2005
质量：				
最大总载荷：				3.3.2
要求的乘员限额	CL	—		3.4.2
质量包括：				
要求的乘员限额，每人以 75 kg 计		kg		
供应品＋私人物品		kg		
淡水		kg		
燃油		kg		
艇上所载其他液体		kg		
备品、备件和货物（如有）		kg		
不在基本舾装件之列的任选的设备和附件		kg		
充气式救生筏		kg		
艇上所载其他小艇		kg		
为未来添加的裕度		kg		
最大总载荷＝以上质量的总和	m_{MTL}	kg		3.3.2
空艇状态质量	m_{LCC}	kg		3.3.1
满载排水质量＝$m_{LCC}+m_{MTL}$	m_{LDC}	kg		3.3.3

艇是帆艇或非帆艇？				
标称帆面积	A_S	m^2		GB/T 19916—2005
帆面积/排水量的比＝$A_S/(m_{LDC})^{2/3}$		—		5.2
归类于（如 $A_S/(m_{LDC})^{2/3}<0.07$，则为非帆艇）　帆艇/非帆艇？				5.2

若为非帆艇，则转至工作表格 2。
若为帆艇，则转至工作表格 3。

计算表格 2　非帆艇应进行的试验

问　　题	回答	参见
艇为全甲板吗？　（参见条文中的定义）　　是/否？		3.1.5
艇为部分甲板吗？（参见条文中的定义）　　是/否？		3.1.6

项　　目	符号	单位	数值	参见
艇体长度	L_H	m		GB/T 19916—2005
艇体宽度	B_H	m		GB/T 19916—2005

选择下列任选项中的任一项，且采用对该任选项所指定的所有工作表格。

任选项编号	1[a]	2	3[a]	4	5	6[a]
适用的艇体长度	≤6.0 m			4.8 m～6.0 m		
可能的设计类别	C 和 D	C 和 D	D	C 和 D	仅为 D	C 和 D
适用的发动机功率	任何量值	任何量值	≤3 kW	任何量值	任何量值	任何量值
适用于下列类型的发动机装置	任何	任何	任何	任何	任何	仅为艇内机
甲板敷层或覆盖	任何量值	全甲板[b]	任何量值	部分甲板[c]	任何量值	任何量值
下沉进水高度试验	4[d] 或 5[d]	4 或 5	4 或 5	4 或 5	4 或 5	4 或 5
偏移载荷试验	6	6	—	6	6	6
漂浮标准	平稳	—	—	—	—	基本
漂浮试验	7	—	—	—	—	7 或 8
浮性器材	附录 C	—	附录 C	—	—	附录 C
倾覆复原试验	—	—	9	—	—	—

[a] 选用任选项 1、3 和 6 的艇，在按其设计类别使用时，被认为是易灌水下沉的。

[b] 此术语在 3.1.5 中已定义。

[c] 此术语在 3.1.6 中已定义。

[d] 若在做 6.4 的灌水下沉试验时，艇能支承相当于最大总载荷的 133% 的干重，或者当艇在空艇状态下从正浮横倾至 90°时，该艇不会进水，则此项试验可不再进行。

所选择的任选项	

计算表格 3　帆艇应进行的试验

<table>
<tr><th colspan="3">问　题</th><th>回答</th><th>参见</th></tr>
<tr><td colspan="3">艇为全甲板吗？　(参见条款中的定义)　　　　　　是/否？</td><td></td><td>3.1.5</td></tr>
<tr><td colspan="3">艇为单体吗？　　　　　　　　　　　　　　　　　是/否？</td><td></td><td></td></tr>
<tr><td>艇体长度</td><td>L_H</td><td>m</td><td></td><td>GB/T 19916—2005</td></tr>
<tr><td>空艇状态的质量</td><td>m_{LCC}</td><td>kg</td><td></td><td>3.3.1</td></tr>
<tr><td colspan="5">注：如果该艇也能用作非帆艇，则其也应进行按计算表格 2 所要求的相应的试验。</td></tr>
</table>

选择下列任选项中的任一项，且采用对该任选项所指定的工作表格。

任选项编号	7[a]	8[a]	9[a]	10	11
可能的设计类别	C和D	C和D	C和D	C和D	C和D
适用的艇体类型	所有	仅对单体艇	仅对单体艇	所有	所有
甲板敷层和覆盖	任何量值	任何量值	任何量值	全甲板	全甲板
下沉进水高度试验	—	—	—	4或5	4或5
漂浮标准　设计类别C	—	平稳	平稳[b]	—	—
漂浮标准　设计类别D	—	基本	基本[b]	—	—
漂浮试验　设计类别C	—	7	7[b]	—	—
漂浮试验　设计类别D	—	7或8	7[b]或8[b]	—	—
浮性器材	附录C	附录C	附录C	—	—
倾覆复原试验	9	—	—	—	—
撞倒复原试验	—	10	—	10	—
抗风试验	—	—	11	—	11

a　选用任选项 7、8 和 9 的艇，当按其设计类别使用时，被认为是易灌水下沉的。

b　对满足 7.3.1 或 7.3.2 中免除条件艇，不要求作漂浮试验。

所选择的任选项	

任选项 9 中免做漂浮试验条件。

问　题	回答	参见
满足对于设计类别 C 的例外条件吗？　　　是/否？		7.3.1
满足对于设计类别 D 的例外条件吗？　　　是/否？		7.3.2

计算表格 4　下沉进水

下沉进水开口：

问　　题	回答	参见
所有相应的下沉进水开口均已验证了吗？　是/否		6.2.1.1
所有关闭装置均符合 GB/T 19919—2005 的要求吗？　是/否		6.2.1.2
水线以上 0.2 m 以下未装设开口型装置(除非它们符合 ISO 9093 或 ISO 9094)？　是/否		6.2.1.3
可能的设计类别：C 或 D，如果所有前三项都为“是”		6.2.1

下沉进水高度：
(可选择使用计算表格 5)

要　　求			基本要求	小开口的缩减值	在舷外的缩减值	在艇首的增加值
适用于			任选项 1～6、10、11	任选项 1～6、10、11 但仅在采用图时	任选项 1、3	任选项 1、3、5、6
参见			6.2.2.2　a)	6.2.2.2　e)	6.2.2.2　c)	6.2.2.2　b)
从图 2 或附录 A 得到？				基准值×0.75	基准值×0.80	基准值×1.15
小开口的最大面积($50L_H^2$)(mm^2)						
要求的下沉进水高度 $h_{D(R)}$/m	图 2/附录 A	设计类别 C				
	图 2/附录 A	设计类别 D				
实际的下沉进水高度 h_D/m						
可能的设计类别						
根据下沉进水高度确定的可能的设计类别＝以上的最低的类别						

下沉进水高度：开始灌水下沉时舷外机艇。

问　　题	回　答	参　见
在发动机前面的人员的质量大于 75 kg 吗？　是/否		6.2.3
所安装的发动机的质量符合要求吗？　是/否		6.2.3
从水线至进水点的最小高度大于 0.1 m 吗？　是/否		6.2.3
注：对于在外部装有舷外机的所有艇，其上述所有各项的回答都应为“是”。		

计算表格 5　下沉进水高度

计算采用附录 A,假定使用任选项

项　　目	符号	单位	开口 1	开口 2	开口 3	开口 4
开口的位置：						
至艇首/艇尾的最小纵向距离	x	m				
至舷边的最小横向距离	y	m				
$F_1=(1-x/L_H)$或$(1-y/B_H)$,取大者	F_1	—				
开口的尺寸：						
位于任何下沉进水开口顶部的开口的合计面积	a	mm^2				
开口至艇前端的纵向距离	x'_D	m				
$a=(30\ L_H)^2$ 的限值		mm^2				
如果 $a\geqslant(30\ L_H)^2, F_2=1.0$； 如果 $a<(30\ L_H)^2, F_2=1+\frac{x'_D}{L_H}\left[\frac{\sqrt{a}}{75L_H}-0.4\right]$	F_2	—				
凹体的尺寸：						
按 GB/T 20896 并非自泄水的凹体的容积	V_R	m^3				
舯部干舷(见 GB/T 19916—2005)	F_M	m				
$k=V_R/(L_H B_H F_M)$	k	—				
如果开口不是凹体,$F_3=1.0$； 如果开口是快速泄水的,$F_3=0.7$； 如果开口不是快速泄水的,$F_3=(0.7+k^{0.5})$	F_3	—				
排水量： 满载排水体积($\nabla=m_{LDC}/1\ 025$)	∇	m^3				
对单体艇,$B=B_H$；对多体艇,$B=B_{WL}$	B	m				
$F_4=[(10\ \nabla)/(L_H\cdot B^2)]^{1/3}$	F_4	—				
浮性：						
对采用任选项 1 或 3 的艇,$F_5=0.8$； 对采用任选项 6 的艇,　$F_5=0.9$； 对所有其他艇,　$F_5=1.0$	F_5	—				
所要求的计算高度：$=F_1\ F_2\ F_3\ F_4\ F_5 L_H/15$	$h_{D(R)}$	m				
具有所采用限值的要求的下沉进水高度(见附表 A,表 A.1)　设计类别 C	$h_{D(R)}$	m				
具有所采用限值的要求的下沉进水高度(见附表 A,表 A.1)　设计类别 D	$h_{D(R)}$	m				
测得的下沉进水高度：	h_D	m				
可能的设计类别：						
以上各项中最低的一类为：						

计算表格 6　偏移载荷试验

问题/项目	符号	单位	回答	参见
被评估的任选项				表 3
乘员限额	CL	—		3.4.2
艇体长度	L_H	m		GB/T 19916—2005
用于代表每一人员的质量(=15.625L_H,但≤75)		kg		6.3.2.1
采用试验重物或人员?				6.3.1
除乘员外,"最大总载荷"中各项的质量		kg		6.3.2.2
加在一舷的 1 名人员的质量的位置				6.3.2.4
质量加在左舷或右舷时的最小干舷	F_{R1}	mm		6.3.2.5
加在一舷的 2 名人员的质量的位置				6.3.2.6
质量加在左舷或右舷时的最小干舷	F_{R2}	mm		6.3.2.7
加在一舷的 3 名人员的质量的位置				6.3.2.8
质量加在左舷或右舷时的最小干舷	F_{R3}	mm		6.3.2.8
加在一舷的 4 名人员的质量的位置				6.3.2.8
质量加在左舷或右舷时的最小干舷	F_{R4}	mm		6.3.2.8
加在一舷的 5 名人员的质量的位置				6.3.2.8
质量加在左舷或右舷时的最小干舷	F_{R5}	mm		6.3.2.8
加在一舷的 6 名人员的质量的位置				6.3.2.8
质量加在左舷或右舷时的最小干舷	F_{R6}	mm		6.3.2.8
加在一舷的 7 名人员的质量的位置				6.3.2.8
质量加在左舷或右舷时的最小干舷	F_{R7}	mm		6.3.2.8
加在一舷的 8 名人员的质量的位置				6.3.2.8
质量加在左舷或右舷时的最小干舷	F_{R8}	mm		6.3.2.8
从以上各项得出的剩余干舷的最小值	F_{RMIN}	mm		6.3.2.10
要求的剩余干舷,设计类别 C	F_{REQ}	mm		表 4
要求的剩余干舷,设计类别 D	F_{REQ}	mm		表 4
		可能的设计类别		

对采用任选项 2 进行评定的艇:

剩余干舷为最小时的人数			6.3.2.11
相应的艇的横倾角	(°)		6.3.2.11
要求的最大横倾角$=10+\frac{(24-L_H)^3}{600}$	(°)		6.3.2.11 和表 5
通过/不通过?			

计算表格 7　漂浮试验

附录 B 和附录 C　　　假定乘员限额(CL)＝

准备

项　目	单位	回答	参见
加上了相当于贮藏品和设备干重的 25% 的质量吗?	是/否		B.2　a)
装设艇内机或舷外机?			
如果装设艇内机,装设了正确的发动机替代质量吗?	是/否		B.2　d)
假定的舷外机功率	kW		B.2　c)
所装设的代表舷外机、控制器和蓄电池的质量	kg		表 B.1 和表 B.2
可移式燃油箱已取下和/或固定式油箱已注满油吗?	是/否		B.2　f)
尾舱泄水孔已打开和泄水孔塞已装设吗?	是/否		B.2　g)
除空气柜以外的空舱已打开吗?	是/否		B.2　i)
要求应予打开的整体式空气柜的数量			表 B.3
所使用试验重物的类型:铅、65/35 黄铜、钢、铸铁、铝			
材料系数 d			表 B.4

灌水下沉稳性试验(对平稳漂浮):

项　目	单位	回答	参见
试验重物的干重＝($6d$CL),但≥($15d$)	kg		表 B.6
依此在舷边 4 个位置中的每一点悬挂试验重物吗?	是/否		B.3.1
灌水下沉后 5 min,艇以小于 45°的横倾漂浮吗?	通过/不通过		B.3.4、B.3.5

灌水下沉漂浮试验(对平稳和基本漂浮):

项　目	单位	回答	参见
装载试验(对平稳和基本漂浮):			B.4.3
最大总载荷的质量 m_{MTL}	kg		3.3.2＋计算表格 1
评定的设计类别			
所采用的试验重物的干重	kg		表 B.5
灌水下沉后 5 min,艇按要求漂浮吗?	通过/不通过		B.4.3.3、B.4.3.4
1 人试验(仅对 L_H<4.8 m 的平稳漂浮艇)			B.4.2
采用试验重物或实际人员?			B.4.2.1
装载在艇内底上的试验重物/人员的质量	kg		B.4.2.1
灌水下沉后 5 min,艇的漂浮能泵出或戽出水吗?	通过/不通过		B.4.2.3

浮性材料与器材:

项　目	回答	参见
所有浮性器材都符合全部要求吗?　通过/不通过		表 C.1

所定的设计类别:注:在上述每一项相关试验中,艇应获得“通过”	

计算表格 8 基本漂浮要求

附录 D

目的：表明由艇体结构、设备和浮性器材所获得的浮力等于或超过为支承灌水下沉载荷试验所装载的艇所要求的值。

项　　目	质量 kg	密度 kg/m^3	体积=(质量/密度) m^3	参见
艇体结构：				
玻璃纤维增强塑料层压板		1 500		表 D.1
泡沫芯材		50		表 D.1
轻木芯材		150		表 D.1
胶合板		600		表 D.1
其他木材(类型——)				表 D.1
永久性压载(类型——)				表 D.1
紧固件和其他金属制品(类型——)				表 D.1
窗(玻璃/塑料)				表 D.1
发动机及其他附件和设备：				
柴油机		5 000		表 D.1
汽油机		4 000		表 D.1
舷外机		3 000		表 D.1
帆驱动支架或艉机驱动支架		3 000		表 D.1
桅和帆桁(材料——合金/云杉)				表 D.1
堆置的帆和索具		1200		表 D.1
食品和其他贮存品		2 000		表 D.1
其他设备		2 000		表 D.1
非整体式燃油柜(材料——)				表 D.1
非整体式水柜(材料——)				表 D.1
固定式柜和空气瓶的总体积：				
燃油柜				D.2.2
水柜				D.2.2
其他舱柜				D.2.2
满足附录 C 要求的空气柜或瓶				D.2.2
艇体、附件和设备的总体积，V_B=上述所有体积之和				D.2.2
按 B.2 和 B.4.3 进行准备和装载的艇的质量 m_{TEST}	kg			D.2.3
计算比值 m_{TEST}/V_B=				D.2.3
对任选项 1、6、8 或 9 $m_{TEST}/V_B<930$		是/否？		D.2.3

计算表格 9 倾覆复原试验

目的：用于验证艇能否在倾覆后，由乘员通过其身体的作用和/或通过专门设计并永久装于艇上的复原装置复原至正浮状态，使该艇继续漂浮，并检验所推荐的最小乘员质量对所用的复原方法是否足够。

项目	单位	数值	参见
要求的最少乘员数	—		6.6.5
要求的最小乘员质量	kg		6.6.5
艇已按 6.6.2～6.6.4 和 7.4.1 准备了吗？	是/否？		6.6.2～6.6.4 和 7.4.1
在完全倾覆时，艇漂浮多于 5 min 吗？	是/否？		6.6.4
扶正艇所需的时间(至少作 1～3 次尝试)/min			6.6.6
此时间小于 5 min 吗？	是/否？		6.6.6
一名 75 kg 的乘员上艇，艇漂浮时能泵出或戽出水吗？	是/否？		6.6.8
无需戽出水，全部乘员限额的人员上艇，艇大致为水平浮态，至少 2/3 的周边在水面上，能多于 5 min 吗？	是/否？		6.6.9
标以警告标志吗？	是/否？		6.6.10 或 7.4.2
艇主手册的内容： 在正常使用中出现倾覆的可能性：			
最有效的扶正方法：			
所要求的最少乘员数：	所要求的最小乘员质量： kg		
制造者推荐的设计类别：			

计算表格 10　撞倒复原试验

项　　目	符号	设计类别 C	设计类别 D	参见
试验方法： 乘员限额	CL			3.4.2
按 7.5.2 和图 7 进行艇的准备和人员定位了吗？	是/否？			7.5.2
采用水或其他重物来代替人员吗？				7.5.2
桅顶接触		水线	水平	7.5.3、7.5.4
桅顶保持其位置的时间为		60 s	10 s	7.5.3、7.5.4
放开后艇复原吗？	是/否？			7.5.3、7.5.4
艇漂浮时使其能泵出或戽出水吗？	是/否？			7.5.4
如果对上述每一项，艇都得出“是”，则其设计类别为“正确”				
替代的理论方法： 在以上所规定的横倾角时，GZ 是正的吗？	是/否？			7.5.5
	得出的设计类别：			

计算表格 11 抗风试验

试验方法：

项　　目	符号	单位	未缩帆	已缩帆	参见
按 6.6.2 进行艇的准备和重物定位吗？	是/否？				7.6.2
在约束绳索上的最终拉力	T	kg			7.6.4
在约束绳索与系泊绳索之间的垂直距离	h	m			7.6.4、图 8
实测的最终横倾角	ϕ_T	(°)			7.6.4
艇体宽度	B_H	m			GB/T 19916
帆的实际侧投影面积	A'_S	m^2			GB/T 20895.2—2007 的 3.4.9
从帆面积中心至水下侧向剖面中心的扶正力臂	$h_{CE}+h_{LP}$	m			7.6.5、图 9
计算风速 $=\sqrt{\dfrac{13hT+390B_H}{A'_S(h_{CE}+h_{LP})(\cos\phi_T)^{1.3}}}$	v_W	m/s			7.6.5
得出设计类别： 如果 $v_W \geqslant 11$ m/s，为设计类别 C；如果 $v_W \geqslant 6$ m/s，为设计类别 D					7.6.7
注：如果设计类别是根据缩帆面积得出的，则应在艇上固定警告标志。					

可替代的理论方法：

项　　目	符号	单位	未缩帆	已缩帆	参见
占上风坐的一位乘员使扶正力矩曲线增大吗？	是/否？				7.6.6
(从计算表格 3)选送的任选项					表 6
拟定的设计类别					
有关的计算风速	v_W	m/s			7.6.7
帆的实际侧投影面积	A'_S	m^2			7.6.5
从帆面积中心至水下侧向剖面中心的扶正力臂	$h_{CE}+h_{LP}$	m			7.6.5、图 9
计算：$0.75v_W^2 \quad A'_S(h_{CE}+h_{LP})$	M_{W0}	N·m			7.6.6
由通过 $294B_H\cos\phi$ 增大的扶正力矩曲线和风的横倾曲线[$=M_{WO}(\cos\phi)^{1.3}$]得出横倾角＝		(°)			7.6.6
$\phi<$艇开始进水时的角，且$<45°$吗？	是/否？				7.6.3
如果为“是”，得出的设计类别：					
注：如果设计类别是根据缩帆面积得出的，则应在艇上固定警台标志。					

计算表格 12 汇总

设计的说明：		
拟定的设计类别：	乘员限额：	日期：

表格	项 目		符号	单位	数值
1	艇体长度(按 GB/T 19916—2005)：		L_H	m	
	质量：				
	最大总载荷		m_{MTL}	kg	
	空艇状态质量		m_{LCC}	kg	
	满载排水质量＝m_{LCC}＋m_{MTL}		m_{LDC}	kg	
1	艇为帆艇或非帆艇？ 帆艇/非帆艇				
	注：如果艇为帆艇，但也可设置作为非帆艇使用，则应对两者进行检查。				
2 和 3	所选的任选项：				
4		单位	要求值	实际值	通过/不通过
	下沉进水开口：	满足所有要求吗			
4 或 5	下沉进水高度： 基本高度采用的表格				
	基本要求	m	≥		
	对小开口的缩减高度(仅适用于表格 4)	m	≥		
	在舷外的缩减高度(仅适用于任选项 1＋3)	m	≥		
	对艇首的增加高度(仅适用于任选项 1,3,5,6)	m	≥		
4	开始灌水下沉时舷外机艇： 满足所有要求吗？				是/否？
6	偏移载荷试验：				
	剩余干舷	m	≥		
	任选项 2 的艇：最大横倾角	(°)	＜		
7	漂浮试验：(仅适用于任选项 1,6,8 和 9)所有准备工作都完成了吗？ 是/否？				
	对于平稳漂浮的评定项目标以[a]，对基本漂浮者标以[b]				
	灌水下沉稳性[a]：在灌水下沉后 5 min，艇的横倾小于 45°吗？				
	装载试验[b]：灌水下沉后 5 min，艇以 2/3 的周边在水面以上平稳漂浮吗？				
	1 人试验[a]：灌水下沉后 5 min，艇的漂浮能戽出水吗？				
	浮性器材[b]：所有器材都符合所有要求吗？				
8	通过计算验证基本漂浮 m_{TEST}/V_B 的值		＜930		
9	倾覆复原试验：(仅适用于任选项 3＋7) 所有要求都满足吗？				
	制造者推荐的设计类别				
10	撞倒复原试验：(仅适用于任选项 8＋10) 通过/不通过？				
	所采用的方法——试验或理论的？				
11	抗风试验：(仅适用于任选项 9＋11) 设计类别 C v_W＝	m/s	≥11		
	采用了缩帆面积吗？(即：需要警告标志吗？)				
	设计类别 D v_W＝	m/s	≥6		
	采用了缩帆面积吗？(即：需要警告标志吗？)				
注：艇应通过适用于拟定设计类别所列任选项的所有要求。					
得出的设计类别：			评定者：		

参 考 文 献

[1] ISO 6185:2001(所有部分) 小艇 艇长小于8 m,最小浮力为1 800 N的充气艇
[2] ISO 13590:1997 小艇 个人艇 建造和系统安装要求

ICS 47.080
U 37

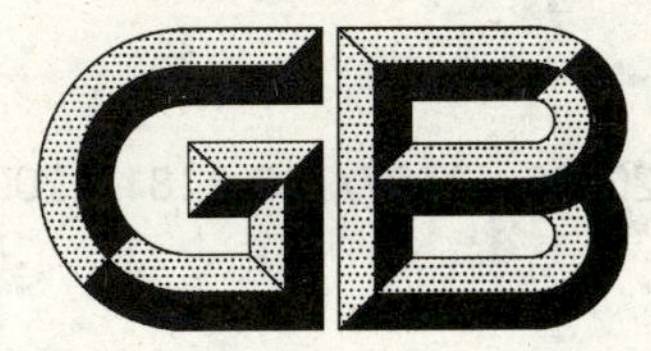

中华人民共和国国家标准

GB/T 20896—2007/ISO 11812:2001

小艇 水密艉舱和快速泄水艉舱

Small craft—Watertight cockpits and quick-draining cockpits

(ISO 11812:2001, IDT)

2007-03-26 发布　　2007-09-01 实施

中华人民共和国国家质量监督检验检疫总局
中国国家标准化管理委员会　发布

前　言

本标准等同采用 ISO 11812：2001《小艇　水密艉舱和快速泄水艉舱》(英文版)。

本标准等同翻译 ISO 11812：2001。

为便于使用,本标准做了下列编辑性修改：

——“本国际标准”一词改为“本标准”；

——用小数点“.”代替作为小数点的逗号“,”；

——删除国际标准的前言和引言。

本标准的附录 B、附录 C、附录 D 和附录 E 为规范性附录,附录 A 为资料性附录。

本标准由中国船舶工业集团公司提出。

本标准由全国小艇标准化技术委员会(SAC/TC 241)归口。

本标准起草单位:中国船舶工业集团公司第七〇八研究所。

本标准主要起草人:林德辉、张伟东。

小艇　水密艉舱和快速泄水艉舱

1　范围

本标准规定了在艇体长度不大于 24 m 的小艇上特指为“水密”或“快速泄水”的艉舱和凹体的要求。

本标准既不对艉舱或凹体的尺寸和形状提出要求，也不对其应在何时或何处被采用作出规定。只考虑通过重力泄水，而不是通过泵或其他方法泄水。

注 1：已选定“快速泄水艉舱”术语，以区别于通常理解的“自泄水艉舱”，后者的水可在某些条件下泄出舷外，但不规定泄水速度、底部或围槛的高度等。

注 2：在附录 A 中给出了单平面艉舱底部的示例。

2　规范性引用文件

下列文件中的条款通过本标准的引用而成为本标准的条款。凡是注日期的引用文件，其随后所有的修改单(不包括勘误的内容)或修订版均不适用于本标准，然而，鼓励根据本标准达成协议的各方研究是否可使用这些文件的最新版本。凡是不注日期的引用文件，其最新版本适用于本标准。

GB/T 19317.1—2003　小艇　通海旋塞及贯穿艇体附件　第 1 部分：金属件(ISO 9093-1:1994，IDT)

GB/T 19916—2005　小艇　主要数据(ISO 8666:2002,IDT)

GB/T 19919—2005　小艇　窗、舷窗、舱口盖、风暴盖和门　强度与密封性要求(ISO 12216:2002，IDT)

GB/T 20895.1—2007　小艇　稳性和浮性的评定与分类　第 1 部分：艇体长度不小于 6 m 的非帆艇(ISO 12217-1:2002,IDT)

GB/T 20895.2—2007　小艇　稳性和浮性的评定与分类　第 2 部分：艇体长度不小于 6 m 的帆艇(ISO 12217-2: 2002,IDT)

GB/T 20895.3—2007　小艇　稳性和浮性的评定与分类　第 3 部分：艇体长度小于 6 m 的艇(ISO 12217-3: 2002,IDT)

ISO 9093-2:2002　小艇　通海旋塞和贯穿艇体的配件　第 2 部分：非金属制件

3　术语和定义

本标准采用下列术语和定义。

3.1

设计类别　design categories

可适用于对艇进行评定的海浪和风的状态的叙述。

注：采用下列设计类别：

——A:“远洋”:设计用于扩大航线，其所经受的条件为风力可超过 8 级(蒲氏风级)和有义波高为 4 m 及以上，且其基本自给自足；但不包括不正常的状态，例如飓风。

——B:“近海”:设计用于近海航线，其所经受的条件为风力不大于 8 级、有义波高不大于 4 m。

——C:“沿海”:设计用于在沿海水域、大的海湾、江湾、大湖和大河中航行，其所经受的条件为风力不大于 6 级、有义波高不大于 2 m。

——D:“遮蔽水域”:设计用于在围蔽的沿海水域，小湖、小河和运河中航行，其所经受的条件为风力不大于 4 级、有义波高不大于 0.3 m。

3.2

艇体长度　length of hull

L_H

符合 GB/T 19916—2005 的艇体长度。

注：艇体长度单位为米(m)。

3.3

最大宽度　maximum beam

B_{max}

符合 GB/T 19916—2005 的单体或多体艇的总宽度。

注：最大宽度以米(m)表示。

3.4

水线　waterline

WL

满载备用状态下的水线。

3.5

舯干舷高　freeboard amidships

F_M

符合 GB/T 19916—2005 的满载备用状态下的水线中点的干舷。

3.6

帆艇　sailing boat

GB/T 20895.2 中定义的设计以帆作为主要推进手段的艇。

3.7

非帆艇　non-sailing boat

GB/T 20895.1 中定义的并非设计以帆作为主要推进手段的艇。

3.8

艉舱和凹体　cockpit and recess

可能积水(简单地说是由于下雨、波浪、艇的横倾等)的任何区域。

注：艉舱通常设计用于人员的起居，但就本标准而言，"艉舱"将指通常的艉舱和/或指任何凹体。这意味着：

——舷墙可围成一个大的艉舱；

——开敞式艇可有效地由几乎包括整个艇的艉舱所组成；

——艉舱可位于艇的任何部位；

——艉舱可对大海开放。

3.9

水密艉舱或凹体　watertight cockpit or recess

满足本标准对水密性和围槛高度要求的艉舱或凹体，但对有泄水要求的艉舱或凹体除外。

3.10

快速泄水艉舱或凹体　quick-draining cockpit or recess

具有满足本标准对一个或几个设计类别的所有要求的特性和泄水能力的艉舱。

注：按其特性，某一艉舱对某一设计类别可认为是快速泄水的，但对更高的设计类别，可能不是快速泄水的。

3.11

艉舱基底　cockpit sole

艉舱中人员正常站立的基本水平面。

3.12

艉舱底　cockpit bottom

泄水之前积聚水的艉舱基底的最低面。

注1：从艉舱基底的刚性部件抬升站立面的装置，例如隔栅、台站、驾驶甲板，不认为它们是艉舱底的一部分。

注2：认为艉舱底仅由一个平面组成。具有几个平面的艉舱底按附录B考虑。

3.13

驾驶甲板　bridge deck

在升降口罩开口之外，且在艉舱底上，在进入起居区之前人员通常踩踏的区域。

3.14

关闭装置　closing appliance

用于遮盖艉舱、艇体或上层建筑开口的装置。

示例：舱口盖、窗、门、机舱盖等。

3.15

艉舱积水高度　cockpit water retention height

h_C

当艇正浮、静止和满载时，在艉舱底与舷外溢出点之间测得的艉舱中留存水的高度。

注1：此高度相当于面积大于 $0.005L_H B_{max}$（单位为平方米）的溢流区域的最低点，且通常为艉舱围板的最低点。

注2：为估算 h_C，假定所有的关闭装置，包括升降口罩的门都关闭。

3.16

艉舱底高度　cockpit bottom height

H_B

当艇正浮、静止和满载时，艉舱底在水线以上的高度。

注：对单平面艉舱底，H_B 在舱底平面的中心处测量。对多平面艉舱底，H_B 按附录B测量。

3.17

最小艉舱底高度　minimum cockpit bottom height

$H_{B,min}$

本标准所要求的 H_B 的最小值。

3.18

泄水口　drain

能使所留存的水通过重力排出舷外的艉舱出口。

注：泄水口可以是：

——在水线以上或以下排水至舷外的管子；

——允许直接排水至舷外的艉舱的一部分；

——排水孔和排水口；

——其他方式。

3.19

升降口罩开口　companionway opening

至起居区域的通道开口。

注：可以有几个升降口罩开口。

3.20

升降口罩门　companionway door

拟用于关闭升降口罩开口的门或关闭装置。

3.21

防浪板　washboards

用于升降口罩开口的由几块可移动板组成的关闭装置。当其关闭时，一块板叠放在另一块板的顶部。

注 1：在单体帆艇上，这是很常用的装置。

注 2：在气候恶化时，把板加上去，以构成较高的围槛。

3.22

围槛　sill

艉舱中的水可以从其上部进入升降口罩开口并向下流至艇内的阻隔板。

注：艉舱柜或除升降口罩开口之外的任何开口，以及通至艇的非快速泄水部件的罩盖，如果遮盖它们的关闭装置满足第 9 章的水密要求，都不认为其为围槛。

3.23

固定围槛　fixed sill

构成艉舱的固定、完整和永久性部件的围槛。

3.24

半固定围槛　semi-fixed sill

可活动，但永久连接于艇上的关闭装置，当在此位时，构成一高于固定围槛的围槛。

示例：滑动门或铰链门，舱口盖、滑动围槛，但不包括防浪板。

注：不认为短索为永久性连接。

3.25

围槛高度　sill height

h_S

至固定围槛顶部的围槛高度，当半固定围槛关闭时，其可活动部件的围槛高度。

3.26

最小围槛高度　minimum sill height

$h_{S,\ min}$

本标准所要求的围槛高度的最小值。

3.27

艉舱容积　cockpit volume

V_C

艉舱排水前可能瞬时留存的在 h_C 以下的水的容积，单位为立方米(m^3)。

3.28

艉舱容积系数　cockpit volume coefficient

k_C

艉舱容积与储备浮力的比值。

$$k_C = \frac{V_C}{L_H B_{max} F_M}$$

3.29

水密等级　degree of watertightness

依据关闭装置、器件或表面防水状况而定的阻止进水的能力。

注：水密程度概括如下：

1 级水密等级：能防止持续进水的水密等级；

2 级水密等级：能防止短暂进水的水密等级；

3 级水密等级：能防止溅水进水的水密等级；

4 级水密等级：能防止离垂线最大达 15°的任何角度淋水的水密等级。

4 符号

表 1 概括了在本标准中所用的主要符号。

表 1 符号一览表

符 号	单 位	含 义	有关的条或附录
B_{max}	m	最大宽度	3.3、3.28
C_1	—	泄水时间减小系数	附录 C
C_2	—	在水线以上排放的损失系数	附录 C
C_3	—	在水线以下排放的损失系数	附录 C
d	mm	以毫米为单位的泄水口直径	7.8、附录 B、附录 C、附录 D
D	m	以米为单位的泄水口直径	附录 D
F_M	m	舯干舷高	3.5、3.28
h_C	m	艉舱积水高度	3.15、7.2、8.1、9.1、附录 A、附录 B、附录 C、附录 D
H_B	m	在水线以上的艉舱底高度	3.16、6.1、附录 B
$H_{B,min}$	m	在水线以上的最低的艉舱底高度	3.17、6.1、7.6、附录 B
h_S	m	围槛高度	3.25、8.2、9.2、附录 B
$h_{S,min}$	m	最低的围槛高度	3.26、8.2、9.2、附录 B
k_C	—	艉舱容积系数	3.28、7.2
L_H	m	艇体长度	3.2、3.28
t_{max}	min	最大允许泄水时间	7.2、7.8、附录 B、附录 C、附录 D
t_{ref}	min	参考泄水时间 $=t_{max}/V_C$	7.8、附录 B、附录 C
V_C	m^3	艉舱容积	3.27、3.28、7.2
注：在艉舱底以上测得的高度的符号以 h 开始，而在水线以上测得的高度的符号以 H 开始。			

5 一般要求

5.1 装载和测量状态

在 5.2～5.4 中的装载状态为 GB/T 19916—2005 中所规定的“满载备用”状态。在某些情况下，在特定容积内所包含的水的质量应加在这一装载状态上(见 6.2.1 和 6.2.2)。

应当在艇正浮且静止于平静水面时进行测量和计算。

注：当艉舱处于泄水期间时，即当部分或完全地注水时，此装载状态可以被打破并可改变纵倾。

5.2 对“水密”艉舱和凹体的要求

水密艉舱或凹体应：

——具有符合第 8 章要求的围槛；且

——表明符合第 9 章要求的水密程度。

5.3 对“快速泄水”艉舱和凹体的要求

快速泄水艉舱或凹体应：

——具有符合第 6 章要求的在水线以上的艉舱底高度 H_B；

——具有符合第 7 章要求的泄水装置；

——具有符合第 8 章要求的围槛；

——表明符合第9章要求的水密程度。

为了简化，本标准的正文部分考虑只有一个艉舱底平面的艉舱。具有几个艉舱底平面的艉舱应按附录B进行分析。

图1给出了本标准中一个艉舱底平面的艉舱所用主要高度的示意。

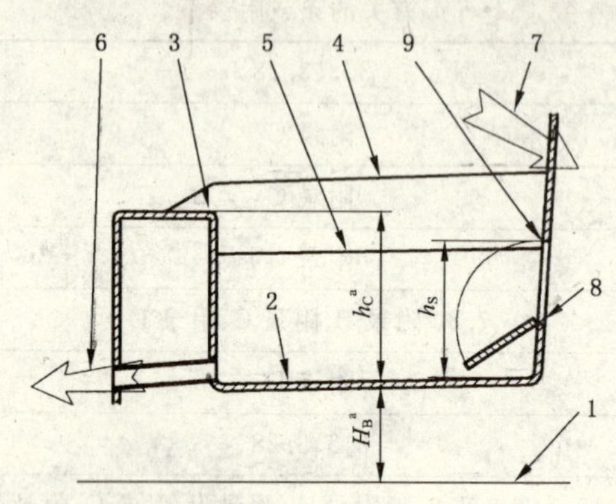

a） 半固定围槛的情况

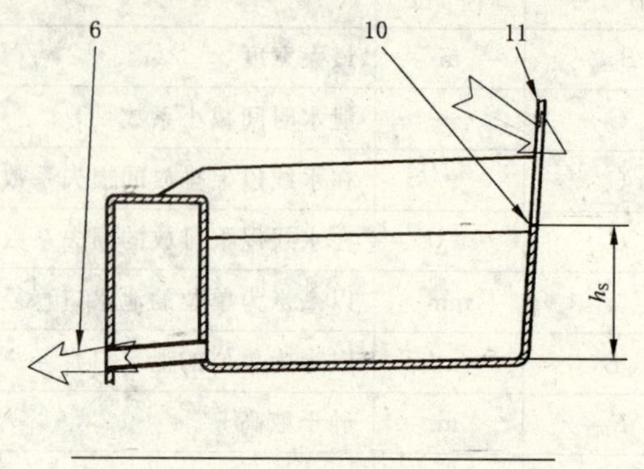

b） 固定围槛的情况

1——水线；
2——艉舱底；
3——溢流点；
4——围板、小室和舱室；
5——座位；
6——泄水口；
7——出入升降口罩；
8——固定件的顶部；
9——活动件的顶部；
10——固定围槛的顶部；
11——通过防浪板关闭的升降口罩。

[a] H_B 和 h_C 在艉舱底的中心测量。

图1 艉舱的纵剖面示意图

5.4 关闭装置

关闭装置装设在水密艉舱和快速泄水艉舱中，可通过其进出艇内，应符合GB/T 19919—2005和本标准第9章的要求。

6 对快速泄水艉舱底的要求

6.1 最小艉舱底高度 $H_{B,min}$

在水线以上的最小艉舱底高度 $H_{B,min}$ 应符合表2的要求。

表2 最小的艉舱底高度 $H_{B,min}$

单位为米

设计类别	高度 $H_{B,min}$
A	0.15
B	0.1
C	0.075
D	0.05
注：可以要求比这些最小值更大的高度，以满足7.2规定的最大可接受泄水时间的要求。	

6.2 对凹体或小舱柜的例外要求

6.2.1 不大于艉舱底面积的10%的例外

对于艉舱底的水平投影的10%的表面，不要求其符合6.1。在这些艉舱泄水后仍保留水的表面，在评定满载状态时将被认为是充满水的。

6.2.2 艉舱底中的小舱柜

位于艉舱底中的小舱柜：

——拟用于贮存救生筏、冰、鱼、饵等；且

——对于艇的内部为水密；且

——它们的关闭装置不符合5.3的要求。

不认为其为艉舱的一部分，且不要求其符合第9章。在评定满载状态时，应认为它们是充满水的。

如果满足5.3和第9章的要求，那么不要求认为这些舱柜是充满水的，而只注入与此“满载”状态相对应的最大载荷的水量。

7 快速泄水艉舱的泄水要求

7.1 艉舱泄水

7.1.1 一般要求

应仅以重力泄水。

7.1.2 当艇正浮

当艇正浮时，至少98%的艉舱容积应泄水，但不包括符合6.2的任何凹体。

7.1.3 当艇横倾

当艇向左舷或右舷横倾时，应满足7.1.3.1和7.1.3.2的要求。

7.1.3.1 单体帆艇

单体帆艇，在以下所列的较小横倾角时，应使至少90%的艉舱容积泄水：

——30°横倾；或

——当某一舷侧的甲板开始接触水。

7.1.3.2 非帆艇和多体艇

非帆艇和多体艇，在10°横倾时，应使至少90%的艉舱容积泄水。

7.2 泄水时间

泄水时间是从艉舱充满水的积水高度 h_C 泄水至剩留水为艉舱底以上0.1 m所需的时间。

应在所有装置均关闭时测量或计算泄水时间。

注：要考虑到与艇的储备浮力有关的大的艉舱容积，要求相对小的泄水时间，因为艉舱充满水后泄水时间的延长将使艇处于很大危险中。

如果泄水口截面面积(m^2)小于 $0.05V_C$，则认为其足以满足本要求，故不要求作泄水时间评估。

对于其他泄水布置，应对泄水时间进行评估，且应不大于由表3中公式或图2中曲线所得出的 t_{max}。

表3 最大的可接受泄水时间 t_{max}

单位为分

设计类别	t_{max}
A	$0.3/k_C$，但不大于5
B	$0.45/k_C$，但不大于5
C	$0.6/k_C$，但不大于5
D	$0.9/k_C$，但不大于5

艉舱容积 V_C 应从艉舱底测量至 h_C 的顶部，考虑到可能发生6.2的例外，假定所有关闭装置和泄水口都是关闭的。

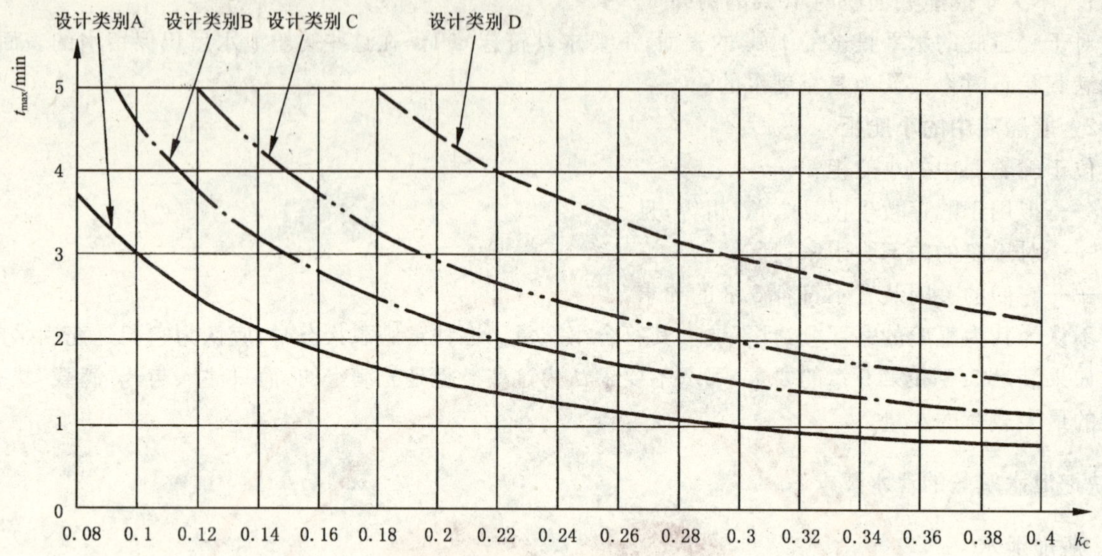

图 2 按艉舱容积系数和设计类别确定的最大的可接受泄水时间 t_{max}

7.3 泄水口的数量

除非当艇体向左舷或右舷横倾时，一个开口能按 7.1 要求泄水，否则，快速泄水艉舱应至少具有两个泄水口，一个在左舷，一个在右舷。

7.4 泄水口最小尺寸

7.4.1 泄水口内部尺寸

圆形截面的泄水口直径应至少为 25 mm。其他截面形状的泄水口截面积应至少为 500 mm^2，且最小尺寸应为 20 mm。

注：本条的目的是避免泄水口易于被未固定的物体或绳索堵塞的可能。

7.4.2 最后的防护格栅

如果泄水口设有防止未固定物体落入泄水系统的装置，则其应为比泄水口本身更易于堵塞的带小孔的格栅。

如果这些装置任何部分内部的最小通过尺寸至少具有 125 mm^2 的截面(或 12 mm 的直径)，且总的进入截面积至少是泄水口截面积的 1.5 倍，则可用表 4 计算泄水时间。

如果不满足上述条件，则应考虑防护格栅的压头损失。见附录 D。

7.5 中插板围阱和其他类型的泄水口

可采用中插板围阱和其他类型的小孔作为泄水口(如果它们设计用于此目的)。

7.6 泄水装置

除非泄水出口是从此出口向上延伸至水线以上至少 0.75 $H_{B,min}$ 的艇体的一部分，否则，通过艇体的泄水出口应位于水线以上，或者如果位于水线以下，应设有通海旋塞(见 7.7)。

图 3 表明了与艇体构成整体的泄水出口。

7.7 泄水管系设计和结构

泄水口的构件尺寸和设计应考虑到可能经受的所有载荷。应对泄水管系予以防护，以免被贮存在艇上的未固定物体损坏和被踩踏。

泄水管系不应截留水，只应用于艉舱泄水。此要求不适用于装在中插板围阱或舷外阱和围阱中的泄水口。

通海旋塞、贯穿艇体配件和相关联的部件应符合 GB/T 19317.1—2003 或 ISO 9093-2 的要求。

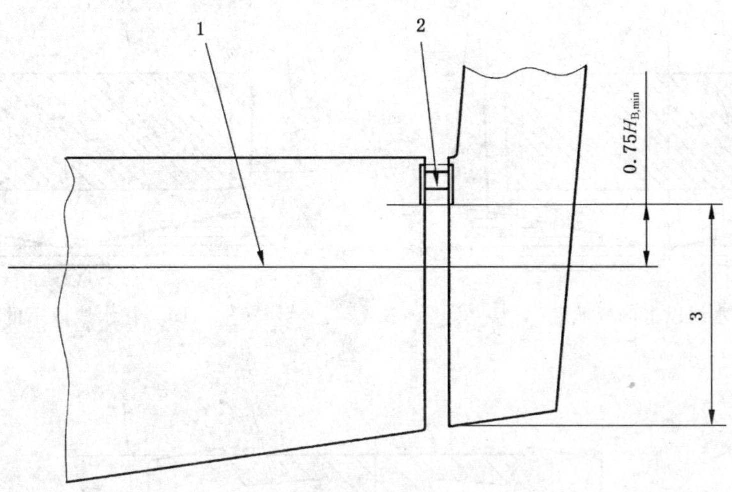

1——水线；

2——在 0.75 $H_{B,min}$以上整体贯穿孔的顶部；设有通海旋塞；

3——在这一区域，泄水口是艇壳的组成部分。

图 3 作为艇体组成部分的泄水出口

7.8 泄水时间评估

7.8.1 一般要求

泄水时间应通过实际泄水时间的测量或通过计算确定。

7.8.2 泄水时间的测量

艇应接近于满载排水量并取相应的设计纵倾。

艉舱注水至艉舱积水密度 h_C，测量从艉舱积水密度 h_C 排空至艉舱中剩留 0.1 m 水位的泄水时间，后一高度(0.1 m)应从此艉舱的底面中心以上测量。

注：以带状标记表示位于艉舱底中心以上 0.1 m 的点可能是有用的。

7.8.3 泄水时间的计算

在 7.8.4 中列出了泄水时间的快速近似计算法。这一简化方法可能导致与实际测量时间之间的小差别，但两种方法都被认为是有效的。

在附录 C 中规定了更多的计算方法。

如果艉舱的布置和泄水与 7.8.4 或附录 C 的方法不一致，则所用的计算方法应基于对类似布置的实际试验。

7.8.4 对设有两个泄水口的艉舱的快速计算方法

7.8.4.1 第 1 步：确定所要求的最大泄水时间 t_{max}

采用 $k_C = V_C/(L_H\ B_{max}\ F_{mean})$，即艉舱容积系数，按 7.2 确定 t_{max}。

7.8.4.2 第 2 步：确定参考泄水时间 t_{ref}

$t_{ref} = t_{max}/V_C$

t_{ref}为对两个泄水口设置的参考泄水时间（无水头损失）。

7.8.4.3 第 3 步：确定泄水出口是在水线以上还是在水线以下

当艉舱注满水时，确定泄水出口是在水线以上还是在水线以下。如果当艉舱排空时，泄水出口在水线以上，而当艉舱注满水时在水线以下，则应保守地考虑到泄水口总是在水线以下，或者对两种情况都进行计算，且通过内插法计算最终的时间。

图 4 表示了某些泄水布置，但也可采用其他的布置。

注：按照 6.1，当艉舱排空时，艉舱底可以在水线以上，当艉舱注满水时，可在水线以下。

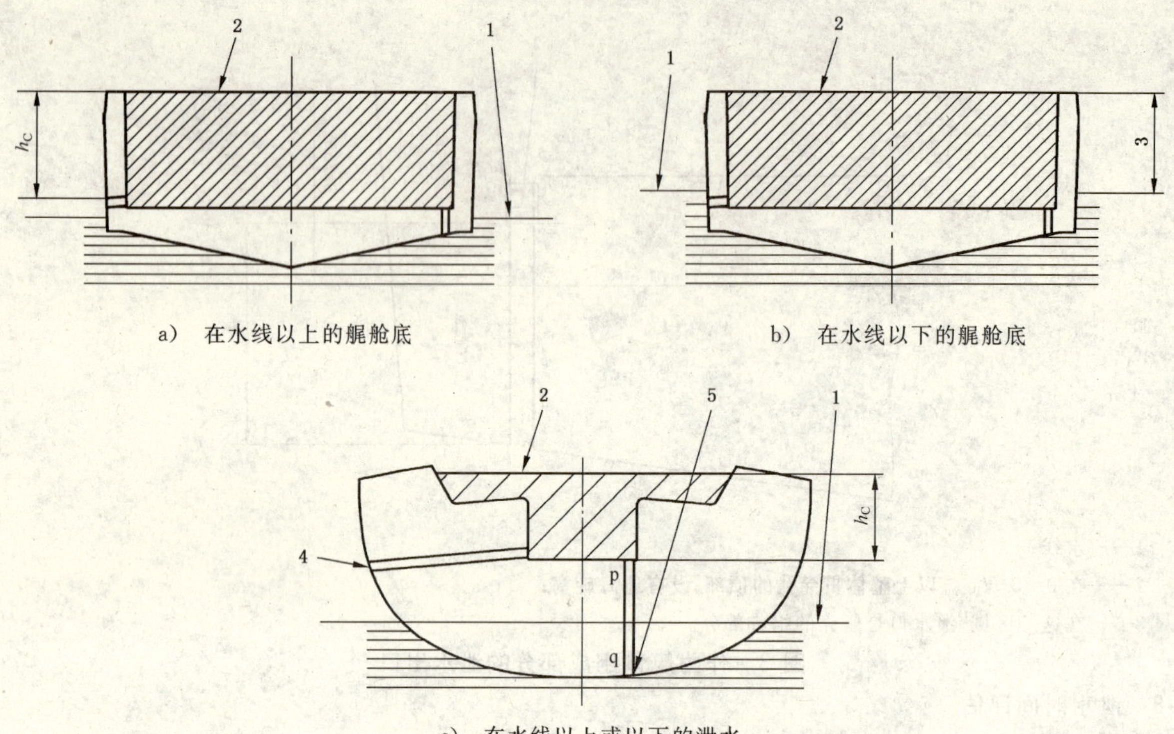

a） 在水线以上的艉舱底　　b） 在水线以下的艉舱底

c） 在水线以上或以下的泄水

1——水线；

2——溢流水位；

3——在水线以上的高度；

4——在水线以上的排放；

5——在水线以下的排放。

图 4　某些泄水布置示例

在图 4c）中，应尽量在艉舱的水位与 p 点（泄水进口）之间用伯努利公式计算，而不是用在与 q 点（泄水出口）之间。否则将得出更大的水流，但因为水是不可压缩的，故在 p 点和 q 点的泄水水流一定是相同的。因此在进口处的流速决定了整个泄水流速。

7.8.4.4　第 4 步：确定所要求的泄水口直径

表 4 列出了对于 6 种情况的近似泄水时间：在水线以上或以下的泄水，无弯头或有 2 个弯头以及排水口（有闸门和无闸门）。

在与艉舱构造相似的对应行，按泄水时间 t_{ref} 选取泄水口直径。可以采用插值法。

表 4　随 t_{ref} 和典型的泄水布置而变化的泄水口直径

典型的泄水布置	t_{ref}/min																	
泄水出口在水线以上，无弯头	8.8	5.8	4.1	3.0	2.3	1.8	1.5	1.2	1.0	0.9	0.8	0.7	0.5	0.4	0.3	0.3	0.2	0.2	0.2
泄水出口在水线以上，2 个弯头	10.0	6.7	4.7	3.5	2.7	2.2	1.8	1.5	1.3	1.1	0.9	0.8	0.6	0.5	0.4	0.4	0.3	0.3	0.2
泄水出口在水线以下，无弯头	10.8	7.2	5.1	3.9	3.0	2.4	2.0	1.6	1.4	1.2	1.0	0.9	0.7	0.6	0.5	0.4	0.3	0.3	0.2
泄水出口在水线以下，2 个弯头	11.8	7.9	5.7	4.3	3.3	2.7	2.2	1.8	1.5	1.3	1.2	1.0	0.8	0.6	0.5	0.4	0.4	0.3	0.3
排水出口在水线以上，无闸门	10.1	7.0	5.2	3.9	3.1	2.5	2.1	1.8	1.5	1.3	1.1	1.0	0.8	0.6	0.5	0.4	0.4	0.3	0.3
排水出口在水线以上，有闸门	15.2	10.5	7.7	5.9	4.7	3.8	3.1	2.6	2.2	1.9	1.7	1.5	1.2	0.9	0.8	0.7	0.6	0.5	0.4
泄水口直径 *d*(mm)，两个泄水口	25	30	35	40	45	50	55	60	65	70	75	80	90	100	110	120	130	140	150

注：表 4 中所列的时间是指排放自 h_C=0.40 m 至剩留水位 0.10 m 之间的水所需的泄水时间，具有两个泄水口，每一个长度为 1.2 m，且进水的压头损失系数 K=0.06（见 D.3）。对于不同的 h_C 值，泄水时间更小（乘以表 C.1 的系数 C_1）。对于有闸门的排水口的泄水时间，是无闸门的泄水时间的 150%，这一评估可以通过试验予以调整。

非圆形的泄水截面，其截面面积应与圆形泄水口相同。

8 围槛要求

8.1 水密艉舱的围槛高度

水密艉舱在艉舱积水高度 h_C 以下应无开口。

8.2 围槛高度和对快速泄水艉舱的其他要求

8.2.1 围槛高度的测量

在测量围槛高度时，应关闭所有关闭装置，但升降口罩门除外。围槛高度是围槛的各开口的最低高度。

被升降口罩开孔所切割，且靠近艉舱或在甲板上的任何垂直舱壁或部分舱壁，应满足第 8 章和第 9 章对于围槛高度和水密的所有要求。

围槛高度应从艉舱底垂直测量至此围槛边缘上允许进水的最低点。如果艉舱底不是水平的，则围槛高度应测量至最接近此艉舱底的点。

具有多于一个底部平面的艉舱应采用附录 A 评估。

8.2.2 对快速泄水艉舱围槛高度的要求

表 5 按艇的类型和设计类别列出了所要求的最小围槛高度 $h_{S,min}$。

在考虑多平面的艉舱时，可采用第 9 章或附录 A 确定最小围槛高度 $h_{S,min}$。

表 5 固定围槛和半固定围槛的最小围槛高度 $h_{S,min}$ 单位为米

设计类别	单体帆艇			非帆艇和多体帆艇		
	固定围槛	半固定围槛		固定围槛	半固定围槛	
	围槛的顶	固定部分的顶	可活动部分的顶	围槛的顶	固定部分的顶	可活动部分的顶
	$h_{S,min}$	$h_{S,min}/2$	$h_{S,min}$	$h_{S,min}$	$h_{S,min}/2$	$h_{S,min}$
A	0.3	0.15	0.3	0.2	0.1	0.2
B	0.25	0.125	0.25	0.15	0.075	0.15
C	0.15	0.75	0.15	0.1	0.05	0.1
D	0.05	0.25	0.05	0.05	0.025	0.05
注：以上要求可通过其他标准(例如 GB/T 20895)予以提高。						

8.2.3 对围槛高度以上的升降口罩门和装置的要求

对围槛(无论其为固定或半固定的)水平面以上至少至艉舱积水高度 h_C 处，应采用符合 GB/T 19919—2005的装置来关闭开口。

示例：门、舱口盖、防浪板。

8.2.4 其他要求

半固定围槛和防浪板应具有在其使用时，将它们保持在位的装置，且应至少能从内部将它们打开。

半固定围槛和防浪板应符合 GB/T 19919—2005 的强度要求。

半固定围槛应只有使用工具才能拆卸。

应对贮存在靠近升降口罩易接近的专门部位的防浪板作出规定。

注：“易接近”系指无需使用工具而能快速和安全地到达。

9 水密要求

9.1 水密艉舱的水密要求

水密艉舱的高度至艉舱积水高度 h_C 的所有表面应为 1 级水密等级。

9.2 快速泄水艉舱的水密要求

9.2.1 艉舱的水密

快速泄水艉舱至艉舱积水高度 h_C 的所有表面应有 1 级水密等级。

关闭装置的水密等级应符合表 6 的要求。

表 6 快速泄水艉舱关闭装置水密等级要求

关闭装置在艉舱中的位置	水密等级
在底部和水平区域	2
在艉舱舷侧高度至 $h_{S,\ min}$	2
在艉舱舷侧高度在 $h_{S,\ min}$ 与 2 $h_{S,\ min}$[a] 之间	3
在艉舱舷侧高度在 2 $h_{S,\ min}$[a] 以上	4
注 1：以上要求可通过其他标准(例如 GB/T 20895)予以提高。 注 2：以上要求仅适用于覆盖至艇内部(非快速泄水)通道开口的装置(见 6.2.2)。	
[a] $h_{S,\ min}$ 从最接近艉舱底的部分测量。附录 A 说明了如何布置艉舱的主要示例。	

位于艉舱底部或高度至 $h_{S,\ min}$ 的舷侧的舱口盖和装置应予密封，围槛的高至少为 12 mm，或者按附录 E 对 2 级水密等级进行试验。

上述水密等级(如果合适)应按附录 E 进行试验。

9.2.2 永久性打开的通风开口

导致艇内进水的不能关闭的通风开口的最低点，在艉舱底以上的高度应至少为 2 $h_{S,\ min}$ 或 0.3 m (取大者)，且应为 4 级水密等级。

注：这一要求可在其他标准(例如 GB/T 20895)中予以提高。

10 艇主手册——文件

如果艉舱满足本标准中相应艇的设计类别的要求，则可把“水密”或“快速泄水”的名称使用于艇主手册或任何其他文件中。

附　录　A
（资料性附录）
单平面艉舱底示例

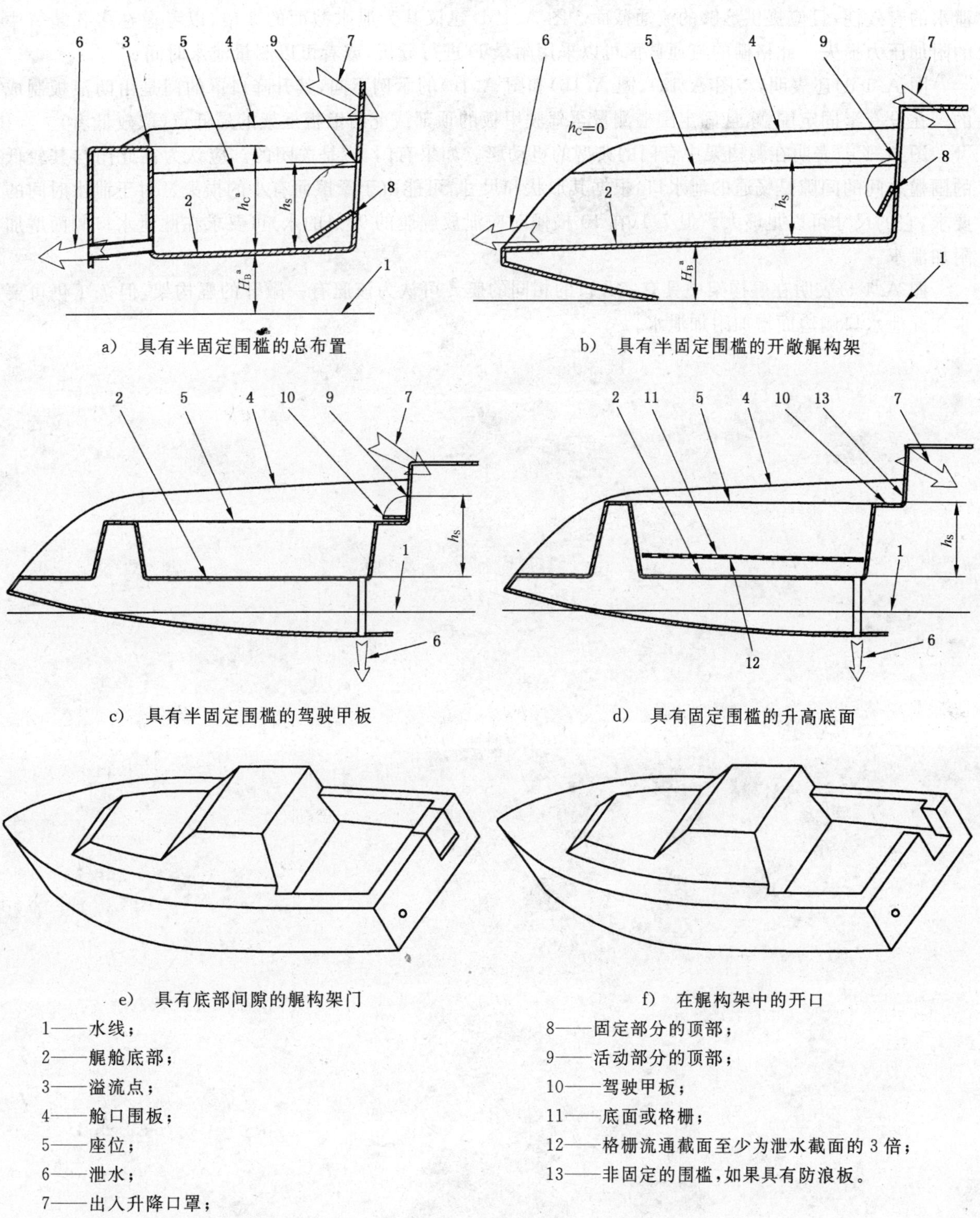

a)　具有半固定围槛的总布置

b)　具有半固定围槛的开敞艉构架

c)　具有半固定围槛的驾驶甲板

d)　具有固定围槛的升高底面

e)　具有底部间隙的艉构架门

f)　在艉构架中的开口

1——水线；
2——艉舱底部；
3——溢流点；
4——舱口围板；
5——座位；
6——泄水；
7——出入升降口罩；
8——固定部分的顶部；
9——活动部分的顶部；
10——驾驶甲板；
11——底面或格栅；
12——格栅流通截面至少为泄水截面的3倍；
13——非固定的围槛，如果具有防浪板。

[a] H_B 和 h_C 在艉舱底的中心测量。

图 A.1　单平面艉舱底部的举例

图 A.1 a)～图 A.1 f) 表明了典型的情况。

图 A.1 a)表明，H_B 值和 h_C 值在底面的中心测量。围槛高度从最接近底面的点测量。

图 A.1 b)表明，如果艉舱未积聚水，则 $h_C=0$，泄水时间为 0。但是要求一最小的围槛高度。

图 A.1 c)表明艉舱具有驾驶甲板的情况。

图 A.1 d)表明升高底面，例如格栅的情况，不改变围槛在艉舱底部以上的要求。此格栅不应损害泄水的有效性，且应提供足够的流通截面。图 A.1 d)建议其为泄水截面的 3 倍，以考虑在多孔装置中的附加压力损失。此格栅的流通截面可以采用附录 D 进行分析，或者可以测量泄水时间。

图 A.1 d)还表明，与图 A.1a)、图 A.1b)和图 A.1c)的示例不同，其升降口罩的门是由防浪板制成的。在没有半固定围槛，且固定围槛测量至驾驶甲板的顶部或此防浪板框架的最低点(取较低者)。

图 A.1 e)表明在艉构架中有门的典型的机动艇。如果有门，应是关闭的。应认为在此门与其较低的围槛之间的间隙是畅通的泄水口，根据其形状和尺寸，可能由于摩擦而有小的损失。对于泄水时间的要求，它的尺寸可以足够大。但 7.1(在 10°横倾时应泄放艉舱的 90%的水)可要求在此泄水口侧面增加附加泄水。

图 A.1 f)表明在艉构架中具有一开口的相同的艇。可认为该艇有一敞开的艉构架，但 7.1 仍可要求在此泄水口侧边面增加附加泄水。

附 录 B
（规范性附录）
多层艉舱底的分析

B.1 一般要求

艉舱可以有组成艉舱“底”的几个不同的表面，艉舱底是“在泄水之前积聚水的表面”。

围槛高度的评估可有不同的解释。下面的解释还涉及到在主升降口罩之前的“基井”，人为提高了围槛高度的测量值。

B.2 解释的基础

B.2.1 引言

当升降口罩的门或舱口打开时，围槛拟用于防止水进入艇。晴天时，假定半固定围槛并不在位，而只可利用围槛的固定部分。在那种情况下，可能进入艉舱的水量中等。

随着气候和海况变坏，半固定围槛升高。在恶劣条件下，艉舱可能注满水，升降口罩的门关闭。应当评估由意想不到的波浪所带来的水量。

简单的评估是，假定此波浪以厚度等于 $h_{S,min}$ 的均匀水层注满整个艉舱的水平投影。$h_{S,min}$ 的值与设计类别，即与预期的严酷气候程度有关。

艉舱几何形状的分析要考虑以下两个瞬间：

——当水（瞬时地）开始注入艉舱时；

——几秒钟后，当水已流入各不同的凹体，且开始向舷外泄水时。

B.2.2 初始时

水不应到达艇的非快速泄水部分内部。对于由一简单平面组成的艉舱底，这是显而易见的，因为各处的围槛高度均为最低围栏高度 $h_{S,min}$。

相应地，每一艉舱底平面应有至少为最低围栏高度 $h_{S,min}$ 的局部围槛高度。

驾驶甲板的定义使其不能作为舱底平面（如果它的面积有限）。较大的驾驶甲板可考虑作为舱底平面之一。

B.2.3 当水已流入所有凹体时

a） 应在这些凹体的最低舱底面的中心测量 H_B。

如果从最低围栏高度 $h_{S,min}$ 泄出艉舱水需要较长时间，那么将有水进入艇内的危险。

b） 因此在这些凹体中保持的大量的水不应流入艇内。

如果各不同凹体的围槛在所保持的水面以上，则此条件得到满足。

如果泄水流量至少等于通过升降口罩开口的流量，则认为达到要求。如果泄水时间小于 $0.05t_{max}$（见 7.2），则将认为其满足后一要求。

在 B.3 中规定了与上述解释相对应的要求。

B.3 对多层艉舱的要求

B.3.1 最小局部围槛高度

对于固定围槛，每一艉舱底平面的局部围槛高度应至少有表 5 中所规定的 $h_{S,min}$ 值，或者对于半固定围槛的固定部分，应至少为 $h_{S,min}/2$。

B.3.2 艉舱基底

各艉舱底平面的最低表面的中心，应从此点测量 H_B。

B.3.3 局部围槛高度

假定整个艉舱水平投影已经包括厚度等于 $h_{S,\min}$ 的均匀水层，且这些水已经流向可泄水的艉舱的各部分。

在这一瞬间，应满足下列条件之一：

——方案 1：各不同部分的局部围槛在保持水位以上，且满足表 5 的有关要求。

——方案 2：局部围槛满足表 5 的有关要求，但低于保持水位，而排空每一部分水的泄水时间应小于 $0.05t_{max}$。

如果一个区域通向两个不同的部分，应认为它的水相等地流向每一部分。

如果一个区域通向多于两个的部分，它的水应按照每一投影面积相对于总的投影面积的比例进行分配。

在 B.4 中阐述了这一分析的某些例子。

B.4 不同示例的分析

B.4.1 引言

在 B.4.2 和 B.4.3 的示例中，对两个在水线以下，且无弯头的泄水口的组合进行了计算，对应于表 4 第 3 行的情况。

B.4.2 示例 1[见图 B.1a)]

B.4.2.1 要求

非帆艇，设计类别 C，$L_H = 8$ m，$B_{max} = 2.5$ m，$F_M = 1$ m，因此 $L_H \times B_{max} \times F_M = 20$ m³。

艉舱尺寸：2 m 宽×2.8 m 长×0.65 m 深（平均艉舱高度 $h_C = 0.65$ m），因此艉舱底面积为 2×2.8=5.6 m²。

艉舱容积为 5.6×0.65=3.64 m³，而 $k_C = 3.64/20 = 0.182$。

因为该艇为设计类别 C，非帆艇：$t_{max} = 0.6/k_C = 0.6/0.182 = 3.3$ min，而 $h_{S,\min} = 0.1$ m。

如果设置两个泄水口，$t_{ref} = 3.3/3.64 = 0.91$ min，而按照表 4 第 3 行，$d \approx 80$ mm。

如果设置四个泄水口，每组两个泄水口的艉舱容积为 1.82 m³，$t_{ref} = 1.81$ min，而按照表 4，$d \approx 57$ mm。

不管什么原因，或许为了避免在主艉舱平面（此艉舱的 B 部分）与升降口罩开口之间设置任何围槛，艇的制造厂安装了覆盖一格栅的“底脚槽”。

因为在大部分机动艇中，升降口罩的门都是铰接或滑动的，构成了具有半固定围槛的门。

艉舱由 A、B 和 C 三个部分组成。

A 部分具有 2 m 宽和 1.5 m 长的底面，因此，面积 $S_A = 3$ m²。

C 部分是“底脚槽”的正面，且其底面为 0.9 m 宽和 0.6 m 长，因此，$S_C = 0.54$ m²。它的深度为 0.3 m。

B 部分为此艉舱的剩余部分，而它的底部面积为总的底面积减去 A 部分和 C 部分的底面积，其面积 $S_B = 5.6 - 3 - 0.54 = 2.06$ m²。

如果此艉舱有 $h_{S,\min} = 0.1$ m 的水，那么可认为，B 部分中水的一半流入 A 部分，而其余的水流入 C 部分。

在 A、B、C 各部分中（以及合计的）各平面的面积、容积以及水高度的概况列于表 B.1 中。

表 B.1

参　　数	A	B	C	合　计
平面面积/m²	3.0	2.06	0.54	5.6
在开始注水 0.1 m 后所保持水的容积/m³	0.3	0.206	0.054	0.56
在 B 部分的水流至 A 和 C 部分后所保持水的容积/m³	0.403	0	0.157	0.56
在流动后在 C 部分中的水的高度/m	—	—	0.157/0.54=0.29	—

B.4.2.2 采用 B.3.3 的方案 1

容积 C 为 0.3 m 深，且将注水至 0.157/0.54=0.29 m，其水位仅在围槛之下 1 cm。

因此，如果泄水口的尺寸是“正常”的，即四个直径为 57 mm 的泄水口，则“底脚槽”的围槛应至少距 C 部分的底为 0.29 m 高，这意味着其大致上与 B 部分的底面处于同一水平面。

如果制造者希望较易进入舱室，且考虑到表 5(固定部分的顶)规定，C 部分的局部围槛为 0.05 m，则应采用 B.3.3 的方案 2，因为若采用方案 1，其实际的围槛高度太低。

B.4.2.3 采用 B.3.3 的方案 2

因为方案 2 的要求是完全泄水(表 4 考虑了 0.1 m 的剩余水)，故艇的制造者不能再使用表 4。通常应采用公式(D.8)，而为了简化，采用公式(D.3)。

C 部分中所保持的 0.157 m^3 的容积应在 $t_{max}\times0.05=3.3\times0.05=0.165$ min=10 s 之内泄出。因此，为了达到在此时间内以两个泄水口完全泄出 C 部分的容积，则所需的泄水口的直径应为：

$$d=\sqrt{\frac{4\ 791\times V_C}{t_1\ \sqrt{h_C}}}=\sqrt{\frac{4\ 791\times0.157}{0.165\ \sqrt{0.3}}}=91\ \text{mm}$$

然而考虑到由于出口低于水线和 $d\approx100$ mm 的摩擦损失，表 C.4 列出了 $C_3\approx1.5$，这意味着泄水时间将增加 50%。

相应地，上式应以泄水时间为 0.165/1.5=0.11 min 进行计算，且最后得出：

$$d=\sqrt{\frac{4\ 791\times0.157}{0.11\times\sqrt{0.3}}}=111\ \text{mm}$$

这一直径约为方案 1(4 个泄水口)所要求 57 mm 的 2 倍。

综上所述，艉舱的 C 部分计算应为下列之一：

——采用 B.4.2.2，具有 0.3 m 的固定围槛高度，具有与 7.2 的泄水时间要求相对应的“正常的泄水口”，且因此可具有一格栅覆盖的，无“明显”围槛的区域 C；或者

——采用 B.4.2.3，C 部分应设有两个大得多的泄水口(在本例中直径为 110 mm)，具有与表 5 相关栏目相对应的局部围槛高度 $h_{S,min}/2$。

B.4.3 示例 2[见图 B.1 b)]

B.4.3.1 要求

与 B.4.2 中所规定的非帆艇相同，但艉舱仅分为 B 和 C 两部分。

C 部分与示例 1 中相同，而 $S_B=5.6-0.54=5.06$ m^2。如果此艉舱具有 0.1 m 的水，则 B 部分中所保持的水将流入 C 部分。

B.4.3.2 采用 B.3.3 的方案 1

当水已从 B 部分流至 C 部分时，流至 C 部分的水容积将为 $5.06\times0.10=0.56$ m^3。

当 C 部分为 0.3 m 深而保持注满水时，其容积为 $0.54\times0.3=0.162$ m^3。

其余的水仍保持在 B 部分中，且在 C 部分顶部以上的剩余水的高度为(0.56−0.162)/5.6=0.071 m。因此围槛高度应为 0.3+0.07=0.37 m，即在 B 部分的底面以上 0.07 m，对于单平面舱底的艉舱，此高度 $h_{S,min}$ 将为在 B 部分的同一底面以上 0.05 m。

B.4.3.3 采用 B.3.3 的方案 2

如果艇制造者希望从 C 部分的底面以上的围槛高度等于 $h_{S,min}=0.05$ m，则在此艉舱中保持的 0.56 m^3 的水应在与示例 1 相同的时间 0.165/1.5=0.11 min 内泄出，且两个泄水孔的泄水直径实际上应为：

$$d=\sqrt{\frac{4\ 791\times0.56}{0.11\times\sqrt{0.37}}}=200\ \text{mm}$$

由前两个示例可得出，采用方案 1，则由于 C 部分的存在可使距离 B 部分底面的围槛较低，但这一高度受到艉舱各不同部分的容积之比的制约。

方案 2 允许此围槛高度 $h_{S,min}$ 适用于 C 部分底面以上，但要具有大得多的泄水口。

B.4.4 示例 3[见图 B.1 c)]

B.4.4.1 要求

示例 3 相应于典型的双体艇布置（在舱室顶部的滑动舱口盖将损害其抗扭刚度）。

$L_H = 13$ m，$B_{max} = 7$ m，$F_M = 1.5$ m，因此，$L_H \times B_{max} \times F_M = 136.5\ m^3$。

艉舱尺寸：

C 部分（底脚槽）：0.6 m 长，0.6 m 宽，0.5 m 深。$S_C = 0.6 \times 0.6 = 0.36\ m^2$，$V_C = 0.36 \times 0.5 = 0.18\ m^3$。

B 部分（顶）：3.2 m 长，2.1 m 宽，0.4 m 深。$S_B = 3.2 \times 2.1 - 0.36 = 6.36\ m^2$，$V_B = 6.36 \times 0.4 = 2.54\ m^3$。

合计：　$S_{tot} = 3.2 \times 2.1 = 6.72\ m^2$，$V_{tot} = 6.72 \times 0.4 + 0.18 = 2.87\ m^3$。

而 $k_C = 2.87/136.5 = 0.021$，且对于设计类别 A 的多体艇，$t_{max} = 0.3/k_C = 14.2$ min，但被限制在 5 min。

由公式(D.3)得出

$$d = \sqrt{\frac{4\,791 \times V_C}{t_1\sqrt{h_C}}\left[1 - \sqrt{\frac{0.1}{h_C}}\right]} = \sqrt{\frac{4\,791 \times 2.87}{5\sqrt{4}}\left[1 - \sqrt{\frac{0.1}{0.4}}\right]} = 47\ \text{mm(如果有两个泄水口)},$$

或者如果有四个泄水口，则 $d = 47 \times 0.707 = 33$ mm。

对于设计类别 A 的多体艇，固定围槛的最低围槛高度 $h_{S,min} = 0.2$ m，而对于单平面舱底，这一高度应从 B 部分底面以上测得。

B.4.4.2 采用 B.3.3 的方案 1

设整个艉舱有 0.2 m 的水，如果较高层底面的泄水口直径并未大大超过 47 mm，则可认为在其被泄出之前，B 部分的大量的水将流至 C 部分。

因此 C 部分容积将保持 $6.72 \times 0.2 = 1.34\ m^3$ 的水。因为 C 部分容积为 0.5 m 深，故其能保持 $0.36 \times 0.5 = 0.18\ m^3$ 的水，剩余的水保持在 B 部分中。附加的围槛高度为 $(1.34 - 0.18)/6.36 = 0.18$ m，因此围槛高度应为在 C 部分的底面以上 $0.50 + 0.18 = 0.68$ m，且在 B 部分的底面以上 0.18 m。

B.4.4.3 采用 B.3.3 的方案 2

因为滑动门是半固定的装置，故要求的围槛的固定部分的最小高度 $h_{S,min}/2 = 0.1$ m。如果拟使用这一高度，则在 B 部分和 C 部分的容积中保持的 $1.34\ m^3$ 的水应在 $5\ \text{min} \times 0.05 = 0.25$ min 之内泄出，且要求以两个泄水口在此泄水时间完全泄出水，这就要求：

$$d = \sqrt{\frac{4\,791 \times V_C}{t_1\sqrt{h}}} = \sqrt{\frac{4\,791 \times 1.34}{0.25\sqrt{0.68}}} = 176\ \text{mm(如果有两个泄水口)},$$

如果有四个泄水口，则 $d = 125$ mm。

在这种情况下，由于泄水口尺寸大，且在水线以上无管道排放，故摩擦损失很小。

但是如果 B 部分的两个泄水口直径大大超过 47 mm，例如为 125 mm，则可认为 B 部分容积的一半排放至舷外，剩余部分流至 C 部分。

采用方案 1，在 C 部分中的注水高度为 $0.5 + [(6.36/2 + 0.36) \times 0.2]/6.36 = 0.61$ m。

采用方案 2，由 C 部分的泄水口完全泄出的水的容积为 $(6.36/2 + 0.36) \times 0.2 = 0.708\ m^3$。而

$$d = \sqrt{\frac{4\,791 \times V_C}{t_1\sqrt{h}}} = \sqrt{\frac{4\,791 \times 0.708}{0.25\sqrt{0.61}}} = 132\ \text{mm(如果有两个泄水口)},$$

如果有四个泄水口，则 $d = 93$ mm。

因此，方案 2 的最终要求是在 C 部分中有四个 $d = 93$ mm 的泄水口和在 B 部分中有两个 $d = 125$ m 的泄水口。

单位为米

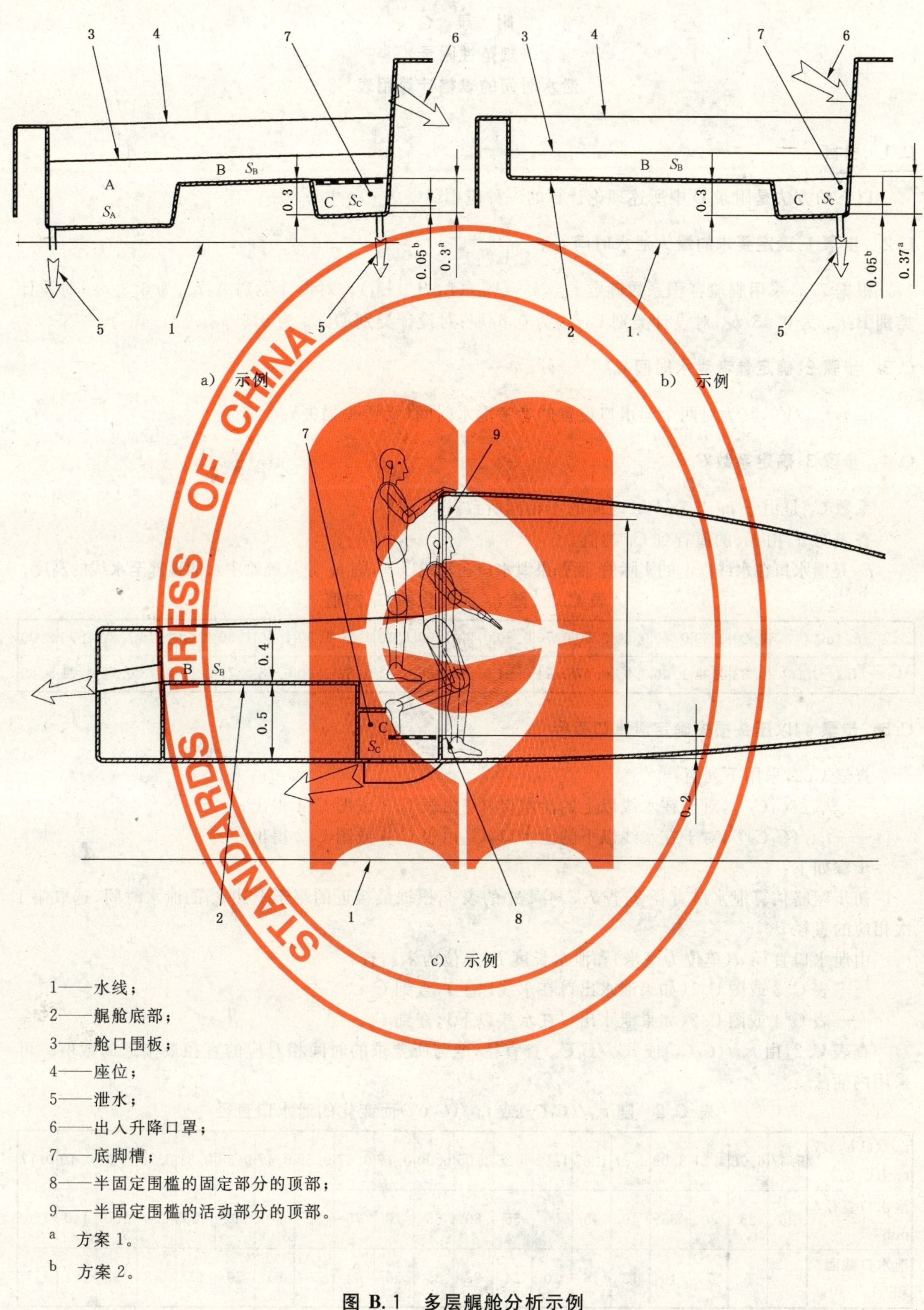

1——水线；

2——艉舱底部；

3——舱口围板；

4——座位；

5——泄水；

6——出入升降口罩；

7——底脚槽；

8——半固定围槛的固定部分的顶部；

9——半固定围槛的活动部分的顶部。

a　方案 1。

b　方案 2。

图 B.1　多层艉舱分析示例

附　录　C
（规范性附录）
泄水时间的表格计算用表

C.1　引言

以下的方法是附录D中所述理论计算的一种应用。

C.2　步骤1:确定要求的最大泄水时间 t_{max}

根据7.2,采用艉舱容积系数确定 t_{max},$k_C=V_C/(L_H B_{max} F_M)$。对设计类别A:$t_{max}$ 为 $0.3/k_C$;对设计类别B:t_{max} 为 $0.45/k_C$;对设计类别C:t_{max} 为 $0.6/k_C$;对设计类别D:t_{max} 为 $0.9/k_C$。

C.3　步骤2:确定参考泄水时间 t_{ref}

$t_{ref}=t_{max}/V_C$,其为对两个泄水口设置的参考泄水时间(无压头损失)。

C.4　步骤3:确定系数 C_1

系数 C_1 是由于 h_C 与0.4 m之间的不相同所致。

查表C.1,由 h_C 的值查到 C_1 的值。

h_C 是泄水口在水线以上的实际值,而如果泄水口在水线以下,则 h_C 是从艉舱中水的顶部至水线的高度。

表C.1　随 h_C 而变化的 C_1 的值

h_C/m	0.20	0.30	0.40	0.50	0.60	0.70	0.80	0.90	1.00	1.10	1.20	1.30	1.40	1.50	1.60	1.70	1.80	1.90	2.00
$C_1=(t_{1,h_C}/t_{1.04})$	0.83	0.98	1.00	0.99	0.97	0.94	0.91	0.89	0.86	0.84	0.82	0.80	0.78	0.77	0.75	0.73	0.72	0.71	0.69

C.5　步骤4:以压头损失确定泄水口直径

查表C.2,采用下列值:

——$t_{ref}/(C_1C_2)$,对于在水线以上的泄水口,C_2 由表C.3或图C.1得出;

——$t_{ref}/(C_1C_3)$,对于在水线以下的泄水口,C_3 由表C.4或图C.2得出。

步骤如下:

初步粗略估算泄水口直径 d,查7.8.4.4中的表4,根据最接近的小于上述 t_{ref} 的泄水时间,选取第1次相应的直径 d。

由泄水口直径 d(单位为毫米)和泄水长度 L(单位为米),查:

——表C.3或图C.1(如果泄水出口在水线以上),查到 C_2;

——表C.4或图C.2(如果泄水出口在水线以下),查到 C_3。

查表C.2,由 $t_{ref}/(C_1C_2)$ 或 $t_{ref}/(C_1C_3)$ 查直径,取与所要求的时间相对应的直径最接近的数值。可采用内插法。

表C.2　随 $t_{ref}/(C_1C_2)$ 或 $t_{ref}/(C_1C_3)$ 而变化的泄水口直径

$t_{ref}/(C_1C_2)$ 或 $t_{ref}/(C_1C_3)$	9.47	6.06	4.21	3.09	2.37	1.87	1.52	1.25	1.05	0.90	0.77	0.67	0.59	0.47	0.38	0.31	0.26	0.22	0.19	0.17
泄水口直径/mm	20	25	30	35	40	45	50	55	60	65	70	75	80	90	100	110	120	130	140	150
泄水口截面积/cm^2	3	5	7	10	13	16	20	24	28	33	38	44	50	64	79	95	113	133	154	177

C.6 计算示例

某一艇具有以下参数：

L_H=8 m，B_{max}=3 m，F_M=1.3 m，艉舱容积 V_C=4 m^3，h_C=0.7 m，设计类别为B，有两个泄水口，L=0.6 m，在水线以下排放。

步骤1：计算 k_C=4/(8×3×1.3)=0.128，而对设计类别B的艇，t_{max}=0.45/0.128=3.51 min。

步骤2：计算 $t_{ref}=t_{max}/V_C$=3.51/4=0.88 min。

步骤3：由 t_{ref} 查表4第3行：两个泄水口在水线以下，无弯头，由 t_{ref}=0.9 查到 d= 80 mm。因为这一值有些保守，d 将为更小。

——由 h_C=0.7 m，查表C.1，得出 C_1=0.94。

步骤4：取一个比80更小规格的 d，即70，查表C.4(泄水出口在水线以下)，对于泄水长度0.6 m，d=70 mm，得出 C_3=1.48。

——计算 $t_{ref}/(C_1C_3)$=0.88/(0.94×1.48)=0.63 min。

——查表C.2，由 $t_{ref}/(C_1C_3)$=0.63 min，证实 d 接近于77 mm。

在这一例子中可以看到，在许多情况下，采用表4的"粗略"估计可能有些保守(例如我们取80 mm，而不是77 mm)，但这要比采用"精确"方法简便得多。

对于泄水口直径比40 mm大得多的泄水口，采用表4与精确方法之间的差别小，对于较小的泄水口直径，情况并非如此。

表C.3和表C.4以及相对应的图C.1和图C.2是用于具有两个泄水口的泄水系统。

表C.3 对于 h_C=0.4 m 和泄水出口在水线以上的 C_2 值

泄水长度 L/m		0.20	0.40	0.60	0.80	1.00	1.20
泄水口直径 d/mm	25	1.10	1.18	1.25	1.32	1.38	1.45
	30	1.09	1.15	1.21	1.26	1.31	1.37
	35	1.08	1.13	1.18	1.22	1.27	1.31
	40	1.07	1.11	1.15	1.19	1.23	1.27
	45	1.07	1.10	1.14	1.17	1.21	1.24
	50	1.06	1.09	1.12	1.15	1.18	1.21
	55	1.06	1.09	1.11	1.14	1.17	1.19
	60	1.05	1.08	1.11	1.13	1.15	1.18
	65	1.05	1.08	1.10	1.12	1.14	1.16
	70	1.05	1.07	1.09	1.11	1.13	1.15
	80	1.05	1.06	1.08	1.10	1.12	1.13
	90	1.04	1.06	1.08	1.09	1.11	1.12
	100	1.04	1.06	1.07	1.08	1.10	1.11
	110	1.04	1.05	1.07	1.08	1.09	1.10
	120	1.04	1.05	1.06	1.07	1.08	1.09
	130	1.04	1.05	1.06	1.07	1.08	1.09
	14	1.04	1.05	1.06	1.06	1.07	1.08
	150	1.04	1.05	1.05	1.06	1.07	1.08

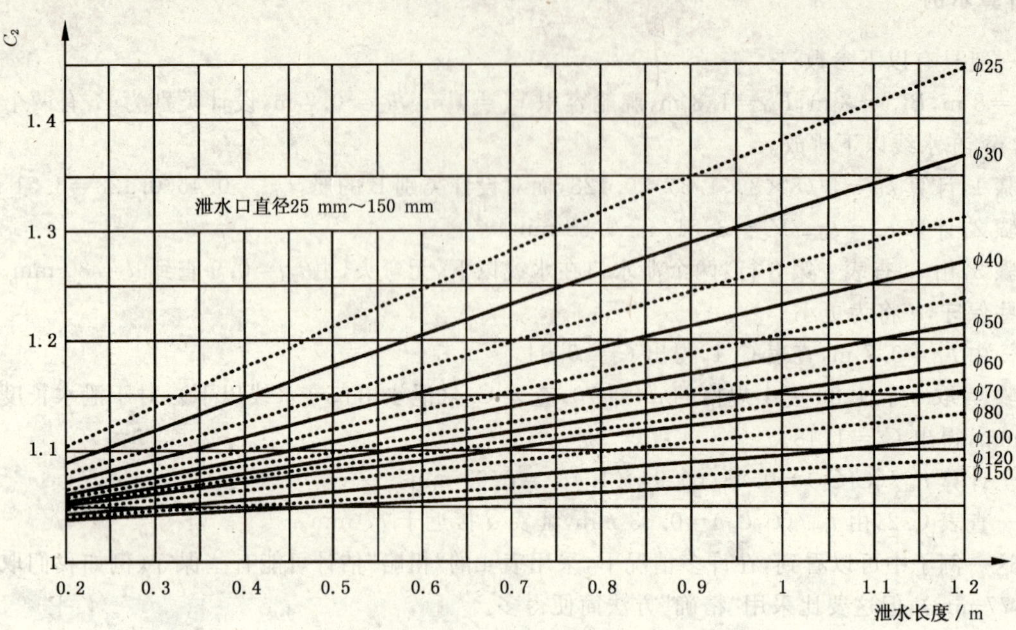

图 C.1　对于 h_C＝0.4 m 和泄水出口在水线以上的 C_2 值

表 C.4　对于 h_C＝0.4 m 和泄水出口在水线以下的 C_3 值

泄水长度 L/m		0.20	0.40	0.60	0.80	1.00	1.20
泄水口直径 d/mm	25	1.49	1.55	1.61	1.67	1.72	1.77
	30	1.48	1.53	1.57	1.62	1.66	1.71
	35	1.47	1.51	1.55	1.59	1.63	1.66
	40	1.47	1.50	1.53	1.57	1.60	1.63
	45	1.46	1.49	1.52	1.55	1.58	1.60
	50	1.46	1.49	1.51	1.53	1.56	1.58
	55	1.46	1.48	1.50	1.52	1.54	1.57
	60	1.46	1.47	1.49	1.51	1.53	1.55
	65	1.45	1.47	1.49	1.51	1.52	1.54
	70	1.45	1.47	1.48	1.50	1.52	1.53
	80	1.45	1.46	1.48	1.49	1.50	1.52
	90	1.45	1.46	1.47	1.48	1.49	1.51
	100	1.45	1.46	1.47	1.48	1.49	1.50
	110	1.44	1.45	1.46	1.47	1.48	1.49
	120	1.44	1.45	1.46	1.47	1.48	1.49
	130	1.44	1.45	1.46	1.47	1.47	1.48
	140	1.44	1.45	1.46	1.46	1.47	1.48
	150	1.44	1.45	1.45	1.46	1.47	1.47

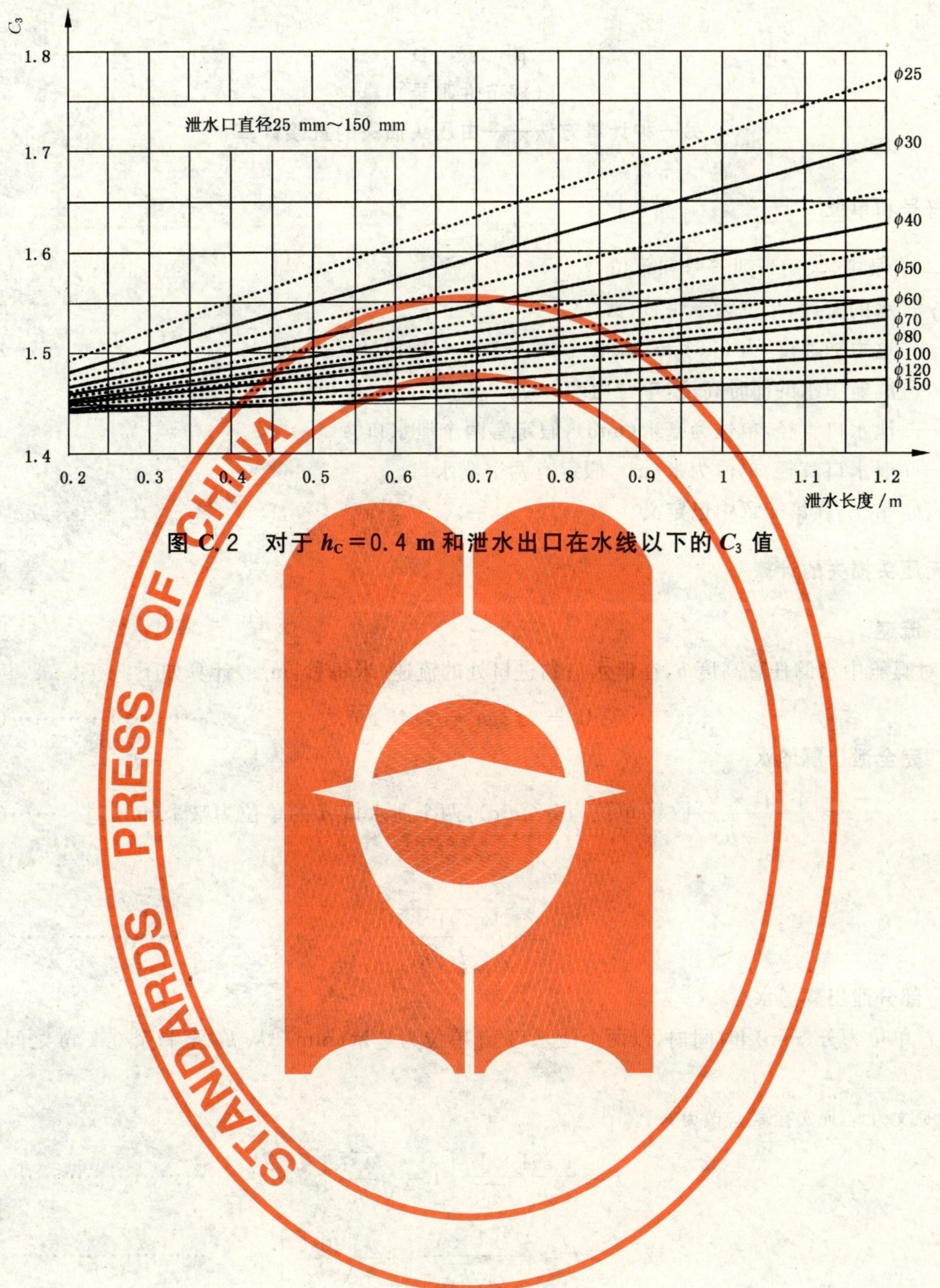

图 C.2 对于 $h_C = 0.4$ m 和泄水出口在水线以下的 C_3 值

附 录 D
（规范性附录）
另一种计算方法——由压头损失的直接计算

D.1 符号和单位

在本附录中，采用下列符号和单位：

U——水的流速，单位为米每秒(m/s)。

g——重力加速度，为 9.81 m/s^2。

h——艉舱中水的即时高度，单位为米(m)。

d——泄水口直径，单位为毫米(mm)，假定有两个泄水口。

D——泄水口直径，单位为米(m)，假定有两个泄水口。

V_C、h_C 和 t_{ref}在第 4 章中已定义。

D.2 无压头损失的计算

D.2.1 流速

针对艉舱中水的任意高度 h，在泄水口的进口处的流速（米每秒，m/s）计算如下：

$$U = \sqrt{2gh} = 4.43\sqrt{h} \qquad \cdots\cdots(D.1)$$

D.2.2 完全泄出艉舱水

$$t = \frac{4\ 791 \times V_C}{d^2\ \sqrt{h_C}} \text{[}t\text{ 的单位为分(min)，两个泄水口 }d\text{ 的单位为毫米(mm)]} \qquad \cdots\cdots(D.2)$$

或

$$d = \sqrt{\frac{4\ 791 \times V_C}{t\ \sqrt{h_C}}} \qquad \cdots\cdots(D.3)$$

D.2.3 部分泄出艉舱水

在 t[单位为分(min)]时间内，以两个泄水口 d[单位为毫米(mm)]从 h_C 至剩余 0.1 m 之间泄出艉舱水。

注：原文为 t_1，原文有误，应改为 t。

$$t = \frac{4\ 791 \times V_C}{d^2\ \sqrt{h_C}}\left[1 - \sqrt{\frac{0.1}{h_C}}\right] \qquad \cdots\cdots(D.4)$$

或 $$d = \frac{4\ 791 \times V_C}{t\ \sqrt{h_C}}\left[1 - \sqrt{\frac{0.1}{h_C}}\right] \qquad \cdots\cdots(D.5)$$

对于“基本的”艉舱高度 0.4 m

$$d = \sqrt{\frac{3\ 788 V_C}{t}} \qquad \cdots\cdots(D.6)$$

对于无挡板的排水口，无附加的压头损失，但其“有效”截面积应乘以系数 0.6，则公式(D.6)变换成：

$$\frac{t}{V_C} = t_{ref} = \frac{3\ 788}{(0.6\ d^2)} \qquad \cdots\cdots(D.7)$$

D.3 具有压头损失的计算

D.3.1 新的流速

“压头”这一术语定义为在伯努利方程中水的等效高度。

$h+U^2/2g=$常数

泄水系统内的摩擦或水流的中断会产生压头的损失，流速的减小，因此而增加泄水时间。

摩擦引起压头损失，而水流的中断产生附加损失。

新的压头为 $h_C-\delta_h$，δ_h 是各损失的总和，新的流速为：

$$U = 4.43\sqrt{h_C - \sum\delta_h} \qquad \text{(D.8)}$$

D.3.2 摩擦的压头损失

对于平缓的泄水，摩擦的压头损失为

$$\delta_h = 4.85\times10^{-4}\times\frac{L_d U^{1.75}}{D^{1.25}}$$

式中：

L_d——泄水长度，单位为米(m)；

U——泄水的流速，单位为米每秒(m/s)；

D——泄水口直径，单位为米(m)。

D.3.3 附加压头损失

附加压头损失是由于水流中断(在管子的入口和出口处，弯头处等)而产生的，通常以下式表示：

$$\delta_h = \sum KU^2/2g$$

式中：

$\sum K$——所有附加损失的总和。

在表D.1列出了各附加压头损失的典型值。

表 D.1 各种中断的 K 值

中断的类别	K
入口锐角	0.5
入口斜切	0.1～0.5
入口圆角	0.06
出口，在水线以上排放	0
出口，在水线以下排放	1
圆角弯头	0.1～0.5
锐角弯头	0.5～1.3
圆孔的格栅	0.5～3

注：除表D.1所列的主要损失外，还可找到一些附加压头损失。可采用任何用于更精确评估 K 的现有数据，以代替表D.1的近似值。

D.3.4 具有压头损失的排空时间计算

为避免混淆，按照压头损失的类型，所涉及的不同的流速 U_i 和泄水时间 t_i 如下：

——U_1(m/s)和 t_1(min)：无压头损失；

——U_2(m/s)和 t_2(min)：具有压头损失和泄水出口在水线以上；

——U_3(m/s)和 t_3(min)：具有压头损失和泄水出口在水线以下。

在按D.2中所述计算出无压头损失的泄水时间 t_1 之后，计算流速 U_2 或 U_3[取与中间泄水高度

$h_m=(h_C+0.1)/2$ 相关的流速]。

具有压头损失的流速 U_2 或 $U_3=4.43\sqrt{h_m-\sum\delta_h}$

$$U_i-4.43\sqrt{h_m-4.85\times10^{-4}\times\frac{LU_i^{1.75}}{d^{1.25}}-0.051\sum K_iU_i^2}=0 \qquad\cdots\cdots\cdots\cdots(D.9)$$

U_i 的单位为米每秒(m/s)。D 和 L 的单位为米(m),且 $i=2$ 或 $i=3$。

公式(D.9)是隐含的,因此需要找到 U_i,使此式第 1 项等于零(大多数列表软件具有“解答”功能,通过逐步逼近法直接解此式)。因此具有压头损失的泄水时间可近似地为 $t_i=t_1U_1/U_i$。

对于不希望进行上述计算的艇的制造者,可以通过查找附录 C 中的预算表和图得到帮助,表格中给出了经计算的近似泄水时间。

表 4 也是具有典型泄水布置的预计算表。

附 录 E
（规范性附录）
水密试验

E.1 引言

注：以下的试验是任选的。但如果进行，应采用 E.2 和 E.3 所述程序。

E.2 水密等级 2 级和 3 级

装置应从艇外进行喷水试验，对于水平装置或与水平方向夹角小于或等于 45°的装置，按照图 E.1。对于垂直装置或与垂直面夹角小于或等于 45°的装置，按照图 E.2。

射喷水流应密集，流量应为 10 L/min，喷射目标指向该装置周边每一侧 0.05 m 之内区域的每一处。见图 E.1 和图 E.2。

注：通常把一根有可调节喷嘴的软管连接至自来水龙头，即可得到这一喷射水流，当水龙头关紧时，其静水压为 200 kPa。

喷射应至少持续 3 min。喷射后，浸水应不超过：

——0.05 L，对符合 2 级水密等级的装置；或者

——0.5 L，对符合 3 级水密等级的装置。

单位为米

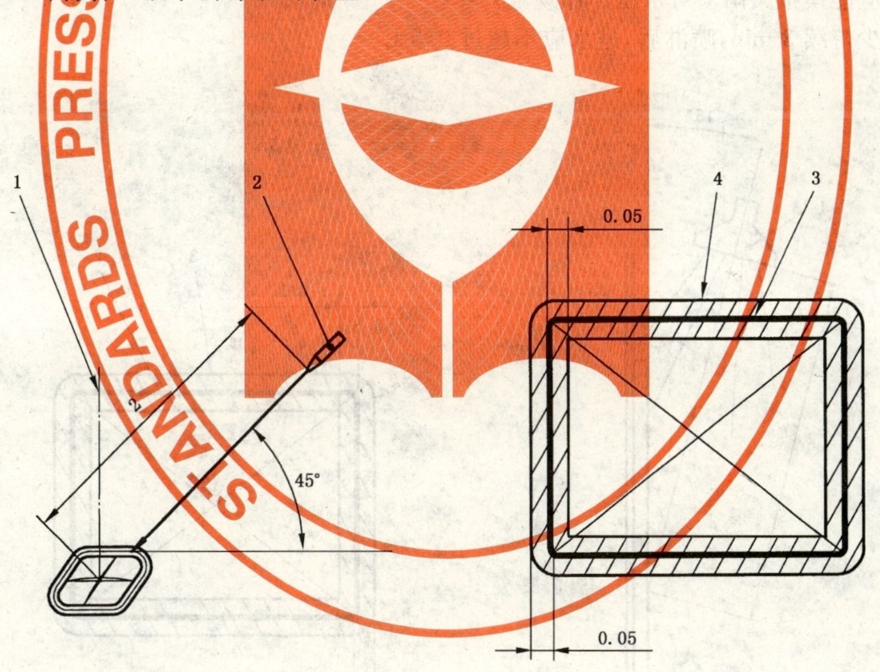

1——垂线；

2——喷嘴；

3——器件的周边；

4——画阴影线的区域为喷射水流部位。

图 E.1 对于水平装置或与水平方向的夹角小于或等于 45°的装置的试验布置

单位为米

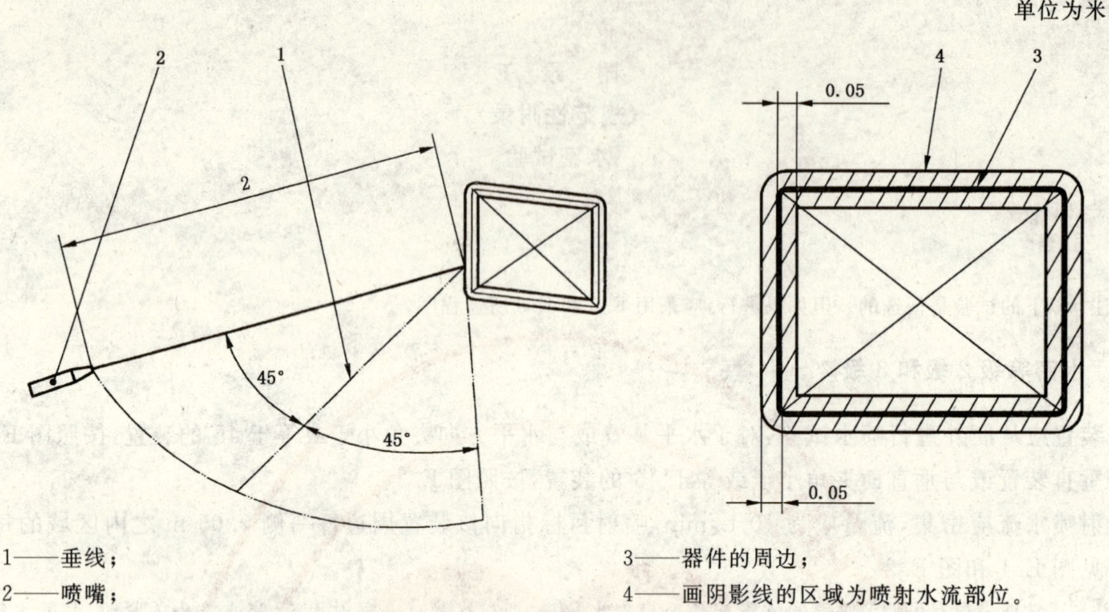

1——垂线；
2——喷嘴；
3——器件的周边；
4——画阴影线的区域为喷射水流部位。

图 E.2 对于垂直装置或与垂直方向的夹角小于或等于45°装置的试验布置

E.3 用于确定4级水密等级的试验

除非已按E.2进行试验，装置应从艇外的喷淋按照图E.3进行试验。

此喷淋头应能模拟大雨。对水压不作规定。

喷淋应至少持续3 min，喷淋后，进水应不超过0.5 L。

单位为米

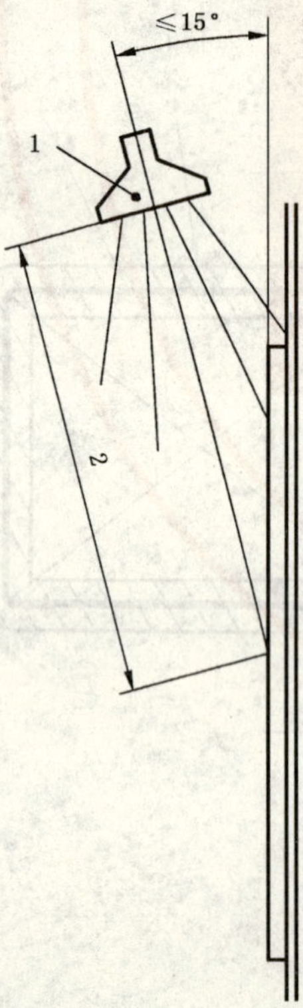

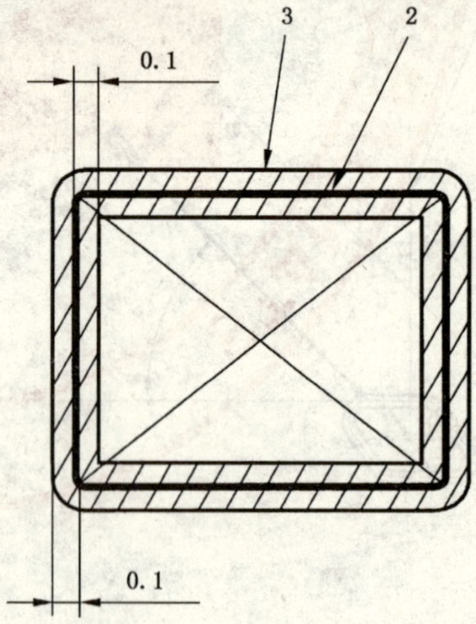

≤15°
1
2
0.1
3
2
0.1

1——喷嘴；
2——器件的周边；
3——画阴影线的区域为喷淋部位。

图 E.3 用于确定4级水密等级的试验布置

参 考 文 献

[1] G. Dolto. ISO 11812 的技术回顾,ISO/TC 188 内部文件.

ICS 47.080
U 18

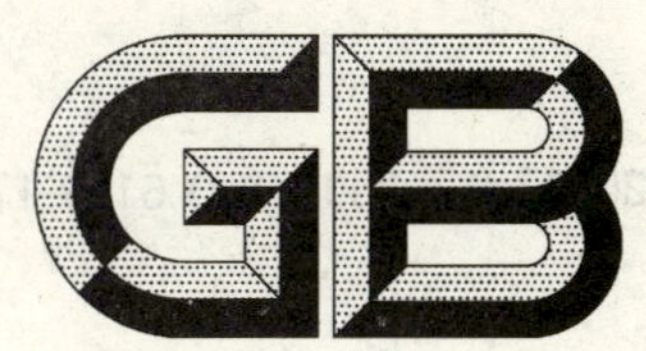

中华人民共和国国家标准

GB/T 20897.1—2007/ISO 6185-1:2001

充气艇 第1部分:发动机最大额定功率为4.5 kW的艇

Inflatable boats—Part 1:Boats with a maximum motor power rating of 4.5 kW

(ISO 6185-1:2001,IDT)

2007-03-26 发布 2007-09-01 实施

中华人民共和国国家质量监督检验检疫总局
中国国家标准化管理委员会 发布

前言

GB/T 20897《充气艇》包括下列部分:

——第1部分:发动机最大额定功率为4.5 kW的艇;

——第2部分:发动机最大额定功率为4.5 kW～15 kW的艇;

——第3部分:发动机最大额定功率为15 kW及以上的艇。

本部分是GB/T 20897的第1部分。

本部分等同采用ISO 6185-1:2001《充气艇　第1部分:发动机最大额定功率为4.5 kW的艇》(英文版)。

本部分等同翻译ISO 6185-1:2001。

为便于使用,本部分做了下列编辑性修改:

——“本国际标准”一词改为“GB/T 20897的本部分”;

——用小数点“.”代替作为小数点的逗号“,”;

——删除国际标准的前言和引言;

——对公式进行了编号;

——重新对图进行了编号(因为取消了引言)。

本部分的附录A和附录B为规范性附录,附录C、附录D和附录E为资料性附录。

本部分由中国船舶工业集团公司提出。

本部分由全国小艇标准化技术委员会(SAC/TC 241)归口。

本部分起草单位:中国船舶工业集团公司第七〇八研究所。

本部分主要起草人:林德辉、张伟东。

充气艇　第1部分:发动机最大额定功率为4.5 kW的艇

1　范围

GB/T 20897的本部分规定了总长小于8 m,最小浮力为1 800 N的充气艇(包括刚性充气艇)的设计、用材、制造和试验的最低安全要求。

GB/T 20897的本部分适用于拟在－5℃～＋60℃环境温度范围内运行的下列类型的充气艇:

——Ⅰ型:仅由人工方式推进的充气艇;

——Ⅱ型:能获得发动机最大功率为4.5 kW的充气艇;

——Ⅲ型:充气划艇和皮艇,见附录A;

——Ⅳ型:由最大帆面积为6 m^2的帆推进的艇,见附录B。

注1:在附录C、附录D和附录E中分别表明了Ⅰ型、Ⅱ型和Ⅲ型的典型艇的总布置。

注2:对于额定功率为4.5 kW及以上的艇,参见GB/T 20897的第2部分和第3部分。

GB/T 20897的本部分不包括单舱艇,且不适用于水上玩具和充气救生筏。

2　规范性引用文件

下列文件中的条款通过GB/T 20897的本部分的引用而成为本部分的条款。凡是注日期的引用文件,其随后所有的修改单(不包括勘误的内容)或修订版均不适用于本部分,然而,鼓励根据本部分达成协议的各方研究是否可使用这些文件的最新版本。凡是不注日期的引用文件,其最新版本适用于本部分。

GB/T 11700—2003　小艇　船用推进发动机和推进装置　功率的测定和标定(ISO 8665:1994,IDT)

GB/T 17845—1999　小艇　功率15～40 kW舷外挂单机遥控操舵系统(idt ISO 9775:1990)

GB/T 18815—2002　机动小艇　操舵部位的视野(ISO 11591:2000,IDT)

GB/T 19314.1—2003　小艇　艇体结构和构件尺寸　第1部分:材料:热固性树脂、玻璃纤维增强塑料、基准层合板(ISO 12215-1:2000,IDT)

GB/T 19316—2003　小艇　小型舷内机喷水艇的遥控操舵系统

GB/T 19918—2005　小艇　图形符号

ISO 1817　硫化橡胶或热塑性橡胶耐液体试验方法

ISO 3011:1997　涂有橡胶或塑料的织物　抗臭氧裂纹的静态测定

ISO 4646:1998　涂有橡胶或塑料的织物　低温冲击试验

ISO 7000:1989　在设备上使用的图形符号　索引和对照表

3　术语和定义

下列术语和定义适用于GB/T 20897的本部分。

3.1

充气艇　inflatable boat

以充气介质形成全部或部分的预定形状和浮力,设计和形状能承受来自各种海况的力和运动,在水上运送人员和/或装载货物的具有浮力的结构(艇体)。

3.2

刚性充气艇 rigid inflatable boat(RIB)

艇体的较低部分为刚性单元,较高部分(充气艇体)通过充入介质而具有预定的形状和浮力(或部分浮力)的充气艇。

3.3

艇浮力 buoyancy of the boat

构成充气艇体的充气腔以及永久性地固定在艇体上的任何其他空腔所形成的体积。

3.4

刚性充气艇的浮力 buoyancy of a RIB

由不超过总浮力20%的永久性固有浮力,或至少两个固定在刚性艇体上永久性密封舱室所具有的浮力,加上充气浮力所组成的用于计算的浮力。

3.5

浮力计算 calculation of the buoyancy

在制造厂推荐的设计工作压力下,通过测量或计算体积来确定浮力,并以力来表示(如果有要求)。

注:转换系数为9.81 kN/m^3(总浮力)。

3.6

永久性固有浮力 permanent inherent buoyancy

在预定的寿命内吸水最少,被置于艇体中的密封舱室内的密度比淡水低的中间无网格(密闭腔)泡沫或其他材料所具有的浮力。

3.7

永久性密封浮力 permanent sealed buoyancy

充以空气密封的气密舱室所具有的浮力。

3.8

增强材料 reinforced materials

涂覆基材织物的材料。

3.9

无支撑材料 unsupported materials

无基材织物的材料。

3.10

艇内面积 inboard area

由一个与浮性管的最内侧相切并与甲板垂直的直立面所确定的内部表面积。

3.11

艇内长度 inboard length

艇舱长度,包括艇上所有遮盖下的区域,沿艇中线在艇首和艇尾的最内侧点之间测得。

3.12

充气划艇 inflatable canoe

预定的形状和浮力是通过空气腔的充气来达到的,长/宽比至少为3:1,并只能通过跪位或坐位单桨划进的艇。

3.13

充气皮艇 inflatable kayak

预定的形状和浮力是通过充气腔的充气来达到的,长/宽比至少为3:1,并只能通过坐位双桨划进的艇。

3.14

A 型划艇　type A canoe

A 型皮艇　type A kayak

预定长距离巡航，包括旅行时间为几天的艇。

3.15

B 型划艇　type B canoe

B 型皮艇　type B kayak

预定沿海使用，短时和短距离巡航的艇。

4　材料

4.1　一般要求

所有材料应由制造厂按艇所承受的应力(形状、尺度、最大载重量和装置功率等)以及预定的运行条件来选用。在正常海上航行条件下的使用不应严重损害材料性能，且应符合 4.2～4.5 规定的要求。

充气艇的所有材料都应为本质防腐的材料。

4.2　艇的增强材料(不包括玻璃纤维增强塑料部件)和/或无支撑材料

4.2.1　要求

与艇完整性相关的所有材料应符合以下有关各项要求，且应在－5℃～60℃工作温度范围内保持其全部的使用性能。

4.2.2　试验方法

4.2.2.1　取样

应在制造艇之前取其组成材料的试样进行试验。如果艇在制造期间进行硫化处理，则该试样也应经硫化。

4.2.2.2　抗液浸

试验应按 ISO 1817 但采用 ASTM 1 号油，在试样外侧或与周围环境接触的材料的两侧进行。

在表 1 的 a)和 b)栏中，在按规定时间与 40℃±1℃的试液接触后，每单位面积的质量变化应不大于 100 g/m^2。

表 1　试液

试　液	持续接触时间
a)　油	22 h±0.25 h
b)　盐水[a]	336 h(最少)

a　盐水成分：蒸馏水＋每升 30 g 的氯化钠。

4.2.2.3　抗臭氧

试验应按 ISO 3011 规定在试样外侧或与周围环境接触的两侧上进行。

—— 暴露时间：72 h；

—— 试验温度：30℃±2℃；

—— 浓度：50 pphm[1)]，体积分数为 0.5×10^{-6}；

—— 型心直径：5 倍材料厚度。

试验完成后，用 10 倍放大镜检查，试样应无裂纹迹象。

4.2.2.4　耐低温

所有材料应在－5℃温度下符合 ISO 4646 的各项要求。

1)　空气中的臭氧成分以每亿分之一体积计。

4.3 木材

4.3.1 一般要求

所用木材和胶合板的类型应适合于用途及海上环境。

所有暴露在外的木材和胶合板应作防风雨处理，诸如适合于海上环境的涂料、清漆或防腐剂。

4.3.2 胶合板

所有使用的胶合板，应把其内层和外层饰面用硬木薄板组合在一起，且粘接剂应防水耐煮。所用木材应予以风干，且无边材、腐烂、虫蛀、破裂和容易影响材料性能的其他缺陷。此类木材一般应无节疤，但允许偶尔有一个生长健全的节疤。

其他木材，例如美(国)枞木也可用作饰面，但需经处理，以防腐、防霉烂和防海上凿船虫。连接的边缘和/或表面，包括任何端部的纹理，均应有效地密封。

4.3.3 结构木

在结构中使用的木材应予以风干，且无边材、裂纹或其他缺陷。

4.4 金属和合成材料部件

使用材料的型式、强度和加工方法应适合于该部件的预定用途，且与海上环境相适应。

4.5 玻璃纤维增强塑料

树脂、增强材料和积层板应符合 GB/T 19314.1—2003 的要求。

5 功能部件

5.1 条件

全部试验均应在 20℃±3℃的温度下进行。

5.2 艇体装配件

5.2.1 要求

所采用的材料和制作方法应与艇体本身相适应。充气艇(见 3.1 和 3.2)上任何承载配件，在按 5.2.2承受载荷时，不应对气密和防水完整性造成任何损害。

5.2.2 试验方法

试验用绳索的直径应为 8 mm。

在任何方向逐渐增加装配件的载荷直至破坏，但载荷不应超过 2 kN。如果已到达 2 kN，则需保持此载荷 1 min。

5.3 人工提升和运送装置

5.3.1 要求

艇应配备运送艇的设施，按 5.3.2 规定试验时，应不使装置损坏。

5.3.2 试验方法

试样用绳索直径应为 8 mm。按以下规定的力，以合适的方向逐渐地增加装置的载荷，并保持 1 min。

Ⅰ和Ⅲ型：　500 N

Ⅱ和Ⅳ型：　1 kN

如果提升或运送装置具有安全索或抓手柄的功能，则还应符合 6.7.1 的要求。

5.4 阀

5.4.1 充气

组件应为耐腐蚀材料，且应不能损害艇体材料。

装设在充气艇上的充气阀的型式和布置应确保：

a) 无论艇在岸上或在水中，均易达，以进行充气装置的连接；

b) 对在预定座位的人员来说，这些阀应不会造成不便；

c) 这些阀不会影响艇的运行；

d) 这些阀不会影响艇的装载和卸载；

e) 这些阀不会被缆索、救生索或艇结构中的活动部件，或者由于旅客的正常活动或装载所损坏或扯裂；

f) 这些阀应设有一个能单独密封阀体的罩子，且该罩子应与阀牢固连接以防意外脱落；

g) 能受控地降低浮力室的压力，并能测得此压力。

5.4.2 放气

艇体放气应通过使用充气阀，或者使用单独的装置手动进行。

若装设单独的装置，则它们应由耐腐蚀材料制成，且应不能损害艇体材料。这些装置的设计和位置应符合 5.4.1 b)～5.4.1 e)的要求。

任何一个舱室放气都不应造成其余舱室的空气或气体的泄漏。

5.5 桨叉和桨

5.5.1 要求

对桨叉和桨的配备要求不是强制性的。作为标准设备或任选设备提供，则应符合 5.5.2～5.5.5 的要求。

5.5.2 磨损

桨叉和桨的支承表面应无任何可能造成磨损的粗糙部分。桨叉的整个外表面应光滑且无在该艇包装时可能引起损坏的锐边和尖角。

5.5.3 防止松脱

桨叉应紧固，以防意外松动。当艇封存时，应提供放置两个摇桨或划桨的设施。

5.5.4 桨叉的强度

5.5.4.1 要求

当按 5.5.4.2 中的规定试验时，桨叉或相连接的配件不应出现结构上的破坏。

5.5.4.2 试验方法

试验用绳索的直径应为 8 mm。

对划桨配件包括桨叉，在任意水平方向上施加一个 300 N 的力并保持 1 min。

5.5.5 桨叉和桨的使用

按 7.4 进行试验，在试验中任何部件均应无结构损坏或永久性变形，且应清晰地证明此桨叉系统刚度性足够用于划桨。

应要求该桨的最小运动范围为向前 60°和向后 60°。

5.6 艉板(如果设有)

5.6.1 要求

在正常使用情况下，艉板或发动机安装架及其与艇的连接件的设计应能承受从以下工况所产生的最大应力：

——制造厂规定的发动机输出功率和扭矩；和

——上述发动机的质量。

5.6.2 试验方法

7.2 规定的水上性能试验期间及试验后进行目测检查。

5.7 艇体泄水

如果艇设有艉板，则其应至少装设一泄水孔塞或一戽水系统。

对设有整体式封闭的未充以密闭腔泡沫或等效材料的艇体/甲板组件的刚性充气艇，应设有用于从艇体较低部分泄水的设施。

5.8 操舵系统(当作为标准设备或任选设备提供)

5.8.1 组件的强度

5.8.1.1 要求

舵叶经过转角超过60°的运动500次后，不应发生断裂或其他损坏。

5.8.1.2 试验方法

每次运动(周期)应在1 s之内进行，且应包括整个操舵装置。舵叶应浸水至其使用位置。

5.8.2 舵叶

5.8.2.1 要求

舵叶应能被升起至艇底水平线，并能无需使用工具将其固定在工作位置。

5.8.2.2 试验方法

功能试验后作目测检查。

5.9 遥控操舵系统(仅对Ⅱ型艇，当作为标准设备或任选设备提供)

任何遥控操舵系统均应符合GB/T 19316—2003和GB/T 17845—1999的要求。

当按第7章进行试验时，无论是对于系统，还是对于与艇连接件，都不应损坏或产生故障。

5.10 发动机安全索的连接(仅对Ⅱ型艇)

应在适当位置设有用于连接发动机安全索的设施。

5.11 拖曳装置(所有类型的艇)

所有艇均应在艇首设有用于系固拖索的拖曳装置。强度试验见7.3。

5.12 座位和连接系统(当作为标准设备或任选设备提供)

当按第7章进行试验时，无论是对于座位，还是对于任何相关的连接件，都不应损坏或产生故障。

6 完工艇的安全要求

6.1 最大允许乘员数

每型艇搭乘的最大允许乘员数n应按公式(1)、公式(2)进行以下计算：

Ⅰ型：

$$n=\frac{A_i}{0.3} \qquad \cdots\cdots(1)$$

式中：

A_i——艇内面积，单位为平方米(m^2)。

Ⅱ型和Ⅳ型：

$$n=\frac{l_i}{0.38}-1 \qquad \cdots\cdots(2)$$

式中：

l_i——艇内长度，单位为米(m)。

Ⅲ型：见附录A。

以“n”值确定的人体质量决不应超出最大装载能力(见6.4)。

如果发动机最大额定功率大于3 kW(4 hp)，或者如果装有帆具箱，则“n”值减少1人。

对Ⅰ型、Ⅱ型和Ⅳ型艇，“n”值应向下取整到最接近的整数值，但如果小数点后第一位数大于5，则可增加1名小孩；如果大于7，则可增加1名成人。

计算用的人体质量，对小孩规定为37.5 kg，对成人为75 kg。

在制造者标牌上显示的数据，见8 e)，应至少包括1名成人，且不应多于1名小孩。

6.2 最大发动机功率

公式(3)、公式(4)仅适用于Ⅱ型艇。

对无艉板的艇：

$$P_{max} = 0.8F(d) \quad (3)$$

对有艉板的艇：

$$P_{max} = 1.2F(d) \quad (4)$$

式中：

P_{max}——按 GB/T 11700—2003 确定的发动机最大额定功率，单位为千瓦(kW)；

$F(d)$——尺寸系数。

$F(d)$按公式(5)计算：

$$F(d) = l \times b \quad (5)$$

式中：

l——艇的总长，单位为米(m)(自艇首至后浮体的末端，不包括把手和其他附件)；

b——艇的总宽，单位为米(m)(不包括把手和其他附件)。

6.3 艇的静稳性

6.3.1 要求

当按 6.3.2 试验时，装有制造厂规定的最大额定功率发动机(见 6.2)的艇应不会倾覆。

6.3.2 试验方法

试验应在装有发动机，但没有燃油箱/蓄电池或帆具的艇上进行。试验载荷应均匀地分布在如图 1 所示的艇的试验载荷区域上。

单位为毫米

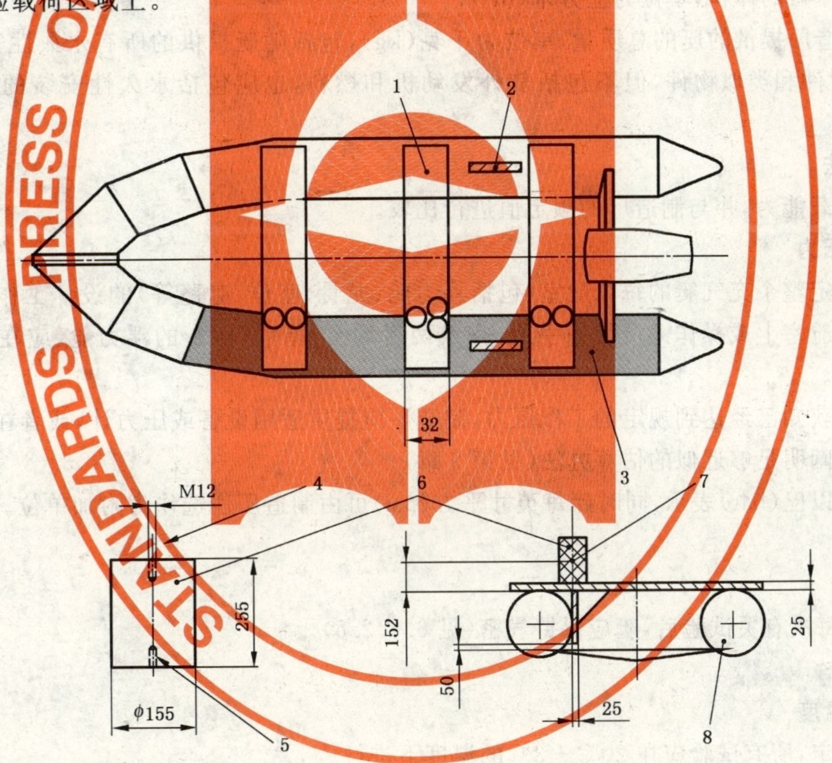

1——典型的载荷板，例如木板；

2——附件或桨叉；

3——试验载荷重物区；

4——吊环；

5——用于载荷板的紧固螺栓；

6——载荷重物，钢，37.5 kg；

7——指出载荷重物的重心；

8——浮性管。

图 1　3 名成人和 1 名小孩的静稳性试验

总的试验载荷 m_t(kg) 应采用公式(6)计算：

对一个小孩(如果适用)

$$m_t = (0.67 \times n \times 75) + (0.67 \times 37.5) \quad \cdots\cdots(6)$$

式中：

n——由制造厂确定的最大容许的成人数(见 6.1)，即对于每一容许的成人为 75 kg，对于小孩为 37.5 kg(如果适用)。

注：在图 1 中表示了 37.5 kg 钢质试验重物的尺寸。

6.4 最大装载能力

6.4.1 要求

艇可载运的最大装载能力应按公式(7)、公式(8)计算：

对Ⅰ型和Ⅲ型艇：

$$m = (0.5 \times V \times 1\,000) - M \quad \cdots\cdots(7)$$

对Ⅱ型和Ⅳ型艇：

$$m = (0.75 \times V \times 1\,000) - M \quad \cdots\cdots(8)$$

式中：

m——最大装载能力，单位为千克(kg)，包括在艇上的人员、设备、舷外发动机和燃料的总质量；

V——艇的浮力的体积，单位为立方米(m^3)；

M——由制造厂提供的艇的总质量，单位为千克(kg)，包括随艇提供的所有永久性安装的设备：艇体、附件和类似物件，但不包括舷外发动机和燃料，也应包括永久性安装的发动机和驱动系统。

6.4.2 评定方法

计算最大装载能力，并与制造厂的额定值进行比较。

6.5 设计工作压力

制造厂应规定整个充气艇的每个舱室(包括浮力舱、龙骨、座位、遮蓬等)的设计工作压力。这些压力值应在相应的舱室上或操作人员使用手册内(或两者均有)指明，对艇的浮力舱，应在制造者标牌上(见第 8 章)指明。

为使用户可获知已经达到规定的工作压力，制造厂应提供适用设备或压力计，或者在所提供的操作人员使用手册内阐明足够近似的估算方法(见第 9 章)。

工作压力应以巴(bar)表示，同时磅每英寸平方(psi)可由制造厂任选作为附加单位。

6.6 艇体强度

6.6.1 要求

6.6.2 所述每次有关试验后，艇应保持气密(见 6.6.2.5)。

6.6.2 试验方法

6.6.2.1 试验温度

除非另有规定，所有试验应在 20℃±3℃的温度下进行。

6.6.2.2 由无支撑材料制成的艇的循环试验(接缝强度)

艇应按制造厂的说明进行组装，并充分地充气至设计工作压力(见 6.5)。

本试验应分三个阶段：

a) 试验程序的这一步骤应至少在两个相邻的主浮力舱上交替依次进行(见图 2)。充气至 1.1 倍的设计工作压力共 50 次。

b) 将整个艇充气至设计工作压力，并保持 12 h。

c) 按 a)所述充气 25 次。

按 6.6.2.5.2 试验每一个主浮力舱的气密性。

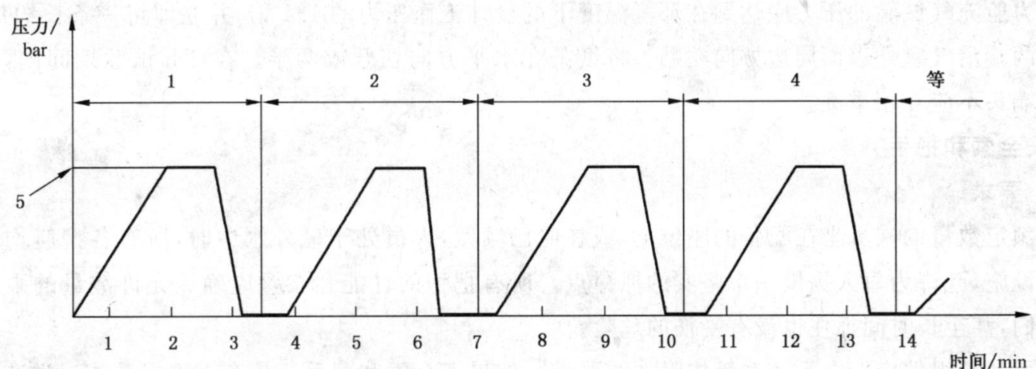

1——1 舱；

2——2 舱；

3——1 舱；

4——2 舱；

5——设计工作压力。

图 2 浮力舱的气密试验

充气试验持续时间应为：

——充气至设计工作压力时间： 2.0 min；

——维持在设计工作压力： 0.5 min；

——放气至零压力的时间： 0.5 min；

——维持在零压力： 0.5 min。

注：相邻的室不应同时进行试验。

6.6.2.3 热试验(所有艇型)

艇应按制造厂的说明进行组装，并充气到 1.1 倍设计工作压力。艇组装后，应置于热箱内，在 60℃下放置 6 h 。此试验完成后，将艇从热箱移出，并让其冷却至环境温度。按 6.6.2.5 进行艇的气密试验(由增强材料制造的艇按 6.6.2.5.1，由无支撑材料制造的艇按 6.6.2.5.2)。

6.6.2.4 由增强材料制造的艇的超压试验

浮性管的每一分隔舱室应充气至 1.5 倍制造厂的设计工作压力保持 30 min。如果分隔舱室有共同的封闭部件(如内部的分隔舱壁)，则这些舱室应在相邻分隔舱室放气后单独地进行试验，不应出现损坏或破裂，且艇应按 6.6.2.5.1 进行气密试验。

6.6.2.5 气密试验

6.6.2.5.1 由增强材料制造的艇

艇应予支撑或与地板隔开，且不应暴露于流通气流或直射阳光之下。为了预先拉伸艇，充气艇(各舱室)应充气 30 min，达到制造厂设计工作压力的 120%(见 6.5)。然后应使压力下降至设计工作压力并再保持 30 min，以使状态稳定。重新使压力达到设计工作压力，并记录环境温度和大气压力。在24 h 的试验期间，任何舱室的压力降均应不大于 20%。应记录最终的环境温度和大气压力。

自试验开始各试验读数之间的温度变化应不大于 3℃。

自试验开始各试验读数之间的大气压力变化应不大于±1%。

环境温度每升高或降低 1℃，可允许分别在记录的艇压力中减去或增加 0.004 bar。

6.6.2.5.2 由无支撑材料制造的艇

气密性间接地测定可通过材料收缩测定。

所有浮力舱应在与其相邻的所有舱放气后单独进行试验。

浮力舱充气试验的压力应达到在环境温度下的设计工作压力的1.1倍,并立即将一条长约100 mm纸条的两端沿气室外表面周边方向粘贴。将纸条在水平方向切开成两半。在2 h试验期间内,这两个切开的端头不应互相重叠。

6.7 安全索和把手

6.7.1 要求

当额定数量的乘员坐在配备的座位上,或在舱已倾覆,人员处于舷外水中时,所有各型艇均应设有适当的设施,允许为每人提供一个坚实的抓撑点。所有把手的性能和布置应确保允许数量的乘员均能抓住它们,甚至长时间抓住也没有受伤的危险。

把手及其组件应符合5.2对艇体附件的要求。如果安全索和把手还具有人工提升或运送装置的功能,则它们还应符合5.3的要求。

Ⅰ型艇应围绕整个艇有安全索。

Ⅱ型和Ⅳ型艇沿两舷应有安全索和/或把手。

Ⅲ型艇应按附录A中A.6布置。

当按6.7.2进行试验时,把手组件应无损坏。

6.7.2 评定方法

目测检查和评定。

对每一把手和救生索组件,在任意方向上施加以下规定的力1 min。水上进行实际评定,见7.2。

Ⅰ型和Ⅲ型艇: 500 N

Ⅱ型和Ⅳ型艇: 1 kN

6.8 剩余浮力

6.8.1 要求

最大浮力舱破损后,艇的剩余充气浮力至少应为制造厂最大额定装载能力(见6.4)的50%。

6.8.2 试验方法

计算或测定剩余浮力。

6.9 操纵性

6.9.1 要求

装载至最大装载能力的充气艇在其任一舱室突然放气时,应能以预定方式之一来推进。摇桨可用作划桨。

6.9.2 试验方法

艇在静水中以大致为直线推进至少50 m。

6.10 分舱

在多个分隔开的浮力舱(舱室)内应保持充气浮力。

在计算体积时,不应包括非永久性设置在艇体上的辅助充气舱(见3.3)。

表2规定了最少舱室数。

表2 最少舱室数

发动机最大额定功率 kW	尺寸系数 $F(d)$	舱室数
4.5	≤8	2
	>8	3
注:在6.2中规定了尺寸系数。		

6.11 操舵部位的视野

主操舵部位的视野应符合 GB/T 18815—2002 的要求。

7 性能要求和试验方法

7.1 一般要求

艇应至少通过 5.8(如果适用)和 6.6 所要求的试验。

艇应按制造厂说明书进行组装,且充气至所推荐的工作压力。

应按 7.2~7.5 规定的次序进行试验。

应以观察到的有义平均波高为 300 mm 作为条件进行试验。

7.2 水上性能(仅对Ⅱ型)

7.2.1 要求

在试验结束时对艇作严密检查。

在艇体任何部分或部件上,诸如甲板或横座板,以及包括地板/艇体、甲板/艉板、浮性管/艇体等的间界,不应出现断裂、裂纹、撕裂、分离等形式的结构破坏。

不应有可能导致结构损坏或破坏的磨损迹象。

艇不应翻转。

艇应合理地保持适度干燥。

在整个试验期间,艇长应保持合理的视野。

7.2.2 试验方法

7.2.2.1 一般要求

若遥控操舵系统作为标准设备提供,则应使用遥控系统进行试验。如果其作为任选设备提供,则应依次使用舵柄和遥控操舵系统进行试验。

7.2.2.2 轻载试验

艇上仅有一名小艇艇长,将发动机控制在最大前进推力,总的试验时间应不少于 45 min。

小艇应正面迎风航行,而后相继分别以约 45°航向角转向顺风(见图 3)。这样就至少得出 5 个不同的航向,即迎风、首侧 45°、横向、尾侧 45°和顺风。在每个航向的航程之末应急速地转向左舷和右舷(见图 3)。

7.2.2.3 满载试验

应重复进行 7.2.2.2 所述试验,但艇要以其最大装载能力(乘员)进行均匀装载(见 6.1 和 6.4)。

所有把手均应清晰可见,并应满足 6.7.1 的要求。

所有座位和连接系统应清晰可见,并应满足 5.12 的要求。

7.3 拖曳装置的强度(所有艇型)

7.3.1 要求

在试验结束时对艇作严密检查,艇体任何部分或部件,诸如甲板或横座板,以及包括诸如地板/艇体等的间界,不应出现结构破坏。

在试验中应无可能淹没发动机或导致倾覆的埋首或抬首趋向。

7.3.2 试验方法

登艇人数按 6.1 计算所得的最大乘员数。

在指定的拖曳点以长度等于 3 倍艇长(±15%)的拖索和不小于 4 kn 的速度拖曳艇。

执行拖曳操纵不少于 15 min。

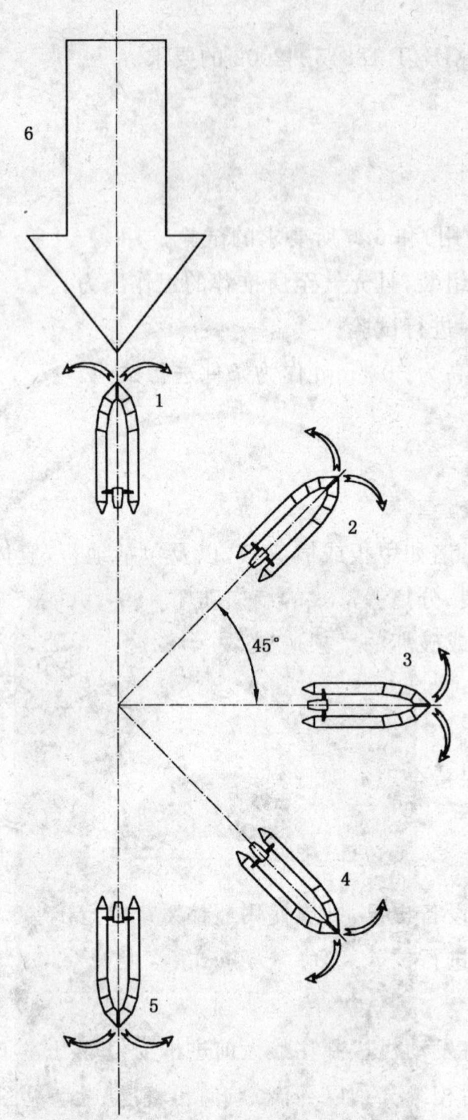

1——逆风航向；

2——首侧 45°航向；

3——横向航向；

4——尾侧 45°航向；

5——顺风航向；

6——实际风向。

图 3 水上性能试验

7.4 划桨试验(若适用,见 5.5)

艇应在轻载状态(见 7.2.2.2)和满载状态(见 7.2.2.3)下各划桨一段不少于 300 m 的距离。

在该试验期间和完成该试验后检查桨叉系统,并测量桨的自由运动范围。

7.5 水密试验(不适用于开敞地板自抽水艇)

7.5.1 要求

在该试验结束时对艇作严密检查。

艇内应无进水迹象。

7.5.2 试验方法

确保艇内无水。对艇施加载荷至制造厂推荐的最大装载能力。此载荷的分布应模拟已装设了(制造厂所规定的)最大额定功率发动机,且乘客已坐在正常位置的艇。

使艇在水上保持静止 20 min。

8 制造者标牌

艇应设置一块或两块载明下列所有相关内容的清晰而耐久的印制或刻制的标牌:

a) 本部分的编号和艇所符合的型别;若要求其符合欧洲导则(94/25/EC),则应在制造者标牌上表明该艇的设计类别。

b) 制造厂和进口商的名称和原产国。

c) 制造的序列号和制造日期以及艇型或模型式号。推荐采用 GB/T 16696—1996 所述的艇体标识代码系统。

d) 最大发动机功率,kW(以符号表示)。

e) 最大乘员数(以符号表示)。

f) 最大装载能力(以符号表示)。

g) 推荐工作压力(以符号表示)。

h) 如果设有帆具箱,最大风帆面积(以符号表示)。

可按制造厂意见提供附加内容(如最大发动机质量等)。

如果采用艇体标识代码系统,则制造者标牌上对于 c)中规定的内容可以不要。

对于 d)~h)的数据,应使用图 4 中所示的符号。参见 ISO 7000 和 GB/T 19918—2005。

括号内的附加单位可由制造厂任选。

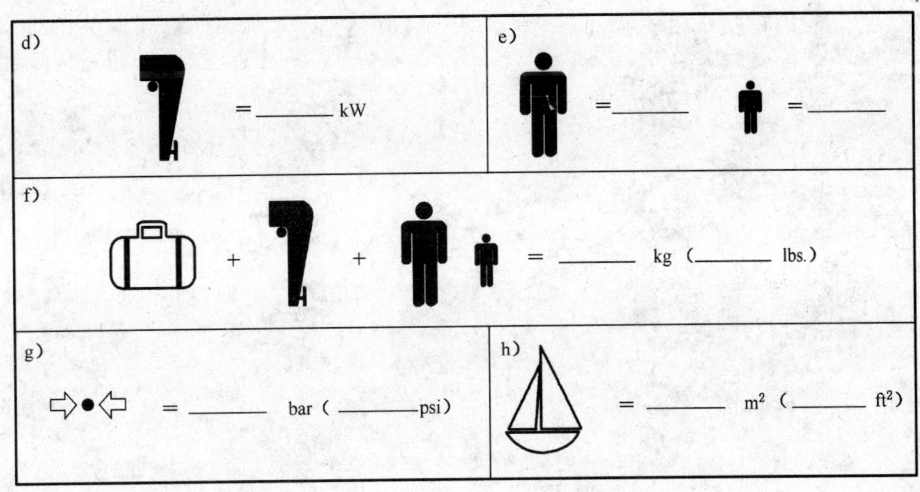

括号内的辅助单位由制造厂决定是否使用。

图 4 制造者标牌用符号

9 操作人员使用说明和警告事项

使用说明应采用合适语种和简明条款,足以使操作人员能正确组装、充气和为艇用于漂浮作准备,包括涉及座位、操舵系统、蓄电池和燃料柜的位置/固定(如果适用)。

应提出一个强调不遵照操作人员使用说明所具有危险的警告,此使用说明可详述重要的充气和组装程序。

还应对艇的干燥、贮存和维护作出指导。

关于诸如蓄电池酸液、油和汽油等液体潜在的有害影响应作出警告和劝告(如果适用)。

警告应包括注意艇内人员或货物分布不均匀产生危险的内容。

此使用说明也应以醒目方式警告自然灾害的可能性，如：

注意海洋的风力和海流

警告应包括对于超过制造者标牌上所列数据(见第8章)所具有危险的强调。

对于所包含的附加内容，建议参见 GB/T 19917—2005。

10 标准配备

制造厂应为每艘艇提供如下配备项目：

——适于修复有限范围少量漏气的修理工具，包括其使用说明；

——操作人员使用说明(见第9章)。

如果充气泵不作为标准设备提供，则制造厂应确保具有可兼作充气的泵。

附 录 A
（规范性附录）
充气划艇和皮艇（Ⅲ型）

A.1 适用要求

除本附录中所详述的要求外，充气划艇和皮艇应符合本部分正文中的所有要求，但下列各条除外：

——5.5 桨叉和桨；

——6.1 最大允许乘员数；

——6.2 最大发动机功率；

——6.3 艇的静稳性；

——7.2 水上性能；

——7.4 划桨试验。

A.2 最大允许乘员数

A.2.1 皮艇

对于每一允许乘员，应提供表 A.1 中所示的最小座位面积。允许的乘员数 n（成人或儿童）等于可在该艇的地板上放置而不重叠的座位图形的数量。这些图形上点 Z 的位置应与座位靠背的较低的前缘在垂向上相一致（见表 A.1）。

表 A.1 座位面积：对皮艇作试验的图形 单位为毫米

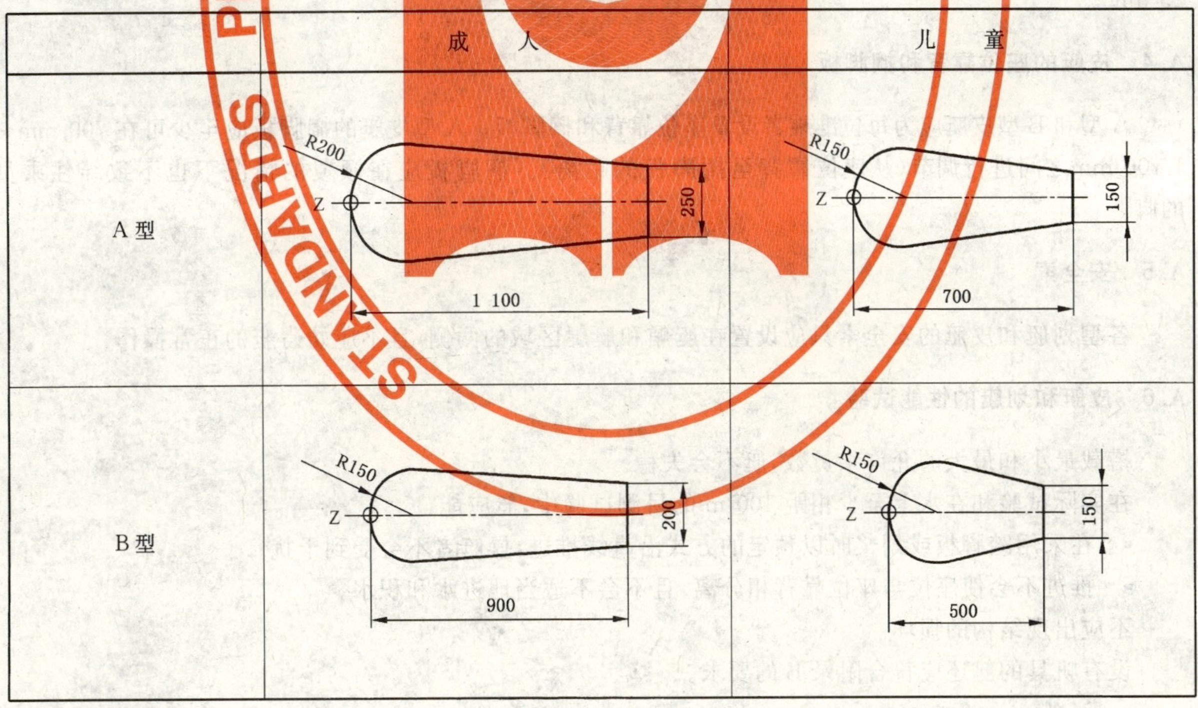

	成 人	儿 童
A型	R200 Z 250 1 100	R150 Z 150 700
B型	R150 Z 200 900	R150 Z 150 500

A.2.2 划艇

对于每一允许乘员，应提供表 A.2 中所示的最小座位/跪位面积。

允许的乘员数 n（成人或儿童）等于可在该艇的地板上放置而不重叠的座位/跪位图形的数量。

表 A.2　座位/跪位面积:对划艇作试验的图形　　单位为毫米

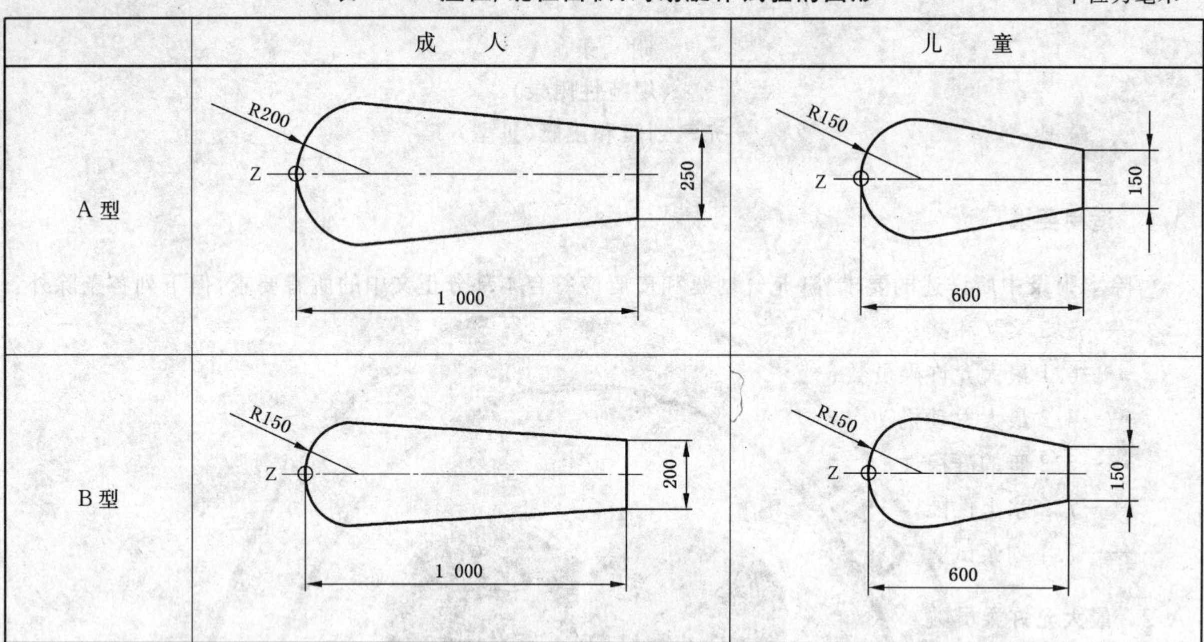

	成　人	儿　童
A 型		
B 型		

由 A.2.1 和/或 A.2.2 所确定乘员数的总质量应不超过最大装载能力(见 6.4)。

对每一成人允许为 75 kg,小孩为 37.5 kg。

A.3　装载能力,贮存容积

对于每一成人,A 型艇应在座位面积之外提供 50 dm^3 的艇内贮存容积,而对于每一小孩为 25 dm^3。

A.4　皮艇的座位靠背和搁脚板

A 型和 B 型皮艇应为每位准乘者设置座位靠背和搁脚板。A 型皮艇的搁脚板应至少可在 700 mm～1 100 mm之间进行调节(从座位靠背至搁脚板的距离)。搁脚板应在倾覆的情况下也不致绊住乘员的脚。

A.5　安全索

各型划艇和皮艇的安全索只应设置在艇艏和艇艉区域的两侧,且不应妨碍艇的正常操作。

A.6　皮艇和划艇的性能试验

搭载最小和最大的允许乘员数,艇不会失稳。

在实际试验和在水上至少相距 100 m 的目测试验中,艇应能:

- 在采用踏脚板或划桨时以预定的方式沿直线推进,操艇者不会受到干扰;
- 推进不会使座位与座位靠背相分离,且不会不适当地进水和积水。

不应出现结构的损坏。

设有帆具的艇还应符合附录 B 的要求。

附 录 B
(规范性附录)
帆推进的充气艇(Ⅳ型)

B.1 适用要求

除本附录中所详述的要求外,以帆作为动力的充气艇应符合本部分正文中的所有要求,但下列各条除外:

——5.9 遥控操舵系统(如果适用);

——5.10 发动机安全索的连接;

——5.12 座位和连接系统(如果适用);

——6.2 最大发动机功率;

——7.2 水上性能。

当该艇也为Ⅱ型时,这些例外不适用。

B.2 板

B.2.1 结构

披水板、活动披水板和中插板应能无需使用工具就能被提升至该艇底部水平面,且被固定在其工作位置上。

活动披水板应可靠固定,以防偶然损坏。

B.2.2 板的强度和功能

在每平方米帆面积承受 80 N 侧向力的载荷时,任何板的附件应无损坏或永久变形。

对于披水板,此侧向力应施加在其从回转轴向下 2/3 长度处的垂直中心线上,见图 B.1。

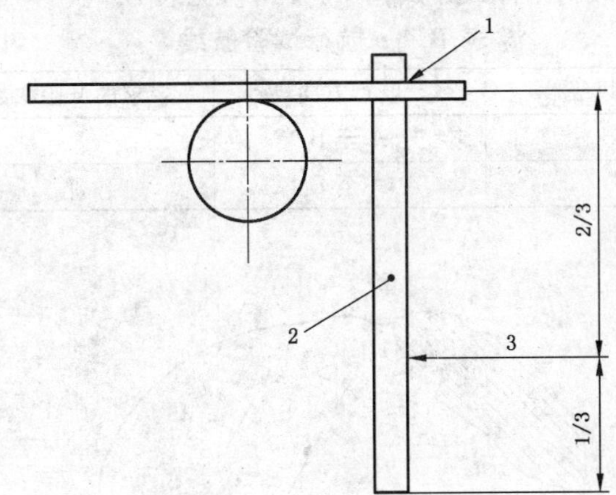

1——回转轴;

2——披水板;

3——侧向力。

图 B.1 披水板的强度试验

对于中插板和活动披水板,此侧向力应施加在其暴露长度(L_X)的中点,见图 B.2。

B.2.3 试验方法

板应安装于艇上,且从两个方向进行试验。应在每一方向施加一次载荷,历时 10 min。

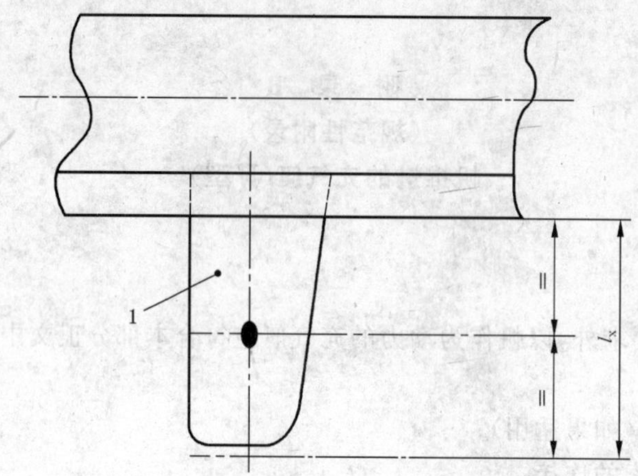

1——中插板/活动披水板。

图 B.2 中插板/活动披水板的强度试验

B.3 静索和动索

可拆的桅杆和系艇杆应能紧固连接。

帆脚索的最小直径应为 8 mm。

艇艏三角帆和主桅索应能由舵手用系索扣紧。

B.4 航行性能

B.4.1 要求

Ⅳ型艇应能按表 B.1 和图 B.3 所述的试验航线航行，而无损坏或故障。由 A 至 B 的试验航线证明艇以至少为 60°的实际航向角，迎着实际风向航行的能力，即应从其迎风侧不改变航向地逼近浮标 B。

B.4.2 试验方法

该试验包括两个具有不同载荷条件的分试验[a)和 b)]，见表 B.1。

表 B.1 航行试验航线

分试验	蒲氏风级	航行方向	要求的试验次数	载荷条件
a)	4	A 至 B	3	一名成人
b)	4	A 至 B	3	最大载荷

单位为米

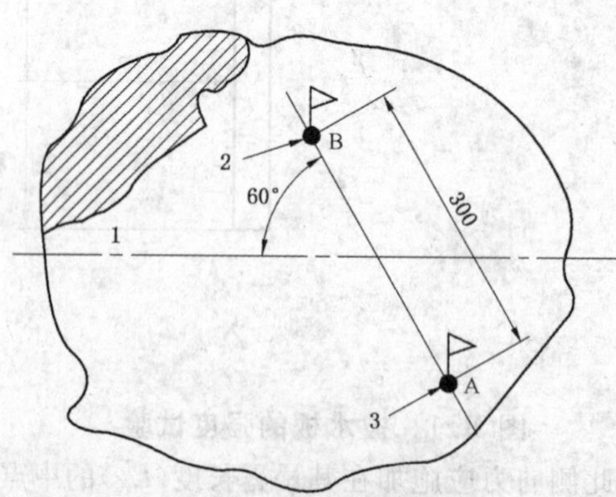

1——实际风向；

2——浮标 B；

3——浮标 A。

图 B.3 航行试验航程

附 录 C
（资料性附录）
典型的Ⅰ型艇总布置

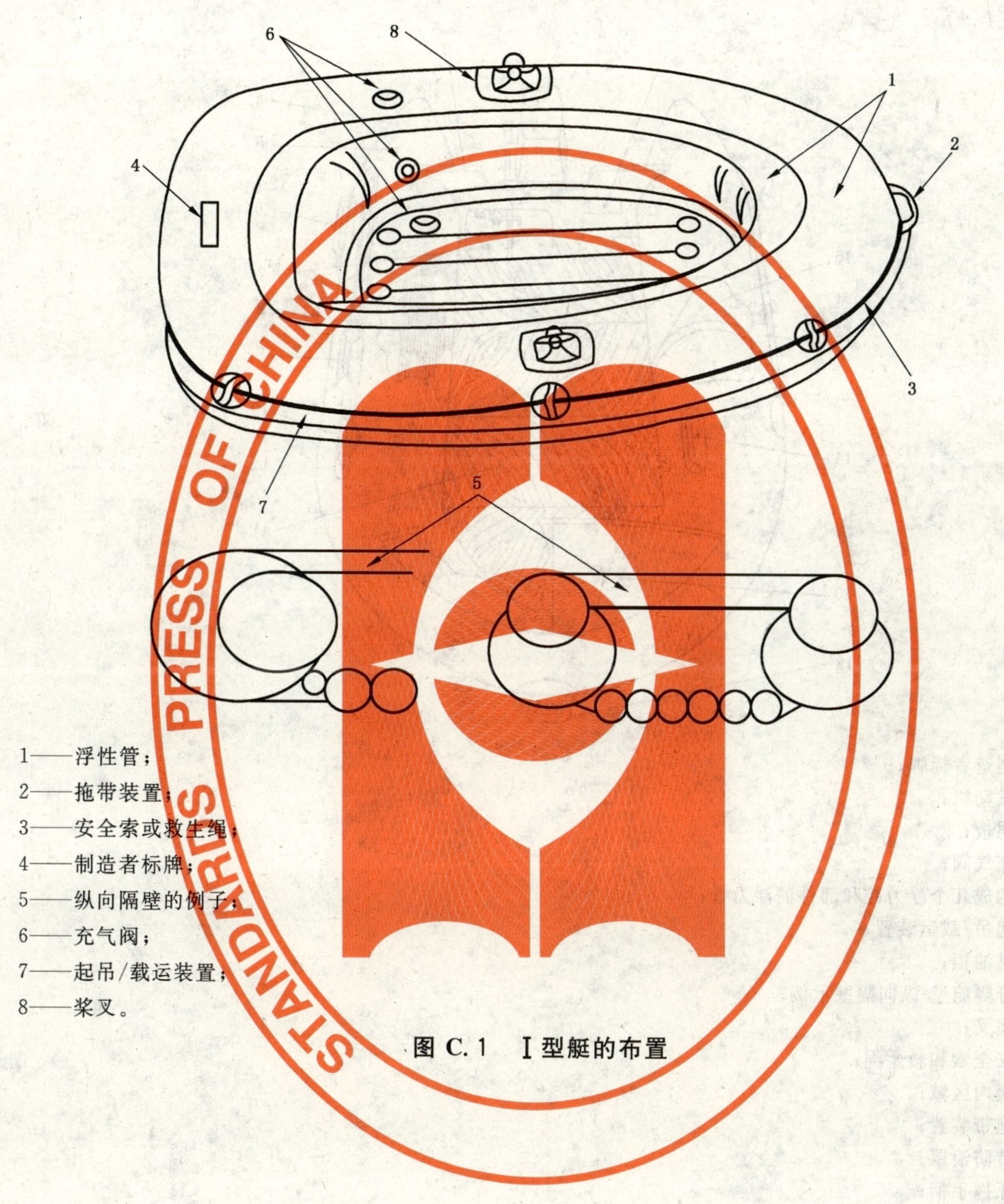

1——浮性管；
2——拖带装置；
3——安全索或救生绳；
4——制造者标牌；
5——纵向隔壁的例子；
6——充气阀；
7——起吊/载运装置；
8——桨叉。

图 C.1 Ⅰ型艇的布置

附 录 D
（资料性附录）
典型的Ⅱ型艇总布置

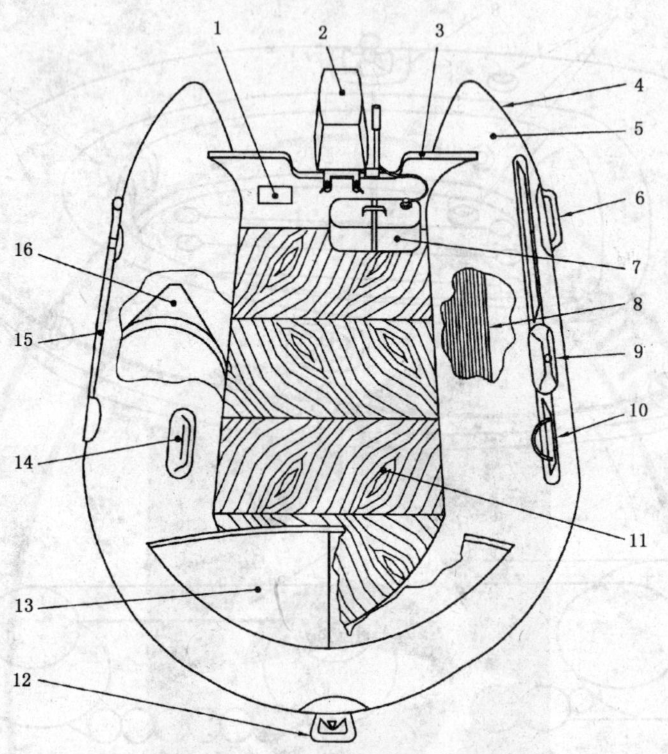

1——制造者标牌；
2——发动机；
3——尾板；
4——充气阀；
5——构成几个浮力腔和部件的浮力管；
6——起吊/载运装置；
7——燃油柜；
8——分隔舱壁-纵向隔壁示例；
9——桨叉；
10——安全索和救生绳；
11——艇内区域；
12——拖带装置；
13——首防浪罩；
14——抓握手柄；
15——划桨或舟桨；
16——分隔舱壁-横向隔壁示例。

图 D.1 Ⅱ型艇的布置

附 录 E
（资料性附录）
典型的Ⅲ型艇总布置

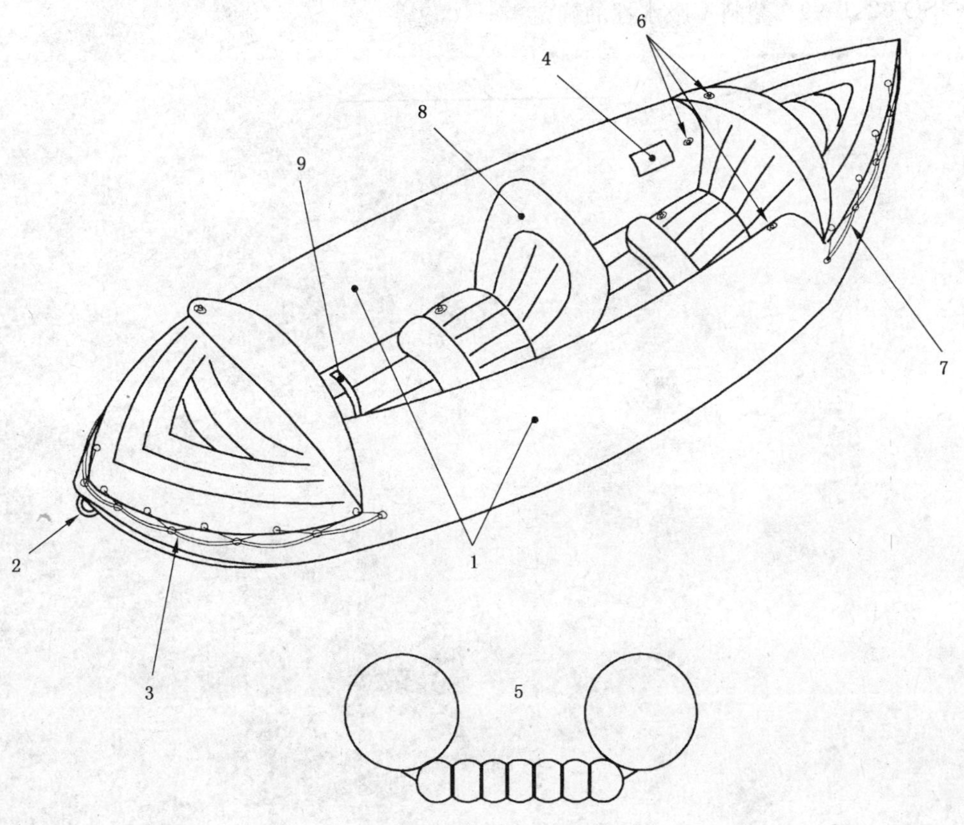

1——浮性管；
2——拖带装置；
3——安全索或救生绳；
4——制造者标牌；
5——纵向隔壁示例；
6——充气阀；
7——起吊/载运装置；
8——座位靠背；
9——搁脚板。

图 E.1 Ⅲ型艇的布置

参考文献

［1］ GB/T 16696—1996 小艇 艇体标识 代码(eqv ISO 10087:1995)
［2］ GB/T 19917—2005 小艇 艇主手册
［3］ ISO 62:1999 塑料 吸水性的确定

ICS 47.080
U 18

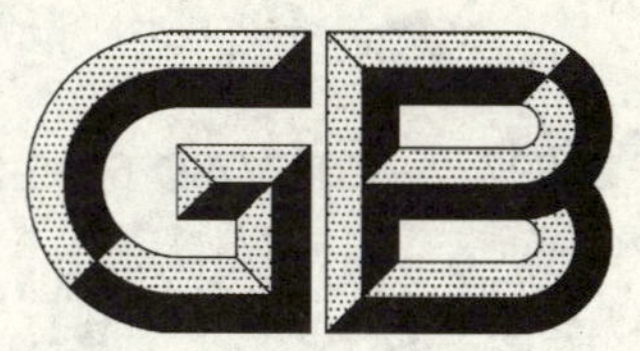

中华人民共和国国家标准

GB/T 20897.2—2007/ISO 6185-2:2001

充气艇 第2部分:发动机最大额定功率为4.5 kW~15 kW的艇

Inflatable boats—Part 2:Boats with a maximum motor power rating of 4.5 kW to 15 kW inclusive

(ISO 6185-2:2001,IDT)

2007-07-17 发布　　　　2008-01-01 实施

中华人民共和国国家质量监督检验检疫总局
中国国家标准化管理委员会　发布

前　言

GB/T 20897《充气艇》包括下列部分：

——第1部分：发动机最大额定功率为4.5 kW的艇；

——第2部分：发动机最大额定功率为4.5 kW ～15 kW的艇；

——第3部分：发动机最大额定功率为15 kW及以上的艇。

本部分是GB/T 20897的第2部分。

本部分等同采用ISO 6185-2:2001《充气艇　第2部分：发动机最大额定功率为4.5 kW～15 kW的艇》(英文版)。

本部分等同翻译ISO 6185-2:2001。

为便于使用，本部分做了下列编辑性修改：

——“ISO 6185的本部分”一词改为“GB/T 20897的本部分”；

——用小数点‘.’代替作为小数点的逗号‘,’；

——删除国际标准的前言和引言；

——“规范性引用文件”的引导语按GB/T 1.1—2000作了修改；

——取消图B.1的第19项。

本部分的附录A为规范性附录，附录B为资料性附录。

本部分由中国船舶工业集团公司提出。

本部分由全国小艇标准化技术委员会(SAC/TC 241)归口。

本部分起草单位：中国船舶工业集团公司第七〇八研究所。

本部分主要起草人：王海军、张伟东。

充气艇　第2部分:发动机最大额定功率为4.5 kW～15 kW的艇

1　范围

GB/T 20897的本部分规定了总长小于8 m,最小浮力为1 800 N的充气艇(包括刚性充气艇)的设计、材料、制造和试验的最低安全性要求。

本部分适用于拟在环境温度－15℃～60℃范围内运行的下列类型的充气艇:

——V型:能获得发动机额定功率为4.5 kW～15 kW的充气艇;

——VI型:由面积大于6 m^2 的帆推进的艇(见附录A)。

注:额定功率小于4.5 kW的艇,参见GB/T 20897的第1部分,额定功率大于15 kW的艇,参见ISO 6185-3。

本部分不包括单舱艇和浮力大于12 kN及发动机功率大于4.5 kW、由无支撑材料制成的艇,且不适用于水上运动艇和充气救生筏。

2　规范性引用文件

下列文件中的条款通过GB/T 20897的本部分的引用而成为本部分的条款。凡是注日期的引用文件,其随后所有的修改单(不包括勘误的内容)或修订版均不适用于本部分,然而,鼓励根据本部分达成协议的各方研究是否可使用这些文件的最新版本。凡是不注日期的引用文件,其最新版本适用于本部分。

GB/T 11700　小艇　船用推进发动机和推进装置　功率的测定和标定(GB/T 11700—2003,ISO 8665:1994,IDT)

GB/T 18815　机动小艇　操舵部位的视野(GB/T 18815—2002,ISO 11591:2000,IDT)

GB/T 19314.1　小艇　艇体结构和构件尺寸　第1部分:材料:热固性树脂、玻璃纤维增强塑料、基准层合板(GB/T 19314—2003,ISO 12215-1:2000,IDT)

GB/T 19318　小艇　液压操舵系统(GB/T 19318—2003,ISO 10592:1994,IDT)

ISO 1817:2005　硫化橡胶　液体影响的测定

ISO 2411:2000　橡胶或塑料涂覆织物　涂层粘合强度的测定

ISO 3011:1997　橡胶或塑料涂覆织物　静态条件下抗臭氧龟裂的测定

ISO 4646:1989　橡胶或塑料涂覆织物　低温冲击试验

ISO 4674:1977　橡胶或塑料涂覆织物　抗撕裂性试验

ISO 15652:2003　小艇　小型喷气艇遥控操舵系统

3　术语和定义

下列术语和定义适用于本部分:

3.1

充气艇　inflatable boat

以充气介质形成全部或部分的预定形状和浮力,设计和形状能承受来自各种海况的力和运动,在水上运送人员和/或装载货物的具有浮力的结构(艇体)。

3.2

刚性充气艇　rigid inflatable boat(RIB)

艇体的较低部分为刚性单元,较高部分(充气艇体)通过充入介质而具有预定的形状和浮力(或部分浮力)的充气艇。

3.3

艇浮力　buoyancy of the boat

构成充气艇体的充气腔以及永久性地固定在艇体上的任何其他空腔所形成的体积。

3.4

刚性充气艇的浮力　buoyancy of a RIB

由不超过总浮力20%的永久性固有浮力,或至少两个固定在刚性艇体上永久性密封舱室所具有的浮力,加上充气浮力所组成的用于计算的浮力。

3.5

浮力计算　calculation of the buoyancy

在制造厂推荐的设计工作压力下,通过测量或计算体积来确定浮力,并以力来表示(如果有要求)。

注:转换系数为 9.81 kN/m^3(总浮力)。

3.6

永久性固有浮力　permanent inherent buoyancy

在预定的寿命内吸水最少,被置于艇体中的密封舱室内的密度比淡水低的中间无网格(密闭腔)泡沫或其他材料所具有的浮力。

3.7

永久性密封浮力　permanent sealed buoyancy

充以空气密封的气密舱室所具有的浮力。

3.8

增强材料　reinforced materials

涂覆基材织物的材料。

3.9

无支撑材料　unsupported materials

无基材织物的材料。

3.10

艇内长度　inboard length

艇舱长度,包括艇上所有遮盖下的区域,沿艇中线在艇首和艇尾的最内侧点之间测得。

4　材料

4.1　一般要求

所有材料应由制造厂按艇所承受的应力(形状、尺度、最大载重量和装置功率等)以及预定的运行条件来选用。在正常海上航行条件下的使用不应严重损害材料性能,且应符合 4.2~4.5 规定的要求。

充气艇的所有材料应为固有防腐的材料。

4.2　艇的增强材料(不包括玻璃纤维增强塑料部件)和(或)无支撑材料

4.2.1　要求

与艇完整性相关的所有材料应符合下面有关各项要求,且应在－15℃～60℃工作温度范围内保持其全部的使用性能。

浮力大于 12 kN 的艇不应使用无支撑材料。

4.2.2　试验方法

4.2.2.1　取样

应在制造艇之前取用于制造艇的材料的试样进行试验。如果艇在制造期间进行硫化处理,则该试样也应经硫化。

4.2.2.2 **耐液浸**

试验按 ISO 1817 规定采用 ASTM 1 号油，在试样外表或与周围环境接触的各面上进行。

在表 1 的 a)和 b)所示的情况下，在与 70℃±2℃的试液接触规定时间后，每单位面积的重量变化应不大于 100 g/m^2。

表 1 试液

试　液	接触时间/h
a) 油	22±0.25
b) 盐水[a]	336(最少)
[a] 盐水成分：每升蒸馏水加 30 g 氯化钠。	

4.2.2.3 **耐臭氧**

试验按 ISO 3011 规定，在试样外表或与周围环境接触的各面上进行：

——暴露时间：72 h；

——试验温度：30℃±2℃；

——浓度：50 pphm[1)]，即体积分数为 0.5×10^{-6}；

——型心直径：5 倍材料厚度。

试验完成后，用 10 倍放大镜检查，试样应无裂纹。

4.2.2.4 **耐低温**

所有材料在温度－15℃下应符合 ISO 4646 的要求。

4.2.2.5 **撕裂强度**

4.2.2.5.1 **增强材料**

按 ISO 4674:1977 中规定的方法 A2 进行试验。最小抗撕裂强度值由公式(1)计算，单位为牛(N)：

$$0.375d(1.14p+0.14) \quad \cdots\cdots\cdots\cdots(1)$$

式中：

d——浮力管截面内测得的最大管径，单位为毫米(mm)；

p——20℃时的推荐工作压力，单位为巴(bar)。

任何情况下，最小值不应小于 75 N。

4.2.2.5.2 **无支撑材料**

符合 4.2.2.5.1 要求，但最小值不应小于 40 N。

4.2.2.6 **涂层粘合强度**(仅增强材料)

在室温和机器速度为 100 mm/min±10 mm/min 下，按 ISO 2411 规定进行试验。最小粘合强度应为 40 N/25 mm。试样按 ISO 2411 规定准备。

也允许用延伸切面 A 和切面 B 忽略切面 C 来剪切 25 mm 宽的试样。为了夹紧试样，一端应留 50 mm的未粘接区。试样“剥皮”时机器速度应为 100 mm/min±10 mm/min，试样表面的涂层应切至织物，且允许沿织物/涂层分界面而行最少 25 mm。

4.3 **木材**

4.3.1 **一般要求**

所用木材和胶合板的类型应适合于用途及海上环境。

所有暴露的木材和胶合板应作防风雨处理，诸如适合于海上环境的涂料、清漆或防腐剂。

4.3.2 **胶合板**

所有使用的胶合板，应把其内层和外层饰面用硬木薄板组合在一起，且粘接剂应防水耐煮。

---

1) 空气中的臭氧成分以每亿分之一体积计。

所用木材应予以风干，且无边材、腐烂、虫蛀、裂缝和容易影响材料性能的其他缺陷。此类木材一般应无木节，但允许偶尔有一个实心共生木节。

其他木材，例如美(国)枞木，也可用作饰面，但需经处理以防腐、防霉烂和防海上凿船虫。连接的边缘和(或)表面，包括任何端部的纹理，均应有效地封面。

4.3.3 结构木材

在结构中使用的木材应予以风干，且无边材、裂纹或其他缺陷。

4.4 金属和合成材料部件

所用材料的型式、强度和加工方法应适合于各部件的预定用途，且与海上环境相适应。

4.5 玻璃纤维增强塑料

树脂、增强材料和层合板应符合 GB/T 19314.1 的要求。

5 功能部件

5.1 条件

全部试验均应在 20℃±3℃的温度下进行。

5.2 艇体装配件

5.2.1 要求

所采用的材料和制作方法应与艇体本身相适配。充气艇(见 3.1 和 3.2)上任何承载配件，在按 5.2.2承受载荷时，不应对气密和水密完整性造成任何损害。

5.2.2 试验方法

试验用绳索的直径应为 8 mm。

在任何方向逐渐增加装配件的载荷直至破坏，但载荷不应超过 2 kN。如果已达到 2 kN，则需保持此载荷 1 min。

5.3 人工提升和运送装置

5.3.1 要求

艇应配备运送艇的装置，当按 5.3.2 规定试验时，该装置不应损坏。

5.3.2 试验方法

试验用绳索的直径应为 8 mm。

以合适的方向逐渐增加装置的载荷，并保持 1 min。

如果提升或运送装置具有安全索或把手的功能，则它还应符合 6.7.1 的要求。

5.4 阀

5.4.1 充气

组件应为耐腐蚀材料组成，且应不能损害艇体材料。

装设在充气艇上的充气阀的型式和布置应确保：

a) 无论艇在岸上或在水中均易达，以进行充气装置的连接；

b) 对在预定座位的人员来说，这些阀应不会造成不便；

c) 这些阀不会影响艇的运行；

d) 这些阀不会影响艇的装载和卸载；

e) 这些阀不会被缆索、救生索或艇结构中的活动部件，或者由于旅客的正常活动或装载所损坏或扯离管路；

f) 这些阀应设有一个能单独密封阀体的罩子，且该罩子应与阀牢固连接，以防意外脱落；

g) 能受控地降低浮力室的压力，并能测得此压力。

5.4.2 放气

艇体放气应使用充气阀，或者使用单独的装置手动进行。

若装设单独的装置，则它们应由耐腐蚀材料制成，且应不能损害艇体材料。这些装置的设计和位置应符合5.4.1b)～e)的要求。

任何一个舱室放气不应造成其余舱室的空气或气体的泄漏。

5.5 桨叉和桨

5.5.1 要求

桨叉和桨的配备要求不是强制性的。若作为标准设备或任选设备提供，则应符合5.5.2～5.5.5的要求。

5.5.2 磨损

桨叉和桨的支承表面应无任何可能造成磨损的粗糙部分。桨叉的整个外表面应光滑，且无可能损坏该艇包装的锐边和尖角。

5.5.3 防止松脱

桨叉应紧固，以防意外松动。当艇封存时，应提供放置两个摇桨或划桨的设施。

5.5.4 桨叉的强度

5.5.4.1 要求

当按5.5.4.2的规定试验时，桨叉或相连接的配件不应出现结构上的破坏。

5.5.4.2 试验方法

试验用绳索的直径应为8 mm。

对划桨配件包括桨叉，在任意水平方向上施加一个300 N的力，并保持1 min。

5.5.5 桨叉和桨的使用

按7.5进行试验，任何部件应无结构损坏或永久性变形，且应清晰地证明桨叉系统的刚度足够用于划桨。

该桨的最小运动范围为向前60°和向后60°。

5.6 艉板(如果设有)

5.6.1 要求

在正常使用情况下，艉板或发动机安装架及其与艇的连接件的设计，应能承受下列工况所产生的最大应力：

——制造厂规定的发动机输出功率和扭距；和

——上述发动机的质量。

5.6.2 试验方法

在7.3规定的水上性能试验期间及试验后进行目测检查。

5.7 艇体泄水

如果艇设有艉板，则应至少装设一泄水塞或一戽水系统。

设有整体式封闭的未充以密闭腔泡沫或等效材料的艇体或甲板组件的刚性充气艇，应设有用于从艇体较低部分泄水的设施。

5.8 操舵系统(当作为标准设备或任选设备提供)

5.8.1 组件的强度

5.8.1.1 要求

舵叶经过转角超过60°的运动500次后，不应发生断裂或其他损坏。

5.8.1.2 试验方法

每次运动(周期)应在1 s之内进行，且应包括整个操舵装置。舵叶应浸没至其使用位置。

5.8.2 舵叶

5.8.2.1 要求

舵叶应能升至艇底水平线，且能无需工具将其固定在工作位置。

5.8.2.2 试验方法

功能试验后作目测检查。

5.9 遥控操舵系统(当作为标准设备或任选设备提供)

适用时,任何遥控操舵系统均应符合 ISO 15652 和 GB/T 19318 的要求。

当按第 7 章试验时,无论是对于系统,还是对于与艇的连接件,均不应损坏或产生故障。

5.10 发动机安全索的固定(仅对 V 型艇)

应在适当位置设有用于固定发动机安全索的设施。

5.11 拖曳装置(所有类型的艇)

所有艇均应在艇首设有用于系固拖索的拖曳装置。强度试验见 7.4。

5.12 座位和固定装置(当作为标准设备或任选设备提供)

当其按第 7 章进行试验时,无论是对于座位,还是对于任何相关的固定装置,都不应损坏或产生故障。

6 完工艇的安全要求和试验方法

6.1 最大允许乘员数

搭乘的最大允许乘员数 n 应由制造厂决定,且不应大于公式(2)计算所得值:

$$n = \frac{l_i}{0.38} - 1 \qquad \cdots\cdots(2)$$

式中:

l_i——艇内长度,单位为米(m)。

在任何情况下以“n”值确定的人体质量不应超出最大装载能力(见 6.4)。

“n”值应向下圆整到最接近的整数值,但如果小数点后第一位数大于 5,则可增加一名小孩;如果大于 7,则可增加一名成人。

计算用的人体质量,规定小孩为 37.5 kg,成人为 75 kg。

在制造者标牌上显示的数据见第 8 章 e),应至少包括一名成人,且不应多于一名小孩。

6.2 最大发动机功率

仅适用于 V 型艇。

发动机的最大功率应由制造厂决定,且不应大于公式(3)计算所得值:

$$P_{max} = 10 \times F(d) - 33 \qquad \cdots\cdots(3)$$

式中:

P_{max}——按 GB/T 11700 确定的发动机最大额定功率,单位为千瓦(kW);

$F(d)$——尺寸系数。

尺寸系数按公式(4)计算:

$$F(d) = l \times b \qquad \cdots\cdots(4)$$

式中:

l——艇的总长,自艇首至后浮体的末端(不包括把手和其他附件),单位为米(m);

b——艇的总宽(不包括把手和其他附件),单位为米(m)。

6.3 艇的静稳性

6.3.1 要求

当艇上人数达到由制造厂推荐的最大容许的成人数(见 6.1),且艇上所有人都移到艇体一舷时(见图 1),装备有制造厂规定的最大额定功率发动机(见 6.2)的艇应不会倾覆。

6.3.2 试验方法

试验应在装有发动机,但没有燃油箱和蓄电池或帆具的艇上进行。试验载荷应均匀地分布在如图

1所示的艇的试验载荷区域上。

总的试验载荷 m_t，单位为千克(kg)，应采用公式(5)计算(对一个小孩，如果适用)：

$$m_t = (n \times 75) + 37.5 \quad \cdots\cdots(5)$$

式中：

n ——由制造厂确定的最大允许的成人数(见6.1)，即每一允许的成人为75 kg，小孩为37.5 kg(如果适用)。

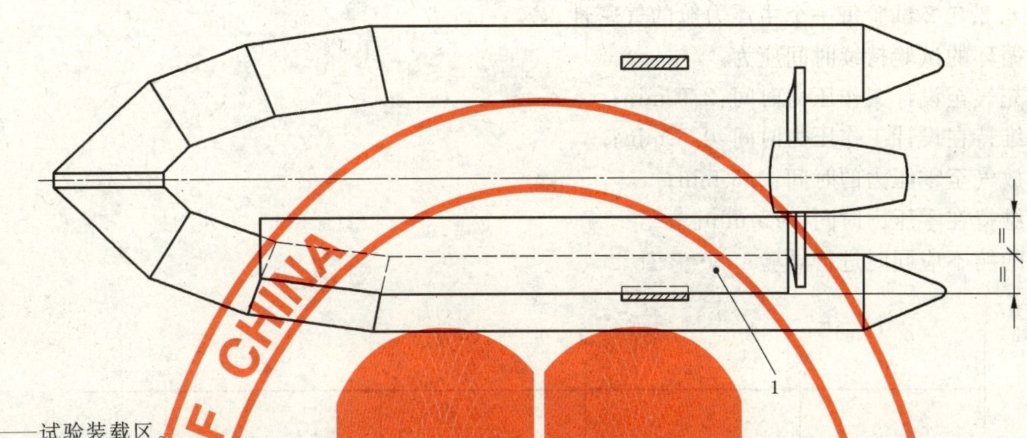

1——试验装载区。

图1 典型样艇试验装载区

6.4 最大装载能力

6.4.1 要求

艇可载运的最大装载能力由制造厂决定，且不应大于按公式(6)计算所得值：

$$m = (0.75 \times V \times 1\,000) - m_b \quad \cdots\cdots(6)$$

式中：

m——最大装载能力(包括艇上的人员、设备、舷外发动机和燃油的总质量)，单位为千克(kg)；

V ——艇的浮力的体积，单位为立方米(m^3)；

m_b——由制造厂提供的艇的总质量，包括随艇提供的所有永久性安装的设备：艇体、附件和类似物件，也应包括永久性安装的发动机和驱动系统，但不包括舷外发动机和燃油，单位为千克(kg)。

6.4.2 评定方法

计算最大装载能力并与制造厂的额定值进行比较。

6.5 设计工作压力

制造厂应规定充气艇的每个舱室(包括浮力舱、龙骨、座位、遮蓬等)的设计工作压力。这些压力值应指明在相应的舱室上或操作人员使用手册内(或两者兼有)，对艇的浮力舱，应在制造者标牌上指明(见第8章)。

为使用户获知已经达到规定的工作压力，制造厂应提供适用的设备或压力计，或者在所提供的操作人员使用手册内阐明足够近似的估算方法(见第9章)。

工作压力应以巴(bar)表示，同时可由制造厂选择磅每平方英寸(psi)作为附加单位。

6.6 艇体强度

6.6.1 要求

6.6.2所述每次有关试验后，艇应保持气密(见6.6.2.5)。

6.6.2 试验方法

6.6.2.1 试验温度

除另有规定外，所有试验应在温度20℃±3℃下进行。

6.6.2.2 **由无支撑材料制成的艇的循环试验(接缝强度)**

艇应按制造厂的说明进行组装,并充分充气至设计工作压力(见6.5)。

本试验应分三个步骤:

a) 在至少两个相邻的主浮力舱上依次交替(见图2)充气至1.2倍设计工作压力50个循环;

b) 将整个艇充气至设计工作压力,并保持12 h;

c) 按a)所述充气25个循环。

按6.6.2.5.2试验每一个主浮力舱的气密性。

充气循环的试验持续时间应为:

——充气至设计工作压力时间:2.0 min;

——维持在设计工作压力时间:0.5 min;

——放气至零压力的时间:0.5 min;

——维持在零压力时间:0.5 min。

相邻的舱不应同时进行试验。

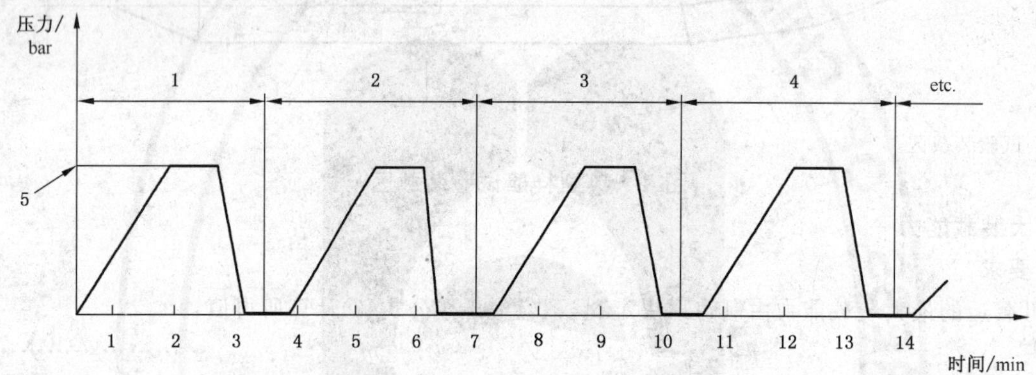

1——1舱;

2——2舱;

3——1舱;

4——2舱;

5——设计工作压力。

图2 浮力舱的气密试验

6.6.2.3 **热试验**(所有艇型)

艇按制造厂的说明组装,并充气到1.2倍设计工作压力。艇装成后,置于热箱内,在60℃下放置6 h。试验完成后,将艇从热箱移出,让其冷却至环境温度。按6.6.2.5进行艇的气密试验(由增强材料制造的艇按6.6.2.5.1,由无支撑材料制造的艇按6.6.2.5.2)。

6.6.2.4 **由增强材料制造的艇的超压试验**

浮力管的每一分隔舱室应充气至1.5倍制造厂的设计工作压力,并保持30 min。如果分隔舱室有共同的封闭部件(如内部的分隔舱壁),则这些舱室应在相邻分隔舱室放气后单独进行试验,试验不应出现损坏或破裂,且艇应按6.6.2.5.1进行气密试验。

6.6.2.5 **气密性试验**

6.6.2.5.1 **由增强材料制造的艇**

艇应予支撑或与地板隔开,且不应暴露在流通气流或直射阳光下。为了预先拉伸艇,充气艇(各舱室)应充气超过120%制造厂设计工作压力(见6.5)30 min。然后使压力下降至设计工作压力再保持30 min,以使状态稳定。重新使压力达到设计工作压力,并记录环境温度和大气压力。在后面24 h的试验期间,任何舱室的压力降均不应大于20%。记录最终的环境温度和大气压力。

试验开始与各试验读数之间,温度的偏差应不大于±3℃。

试验开始与各试验读数之间,大气压力的偏差应不大于±1%。

环境温度每升高或降低1℃,可允许分别在记录到的艇压力中减去或增加0.004 bar。

6.6.2.5.2　**由无支撑材料制造的艇**

以材料收缩量间接测定气密性。

所有浮力舱应在与其相邻的所有舱放气后单独进行试验。

进行试验的浮力舱充气至压力为环境温度下设计工作压力的1.2倍,立即将一条长约100 mm的纸条的两端沿气舱外表面周边方向粘贴上。将纸条在水平方向切开成两半。在后面2 h试验期间这两个切开的端头不应互相重叠。

6.7　**安全索和把手**

6.7.1　**要求**

两种艇应配备安全索和(或)沿船舷的把手,从而为允许数量的乘员每个人提供一个结实的、不论是人坐在位置上还是当艇倾覆、人掉到水中时都可以紧握的东西。所有把手的设计均应通过其性质和布置确保允许数量的乘员均能握住它们,甚至长时间握住也没有受伤的危险。

当按6.7.2进行试验时,把手组件应无损坏。

把手及其组件应符合5.2中所述对艇体附件的要求。如果安全索和把手还具有人工提升或运送装置的功能,则它们也应符合5.3的要求。

6.7.2　**评定方法**

目测检查和评定。

对每一把手和救生索组件,在任意方向上施加1 kN的力1 min。在水上进行实际评定,见7.2。

6.8　**剩余浮力**

6.8.1　**要求**

最大浮力舱破损后,艇体的剩余充气浮力至少应为制造厂规定的最大额定装载能力(见6.4)的50%。

6.8.2　**试验方法**

计算或测定剩余浮力。

6.9　**操纵性**

6.9.1　**要求**

装载至最大装载能力的充气艇在其任一舱室突然放气时,应能以预定方式之一来推进。摇桨可用作划桨。

6.9.2　**试验方法**

艇在静水中以大致为直线地推进至少50 m。

6.10　**分舱**

在多个分隔开的浮力舱(舱室)内应保持充气浮力。

表2规定了最少舱室数。

表2　最少舱室数

发动机最大额定功率/kW	尺寸系数 $F(d)$	舱室数
7.5	<5	2
	5~8	
	>8	3
15	<5	2
	5~8	3
	>8	
注:尺寸系数在6.2中规定。		

中间位置有内部分隔舱壁(参见附录B)的每一舱室的体积,应在平均舱室体积±20%的范围内,见公式(7)。

$$V_C = \frac{V}{N}(1 \pm 20\%) \quad \cdots\cdots(7)$$

式中:

V_C——舱室体积,单位为立方米(m^3);

V——充气浮力管的总体积,单位为立方米(m^3);

N——浮力管舱室的个数。

不是永久安装在艇体上的辅助充气舱室(见3.3)不应包括在公式(7)中。

6.11 操舵部位的视野

主操舵部位的视野应符合GB/T 18815的要求。

7 性能要求和试验方法

7.1 一般要求

艇应至少通过5.8(如果适用)和6.6所要求的试验。

艇应按制造厂说明书进行组装,且充气至所推荐的工作压力。

应按7.2~7.5规定的次序进行试验。

应以按表3所示的观察到的平均有义波高进行7.3、7.4和7.5试验。

表3 海况

最少舱室数(符合6.10要求)	观察到的有义波高/ mm
2	300
3	600

7.2 抛落试验(仅RIB型)

7.2.1 要求

按7.2.2的方法进行试验。

试验结束对艇作仔细检查。

艇体任何部分或部件,诸如甲板或横座板,以及包括地板/艇体、甲板/艉板、浮力管/艇体等的边界接口,不应出现断裂、裂纹、撕裂、分离等形式的结构破坏。

7.2.2 试验方法

向艇上加载至制造厂推荐的最大载荷,载荷分布应反映出已安装最大额定功率的发动机(按制造厂规定),且乘客在正常位置就座。

从三个不同的角度,连续使装载状态的艇从2 m高处(从水面至艇的最低点)自由降落至水中:

a) 水平;

b) 艇首向下45°;

c) 艇尾向下45°。

7.3 航行试验(仅V型)

7.3.1 要求

艇上安装制造厂规定的最大额定功率的发动机,按7.3.2的方法试验。

试验结束仔细检查艇。

艇体任何部分或部件,诸如甲板或横座板,以及包括地板/艇体、甲板/艉板、浮力管/艇体等的边界接口，不应出现断裂、裂纹、撕裂、分离等形式的结构破坏。

不应有可能导致结构损坏或破坏的磨损迹象。

艇不应翻转。

艇应保持适度干燥。

在全过程中艇长应能保持适当的视野。

7.3.2 试验方法

7.3.2.1 一般要求

遥控操舵系统如果作为标准设备提供，应采用遥控操舵系统进行试验。如果作为可选设备提供，则应依次采用舵和遥控操舵系统进行试验。

艇长和乘客座位系统如果作为标准设备或可选设备，应用这些系统进行试验。

7.3.2.2 轻载试验

仅乘坐艇长，将发动机控制在最大前进推力，总的试验时间应不少于45 min。

小艇应逆风航行，而后相继分别以约45°航向角转向顺风(见图3)。这样就至少得出5个不同的航向，即迎风、艏侧45°、横向、艉侧45°和顺风。在每个航向的航程之末应急速地转向左舷和右舷(见图3)。

7.3.2.3 满载试验

重复进行7.3.2.2的试验，但艇要以制造厂推荐的最大装载能力进行均匀装载(见6.4)。装载应包含制造厂推荐的最大允许乘员数(见6.1)。

所有把手均应清晰可见，并应满足6.7.1的要求。

所有座位和固定装置应清晰可见，并应满足5.12的要求。

7.4 拖曳装置的强度(两种艇型)

7.4.1 要求

试验周期结束对艇作仔细检查，艇体任何部分或艇的部件，诸如甲板或横座板，以及包括诸如地板与艇体等的界面接口，不应出现结构破坏。

在试验中应无可能淹没发动机或倾覆的埋艏或抬艏趋向。

7.4.2 试验方法

登上制造厂推荐的最大乘员数的人员(见6.1)。

在指定的拖曳点以长度等于3倍艇长(±15%)的拖索和速度不低于4 kn的拖曳艇。

进行拖曳操纵不少于15 min。

7.5 划桨试验(如果适用，见5.5)

艇应在轻载状态(见7.3.2.2)和满载状态(见7.3.2.3)下，各划桨一段不少于300 m的距离。

在该试验期间和完成该试验时检查桨叉系统，并测量桨的自由运动范围。

7.6 水密试验(不适用于开敞地板自戽水艇)

7.6.1 要求

在试验结束时对艇作仔细检查。

艇内应无进水迹象。

7.6.2 试验方法

确保艇内无水。对艇施加载荷至制造厂推荐的最大装载能力。载荷的分布应模拟已装设了(制造厂所规定的)最大额定功率发动机，且乘客已坐在正常位置。

使艇在水上保持静止20 min。

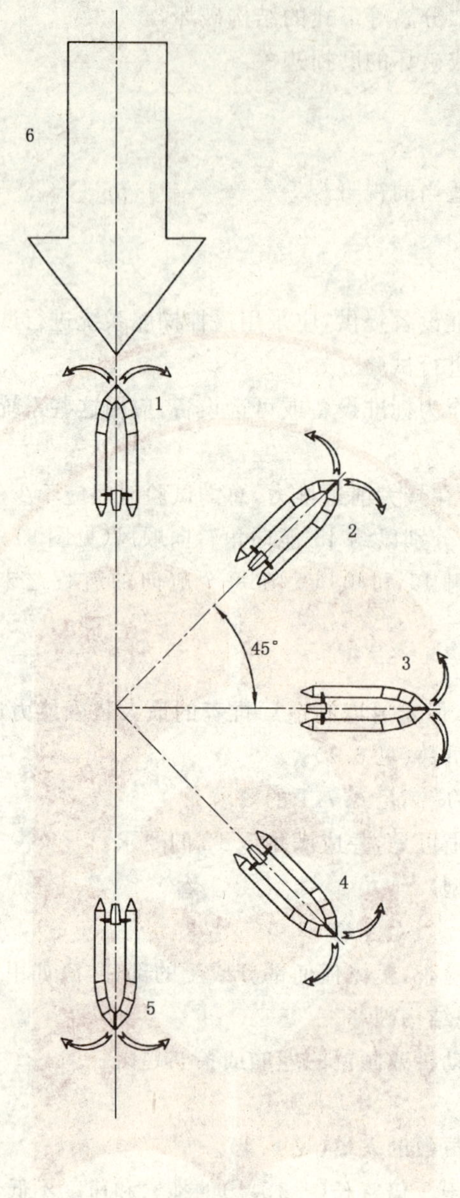

1——逆风航向；
2——艏侧 45°航向；
3——横向航向；
4——艉侧 45°航向；
5——顺风航向；
6——实际风向。

图 3 水上性能试验

8 制造者标牌

艇应设置一块或两块载明下列所有相关内容的清晰而耐久的印制或刻制的标牌：

a) 本部分的编号和艇所符合的型别；若要求符合欧洲导则(94/25/EC)，则应在制造者标牌上表明该艇的设计类别；

b) 制造厂和进口商的名称和原产国；

c) 制造的序列号和制造日期以及艇型或模型号，推荐采用 GB/T 16696 所述的艇体识别号(HIN)编码系统；

d) 最大发动机功率，kW(以符号表示)；

e) 最大乘员数(以符号表示);

f) 最大装载能力[2](以符号表示);

g) 推荐工作压力(以符号表示);

h) 如果设有帆具箱,最大风帆面积(以符号表示)。

可按制造厂意见提供附加内容(如最大发动机重量等)。

如果采用 HIN 编码系统,则制造者标牌上对于 c) 中规定的内容可以不要求。

对于 d)～h)的数据,应使用图 4 中所示的符号。参见 ISO 7000 和 GB/T 19918。

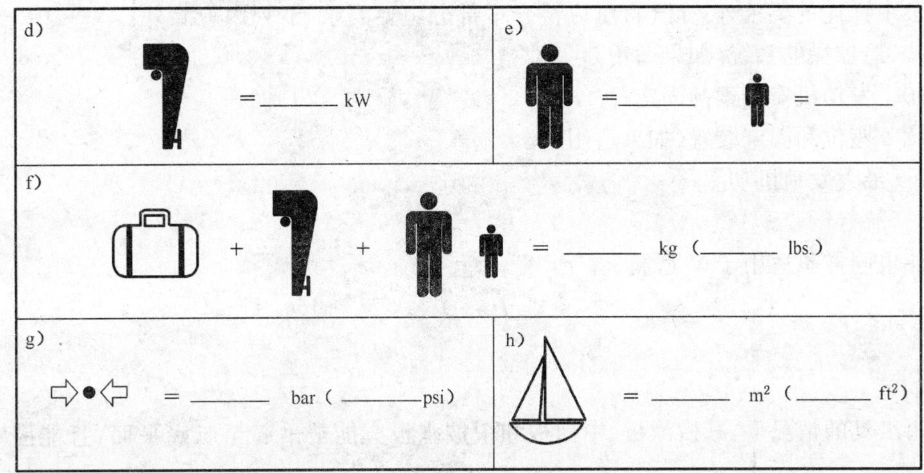

括号内的辅助单位由制造厂决定是否使用。

图 4　制造者标牌用符号

9　操作人员使用说明和警告事项

使用说明应以合适语种和简明条款起草,足以使操作人员能正确组装、充气和为艇用于漂浮作准备,包括涉及座位、操舵系统、蓄电池和燃油箱的安装或固定(如果适用)。

应提供警告,强调不遵循操作人员使用说明的危险,该使用说明可详述重要的充气和组装程序。

还应对艇的干燥、贮存和维护作出指导。

关于诸如蓄电池酸液、油和汽油等液体潜在的有害影响应作出警告和劝导(如果适用)。

警告应包括注意艇内人员或货物分布不均匀产生的危险。

使用说明也应以醒目方式警告自然灾害的可能性:

注意海面的风和海流

警告应包括强调超过制造者标牌上所列数据(见第 8 章)的危险。

对于所包含的附加内容,建议参见 GB/T 19917。

10　标准配备

制造厂应为每艘艇提供下列配备项目:

——适于修复有限范围小漏气的修理工具,包括其使用说明;

——操作人员使用说明(见第 9 章)。

如果充气泵不作为标准设备提供,则制造厂应保证备有可兼作充气用的泵。

2) 不只属于一个设计类别(欧洲指令 94/25/EC)的艇,制造厂希望表明超过单个艇最大装载的能力,可以将其标识在制造者标牌上。

附　录　A
（规范性附录）
充气帆艇（VI 型）

A.1　适用要求

除本附录中详述的要求外，充气帆艇应符合本部分主要要求，下列内容除外：

——5.9　遥控操舵系统（如果适用）；

——5.10　发动机安全索的固定；

——5.12　座位和固定装置（如果适用）；

——6.2　最大发动机功率；

——7.3　航行试验。

这些例外也同样不适用于 V 型艇。

A.2　护板

A.2.1　结构

在不使用工具的情况下，减横漂板、中插板和中披水板应能被吊起至艇底平面，且能固定在其工作位置。

为防止意外松脱，中插板应被固定。

A.2.2　护板的功能和强度

当帆承受 80 N/m² 的侧向力时，所有护板的固定不应出现破坏和永久性变形。

对于减横漂板，侧向力应施加在垂直中心线上往下离回转轴 2/3 长度处。见图 A.1。

对于中插板和中披水板，侧向力应施加在其暴露长度（l_x）的中点处。见图 A.2。

A.2.3　试验方法

在两个方向试验安装好的艇护板。一次在每个方向加载荷 10 min。

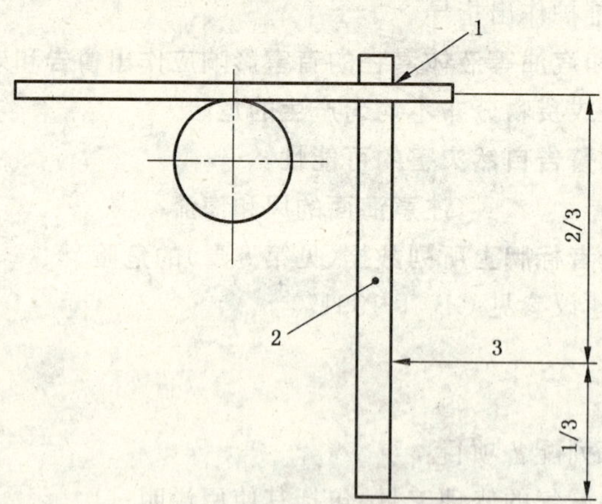

1——回转轴；

2——减横漂板；

3——侧向力。

图 A.1　减横漂板强度试验

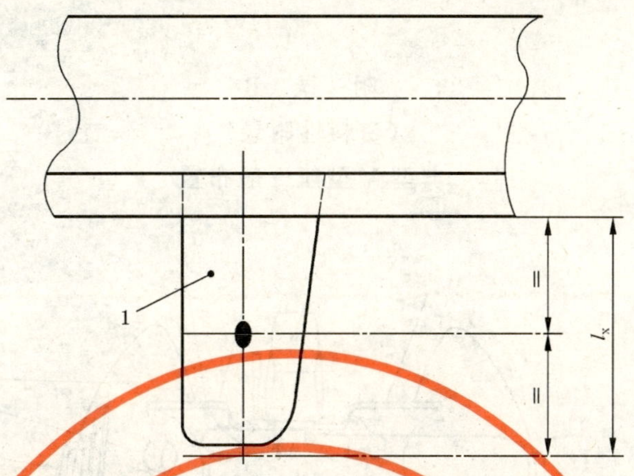

1——中插板/中披水板。

图 A.2 中插板/中披水板强度试验

A.3 系固及转动索具

可拆桅杆和张帆杆应能安全连接。

帆脚索的最小直径应为 8 mm。

舵手应能用系索耳将三角帆和主帆索系住。

A.4 航行试验

A.4.1 要求

VI 型艇应能按表 A.1 和图 A.3 所描述的试验航线航行，且无损害和故障发生。从 A 至 B 的试验航线证明艇能以至少为 60°的实际航向角，迎着实际风向航行的能力，即应从其迎风侧不改变航向逼近浮标 B。

A.4.2 试验方法

试验包括在不同装载条件下的两个分试验 a)和 b)，见表 A.1。

表 A.1 试验航线

分试验	风力(蒲氏)	航向	试验次数	装载条件
a)	6	A 到 B	3	1 个成年人
b)				最大装载

单位为米

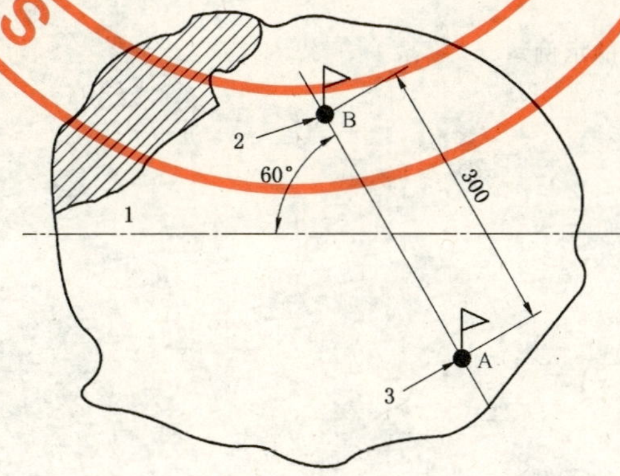

1——实际风向；

2——浮标 B；

3——浮标 A。

图 A.3 试验航线

附 录 B
(资料性附录)
典型 V 型艇一般布置

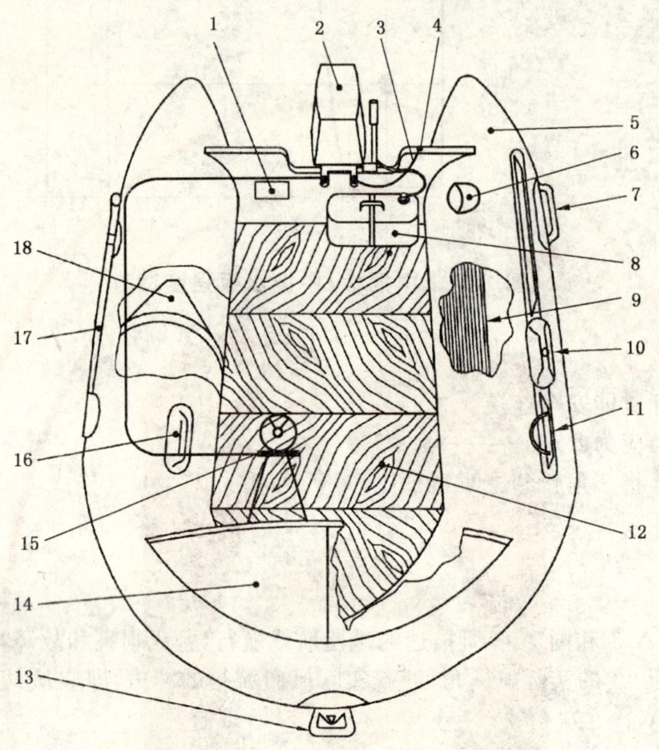

1——制造者标牌；
2——发动机；
3——发动机安全索；
4——艉板；
5——由几个浮力舱或部件组成的浮力管；
6——充气阀；
7——抬/运装置；
8——燃油柜；
9——内部分隔舱壁(纵向隔壁的示例)；
10——桨叉；
11——安全索和救生索；
12——艇内区域；
13——拖曳装置；
14——防浪板；
15——遥控操舵系统；
16——可抓扶手；
17——划桨和摇桨；
18——内部分隔舱壁(横向隔壁的示例)。

图 B.1 V 型艇的布置

参 考 文 献

[1] GB/T 16696 小艇 艇体标识 代码(GB/T 16696—1996,eqv ISO 10087:1995)
[2] GB/T 19917 小艇 艇主手册(GB/T 19917—2005,ISO/DIS 10240:2002,IDT)
[3] GB/T 19918 小艇 图形符号(GB/T 19918—2005,ISO/DIS 11192:2000,IDT)
[4] ISO 62:1980 塑料 吸水性的测定
[5] ISO 7000:1989 设备用图形符号 索引和一览表

ICS 13.340.10
U 37

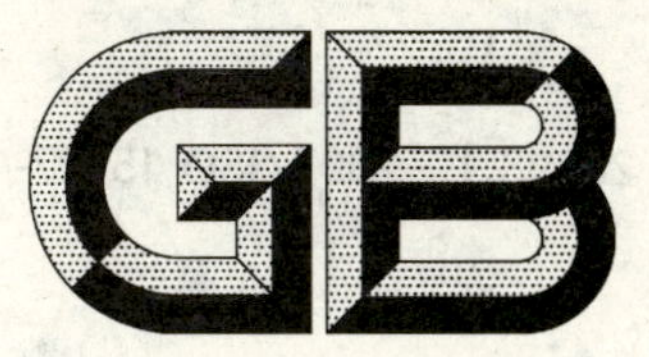

中华人民共和国国家标准

GB/T 20898.1—2007/ISO 15027-1:2002

浸水服 第1部分:常穿服安全要求

Immersion suits—Part 1:Constant wear suits,requirements including safety

(ISO 15027-1:2002,IDT)

2007-03-26 发布 2007-09-01 实施

中华人民共和国国家质量监督检验检疫总局
中国国家标准化管理委员会 发布

前　言

GB/T 20898《浸水服》分为三个部分:

——第1部分:常穿服安全要求;

——第2部分:弃船服安全要求;

——第3部分:试验方法。

本部分为GB/T 20898的第1部分,等同采用ISO 15027-1:2002《浸水服　第1部分:常穿服安全要求》(英文版)。

GB/T 20898的本部分等同翻译ISO 15027-1:2002。

GB/T 20898本部分的规范性引用文件中,与国际标准一致性程度为等效的国家标准,其被引用的部分与国际标准一致性程度是等同。

为便于使用,GB/T 20898的本部分做了下列编辑性修改:

——"本欧洲标准"一词改为"GB/T 20898的本部分";

——用小数点"."代替作为小数点的逗号",";

——删除国际标准的前言和引言;

——等同采用ISO标准的欧洲标准,一律用ISO标准代替。

本部分的附录A为资料性附录,附录ZZ为规范性附录。

本部分由中国船舶工业集团公司提出。

本部分由全国小艇标准化技术委员会(SAC/TC 241)归口。

本部分起草单位:中国船舶工业集团公司第七〇八研究所。

本部分主要起草人:林德辉、张伟东。

浸水服　第1部分:常穿服安全要求

1　范围

GB/T 20898 规定了对浸水服结构、性能、安全和试验方法的要求。

GB/T 20898 的本部分适用于对常穿服的要求。

对弃船服的要求见 GB/T 20898.2,对救生服的试验方法见 GB/T 20898.3。

2　规范性引用文件

下列文件中的条款通过 GB/T 20898 的本部分的引用而成为本部分的条款。凡是注日期的引用文件,其随后所有的修改单(不包括勘误的内容)或修订版均不适用于本部分,然而,鼓励根据本部分达成协议的各方研究是否可使用这些文件的最新版本。凡是不注日期的引用文件,其最新版本适用于本部分。

GB/T 3512　硫化橡胶或热塑性橡胶　热空气加速老化和耐热试验(GB/T 3512—2001,eqv ISO 188:1998)

GB/T 3923.1　纺织品　织物拉伸性能　第1部分:断裂强力和断裂伸长率的测定　条样法

GB/T 3923.2　纺织品　织物拉伸性能　第2部分:断裂强力的测定　抓样法

GB/T 4669　机织物单位长度质量和单位面积质量的测定(GB/T 4669—1995,eqv ISO 3801:1977)

GB/T 10125　人造气氛腐蚀试验　盐雾试验(GB/T 10125—1997,eqv ISO 9227:1990)

GB/T 20097—2006　防护服　一般要求(ISO 13688:1998,MOD)

GB/T 20898.2—2007　浸水服　第2部分:弃船服安全要求(ISO 15027-2:2002,IDT)

GB/T 20898.3—2007　浸水服　第3部分:试验方法(ISO 15027-3:2002,IDT)

ISO 105-B04　纺织物　色牢度试验　B04:对模拟气候的色牢度:氙弧衰减灯试验

ISO 1421　橡胶或塑料涂覆织物　抗拉强度和破裂时延伸率的测定

ISO 2411:1991　橡胶或塑料涂覆织物　涂层粘附力的测定

ISO 4674　橡胶或塑料涂覆织物　抗撕强度的测定

ISO 7854　橡胶或塑料涂覆织物　耐挠曲损坏的测定

ISO 12401　游艇用甲板安全索具和安全索　安全要求和试验方法

ISO 12402-2:2006　个人漂浮装置　第2部分:B级(近海救生衣　极端条件　275 N)安全要求

ISO 12402-3:2006　个人漂浮装置　第3部分:C级(近海救生衣　150 N)安全要求

ISO 12402-4:2006　个人漂浮装置　第4部分:D级(内河/近岸救生衣　100 N)安全要求

ISO 12402-5:2006　个人漂浮装置　第5部分:E级(浮力用具　50 N)安全要求

ISO 12402-8:2006　个人漂浮装置　第8部分:附加件　安全要求和试验方法

AATCC 方法 30:1981　杀菌剂,对纺织物的评估:纺织物的耐霉和耐腐烂[1)]

1974 年国际海上人命安全公约(IMO)及其 1983 年修正案[2)]

3　术语和定义

下列术语和定义适用于 GB/T 20898 的本部分。

1)　可向"美国纺织物化学工作者和印染工作者协会"(AATCC)索取,one Davis Drive,PO Box 12215,Research Triangle Park,NC 27709-2215 US。

2)　国际海事组织(IMO)是总部设在伦敦的一个组织,各成员国将其发布的各项规则做为法规颁布。

3.1

浸水服 immersion suit

保护穿着者避免意外落水时受冷的衣服。

3.2

常穿服 constant wear suit

用于水面或水面附近处活动时日常穿着以防偶然落水,穿着者身体活动到使之可从事活动时无过分妨碍的浸水服。

3.3

弃船服 abandonment suit

在被迫入水的危急状态下可迅速穿着的浸水服。

3.4

干式服 dry suit

穿着者落水后不进水的衣服。

3.5

湿式服 wet suit

穿着者落水后允许水进出的衣服。

3.6

衣服的主要关闭口 primary suit closure

为穿着此救生服所用的任何关闭口。

3.7

衣服的次要关闭口 secondary suit closure

穿着者可在水中使用的任何附加关闭口。

3.8

固有漂浮材料 inherent buoyant material

密度比水小,且构成浸水服永久部分的能提供浮力的材料。

3.9

外部纤维 exterior fabric

浸水服外面的单一或合成形式的纤维。

3.10

全反射材料 retro - reflective material

把光束反射至其发出点的材料。

3.11

防浪护罩 sprayhood

佩戴或置于穿着者脸部前方的护罩,以减少或限制溅水进入气道,进而提高穿着者在恶劣海况下的生存能力。

3.12

结伴绳 buddy line

能以系缚或其他方法固定在其他人员的浸水服或救生衣、救生筏或其他物件上的一段软绳,以保持穿着者在上述人员或物件附近,从而使定位和营救较易进行。

3.13

Clo 值 Clo value

用于表示各服装组件相对热绝缘值的单位。1 Clo=0.155 km^2W^{-1}。

3.14

浸水 Clo 值　immersed Clo value

在服装组件浸水且经受静水压力时测取的 Clo 值。

3.15

体温过低　hypothermia

人体内部温度低于 35℃的状态。

3.16

工作环境　working environment

浸水服穿着者能从事正常工作的环境。

3.17

直升机运输服　helicopter transit suit

直升机乘员穿着的常穿服。

3.18

近岸装置　offshore installation

在其他国际规则中未涉及的，永久性或临时性泊于海上，在淡水湖或河中离岸的任何结构物或船舶。

3.19

服装系统　suit system

服装以及与该服装一起使用的任何其他制品的组合。

3.20

热应变　heat strain

不能通过温度调节完全补偿的持续的热应力所引起的体温的增加，或器官为适应造成其他非热调节系统状态持续变化的热应力而引起的热效能机构的激活。

4　要求

4.1　一般要求

4.1.1　作为常穿服的服装系统，应符合本部分的所有要求，且按 GB/T 20898.3 的第 3 章进行试验或者按本部分的 4.14 对其材料、纤维或部件进行试验时，均不应损坏或丧失其已确定的功能。

4.1.2　作为直升机运输服的服装系统，应符合本部分的所有要求。

4.1.3　常穿服可增加符合 ISO 12402-8 要求的附加件，但任一附加件的存在或使用都不应损害本部分要求的有关性能。若安全索具构成符合本部分的浸水服的一部分，则整个组件应符合 ISO 12401 或符合商用安全索具标准。

4.1.4　服装系统的构造应使身体活动中热应变的危险减少(有关试验见 4.13.1～4.13.4、4.13.6 和 4.13.7 或即将制定的其他有关试验方法)。

4.1.5　隔热材料应防止移位，并应按 GB/T 20898.3 的 3.6 进行试验。

4.1.6　服装系统不应限制穿着符合 ISO 12402 的个人漂浮装置(PFD)，但符合或超过 PFD 性能要求的服装系统除外。

4.1.7　性能要求试验应在按 GB/T 20898.3 的 3.7.1 要求对浸水服清洁环节后进行。此性能要求不应受制造厂规定的清洁程序的影响。

4.1.8　服装系统的设计应使被绊住的危险减至最小。该项试验按 GB/T 20898.3 的 3.1 进行。

4.1.9　服装系统在正常使用的范围内不应包括或含有可能伤害或妨碍使用者的任何部件。该项试验按 GB/T 20898.3 的 3.1 进行。

4.2 附加件

如果浸水服含有附加件，例如防浪护罩、安全索具或安全索、号笛、灯和结伴绳，则它们应符合 ISO 12401、ISO 12402-8 和本部分的有关条款。

4.3 充气

如果浸水服的任一部分通过充入空气或气体以达到本部分中规定的性能，则该组件的每一部分：吹气管、充气头、气瓶和漂浮充气容器均应符合 ISO 12402-2 的有关要求。

4.4 结伴绳

符合 ISO 12402-8 要求的结伴绳应具有一连接点，其应能承受不小于 750N 的垂向载荷，且当其连接时不应影响浸水服的性能。该项试验按 GB/T 20898.3 的 3.1 进行。

4.5 颜色

如果浸水服用作海上搜索和营救，则此浸水服的暴露部分应具有易于识别的颜色，且在下列所确定的色差范围内：

0070——

1070——深浅程度不同

0080——Y30R 至 Y80R

1080——

0090——

以及

0070——

0080——深浅程度不同

0090——Y 至 Y20R

或相应的荧光色。

在使用时，暴露在水面上的浸水服的带颜色部分应主要在黄色至红色范围之内，但腹部拉链和其他附件等除外。此颜色应与 NCS 自然色谱集上的色样在自然光线下进行对比。

4.6 膨胀聚合材料

用于提高服装系统漂浮性能的任一膨胀聚合材料均应耐压缩，不会使浮力明显下降。该项试验按 GB/T 20898.3 的 3.12 进行。

用于提高服装系统漂浮性能的任一膨胀聚合材料均应在 GB/T 20898.3 的 3.13 的试验条件下具有热稳定性，试样的浮力下降应不超过 5%。

4.7 易燃性

常穿服按 GB/T 20898.3 的 3.5 进行试验，在离开火焰 6s 后，应不会继续燃烧或熔化。

4.8 耐燃油

常穿服应按 GB/T 20898.3 的 3.4 进行试验。

4.9 温度的周期变化

服装系统应耐受环境温度的变化。按 GB/T 20898.3 的 3.9 进行试验时，泄漏至干式服中水的质量应不超过 GB/T 20898.3 的 3.7 的试验结果。

4.10 泄漏

应按 GB/T 20898.3 的 3.7 测量干式服装系统的泄漏，所测得水的总量应用作 GB/T 20898.3 的 3.8 中热试验的阈值。

4.11 热保护

当穿着试验服时，服装系统应向穿着者（包括其头部）提供在漂浮位置静水压压缩状态下的热保护。本部分根据该浸水服所使用的水温确定了不同等级的热保护要求，见表 1。试验按 GB/T 20898.3 的 3.8 进行。

表 1　热保护级别

浸水服级别	A	B	C	D
浸水 Clo 值	0.75	0.50	0.33	0.20

由浸水服提供的热保护有两种测量方法：

a)　使用发热的人体模型：按 GB/T 20898.3 的 3.8.1 进行试验；

b)　使用人体对象：按 GB/T 20898.3 的 3.8.2 进行试验。

注：需要说明的是，迄今为止人体模型尚不能得出可靠的试验结果。为此应通过人体对象试验来证明服装统的性能。一旦人体模型能够给出可靠的性能，试验机构就可选取任意一种方法进行试验。人体模型的可靠性能将通过各试验室之间经验的充分交流、大量的系列试验以及对人体对象与人体模型的试验结果进行对比来综合得出。

4.12　醒目性

为有助于搜索和营救，应设有由全反射材料构成的无源发光系统。此系统应符合国际海事组织 SOLAS 1983 年修正案中第Ⅲ章以及 A.658(16)大会决议附录 2 中详述的要求。如果这是唯一的发光源，则其总面积应不小于 400 cm^2。其中至少 100 cm^2 应贴附在帽上，且当按 GB/T 20898.3 的 3.11.6.4 进行试验，并使此浸水服置于水中正常位置时，应至少有 250 cm^2 露出水面，并明显可见。至少应有 50 cm^2 的一块材料贴附在浸水服的背部，以使当穿着者以脸部向下姿势漂浮时明显可见。

全反射材料的性能不应因其使用而降低。试验按 GB/T 20898.3 的 3.11.6.4.2 进行。

也可设有主动式发光系统。主动式发光系统应符合 ISO 12402-8 对应急照明的标准。当设有主动式发光系统时，无源发光系统所覆盖的面积可以减小一个与其相等效的量，但至少为 300 cm^2。其中至少 100 cm^2 应贴附在帽上，且当按 GB/T 20898.3 的 3.11.6.4 进行试验，使此浸水服置于水中正常位置时，应至少有 150 cm^2 露出水面，并明显可见。至少应有 50 cm^2 的一块材料贴附在浸水服的背部，以使当穿着者以脸部向下姿势漂浮时明显可见。

允许采用替代的系统，例如主动式发光系统(应急照明)与无源发光系统(全反射材料)相结合，提供醒目性，从而有助于搜索和营救，条件是它们符合以上对应急照明和全反射材料规定的技术要求。

4.13　性能要求

4.13.1　行走

按 GB/T 20898.3 的 3.11.3 进行试验时，正确穿着服装系统的人员应能方便地行走。

4.13.2　爬行

按 GB/T 20898.3 的 3.11.4 进行试验时，正确穿着服装系统的人员应能自由地爬行。

4.13.3　穿着

按 GB/T 20898.3 的 3.11.2 中进行试验时，在(20±2)℃的温度下，服装系统应能在 2min 内穿好，紧闭其所有主要关闭口，包括连带的救生衣(如果有要求)。应能在(－30±2)℃时完成另一次穿着，不应有危及浸水服性能的任何损坏。

4.13.4　灵活性

按 GB/T 20898.3 的 3.11.5 进行试验时，正确穿着和调整的服装系统不应妨碍穿着者的可活动性。

4.13.5　手套

按 GB/T 20898.3 的 3.11.6.5 进行试验时，如果手套为该服装系统的一部分，则正确地穿着了服装系统的人员应能从贮存处取下戴好手套。

4.13.6　跳水

正确地穿着了服装系统的人员应能从 $4.5^{+0.5}_{0}$ m 的高度垂直地跳入水中，而不会损坏救生服或伤害穿着者。穿着者应能在进入水中后的 2 min 之内紧闭浸水服的所有次要关闭口(如果设有)。试验应按 GB/T 20898.3 的 3.11.6.1 进行。

4.13.7　登平台

正确地穿着了已紧闭主要和次要关闭口(如果设有)的服装系统的人员应能游泳并登上平台。试验应按 GB/T 20898.3 的 3.11.6.2 进行。

4.13.8 漂浮和扶正

正确地穿着了已紧闭主要和次要关闭口(如果设有)的服装系统的人员应能按 GB/T 20898.3 的 3.11.6.3 在水中脸部向上。

若要求服装系统提供浮力，则其出水部分应符合 ISO 12402-2、ISO 12402-3、ISO 12402-4 或 ISO 12402-5的要求。

直升机运输服系统的浮力应按 GB/T 20898.3 的 3.11.7.2 进行测量，在其浸入水中 15 s 内浸水服完全排气，浮力应不大于 150 N。

4.13.9 视野

按 GB/T 20898.3 的 3.11.6.6 进行试验时，正确穿着和调整的浸水服应不会妨碍穿着者的视野。

4.14 材料、织物和部件要求

4.14.1 一般要求

按 GB/T 20898.3 的 3.9 进行试验时，材料、织物和部件不应因贮存在(-30±2)℃和(65±2)℃的温度中而损坏；按 GB/T 10125 进行持续时间为 96 h 的试验时，它们也不应由于盐水浸渍而损坏；按 GB/T 20898.3 的 3.4 进行试验时，它们也不应由于沾上燃油而损坏。

4.14.2 耐腐烂

应按 AATCC 方法 30:1981 的方法进行耐腐烂的试验。

4.14.3 耐光照

应按 ISO 105-B04 进行耐光照试验。光照度 5 级～6 级，容差 1/2 单位。在正常使用时由某种方式遮盖的材料不必进行光照试验。

4.14.4 抗拉强度

对 25 mm 宽的试样，其抗拉强度应至少为 300 N。在经受腐烂或光照后，应采用 GB/T 3923.2 中的抓样法，使用宽度至少为 60 mm 的试样，且在测试点的每一侧至少有 100 mm 的材料，测量试样抗拉强度，并对每种类型的接缝、织物和连接元件(包括拉链)均取 4 个类似接缝进行测量。

4.14.5 涂覆的织物

涂覆的织物应符合下列要求：

a) 应按 ISO 2411:1991 的 5.2.2.1 所述方法，以 100 mm/min 的速度进行涂层粘附力试验，50 mm 宽的试样，其粘附力应不小于 50 N；

b) 按 GB/T 3512 进行老化后，当其处于(70.0±1.0)℃的淡水中(336.0±0.5)h 的湿态时，还应按 ISO 2411:1991 的 5.2.2.1 所述方法，以 100 mm/min 的速度进行涂层粘附力试验，50 mm 宽的试样，其粘附力应不小于 40 N；

c) 应采用 ISO 4674 方法 A1 进行撕裂强度试验，且此强度应不小于 35 N；

d) 应采用 ISO 7854 方法 A 进行耐弯曲开裂试验，共进行 9 000 次弯曲，试验后应无可见的裂纹或退化现象；

e) 应采用 ISO 1421 的 CRE 或 CRT 法，在室温下放置(24.0±0.5)h 后进行抗断强度试验，50 mm 宽的试样，其抗断强度应不小于 200 N；

f) 应采用 ISO 1421 的 CRE 或 CRT 法，在室温下浸入淡水中放置(24.0±0.5)h 后进行抗断强度试验，50 mm 宽的试样，其抗断强度应不小于 200 N；

g) 应采用 ISO 1421 的 CRE 或 CRT 法，在室温下放置(24.0±0.5)h 后进行破断时延伸率的试验，延伸率应不大于 60%；

h) 应采用 ISO 1421 的 CRE 或 CRT 法，在室温下浸入淡水中放置(24.0±0.5)h 后进行破断时延伸率的试验，延伸率应不大于 60%。

4.14.6 其他织物

由于其损坏可能导致整个服装系统不符合本部分的结构部件中所用的其他织物应符合下列要求：

a) 应采用 GB/T 3923.2 的 CRE 或 CRT 方法，在室温下放置(24.0±0.5)h 后进行抗断强度试验，此强度应不小于 10 N/mm；

b) 应采用 GB/T 3923.2 的 CRE 或 CRT 法，在室温下放置(24.0±0.5)h 后进行破断时延伸率的试验，此延伸率应不大于 60%；

c) 应采用 ISO 4674 进行耐撕裂试验[方法 A2，拉伸速度(100±10)mm/min，对于 200 g/m² 或以下的材料，预拉力为 2N；对于 200 g/m² 以上，但不超过 500 g/m² 的材料，预拉力为 5 N；对于 500 g/m² 以上的材料，预拉力为 10 N]，应不小于 10 N。

4.14.7 质量

若要求测量单位面积织物的质量，则应按 GB/T 4669 的方法 5 进行测量。

4.14.8 金属部件

4.14.8.1 按 GB/T 10125 持续试验 96 h，金属部件不应明显受腐蚀。这应通过功能试验予以测试。

4.14.8.2 任一金属部件，当其置于离磁罗经 500 mm 的距离时，其对于小艇上常规类型磁罗经的影响应不大于 1°。试验按 GB/T 20898.3 的 3.1 进行。

5 标记

5.1 浸水服上的标记

常穿浸水服系统的每一可拆卸零部件均应永久并清晰地标记以下内容(应至少以船旗国的官方文字标出)。标记内容应以象形图或者以文字结合象形图，或者若不存在已规定的象形图，则只以文字标出。

带有这些内容的标签应永久性地固定在服装系统上，标签应耐盐水并能经受按制造厂建议清洗至少 10 次。标签的收缩不应影响常穿服的性能，也不影响其性能或清晰性。标记应具有下列内容：

a) 制造厂商的标识；

b) 设计使用的温度(性能)范围；

c) 说明：

  1) 此服装系统应与符合 ISO 12402 有关部分要求的个人漂浮装置一起穿着；

  2) 此服装系统本身除符合浸水服标准要求外，还符合救生衣性能标准的要求；或

  3) 警告说明此浸水服不能用作个人漂浮装置，或其不能把昏迷状态的穿着者翻转成脸部向上姿势；

d) 救生服的类型，为干式服或湿式服系统；

e) 与 GB/T 20097—2006 中所列建议相一致的推荐尺寸范围、高度和胸部尺寸；

f) 对贮存、保管、清洁和维护的说明(简要)；

g) 简易的穿着方法和使用说明；

h) 制造厂商的型号标志和制造的季度(或月份)和年份，以及该浸水服或该批浸水服的系列号。月份以阿拉伯数字(1～12)表示，而季度则以罗马数字(Ⅰ～Ⅳ)表示，从 1 月 1 日开始算；

i) 本标准号；

j) 指明其他危险的象形图或文字；

k) 与安全索具和其他相关设备的相容性；

l) 为确保浸水服性能所要求的内穿衣服。

5.2 有关浸水服的用户信息

对每一常穿服系统，至少应提供一份以船旗国官方文字书写的说明书。此说明书至少应包括下列各项：

a) 5.1a)和 5.1e)中所列的全部内容；

b) 完整穿着和使用的说明，包括为确保性能级别所要求的内穿衣服；

c) 建议的使用限制细节,包括常穿服系统的设计温度范围,任何限制均应在警告标牌上明确地予以说明;

d) 任何备件更换的说明、使用、维护和包装(如果适用)的说明;

e) 制造厂商的代理机构(至少是在船旗国内)的名称和地址;

f) 与安全索和其他相关设备的相容性;

g) 制造厂商认为适宜的有关注意事项和使用常穿服的其他一般性建议。

图 1 中所示供用户选择的信息的标牌应在销售点展示。

5.3 销售点的用户信息

5.3.1 数据清单

图 1 中的下列信息应在用户信息标牌上予以表示:

——有关标准的代号; (1)

——浸水服的类型; (2a)～(2c)

——在样品标牌上书写的标准的适用范围; (3)

——热保护级别 A～D 及其规定的热保护时间; (4a)～(4d)

——为获得或改善热保护所要求的内穿衣服; (5)

——浸水服的尺寸; (6a)或(6b)

——特点,例如此浸水服应与×××型 PFD 一起使用,此浸水服本身具有×××型 PFD 的功能,附加装置的使用等; (7)

——在样品标牌上所示的警告。 (8)

未列入以上数据清单的任何信息,以及此标牌的布局可自愿选择。

5.3.2 用户信息标牌

为符合 5.3.1 对用户信息的要求,建议采用统一的信息标牌。当浸水服准备销售时,此标牌应清晰可见,可以是在浸水服上所要求的标记,也可以是包装上的标牌。图 1 中所示标牌是此标牌布局的一个例子。标牌应在销售点展示。该标牌尺寸应不小于 150 mm×120 mm。其颜色可以不同,但应始终与背景形成反差。如果采用图 1 中所示的推荐标牌,则 5.3.1 中规定的信息应清晰地标注在紧挨其有关特征的方框内,以指出其是否有或数量。标记应以符号√表示。

<table>
<tr><td colspan="10">符合 GB/T 20898.1/ISO 15027-1 要求的浸水服</td><td>(1)</td></tr>
<tr><td colspan="2" rowspan="3">浸水服的类型</td><td>干式服</td><td colspan="4">常穿服</td><td colspan="3"></td><td>(2a)</td></tr>
<tr><td rowspan="2">湿式服</td><td colspan="4">直升飞机服</td><td colspan="3"></td><td>(2b)</td></tr>
<tr><td colspan="4"></td><td colspan="3"></td><td>(2c)</td></tr>
<tr><td colspan="2">标准的适用范围</td><td colspan="8">御寒防护取决于浸水服的保温性能!与水温有关,由该浸水服估算的热保护时间所提供,见下列标识</td><td>(3)</td></tr>
<tr><td rowspan="4">水温</td><td>5℃以下</td><td colspan="2">6.0 h</td><td colspan="2">2.5 h</td><td colspan="2">1.5 h</td><td colspan="2">1.0 h</td><td>(4a)</td></tr>
<tr><td>5℃～10℃</td><td colspan="2">9.0 h</td><td colspan="2">4.5 h</td><td colspan="2">2.5 h</td><td colspan="2">1.5 h</td><td>(4b)</td></tr>
<tr><td>10℃～15℃</td><td colspan="2">15.0 h</td><td colspan="2">7.0 h</td><td colspan="2">4.0 h</td><td colspan="2">2.0 h</td><td>(4c)</td></tr>
<tr><td>15℃以上</td><td colspan="2">24.0 h</td><td colspan="2">15.0 h</td><td colspan="2">6.0 h</td><td colspan="2">3.0 h</td><td>(4d)</td></tr>
<tr><td colspan="2">性能类别</td><td>A</td><td></td><td>B</td><td></td><td>C</td><td></td><td>D</td><td></td><td>(4)</td></tr>
<tr><td colspan="2">所要求的内穿衣服</td><td colspan="8">见系统部件</td><td>(5)</td></tr>
<tr><td colspan="2">救生服的尺寸</td><td>小</td><td></td><td>中</td><td></td><td>大</td><td></td><td>特大</td><td></td><td>(6a)</td></tr>
<tr><td colspan="2">身高/腰围</td><td></td><td></td><td></td><td></td><td></td><td></td><td></td><td></td><td>(6b)</td></tr>
<tr><td colspan="2">特点</td><td colspan="8"></td><td>(7)</td></tr>
<tr><td colspan="10">警　告
按照性能级别 A～D 估计的热保护时间基于 GB/T 20898.3 所规定的标准试验条件。实际的环境条件和人员特征将会改变热保护时间!</td><td>(8)</td></tr>
</table>

图 1 用户信息标牌示例

附 录 A
（资料性附录）
制造厂、用户、检验员和工业检查人员关于浸水服符合本部分的“浸水的 Clo 值”和“热保护时间”应用指南

除了明显的下沉危险外，偶然或因其他原因落水的人员还有包括激冷、反射性气喘、体温过低、丧失知觉和心脏猝停在内的有害于身体的危险。

本部分所规定的浸水服拟为有偶然落水危险的人员所穿着。浸水服用于提供热保护，以减少或延迟有害的生理影响，从而延长穿着者的生存时间，有效为救助活动提供更多机会。

除非此浸水服已经做了附加试验，且已经界定为救生衣，否则其可能不具有防止下沉的作用，应要求浸水服与合适的救生衣一起使用。但是应注意到在浸水服中所集聚的空气将影响与浸水服一起穿着的救生衣的性能。因此，应注意确保救生衣与浸水服的配套，救生衣将使穿着者处于脸部向上的位置。

本部分规定一般特性，而不是规定特定用途浸水服的特定类型或设计。对特定用途作规定并不切实可行。因为其用途不同将影响浸水服的选择，从而有完全不同的考虑。本部分仅适用于拟限于常穿服（在职业的或娱乐的正常活动中穿着此浸水服）或弃船服（适用于被抛放，即从艇、船或近海装置上抛放时的应急穿着），以及提供热保护的浸水服。

本部分主要拟对作为核心危险的体温过低提供保护，而其他危险，例如激冷或反射性气喘等，受个人条件和健康状况的影响极大。这些条件既不可能重复产生，也不可能作为型式认可试验程序的一部分。但是可以设想，由浸水服提供的实际的热保护的改善也使这些危险减至最小。

通常由浸水服的保温性能提供体温过低的保护。目前，浸水服的热保护性能可使用人体对象进行试验，也可选择人体模型进行试验，但其应能得出可靠的试验结果。

合适的人体模型的开发受到高度重视，这些标准将考虑进行开发。同时这些标准依据的是使用人体对象的试验，而试验在本标准的第 3 部分中规定，通过医生的体检、对试验的监测、报告和监督来保证试验对象的安全。

试验结果以“浸水的 Clo”单位表示。绝热值越高表明保护程度越高，则在任何温度下在水中生存时间越长。

对于穿着浸水服的人员的“生存”潜力的预测是很复杂的，取决于一些非常不确定的因素。这些因素包括水温和海况、浸水服的类型、设计和性能等级，以及该人员的身材大小、体重、一般的健康和生理状况。

在实际应用上，威斯勒（Wissler）已开发了数字的热保护时间预报模型[3)]。这个模型可以用曲线图表示——带刻度的纵坐标表示热保护时间，带刻度的横坐标表示水温。在这一坐标系上，有数条标有不同绝热等级或浸水的 Clo 值的标准曲线。ISO 15027-1 和 ISO 15027-2 规定了四个浸水的 Clo 等级。它们是 0.20 Clo、0.33 Clo、0.50 Clo 和 0.75 Clo。图 A.1 给出了每种绝缘等级的曲线。设该模型的其他不确定因素为不变，并取最不利的值，从而确保得出“生存”时间是保守估算值，而不是过高估算值。

热保护时间是预计体温降至 34℃的时间。通常认为 34℃的体温是可生存的，尽管精神和体能受到了损害。随着对“体温过低”现象的研究，死于体温过低者越来越少。当体温低于 34℃时，可能失去知觉，导致淹死。

---

3) Wissler EH 和 Nunneley SA(1983)《人体对偶然浸入冷水中的热响应理论研究》，在 1983 年航天医学协会科学年会上发表的报告（美国，休斯敦）。

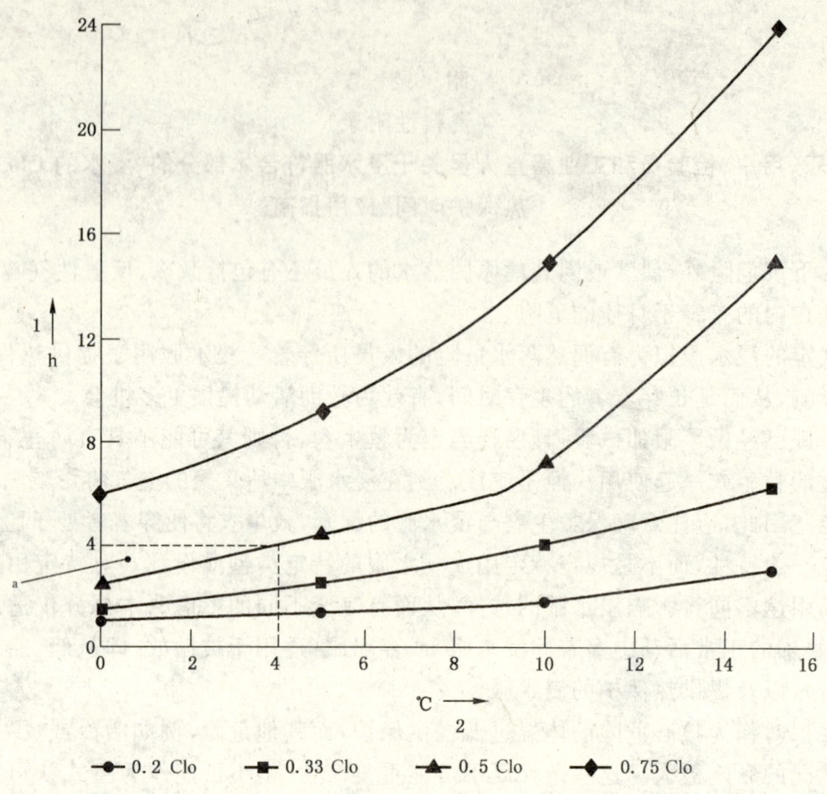

1——时间(h);

2——水温(℃)。

a 虚线示例:0.5 Clo 的救生服系统在 4℃的水温下使用时,热保护时间约为 4 h。

图 A.1 在某一水温范围内使用的浸水服的静水热保护时间预报

这些值是以 75 kg 的成年男子(平均皮层折合厚度 8 mm)估算的。曲线是根据近似于 Wissler 模型的公式绘出的。

为了估算由某一给定的浸水服所提供的近似"热保护"时间,首先应选取此浸水服穿着者可能暴露的最低水温。由此温度画一条垂直线,向上至所对应绝热等级的曲线。然后读出其在纵轴上对应的读数,即为由此保温等级所提供的估算的保护时间。

确保此估算的热保护时间大于意外落水后救助可能需用的时间。

表 A.1 提供了在四种水温范围内,快速查找每一种水温所对应的估算的热保护时间。这些温度范围为:a)低于 5℃,b)5℃～10℃,c)10℃～15℃和 d)高于 15℃。此表中的预计时间是根据每种水温范围中较低的温度和已知的浸水服性能得出的保守值。

表 A.1 暴露于相应的水温范围内,由给定的浸水保温等级所提供的估算的热保护时间

单位为小时

水温 ℃	保温等级			
	A 0.75 Clo	B 0.50 Clo	C 0.33 Clo	D 0.20 Clo
<5	6	2.5	1.5	1
5～10	9	4.5	2.5	1.5
10～15	15	7	4	2
>15	24	15.5	6	3

本指南主要用于帮助使用者和检验员根据实际应用情况选择合适的防止体温过低的保温等级。

考虑某一用途的一些其他特性也很重要，这些特性可能对其他设计思路，如防止体温过低的等级的确定产生影响。

显然，都希望为意外落入冷水的受害者提供能得到的最高等级的保护。但是这将使浸水服十分笨重且体积庞大，甚至可能妨碍穿着者进行正常和必要的动作。具有最高保温等级的常穿服使穿着者不能完成许多动作。因此，在对于任何特定的用途指定浸水的Clo保温等级时，应对预期的活动程度或正常的工作环境，以及对职业或娱乐使用的要求予以适当考虑。特别是在选择常穿服时，还应考虑在正常活动中的热应变问题。

在可能变得恶劣的海况或近海环境中使用浸水服将需要较高的保护等级。波浪影响浸水服的性能，因为水会泄漏至浸水服中。

假设模型浸水服的保温性沿整个人体是均匀的。因此应对人体未受浸水服保护的任何区域或对由于漂浮位置或半浸水区域而使保护等级改变的情况予以适当注意。

还可对浸水服穿着者的体质予以考虑，因为瘦人比具有良好脂肪层的人变冷要快得多。

综上所述，这一评定浸水服性能的系统是很保守的。因为尽管可能存在误差，但为了起草本指南已作的许多假设，目的都是“低估”预计的保护性能并提供逼真的数值。

附 录 ZZ
（规范性附录）
在本标准中未列出的对应的国际标准与等效欧洲标准

在 ISO 15027 的本部分出版时，下列文件的版本均为有效。ISO 和 IEC 的各成员国都保存有注册的最新有效国际标准文本。

ISO 13688:1998 防护服 一般要求

ISO 12401 小艇 游艇用甲板安全索具和安全索 安全要求和试验方法

ICS 13.340.10
U 37

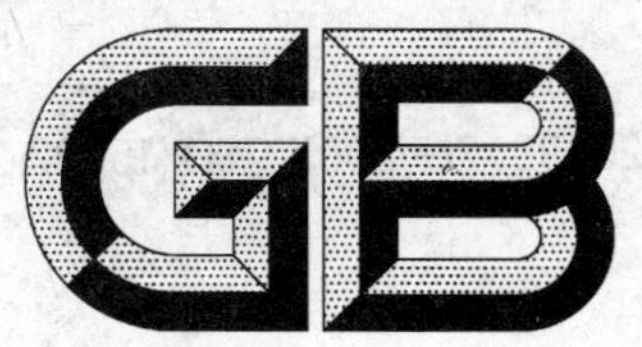

中华人民共和国国家标准

GB/T 20898.2—2007/ISO 15027-2:2002

浸水服　第2部分:弃船服安全要求

Immersion suits—Part 2:Abandonment suits,requirements including safety

(ISO 15027-2:2002,IDT)

2007-03-26 发布　　2007-09-01 实施

中华人民共和国国家质量监督检验检疫总局
中国国家标准化管理委员会　发布

前　言

GB/T 20898《浸水服》分为三个部分：

——第1部分：常穿服安全要求；

——第2部分：弃船服安全要求；

——第3部分：试验方法。

本部分为GB/T 20898的第2部分，等同采用ISO 15027-2:2002《浸水服　第2部分：弃船服安全要求》(英文版)。

本部分等同翻译ISO 15027-2:2002。

本部分的规范性引用文件中，与国际标准一致性程度为等效的国家标准，其被引用的部分与国际标准一致性程度是等同。

为便于使用，GB/T 20898的本部分做了下列编辑性修改：

——"本欧洲标准"一词改为"GB/T 20898的本部分"；

——用小数点"."代替作为小数点的逗号"，"；

——删除国际标准的前言和引言；

——等同采用ISO标准的欧洲标准，一律用ISO标准代替。

本部分的附录A为资料性附录，附录ZZ为规范性附录。

本部分由中国船舶工业集团公司提出。

本部分由全国小艇标准化技术委员会(SAC/TC 241)归口。

本部分起草单位：中国船舶工业集团公司第七〇八研究所。

本部分主要起草人：林德辉、张伟东。

浸水服　第2部分:弃船服安全要求

1　范围

GB/T 20898 规定了对浸水服结构、性能、安全和试验方法的要求。

GB/T 20898 的本部分适用于对弃船服的要求。

对常穿服的要求见 GB/T 20898.1,对救生服的试验方法见 GB/T 20898.3。

2　规范性引用文件

下列文件中的条款通过 GB/T 20898 的本部分的引用而成为本部分的条款。凡是注日期的引用文件,其随后所有的修改单(不包括勘误的内容)或修订版均不适用于本部分,然而,鼓励根据本部分达成协议的各方研究是否可使用这些文件的最新版本。凡是不注日期的引用文件,其最新版本适用于本部分。

GB/T 3512　硫化橡胶或热塑性橡胶　热空气加速老化和耐热试验(GB/T 3512—2001,eqv ISO 188:1998)

GB/T 3923.1　纺织品　织物拉伸性能　第1部分:断裂强力和断裂伸长率的测定　条样法

GB/T 3923.2　纺织品　织物拉伸性能　第2部分:断裂强力的测定　抓样法

GB/T 4669　机织物　单位长度质量和单位面积质量的测定(GB/T 4669—1995,eqv ISO 3801:1977)

GB/T 10125　人造气氛腐蚀试验　盐雾试验(GB/T 10125—1997,eqv ISO 9227:1990)

GB/T 20097—2006　防护服　一般要求(ISO 13688:1998,MOD)

GB/T 20898.1—2007　浸水服　第1部分:常穿服安全要求(ISO 15027-1:2002,IDT)

GB/T 20898.3—2007　浸水服　第3部分:试验方法(ISO 15027-3:2002,IDT)

ISO 105-B04　纺织物　色牢度试验 B04:对模拟气候的色牢度:氙弧衰减灯试验

ISO 1421　橡胶或塑料涂覆织物　抗拉强度和破裂时延伸率的测定

ISO 2411:1991　橡胶或塑料涂覆织物　涂层粘附力的测定

ISO 4674　橡胶或塑料涂覆织物　抗撕强度的测定

ISO 7854　橡胶或塑料涂覆织物　耐挠曲损坏的测定

ISO 12401　游艇用甲板安全索具和安全索　安全要求和试验方法

ISO 12402-2:2006　个人漂浮装置　第2部分:B级(近海救生衣　极端条件　275 N)安全要求

ISO 12402-3:2006　个人漂浮装置　第3部分:C级(近海救生衣　150 N)安全要求

ISO 12402-4:2006　个人漂浮装置　第4部分:D级(内河/近岸救生衣　100 N)安全要求

ISO 12402-5:2006　个人漂浮装置　第5部分:E级(浮力用具　50 N)安全要求

ISO 12402-8:2006　个人漂浮装置　第8部分:附加件　安全要求和试验方法

AATCC 方法 30:1981　杀菌剂,对纺织物的评估:纺织物的耐霉和耐腐烂[1)]

1974 年国际海上人命安全公约(IMO)及其 1983 年修正案[2)]

---

1) 可向"美国纺织物化学工作者和印染工作者协会"(AATCC)索取,one Davis Drive,PO Box 12215,Research Triangle Park,NC 27709-2215 US。

2) 国际海事组织(IMO)是总部设在伦敦的一个组织,各成员国将其发布的各项规则做为法规颁布。

3 术语和定义

GB/T 20898.1 的术语和定义适用于 GB/T 20898 的本部分。

4 要求

4.1 一般要求

4.1.1 作为弃船服的服装系统，应符合本标准的所有要求，且按 GB/T 20898.3 的第 3 章进行试验，或者按本部分的 4.13 对其材料、纤维或部件进行试验时，均不得损坏或丧失其已确定的功能。

4.1.2 应通过检查确定弃船服覆盖除脸部外的整个身体，帽子应与脸部良好配合，且通过永久附连的手套覆盖住手。

弃船服可以增加附加件，但任一附加件的存在或使用都不应损害本部分要求的有关性能。试验按 GB/T 20898.3 的 3.1 进行。

4.1.3 一般规格的浸水服，尺寸应适合身高在 1.5 m～1.95 m 之间的人员。试验按 GB/T 20898.3 的 3.1 进行。

4.1.4 应防止保温材料移位，并按 GB/T 20898.3 的 3.6 进行试验。

4.1.5 服装系统不应限制符合 ISO 12402 的个人漂浮装置(PFD)的穿着，但符合或超过救生衣性能要求的救生服系统除外。该项试验按 GB/T 20898.3 的 3.1 进行。

4.1.6 按 GB/T 20898.3 的 3.7.1 进行试验时，救生服系统应便于清洁。

4.1.7 服装系统的设计应使被绊住的危险减至最小。该项试验按 GB/T 20898.3 的 3.1 进行。

4.1.8 材料、织物和部件应按 4.13 中的试验方法进行。

4.1.9 服装系统在正常使用的范围内不应包括或含有可能伤害或妨碍使用者的任何部件。该项试验按 GB/T 20898.3 的 3.1 进行。

4.2 附加件

如果浸水服含有附加件，例如防浪护罩、安全索具或安全索、号笛、灯或结伴绳，则它们应符合 ISO 12401、ISO 12402-8 和本部分的有关条款。

如果浸水服拟在无个人漂浮装置(PFD)时穿着，则该救生服应含有固定连接的号笛和灯。

4.3 结伴绳

符合 ISO 12402-8 要求的结伴绳应具有一连接点，其应能承受不小于 750 N 的垂向载荷，且当其连接时，不应影响浸水服的性能。该项试验按 GB/T 20898.3 的 3.1 进行。

4.4 颜色

在使用时，暴露在水面上的浸水服的带颜色部分应主要在黄色至红色范围之内，但腹部拉练和其他附件等除外。此颜色应与 NCS 自然色谱集上的色样在自然光线下进行对比。浸水服的暴露部分应具有易于识别的颜色，且在下列所确定的色差范围内：

0070——

1070——深浅程度不同

0080——Y30R 至 Y80R

1080——

0090——

以及

0070——

0080——深浅程度不同

0090——Y 至 Y20R

或相应的荧光色。

4.5 膨胀聚合材料

用于提高服装系统漂浮性能的任一膨胀聚合材料均应耐压缩，不会使浮力明显下降。该项试验按 GB/T 20898.3 的 3.12 进行。

用于提高服装系统性能的任一膨胀聚合材料均应在 GB/T 20898.3 的 3.13 中所述的试验条件下具有热稳定性，试样的浮力下降最大损失应不超过 5%。

4.6 易燃性

弃船服按 GB/T 20898.3 的 3.5 进行试验，在离开火焰 6 s 后，应不会继续燃烧或熔化。

4.7 耐燃油

弃船服应按 GB/T 20898.3 的 3.4 进行试验。

4.8 温度的周期变化

服装系统应耐受环境温度的变化。按 GB/T 20898.3 的 3.9 进行试验时，泄漏至干式服中水的质量不得超过 GB/T 20898.3 的 3.7 的试验结果。

4.9 泄漏

应按 GB/T 20898.3 的 3.7 测量干式服装系统的泄漏，所测得水的总量应用作 GB/T 20898.3 的 3.8 中热试验的阈值。

4.10 热保护

应采取措施保护穿着者减少热损失。整套救生服系统应组装在拟用作保温和按 GB/T 20898.3 进行保温试验的构造中。

应验证救生服的保温性能不低于表 1 中对应于拟定等级的数值。

表 1 热保护级别

浸水服的级别	A	B	C	D
浸水 Clo 值	0.75	0.50	0.33	0.20

由浸水服提供热保护有两种测量方法：

a) 使用发热的人体模型：按 GB/T 20898.3 的 3.8.1 进行试验；

b) 使用人体对象：按 GB/T 20898.3 的 3.8.2 进行试验。

注：需要说明的是，迄今为止在人体模型尚不能得出可靠的试验结果。为此应通过人体对象试验来证明服装系统的性能。一旦人体模型能够给出可靠的性能，试验机构就可选取任意一种方法进行试验。人体模型的可靠性能将通过各试验室之间经验的充分交流、大量的系列试验，以及对人体对象与人体模型的试验结果进行对比来综合得出。

4.11 醒目性

为有助于搜索和营救，应设有由全反射材料构成的无源发光系统。此系统应符合国际海事组织 SOLAS 1983 年修正案中第Ⅲ章以及 A.658(16)大会决议附录 2 中详述的要求。如果这是唯一的发光源，则其总面积应不小于 400 cm^2。其中至少 100 cm^2 应贴附在帽上，且当按 GB/T 20898.3 的 3.11.6.4 进行试验，并使此浸水服置于水中正常位置时，应至少有 250 cm^2 露出水面，并明显可见。至少应有 50 cm^2 的一块材料贴附在浸水服的背部，以使当穿着者以脸部向下位置漂浮时明显可见。

全反射材料的性能不应因其使用而降低。试验按 GB/T 20898.3 的 3.11.6.4.2 进行。

也可设有一主动式发光系统。主动式发光系统应符合 ISO 12402-8 对应急照明的标准。当设有主动式发光系统时，无源发光系统所覆盖的面积可以减小一与其相等效的量，但至少为 300 cm^2。其中至少 100 cm^2 应贴附在帽上，且当按 GB/T 20898.3 的 3.11.6.4 进行试验，使此浸水服置于水中正常位置时，应至少有 150 cm^2 露出水面，并明显可见。至少应有 50 cm^2 的一块材料贴附在浸水服的背部，以使当穿着者以脸部向下位置漂浮时明显可见。

允许采用替代的系统，例如主动式发光系统（应急照明）与无源发光系统（全反射材料）相结合，提供醒目性，从而有助于搜索和营救，条件是它们符合以上对应急照明和全反射材料规定的技术要求。

4.12 性能要求

4.12.1 行走

按 GB/T 20898.3 的 3.11.3 进行试验时，正确穿着服装系统的人员应能方便地行走。

4.12.2 爬行

按 GB/T 20898.3 的 3.11.4 进行试验时，正确穿着服装系统的人员应能自由地爬行。

4.12.3 穿着

按 GB/T 20898.3 的 3.11.2 中进行试验时，在(20±2)℃的温度下，服装系统应能在 2 min 内穿好，紧闭其所有主要关闭口，包括连带的救生衣(如果有要求)。而在(－30±2)℃时，服装系统应能在 5 min 内完成。

4.12.4 灵活性

按 GB/T 20898.3 的 3.11.5 进行试验时，正确穿着和调整的服装不应妨碍穿着者弯腰(无需蹲下)拾起绳子，并将绳子绕着他/她的腰转一圈，且可在他/她的面前系一个双反手结，且拾起铅笔和写东西。

4.12.5 手套

按 GB/T 20898.3 的 3.11.6.5 进行试验时，正确穿着服装系统的人员应能从贮存处取下并戴好手套。

4.12.6 跳水

正确地穿着了服装系统的人员应能从不小于 $4.5^{+0.5}_{0}$ m 的高度垂直地跳入水中，而不会损坏救生服或伤害穿着者。穿着者应能在进入水中后的 2 min 之内紧闭浸水服所有次要的关闭口。试验应按 GB/T 20898.3 的 3.11.6.1 进行。

4.12.7 登平台

正确地穿着了已禁闭主要和次要关闭口的服装系统的人员应能游泳并登上平台。试验应按 GB/T 20898.3 的 3.11.6.2 进行。

4.12.8 漂浮和扶正

穿着了按制造厂商说明书正确地进行通气的服装系统，且按 ISO 12402 穿着了个人漂浮装置(PFD)的人员，在水中应能在 5 s 内使脸部向上。按 GB/T 20898.3 的 3.11.6.3 进行试验，其身体与水平线之间的夹角应不大于 60°。

若要求服装系统提供浮力，则其出水部分应符合 ISO 12402-2、ISO 12402-3、ISO 12402-4 或 ISO 12402-5 的要求。

4.12.9 视野

按 GB/T 20898.3 的 3.11.6.6 进行试验时，正确穿着和调整的浸水服应不会妨碍穿着者的视野。

4.13 材料、织物和部件要求

4.13.1 一般要求

按 GB/T 20898.3 的 3.9 进行试验时，材料、织物和部件不应因贮存在(－30±2)℃和(65±2)℃的温度中而损坏；按 GB/T 10125 进行持续时间为 96 h 的试验时，它们也不应由于盐水浸渍而损坏；按 GB/T 20898.3 的 3.4 进行试验时，它们也不应由于沾上燃油而损坏。

4.13.2 耐腐烂

应按 AATCC 方法 30:1981 的方法进行耐腐烂的试验。

4.13.3 耐光照

应按 ISO 105-B04 进行耐光照试验。光照度 5 级～6 级，容差 1/2 单位。在正常使用时由某种方式遮盖的材料不必进行光照试验。

4.13.4 抗拉强度

对 25 mm 宽的试样，其抗拉强度应至少为 300 N。在经受腐烂或光照后，应采用 GB/T 3923.2 中的抓样法，使用宽度至少为 60 mm 的试样，且在测试点的每一侧至少有 100 mm 的材料，测量试样抗拉强度，并对每种类型的接缝、织物和连接元件(包括拉链)均取4个类似接缝进行测量。

4.13.5 涂覆的织物

涂覆的织物应符合下列要求：

a) 应按ISO 2411:1991的5.2.2.1所述方法，以100 mm/min的速度进行涂层粘附力试验，50mm宽的试样，其粘附力应不小于50 N；

b) 在按GB/T 3512进行老化后，当其处于(70.0±1.0)℃的淡水中(336.0±0.5)h的湿态时，还应按ISO 2411:1991的5.2.2.1所述方法，以100 mm/min的速度进行涂层粘附力试验，50 mm宽的试样，其粘附力应不小于40 N；

c) 应采用ISO 4674方法A1进行撕裂强度试验，且此强度应不小于35 N；

d) 应采用ISO 7854方法A，采用9000弯曲周期，进行耐弯曲开裂试验，试验后应无可见的裂纹或退化现象；

e) 应采用ISO 1421的CRE或CRT法，在室温下放置(24.0±0.5)h后进行抗断强度试验，50 mm宽度的试样，其抗断强度应不小于200 N；

f) 应采用ISO 1421的CRE或CRT法，在室温下浸入淡水中放置(24.0±0.5)h后进行抗断强度试验，50 mm宽的试样，其抗断强度应不小于200 N；

g) 应采用ISO 1421的CRE或CRT法，在室温下放置(24.0±0.5)h后进行破断时延伸率的试验，延伸率应不大于60%；

h) 应采用ISO 1421的CRE或CRT法，在室温下浸入淡水中放置(24.0±0.5)h后进行破断时延伸率的试验，延伸率应不大于60%。

4.13.6 其他织物

由于其损坏可能导致整个服装系统不符合本部分的结构部件中所用的其他织物应符合下列要求：

a) 应采用GB/T 3923.1的CRE或CRT法，在室温下放置(24.0±0.5)h后进行抗断强度试验，此强度应不小于10 N/mm；

b) 应采用GB/T 3923.1的CRE或CRT法，在室温下放置(24.0±0.5)h后进行破断时延伸率的试验，此延伸率应不大于60%；

c) 应按ISO 4674进行耐撕裂试验[方法A2，拉伸速度(100±10)mm/min，对于200 g/m^{2}或以下的材料，预拉力2 N；对于200 g/m^{2}以上，但不超过500 g/m^{2}的材料，预拉力为5 N；对于500 g/m^{2}以上的材料，预拉力为10 N]，应不小于10 N。

4.13.7 质量

如果要求测量单位面积织物的质量，则应按GB/T 4669的方法5进行测量。

4.13.8 金属部件

4.13.8.1 按GB/T 10125持续试验96 h，金属部件不应明显腐蚀。这应通过功能试验予以测试。

4.13.8.2 任一金属部件，当其置于离磁罗经500 mm的距离时，其对于小艇上常规类型的磁罗经的影响应不大于1°。

5 标记

5.1 浸水服上的标记

每一弃船服系统均应永久并清晰地标记以下内容(应至少以船旗国的官方文字标出)。标记内容应以象形图或者以文字结合象形图，或者若不存在已规定的象形图，则只以文字标出。每一可拆卸零部件应予以标记，以注明其在浸水服系统中所在的部位。

带有这些内容的标签应永久性地固定在服装系统上，应耐盐水并能经受按制造厂建议清洗至少10次。标签的收缩不应影响弃船服的性能，也不应影响其清晰性。标记应具有下列内容：

a) 制造厂商的标识；

b) 设计使用的温度(性能)范围;

c) 说明:

1) 此服装系统应与符合 ISO 12402 相关部分要求的个人漂浮装置一起穿着;

2) 此服装系统本身除符合浸水服标准要求外,还符合救生衣性能标准的要求;或

3) 警告说明此浸水服不能用作个人漂浮装置,或其不能把昏迷状态的穿着者翻转成脸部向上位置;

d) 救生服的类型,为干式服或湿式服系统;

e) 与 GB/T 20097—2006 中所列建议相一致的推荐尺寸范围、高度和胸部尺寸;

f) 对贮存、保管、清洁和维护的说明(简要);

g) 简易的穿着方法和使用说明;

h) 制造厂商的型号标志和制造的季度(或月份)和年份,以及该浸水服或该批浸水服的系列号。月份以阿拉伯数字(1～12)表示,而季度则以罗马数字(Ⅰ～Ⅳ)表示,从1月1日开始算;

i) 本标准号;

j) 指明其他危险的象形图或文字;

k) 与安全索具和其他相关设备的相容性;

l) 为确保浸水服性能所要求的内穿衣服。

5.2 有关浸水服的用户信息

对每一弃船服系统,至少应提供一份以船旗国官方文字书写的说明书。此说明书至少应包括下列各项:

a) 5.1 a) 和 5.1 e) 中所列的全部内容;

b) 完整穿着和使用的说明,包括为确保性能级别所要求的内穿衣服;

c) 建议的使用限制细节,包括弃船服系统的温度设计范围,任何限制均应在警告标牌上明确地加以说明;

d) 对使用和维护,包括备件的详细说明;

e) 制造厂商的代理机构(至少是在船旗国内)的名称和地址;

f) 与安全索和其他相关设备的相容性;

g) 制造厂商认为适宜的有关注意事项和使用弃船服的其他一般性建议。

图1中所示供用户选择的信息的标牌应在销售点展示。

5.3 销售点的用户信息

5.3.1 数据清单

图1中的下列信息应在用户信息标牌上予以表示:

——有关标准代号; (1)

——浸水服的类型; (2a)～(2c)

——在样品标牌上书写的标准的适用范围; (3)

——热保护级别 A～D 及其规定的热保护时间; (4a)～(4d)

——为获得或改善热保护所要求的内穿衣服; (5)

——浸水服的尺寸; (6a)或(6b)

——特点,例如此浸水服应与×××型 PFD 一起使用,此浸水服本身具有×××型 PFD 的功能,附加装置的使用等; (7)

——在样品标牌上所示的警告。 (8)

未列入以上数据清单的任何信息,以及此标牌的布局可自愿选择。

5.3.2 用户信息标牌

为符合 5.3.1 对用户信息的要求,建议采用统一的信息标牌。当浸水服准备销售时,此标牌应清晰

可见，可以是在浸水服上所要求的标记，也可以是包装上的标牌。图 1 中所示标牌是此标牌布局的一个例子。标牌应在销售点展示。该标牌尺寸应不小于 150 mm×120 mm。其颜色可以不同，但应始终与背景形成反差。如果采用图 1 中所示的推荐标牌，则 5.3.1 中规定的信息应清晰地标注在紧挨其有关特征的方框内，以指出其是否有或数量。标记应以符号√表示。

符合 GB/T 20898.2/ISO 15027-2 要求的浸水服										(1)
浸水服的类型		干式服		弃船服						(2a)
		湿式服								(2b)
										(2c)
标准的适用范围		御寒防护取决于浸水服的保温性能与水温有关，由该浸水服估算的热保护时间所提供，见下列标识								(3)
水温	5℃以下	6.0 h		2.5 h		1.5 h		1.0 h		(4a)
	5℃～10℃	9.0 h		4.5 h		2.5 h		1.5 h		(4b)
	10℃～15℃	15.0 h		7.0 h		4.0 h		2.0 h		(4c)
	15℃以上	24.0 h		15.0 h		6.0 h		3.0 h		(4d)
性能类别		A		B		C		D		(4)
所要求的内穿衣服		见系统部件								(5)
救生服的尺寸		小		中		大		特大		(6a)
身高/腰围										(6b)
特点										(7b)
警　告 按照性能级别 A～D 估计的热保护时间基于 GB/T 20898.3 所规定的标准试验条件。实际的环境条件和人员特征将会改变热保护时间！										(8)

图 1　用户信息标牌示例

附 录 A
（资料性附录）
制造厂、用户、检验员和工业检查人员关于浸水服符合本部分的“浸水的 Clo 值”和“热保护时间”应用指南

除了明显的下沉危险外，偶然或因其他原因落水的人员还有包括激冷、反射性气喘、体温过低、丧失知觉和心脏猝停在内的有害于身体的危险。

本部分所规定的浸水服拟为有偶然落水危险的人员所穿着。浸水服用于提供热保护，以减少或延迟有害的生理影响，从而延长穿着者的生存时间，为救助活动有效提供更多机会。

除非此浸水服已经做了附加试验，且已经界定为救生衣，否则其可能不具有防止下沉作用，要求浸水服与合适的救生衣一起使用。但是应注意到在浸水服中所集聚的空气将影响与浸水服一起穿着的救生衣的性能。因此，应注意确保救生衣与浸水服配套，救生衣将使穿着者处于脸部向上的位置。

本部分规定一般特性，而不是规定特定用途浸水服的特定类型或设计。对特定用途作规定是并不切实可行的。因为其用途不同将影响浸水服的选择，从而有完全不同的考虑。本部分仅适用于拟常穿服（在职业的或娱乐的正常活动中穿着此浸水服）或弃船服（适用于被抛放，即从艇、船或近海装置上抛放时的应急穿着），以及提供热保护的浸水服。

本部分主要拟对作为核心危险的体温过低提供保护，而其他危险，例如激冷或反射性气喘等，受个人条件和健康状况的影响极大。这些条件既不可能重复产生，也不可能作为型式认可试验程序的一部分。但是可以设想，由浸水服提供的实际的热保护的改善也使这些危险减至最小。

通常由浸水服的保温性能提供体温过低的保护。目前，浸水服的热保护性能可使用人体对象进行试验，也可选择人体模型进行试验，但其应能得出可靠的试验结果。

合适的人体模型的开发受到高度重视，这些标准将考虑进行开发。同时这些标准依据的是使用人体对象的试验，而试验在本标准的第 3 部分中规定，通过医生的体检、对试验的监测、报告和监督来保证试验对象的安全。

试验结果以“浸水的 Clo”单位表示。绝热值越高表明保护程度越高，则在任何温度下在水中生存时间越长。

对于穿着浸水服的人员的“生存”潜力的预测是很复杂的，取决于一些非常不确定的因素。这些因素包括水温和海况、浸水服的类型、设计和性能等级，以及该人员的身材大小、体重、一般的健康和生理状况。

在实际应用上，威斯勒（Wissler）已开发了数字的热保护时间预报模型[3]。这个模型可以用曲线图表示——带刻度的纵坐标表示热保护时间，带刻度的横坐标轴表示水温。在这一坐标系上，有数条标有不同绝热等级或浸水的 Clo 值的标准曲线。ISO 15027-1 和 ISO 15027-2 规定了四个浸水的 Clo 等级。它们是 0.20 Clo、0.33 Clo、0.50 Clo 和 0.75 Clo。图 A.1 给出了每种绝缘等级的曲线。设该模型的其他不确定因素为不变，并取最不利的值，从而确保得出“生存”时间是保守估算值，而不是过高估算值。

热保护时间是预计体温降至 34℃的时间。通常认为 34℃的体温是可生存的，尽管精神和体能受到了损害。随着对“体温过低”现象的研究，死于体温过低者将越来越少。当体温低于 34℃时，可能失去知觉，导致淹死。

---

3) Wissler EH 和 Nunneley SA(1983)《人体对偶然浸入冷水中的热响应理论研究》，在 1983 年航天医学协会科学年会上发表的报告（美国，休斯敦）。

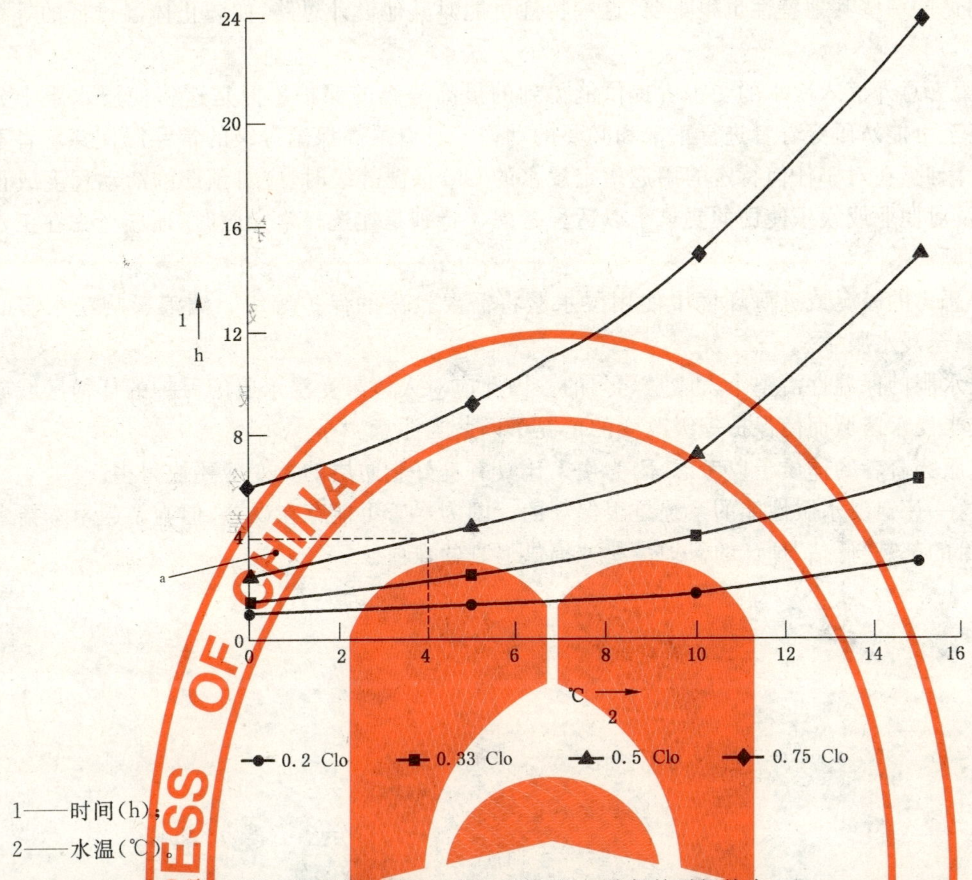

1——时间(h);

2——水温(℃)。

a 虚线示例:0.5 Clo 的救生服系统在 4℃的水温下使用时,热保护时间约为 4 h。

图 A.1 在某一水温范围内使用的浸水服的静水热保护时间预报

这些值是以 75 kg 的成年男子(平均皮层折合厚度 8 mm)估算的。曲线是根据近似于 Wissler 模型的公式绘出的。

为了估算由某一给定的浸水服所提供的近似“热保护”时间,首先应选取此浸水服穿戴者可能暴露的最低水温。由此温度画一条垂直线,向上至所对应绝热等级的曲线。然后读出其在纵轴上对应的读数,即为由此绝缘等级所提供的估算的保护时间。

确保此估算的热保护时间大于意外落水后救助可能需用的时间。

表 A.1 提供了在四种水温范围内,快速查找每一种水温所对应的估算的热保护时间。这些温度范围为 a)低于 5℃,b)5℃~10℃,c)10℃~15℃和 d)高于 15℃。此表中的预计时间是根据每种水温范围中较低的温度和已知的浸水服性能得出的保守值。

表 A.1 暴露于相应的水温范围内,由给定的浸水保温等级所提供的估算的热保护时间

单位为小时

水温 ℃	保温等级			
	A 0.75 Clo	B 0.50 Clo	C 0.33 Clo	D 0.20 Clo
<5	6	2.5	1.5	1
5~10	9	4.5	2.5	1.5
10~15	15	7	4	2
>15	24	15.5	6	3

本指南主要用于帮助使用者和检验员根据实际应用选择合适的防止体温过低的保温等级。

考虑某一用途的一些其他特性也很重要，这些特性可能对其他设计思路，如防止体温过低的等级的确定产生影响。

显然，都希望为意外落入冷水的受害者提供能得到的最高等级的保护。但是这将使浸水服十分笨重且体积庞大甚至可能妨碍穿着者进行正常和必要的动作。具有最高保温等级的常穿服使穿着者不能完成许多动作。因此，在对于任何特定的用途指定浸水的 Clo 保温等级时，应对预期的活动程度或正常的工作环境，以及对职业或娱乐使用的要求予以适当考虑。特别是在选择常穿服时，还应考虑在正常活动中的热应变问题。

在可能变得恶劣的海况或近海环境中使用浸水服将需要较高的保护等级。波浪影响浸水服的性能，因为水会泄漏至浸水服中。

假设模型浸水服的保温性沿整个人体是均匀的。因此应对人体未受浸水服的保护的任何区域或对由于漂浮位置或半浸水区域而使保护等级改变的情况予以适当注意。

还可对浸水服穿着者的体质予以考虑，因为瘦人比具有良好脂肪层的人变冷要快得多。

综上所述，这一评定浸水服性能的系统是很保守的。因为尽管可能存在误差，但为了起草本指南已作的许多假设，目的都是“低估”预计的保护性能并提供逼真的数值。

附 录 ZZ
（规范性附录）
在本标准中未列出的对应的国际标准与等效欧洲标准

在 ISO 15027 的本部分出版时，下列文件的版本均为有效。ISO 和 IEC 的各成员国都保存有注册的最新有效国际标准文本。

ISO 13688:1998　防护服　一般要求

ISO 12401　小艇　游艇用甲板安全索具和安全索　安全要求和试验方法

ICS 13.340.10
U 37

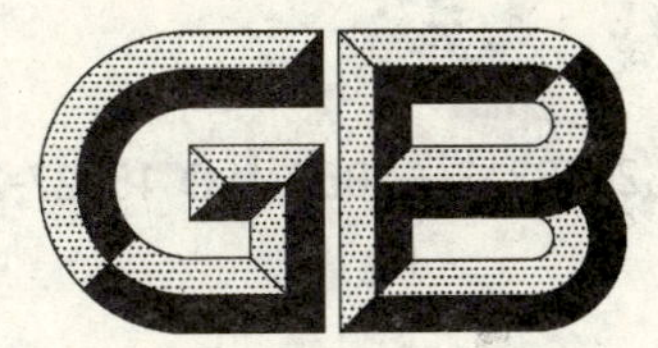

中华人民共和国国家标准

GB/T 20898.3—2007/ISO 15027-3:2002

浸水服　第3部分:试验方法

Immersion suits—Part 3: Test methods

(ISO 15027-3:2002,IDT)

2007-03-26 发布　　2007-09-01 实施

中华人民共和国国家质量监督检验检疫总局
中国国家标准化管理委员会　发布

前　言

GB/T 20898《浸水服》分为三个部分：

——第1部分：常穿服安全要求；

——第2部分：弃船服安全要求；

——第3部分：试验方法。

本部分为GB/T 20898的第3部分，等同采用ISO 15027-3:2002《浸水服　第3部分：试验方法》（英文版）。

本部分等同翻译ISO 15027-3:2002。

为便于使用，GB/T 20898的本部分做了下列编辑性修改：

——“本欧洲标准”一词改为“GB/T 20898的本部分”；

——用小数点“.”代替作为小数点的逗号“,”；

——删除3.3.1条注的后半句，因为我国没有其中提及的机构；

——删除国际标准的前言和引言；

——等同采用ISO标准的欧洲标准，一律用ISO标准代替。

本部分的附录A和附录ZZ为规范性附录。

本部分由中国船舶工业集团公司提出。

本部分由全国小艇标准化技术委员会(SAC/TC 241)归口。

本部分起草单位：中国船舶工业集团公司第七O八研究所。

本部分主要起草人：张伟东、林德辉。

浸水服　第3部分:试验方法

1　范围

GB/T 20898 的本部分规定了浸水服的试验方法。

GB/T 20898 的本部分适用于常穿服和弃船服。

对常穿服的要求见 GB/T 20898.1,而对弃船服的要求见 GB/T 20898.2。

2　规范性引用文件

下列文件中的条款通过 GB/T 20898 的本部分的引用而成为本部分的条款。凡是注日期的引用文件,其随后所有的修改单(不包括勘误的内容)或修订版均不适用于本部分,然而,鼓励根据本部分达成协议的各方研究是否可使用这些文件的最新版本。凡是不注日期的引用文件,其最新版本适用于本部分。

GB/T 20898.1—2007　浸水服　第1部分:常穿服安全要求(ISO 15027-1:2002,IDT)

GB/T 20898.2—2007　浸水服　第2部分:弃船服安全要求(ISO 15027-2:2002,IDT)

3　装置的试验

3.1　一般要求

对于在本部分中未专门规定试验方法的要求,应按下列方法之一进行试验:

a)　通过 GB/T 20898.1 和 GB/T 20898.2 的引用标准中所列的试验;或

b)　通过测量;或

c)　通过目视评定;或

d)　通过功能试验。

在试验之前,材料和部件均应在标准的环境下放置(24±0.1)h。

3.2　抽样

如果有关试验程序未作其他规定,则对于一系列试样通用的材料和部件,可按 GB/T 20898.2 的4.13中所列试验方法对每一项试验抽取一个试样进行试验。

3.3　试验对象

3.3.1　说明和选择

所有参试人员均应熟悉试验设备和浸水服的使用方法。应将试验中可能出现的问题通知参试人员,并给予指导。试验对象应经体格检查证明他们适合参加试验。应由一名医生见证试验过程和合理的预防措施。在试验期间,应监测和报告所有重要的身体功能。

注:应注意2000年在爱丁堡大会上修正的赫尔辛基宣言(世界医疗学会,1964年)的原则和各国的规范与规则。

3.3.2　试验对象的身材

如果试验要求采用人体对象,则应至少采用6个人,每人都穿着一套适合于其身材大小的浸水服。除非另有规定,否则他们的身体尺度均应在表1中所列的身高和质量范围内。

表 1　试验对象的尺度

身高 m	质量 kg
1.40～1.60	1 人在 60 以下 1 人在 60 以上
>1.60～1.80	1 人在 70 以下 1 人在 70 以上
>1.80	1 人在 80 以下 1 人在 80 以上

3.3.3　试验对象的性别

任一性别都不应多于试验对象数的 2/3。

3.3.4　试验对象的适应性

符合 3.3.1 要求的人员应能在超过其身高的深水中放松，游泳 20 min，并应能借助经有关欧洲标准 EN 认证的救生衣游过 350 m 的距离，经充分休息后，登上 3.11.6.2 中规定的平台。

3.3.5　试验对象的衣服

在整个试验过程中，除非另有规定，否则每一试验对象均应穿着 3.8.1.2 中所述的试验衣。

3.3.6　合格/不合格衡准

所有试样均应通过全部项目的试验，以证实符合 GB/T 20898.1 或 GB/T 20898.2 对整个装置的要求。但是由于各试验对象之间存在的差异很大，且很难对某些主观结论进行评估，因此允许装置不完全符合下列主观试验的要求，但其只能在一个试样中，且在不多于一个试验对象上。在这种情况下，在 3.10.3 要求的同一试验评定小组见证下，应对同一重量级别中性别相同的其他两个试验对象进行相同的试验。如果此附加试验表明仍不能完全满足 GB/T 20898.1 和 GB/T 20898.2 的要求，则认为该装置不合格。如果全部满足要求，则试验评定小组可判定该装置合格。

3.4　耐燃油试验

应把所有外部织物、典型接缝、小孔和部件的有代表性的试样放入适用的容器中，且将其浸入温度为(20±2)℃，100 mm 深的发动机燃油中 24 h。把其从容器中取出后，擦除表面的油。试样应经受 1 000 mm水柱高度的静水压试验及至少 150 N 的接缝抗拉强度试验而不损坏。

注意观察织物或接缝出现的损坏。

3.5　易燃性试验

3.5.1　原则

被试浸水服在燃烧着试验燃油的试验盘上方通过。应注意浸水服离开试验盘后是否燃烧或继续熔化。

3.5.2　设备

试验盘：(460×350×60)mm。

试验燃油：发动机燃油。

3.5.3　取样

取一套服装系统进行燃烧试验。

3.5.4　程序

把试验盘置于自由通风区域，使折叠成颈部与脚部齐平的浸水服在试验盘自由通过的距离为 578 mm。

在此试验盘内注入 10 mm 深的水，然后注入足够的汽油，使其最小总深度为 40 mm。

点燃此汽油，让其自由燃烧 30 s。

以适用的吊钩悬挂浸水服，在腰部处折叠使其前部向外。此浸水服的底部应离试验盘的上缘 250 mm±20 mm，见图 1。系紧此浸水服较低部位以上的松散部件。

然后以匀速移动此浸水服在火焰上方通过 2 s。此浸水服应在离试验盘之最接近边缘的2 m处开始和完成此试验。

3.5.5 评定

应当报告此浸水服离开火焰 6 s 后是否继续燃烧或熔化。

单位为毫米

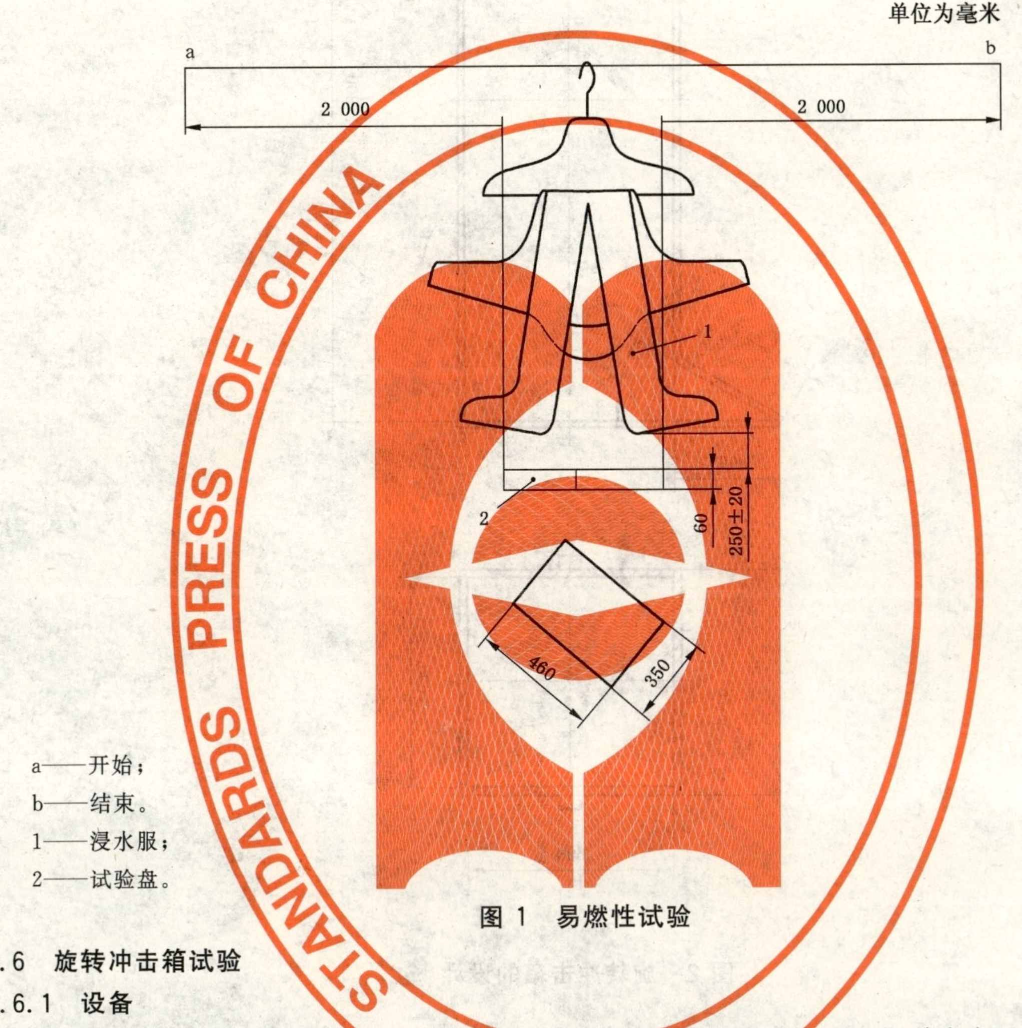

a——开始；
b——结束。
1——浸水服；
2——试验盘。

图 1 易燃性试验

3.6 旋转冲击箱试验

3.6.1 设备

所用的设备应如图 2 中所示，由一只专门设计的以胶合板制成的箱子组成，其内表面应覆以硬质塑料的层压板或类似物。此箱的轴承应如图中所示位于其质心，且应允许此箱自由地转动。可通过机械、手动或使用电动机使之旋转。

3.6.2 程序

试样应通过位于箱子某一面上的一块嵌入板置于箱中，然后关闭并固定。此箱应以 6 r/min 稳定速率共旋转 150 转。

3.6.3 评定

旋转结束后，从箱中取出试样，由试验评定小组检查其功能的完整性。

如果出现任何疑问，则应再进行功能试验。

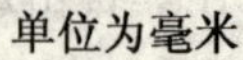
单位为毫米

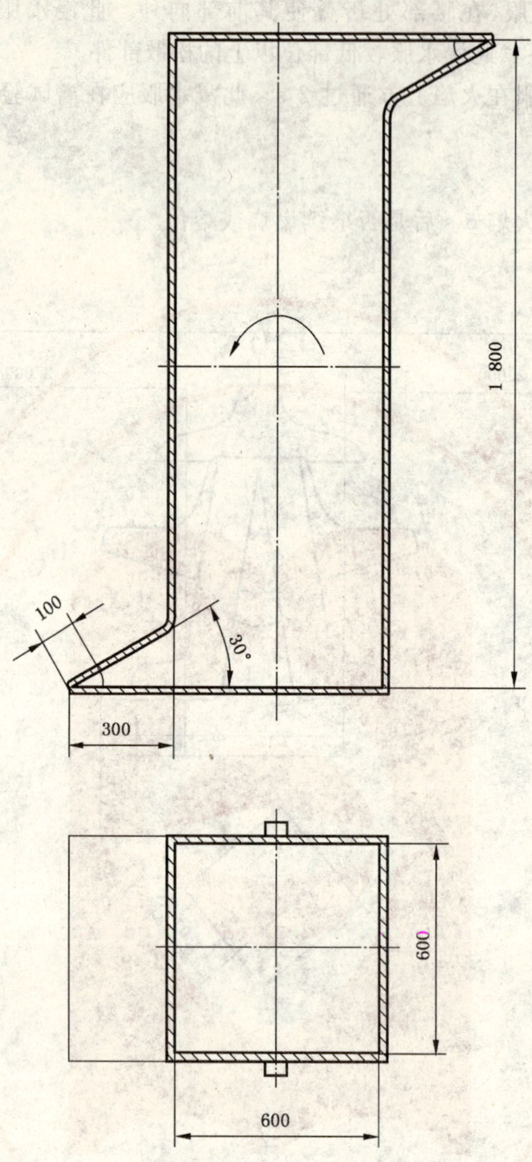

图 2 旋转冲击箱的设计

3.7 泄漏测量

3.7.1 在泄漏测量和热试验前，清洁浸水服，使其达到所要求的状态。试样应按制造厂商要求清洁5次。

注：泄漏总量将作为热试验的阈值。

3.7.2 每一身穿试验服、服装系统和救生衣(如果有要求)的试验对象应进入水池中，停留 2 min，使此浸水服完全浸湿。如果有必要，在试验前应排除此浸水服内过多的空气。

3.7.3 随后试验对象爬出水池，站立 1 min，排掉浸水服的外表面及凹处积水。然后对试验对象称重，以便确定泄漏试验开始前试验对象的总重。

3.7.4 在预湿和称重后，应立即把一条手臂横在救生衣的上部，而用另一只手捂住嘴和鼻子，然后从至少为 $4.5^{+0.5}_{0}$ m 高度处垂直跳下，使脚首先进入水池中。应在此试验前对救生衣(如果需要)充气。浸水服不应由于下跳而有任何损坏或移位。

3.7.5 跳入水池后，试验对象应仰泳 20 min，在此时间内至少游过 350 m 的距离。应保持手和手臂置于水中，即使其并不用于推进。

3.7.6 在仰泳后，试验对象应爬出水面站立 1 min，排除凹陷区域积水，再称重一次。

记录增加的质量，且将其作为 3.8 热试验中的泄漏总量。

3.8 热试验

3.8.1 使用发热的人体模型

注：需要说明的是，迄今为止人体模型尚不能得出可靠的试验结果。因此应通过人体对象的试验来证明迄今为止服装系统的性能。一旦人体模型能给出可靠的性能，试验机构就可选取其中一种方法进行试验。

人体模型的可靠性能将通过各试验室之间经验的充分交流、大量的系列试验以及对人体对象与人体模型的试验结果进行修正得出。

3.8.1.1 设备

发热的人体模型的构造应是：

a) 具有与 50%人相类似的表面面积和形状；

b) 能穿着典型的试验衣；

c) 能加热和受控在某一可编程的均匀温度；

d) 能控制、测量、计算、记录和显示温度及输入功率；

e) 能浸入水中至颈部，如果水漏入外衣的内部，不致引起电气系统故障；

f) 能在水中和出水后进行校正。

3.8.1.2 标准试验服

a) 棉织内衣(短袖上衣，短裤)；

b) 长袖厚棉布衬衫；

c) 棉布长裤；

d) 羊毛短袜：长及腓；

e) 长袖羊毛套衫；

f) 合适的鞋(如果所用的浸水服是带鞋的)。

此试验服应处于良好状态，且不应由于使用或损坏而更换。每件试验服的尺寸应适合于不同的试验对象。

以发热的人体模型测得的标准的干试验服的保温值约为 1 Clo。

3.8.1.3 程序

服装系统所提供的热保护应通过测量穿在发热的人体模型上，且浸入平静但循环的水中的整套浸水服系统连同配套的试验服的保温性进行评定。该浸水服应充入按 3.7 确定的泄漏总量。浸水位置应通过采用约 50%人体对象的尺度予以确定，以使此试验与使用试验对象的试验相关。但应注意到威斯勒(Wissler)的理论是根据完全浸水的人体模型得出的。

3.8.2 使用人体对象

3.8.2.1 试验对象

试验对象应为自愿者，且应签字表示同意。

由于本试验的性质，可能需要与其他试验不同的试验对象。每一对象都应熟悉试验程序、医学保护，且应在试验开始前测量脂肪含量。每一对象的身高应在 1 600 mm 与 1 900 mm 之间，且对于与其身高和体型相对应的标准体重的超重或质量不足不应大于 10%，标准体重由医生或生理学家确定，或者根据已出版的生理学资料确定。每一试验对象在试验前夜均应具有正常的睡眠，在试验前 1 h～5 h 有良好均衡的进餐，在试验前 24 h 未饮含酒精的饮料。除了服装系统外，每一对象应穿着 3.8.1.2 中所述的试验服。

试验机构应通过对试验对象的体格检查、监测和跟踪试验来关心试验对象的安全。作准备、试验和跟踪应由对治疗体温过低有经验的医生进行监督。关于试验的准备,应考虑 ISO 9886、ISO 10551 和 ISO 12894 中的要求。

3.8.2.2 原则

注:使用人体对象的浸水服试验是按照 SOLAS 规则中可靠的并经认可的试验程序进行。这些程序是可比较的,且试验结果反过来也是一样可用的。这将减少试验的总次数,从而对使用者、制造厂商和试验对象都有利。

GB/T 20898 的 A 级浸水服对应于绝热的 SOLAS 浸水服,而 D 级浸水服可与非绝热的 SOLAS 浸水服相匹配。ISO 的 B 级和 C 级浸水服处于这两者之间。

按 SOLAS 程序,温度传感器的总数在皮肤上至少 10 个点并测量直肠温度,见图 3。

试验应在平静的循环水中进行,水温由不同的程序所确定。气温应低于 10℃。每一试验对象将设置规定数量的温度传感器,布置在图 3 中所示下列各点。这些传感器应能测出体表温度(精确度±0.2℃)。

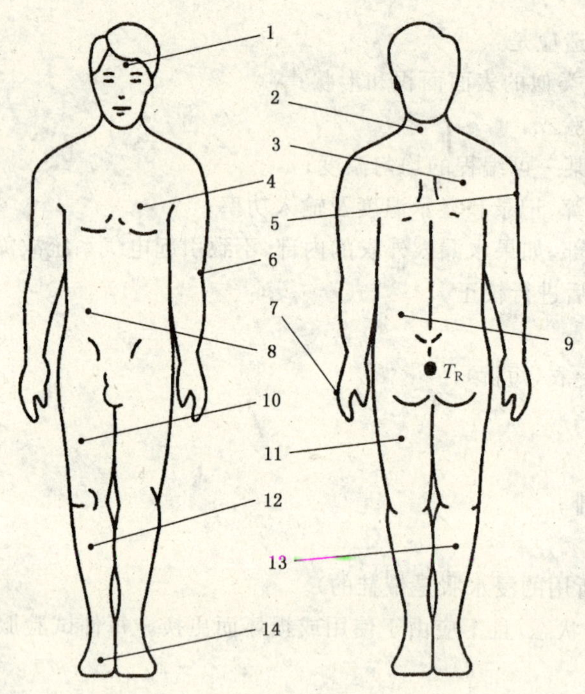

测量点(S):

1——前额;

2——颈;

3——右肩胛;

4——左上胸;

5——右手臂-较高部位;

6——左手臂-较低部位;

7——左手;

8——右下腹部;

9——左侧椎骨;

10——右大腿前部;

11——左大腿后部;

12——右胫;

13——左腓;

14——右脚背;

T_R——直肠温度。

图 3 测量点的位置

应按图3计算皮肤的平均温度(MST):

MST=(0.7×S1+0.175×S3+0.175×S4+0.07×S5+0.7×S6+0.05×S7+0.19×S10+0.2×S13)

身体平均温度(MBT)的计算如下:

MBT=(0.5×T_R+0.5×MST)

3.8.2.3 程序

3.8.2.3.1 一般要求

在身体上安置好传感器后,试验对象应穿着浸水服系统,且把衣服的所有主要和次要关闭口关紧。浸水服应注入按3.7确定的泄漏总量的水。试验对象进入平静的水中,且采取放松的姿势。

当MST稳定后(在不少于15 min的时间内,MST的变化不大于0.5℃),确定在该条件下浸水服系统的保温等级。

若试验对象的体内温度下降超过2℃和/或在任一传感器上皮肤温度已下降到10℃的时间超过15 min,则应停止试验。

3.8.2.3.2 A级浸水服系统

规定的6名试验对象应在水温低于2℃的水中6 h。

3.8.2.3.3 B级浸水服系统

规定的6名试验对象应在水温低于2℃的水中4 h。

3.8.2.3.4 C级浸水服系统

规定的6名试验对象应在水温低于5℃的水中2 h。

3.8.2.3.5 D级浸水服系统

注:D级服主要包括诸如湿式服、单层服和热保护装置在内的各种浸水服。

根据试验对象的条件,在5℃的水温中其体温可能很不稳定。为试验对象考虑并避免不必要的危险,可以进行b)中所规定的试验来代替SOLAS程序。

a) 所规定的6名试验对象应在水温低于5℃的水中1 h。

b) 所规定的6名试验对象应在水温低于15℃的水中2 h。

3.9 温度交变试验

带有所有附件的一套浸水服,应交替地承受(−30±2)℃和(+65±2)℃的环境温度。要求是从一种环境温度立即进入另一环境温度,可采用下列程序:

a) 在一天中完成在(+65±2)℃的温度中放置8 h;

b) 当天把浸水服从加热箱中取出,放置于室温条件下,直至第2天;

c) 在一天中完成在(−30±2)℃的温度中放置8 h;

d) 当天把浸水服从冷冻箱中取出,放置于室温条件下,直至第2天;

e) 上述a)~d)的程序应重复9次。

在完成上述试验之后,应对浸水服的材料或任何附件是否有损坏的迹象进行目视检查。

然后,干式服应经受泄漏试验。应将其放在适当大小的容器中,用于收集和排放试验中的泄水。

干式服的颈部小孔应不予密封,其他小孔应予密封。在颈部小孔处用设计适当的吊钩将浸水服吊起,使其在集液器底部以上300 mm。将此试样注水至颈部小孔的高度,且在此位置保留1 h。

将泄水用一适当的预称重的容器收集,计算出泄漏的水的质量。

3.10 性能试验

3.10.1 取样

此试验应用按制造厂商技术要求生产的最少6件浸水服的典型试样进行。

3.10.2 与其他物件一起进行试验

如果按欧洲标准或国际标准进行试验的安全索具或其他物件构成常穿服的必备部分,则浸水服应与这些物件一起进行性能试验,且应符合相关的标准。

3.10.3 程序

按3.3中要求选择试验对象,在由不少于三名有使用和评估该型装备经验的人组成的评定小组见证下,在按卫生保健要求处理过的淡水游泳池中进行浸水服系统试验。若本标准要求对救生衣进行试验,而浸水服本身已按有关救生衣的国际标准进行了试验,则不必对此救生衣提出试验要求。试验应按下列次序进行。

3.11 人机工程因素

3.11.1 一般要求

这些试验可在无手套或其他手上覆盖物的情况下进行,条件是没有它们时该浸水服系统能保持其功能完整性。

3.11.2 穿着

3.11.2.1

a) 弃船服

每个试验人员均应在演练一次之后在其他试验人员看不见的地方和(20±2)℃的气温下,在2 min内能自行拆包,在试验服外穿好且完全系紧浸水服。若有必要,试验人员可以坐或躺在地板上,但不应使用椅子或任何垂直支承。

若浸水服与救生衣一起穿着,则此2 min应包括自行穿着救生衣的时间。

在他们包里的三套浸水服(每一试验对象尺寸系列一套)应置于温度为(-30±2)℃的冷冻箱中24 h。试验对象应能在5 min内将冷冻箱中浸水服拆包并穿好。这些试验应穿着标准试验服(见3.8.1.2)。若浸水服与救生衣一起穿着,则此5 min应包括自行穿着救生衣的时间。

b) 常穿服

每个试验人员均应在演练一次之后在其他试验人员看不见的地方和(20±2)℃的气温下,在2 min之内能自行拆包,在试验服外穿好且完全系紧浸水服。若有必要,试验人员可以坐或躺在地板上,但不应使用椅子或任何垂直支承。

若浸水服与救生衣一起穿着,则此2 min应包括自行穿着救生衣的时间。

在他们包里的三套浸水服(每一试验对象尺寸系列一套)应置于温度为(-5±2)℃的冷冻箱中24 h。试验对象应能在5 min内将冷冻箱中浸水服拆包并穿好。这些试验应穿着标准试验服(见3.8.1.2)。若浸水服与救生衣一起穿着,则此5 min应包括自行穿着救生衣的时间。

在穿好后,应对浸水服系统是否有任何损坏作目视检查。

3.11.2.2 若浸水服拟用于直升机运输飞行,且设计成在飞行中不密封穿好,则其应能由穿着者在10 s之内正确地密封。这一动作应能当穿着者坐在直升机内的正常位置,索具系紧并穿着未充气的救生衣(若有要求)时进行。

3.11.3 行走

3.11.3.1 常穿服

穿着3.8.1.2中规定的标准试验服的每一试验对象,应以正常速度(2.5 km/h~3 km/h)在平滑潮湿的表面上行走120 m,其间至少转4个弯(角度至少为90°),每一试验对象应只穿试验服和合适的鞋袜沿此路线行走两次,记录其平均时间。试验对象穿着浸水服系统和试验服时,重复此程序。每一试验对象穿着救生服的平均行走时间与其不穿救生服的平均行走时间之差应不大于10%。在每次行走之间,试验对象应休息。

3.11.3.2 弃船服

穿着3.8.1.2中规定的标准试验服的每一试验对象,应以正常速度(2.5 km/h~3 km/h)在平滑潮湿的表面上行走 30 m,其间至少转一个弯(角度至少为 90°),每一对象应只穿试验服和合适的鞋袜沿上述路线行走两次,记录其平均时间。试验对象在试验服和救生衣(若有要求)外穿着浸水服系统时,重复此程序。每一试验对象穿着救生服的平均行走时间与其不穿浸水服的平均行走时间之差应不大于 25%。在每次行走之间,试验对象应休息。

3.11.4 爬行

3.11.4.1 常穿服

每一试验对象应攀爬高 5 m 的垂直梯,脚应达到地面以上 3 m 处。只穿试验服和合适的鞋袜爬此梯两次,且记录其到达 3 m 高度且返回至地面的平均时间。当其穿着浸水服、试验服和救生衣(若有要求)时重复此程序。穿着浸水服所用的平均时间与其不穿浸水服的平均时间之差应不大于 10%。在每次爬行之间,应允许试验对象休息。

3.11.4.2 弃船服

每一试验对象应攀爬高 5 m 的垂直梯,脚应达到在地面以上 3 m。只穿试验服和合适的鞋袜爬此梯两次,且记录其到达 3 m 高度且返回至地面的平均时间。当其穿着浸水服、试验服和救生衣(若有要求)时,重复此程序。穿着浸水服所用的平均时间与其不穿浸水服的平均时间之差应不大于 25%。在每次爬行之间,应允许试验对象休息。

3.11.5 灵活性

3.11.5.1 常穿服和弃船服

穿着试验服、浸水服和救生衣(若有要求)的每一试验对象应能弯腰(无需蹲下)拾起一根直径为 8 mm～10 mm的绳子,将其围绕腰部转一圈,并在前面系一个双反手结。

3.11.5.2 对常穿服的附加要求

每一试验对象均应能穿着试验服、浸水服系统和救生衣(若有要求)完成下列一系列活动。如果浸水服的接缝无可见的损坏,试验对象也无任何不适,则该试验应获得通过。如果某一试验对象未能通过下列任一试验,则他们应不穿浸水服重复这些试验,以确定他们能完成这些动作:

a) 双膝跪地,身体前倾且把双手放在膝盖前 450 mm 的地面上。

b) 把双手放在胸部位置,手心向外,直接向上高过头顶,两拇指互相勾连,完全伸展双臂。

c) 右膝跪地,左脚立在地面上使左膝弯曲 90°。用右手的拇指接触左脚的脚趾。

d) 在身体的前面完全伸展双臂,两拇指勾连在一起,向左和向右扭转身体上部 90°。

e) 双脚分立与肩同宽,两臂位于体侧。抬高两臂直至其在身体的前面与地面相平行。尽可能地蹲下身体。

f) 如 c)的下跪动作,左臂放松地垂于体侧,右臂完全向上伸展高过头顶。

3.11.6 入水试验和视野测试

3.11.6.1 跳水试验

穿着标准试验服,正确系紧浸水服系统和救生衣(若有要求)的每一试验对象,应从 $4.5^{+0.5}_{0}$ m 的高度处,以脚首先入水的方式跳入水[水温为(25±2)℃]中。随后离开水池,检查浸水服系统是否损坏。如果发生损坏,则应认为该浸水服不合格。

3.11.6.2 游泳试验

每一试验对象应穿着泳装重新进入水中,游泳(25±5)m,然后尝试自行登上图 4 中所示的静止平台。这一尝试应在具有一定深度的试验水池中进行,以防试验对象利用脚蹬池底的力登上平台。此后,应穿着试验服、浸水服系统和救生衣(若有要求)重复该试验。

试验对象可在 5 min 时间内进行多次尝试。

单位为毫米

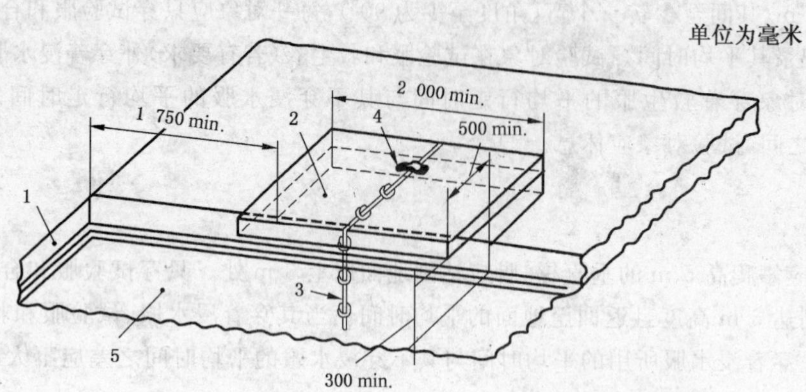

1——平台；

2——池边；

3——直径约 12 mm 的绳索，每隔 300 mm 系一个结，有(150±50)mm 悬吊入水中；

4——绳索固定点；

5——水面。

图 4 攀登平台

3.11.6.3 翻转试验

穿着标准试验服、浸水服系统和救生衣(若有要求)的每一试验对象应在试验池中向前划三次(俯泳)，然后放松，手臂在身体两侧，腿并拢，脸向下。稳定后应验证他们能在不大于 5 s 的时间内把他们自己从脸向下翻转成脸向上姿势。

此后每一试验对象应采取脸向上漂浮姿势，其两手臂位于身体两侧，且两腿并拢。5 min 后可确定此姿势是稳定的。

3.11.6.4 醒目性

3.11.6.4.1 当每一试验对象处于 3.11.6.3 的稳定姿势时，应测定露出水面的全反射材料的面积。应目视判定浸水服的颜色醒目，且所要求的全反射材料总面积可见且未浸入水中。

3.11.6.4.2 为了证实全反射材料的正确使用，采用下列程序：

a) 取一块新的全反射材料，其形状和大小及放置角度均与浸水服上某处全反射材料相同；

b) 把水倾倒在这两块材料上；

c) 不要在明亮的阳光下，且最好在暗室中试验；

d) 采用保持在眼睛高度处的强烈的火焰灯或奥尔迪斯灯，从 10 m 处对此两块材料的性能进行比较；

e) 如果观察到性能变坏，则应更换装置上的全反射材料。

3.11.6.5 水中穿着

在水中时，试验对象应能在 2 min 内紧闭浸水服的次要关闭口。

若服装系统配有或要求配有手套，则穿着标准试验服、浸水服系统和救生衣(若有要求)的每一试验对象应能在 3 min 内从贮存处取出手套并戴好。

3.11.6.6 视野

3.11.6.6.1 应采用波希尔视野计(图 5)或等效的测试仪(例如国际海事组织 IMO 的)进行视野测定。该装置具有颈托，用于固定试验对象头部，且将一根 20 mm 直径的塑料管弯成 2 m 直径的半圆形。在此圆环上以 150 mm 为间隔用彩色胚带设置标记。在正常漂浮角度，头部固定但允许眼睛在两侧(图 6)移动，测定每人的视野。

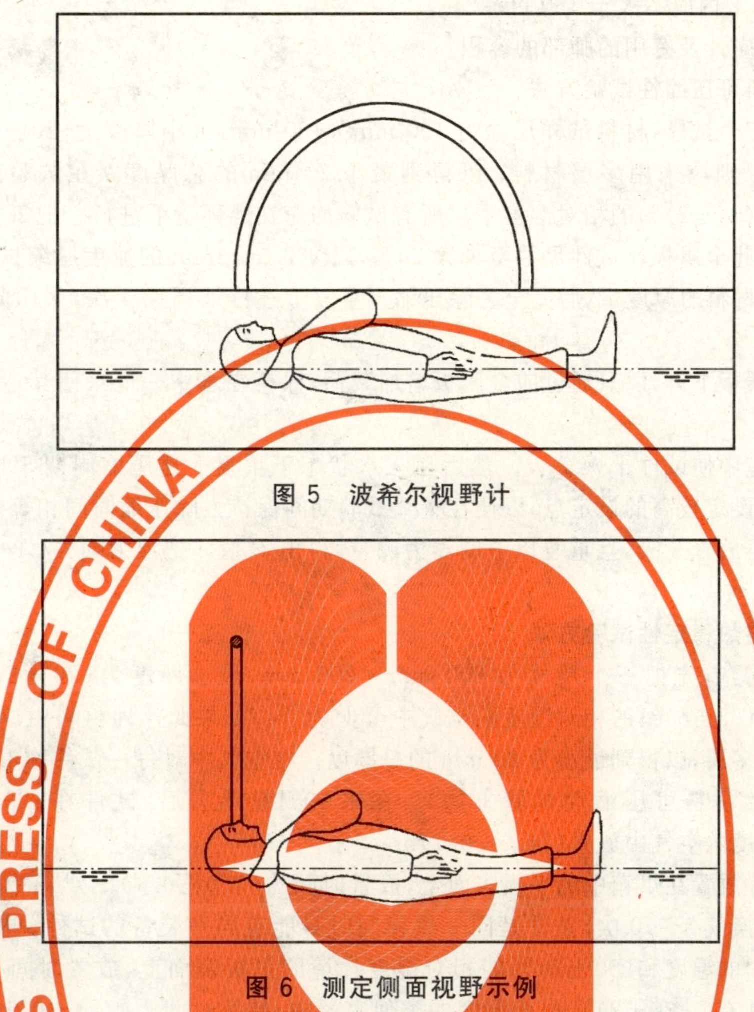

图 5 波希尔视野计

图 6 测定侧面视野示例

3.11.6.6.2 首先，对象应不穿浸水服确定视野。试验时，对象应取坐姿，让其下巴放置在一固定表面上，而波希尔视野计的两端与对象的眼睛处于同一水平面上。测量侧面上的视野，且根据试验对象可看见的标记数以及此弯曲管的半径进行计算。每一对象在左、右两侧应具有至少为 60°的视野角。正确穿着浸水服和救生衣的试验对象重复进行此试验。应证实穿上浸水服后，对象在每一侧的视野并未减小至 60°以下。

3.11.6.6.3 当试验对象漂浮在静水中处于放松时，重复上述试验。首先，不穿浸水服，确定他们在侧面的基本视野，然后穿上浸水服和救生衣，处于同一漂浮姿态。应证实穿上浸水服和救生衣后，不会使试验对象在每一侧的视野减小至 60°以下。

3.11.7 直升机运输服

3.11.7.1 直升机逃生(仅对由 GB/T 20898.1 所规定的直升机运输服)

应至少有一名双侧三角肌(大)占肩 95%的试验对象，身穿试验服、浸水服及附属设备和一个未充气救生衣，能够从 420 mm×660 mm 的直升机模拟器应急出口出来。这一动作应能在空中和水下(其出口顶端至少在水面以下 300 mm)完成。应对水下脱险过程进行观察，此浸水服的任何部分都不应有缠住的危险。

3.11.7.2 浮力测量(仅对直升机运输服)

浸水服的浮力应通过测量垂直浸水的每一试验对象在水中的体重予以确定。试验对象首先穿着游泳衣，然后穿着标准试验服和浸水服系统，但不穿救生衣。不能自动放气的救生服应按制造厂商的说明书和经认可的放气孔，以手动放气方式进行试验。在浸水服完全放气后，由于救生服和试验服而获得的浮力，在浸入水中 15 s 内应不大于 150 N。

在确定浮力时，应计及有用的肺部的容积。

3.12 固有浮性材料可压缩性试验方法

每种材料检验三个试样，材料试样尺寸为 100 mm×100 mm，最小厚度为(20±2)mm。如果材料的厚度小于 20 mm，则应采用多层材料，以得到最小 20 mm 的总厚度。在试验前，应将它们置于(23±2)℃的温度和(50±2)%的相对湿度下。所有试验均应在此环境下进行。把每一试件放在淡水中扁平的金属板之下，此金属板比试件尺寸至少大 20%，以 200 mm/min 的速度压缩试件，直至压力达到 500 kPa。设定此时材料的厚度，然后完全去除压缩。重复上述压缩周期 4 次，采用此设定的材料厚度作为压缩的极限。

将试件置于金属板下方，以只通过向金属板增加载荷，保持在水中。记录使其达到该状态的载荷，作为原始浮力 A。

在上述大气环境中使试件干燥 7 天。然后在无水状态下重复上述压缩周期 500 次。如果发生变形，则可能需要重新设定较高的设定点，以便在整个试验期间保持去除压缩时间相等。

在上述环境中再放置 3 天，且重复以上的浮力测量，得出 B 值。把浮力损失($A-B$)表示成原始浮力 A 的百分数。

3.13 固有浮性材料热稳定性试验方法

在进行试验之前，首先把三个尺寸为 200 mm×200 mm，最小厚度为(20±2)mm 的试件置于(23±2)℃的温度和(65±5)%的相对湿度的空气中至少 24 h。如果此浮性材料由厚度小于 20 mm 的薄片构成，则应采用多层，以得到最小为 20 mm 的总厚度。在空气中对每一试件称重，通过测量得出浮力 A(详见固有浮性材料可压缩性试验方法)。在水中测量浮力后，试件在(23±2)℃的温度和(65±5)%的相对湿度的空气中放置(24.0±0.1)h。

然后把这些试件放置在烘箱中的平板表面上，放置时间为(7.0±0.1)h，烘箱中保持(60±2)℃的均衡温度，且每小时换气 3～10 次，条件是同一烘箱同时只能有同一装备的试件。从烘箱中取出试件后，放置在(23±2)℃的温度和(50±2)%的相对湿度环境的平板表面上，放置时间为(17.0±0.1)h。然后把试件放置在具有(−30±2)℃均衡温度的类似容器中，持续时间为(7.0±0.1)h，然后把它们取出，放置在前述室温下的平板表面上，放置时间为(17.0±0.1)h。重复上述高温和低温交替变化 10 个周期。然后重复测量浮力，且计算体积变化的百分数。

附 录 A
（规范性附录）
试验结果——测量不确定性

对于按照本部分进行的每一所要求的测量，应对测量不确定性进行相应估算。在报告试验结果时，应采用和说明此不确定性的估算值，以使此试验报告的用户能评估此数据的可靠性。

附　录　ZZ
（规范性附录）
在本标准中未列出的对应的国际标准与相等效的欧洲标准

在 GB/T 20898 的本部分出版时，下列 ISO 文件与条文中涉及的欧洲标准相等效。ISO 和 IEC 的各成员国都保存有注册的最新有效国际标准文本。

ISO 13688　防护服　一般要求

参 考 文 献

[1] GB/T 20097—2006 防护服 一般要求(ISO 13688:1998,MOD)
[2] ISO 9886 生理测量热应变的评定
[3] ISO 10551 热环境人机工程 主观判断热环境影响程度的评估
[4] ISO 12894 热环境人机工程 暴露于极热或极冷环境中个体的医学检测
[5] 经2000年在爱丁堡大会修正的赫尔辛基宣言(世界医学联合会,1964)

ICS 73.060.99
D 46

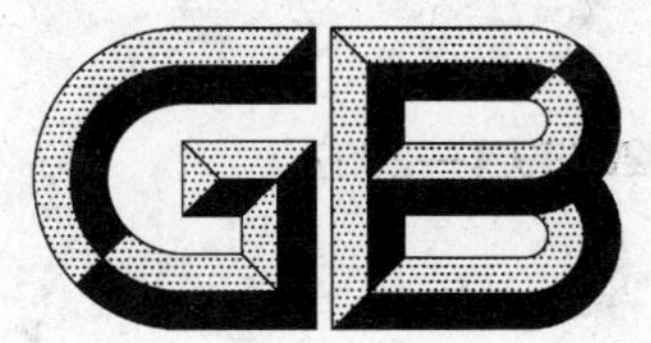

中华人民共和国国家标准

GB/T 20899.1—2007

金矿石化学分析方法 第1部分:金量的测定

Methods for chemical analysis of gold ores—Part 1:Determination of gold contents

2007-04-27 发布　　2007-11-01 实施

中华人民共和国国家质量监督检验检疫总局
中国国家标准化管理委员会　发布

前　言

GB/T 20899《金矿石化学分析方法》分为 11 个部分：

——第 1 部分：金量的测定；

——第 2 部分：银量的测定；

——第 3 部分：砷量的测定；

——第 4 部分：铜量的测定；

——第 5 部分：铅量的测定；

——第 6 部分：锌量的测定；

——第 7 部分：铁量的测定；

——第 8 部分：硫量的测定；

——第 9 部分：碳量的测定；

——第 10 部分：锑量的测定；

——第 11 部分：砷量和铋量的测定。

本部分为 GB/T 20899 的第 1 部分。

本部分由中华人民共和国国家发展和改革委员会提出。

本部分由长春黄金研究院归口。

本部分由国家金银及制品质量监督检验中心(长春)负责起草，河南中原黄金冶炼厂、灵宝黄金股份有限公司参加起草。

本部分主要起草人：陈菲菲、黄蕊、张玉明、刘鹏飞、徐存生、腾飞、刘冰、魏成磊。

金矿石化学分析方法
第1部分:金量的测定

1 范围

本部分规定了金矿石中金量的测定方法。

本部分适用于金矿石中金量的测定。

2 火试金重量法测定金量(测定范围:金量0.20 g/t~150.0 g/t)

2.1 方法提要

试料经配料、熔融。获得适当质量的含有贵金属的铅扣与易碎性的熔渣。为了回收渣中残留金,对熔渣进行再次试金。通过灰吹使金、银与铅扣分离,得到金、银合粒,合粒经硝酸分金后,用重量法测定金量。

2.2 试剂

2.2.1 碳酸钠:工业纯,粉状。

2.2.2 氧化铅:工业纯,粉状。金量小于0.02 g/t。

2.2.3 硼砂:工业纯,粉状。

2.2.4 玻璃粉,粒度小于0.18 mm。

2.2.5 硝酸钾:工业纯,粉状。

2.2.6 硝酸银溶液(10 g/L):称取5.000 g银(Ag的质量分数≥99.99%),置于300 mL烧杯中,加入20 mL硝酸(2.2.8),低温加热溶解至完全,冷却至室温,移入500 mL容量瓶中,用硝酸溶液(2.2.10)洗涤烧杯,洗液合并入容量瓶中,以水稀释至刻度,混匀。此溶液1 mL含10 mg银。

2.2.7 覆盖剂(2+1):二份碳酸钠与一份硼砂混合。

2.2.8 硝酸(ρ1.42 g/mL)优级纯。

2.2.9 硝酸(1+7):不含氯离子。

2.2.10 硝酸(1+2):不含氯离子。

2.2.11 面粉。

2.3 仪器和设备

2.3.1 试金坩埚:材质为耐火粘土。高130 mm,顶部外径90 mm,底部外径50 mm,容积约为300 mL。

2.3.2 镁砂灰皿:顶部内径约35 mm,底部外径约40 mm,高30 mm,深约17 mm。

制法:水泥(标号425)、镁砂(180 μm)与水按质量比(15:85:10)搅和均匀,在灰皿机上压制成型,阴干三个月后备用。

2.3.3 分金试管:25 mL比色管。

2.3.4 天平:感量0.1 g和0.01 g。

2.3.5 试金天平:感量0.01 mg。

2.3.6 熔融电炉:使用温度在1 200℃。

2.3.7 灰吹电炉:使用温度在950℃。

2.3.8 粉碎机:密封式制样粉碎机。

2.4 试样

2.4.1 试样粒度不大于 0.074 mm。

2.4.2 试样应在 100℃～105℃烘干 1 h 后，置于干燥器中冷却至室温。

2.5 分析步骤

2.5.1 试料

根据各种类型金矿石的组成和还原力，计算试料称取量和试剂的加入量。称样量一般为 20 g～50 g。精确至 0.01 g。

独立地进行两次测定，取其平均值。

2.5.2 试剂中金空白值的测定

每批氧化铅都要测定其中金量。每次称取三份氧化铅进行平行测定，取其平均值。

方法：称取 200 g 氧化铅(2.2.2)、40 g 碳酸钠(2.2.1)、35 g 玻璃粉(2.2.4)、3 g 面粉(2.2.11)，以下按 2.5.4.2，2.5.4.4，2.5.4.5 进行，测定金量。

2.5.3 试样还原力的测定

2.5.3.1 测定法：

a) 称取 5 g 试料，10 g 碳酸钠(2.2.1)、80 g 氧化铅(2.2.2)、10 g 玻璃粉(2.2.4)、2 g 面粉(2.2.11)，以下按 2.5.4.2 操作。称量所得铅扣量 m_1。

b) 不含试料，称取 10 g 碳酸钠(2.2.1)、80 g 氧化铅(2.2.2)、10 g 玻璃粉(2.2.4)、2 g 面粉(2.2.11)，以下按 2.5.4.2 操作。称量所得铅扣量 m_2，按式(1)计算试样的还原力。

$$F = \frac{m_1 - m_2}{m_0} \qquad \cdots\cdots\cdots\cdots (1)$$

式中：

F——试样的还原力；

m_1——称取试料所得铅扣量，单位为克(g)；

m_2——未加试料所得铅扣量，单位为克(g)；

m_0——试料量，单位为克(g)。

2.5.3.2 计算法：

按式(2)计算试样的还原力：

$$F = w(\mathrm{S}) \times 20 \qquad \cdots\cdots\cdots\cdots (2)$$

式中：

F——试样的还原力；

$w(\mathrm{S})$——试样中硫的质量分数，用%表示；

20——1 g 硫可还原出约 20 g 铅扣的经验值。

2.5.4 测定

2.5.4.1 配料：根据试样的化学组成、还原力及称取试料质量，按下列方法计算试剂加入量。

碳酸钠(2.2.1)加入量：为试样量(2.5.1)的 1.5 倍～2.0 倍。

氧化铅(2.2.2)加入量按式(3)计算：

$$m_3 = m_0 F \times 1.1 + 30 \qquad \cdots\cdots\cdots\cdots (3)$$

式中：

m_3——氧化铅加入量，单位为克(g)；

m_0——试料的质量，单位为克(g)；

F——试样的还原力。

玻璃粉(2.2.4)加入量：为在熔融过程中生成的金属氧化物，以及加入的碱性溶剂，在 1.5～2.0 硅酸度时，所需的二氧化硅总量中，减去称取试样中含有的二氧化硅量。此二氧化硅量的三分之一用硼砂代替，三分之二按 0.4g 二氧化硅相当于 1g 玻璃粉计算出玻璃粉(2.2.4)加入量。

硼砂(2.2.3)加入量：按所需补加二氧化硅量的三分之一，除以 0.39 计算。但至少不能少于 5 g。

硝酸钾(2.2.5)和面粉(2.2.11)的加入量：按式(4)、式(5)计算

当 $m_0F > 30$ 时，
$$m_4 = \frac{m_0F - 30}{4} \qquad \cdots\cdots\cdots\cdots(4)$$

当 $m_0F < 30$ 时，
$$m_5 = \frac{30 - m_0F}{12} \qquad \cdots\cdots\cdots\cdots(5)$$

式中：

m_4——硝酸钾加入量，单位为克(g)；

m_5——面粉加入量，单位为克(g)；

m_0——试料的质量，单位为克(g)；

F——试样的还原力。

将试料(2.5.1)及上述配料置于粘土坩埚中，搅拌均匀后，加入 0.5 mL～3.0 mL 硝酸银溶液(2.2.6)，覆盖约 10 mm 厚的覆盖剂(2.2.7)。

2.5.4.2　熔融：将坩埚置于炉温为 800℃的熔融电炉内，关闭炉门，升温至 900℃，保温 15 min，再升温至 1 100℃～1 200℃，保温 10 min 后出炉。将坩埚平稳地旋动数次，并在铁板上轻轻敲击 2 下～3 下，使附着在坩埚壁上的铅珠下沉，然后将熔融物小心地全部倒入预热的铸铁模中。冷却后，把铅扣与熔渣分离，将铅扣锤成立方体并称量(应为 25 g～40 g)。收集熔渣保留铅扣。

2.5.4.3　二次试金：将熔渣粉碎后(180 μm)，按面粉法配料，进行二次试金。

方法：将熔渣(全量)、20 g 碳酸钠(2.2.1)、10 g 玻璃粉(2.2.4)、30 g 氧化铅(2.2.2)、5 g 硼砂(2.2.3)、3 g 面粉(2.2.11)置于原坩埚中，搅拌均匀后，覆盖约 10 mm 厚的覆盖剂(2.2.7)，以下按 2.5.4.2进行，弃去熔渣，保留铅扣。

2.5.4.4　灰吹：将二次试金铅扣放入已在 950℃高温炉中预热 20 min 后的镁砂灰皿中，关闭炉门1 min～2 min，待熔铅脱膜后，半开炉门，并控制炉温在 850℃灰吹至铅扣剩 2 g 左右，取出灰皿冷却后，将剩余铅扣与一次试金铅扣同时放入已预热过的新灰皿中。按上述操作再次进行灰吹。至接近灰吹终点时，升温至 880℃，使铅全部吹尽，将灰皿移至炉门口放置 1 min，取出冷却。

用小镊子将合粒从灰皿中取出，刷去粘附杂质，将合粒在小钢砧上锤成 0.2 mm～0.3 mm 薄片。

2.5.4.5　分金：将合金薄片放入分金试管中，并加入 10 mL 微沸的硝酸(2.2.9)，把分金试管置入沸水中加热。待合粒与酸反应停止后，取出分金试管，倾出酸液。再加入 10 mL 微沸的硝酸(2.2.10)，再于沸水中加热 20 min。取出分金试管，倾出酸液，用蒸馏水洗净金粒后，移入坩埚中，在 600℃高温炉中灼烧 2 min～3 min，冷却后，将金粒放在试金天平上称量。

2.6　结果计算

按式(6)计算金的质量分数：

$$w(\mathrm{Au}) = \frac{m_6 - m_7}{m_0} \times 1\,000 \qquad \cdots\cdots\cdots\cdots(6)$$

式中：

$w(\mathrm{Au})$——金的质量分数，单位为克每吨(g/t)；

m_0——试料的质量，单位为克(g)；

m_6——金粒质量，单位为毫克(mg)；

m_7——分析时所用氧化铅总量中含金的质量，单位为毫克(mg)；

分析结果小于 10.0 g/t 的表示至两位小数，大于 10.0 g/t 的表示至一位小数。

2.7　允许差

实验室之间分析结果的差值应不大于表 1 所列允许差。

表 1

单位为克每吨(g/t)

金质量分数	允 许 差
0.20～1.00	0.30
>1.00～2.00	0.40
>2.00～3.00	0.50
>3.00～5.00	0.60
>5.00～7.00	0.75
>7.00～10.0	1.00
>10.0～15.0	1.40
>15.0～20.0	1.80
>20.0～30.0	2.0
>30.0～40.0	2.4
>40.0～60.0	2.7
>60.0～80.0	3.0
>80.0～100.0	3.5
>100.0～150.0	4.0

3 火试金富集-原子吸收光谱法测定金量(测定范围:金量 0.10 g/t～100.0 g/t)

3.1 方法提要

试料经配料、熔融。获得适当质量的含有贵金属的铅扣与易碎性的熔渣。为了回收渣中残留金,对熔渣进行再次试金。通过灰吹使金、银与铅扣分离,得到金、银合粒。合粒经硝酸和王水溶解,用原子吸收光谱法测定金量。

3.2 试剂

3.2.1 碳酸钠:工业纯,粉状。

3.2.2 氧化铅:工业纯,粉状。金量小于 0.02 g/t。

3.2.3 硼砂:工业纯,粉状。

3.2.4 玻璃粉粒度小于 0.18 mm。

3.2.5 硝酸钾:工业纯,粉状。

3.2.6 金标样(Au 的质量分数≥99.99%)。

3.2.7 硝酸银溶液(10 g/L):称取 5.000 g 银(Ag 的质量分数≥99.99%),置于 300 mL 烧杯中,加入 20 mL 硝酸(3.2.9),低温加热溶解至完全,冷却至室温,移入 500 mL 容量瓶中,用硝酸溶液(3.2.11)洗涤烧杯,洗液合并入容量瓶中,以水稀释至刻度,混匀。此溶液 1 mL 含 10 mg 银。

3.2.8 覆盖剂(2+1):二份碳酸钠与一份硼砂混合。

3.2.9 硝酸(ρ1.42 g/mL)。

3.2.10 盐酸(ρ1.19 g/mL)。

3.2.11 硝酸(1+2)。

3.2.12 王水:三份体积盐酸、一份体积硝酸混合,现用现配。

3.2.13 面粉。

3.2.14 金标准贮存溶液:称取 0.500 0 g 金标样(3.2.6),置于 100 mL 烧杯中,加入 20 mL 王水(3.2.12),低温加热至完全溶解,取下冷却至室温,移入 500 mL 容量瓶中,以 20 mL 王水(3.2.12)洗涤烧杯,再用水洗烧杯,合并于容量瓶中,用水稀释至刻度,混匀。此溶液 1 mL 含 1.00 mg 金。

3.2.15 金标准溶液:移取 50.00 mL 金标准贮存溶液(3.2.14),于 500 mL 容量瓶中,加入 10 mL 王水(3.2.12),用水稀释至刻度,混匀。此溶液 1 mL 含 100 μg 金。

3.3 仪器和设备

3.3.1 试金坩埚:材质为耐火粘土。高 130 mm,顶部外径 90 mm,底部外径 50 mm,容积约为 300 mL。

3.3.2 镁砂灰皿:顶部内径约 35 mm,底部外径约 40 mm,高 30 mm,深约 17 mm。

制法:水泥(标号 425)、镁砂(180 μm)与水按质量比(15∶85∶10)搅和均匀,在灰皿机上压制成型,阴干三个月后备用。

3.3.3 天平:感量 0.1 g 和 0.01 g。

3.3.4 熔融电炉:使用温度在 1 200℃。

3.3.5 灰吹电炉:使用温度在 950℃。

3.3.6 粉碎机:密封式制样粉碎机。

3.3.7 原子吸收光谱仪,附金空心阴极灯。

在原子吸收光谱仪最佳工作条件下,凡能达到下列指标者均可使用。

灵敏度:在与测量试料溶液的基体相一致的溶液中,金的特征浓度应不大于 0.23 μg/mL。

精密度:用最高浓度的标准溶液测量 11 次,其标准偏差应不超过平均吸光度的 1.5%;用最低浓度的标准溶液(不是"零"标准溶液)测量 11 次,其标准偏差应不超过最高浓度标准溶液的平均吸光度的 0.5%。

工作曲线线性:将工作曲线按浓度等分成五段,最高段的吸光度差值与最低段的吸光度差值之比,应不小于 0.7。

3.4 试样

3.4.1 试样粒度不大于 0.074 mm。

3.4.2 试样应在 100℃～105℃烘干 1 h 后,置于干燥器中冷却至室温。

3.5 分析步骤

3.5.1 试料

根据金矿石的组成和还原力,计算试料称取量和试剂的加入量。称样量一般为 20 g～50 g。精确至 0.01 g。

独立地进行两次测定,取其平均值。

3.5.2 试剂中金空白值的测定

每批氧化铅都要测定其中金量。每次称取三份氧化铅进行平行测定,取其平均值。

方法:称取 200 g 氧化铅(3.2.2)、40 g 碳酸钠(3.2.1)、35 g 玻璃粉(3.2.4)、3 g 面粉(3.2.13),以下按 3.5.4.2,3.5.4.4,3.5.4.5 进行,测定金量。

3.5.3 试样还原力的测定

3.5.3.1 测定法:

a) 称取 5 g 试料,10 g 碳酸钠(3.2.1)、80 g 氧化铅(3.2.2)、10 g 玻璃粉(3.2.4)、2 g 面粉(3.2.11),以下按 6.4.2 款操作。称量所得铅扣量 m_1。

b) 不含试料,称取 10 g 碳酸钠(3.2.1)、80 g 氧化铅(3.2.2)、10 g 玻璃粉(3.2.4)、2 g 面粉(3.2.11),以下按 3.5.4.2 操作。称量所得铅扣量 m_2,按式(7)计算试样的还原力。

$$F = \frac{m_1 - m_2}{m_0} \qquad \cdots\cdots(7)$$

式中:

F——试样的还原力;

m_1——称取试料所得铅扣量,单位为克(g);

m_2——未加试料所得铅扣量,单位为克(g);

m_0——试料量,单位为克(g)。

3.5.3.2 计算法:

按式(8)计算试样的还原力:

$$F = w(S) \times 20 \qquad \cdots\cdots(8)$$

式中:F——试样的还原力;

$w(S)$——试样中硫的质量分数,用(%)表示;

20——1 g 硫可还原出约 20 g 铅扣的经验值。

3.5.4 火试金富集

3.5.4.1 配料:根据试样的化学组成,按下列方法计算试剂加入量。

碳酸钠(3.2.1)加入量:为试样量(3.5.1)的 1.5 倍~2.0 倍。

氧化铅(3.2.2)加入量按式(9)计算:

$$m_3 = m_0 F \times 1.1 + 30 \qquad \cdots\cdots(9)$$

式中:

m_3——氧化铅加入量,单位为克(g);

m_0——试料的质量,单位为克(g);

F——试样的还原力。

玻璃粉(3.2.4)加入量:为在熔融过程中生成的金属氧化物,以及加入的碱性溶剂,在 1.5~2.0 硅酸度时,所需的二氧化硅总量中,减去称取试样中含有的二氧化硅量。此二氧化硅量的三分之一用硼砂代替,三分之二按 0.4 g 二氧化硅相当于 1 g 玻璃粉计算出玻璃粉(3.2.4)加入量。

硼砂(3.2.3)加入量:按所需补加二氧化硅量的三分之一,除以 0.39 计算。但至少不能少于 5 g。

硝酸钾(3.2.5)和面粉(3.2.13)的加入量,按式(10)、式(11)计算:

当 $m_0 F > 30$ 时,
$$m_4 = \frac{m_0 F - 30}{4} \qquad \cdots\cdots(10)$$

当 $m_0 F < 30$ 时,
$$m_5 = \frac{30 - m_0 F}{12} \qquad \cdots\cdots(11)$$

式中:

m_4——硝酸钾加入量,单位为克(g);

m_5——面粉加入量,单位为克(g);

m_0——试料的质量,单位为克(g);

F——试样的还原力。

将试料(3.5.1)及上述配料置于粘土坩埚中,搅拌均匀后,加入 0.5 mL~3.0 mL 硝酸银溶液(3.2.7)覆盖约 10 mm 厚的覆盖剂(3.2.8)。

3.5.4.2 熔融:将坩埚置于炉温为 800℃的熔融电炉内,关闭炉门,升温至 900℃,保温 15 min,再升温至 1 100℃~1 200℃,保温 10 min 后出炉。将坩埚平稳地旋动数次,并在铁板上轻轻敲击 2 下~3 下,使附着在坩埚壁上的铅珠下沉,然后将熔融物小心地全部倒入预热的铸铁模中。冷却后,把铅扣与熔渣分离,将铅扣锤成立方体并称量(应为 25 g~40 g)。收集熔渣保留铅扣。

3.5.4.3 二次试金:将熔渣粉碎后(180 μm),按面粉法配料,进行二次试金。

方法:将熔渣(全量)、20 g 碳酸钠(3.2.1)、10 g 玻璃粉(3.2.4)、30 g 氧化铅(3.2.2)、5 g 硼砂(3.2.3)、3 g 面粉(3.2.13)置于原坩埚中,搅拌均匀后,覆盖约 10 mm 厚的覆盖剂(3.2.8),以下按 3.5.4.2进行,弃去熔渣,保留铅扣。

3.5.4.4 灰吹:将二次试金铅扣放入已在 950℃炉中预热 20 min 后的镁砂灰皿中,关闭炉门 1 min~

2 min,待熔铅脱膜后,半开炉门,并控制炉温在850℃灰吹至铅扣剩2 g左右,取出灰皿冷却后,将剩余铅扣与一次试金铅扣同时放入已预热过的新灰皿中。按上述操作再次进行灰吹。至接近灰吹终点时,升温至880℃,使铅全部吹尽,将灰皿移至炉门口放置1 min,取出冷却。

3.5.4.5 用小镊子将合粒从灰皿中取出,刷去粘附杂质,将合粒在小钢砧上锤成薄片。

3.5.5 原子吸收光谱测定

3.5.5.1 将金银合粒薄片置于100 mL烧杯中,加入5 mL硝酸(3.2.11),低温加热溶解银,小心倾去溶液,加入2 mL王水(3.2.12),低温加热至完全溶解,蒸至近干,加入1 mL盐酸(3.2.10)加热溶解盐类,取下冷至室温。按表2移入容量瓶中,用盐酸溶液(1+19)稀释至刻度,混匀。

表2

金质量分数/(g/t)	容量瓶体积/mL	分取试液体积/mL	稀释容量瓶体积/mL
0.10～1.00	10	—	—
>1.00～5.00	50	—	—
>5.00～10.0	100	—	—
>10.0～50.0	100	20	100
>50.0～100.0	100	10	100

3.5.5.2 将试液(3.5.5.1)于原子吸收光谱仪波长242.8 nm处,使用空气-乙炔火焰,测量金的吸光度,自工作曲线上查出相应的金浓度。

3.5.6 工作曲线的绘制

移取0 mL,0.50 mL,1.00 mL,2.00 mL,3.00 mL,4.00 mL,5.00 mL金标准溶液(3.2.15),分别置于一组100 mL容量瓶中,加入5 mL盐酸(3.2.10),以水稀释至刻度,混匀。与试液相同条件下测量标准溶液的吸光度(减去"零"浓度的吸光度),以金浓度为横坐标,吸光度为纵坐标,绘制工作曲线。

3.6 结果计算

按式(12)计算金的质量分数:

$$w(\mathrm{Au}) = \frac{(c_1 - c_0)V}{m_0} \qquad \cdots\cdots(12)$$

式中:

$w(\mathrm{Au})$——金的质量分数,单位为克每吨(g/t);

c_1——自工作曲线上查得试液的金浓度,单位为微克每毫升(μg/mL);

c_0——自工作曲线上查得空白试液的金浓度,单位为微克每毫升(μg/mL);

V——试液的总体积,单位为毫升(mL);

m_0——试料的质量,单位为克(g);

分析结果小于10.0 g/t的表示至两位小数,大于10.0 g/t的表示至一位小数。

3.7 允许差

实验室之间分析结果的差值应不大于表3所列允许差。

表3

单位为克每吨(g/t)

金质量分数	允许差
0.10～0.20	0.10
>0.20～0.50	0.20
>0.50～1.00	0.30
>1.00～2.00	0.40

表 3（续）　　单位为克每吨(g/t)

金质量分数	允许差
>2.00～3.00	0.50
>3.00～5.00	0.60
>5.00～7.00	0.75
>7.00～10.0	1.0
>10.0～15.0	1.4
>15.0～20.0	1.8
>20.0～30.0	2.0
>30.0～40.0	2.4
>40.0～60.0	2.7
>60.0～80.0	3.0
>80.0～100.0	3.5

ICS 73.060.99
D 46

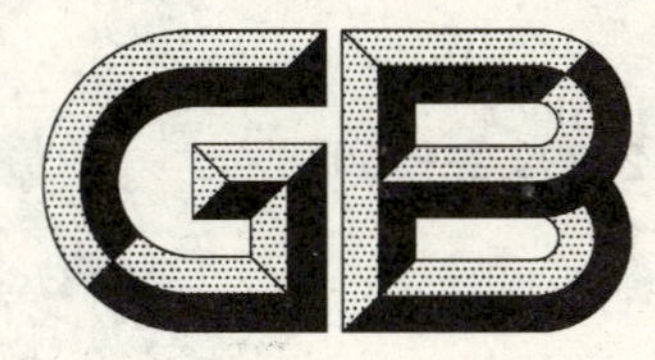

中华人民共和国国家标准

GB/T 20899.2—2007

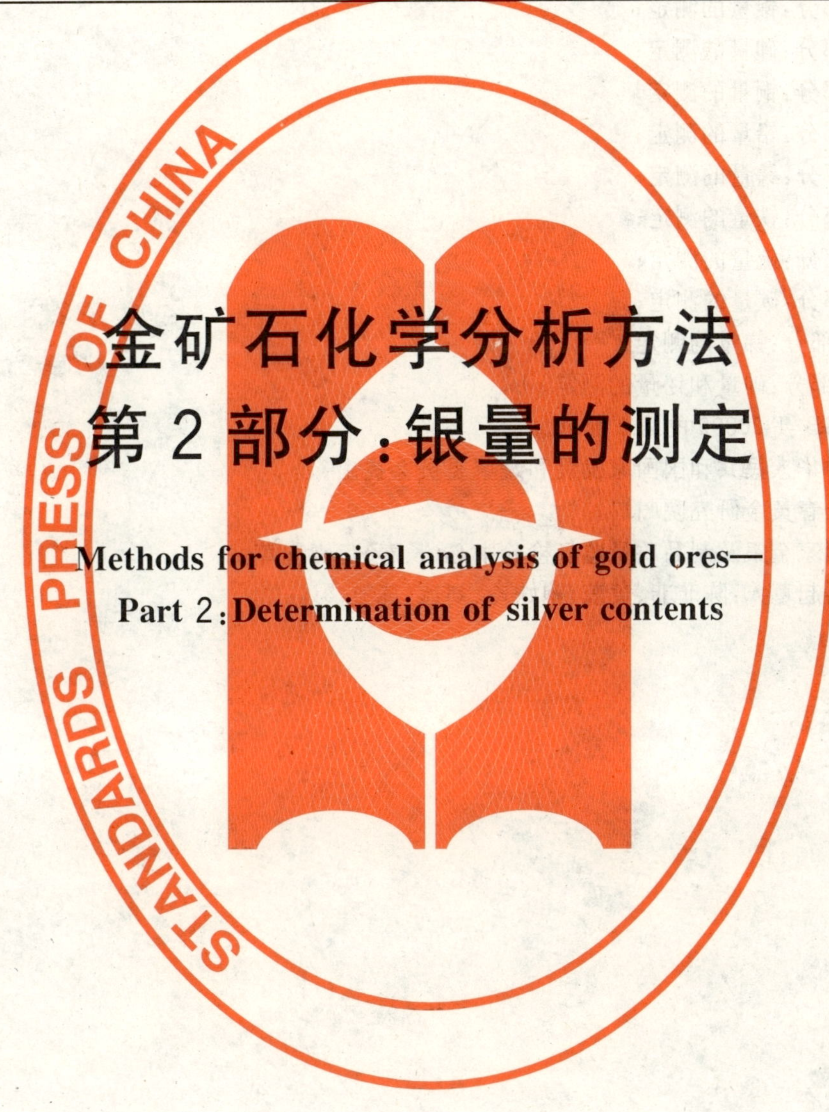

金矿石化学分析方法
第2部分：银量的测定

**Methods for chemical analysis of gold ores—
Part 2：Determination of silver contents**

2007-04-27 发布 2007-11-01 实施

中华人民共和国国家质量监督检验检疫总局
中国国家标准化管理委员会 发布

前　言

GB/T 20899《金矿石化学分析方法》分为 11 个部分：

——第 1 部分：金量的测定；

——第 2 部分：银量的测定；

——第 3 部分：砷量的测定；

——第 4 部分：铜量的测定；

——第 5 部分：铅量的测定；

——第 6 部分：锌量的测定；

——第 7 部分：铁量的测定；

——第 8 部分：硫量的测定；

——第 9 部分：碳量的测定；

——第 10 部分：锑量的测定；

——第 11 部分：砷量和铋量的测定。

本部分为 GB/T 20899 的第 2 部分。

本部分由中华人民共和国国家发展和改革委员会提出。

本部分由长春黄金研究院归口。

本部分由国家金银及制品质量监督检验中心(长春)负责起草。

本部分主要起草人：陈菲菲、黄蕊、鲍姝玲、刘冰、苏凯。

金矿石化学分析方法
第2部分:银量的测定

1 范围

本部分规定了金矿石中银量的测定方法。

本部分适用于金矿石中银量的测定。测定范围:2.00 g/t～1 000.0 g/t。

2 方法提要

试料用盐酸、硝酸、氢氟酸和高氯酸分解,在稀盐酸介质中,于原子吸收光谱仪波长328.1 nm处,使用空气-乙炔火焰,测量银的吸光度,按标准曲线法计算银量。

3 试剂

3.1 盐酸(ρ1.19 g/mL)。

3.2 硝酸(ρ1.42 g/mL)。

3.3 高氯酸(ρ1.67 g/mL)。

3.4 氢氟酸(ρ1.13 g/mL)。

3.5 盐酸溶液(3+17)。

3.6 银标准贮存溶液:称取0.500 0 g纯银(Ag的质量分数≥99.99%),置于100 mL烧杯中,加入20 mL硝酸(3.2),加热至完全溶解,煮沸驱除氮的氧化物,取下冷却,用不含氯离子的水移入1 000 mL棕色容量瓶中,加入30 mL硝酸(3.2),用不含氯离子的水稀释至刻度,混匀。此溶液1 mL含0.500 mg银。

3.7 银标准溶液:移取50.00 mL银标准贮存溶液(3.6),于500 mL棕色容量瓶中,加入10 mL硝酸(3.2),用不含氯离子的水稀释至刻度,混匀。此溶液1 mL含50 μg银。

4 仪器

原子吸收光谱仪,附银空心阴极灯。

在仪器最佳条件下,凡能达到下列指标的原子吸收光谱仪均可使用。

灵敏度:在与测量溶液的基体相一致的溶液中,银的特征浓度应不大于0.034 μg/mL。

精密度:用最高浓度的标准溶液测量11次吸光度,其标准偏差应不超过平均吸光度的1.0%;用最低浓度的标准溶液(不是"零"标准溶液)测量11次吸光度,其标准偏差应不超过最高浓度标准溶液平均吸光度的0.5%。

工作曲线线性:将工作曲线按浓度等分成五段,最高段的吸光度差值与最低段的吸光度差值之比应不小于0.8。

5 试样

5.1 试样粒度不大于0.074 mm。

5.2 试样应在100℃～105℃烘1 h后,置于干燥器中冷却至室温。

6 分析步骤

6.1 试料

按表1称取0.20 g～1.00 g试样。精确至0.000 1 g。

独立地进行两次测定，取其平均值。

6.2 空白试验

随同试料做空白试验。

6.3 测定

6.3.1 将试料(6.1)置于 250 mL 烧杯中，加少量水润湿，加入 10 mL 盐酸(3.1)，加热 2 min～3 min，加入 8 mL 硝酸(3.2)，加热 3 min～5 min，加入 5 mL 高氯酸(3.3)(试样含硅高时，加入 5 mL 氢氟酸(3.4)，用聚四氟乙烯塑料烧杯溶解试料)，继续加热至冒浓白烟，蒸至湿盐状，取下冷却。加入少量盐酸(3.1)和水，加热使可溶性盐类溶解，冷却至室温。

6.3.2 按表 1 将试液移入到容量瓶中，用盐酸溶液(3.5)稀释至刻度，混匀。静置澄清。

表 1

银质量分数/(g/t)	试料量/g	容量瓶体积/mL
2.00～50.0	1.000 0	25
＞50.0～100	1.000 0	50
＞100～500	0.500 0	100
＞500～1 000	0.200 0	100

6.3.3 在原子吸收分光光度计波长 328.1 nm 处，使用空气-乙炔火焰，以随同试料的空白调零，测量吸光度，扣除背景吸收，自工作曲线上查出相应的银浓度。

6.4 工作曲线的绘制

移取 0 mL、0.50 mL、1.00 mL、2.00 mL、3.00 mL、4.00 mL、5.00 mL 银标准溶液(3.7)，分别置于一组 100 mL 容量瓶中，用盐酸溶液(3.5)稀释至刻度，混匀。以试剂空白调零，测量吸光度。以银浓度为横坐标，吸光度为纵坐标，绘制工作曲线。

7 结果计算

按式(1)计算银的质量分数：

$$w(\mathrm{Ag}) = \frac{c \cdot V}{m} \qquad \cdots\cdots(1)$$

式中：

$w(\mathrm{Ag})$——银的质量分数，单位为克每吨(g/t)；

c——以试料溶液的吸光度自工作曲线查得的银浓度，单位为微克每毫升(μg/mL)；

V——试料溶液的体积，单位为毫升(mL)；

m——试料的质量，单位为克(g)。

分析结果表示至小数点后第一位。

8 允许差

实验室之间分析结果的差值应不大于表 2 所列允许差。

表 2

单位为克每吨(g/t)

银质量分数	允 许 差
2.0～5.0	1.0
＞5.0～10.0	2.0
＞10.0～20.0	3.0
＞20.0～40.0	4.0

表 2（续）　　单位为克每吨（g/t）

银质量分数	允　许　差
＞40.0～60.0	6.0
＞60.0～80.0	8.0
＞80.0～100.0	10.0
＞100.0～200.0	15.0
＞200.0～300.0	20.0
＞300.0～400.0	30.0
＞400.0～500.0	40.0
＞500.0～1 000.0	50.0

ICS 73.060.99
D 46

中华人民共和国国家标准

GB/T 20899.3—2007

金矿石化学分析方法 第3部分:砷量的测定

Methods for chemical analysis of gold ores—
Part 3:Determination of arsenic contents

2007-04-27 发布 2007-11-01 实施

中华人民共和国国家质量监督检验检疫总局
中国国家标准化管理委员会
发布

前　言

GB/T 20899《金矿石化学分析方法》分为 11 个部分：

——第 1 部分：金量的测定；

——第 2 部分：银量的测定；

——第 3 部分：砷量的测定；

——第 4 部分：铜量的测定；

——第 5 部分：铅量的测定；

——第 6 部分：锌量的测定；

——第 7 部分：铁量的测定；

——第 8 部分：硫量的测定；

——第 9 部分：碳量的测定；

——第 10 部分：锑量的测定；

——第 11 部分：砷量和铋量的测定。

本部分为 GB/T 20899 的第 3 部分。

本部分由中华人民共和国国家发展和改革委员会提出。

本部分由长春黄金研究院归口。

本部分由国家金银及制品质量监督检验中心(长春)负责起草。

本部分主要起草人：陈菲菲、黄蕊、刘正红、张琦、刘冰、魏成磊。

金矿石化学分析方法
第3部分:砷量的测定

1 范围

本部分规定了金矿石中砷量的测定方法。

本部分适用于金矿石中砷量的测定。

2 二乙基二硫代氨基甲酸银分光光度法测定砷量(测定范围:0.010%~0.350%)

2.1 方法提要

试样经酸分解,于1 mol/L~1.5 mol/L硫酸介质中砷被锌粒还原,生成砷化氢气体,用二乙基二硫代氨基甲酸银(以下简称铜试剂银盐)三氯甲烷溶液吸收。铜试剂银盐中的银离子被砷化氢还原成单质胶态银而呈红色。于分光光度计波长530 nm处测量其吸光度。

2.2 试剂

2.2.1 硝酸(ρ1.42 g/mL)。

2.2.2 硫酸(1+1)。

2.2.3 无砷锌粒。

2.2.4 酒石酸溶液(400 g/L)。

2.2.5 碘化钾溶液(300 g/L)。

2.2.6 二氯化锡溶液(400 g/L),以盐酸(1+1)配制。

2.2.7 三乙醇胺(或二乙胺)三氯甲烷溶液(3+97)。

2.2.8 三氯甲烷。

2.2.9 硫酸铜溶液:称取3.93 g硫酸铜($CuSO_4 \cdot 5H_2O$),溶于20 mL水中,混匀。此溶液含铜5 mg/mL。

2.2.10 铜试剂银盐三氯甲烷溶液(2 g/L):称取1 g铜试剂银盐于1 000 mL试剂瓶中,加入500 mL三乙醇胺三氯甲烷溶液(2.2.7),搅拌使其溶解,静止过夜,过滤后使用。贮存于棕色试剂瓶中。

2.2.11 砷标准贮存溶液:称取0.132 0 g三氧化二砷(预先在100℃~105℃烘1 h,置于干燥器中,冷至室温)于100 mL烧杯中,加入10 mL氢氧化钠溶液(100 g/L),加热溶解后,取下,冷至室温。加入20 mL盐酸,移入1 000 mL容量瓶中,以水稀释至刻度,混匀。此溶液含砷0.100 mg/mL。

2.2.12 砷标准溶液:移取10.00 mL砷标准贮存溶液(2.2.11)于200 mL容量瓶中,用水稀释至刻度,混匀。此溶液含砷5 μg/mL。

2.2.13 乙酸铅脱脂棉:将脱脂棉浸于100 mL乙酸铅溶液中(100 g/L,内含1 mL冰乙酸),取出,干燥后使用。

2.3 仪器

2.3.1 分光光度计。

2.3.2 砷化氢气体发生器及吸收装置(见图1)。

单位为毫米

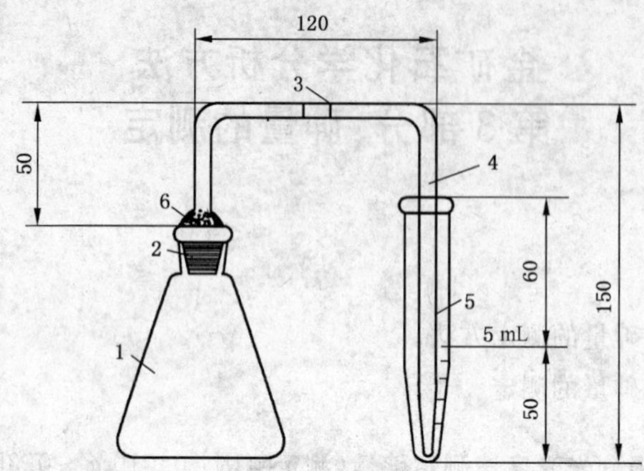

1——砷化氢发生器(100 mL 14号标准口锥形瓶);

2——半球形空心14号标准口瓶塞;

3——医用胶皮管;

4——导管(内径0.5 mm～1 mm,外径6 mm～7 mm);

5——砷化氢吸收管(外径16 mm);

6——乙酸铅脱脂棉(2.2.13)。

图1 砷化氢发生器及吸收装置图

2.4 试样

2.4.1 试样粒度不大于0.074 mm。

2.4.2 试样应在100℃～105℃烘1 h后,置于干燥器中冷却至室温。

2.5 分析步骤

2.5.1 试料

称取0.20 g试样,精确至0.000 1 g。

独立地进行两次测定,取其平均值。

2.5.2 空白试验

随同试料做空白试验。

2.5.3 测定

2.5.3.1 将试料(2.5.1)置于100 mL烧杯中,加入少量水润湿后,加入10 mL硝酸(2.2.1)、5 mL硫酸(2.2.2),加热溶解,蒸至冒白烟,取下冷却。

2.5.3.2 用10 mL水冲洗杯壁,加入10 mL酒石酸溶液(2.2.4),加热煮沸,使可溶性盐溶解,取下,冷至室温,移入100 mL容量瓶中,用水稀释至刻度,混匀。按表1分取溶液于125 mL砷化氢气体发生器中。

表1

砷质量分数/%	分取试料溶液体积/mL
0.050～0.10	10.00
0.10～0.20	5.00
0.20～0.35	2.00

2.5.3.3 加入7 mL硫酸(2.2.2)、5 mL酒石酸(2.2.4),加水使体积约为40 mL,加入5 mL碘化钾溶液(2.2.5)、2.5 mL二氯化锡溶液(2.2.6),1 mL硫酸铜溶液(2.2.9),每加一种试剂混匀后再加另一种试剂,以水稀释至体积为60 mL。

2.5.3.4 移取10.00 mL铜试剂银盐三氯甲烷溶液(2.2.10)于有刻度的吸管中,连接导管。向砷化氢气体发生器中加入 5 g 无砷锌粒(2.2.3),立即塞紧橡皮塞,40 min 后,取下吸收管。

2.5.3.5 向吸收管中加入少量三氯甲烷(2.2.8)补充挥发的三氯甲烷,使体积为 10.00 mL,混匀。

2.5.3.6 将部分溶液(2.5.3.5)移入 1 cm 比色皿中,以铜试剂银盐三氯甲烷溶液(2.2.10)为参比液,于分光光度计波长 530 nm 处测量吸光度,从工作曲线上查出相应的砷量。

2.5.4 移取 0 mL、1.00 mL、2.00 mL、3.00 mL、4.00 mL、5.00 mL、6.00 mL 砷标准溶液(2.2.12)分别置于砷化氢发生器中,以下按 2.5.3.3~2.5.3.6 进行。以砷量为横坐标,吸光度为纵坐标绘制工作曲线。

2.6 结果计算

按式(1)计算砷的质量分数:

$$w(\mathrm{As}) = \frac{(m_1 - m_2)V_0 \times 10^{-6}}{m_0 V_1} \times 100 \qquad \cdots\cdots(1)$$

式中:

$w(\mathrm{As})$——砷的质量分数,用%表示;

m_1——自工作曲线上查得的砷量,单位为微克(μg);

m_2——自工作曲线查得的随同试料空白的砷量,单位为微克(μg);

m_0——试样量,单位为克(g);

V_0——溶液的总体积,单位为毫升(mL);

V_1——测定时分取溶液的体积,单位为毫升(mL)。

分析结果表示至小数点后第两位,若质量分数小于 0.10%时,表示至三位小数。

2.7 允许差

实验室之间分析结果的差值应不大于表 2 所列允许差。

表 2 单位为%

砷质量分数	允 许 差
0.050~0.15	0.02
>0.15~0.25	0.03
>0.25~0.35	0.04

3 卑磷酸盐滴定法测定砷量(测定范围:0.15%~5.00%)

3.1 方法提要

试料以酸分解,在 6 mol/L 盐酸介质中,用卑磷酸盐将砷还原为单体状态析出,过滤,用碘标准溶液溶解,以亚砷酸钠标准溶液回滴过量的碘溶液。

3.2 试剂

3.2.1 盐酸(ρ1.19 g/mL)。

3.2.2 硝酸(ρ1.42 g/mL)。

3.2.3 硫酸(1+3)。

3.2.4 硫酸(1+1)。

3.2.5 卑磷酸钠。

3.2.6 碳酸氢钠溶液(30 g/L):向 100 mL(30 g/L)碳酸氢钠溶液中加入 5 mL 淀粉溶液(3.2.7),滴入 0.01 mol/L 的 1/2 I_2 溶液至呈微蓝色。

3.2.7 淀粉溶液(5 g/L):称取 0.5 g 可溶性淀粉,用少许水调成糊状,加入 100 mL 沸水,搅匀,并煮沸片刻,冷却。

3.2.8 卑磷酸钠溶液(20 g/L):以盐酸溶液(1+3)配制。

3.2.9 氯化铵溶液(50 g/L)。

3.2.10 亚砷酸钠标准溶液[$c(1/2Na_3AsO_3)$=0.01 mol/L(或 0.05 mol/L)]:

称取 0.494 6 g(或 2.472 8 g)优级纯亚砷酸酐(As_2O_3),置于 200 mL 烧杯中,加入 10 mL~20 mL 200 g/L 氢氧化钠溶液,微热溶解后移入 1 000 mL 容量瓶中,用水稀释至 200 mL~300 mL,加入 2~3 滴酚酞指示剂(3 g/L),用硫酸(3.2.3)中和至红色刚好消失。加入 5 g 碳酸氢钠,冷至室温,以水稀释至刻度,摇匀。

3.2.11 碘标准溶液[$c(1/2\ I_2)$= 0.01 mol/L(或 0.05 mol/L)]:

3.2.11.1 配制:称取 1.27 g(或 6.35 g)碘,置于预先盛有碘化钾溶液(40 g 碘化钾溶于 20 mL~25 mL 水中)的锥形瓶中,摇动使碘完全溶解,移入 1 000 mL 棕色容量瓶中,以水稀释至刻度,摇匀。

3.2.11.2 标定:用滴定管准确加入 20 mL 亚砷酸钠标准溶液(3.2.10)于 300 mL 锥形瓶中,加入 20 mL碳酸氢钠溶液(3.2.6),5 mL 淀粉溶液(3.2.7),用水吹洗瓶壁,稀释至体积约 80 mL,用碘标准溶液(3.2.11)滴定至浅蓝色为终点。

按式(2)计算碘标准溶液的实际浓度:

$$c_1 = \frac{c_2 \cdot V_2}{V_1} \qquad \cdots\cdots(2)$$

式中:

c_1——碘标准溶液的实际浓度,单位为摩尔每升(mol/L);

c_2——亚砷酸钠标准溶液的浓度,单位为摩尔每升(mol/L);

V_1——滴定时消耗碘标准溶液的体积,单位为毫升(mL);

V_2——加入亚砷酸钠标准溶液的体积,单位为毫升(mL)。

3.3 试样

3.3.1 试样粒度不大于 0.074 mm。

3.3.2 试样应在 100℃~105℃烘 1 h 后,置于干燥器中冷却至室温。

3.4 分析步骤

3.4.1 试料

称取 0.50 g 试样。精确至 0.000 1 g。

独立地进行两次测定,取其平均值。

3.4.2 空白试验

随同试料做空白试验。

3.4.3 测定

3.4.3.1 将试料(3.4.1)置于 500 mL 锥形瓶中,用少量水润湿,加入 15 mL~20 mL 硝酸(3.2.2),待剧烈反应停止后,移至电热板上加热蒸发至小体积(试样中含硫高时,加入少许氯酸钾,使析出的硫氧化)。

3.4.3.2 加入 10 mL~15 mL 硫酸(3.2.4),用少量水吹洗瓶壁,加热蒸发至冒三氧化硫浓烟,取下冷却,用水吹洗瓶壁,继续加热蒸发至冒三氧化硫浓烟,并保持 5 min。取下冷却,加入 35 mL 水,加热使可溶性盐类溶解,取下稍冷,加入 35 mL 盐酸(3.2.1),加入 0.1 g 硫酸铜,不断搅拌,分次加入卑磷酸钠(3.2.5)至溶液黄绿色褪去后,再过量 1 g~2 g。

3.4.3.3 在锥形瓶上用橡皮塞连接一个约 70 cm~80 cm 的玻璃管,煮沸 20 min~30 min,使沉淀凝聚。冷却后,用脱脂棉加纸浆过滤,用卑磷酸钠溶液(3.2.8)洗涤沉淀及锥形瓶 3 次~4 次,再用氯化铵溶液(3.2.9)洗涤 6 次~7 次,弃去滤液。

3.4.3.4 将沉淀、脱脂棉及纸浆全部移入原锥形瓶中,用小片滤纸擦净漏斗,放入原锥形瓶中,加入 100 mL 碳酸氢钠溶液(3.2.6),在摇动下,用滴定管加入碘标准溶液(3.2.11)至元素砷完全溶解,并过量数毫升。用水吹洗瓶壁,加入 5 mL 淀粉溶液(3.2.7),立即用亚砷酸钠标准溶液(3.2.10)滴定至蓝色消褪，并过量 2 mL～3 mL，再继续用碘标准溶液(3.2.11)滴定至浅蓝色为终点。

3.5 结果计算

按式(3)计算砷的质量分数：

$$w(\mathrm{As})=\frac{(V_3c_1-V_4c_2)\times 0.01498}{m}\times 100 \qquad (3)$$

式中：

$w(\mathrm{As})$——砷的质量分数，用(%)表示；

c_1——碘标准溶液的实际浓度，单位为摩尔每升(mol/L)；

c_2——亚砷酸钠标准溶液的浓度，单位为摩尔每升(mol/L)；

V_3——滴定时消耗碘标准溶液的体积，单位为毫升(mL)；

V_4——加入亚砷酸钠标准溶液的体积，单位为毫升(mL)；

m——试料的质量，单位为克(g)；

0.014 98——砷的摩尔质量，单位为克每摩尔(g/mol)。

分析结果表示至小数点后第两位。

3.6 允许差

实验室之间分析结果的差值应不大于表 3 所列允许差。

表 3

单位为%

砷质量分数	允 许 差
0.15～0.30	0.03
>0.30～0.50	0.05
>0.50～1.00	0.08
>1.00～2.00	0.15
>2.00～3.00	0.25
>3.00～5.00	0.35

ICS 73.060.99
D 46

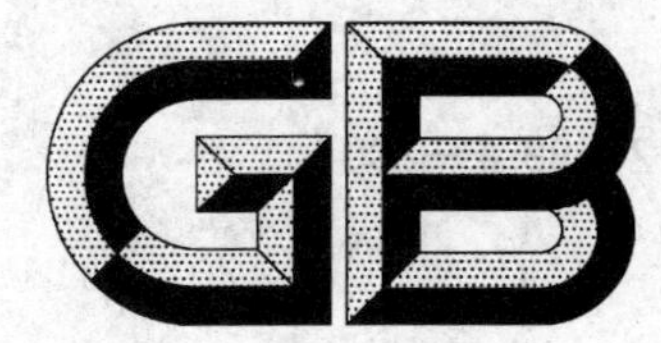

中华人民共和国国家标准

GB/T 20899.4—2007

金矿石化学分析方法
第4部分:铜量的测定

Methods for chemical analysis of gold ores—
Part 4:Determination of copper contents

2007-04-27 发布　　　　2007-11-01 实施

中华人民共和国国家质量监督检验检疫总局
中国国家标准化管理委员会　发布

前　言

GB/T 20899《金矿石化学分析方法》分为 11 个部分：

——第 1 部分：金量的测定；

——第 2 部分：银量的测定；

——第 3 部分：砷量的测定；

——第 4 部分：铜量的测定；

——第 5 部分：铅量的测定；

——第 6 部分：锌量的测定；

——第 7 部分：铁量的测定；

——第 8 部分：硫量的测定；

——第 9 部分：碳量的测定；

——第 10 部分：锑量的测定；

——第 11 部分：砷量和铋量的测定。

本部分为 GB/T 20899 的第 4 部分。

本部分由中华人民共和国国家发展和改革委员会提出。

本部分由长春黄金研究院归口。

本部分由国家金银及制品质量监督检验中心（长春）负责起草，河南中原黄金冶炼厂、灵宝黄金股份有限公司参加起草。

本部分主要起草人：陈菲菲、黄蕊、张玉明、刘鹏飞、鲍姝玲、魏成磊、刘正红。

金矿石化学分析方法
第4部分:铜量的测定

1 范围

本部分规定了金矿石中铜含量的测定方法。

本部分适用于金矿石中铜含量的测定。

2 火焰原子吸收光谱法测定铜量(测定范围:0.010%~2.00%)

2.1 方法提要

试料经盐酸、硝酸、高氯酸和氢氟酸溶解。在稀盐酸介质中,于原子吸收光谱仪波长 324.7 nm 处,以空气-乙炔火焰测量铜的吸光度。按标准曲线法计算铜的含量。

2.2 试剂

2.2.1 盐酸(ρ1.19 g/mL)。

2.2.2 硝酸(ρ1.42 g/mL)。

2.2.3 高氯酸(ρ1.67 g/mL)。

2.2.4 氢氟酸(ρ1.13 g/mL)。

2.2.5 硝酸(1+1)。

2.2.6 铜标准贮存溶液:称取 1.000 0 g 金属铜(Cu 的质量分数≥99.99%)置于 250 mL 烧杯中,加入 25 mL 硝酸(2.2.5),盖上表面皿,于电热板上低温加热至完全溶解,煮沸驱赶氮的氧化物。取下冷至室温,移入 1 000 mL 容量瓶中,加入 40 mL 硝酸(2.2.5),用水稀释至刻度,混匀。此溶液 1 mL 含 1 mg 铜。

2.2.7 铜标准溶液:移取 25.00 mL 铜标准贮存溶液(2.2.6)于 250 mL 容量瓶中,加入 25 mL 硝酸(2.2.5),用水稀释至刻度,混匀。此溶液 1 mL 含 100 μg 铜。

2.3 仪器

原子吸收光谱仪,附铜空心阴极灯。

在仪器最佳条件下,凡能达到下列指标的原子吸收光谱仪均可使用。

灵敏度:在与测量溶液的基体相一致的溶液中,铜的特征浓度应不大于 0.034 μg/mL。

精密度:用最高浓度的标准溶液测量 11 次吸光度,其标准偏差应不超过平均吸光度的 1.0%;用最低浓度的标准溶液(不是"零"标准溶液)测量 11 次吸光度,其标准偏差应不超过最高浓度标准溶液平均吸光度的 0.5%。

工作曲线线性:将工作曲线按浓度等分成五段,最高段的吸光度差值与最低段的吸光度差值之比应不小于 0.8。

2.4 试样

2.4.1 试样粒度不大于 0.074 mm。

2.4.2 试样在 100℃~105℃烘箱中烘 1 h 后,置于干燥器中冷却至室温。

2.5 分析步骤

2.5.1 试料

称取 0.20 g 试样,精确至 0.000 1 g。

独立地进行两次测定,取其平均值。

2.5.2 空白试验

随同试料做空白试验。

2.5.3 测定

2.5.3.1 将试料(2.5.1)置于200 mL烧杯中,用少量水润湿,加入15 mL盐酸(2.2.1),盖上表面皿,于电热板上低温加热溶解5 min,加5 mL硝酸(2.2.2)、5 mL高氯酸(2.2.3)(试样含硅高时,加入5 mL氢氟酸(2.2.4),用聚四氟乙烯塑料烧杯溶解试料),继续加热,待试料完全溶解后,蒸至近干,取下。加入5 mL盐酸(2.2.1),用水吹洗表面皿及杯壁,加热使盐类完全溶解,取下冷至室温。

2.5.3.2 将试液按表1移入相应的容量瓶中,用水稀释至刻度,混匀。

表1

铜质量分数/%	试液体积/mL	分取体积/mL	稀释体积/mL	补加盐酸(2.2.1)/mL
0.010~0.050	50			
>0.050~0.10	100			
>0.10~0.50	100	10.00	50	2.0
>0.50~2.00	100	10.00	100	4.5

2.5.3.3 于原子吸收光谱仪波长324.7 nm处,使用空气-乙炔火焰,以水调零,测量试液的吸光度,减去随同试料的空白试验溶液的吸光度,从工作曲线上查出相应的铜浓度。

2.5.4 工作曲线的绘制

准确移取0 mL,1.00 mL,2.00 mL,3.00 mL,4.00 mL,5.00 mL铜标准溶液(2.2.7),分别置于一组100 mL容量瓶中,加入5 mL盐酸(2.2.1),用水稀释至刻度,混匀。在与测量试液相同条件下,测量系列标准溶液的吸光度,减去零浓度溶液的吸光度,以铜的浓度为横坐标,吸光度为纵坐标绘制工作曲线。

2.6 结果计算

按式(1)计算铜的质量分数:

$$w(\mathrm{Cu}) = \frac{c \cdot V_0 \cdot V_2 \times 10^{-6}}{m_0 \cdot V_1} \times 100 \qquad \cdots\cdots(1)$$

式中:

$w(\mathrm{Cu})$——铜的质量分数,用%表示;

c——自工作曲线上查得的铜浓度,单位为微克每毫升(μg/mL);

V_0——试液的总体积,单位为毫升(mL);

V_1——分取试液的体积,单位为毫升(mL);

V_2——分取试液稀释后的体积,单位为毫升(mL);

m_0——试料的质量,单位为克(g)。

所得结果表示至两位小数,若质量分数小于0.10%时,表示至三位小数。

2.7 允许差

实验室之间分析结果的差值应不大于表2所列允许差。

表2

单位为%

铜质量分数	允许差
0.010~0.050	0.01
>0.050~0.20	0.03
>0.20~0.50	0.05
>0.50~1.00	0.08
>1.00~2.00	0.12

3 硫代硫酸钠碘量法测定铜量(测定范围:2.00%～10.00%)

3.1 方法提要

试料经盐酸、硝酸和硫酸分解,用乙酸铵溶液调节溶液的pH值为3.0～4.0,用氟化氢铵掩蔽铁,加入碘化钾与二价铜离子作用,析出的碘以淀粉为指示剂,用硫代硫酸钠标准滴定溶液进行滴定。根据消耗硫代硫酸钠标准滴定溶液的体积计算铜的含量。

3.2 试剂

3.2.1 碘化钾。

3.2.2 金属铜(Cu的质量分数≥99.99%)。

将金属铜放入冰乙酸(3.2.9)中,微沸1 min,取出后依次用水和无水乙醇(3.2.11)分别冲洗两次以上,在100℃烘箱中烘4 min,冷却,置于磨口试剂瓶中备用。

3.2.3 氟化氢铵。

3.2.4 盐酸(ρ1.19 g/mL)。

3.2.5 硝酸(ρ1.42 g/mL)。

3.2.6 高氯酸(ρ1.67 g/mL)。

3.2.7 硝酸(1+1)。

3.2.8 冰乙酸(ρ1.05 g/mL)。

3.2.9 冰乙酸(1+3)。

3.2.10 溴。

3.2.11 无水乙醇。

3.2.12 氟化氢铵饱和溶液:贮存于聚乙烯瓶中。

3.2.13 乙酸铵溶液(300 g/L):称取90 g乙酸铵,置于400 mL烧杯中,加150 mL水和100 mL冰乙酸(3.2.8),溶解后,用水稀释至300 mL,混匀,此溶液pH值约为5。

3.2.14 三氯化铁溶液(100 g/L)。

3.2.15 硫氰酸钾溶液(100 g/L):称取10 g硫氰酸钾于400 mL烧杯中,加入约100 mL水溶解后,加入2 g碘化钾(3.2.1),待溶解后,加入2 mL淀粉溶液(3.2.16),滴加碘溶液(0.04 mol/L)至刚呈蓝色,再用硫代硫酸钠标准滴定溶液滴定至蓝色刚消失。

3.2.16 淀粉溶液(5 g/L)。

3.2.17 铜标准溶液:称取金属铜(3.2.2)0.500 0 g置于500 mL锥形烧杯中,缓慢加入20 mL硝酸(3.2.7),盖上表面皿,置于电热板上低温处,加热使其完全溶解,取下,用水吹洗表面皿及杯壁,冷至室温。将溶液移入500 mL容量瓶中,以水稀释至刻度,混匀。此溶液1 mL含1 mg铜。

3.2.18 硫代硫酸钠标准滴定溶液[$c(Na_2S_2O_3 \cdot 5H_2O)=0.02$ mol/L]

3.2.18.1 配制

称取50 g硫代硫酸钠($Na_2S_2O_3 \cdot 5H_2O$)置于500 mL烧杯中,加入2 g无水碳酸钠溶于约300 mL煮沸并冷却的蒸馏水中,移入10 L棕色试剂瓶中。用煮沸并冷却的蒸馏水稀释至约10 L,加入1 mL三氯甲烷,静置两周,使用时过滤,补加1 mL三氯甲烷,混匀,静置2 h。

3.2.18.2 标定

移取25.00 mL铜标准溶液(3.2.17)于锥形烧杯中,加入5 mL硝酸(3.2.5),加入1 mL三氯化铁溶液(3.2.14),置于电热板低温处蒸至溶液体积约为1 mL。取下冷却,用约30 mL水吹洗杯壁,煮沸,取下冷至室温。按照试料分析步骤(3.4.3.2)进行标定。记下硫代硫酸钠标准滴定溶液在滴定中消耗的体积V_2。随同标定做空白试验。

按式(2)计算硫代硫酸钠标准滴定溶液的实际浓度:

$$c = \frac{c_0 \cdot V_1}{(V_2 - V_0) \times 0.063\ 55} \qquad \cdots\cdots(2)$$

式中：

c——硫代硫酸钠标准滴定溶液的实际浓度，单位为摩尔每升(mol/L)；

c_0——铜标准溶液的质量浓度，单位为克每毫升(g/mL)；

V_1——移取铜标准溶液的体积，单位为毫升(mL)；

V_2——滴定铜标准溶液所消耗硫代硫酸钠标准滴定溶液的体积，单位为毫升(mL)；

V_0——标定时空白溶液所消耗的硫代硫酸钠标准滴定溶液的体积，单位为毫升(mL)；

0.063 55——铜的摩尔质量，单位为克每摩尔(g/mol)。

平行标定三份，测定值保留四位有效数字，其极差值不大于 8×10^{-5} mol/L 时，取其平均值，否则重新标定。此溶液每隔一周后必须重新标定一次。

3.3 试样

3.3.1 试样粒度不大于 0.074 mm。

3.3.2 试样在 100℃～105℃烘箱中烘 1 h 后，置于干燥器中冷至室温。

3.4 分析步骤

3.4.1 试料

称取 0.50 g 试样，精确至 0.000 1 g。

独立地进行两次测定，取其平均值。

3.4.2 空白试验

随同试料做空白试验。

3.4.3 测定

3.4.3.1 将试料(3.4.1)置于 500 mL 锥形烧杯中。用少量水润湿，加入 10 mL 盐酸(3.2.4)，置于电热板上低温加热 3 min ～ 5 min，取下稍冷，加入 5 mL 硝酸(3.2.5)和 0.5 mL 溴(3.2.10)，盖上表面皿，混匀，低温加热，待试料完全溶解后，取下稍冷，用少量水洗涤表面皿，继续加热蒸干，取下稍冷，用少量水洗涤表皿，继续加热蒸至近干，取下冷却。

注 1：若试料中硅含量较高时，需加入 0.5 g 氟化氢铵(3.2.3)。

注 2：若试料中碳含量较高时，需加入 2 mL～5 mL 高氯酸(3.2.6)，加热溶解至无黑色残渣，并蒸干。

注 3：若试料中含硅、碳均高时，加 0.5 g 氟化氢铵(3.2.3)和 5 mL～10 mL 高氯酸(3.2.6)。

3.4.3.2 用 30 mL 水洗涤表面皿及杯壁，盖上表面皿，置于电热板上煮沸，使可溶性盐类完全溶解，取下冷至室温。滴加乙酸胺溶液(3.2.13)至红色不再加深并过量 4 mL，然后加入 4 mL 氟化氢铵饱和溶液(3.2.12)，混匀。加入 3 g 碘化钾(3.2.1)摇动溶解，立即用硫代硫酸钠标准滴定溶液(3.2.18)滴定至浅黄色，加入 2 mL 淀粉溶液(3.2.16)，继续滴定至浅蓝色，加入 5 mL 硫氰酸钾溶液(3.2.15)，激烈摇振至蓝色加深，再滴定至蓝色刚好消失为终点，记录消耗硫代硫酸钠标准滴定溶液的体积 V_3。

注 4：若试料铁含量极少时，滴加乙酸铵溶液前补加 1 mL 三氯化铁溶液(3.2.14)。

注 5：若试料铅、铋含量高时，需提前加 2 mL 淀粉溶液(3.2.16)。

3.5 结果计算

按式(3)计算铜的质量分数：

$$w(\text{Cu}) = \frac{c(V_3 - V_4) \times 0.063\ 55}{m_0} \times 100 \qquad \cdots\cdots(3)$$

式中：

$w(\text{Cu})$——铜的质量分数，用%表示；

c——硫代硫酸钠标准滴定溶液的实际浓度，单位为摩尔每升(mol/L)；

V_3——试料溶液消耗硫代硫酸钠标准滴定溶液的体积，单位为毫升(mL)；

V_4——空白溶液消耗硫代硫酸钠标准滴定溶液的体积，单位为毫升(mL)；

m_0——试料的质量,单位为克(g);

0.063 55——铜的摩尔质量,单位为克每摩尔(g/mol)。

所得结果表示至两位小数。

3.6 允许差

实验室之间分析结果的差值应不大于表3所列允许差。

表3

单位为%

铜质量分数	允许差
2.00~6.00	0.14
>6.00~10.00	0.16

ICS 73.060.99
D 46

中华人民共和国国家标准

GB/T 20899.5—2007

金矿石化学分析方法
第5部分:铅量的测定

Methods for chemical analysis of gold ores—
Part 5:Determination of lead contents

2007-04-27 发布 2007-11-01 实施

中华人民共和国国家质量监督检验检疫总局
中国国家标准化管理委员会 发布

前　言

GB/T 20899《金矿石化学分析方法》分为11个部分：

——第1部分：金量的测定；

——第2部分：银量的测定；

——第3部分：砷量的测定；

——第4部分：铜量的测定；

——第5部分：铅量的测定；

——第6部分：锌量的测定；

——第7部分：铁量的测定；

——第8部分：硫量的测定；

——第9部分：碳量的测定；

——第10部分：锑量的测定；

——第11部分：砷量和铋量的测定。

本部分为GB/T 20899的第5部分。

本部分由中华人民共和国国家发展和改革委员会提出。

本部分由长春黄金研究院归口。

本部分由国家金银及制品质量监督检验中心(长春)负责起草。

本部分主要起草人：陈菲菲、黄蕊、刘冰、张琦、刘正红。

金矿石化学分析方法
第5部分:铅量的测定

1 范围

本部分规定了金矿石中铅含量的测定方法。

本部分适用于金矿石中铅含量的测定。

2 原子吸收光谱法测定铅量(测定范围:0.10%～5.00%)

2.1 方法提要

试料用盐酸、硝酸、高氯酸、氢氟酸溶解。在稀盐酸介质中,于原子吸收光谱仪波长283.3 nm处,以空气-乙炔火焰,测量铅的吸光度。

2.2 试剂

2.2.1 盐酸(ρ1.19 g/mL)。

2.2.2 硝酸(ρ1.42 g/mL)。

2.2.3 高氯酸(ρ1.67 g/mL)。

2.2.4 氢氟酸(ρ1.13 g/mL)。

2.2.5 盐酸溶液(1+1)。

2.2.6 铅标准贮存溶液:称取1.000 0 g金属铅(Pb的质量分数≥99.99%)于250 mL烧杯中,加20 mL硝酸(2.2.2),盖上表面皿,加热至完全溶解,煮沸除去氮的氧化物,冷至室温。移入1 000 mL容量瓶中,用水稀释至刻度,混匀。此溶液1 mL含1 mg铅。

2.2.7 铅标准溶液:移取25 mL铅标准贮存溶液(2.2.6)于250 mL容量瓶中,加入5 mL硝酸,用水稀释至刻度,混匀。此溶液1 mL含100 μg铅。

2.3 仪器

原子吸收光谱仪,附铅空心阴极灯。

在仪器最佳条件下,凡能达到下列指标的原子吸收光谱仪均可使用。

灵敏度:在与测量溶液的基体相一致的溶液中,铅的特征浓度应不大于0.077 μg/mL。

精密度:用最高浓度的标准溶液测量11次吸光度,其标准偏差应不超过平均吸光度的1.0%;用最低浓度的标准溶液(不是“零”标准溶液)测量11次吸光度,其标准偏差应不超过最高浓度标准溶液平均吸光度的0.5%。

工作曲线线性:将工作曲线按浓度等分成五段,最高段的吸光度差值与最低段的吸光度差值之比不小于0.8。

2.4 试样

2.4.1 样品粒度应不大于0.074 mm。

2.4.2 样品在100℃～105℃烘箱中烘1 h后,置于干燥器中冷却至室温。

2.5 分析步骤

2.5.1 试料

按表1称取试样,精确至0.000 1 g。

独立进行两次测定,取其平均值。

表 1

铅质量分数/%	试料量/g
0.10～1.00	0.500 0
>1.00～5.00	0.200 0

2.5.2 空白试验

随同试料做空白试验。

2.5.3 测定

2.5.3.1 将试料(2.5.1)置于200 mL烧杯中,用少量水润湿,加入15 mL盐酸(2.2.1),置于电热板上加热数分钟,取下稍冷。加入5 mL硝酸(2.2.2)、2 mL～3 mL高氯酸(2.2.3)(试样含硅高时,加入5 mL氢氟酸(2.2.4),用聚四氟乙烯塑料烧杯溶解试料),蒸至近干,取下冷却,加入10 mL盐酸(2.2.5),煮沸溶解盐类,取下冷至室温。将溶液移入100 mL容量瓶中,以水稀释至刻度,混匀,静置。

2.5.3.2 按表2分取试液(2.5.3.1)并补加盐酸(2.2.5)于容量瓶中,用水稀释至刻度,混匀。

表 2

铅质量分数/%	试液分取量/mL	补加盐酸(2.2.5)量/mL	容量瓶体积/mL
0.50～2.00	20.00	8.0	100
>2.00～4.00	10.00	9.0	100
>4.00～5.00	5.00	9.5	100

2.5.3.3 于原子吸收光谱仪波长283.3 nm处,使用空气-乙炔火焰,以水调零,测量铅的吸光度,减去随同试料的空白溶液吸光度,从工作曲线上查出相应的铅浓度。

2.5.4 工作曲线的绘制

2.5.4.1 移取0 mL、1.00 mL、2.00 mL、4.00 mL、6.00 mL、8.00 mL、10.00 mL铅标准溶液(2.2.7)分别于一组100 mL容量瓶中,加入10 mL盐酸(2.2.5),用水稀释至刻度,混匀。

2.5.4.2 在与试料测定相同条件下测量标准溶液吸光度。以铅浓度为横坐标,吸光度(减去“零”浓度溶液吸光度)为纵坐标,绘制工作曲线。

2.6 结果计算

按式(1)计算铅的质量分数:

$$w(\mathrm{Pb})=\frac{c\cdot V_0\cdot V_2\times10^{-6}}{m_0\cdot V_1}\times100 \qquad \cdots\cdots(1)$$

式中:

$w(\mathrm{Pb})$——铅的质量分数,用%表示;

c——自工作曲线上查得的铅浓度,单位为微克每毫升(μg/mL);

V_0——试液的总体积,单位为毫升(mL);

V_1——分取试液的体积,单位为毫升(mL);

V_2——分取试液稀释后的体积,单位为毫升(mL);

m_0——试料的质量,单位为克(g)。

所得结果表示至两位小数。

2.7 允许差

实验室间分析结果的差值应不大于表3所列允许差。

表 3

单位为%

铅质量分数	允 许 差
0.10～0.50	0.05
>0.50～1.00	0.09
>1.00～2.00	0.12
>2.00～3.00	0.15
>3.00～4.00	0.18
>4.00～5.00	0.20

3 EDTA 容量法测定铅量(测定范围：5.00%～15.00%)

3.1 方法提要

试料用硝酸-氯酸钾溶液溶解，在硫酸介质中铅形成硫酸铅沉淀，过滤，与共存元素分离。硫酸铅以乙酸-乙酸钠缓冲溶液溶解，在 pH 值为 5.0～6.0 时，以二甲酚橙溶液为指示剂，用 Na_2 EDTA 标准滴定溶液滴定。根据消耗 Na_2 EDTA 标准滴定溶液的体积计算铅的含量。

3.2 试剂

3.2.1 抗坏血酸。

3.2.2 无水乙醇。

3.2.3 氟化铵。

3.2.4 硫酸(2+98)。

3.2.5 硝酸(ρ1.42 g/mL)。

3.2.6 硫酸(ρ1.84 g/mL)。

3.2.7 高氯酸(ρ1.67 g/mL)。

3.2.8 硝酸(1+1)。

3.2.9 氨水(1+1)。

3.2.10 缓冲溶液：375 g 无水乙酸钠溶于水中，加 50 mL 冰乙酸，用水稀释至 2 500 mL，混匀。

3.2.11 硝酸-氯酸钾溶液：氯酸钾溶于硝酸至饱和状态。

3.2.12 混合洗液：100 mL 硫酸(3.2.4)中含 2 mL 过氧化氢。

3.2.13 巯基乙酸溶液(1+99)。

3.2.14 二甲酚橙溶液(1 g/L)。

3.2.15 硫氰酸钾溶液(50 g/L)。

3.2.16 铅标准溶液：称取 1.000 g 金属铅(Pb 的质量分数≥99.99%)于 250 mL 烧杯中，加入 20 mL 硝酸(3.2.5)，盖上表面皿，置于电热板上，低温加热溶解，待完全溶解后，煮沸驱除氮的氧化物，取下，冷至室温。移入 500 mL 容量瓶中，补加 10 mL 硝酸(3.2.8)，用水稀释至刻度，混匀。此溶液 1 mL 含铅 2 mg。

3.2.17 乙二胺四乙酸二钠(Na_2 EDTA)标准滴定溶液：

3.2.17.1 配制：称取 4.5 g 乙二胺四乙酸二钠(Na_2 EDTA)置于 400 mL 烧杯中，加水微热溶解，冷至室温，移入 1 000 mL 容量瓶中，用水稀释至刻度，混匀。放置三天后标定。

3.2.17.2 标定：移取三份 25.00 mL 铅标准溶液(3.2.16)，分别置于 400 mL 烧杯中，加 50 mL 水、2 滴二甲酚橙溶液(3.2.14)，用氨水(3.2.9)中和至微红色，加 30 mL 缓冲溶液(3.2.10)，用 Na_2 EDTA 标准滴定溶液(3.2.17)滴定至溶液由桔红色变为亮黄色即为终点。随同标定做空白试验。

按式(2)计算 Na_2 EDTA 标准滴定溶液的实际浓度：

$$c = \frac{c_0 \cdot V_1}{(V_2 - V_0) \times 0.207\ 2} \quad \cdots\cdots (2)$$

式中：

c——Na_2 EDTA 标准滴定溶液的实际浓度，单位为摩尔每升(mol/L)；

c_0——铅标准溶液的质量浓度，单位为克每毫升(g/mL)；

V_0——空白溶液消耗的 Na_2 EDTA 标准滴定溶液的体积，单位为毫升(mL)；

V_1——移取铅标准溶液的体积，单位为毫升(mL)；

V_2——滴定时消耗 Na_2 EDTA 标准滴定溶液的体积，单位为毫升(mL)；

0.207 2——铅的摩尔质量，单位为克每摩尔(g/mol)。

测定值保留四位有效数字，其极差值应不大于 4×10^{-5} mol/L 时，取其平均值。否则重新标定。

3.3 试样

3.3.1 试样的粒度应不大于 0.074 mm。

3.3.2 试样在 100℃～105℃烘 1 h 后，置于干燥器中冷至室温。

3.4 分析步骤

3.4.1 试料

称取 0.50 g 试样，精确至 0.000 1 g。

独立地进行两次测定，取其平均值。

3.4.2 空白试验

随同试料做空白试验。

3.4.3 测定

3.4.3.1 将试料(3.4.1)置于 400 mL 烧杯中，用少量水润湿，加 0.5 g 氟化铵(3.2.3)，加入 15 mL～20 mL 硝酸-氯酸钾溶液(3.2.11)，盖上表面皿，加热溶解，待试料溶解完全后，取下冷却。

3.4.3.2 加 10 mL 硫酸(3.2.6)继续加热至冒浓烟约 2 min，取下冷却(若试料中含碳高，加 5 mL 高氯酸(3.2.7)继续加热冒烟至尽)。

3.4.3.3 用水吹洗表面皿及杯壁，加水至 50 mL，煮沸保温 10 min，取下，冷却至室温，加入 5 mL 无水乙醇(3.2.2)，放置 1 h。

3.4.3.4 用慢速定量滤纸过滤，用混合洗液(3.2.12)洗涤烧杯 2 次、沉淀数次，直接用硫氰酸钾溶液(3.2.15)检查滤液无红色出现为止，最后用水洗涤烧杯 1 次、沉淀 2 次，弃去滤液。

3.4.3.5 将滤纸展开，连同沉淀一起移入原烧杯中，加入 50 mL 缓冲溶液(3.2.10)、30 mL 水，盖上表面皿，加热微沸 10 min，搅拌使沉淀溶解，取下冷却，加水至 100 mL。

3.4.3.6 加入 0.1 g 抗坏血酸(3.2.1)、3 滴～4 滴二甲酚橙溶液(3.2.14)(含铋高时，加入 3 mL～4 mL巯基乙酸(3.2.13))，用 Na_2 EDTA 标准滴定溶液(3.2.17)滴定至溶液由桔红色变成亮黄色为终点。

3.5 结果计算

按式(3)计算铅的质量分数：

$$w(\mathrm{Pb}) = \frac{c(V_3 - V_4) \times 0.207\ 2}{m_0} \times 100 \quad \cdots\cdots (3)$$

式中：

w(Pb)——铅的质量分数，用%表示；

c——Na_2 EDTA 标准滴定溶液的实际浓度，单位为摩尔每升(mol/L)；

V_3——试料溶液消耗 Na_2 EDTA 标准滴定溶液的体积，单位为毫升(mL)；

V_4——空白溶液消耗 Na_2 EDTA 标准滴定溶液的体积，单位为毫升(mL)；

m_0——试料的质量，单位为克(g)；

0.207 2——铅的摩尔质量,单位为克每摩尔(g/mol)。

所得结果表示至两位小数。

3.6 允许差

实验室之间分析结果的差值应不大于表4所列允许差。

表4

单位为%

铅质量分数	允许差
5.00～10.00	0.20
>10.00～15.00	0.25

ICS 73.060.99
D 46

中华人民共和国国家标准

GB/T 20899.6—2007

金矿石化学分析方法
第6部分:锌量的测定

Methods for chemical analysis of gold ores—
Part 6:Determination of zinc contents

2007-04-27 发布　　　　2007-11-01 实施

中华人民共和国国家质量监督检验检疫总局
中国国家标准化管理委员会　发布

前 言

GB/T 20899《金矿石化学分析方法》分为 11 个部分：

——第 1 部分：金量的测定；

——第 2 部分：银量的测定；

——第 3 部分：砷量的测定；

——第 4 部分：铜量的测定；

——第 5 部分：铅量的测定；

——第 6 部分：锌量的测定；

——第 7 部分：铁量的测定；

——第 8 部分：硫量的测定；

——第 9 部分：碳量的测定；

——第 10 部分：锑量的测定；

——第 11 部分：砷量和铋量的测定。

本部分为 GB/T 20899 的第 6 部分。

本部分由中华人民共和国国家发展和改革委员会提出。

本部分由长春黄金研究院归口。

本部分由国家金银及制品质量监督检验中心（长春）负责起草。

本部分主要起草人：陈菲菲、黄蕊、鲍姝玲、刘冰、张琦。

金矿石化学分析方法
第6部分:锌量的测定

1 范围

本部分规定了金矿石中锌含量的测定方法。

本部分适用于金矿石中锌含量的测定。测定范围:0.01%～1.00%。

2 方法提要

试料用盐酸、硝酸、高氯酸和氢氟酸溶解。在稀盐酸介质中,于原子吸收光谱仪波长 213.9 nm 处,以空气-乙炔火焰,测量锌的吸光度。

3 试剂

3.1 盐酸(ρ1.19 g/mL)。

3.2 硝酸(ρ1.42 g/mL)。

3.3 高氯酸(ρ1.67 g/mL)。

3.4 氢氟酸(ρ1.42 g/mL)。

3.5 盐酸(1+1)。

3.6 锌标准贮存溶液:称取 0.500 0 g 金属锌(Zn 的质量分数≥99.99%)于 250 mL 烧杯中,加 20 mL 硝酸,盖上表面皿,加热至完全溶解,煮沸除去氮的氧化物,冷至室温。移入 1 000 mL 容量瓶中,用水稀释至刻度,混匀。此溶液 1 mL 含 0.5 mg 锌。

3.7 锌标准溶液:移取 10 mL 锌标准贮存溶液(3.6)于 250 mL 容量瓶中,加入 5 mL 硝酸,用水稀释至刻度,混匀。此溶液 1 mL 含 20 μg 锌。

4 仪器

原子吸收光谱仪,附锌空心阴极灯。

在仪器最佳条件下,凡能达到下列指标的原子吸收光谱仪均可使用。

灵敏度:在与测量溶液的基体相一致的溶液中,锌的特征浓度应不大于 0.007 7 μg/mL。

精密度:用最高浓度的标准溶液测量 11 次吸光度,其标准偏差应不超过平均吸光度的 1.0%;用最低浓度的标准溶液(不是"零"标准溶液)测量 11 次吸光度,其标准偏差应不超过最高浓度标准溶液平均吸光度的 0.5%。

工作曲线线性:将工作曲线按浓度等分成五段,最高段的吸光度差值与最低段的吸光度差值之比应不小于 0.8。

5 试样

5.1 样品粒度应不大于 0.074 mm。

5.2 样品在 100℃～105℃烘箱中烘 1 h 后,置于干燥器中冷却至室温。

6 分析步骤

6.1 试料

称取 0.20 g 试样,精确至 0.000 1 g。

独立进行两次测定,取其平均值。

6.2 空白试验

随同试料做空白试验。

6.3 测定

6.3.1 将试料(6.1)置于200 mL烧杯中,用少量水润湿,加入15 mL盐酸(3.1),置于电热板上加热数分钟,取下稍冷。加入5 mL硝酸(3.2)、2 mL～3 mL高氯酸(3.3)(试样含硅高时,加入5 mL氢氟酸(3.4),用聚四氟乙烯塑料烧杯溶解试料),蒸至近干,取下冷却,加入10 mL盐酸(3.5),煮沸溶解盐类,取下冷至室温。将溶液移入100 mL容量瓶中,以水稀释至刻度,混匀,静置。

6.3.2 按表1分取试液(6.3.1)并补加盐酸(3.5)于容量瓶中,用水稀释至刻度,混匀。

表 1

锌质量分数/%	试液分取量/mL	补加盐酸(3.5)量/mL	容量瓶体积/mL
0.010～0.050	—	—	—
>0.05～0.20	25.00	7.5	100
>0.20～0.50	10.00	9.0	100
>0.50～1.00	5.00	9.5	100

6.3.3 于原子吸收光谱仪波长213.9 nm处,使用空气-乙炔火焰,以水调零,测量锌的吸光度,减去随同试料的空白溶液吸光度,从工作曲线上查出相应的锌浓度。

6.4 工作曲线的绘制

6.4.1 移取0 mL、1.00 mL、2.00 mL、3.00 mL、4.00 mL、5.00 mL锌标准溶液(3.7)分别于一组100 mL容量瓶中,加入10 mL盐酸(3.5),用水稀释至刻度,混匀。

6.4.2 在与试料测定相同条件下测量标准溶液吸光度。以锌浓度为横坐标,吸光度(减去"零"浓度溶液吸光度)为纵坐标,绘制工作曲线。

7 结果计算

按式(1)计算锌的质量分数:

$$w(\mathrm{Zn})=\frac{c\cdot V_0\cdot V_2\times 10^{-6}}{m_0\cdot V_1}\times 100 \qquad \cdots\cdots(1)$$

式中:

$w(\mathrm{Zn})$——锌的质量分数,用%表示;

c——自工作曲线上查得的锌浓度,单位为微克每毫升(μg/mL);

V_0——试液的总体积,单位为毫升(mL);

V_1——分取试液的体积,单位为毫升(mL);

V_2——分取试液稀释后的体积,单位为毫升(mL);

m_0——试料的质量,单位为克(g)。

所得结果表示至两位小数,若质量分数小于0.10%时,表示至三位小数。

8 允许差

实验室间分析结果的差值应不大于表2所列允许差。

表 2

单位为%

锌质量分数	允 许 差
0.010～0.050	0.01
>0.050～0.10	0.03
>0.10～0.20	0.05
>0.20～0.50	0.06
>0.50～1.00	0.08

ICS 73.060.99
D 46

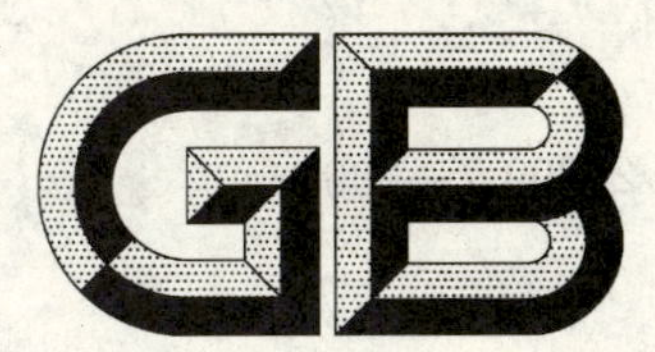

中华人民共和国国家标准

GB/T 20899.7—2007

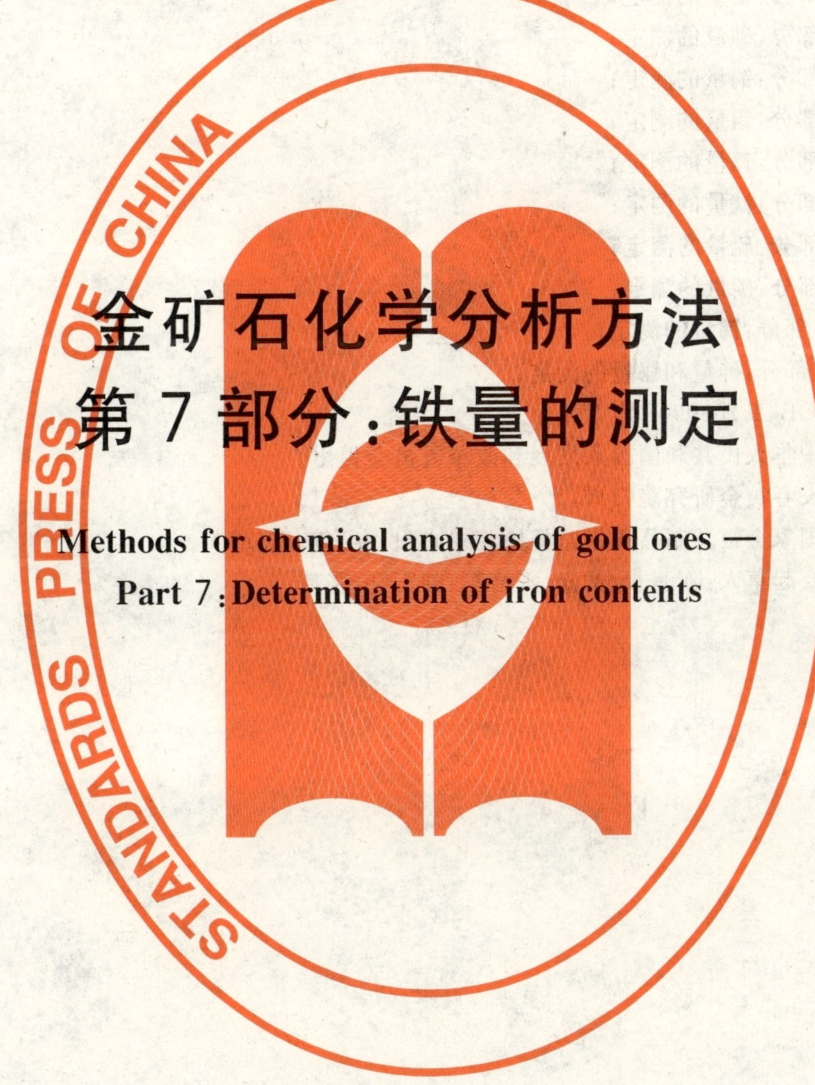

金矿石化学分析方法 第7部分:铁量的测定

Methods for chemical analysis of gold ores — Part 7: Determination of iron contents

2007-04-27 发布

2007-11-01 实施

中华人民共和国国家质量监督检验检疫总局
中国国家标准化管理委员会 发布

前　言

GB/T 20899《金矿石化学分析方法》分为 11 个部分：

——第 1 部分：金量的测定；

——第 2 部分：银量的测定；

——第 3 部分：砷量的测定；

——第 4 部分：铜量的测定；

——第 5 部分：铅量的测定；

——第 6 部分：锌量的测定；

——第 7 部分：铁量的测定；

——第 8 部分：硫量的测定；

——第 9 部分：碳量的测定；

——第 10 部分：锑量的测定；

——第 11 部分：砷量和铋量的测定。

本部分为 GB/T 20899 的第 7 部分。

本部分由中华人民共和国国家发展和改革委员会提出。

本部分由长春黄金研究院归口。

本部分由国家金银及制品质量监督检验中心(长春)负责起草。

本部分主要起草人：陈菲菲、黄蕊、陈培军、刘正红、张琦。

金矿石化学分析方法
第7部分:铁量的测定

1 范围

本部分规定了金矿石中铁含量的测定方法。

本部分适用于金矿石中铁含量的测定。测定范围:1.00%～10.00%。

2 方法提要

试料经盐酸、硝酸和硫酸溶解,用氨水沉淀分离干扰元素,在盐酸介质中,用二氯化锡还原三价铁离子为二价,过量的二氯化锡用氯化高汞氧化,在硫酸-磷酸存在下,以二苯胺磺酸钠为指示剂,用重铬酸钾标准溶液滴定。

3 试剂

3.1 盐酸(ρ1.19 g/mL)。

3.2 硝酸(ρ1.42 g/mL)。

3.3 硫酸(ρ1.84 g/mL)。

3.4 磷酸(ρ1.70 g/mL)。

3.5 氨水(ρ0.90 g/mL)。

3.6 盐酸(1+1)。

3.7 硫酸(1+1)。

3.8 氯化铵。

3.9 洗液:25 g 氯化铵(3.8)以 500 mL 水溶解,加入 20 mL 氨水(3.5),混匀。

3.10 二氯化锡溶液(50 g/L):称取 5 g 二氯化锡溶于 20 mL 热盐酸(3.1)中,用水稀释至 100 mL,混匀。

3.11 二氯化汞(饱和溶液)。

3.12 硫酸-磷酸混合溶液:在搅拌下将 200 mL 硫酸(3.3)缓慢加入到 500 mL 水中,冷却后加入 300 mL磷酸(3.4),混匀。

3.13 二苯胺磺酸钠指示剂(5 g/L):称取 0.5 g 二苯胺磺酸钠,溶于 100 mL 水中,加入二滴硫酸(3.7)混匀,存放于棕色试剂瓶中。

3.14 铁标准溶液:称取 1.429 7 g 三氧化二铁(优级纯)于 250 mL 锥形瓶中,加入 50 mL 盐酸(3.1),盖上表面皿,低温加热溶解完全,冷却,移入 1 000 mL 容量瓶中,用水稀释至刻度,混匀。此溶液含铁 1.00 mg/mL。

3.15 重铬酸钾标准滴定溶液[$c(1/6K_2Cr_2O_7) = 0.040\ 00$ mol/L]:

3.15.1 配制:称取 1.961 2 g 重铬酸钾于 250 mL 烧杯中,以少量水溶解,移入 1000 mL 容量瓶中,用水稀释至刻度,混匀。

3.15.2 标定:移取三份 20 mL 铁标准溶液(3.14)于 250 mL 锥形瓶中,加热至近沸,趁热滴加二氯化锡溶液(3.10)至铁的黄色完全消失并过量 1 滴～2 滴,流水冷却至室温,加入 10 mL 二氯化汞溶液(3.11),放置 2 min～3 min,加入 100 mL 水,20 mL 硫酸-磷酸混合溶液(3.12),加 4 滴二苯胺磺酸钠指示剂(3.13),用重铬酸钾标准滴定溶液滴定至紫色,即为终点。随同标定做空白试验。

按式(1)计算重铬酸钾标准滴定溶液的实际浓度：

$$c = \frac{c_0 \cdot V_1}{V_2 \times 0.05585} \quad \cdots\cdots(1)$$

式中：

c ——重铬酸钾标准滴定溶液的实际浓度，单位为摩尔每升(mol/L)；

c_0——铁标准溶液的质量浓度，单位为克每毫升(g/mL)；

V_1——移取铁标准溶液的体积，单位为毫升(mL)；

V_2——滴定铁标准溶液消耗重铬酸钾标准滴定溶液的体积，单位为毫升(mL)。

0.055 85 ——铁的摩尔质量，单位为克每摩尔(g/mol)。

测定值保留四位有效数字，其极差值不大于 3×10^{-5} mol/L 时，取其平均值。否则重新标定。

4 试样

4.1 试样粒度应不大于 0.074 mm。

4.2 试样在 100℃～105℃烘 1 h 后，置于干燥器中冷至室温。

5 分析步骤

5.1 试料

称取 0.20 g～0.50 g 试样，精确至 0.000 1 g。

独立地进行两次测定，取其平均值。

5.2 空白试验

随同试料做空白试验。

5.3 测定

5.3.1 将试料(5.1)置于 400 mL 烧杯中，用少量水润湿，加入 10 mL 盐酸(3.1)，盖上表面皿，置于电热板上低温加热数分钟，取下稍冷。加入 5 mL 硝酸(3.2)，加热使试料溶解完全，冷却，加 4 mL 硫酸(3.7)，继续加热蒸发至冒浓三氧化硫白烟，稍冷。

5.3.2 加入 10 mL 盐酸(3.6)加热使可溶性盐溶解，加入 3 g～4 g 氯化铵(3.8)，搅拌，加入 20 mL 氨水(3.5)，加入 100 mL 水，加热煮沸，用快速滤纸过滤，用热洗液(3.9)洗涤烧杯和沉淀各四次，再用水各洗一次。

5.3.3 用热盐酸(3.6)溶解沉淀于原烧杯中，然后用热水和盐酸(3.6)交替洗涤滤纸至无黄色，加热至近沸，趁热滴加二氯化锡溶液(3.10)至黄色消失并过量 1 滴～2 滴，流水冷却至室温，加入 10 mL 二氯化汞溶液(3.11)，放置 2 min～3 min，加入 100 mL 水，20 mL 硫酸-磷酸混合溶液(3.12)，加四滴二苯胺磺酸钠指示剂(3.13)，用重铬酸钾标准滴定溶液(3.15)滴定至紫色，即为终点。

6 结果计算

按式(2)计算铁的质量分数：

$$w(\mathrm{Fe}) = \frac{c(V_1 - V_0) \times 0.05585}{m_0} \times 100 \quad \cdots\cdots(2)$$

式中：

$w(\mathrm{Fe})$——铁的质量分数，用%表示；

c ——重铬酸钾标准滴定溶液的实际浓度，单位为摩尔每升(mol/L)；

V_1——滴定试料溶液消耗重铬酸钾标准滴定溶液的体积，单位为毫升(mL)；

V_0——滴定空白溶液消耗重铬酸钾标准滴定溶液的体积，单位为毫升(mL)；

m_0——试料的质量，单位为克(g)；

0.055 85 ——铁的摩尔质量，单位为克每摩尔(g/mol)。

所得结果表示至两位小数。

7 允许差

实验室之间分析结果的差值应不大于表1所列允许差。

表 1

单位为%

铁质量分数	允许差
1.00～2.00	0.10
>2.00～5.00	0.15
>5.00～10.00	0.20

ICS 73.060.99
D 46

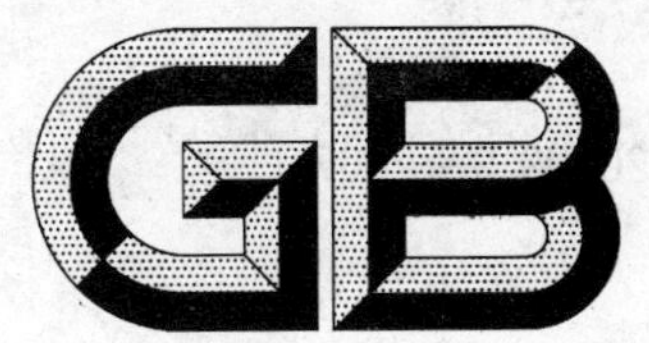

中华人民共和国国家标准

GB/T 20899.8—2007

金矿石化学分析方法 第8部分:硫量的测定

Methods for chemical analysis of gold ores — Part 8: Determination of sulfur contents

2007-04-27 发布

2007-11-01 实施

中华人民共和国国家质量监督检验检疫总局
中国国家标准化管理委员会 发布

前　言

GB/T 20899《金矿石化学分析方法》分为 11 个部分：

——第 1 部分：金量的测定；

——第 2 部分：银量的测定；

——第 3 部分：砷量的测定；

——第 4 部分：铜量的测定；

——第 5 部分：铅量的测定；

——第 6 部分：锌量的测定；

——第 7 部分：铁量的测定；

——第 8 部分：硫量的测定；

——第 9 部分：碳量的测定；

——第 10 部分：锑量的测定；

——第 11 部分：砷量和铋量的测定。

本部分为 GB/T 20899 的第 8 部分。

本部分由中华人民共和国国家发展和改革委员会提出。

本部分由长春黄金研究院归口。

本部分由国家金银及制品质量监督检验中心(长春)负责起草。

本部分主要起草人：陈菲菲、黄蕊、陈培军、刘正红、张琦。

金矿石化学分析方法
第8部分:硫量的测定

1 范围

本部分规定了金矿石中硫含量的测定方法。

本部分适用于金矿石中硫含量的测定。

2 硫酸钡重量法测定硫量(测定范围:1.00%~15.00%)

2.1 方法提要

试料在800℃经碳酸钠、氧化锌、高锰酸钾混合熔剂熔融后,用水溶解可溶物,并用氯化钡沉淀溶液中的硫酸根,沉淀经过滤、灼烧后称重,按硫酸钡的质量计算试样中硫的含量。

2.2 试剂

2.2.1 混合熔剂:将无水碳酸钠、氧化锌、高锰酸钾按质量比为1∶1∶0.1相混合,研细,混匀。

2.2.2 过氧化氢(3+7)。

2.2.3 盐酸(ρ1.19 g/mL)。

2.2.4 无水碳酸钠溶液(20 g/L)。

2.2.5 氯化钡溶液(100 g/L):过滤后使用。

2.2.6 硝酸银溶液(10 g/L):每100 mL硝酸银溶液中加入3滴~4滴硝酸(ρ1.42 g/mL)。

2.2.7 甲基橙指示剂(1 g/L)。

2.3 试样

2.3.1 试样粒度应不大于0.074 mm。

2.3.2 试样在100℃~105℃烘1 h后,置于干燥器中冷至室温。

2.4 分析步骤

2.4.1 试料

按表1称取试样,精确至0.0001 g。

独立地进行两次测定,取其平均值。

表1

硫质量分数/%	试料量/g
1.00~5.00	1.00
>5.00~15.00	0.50

2.4.2 空白试验

随同试料做空白试验。

2.4.3 测定

2.4.3.1 在25 mL瓷坩埚中铺1 g~2 g混合熔剂(2.2.1),于另一瓷坩埚中,加入4 g~6 g混合熔剂(2.2.1),加入试料(2.4.1),搅拌均匀,移入铺有混合熔剂的瓷坩埚中,上面再覆盖一层1 g~2 g混合熔剂(2.2.1)。

2.4.3.2 将坩埚放入高温炉中,稍开炉门,从室温逐渐升温至800℃,保温20 min,取出冷却。

2.4.3.3 将坩埚中半熔物移入盛有 100 mL 热水的 250 mL 烧杯中，以热水洗净坩埚，并稀释至 150 mL，加入 2 mL 过氧化氢(2.2.2)，煮沸数分钟，以倾泻法用慢速定量滤纸过滤于 500 mL 烧杯中，以无水碳酸钠溶液(2.2.4)洗烧杯 4 次，洗沉淀 8 次～10 次。

2.4.3.4 向滤液中加入 1 滴～2 滴甲基橙指示剂(2.2.7)，用盐酸(2.2.3)中和至溶液变红，再过量 3 mL。

2.4.3.5 将滤液用水稀释至体积为 300 mL，煮沸，趁热在不断搅拌下缓慢加入 20 mL 氯化钡溶液(2.2.5)，煮沸，于室温下静置 3 h。

2.4.3.6 用慢速定量滤纸过滤，用热水洗沉淀至无氯离子(用硝酸银溶液(2.2.6)检验)。

2.4.3.7 将沉淀连同滤纸放入 25 mL 瓷坩埚中，置于低温电炉上，烘干灰化，于 780℃±10℃马弗炉中灼烧 0.5 h，取出瓷坩埚置于干燥器中，冷至室温后称重，并重复灼烧至恒量。

2.5 结果计算

按式(1)计算硫的质量分数：

$$w(S)=\frac{[(m_1-m_2)-(m_3-m_4)]\times 0.1374}{m_0}\times 100 \quad \cdots\cdots(1)$$

式中：

$w(S)$——硫的质量分数，用%表示；

m_1——试料沉淀与瓷坩埚的质量，单位为克(g)；

m_2——瓷坩埚的质量，单位为克(g)；

m_3——空白沉淀与瓷坩埚的质量，单位为克(g)；

m_4——空白瓷坩埚的质量，单位为克(g)；

m_0——试料的质量，单位为克(g)；

0.137 4——硫酸钡换算为硫的换算因数。

所得结果表示至两位小数。

2.6 允许差

实验室之间分析结果的差值应不大于表 2 所列允许差。

表 2

单位为%

硫质量分数	允许差
1.00～5.00	0.15
>5.00～10.00	0.20
>10.00～15.00	0.30

3 燃烧-酸碱滴定法测定硫量(测定范围：0.10%～15.00%)

3.1 方法提要

试料在 1 250℃～1 300℃高温氧气流中燃烧，使硫转化成二氧化硫，用过氧化氢溶液吸收并氧化成硫酸。以甲基红-次甲基蓝为混合指示剂，用氢氧化钠标准滴定溶液滴定至溶液由紫红色变为亮绿色即为终点。

3.2 试剂

3.2.1 氢氧化钠。

3.2.2 变色硅胶。

3.2.3 氧化铜，粉状。

3.2.4 铅粉(Pb的质量分数≥99.99%)。

3.2.5 硫酸(ρ1.84 g/mL)。

3.2.6 硫酸(1+1)。

3.2.7 硝酸(1+3)。

3.2.8 高锰酸钾-氢氧化钠溶液:称取3.0 g高锰酸钾溶于100 mL水中,加入10 g氢氧化钠(3.2.1),溶解后装入洗气瓶中。

3.2.9 甲基红-次甲基蓝混合指示剂:称取0.12 g甲基红和0.08 g次甲基蓝(两者均需研细),溶于100 mL无水乙醇中。

3.2.10 过氧化氢吸收液:移取100 mL过氧化氢(30%),加水稀释至2 000 mL,加1 mL混合指示剂(3.2.9)。限一周内使用。

3.2.11 硫酸铅基准试剂的制备:

称取20 g铅粉(3.2.4)于500 mL的烧杯中,加入30 mL硝酸(3.2.7)溶解,待反应完全后过滤除去悬浮物,加入20 mL硫酸(3.2.6),沉降2 h后用中速定量滤纸过滤,用蒸馏水洗至中性,在烘箱内烘干,放到瓷坩埚中,于高温炉780℃灼烧1 h,取出稍冷放入干燥器中。待室温后取出放入研钵中研磨,再放入高温炉780℃灼烧1 h后取出,放入干燥器中作为基准物。

3.2.12 氢氧化钠标准滴定溶液[c(NaOH)= 0.10 mol/L]:

3.2.12.1 配制:将氢氧化钠配制成饱和溶液,并在塑料瓶内放置至溶液澄清。吸取50 mL上清液,用不含二氧化碳的水稀释至10 L,混匀。

3.2.12.2 标定:准确称取0.400 0 g硫酸铅基准试剂(3.2.11)于瓷舟中,覆盖0.5 g氧化铜(3.2.3),按3.5.3.4、3.5.3.5同时进行标定,记录消耗氢氧化钠标准滴定溶液的体积。

按式(2)计算氢氧化钠标准滴定溶液对硫的滴定系数:

$$F = \frac{m \times 0.1057}{V_1 - V_0} \quad \cdots\cdots(2)$$

式中:

F ——氢氧化钠标准滴定溶液对硫的滴定系数,单位为克每毫升(g/mL);

m ——称取硫酸铅的质量,单位为克(g);

V_0——标定时,滴定空白溶液所消耗氢氧化钠标准滴定溶液的体积,单位为毫升(mL);

V_1——标定时,消耗氢氧化钠标准滴定溶液的体积,单位为毫升(mL);

0.105 7 ——硫酸铅转化为硫的系数。

平行标定三份,测定值保留四位有效数字,其极差值不大于1×10^{-5} g/mL时,取其平均值,否则重新标定。

3.3 装置

3.3.1 高温管式电炉:最高温度1 350℃,常用温度1 300℃。

3.3.2 温度自动控制器(0℃~1 600℃)。

3.3.3 转子流量计(0 L/min~2 L/min)。

3.3.4 锥形燃烧管:内径18 mm,外径22 mm,总长600 mm。

3.3.5 瓷舟:长88 mm,使用前应在1 000℃预先灼烧1 h。

3.3.6 硫的测定装置(见图1)。

3.4 试样

3.4.1 试样粒度应不大于0.074 mm。

3.4.2 试样在100℃~105℃烘1 h后,置于干燥器中冷至室温。

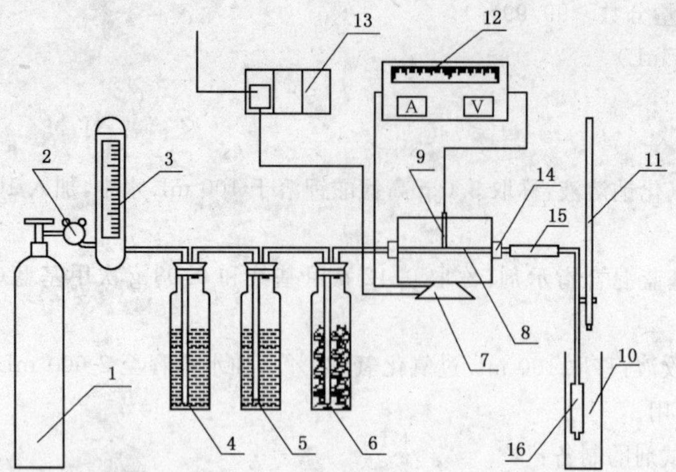

1——氧气瓶；

2——减压阀；

3——转子流量计；

4——洗气瓶[内装高锰酸钾-氢氧化钠溶液(3.2.8),液面高约 1/3 瓶高]；

5——洗气瓶[内装硫酸(3.2.5),液面高约 1/3 瓶高]；

6——干燥塔[内装变色硅胶(3.2.2)]；

7——高温管式电炉；

8——锥形瓷管；

9——瓷舟；

10——150 mL 气体吸收瓶；

11——滴定管；

12——温度控制器；

13——电源；

14——橡胶塞；

15——乳胶管；

16——多孔气体扩散管。

图 1　燃烧-酸碱滴定法定硫装置图

3.5　分析步骤

3.5.1　试料

称取 0.20 g 试样,精确至 0.000 1 g。

独立地进行两次测定,取其平均值。

3.5.2　空白试验

随同试料做空白试验。

3.5.3　测定

3.5.3.1　将试料(3.5.1)均匀地置于瓷舟中,覆盖 0.5 g 氧化铜(3.2.3),放于干燥器中。

3.5.3.2　接通高温管式电炉电源,分 2 次～3 次逐渐加大电压,使炉温升至 1 250℃。

3.5.3.3　在 150 mL 的吸收瓶中加入 80 mL 过氧化氢吸收液(3.2.10),使吸收液的液面距离气体扩散管下端 50 mm。

3.5.3.4　按图 1 连接好全部装置。在通气的条件下检查装置的气密性。调节氧气流量为 0.15 L/min～0.20 L/min,滴加氢氧化钠标准滴定溶液(3.2.12)至吸收液为亮绿色,不记读数。

3.5.3.5　用镍铬丝将盛有试料的瓷舟迅速推入燃烧管温度最高处,立即塞紧橡胶塞通入氧气,调整氧气流量在0.15 L/min～0.20 L/min之间，吸收1 min后，调整氧气的流量在0.40 L/min～0.50 L/min之间开始滴定，以氢氧化钠标准滴定溶液(3.2.12)滴定至由紫红色转变成亮绿色为终点。

注：不论新旧燃烧管，开始测定前，均应在1 200℃～1 250℃充分燃烧，并预烧1个～2个实验样品后，方可进行正式试样的测定。

3.6 结果计算

按式(3)计算硫的质量分数：

$$w(S)=\frac{c(V_2-V_0)\times 0.016\,03}{m_0}\times 100 \qquad (3)$$

式中：

$w(S)$——硫的质量分数，用%表示；

c——氢氧化钠标准滴定溶液的实际浓度，单位为摩尔每升(mol/L)；

V_2——测定时滴定试料溶液消耗氢氧化钠标准滴定溶液的体积，单位为毫升(mL)；

V_0——测定时滴定空白试验溶液消耗氢氧化钠标准滴定溶液的体积，单位为毫升(mL)；

m_0——试料的质量，单位为克(g)；

0.016 03——硫的摩尔质量，单位为克每摩尔(g/mol)。

所得结果表示至两位小数。

3.7 允许差

实验室之间分析结果的差值应不大于表3所列允许差。

表3

单位为%

硫质量分数	允许差
0.10～1.00	0.10
>1.00～5.00	0.15
>5.00～10.00	0.20
>10.00～15.00	0.30

ICS 73.060.99
D 46

中华人民共和国国家标准

GB/T 20899.9—2007

金矿石化学分析方法 第9部分：碳量的测定

Methods for chemical analysis of gold ores —
Part 9: Determination of carbon contents

2007-04-27 发布 2007-11-01 实施

中华人民共和国国家质量监督检验检疫总局
中国国家标准化管理委员会 发布

前　言

GB/T 20899《金矿石化学分析方法》分为11个部分：

——第1部分：金量的测定；

——第2部分：银量的测定；

——第3部分：砷量的测定；

——第4部分：铜量的测定；

——第5部分：铅量的测定；

——第6部分：锌量的测定；

——第7部分：铁量的测定；

——第8部分：硫量的测定；

——第9部分：碳量的测定；

——第10部分：锑量的测定；

——第11部分：砷量和铋量的测定。

本部分为GB/T 20899的第9部分。

本部分由中华人民共和国国家发展和改革委员会提出。

本部分由长春黄金研究院归口。

本部分由国家金银及制品质量监督检验中心(长春)负责起草。

本部分主要起草人：陈菲菲、黄蕊、刘冰、刘正红、张琦。

金矿石化学分析方法
第9部分:碳量的测定

1 范围

本部分规定了金矿石中碳含量的测定方法。

本部分适用于金矿石中碳含量的测定。测定范围:0.10%~5.00%。

2 方法提要

试料在1 200℃~1 250℃高温氧气流中燃烧,使碳转化成二氧化碳,以百里酚酞为指示剂,用乙醇-乙醇胺-氢氧化钾溶液吸收滴定二氧化碳。

3 试剂

3.1 碳酸钙(基准试剂)。

3.2 变色硅胶。

3.3 氧化铜,粉状。

3.4 无水乙醇。

3.5 硫酸(ρ1.84 g/mL)。

3.6 高锰酸钾-氢氧化钠溶液:称取3.0 g高锰酸钾溶于100 mL水中,加入10 g氢氧化钠,溶解后装入洗气瓶中。

3.7 标准吸收滴定溶液:

3.7.1 配制:将30 mL乙醇胺溶于970 mL无水乙醇(3.4)中,加入3.0 g氢氧化钾及150 mg百里酚酞指示剂,混匀,放置3 d~5 d后备用。

3.7.2 标定:称取0.010 0 g(精确至0.000 1 g)预先在100℃~105℃烘至恒重的碳酸钙(3.1),置于预先在1 000℃高温炉中灼烧过的瓷舟中,加入适量的氧化铜(3.3),以下操作按分析步骤进行。

按式(1)计算标准吸收滴定溶液的滴定度:

$$T = \frac{m_1 \times 0.120\,0}{V} \qquad \cdots\cdots(1)$$

式中:

T ——与1.00 mL标准吸收滴定溶液相当的以克表示的碳的质量,单位为克每毫升(g/mL);

m_1——称取碳酸钙的质量,单位为克(g);

V ——标定时,滴定消耗标准吸收滴定溶液的体积,单位为毫升(mL);

0.120 0——碳酸钙对碳的换算系数。

平行标定三份,测定值保留四位有效数字,其极差值不大于1×10^{-5} g/mL时,取其平均值,否则,重新标定。

4 装置

4.1 高温管式电炉:最高温度1 350℃,常用温度1 300℃。

4.2 温度自动控制器(0℃~1 600℃)。

4.3 转子流量计(0 L/min~2 L/min)。

4.4 锥形燃烧管:内径18 mm,外径22 mm,总长600 mm。

4.5　瓷舟：长 88 mm，使用前应在 1 000℃预先灼烧 1 h。

4.6　碳的测定装置(见图 1)

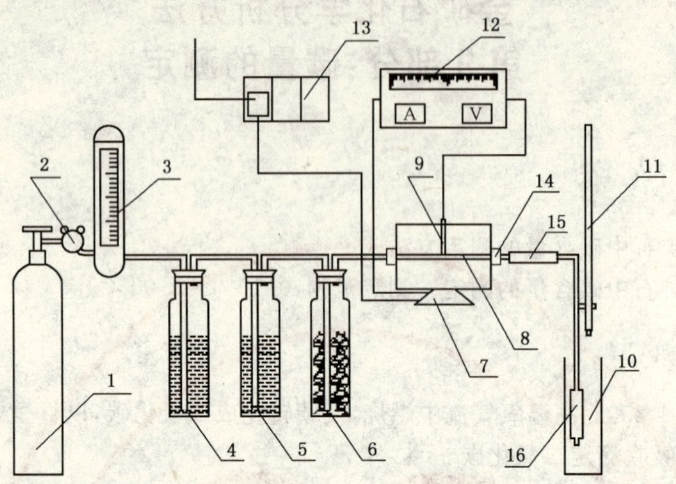

1——氧气瓶；

2——减压阀；

3——转子流量计；

4——洗气瓶[内装高锰酸钾-氢氧化钠溶液(3.6)，液面高约 1/3 瓶高]；

5——洗气瓶[内装硫酸(3.5)，液面高约 1/3 瓶高]；

6——干燥塔[内装变色硅胶(3.2)]；

7——高温管式电炉；

8——锥形瓷管；

9——瓷舟；

10——150 mL 气体吸收瓶；

11——滴定管；

12——温度控制器；

13——电源；

14——橡胶塞；

15——乳胶管；

16——多孔气体扩散管。

图 1　非水滴定法测定碳装置图

5　试样

5.1　试样粒度应不大于 0.074 mm。

5.2　试样在 100℃～105℃烘 1 h 后，置于干燥器中冷至室温。

6　分析步骤

6.1　试料

称取 0.10 g 试样，精确至 0.000 1 g。

独立地进行两次测定，取其平均值。

6.2　空白试验

随同试料做空白试验。

6.3　测定

6.3.1　将试料(6.1)均匀地置于瓷舟中，覆盖 0.5 g 氧化铜(3.3)，放于干燥器中。

6.3.2 接通高温管式电炉电源,分 2 次～3 次逐渐加大电压,使炉温升至 1 250℃。

6.3.3 在二氧化碳吸收瓶中加入标准吸收滴定溶液(3.7),使吸收液的液面距离气体扩散管下端 50 mm。

6.3.4 按图 1 连接好全部装置。在通气的条件下检查装置的气密性。调节氧气流量为 0.15 L/min～0.20 L/min。

6.3.5 用镍铬丝将盛有任一试料的瓷舟迅速推入燃烧管温度最高处,立即塞紧橡胶塞通入氧气,待吸收瓶中溶液蓝色消退时,立即用标准吸收溶液(3.7)滴定至出现稳定的蓝色即为终点。

6.3.6 试料分析:用镍铬丝将盛有试料的瓷舟迅速推入燃烧管温度最高处,立即塞紧橡胶塞通入氧气,调整氧气流量在 0.15 L/min～0.20 L/min 之间,吸收瓶中溶液蓝色消退时,立即用标准吸收滴定溶液(3.7)滴定至出现稳定的蓝色并与 6.3.5 终点颜色一致,即为终点。

注:不论新旧燃烧管,开始测定前,均应在 1 200℃～1 250℃充分燃烧,并预烧 1 个～2 个实验样品后,方可进行正式试样的测定。

7 结果计算

按式(2)计算碳的质量分数:

$$w(\mathrm{C}) = \frac{T \cdot V_1}{m_0} \times 100 \qquad \cdots\cdots(2)$$

式中:

$w(\mathrm{C})$ ——碳的质量分数,用%表示;

T ——与 1.00 mL 标准吸收滴定溶液相当的以克表示的碳的质量,单位为克每毫升(g/mL);

V_1——测定时滴定试料溶液标准吸收滴定溶液的体积,单位为毫升(mL);

m_0——试料的质量,单位为克(g);

所得结果表示至两位小数。

8 允许差

实验室之间分析结果的差值应不大于表 1 所列允许差。

表 1　　单位为%

碳质量分数	允许差
0.05～0.10	0.03
>0.10～0.20	0.05
>0.20～0.50	0.08
>0.50～1.00	0.10
>1.00～2.00	0.20
>2.00～5.00	0.30

ICS 73.060.99
D 46

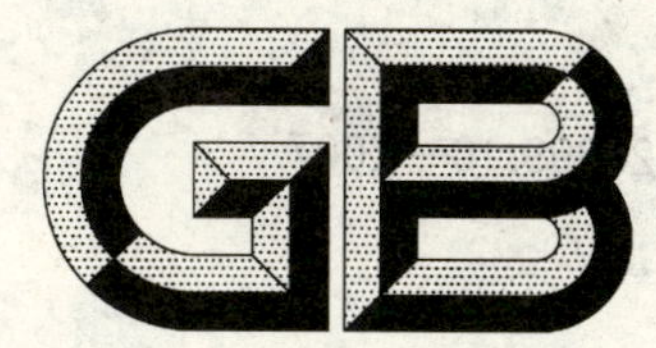

中华人民共和国国家标准

GB/T 20899.10—2007

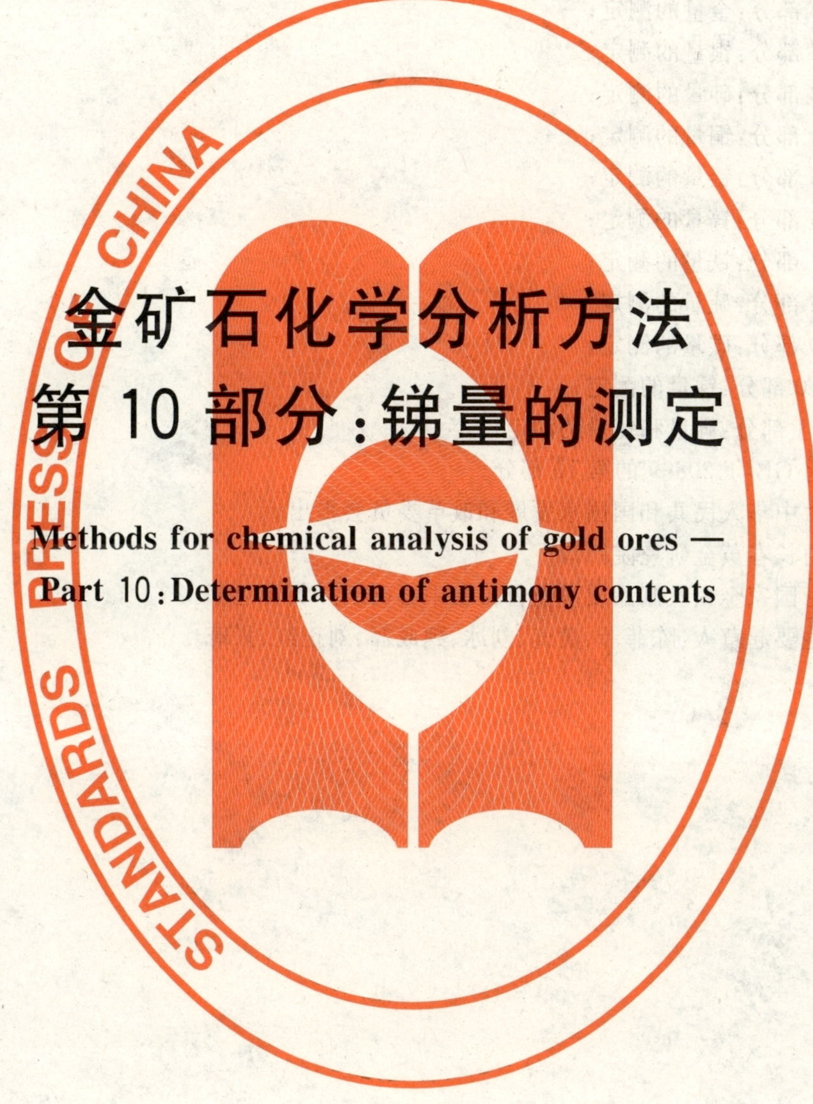

金矿石化学分析方法 第10部分:锑量的测定

Methods for chemical analysis of gold ores — Part 10: Determination of antimony contents

2007-04-27 发布 2007-11-01 实施

中华人民共和国国家质量监督检验检疫总局
中国国家标准化管理委员会 发布

前　言

GB/T 20899《金矿石化学分析方法》分为11个部分：

——第1部分：金量的测定；

——第2部分：银量的测定；

——第3部分：砷量的测定；

——第4部分：铜量的测定；

——第5部分：铅量的测定；

——第6部分：锌量的测定；

——第7部分：铁量的测定；

——第8部分：硫量的测定；

——第9部分：碳量的测定；

——第10部分：锑量的测定；

——第11部分：砷量和铋量的测定。

本部分为GB/T 20899的第10部分。

本部分由中华人民共和国国家发展和改革委员会提出。

本部分由长春黄金研究院归口。

本部分由国家金银及制品质量监督检验中心(长春)负责起草。

本部分主要起草人：陈菲菲、黄蕊、刘冰、魏成磊、刘正红、张琦。

金矿石化学分析方法
第10部分:锑量的测定

1 范围

本部分规定了金矿石中锑含量的测定方法。

本部分适用于金矿石中锑含量的测定。

2 硫酸铈滴定法测定锑量(测定范围:0.20%～5.00%)

2.1 方法提要

试料用硫酸-硫酸钾分解,以炭素作还原剂和助溶剂,在盐酸介质中,加磷酸掩蔽高价铁离子,以甲基橙为指示剂,在80℃～90℃用硫酸铈标准滴定溶液滴定至溶液红色消失,即为终点。

2.2 试剂

2.2.1 硫酸钾。

2.2.2 硫酸(ρ1.84 g/mL)。

2.2.3 磷酸(ρ1.70 g/mL)。

2.2.4 盐酸(ρ1.19 g/mL)。

2.2.5 硫酸(1+1)。

2.2.6 金属锑(Sb的质量分数≥99.99%)。

2.2.7 甲基橙指示剂(1 g/L)。

2.2.8 硫酸铈标准滴定溶液[$c(Ce(SO_4)_2 \cdot 4H_2O)=0.05$ mol/L]:

2.2.8.1 配制:称取20.25 g硫酸铈[$Ce(SO_4)_2 \cdot 4H_2O$],置于1 000 mL烧杯中,加入200 mL硫酸(2.2.5),加入600 mL水,在电炉上加热溶解至清亮,取下冷至室温,移入1 000 mL容量瓶中,以水稀释至刻度,混匀。

2.2.8.2 标定:称取三份0.100 0 g金属锑(2.2.6),分别置于300 mL锥形瓶中,以少量水润湿,加入20 mL硫酸(2.2.5),加热溶解至清亮,取下冷却。以下操作按2.4.3.2、2.4.3.3进行。

随同标定做空白试验。

按式(1)计算硫酸铈标准滴定溶液的实际浓度:

$$c=\frac{m}{(V_1-V_0)\times 0.060\,88} \qquad \cdots\cdots(1)$$

式中:

c——硫酸铈标准滴定溶液的实际浓度,单位为摩尔每升(mol/L);

m——金属锑的质量,单位为克(g);

V_1——滴定锑消耗硫酸铈标准滴定溶液的体积,单位为毫升(mL);

V_0——标定中空白溶液消耗硫酸铈标准滴定溶液的体积,单位为毫升(mL);

0.060 88——锑的摩尔质量,单位为克每摩尔(g/mol)。

测定值保留四位有效数字,其极差值不大于4×10^{-4} mol/L时,取其平均值。否则,需重新标定。

2.3 试样

2.3.1 试样粒度应不大于0.074 mm。

2.3.2 试样在100℃～105℃烘1 h后,置于干燥器中冷至室温。

2.4 分析步骤

2.4.1 试料

称取 1.00 g 试样，精确至 0.000 1 g。

独立地进行两次测定，取其平均值。

2.4.2 空白试验

随同试料做空白试验。

2.4.3 测定

2.4.3.1 将试料(2.4.1)置于 300 mL 锥形瓶中，加入 2 g 硫酸钾(2.2.1)，以少量水润湿，加入 15 mL 硫酸(2.2.2)，置于电热板上加热，待驱除大部分硫后，盖上表面皿，在保持溶液微沸的温度下溶解 30 min。取下稍冷，加入约 3 cm^2 定性滤纸，继续加热至滤纸炭化后溶液的暗色消失，取下冷却。

2.4.3.2 加入 100 mL 水、20 mL 盐酸(2.2.4)，混匀，加入 10 mL 磷酸(2.2.3)，混匀，煮沸。

2.4.3.3 加入 2 滴甲基橙指示剂(2.2.7)，在保持溶液 80℃～90℃的温度下，用硫酸铈标准滴定溶液(2.2.8)滴定至溶液的红色恰好消失，即为终点。

2.5 结果计算

按式(2)计算锑的质量分数：

$$w(\mathrm{Sb})=\frac{c(V_2-V_3)\times 0.060\ 88}{m_0}\times 100 \qquad \cdots\cdots(2)$$

式中：

$w(\mathrm{Sb})$——锑的质量分数，用(%)表示；

c——硫酸铈标准滴定溶液的实际浓度，单位为摩尔每升(mol/L)；

V_2——滴定试料溶液消耗硫酸铈标准滴定溶液的体积，单位为毫升(mL)；

V_3——滴定空白溶液消耗硫酸铈标准滴定溶液的体积，单位为毫升(mL)；

m_0——试料的质量，单位为克(g)；

0.060 88——锑的摩尔质量，单位为克每摩尔(g/mol)。

所得结果应表示至两位小数。

2.6 允许差

实验室之间分析结果的差值应不大于表 1 所列允许差。

表 1

单位为%

锑质量分数	允许差
0.20～0.50	0.05
>0.50～1.00	0.08
>1.00～2.00	0.12
>2.00～3.00	0.16
>3.00～5.00	0.20

3 氢化物发生-原子荧光光谱法测定锑量(测定范围：0.010%～0.40%)

3.1 方法提要

试料用酸溶解。在稀盐酸介质中，加入抗坏血酸预还原，以硫脲掩蔽铜。移取一定量待测液于氢化物发生器中，锑(Ⅲ)被硼氢化钾还原为氢化锑，用氩气导入石英炉原子化器中，以锑空心阴极灯作光源，于原子荧光光谱仪上测定其荧光强度。

3.2 试剂

3.2.1 硝酸(ρ1.42 g/mL)。

3.2.2 盐酸(ρ1.19 g/mL)。

3.2.3 盐酸(1+1)。

3.2.4 盐酸(1+9)。

3.2.5 酒石酸。

3.2.6 金属锑(Sb的质量分数≥99.9%)。

3.2.7 硫脲-抗坏血酸溶液(50 g/L~50 g/L),当天配制。

3.2.8 硼氢化钾溶液(20 g/L):称取10.00 g硼氢化钾溶解于500 mL氢氧化钾溶液(5 g/L)中,当天配制。

3.2.9 锑标准贮存溶液:称取0.100 0 g金属锑(3.2.6)于300 mL烧杯中,加25 mL硝酸(3.2.1)、3 g酒石酸(3.2.5),低温加热溶解,并蒸发至近干,稍冷,加入50 mL盐酸(3.2.3),加热溶解,煮沸除去氮的氧化物,取下冷却,移入1 000 mL容量瓶中,用盐酸(3.2.4)稀释至刻度,混匀。此溶液1 mL含0.1 mg锑。

3.2.10 锑标准溶液:移取10.00 mL锑标准贮存溶液(3.2.9)于500 mL容量瓶中,加盐酸(3.2.4)稀释至刻度,混匀。此溶液1 mL含2 μg锑。

3.3 仪器

原子荧光光谱计。附屏蔽式石英炉原子化器,玻璃质氢化物发生器,特制锑空心阴极灯或锑高强度空心阴极灯。

氩气:用作屏蔽气、载气。

在仪器最佳工作条件下,凡能达到下列指标者均可使用。

检出限:不大于2×10^{-9} g/mL。

精密度:用0.02 μg/mL的锑标准溶液测量11次荧光强度,其相对标准偏差不应超过5.0%。

3.4 试样

3.4.1 试样粒度应不大于0.074 mm。

3.4.2 试样在100℃~105℃烘1 h后,置于干燥器中冷至室温。

3.5 分析步骤

3.5.1 试料

按表2称取试料,精确至0.000 1 g。

表2

锑质量分数/%	试料量/g
0.005~0.010	0.200 0
>0.10~0.40	0.100 0

独立地进行两次测定,取其平均值。

3.5.2 空白试验

随同试料做空白试验。

3.5.3 测定

3.5.3.1 将试料(3.5.1)置于200 mL烧杯中,加入0.5 g酒石酸(3.2.5),用水湿润,加入15 mL硝酸(3.2.1),低温溶解,蒸至体积约2 mL,取下冷却,加入20 mL盐酸(3.2.3)、10 mL硫脲-抗坏血酸溶液(3.2.7),用水冲洗杯壁,低温煮沸使盐类溶解,取下冷却。将溶液移入100 mL容量瓶中,以水稀释至刻度,混匀。

3.5.3.2 按表3分取溶液(3.5.3.1)于容量瓶中,并按测定溶液体积补加盐酸(3.2.3)及硫脲-抗坏血酸溶液(3.2.7)用水稀释至刻度,混匀,干过滤部分溶液待测。

表 3

锑质量分数/%	试液总体积/mL	分取试液体积/mL	测定溶液体积/mL	补加盐酸溶液(3.2.3)/mL	补加硫脲-抗坏血酸溶液(3.2.7)/mL
0.005～0.050	100	10.00	50	4	4
>0.050～0.10	100	10.00	100	9	9
>0.10～0.20	100	10.00	100	9	9
>0.20～0.40	100	10.00	200	19	19

3.5.3.3 移取 2 mL 待测溶液(3.5.3.2)于氢化物发生器中，以恒定速率加入硼氢化钾溶液(3.2.8)，以随同试料的空白溶液为参比，测量荧光强度，从工作曲线上查得相应的锑浓度。

3.5.4 工作曲线的绘制

3.5.4.1 移取 0 mL、1.00 mL、2.00 mL、4.00 mL、6.00 mL、8.00 mL、10.00mL 锑标准溶液(3.2.10)分别于一组 100 mL 容量瓶中，加入 20 mL 盐酸(3.2.3)、10 mL 硫脲-抗坏血酸溶液(3.2.7)，用水稀释至刻度，混匀。

3.5.4.2 在与测定试料溶液相同的条件下，以零浓度标准溶液为参比，测量标准溶液的荧光强度。以锑浓度为横坐标，荧光强度为纵坐标，绘制工作曲线。

3.6 结果计算

按式(3)计算锑的质量分数：

$$w(\mathrm{Sb}) = \frac{c \cdot V_0 \cdot V_2 \times 10^{-6}}{m_0 \cdot V_1} \times 100 \quad \cdots\cdots\cdots\cdots(3)$$

式中：

$w(\mathrm{Sb})$——锑的质量分数，用%表示；

c——自工作曲线上查得的锑的浓度，单位为微克每毫升(μg/mL)；

V_0——试液的总体积，单位为毫升(mL)；

V_1——分取试液的体积，单位为毫升(mL)；

V_2——分取试液稀释后的体积，单位为毫升(mL)；

m_0——试料的质量，单位为克(g)。

所得结果保留两位有效数字，若质量分数小于 0.10%时，表示至三位小数。

3.7 允许差

实验室之间分析结果的差值应不大于表 4 所列允许差。

表 4

单位为%

锑质量分数	允许差
0.005～0.010	0.005
>0.010～0.050	0.010
>0.050～0.10	0.020
>0.10～0.20	0.03
>0.20～0.40	0.04

ICS 73.060.99
D 46

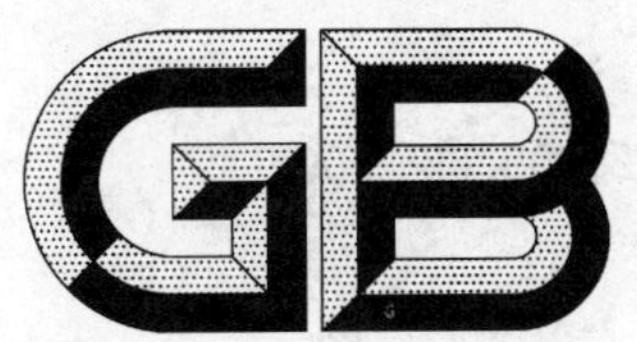

中华人民共和国国家标准

GB/T 20899.11—2007

金矿石化学分析方法 第11部分:砷量和铋量的测定

Methods for chemical analysis of gold ores —
Part 11:Determination of arsenic and bismuth contents

2007-04-27 发布 2007-11-01 实施

中华人民共和国国家质量监督检验检疫总局
中国国家标准化管理委员会 发布

前　言

GB/T 20899《金矿石化学分析方法》分为 11 个部分：

——第 1 部分：金量的测定；

——第 2 部分：银量的测定；

——第 3 部分：砷量的测定；

——第 4 部分：铜量的测定；

——第 5 部分：铅量的测定；

——第 6 部分：锌量的测定；

——第 7 部分：铁量的测定；

——第 8 部分：硫量的测定；

——第 9 部分：碳量的测定；

——第 10 部分：锑量的测定；

——第 11 部分：砷量和铋量的测定。

本部分为 GB/T 20899 的第 11 部分。

本部分由中华人民共和国国家发展和改革委员会提出。

本部分由长春黄金研究院归口。

本部分由国家金银及制品质量监督检验中心（长春）负责起草。

本部分主要起草人：陈菲菲、黄蕊、魏成磊、刘冰、苏凯。

金矿石化学分析方法
第11部分:砷量和铋量的测定

1 范围

本部分规定了金矿石中砷和铋含量的测定方法。

本部分适用于金矿石中砷和铋含量的测定。测定范围:砷:0.010%～0.40%;铋:0.010%～0.50%。

2 方法提要

试料经硝酸、硫酸溶解,用抗坏血酸进行预还原,以硫脲掩蔽铜,在氢化物发生器中,砷和铋被硼氢化钾还原为氢化物,用氩气导入石英炉原子化器中,于原子荧光光谱仪上测量其荧光强度。按标准曲线法计算砷和铋量。

3 试剂

3.1 氯酸钾。

3.2 硝酸(ρ1.42 g/mL)。

3.3 盐酸(ρ1.19 g/mL)。

3.4 王水:3份体积盐酸和1份体积硝酸混合,现用现配。

3.5 硫酸(ρ1.84 g/mL)。

3.6 硫脲-抗坏血酸混合溶液:称取硫脲、抗坏血酸各5 g,用水溶解,稀释至100 mL,混匀,现用现配。

3.7 硼氢化钾溶液(20 g/L):称取2 g硼氢化钾溶于100 mL氢氧化钠溶液(2 g/L)中,现用现配。

3.8 砷标准贮存溶液:称取0.132 0 g三氧化二砷(预先在100℃～105℃烘1 h,置于干燥器中冷却至室温)于100 mL烧杯中,加5 mL氢氧化钠溶液(200 g/L),低温加热使其溶解,加水50 mL,2滴酚酞乙醇溶液(1 g/L),用硫酸(1+1)中和至红色刚消失,再过量2 mL,移入1 000 mL容量瓶中,用水稀释至刻度。此溶液1 mL含100 μg砷。

3.9 砷标准溶液:移取20.00 mL砷标准贮存溶液(3.8)于500 mL容量瓶中,用水稀释至刻度,混匀。此溶液1 mL含4 μg砷。

3.10 铋标准贮存溶液:称取0.100 0 g铋(Bi的质量分数≥99.99%)于250 mL烧杯中,加入50 mL硝酸(1+1),盖上表面皿,加热至完全溶解,微沸驱除氮的氧化物,冷却,移入1 000 mL容量瓶中,用水稀释至刻度,混匀。此溶液1 mL含100 μg铋。

3.11 铋标准溶液:移取20.00 mL铋标准贮存溶液(3.10)于500 mL容量瓶中,加入100 mL盐酸,用水稀释至刻度,混匀。此溶液1 mL含4 μg铋。

4 仪器

原子荧光光谱仪,附屏蔽式石英炉原子化器,玻璃质氢化物发生器,砷、铋特制空心阴极灯或高强度空心阴极灯。

氩气:用作屏蔽气、载气。

在仪器最佳工作条件下,凡能达到下列指标者均可使用。

检出限:不大于9×10^{-10} g/mL。

精密度：用 0.10 μg/mL 的砷、铋标准溶液测量荧光强度 11 次，其标准偏差不超过平均荧光强度的 5.0%。

5 试样

5.1 试样粒度应不大于 0.074 mm。

5.2 试样在 100℃～105℃烘 1 h 后，置于干燥器中冷至室温。

6 分析步骤

6.1 试料

称取 0.20 g 试样，精确至 0.000 1 g。

独立地进行两次测定，取其平均值。

6.2 空白试验

随同试料做空白试验。

6.3 测定

6.3.1 将试料(6.1)置于 300 mL 烧杯中，用少量水润湿，加入约 0.1 g 氯酸钾(3.1)与试料混匀，加 10 mL硝酸(3.2)，盖上表面皿，置于低温电热板上加热溶解(试样中含硫高时，反复加少量氯酸钾至无单体硫析出为止)，蒸至小体积，稍冷，加 5 mL 硫酸(3.5)，混匀，加热至冒烟，取下冷却，加 30 mL 盐酸(3.3)，用水吹洗表面皿及杯壁至 70 mL 左右，低温加热至可溶性盐类溶解，取下冷却，移入 100 mL 容量瓶中，用水稀释至刻度。

6.3.2 按表 1 分取上述溶液(6.3.1)于已盛有 60 mL 水、10 mL 王水(3.4)的 100 mL 容量瓶中，加 10 mL硫脲-抗坏血酸混合溶液(3.6)，用水稀释至刻度，混匀。

6.3.3 移取 2 mL 待测溶液(6.3.2)于氢化物发生器中，以恒定速率加入硼氢化钾溶液(3.7)，以随同试料的空白试验溶液为参比，测量其荧光强度。从工作曲线上查出相应的砷浓度和铋浓度。

表 1

砷和铋的质量分数/%	分取试液体积/mL
0.01～0.10	10.00
>0.10～0.20	5.00
>0.20～0.50	2.00

6.3.4 **工作曲线的绘制**

分别移取 0 mL、0.50 mL、1.00 mL、2.00 mL、4.00 mL、6.00 mL、8.00 mL 砷标准溶液(3.9)和铋标准溶液(3.11)于一组已盛有 60 mL 水、10 mL 王水(3.4)的 100 mL 容量瓶中，加 10 mL 硫脲-抗坏血酸混合溶液(3.6)，用水稀释至刻度，混匀。按仪器操作程序测其荧光强度，减去试剂空白的荧光强度。以砷或铋的浓度为横坐标，荧光强度为纵坐标绘制工作曲线。

7 分析结果的表述

按式(1)计算砷或铋的质量分数：

$$w(\text{As 或 Bi}) = \frac{c \cdot V_0 \cdot V_2 \times 10^{-6}}{m_0 \cdot V_1} \times 100 \quad \cdots\cdots(1)$$

式中：

w(As 或 Bi) ——锑的质量分数，用%表示；

c ——自工作曲线上查得的砷或铋的浓度，单位为微克每毫升(μg/mL)；

V_0——试液的总体积，单位为毫升(mL)；

V_1——分取试液的体积，单位为毫升(mL)；

V_2——分取试液稀释后的体积，单位为毫升(mL)；

m_0——试料的质量，单位为克(g)；

所得结果保留两位小数，若质量分数小于0.10%时，表示至三位小数。

8 允许差

实验室之间分析结果的差值应不大于表2所列允许差。

表2

单位为%

砷、铋质量分数	允许差
0.010～0.030	0.003
>0.030～0.060	0.006
>0.060～0.10	0.010
>0.10～0.20	0.02
>0.20～0.50	0.03

ICS 91.140.90
Q 78

中华人民共和国国家标准

GB/T 20900—2007/ISO/TS 14798:2006

电梯、自动扶梯和自动人行道　风险评价和降低的方法

Lifts (elevators), escalators and moving walks—Risk assessment and reduction methodology

(ISO/TS 14798:2006, IDT)

2007-04-06 发布　　2007-09-01 实施

中华人民共和国国家质量监督检验检疫总局
中国国家标准化管理委员会　发布

前　言

本标准等同采用 ISO/TS 14798:2006《电梯、自动扶梯和自动人行道　风险评价和降低的方法》(英文版)。

为了便于使用,本标准对 ISO/TS 14798:2006 做了下列编辑性修改:

——将“本技术规范”、“本文件”改为“本标准”;

——本标准引言删除了 ISO/TS 14798:2006 引言中与本标准无关的内容,因为其存在与否对本标准的理解和使用没有任何影响。

——在本标准的“参考文献”中用国内文件代替了 ISO/TS 14798:2006 的“参考文献”中对应国际文件。

——改正了 ISO/TS 14798:2006 附录 F 第 1 页实例序号与实例不符的编辑性错误。

本标准由全国电梯标准化技术委员会(SAC/TC 196)提出、归口和负责解释。

本标准参加起草单位:中国建筑科学研究院建筑机械化研究分院、迅达(中国)电梯有限公司、奥的斯电梯(中国)投资有限公司、上海三菱电梯有限公司、广州日立电梯有限公司、东芝电梯(沈阳)有限公司、杭州西子奥的斯电梯有限公司、通力电梯有限公司、蒂森克虏伯电梯扶梯有限公司、东芝电梯(上海)公司、上海永大电梯设备有限公司、苏州江南电梯集团有限公司、华升富士达电梯有限公司、沈阳博林特电梯有限公司、苏州东南液压电梯有限公司、沈阳三洋电梯有限公司。

本标准主要起草人:陈凤旺、何文伟、沈言、沈吟、鲁国雄、徐文刚、金来生、马凌云、谭雄、严建忠、洪浩、魏山虎、陈路阳、李振才、马依萍、周贤阁。

引　言

0.1　本标准的目的是为电梯的风险评价方法制定统一和系统的原则与程序。但是,本标准中规定的风险分析和评价的原则与过程也可用于其他设备的风险评价。

注:本标准中的"电梯"是电梯、自动扶梯和自动人行道的简称。

0.2　本标准作为一种工具,用来识别由各种危险、危险状态和伤害事件引起的伤害风险,综合设计、使用、安装、维修、事故以及有关伤害的知识和经验来评价从设计、制造至报废电梯寿命期间各个阶段的电梯风险。本标准的使用者不做医学判断,而是评价可能导致本标准所定义的伤害等级的事件。本标准不独立地提供与电梯任何安全要求相符合的推论,包括与第1章中所提到内容的符合性。

注:由于在评价过程中存在不同程度的主观性,因此风险评价并非是一门精确的科学。

0.3　建议本标准编入培训课程和手册中,以便为下列工作提供安全方面的基本指导:

——评价电梯的设计、操作、测试和使用;

——制定与电梯安全有关的规范或标准。

0.4　本标准第3章规定了安全和风险评价的概念;第4章规定了风险分析的程序,包括风险评估;第5章规定了风险评定的程序;第6章规定了判断风险是否已被充分降低的程序;第7章规定了降低风险的程序;第8章规定了相关文件;附录A、附录C和附录D构成本标准的规范性附录,附录B、附录E和附录F为资料性附录。

电梯、自动扶梯和自动人行道　风险评价和降低的方法

1　范围

本标准规定了评价风险的基本原则和具体程序。

本标准的目的是在下列工作中为了做出有关电梯安全方面的决定提供方法：

——电梯、电梯部件和系统的设计、制造和安装；

——制定电梯的使用、操作、测试、符合性验证以及维护、修理、改造的通用程序；

——制定有关电梯安全的规范和标准。

虽然本标准中的实例主要针对人员伤害的风险，但是本标准所规定的风险评价程序对于评价与电梯相关的其他类型风险可同等有效，如：对财产和环境损害风险的评价。

2　术语和定义

本标准采用下列术语和定义。

2.1

原因　cause

在危险状态下，导致后果产生的环境、情况、事件或行动。

2.2

后果　effect

危险状态出现时，原因导致的结果。

2.3

伤害　harm

对身体的损伤，或对人体健康、财产或环境的损害。

2.4

伤害事件　harmful event

危险状态导致了伤害的出现。

注：本标准中的伤害事件被理解为原因和后果的综合。

2.5

危险　hazard

潜在的伤害源。

注：可以修饰术语“危险”，以说明其起源或预料其伤害的性质（如：触电危险、挤压危险、切割危险、中毒危险、火灾危险、溺水危险等）。

2.6

危险状态　hazardous situation

人员、财产或环境暴露于一种或多种危险中的情形。

2.7

使用寿命　life cycle

一个部件或一个电梯系统的使用期限。

2.8

保护措施　protective measure

用于降低风险的方法。

注：保护措施包括借助于本质安全设计、保护装置、个人防护装备、使用和安装的信息及培训等来降低风险。

2.9

遗留风险　residual risk

采取保护措施后仍存在的风险。

2.10

风险　risk

伤害发生的概率与伤害的严重程度的综合。

2.11

风险分析　risk analysis

系统地运用可获得的信息识别危险和评估风险的过程。

2.12

风险评价　risk assessment

由风险分析及风险评定组成的全过程。

2.13

风险评定　risk evaluation

根据风险分析结果，确定是否需要降低风险的过程。

2.14

情节　scenario

危险状态、原因和后果组成的先后次序。

2.15

严重程度　severity

潜在伤害的程度。

3　基本原则

3.1　安全的概念

本标准中的安全是指消除了不可接受的风险。不可能有绝对安全，某些风险是会残留的，这些风险在本标准中被定义为遗留风险。因此，产品或过程(如：操作、使用、检查、测试或维护)只能是相对安全的。安全是通过充分地降低风险来实现的。

安全是通过寻找下列因素的最佳平衡来达到：理想的绝对安全；产品或过程所满足的要求；使用者的利益；目的的适用性；成本效应；以及有关的社会惯例等等。因此，需要不断地复查已建立的安全等级，尤其是依据经验需要对已定的安全等级进行复查时，以及当技术和知识的发展可能导致改进时，以便实现与产品、过程或服务的应用相适应的最低风险。

3.2　风险评价的概念

3.2.1　安全是通过风险评价(风险分析和风险评定)和风险降低的迭代过程(见图1)来达到的。

3.2.2　风险评价是一系列逻辑步骤，这些步骤能够以系统的方法检查与电梯相关的危险。当需要时，在风险评价之后进行第7章规定的降低风险程序。当重复该程序时，就形成了尽可能消除危险和实施保护措施的迭代过程。

3.2.3　风险评价包括：

a)　风险分析

1)　分析主题的确定(见4.3)；

2) 情节的识别:危险状态、原因和后果(见4.4);

3) 风险评估(见4.5)。

b) 风险评定(见第5章)

3.2.4 风险分析为风险评定提供所需信息,允许依次对电梯、电梯部件和任何相关过程(如:操作、使用、检查、测试或维护)的安全等级作出判断。

3.2.5 风险评价依赖于经过判断后而做出的决定。这些决定用定性方法来支持,并应尽可能用定量方法作为补充。当所预见伤害的严重程度高和范围大时,定量方法是非常适合的。定性方法适用于评价可选的安全措施以及决定哪一种提供了较好的保护。

注:定量方法的应用受可用数据的数量限制,并且在很多应用中,只可进行定性的风险评价。

3.2.6 进行风险评价时,应将已遵循的程序和已得出的结果形成文件(见第8章)。

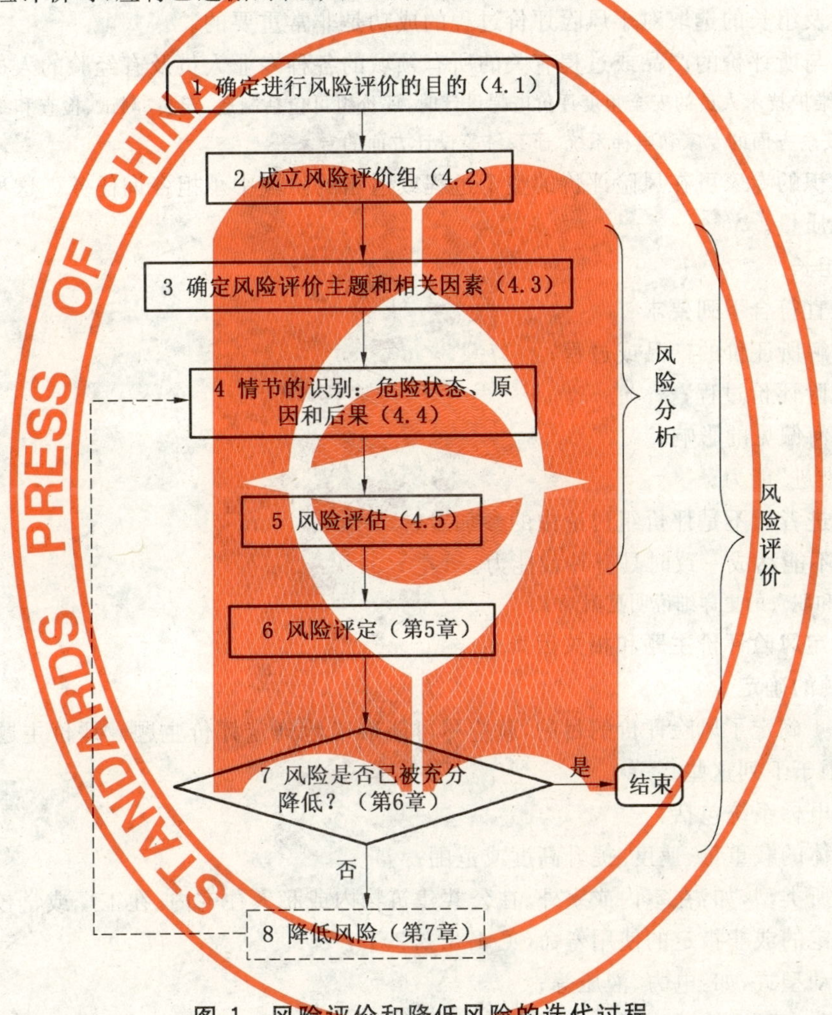

图1 风险评价和降低风险的迭代过程

4 风险分析程序

4.1 第1步:确定进行风险评价的目的

在风险评价过程开始之前,应先确定进行评价的目的。它可能是下列中的任何一个,但不限于下列这些:

a) 证实与下列有关的风险被消除或被充分地降低:

1) 电梯、部件或其中的子系统的设计或安装;

2) 电梯的操作和使用;

3) 测试、检查、维护、修理或改造的程序,或为使电梯或电梯部件保持在预期的运行状态而进行的任何其他工作的程序。

注:这尤其适用于没有相关安全标准可适用的电梯及其部件。

b) 制定涉及电梯安全要求的标准和法规。

4.2 第2步:成立风险评价组

4.2.1 总则

考虑到有关电梯的设计、过程和技术的不同以及专家兴趣和工作经验的差异,为了减少任何偏见,应针对风险评价过程组建评价组。

注:由个人完成的风险评价可能不如风险评价组的全面。

4.2.2 评价组成员

评价组成员及组长的选取对于风险评价过程的成功是非常重要的。

评价组应由与所评价的产品或过程有关的所有领域的各种专业人员及有经验的人员组成。

例:当从电梯维护技术人员的安全角度评价电梯设计时,评价组可包括制造、安装、测试、检查和维护方面具有工作经验的人员,以及安全方面的专家和电梯系统、子系统等设计方面的专家。

具有专业知识的专家可在风险评价的整个过程或适当的阶段中承担咨询任务。这种参与可有效地提高评价结果的质量。

4.2.3 评价组组长

评价组组长宜符合下列要求:

a) 全面了解所评价的产品或过程;

b) 了解风险评价过程;

c) 不受任何偏见的影响;

d) 具有"推进"能力;

e) 充当推进者而不是评价组讨论中的参加者;

f) 当评价不能达成一致时具有仲裁能力。

注:组长任务和职责的更详细说明见附录E。

4.3 第3步:确定风险评价主题和相关因素

4.3.1 评价主题的确定

一旦依据4.1确定了风险评价的目的,就应尽可能准确地确定评价主题。评价主题可包括下列一个或多个,但不限于下列这些。

a) 完整的电梯系统包括:

1) 具体的载重量、速度、提升高度或范围;

2) 场所类型,如:在室内或室外、在公共建筑物内或私人住宅内、在工厂或学校内;

3) 指定的或非指定的使用寿命(见4.3.2.2);

4) 驱动型式,如:电力、液压等;

5) 在公众可以接近或严格控制使用和接近的建筑物内;

6) 运送一般公众、特定人员、仅运送货物或既运送人员又运送货物。

b) 本条a)中电梯部件或子系统,如:

1) 轿壁、井道、机房或机器空间;

2) 在正常运行期间或紧急情况下的驱动系统或制动系统;

3) 进入轿厢和井道、机房、底坑空间的入口;

4) 包含各种技术或特定技术的操作控制装置或运行控制装置;

5) 锁紧装置。

c) 与a)中电梯相关的人员,如:

1) 以运输为目的使用电梯的人员；

2) 在电梯部件所在区域内或运行区域内的人员，或能进入该区域的人员；

3) 对电梯或在附近进行作业的人员，如：安装、测试、检查、修理、改造、清洁（如：清洁底坑、轿厢或井道壁）的人员；

4) 有某种身体残障的人员；

5) 行使特殊职能的人员，如：消防人员、医院运送患者的人员。

d) 与电梯或其部件相关的过程，如：

1) 安装；

2) 维护；

3) 修理；

4) 清洁；

5) 测试；

6) 改造；

7) 更换。

4.3.2 需考虑的任何附加因素和数据的确定

4.3.2.1 总则

除了风险评价的目的（见4.1）和主题（见4.3.1）外，在风险评价过程中，应确定可使主题变更或明晰的任何附加因素，且在评价的过程中宜考虑类似产品的经验。

4.3.2.2 所评价主题的使用寿命

4.3.2.2.1 在决定特定的事件可能发生的概率时，预期的使用寿命是非常重要的因素。然而，它不总是起作用。如果制定的标准是为了规定固有的安全，则不必考虑使用寿命。

例：安全间隙可用“不超过尺寸x”来定义，该要求与时间无关，间隙超过“x”是不安全。

4.3.2.2.2 当确定因部件失效而发生特定事件的概率时，使用寿命起着很重要的作用。在这种情况下，应考虑包含该部件的系统的使用寿命。例如：如果预计系统进行8年的功能运行，则部件的寿命应至少与此相匹配，以避免发生失效和特定事件发生的概率高。然而，如果在失效发生前，通过预防性维修，该部件被更换，则特定事件发生的概率低。

例1：如果在电梯系统中包括一个预期不超过8年安全运行的部件，且预计该电梯系统在20年期间安全地运行，只要在小于8年的时间间隔内用一个新的部件更换旧部件，电梯系统就可实现20年期间安全地运行，如图2所示。

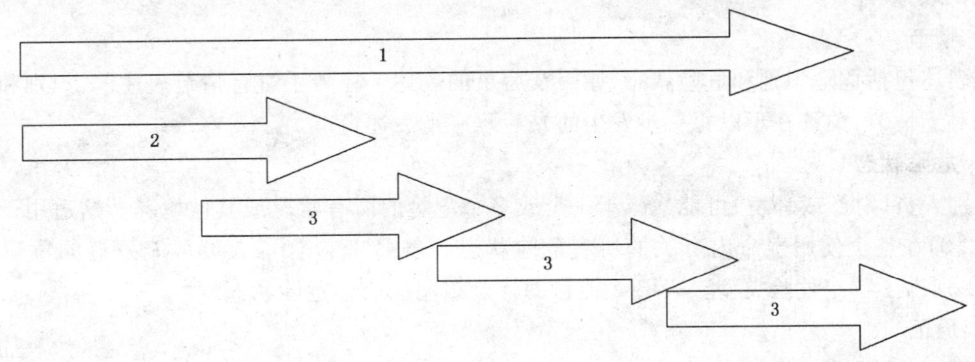

1——电梯系统使用寿命：20年。

2——部件使用寿命：8年。

3——部件更换的时间。

图2 比电梯系统使用寿命短的部件的更换

例2：如果一个对电梯安全起决定性作用的部件在电梯系统的使用寿命内可能失效一次、两次或三次，当依据4.5.4和表C.2评估该风险时，该部件失效概率及在电梯系统上发生不安全情况的概率被估计为“C-偶尔的”。然而，如果在估计该部件可能失效前有可行的计划来定期更换该部件，根据部件的可靠性及更换计划的可信度，则因该部件引起电梯系统发生不安全状况的概率被估计为“D-极少的”或“E-不可能的”。

4.3.2.3 信息和数据

4.3.2.3.1 应考虑可获得的能够帮助定性和定量分析的任何信息和数据，如：事故和事件的历史记录，包括：原因和后果，该记录与评价主题有关或涉及类似的产品或过程。

4.3.2.3.2 不应因事故历史记录的缺乏、少量的事故或事故后果的严重程度低而得出低风险的假定。

4.3.2.3.3 如本标准所述，在源于经验的专家意见达成一致的基础上，定量数据可用于补充上述数据。

4.4 第4步：情节的识别（危险状态、原因和后果）

注1：除4.4、附录B和附录F所给出的风险情节外，ISO/TS 22559-1提供了更多的实例。

注2：附录B是关于电梯风险的实例。ISO 14121提供了涉及机械的危险、危险状态、伤害事件更多的通用和综合性的实例。

4.4.1 危险识别

4.4.1.1 情节的关键是识别与评价相关的危险。表B.1给出了典型的与电梯相关的危险，包括危险的说明和实例。当描述一个情节时，可用该表作为起始点。

例：风险评价组可以从询问是否存在人员可能遭受任何类型（如：机械的、电气的、火灾的或化学的）危险的状况开始。

4.4.1.2 危险对于电梯系统的功能可能是固有的。

例：当轿厢和对重靠近公众所使用的地板或楼梯运行时，它们对人员就存在固有的危险。在井道内，靠近轿厢运行的对重对于在轿顶进行工作的技工也存在固有的危险。这两种危险及相关状况包括在表B.1的B.1.1b)和表B.2的B.2.1b)中。

4.4.1.3 在许多情况下，只有当情节明确后，危险才显而易见。对于电梯系统的功能而言，非固有的危险包括下列各项：

a) 与电梯系统、电梯部件（零件）或有关安全的系统（部件）的故障相关的危险（见表B.3的B.3.1和B.3.2）；

b) 与外界影响有关的危险，如：环境、温度、火焰、气候情况、闪电、雨、风、雪、地震、电磁现象(EMC)、建筑物的状况及其用途等等（见表B.3的B.3.4～B.3.6）；

c) 与不正确的操作、使用、维护、修理、改造、清洁程序或在电梯或部件上进行其他操作所相关的危险，以及与误用系统或过程相关的危险。另外，忽视人类工效学原则也影响安全（见表B.3的B.3.7）。

4.4.2 情节的表述

4.4.2.1 情节

情节表述包括危险识别和危险状态、原因及后果的表述。在着手进行情节表述前，识别和记录危险很重要。对于情节，关键在于以每一步发生的先后顺序来表述情节。

4.4.2.2 危险状态

应识别人员（财产或环境）可能暴露于一个或多个危险的所有状况或其他境况。这适用于与所评价主题（见4.3）在整个使用寿命内有关的所有危险状态。表B.2包含了人员可能遭遇的危险状态的实例，表B.1列出了特定危险类型。表B.2能帮助评价组明确表述危险状态。

4.4.2.3 原因

应识别在危险状态下可能发生的和可能使人员暴露于危险之中的所有事件。表B.3给出了可能引起特定类型危险的原因实例。

4.4.2.4 后果

4.4.2.4.1 在危险状态下，应识别原因所造成的后果，伤害可能是这些后果的一部分。

4.4.2.4.2 表B.4给出了可能造成的后果的主要特征。为了特定情况的风险评价，除了表B.4中所列出的描述格式之外，还需要对可能的后果作更清楚地描述。

例：因地板光滑，人员在地板上“滑倒和跌倒”的后果而言，对于评估包括伤害在内的后果的严重程度，把后果描述为“在地板上滑倒和跌倒”可能是足够的。然而，对于“从某一高度跌落”的后果，就需要更详细地描述，如：可能需要描述跌落的高度来评估包括伤害在内的该后果的严重程度。

4.4.2.4.3 进行伤害描述时，评价组可在进行伤害严重程度的评估之前，利用表 B.5 中的实例，通过说明可能受伤的性质，决定对后果展开描述(见 4.5.3.1)。

注：为了评估严重程度，附录 F 例 1 说明了描述后果及作为后果一部分的伤害的两种方法。

4.4.3 情节要素的记录

附录 F 给出了识别和记录风险分析主题、危险及情节的实例。

因为在大多数情形下危险状态、原因和后果的描述说明了所考虑危险的类型，所以在明确地叙述有关危险状态和伤害事件之前不必总是列出所有的危险。然而，重要的是：在风险要素评估和风险评定进行之前，风险评价组(4.2)的所有成员应对危险类型、危险状态、原因和后果达成一致意见。

注：除了本标准附录 F 的实例之外，ISO/TS 22559-1 包括了电梯全球基本安全需求，可用来提供情节的实例。

4.5 第 5 步：风险评估

4.5.1 总则

4.5.1.1 经过第 4 步(见 4.4)，已表述了情节，包括危险、危险状态、原因和可能造成伤害的潜在后果，伤害的可能性已被识别，但还有待于确定伤害的风险等级。风险评估过程是用来确定风险要素的等级并由此确定风险等级。

4.5.1.2 当确定风险要素，尤其是伤害发生的概率(见 4.5.4)时，应仅考虑一部电梯，而不是相同类型的多台电梯或全部电梯组。但应考虑以下附加因素：

a) 在确定一台电梯的风险要素时，与其相互结合的电梯组有关的风险也宜包括在情节中。

例：一台正在运行的自动扶梯向一台非运行的自动扶梯运送乘客(见附录 F 例 4)。

b) 在确定一台电梯的风险要素时，可使用由多台电梯或全部电梯组而得出的统计资料和经验。

例：统计数据表明：在所有的 200 000 台液压缸伸入底坑地面以下的直顶式液压电梯中，平均每年发生 1 次因缸体破裂引起轿厢超速或坠入电梯底坑的事件。此事件在所分析的电梯上发生的概率宜评估为每年 1/200 000 或在电梯 20 年使用寿命内为 1/10 000。

4.5.1.3 当风险评价组对风险要素、伤害程度(见 4.5.3.1)或概率等级(见 4.5.4.1)不能达成一致意见时，宜复查依据 4.4 所描述的情节，如果有必要，应重新定义(见附录 E 中 E.5)。

4.5.2 风险要素

4.5.2.1 与特定的情节有关的风险源自于下列要素的组合：

a) 伤害的严重程度；

b) 伤害发生的概率，它随下列因素而变：

1) 人员暴露于危险中的频次和持续的时间；

2) 情节发生的概率；

3) 技术和人为避免或限制伤害发生的可能性。

4.5.2.2 风险要素如图 3 所示。关于风险要素，可能伤害的严重程度和伤害发生的概率的评估过程的更多细节见 4.5.3 和 4.5.4。最后，依据 4.5.6 确定风险的等级并依据第 5 章进行评定。

注：在许多情况下，这些要素不能准确地确定，只能估计。这尤其适用于可能发生伤害的概率。

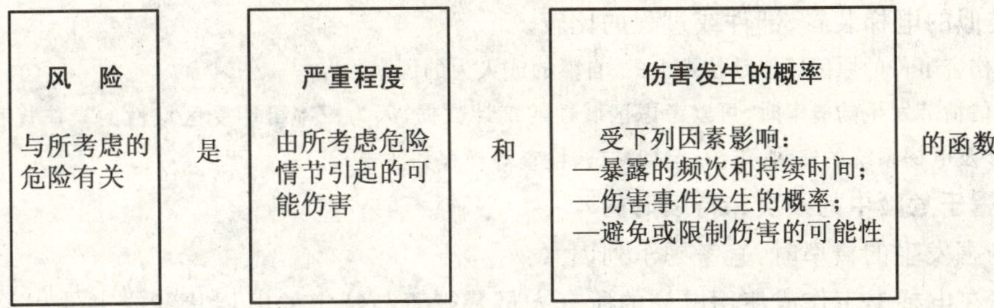

图 3 风险要素

4.5.3 伤害的严重程度

4.5.3.1 通过考虑对人身、财产或环境造成的后果，根据风险评价的目的(见4.1)和主题(见4.3)，在一个情节中可能发生伤害的严重程度应评估为下列之一(详见表C.1)：

——程度“1”：高；

——程度“2”：中；

——程度“3”：低；

——程度“4”：可忽略。

注：根据风险评价(见4.1和4.3)的目的和主题，可能需要修正表C.1所规定的严重程度的定义。

4.5.3.2 当评估伤害程度时，应考虑下列所有因素。

a) 所影响对象的性质：

1) 人员；

2) 财产；

3) 环境；

4) 其他因素。

b) 在电梯上可能发生伤害的范围：

1) 一个人；

2) 多个人。

4.5.4 伤害发生的概率

4.5.4.1 概率等级

通过考虑4.5.4.2～4.5.4.4所规定的因素，可以评估伤害发生的概率。伤害发生的概率等级应评估为下列之一(详见附录C表C.2)：

——等级“A”：频繁；

——等级“B”：很可能；

——等级“C”：偶尔；

——等级“D”：极少；

——等级“E”：不大可能；

——等级“F”：几乎不可能。

4.5.4.2 情节发生的概率

当评估伤害事件(原因和后果)发生的概率和伤害事件发生时人员暴露于危险状态中的概率时，可能会用到下列因素：

a) 电梯部件和电梯系统作为一个整体的可靠性(见4.5.5.1)。当评价一个过程(如：维护电梯或培训维护技工)时，宜考虑该过程的可靠性和有效性；

b) 统计数据；

c) 事故的记录；

d) 伤害性质和程度的记录；

e) 与类似的电梯装置、部件或过程的比较。

注1：触发伤害事件的原因可能是技术上的、自然的或人为的因素。

注2：当评估情节发生的概率时，可以考虑区域性的统计数据，因为概率可能受区域性的操作规程和法规的影响，如：涉及电梯系统的安装、维护、定期测试、检查等规程和法规。

4.5.4.3 暴露于危险中的频次和持续时间

当评估伤害发生的概率时，宜考虑下列因素：

a) 考虑在电梯上工作或使用电梯的所有人员暴露于与特定的电梯状况或事件相关的危险中。评估电梯使用者或技工在危险中的暴露宜对一台电梯而言，而不是多台(见4.5.1.2)。

b) 暴露和持续时间可能是连续的。

例：当乘客进入或离开轿厢时，即使轿厢地坎与层站地坎间平层很好时，也可能存在乘客绊倒或坠落后果的危险。

c) 危险状态继续存在，但是可能不是经常暴露于危险中并且持续时间短，这意味概率等级比较低。

例：电梯井道内电梯部件间的相对运动对于在轿顶工作的技工可能存在危险，这可能引起剪切或挤压后果。然而，因为技工不常在电梯轿顶上工作，且当技工在轿顶上时，轿厢并非总是运动的，所以暴露于这些危险中的频次很少且持续时间短。只有轿厢移动且技工的身体凸出到轿顶边缘时，才存在对技工伤害的可能性。技工的培训和危险意识(见4.5.4.4)一定会降低事件和后果的概率。

d) 虽然暴露频次可能是较少的，但是持续的时间可能不同。

例：如果层门或其附件的强度不足以满足任何可预见的误用，如：当轿厢离开层站时，人员撞击关闭的层门并撞开，就存在门被损坏和人员坠入井道的风险。同时，人员会暴露于可能坠入井道伤害后果的危险中并遭受严重的伤害。然而，如果门被撞坏后入口仍无防护，则危险状态将会继续存在，使用者和过路人将会继续暴露于坠入井道的潜在的危险中。

e) 通常，当评估暴露的频次和持续时间时，应尽可能考虑所有相关的因素，如：接近潜在的不安全区域的需要和频次，以及在该区域花费的时间。

例：将为了维护电梯而进入电梯井道与为了乘运而进入轿厢两种情节相比较。

4.5.4.4 影响、避免或限制伤害的可能性

当评估伤害发生的概率时，宜考虑下列要素：

a) 谁是电梯的使用者？
——公众，包括各年龄段的人员和身体残障人员；或
——知道特定风险的经过训练的货物搬运人员或消防人员。

b) 谁在电梯上进行工作？
——熟练的技工；
——检查人员；
——具有有限电梯知识的被授权人员；
——不熟练的人员。

c) 是否向a)和b)中的人员提供所有必要的对策以协助他们避免或限制伤害？如：
——必要的培训、操作程序和经验；
——控制轿厢运行；
——提示风险的方法，如：报警信号、指示装置；
——适当的工作空间；
——逃离危险状态的程序和方法。

d) 是否充分地考虑了所有人为因素？如：
——人和电梯设备的相互作用；
——人员之间的相互配合，如：当进行复杂的维护作业时；
——心理方面，如：任务的复杂性和幽闭恐怖；
——人类工效学的影响，如：工作空间；
——在特定的情形下，人员意识到风险的能力，这取决于他们的培训、经验和技能；
——不遵守指定的和必需的安全工作规程的诱惑；
——人员不按预定程序操作的可能性；
——所提供的降低某个危险的保护措施是否可能引起另外的危险。

例：如果轿厢运行进入顶层空间，护栏扶手接近井道顶板时，防止技工从轿顶跌落的护栏扶手可能将他们挤伤。

e) 培训、经验和技能能够影响风险，但是，当由设计或安全防护来消除危险或降低风险的措施可实现时，培训、经验和技能不宜被用作代替这些安全措施。

4.5.5 其他要素

4.5.5.1 安全功能的可靠性

风险评估应考虑部件和系统的可靠性(见表 B.3),应识别可能导致后果和最终导致伤害的情况,如:部件失效、供电系统故障、电气干扰等。

如果一个以上的与安全有关的装置对安全功能产生影响,当考虑这些装置的可靠性时,这些装置的选择应使它们具有一致的性能(见 4.3.2.2)。

当保护措施包括工作方式、特定行为、警示、个人防护装备的应用、技能或培训时,在风险评估中应考虑这些措施与已证实的技术保护措施相比具有较低的可靠性。

4.5.5.2 使保护措施失去作用或不使用保护措施的可能性

风险评估应考虑使保护措施失去作用或不使用保护措施的可能性和动机。

例:保护措施可能减慢在电梯上的工作,如:查找故障,或可能对工人较喜欢的工作方法有所妨碍,另外,保护措施可能不易使用。

使保护措施失去作用的可能性取决于保护措施的设计特性和类型,如:选择可调整的或可移去的防护装置,选择可编程的安全装置而不选择非可编程的安全装置。

4.5.5.3 维持保护措施的能力

风险评估应考虑保护措施所提供的保护是否能保持在有效的状态,以达到需要的保护等级。

注:如果保护措施不易保持在其正确的工作状态,则可能促使人员取消或不使用保护措施,并继续使用电梯而不进行必要的修理。

4.5.5.4 可预见的误用、故意损坏行为和人为错误的影响

基于与普通电梯或特殊电梯场所有关的经验,风险评估应考虑电梯或其部件对于可预见误用和故意损坏行为的敏感性。这适用于设计、符合性评定程序或任何其他程序的风险评估。可预见误用和故意损坏行为包括:强行进入、超载、拆除部件、点火、喷漆、水浇入井道、撞坏层门及使井道入口无防护等。

在任何评估中应考虑人为错误的可能性,如:忘记执行安全程序。

4.5.6 风险等级

通过综合衡量严重程度(见 4.5.3.1)和概率等级(见 4.5.4.1)来确定风险等级,如表 D.1 所示。

例:根据表 D.1,如果严重程度和概率等级分别评估为“1”等和“B”等,则风险等级为“1B”。

5 第 6 步:风险评定

5.1 一旦风险等级被评估,就可进行风险评定,以决定是否需要采取保护措施来降低风险。基于所评估的风险等级,通过确定对应的“风险类别”来评定风险。

5.2 风险等级按下列分类(见表 D.2):

风险类别	所采取的措施
Ⅰ	需要采取保护措施以降低风险。
Ⅱ	需要复查,在考虑解决方案和社会价值的实用性后,确定是否需要采取进一步的保护措施来降低风险。
Ⅲ	不需要任何行动。

5.3 当选择要评定的风险时,风险评价组应选择最高的风险等级,而不必是最高的严重程度。

例:导致风险被评估为 2C(风险类别“Ⅰ”)的情节比“1E”(风险类别“Ⅱ”)的风险高。即使被评估为 1E 的风险等级具有较高的严重程度,也应首先考虑有关 2C 风险的保护措施。但是,风险 1E 仍应被关注(见表 D.2)。

注:表 D.3 在格式上与表 D.1 相同,但有空白区域。提供表 D.3 是为了帮助风险评价组评价风险等级的可接受性。

6 第 7 步:风险是否已被充分降低

6.1 如果第 5 章中的风险评定表明风险属于第Ⅰ类或Ⅱ类,则应选择适当的保护措施(见第 7 章)。

6.2　一旦保护措施被实施，风险评价过程应从第4步(见图1)重新进行，以证实：

a)　风险已被充分地降低；

b)　没有因实施保护措施而产生新的风险；

c)　现有的任何遗留风险不需要进一步降低。

6.3　通常，保护措施会降低危险发生的概率，但并没有消除危险。在这种情况下，尽管概率被降低了，但严重程度并没有改变。

注：见附录F例2的序号2.1中方案2。

如果保护措施确实消除了危险，则严重程度和概率均会被降低。

注：见附录F例2的序号2.1中方案1。

6.4　如果在此迭代过程中识别出新的潜在危险情节，则宜将该情节增加到最初的情节表中，并进行与该情节有关的风险分析和评价。

注：见附录F例3。

7　降低风险——保护措施

7.1　降低风险的过程应按以下方式进行。

a)　如果可能，应通过修改电梯设计或更换电梯部件来消除危险。

b)　如果依照a)，被识别出的危险不能消除，则宜进一步采取与设计有关的措施来降低风险。这些措施包括：

1)　重新进行设备设计，如：提高其可靠性、减少暴露；

例：提高可靠性的措施可包括：提高安全系数；对于有故障倾向的部件采用冗余法设计，如：电磁继电器、电子和软件部分、冗余的制动系统、使用寿命试验等等。

2)　减少暴露于危险中的频次和(或)持续时间；

3)　根据具体情况，改变使用、维护、清洁程序；

4)　增加保护或安全装置，一旦电梯部件发生故障，这些装置将起作用；

例：保护装置包括与安全钳、缓冲器、安全制动器、人员探测器等类似的装置。

5)　增加将人员与危险设备或空间隔离的防护装置。

例：这些防护装置包括隔离电梯设备与公众可到达区域的井道围壁；运动部件上防止人员意外接触的护罩。

c)　如果依照a)或b)，所识别的危险不能被消除或降低，应告知使用者该装置、系统或过程的遗留风险。这些措施包括：

1)　信息；

2)　培训的必要性和范围；

3)　增加警告标志；

4)　使用个人防护装备，等等。

d)　消除或降低使保护措施(如：防护装置、安全装置等等)失去作用或不使用保护措施的可能性。

7.2　值得强调的是：附加保护装置、人员防护装备、提供给用户的信息不宜替代根据7.1a)进行的设计改进。

8　文件

8.1　风险分析和评价的过程和结果应形成文件，文件应使用附录A和表D.3的模板或至少包括附录A和表D.2所要求的数据的格式。

8.2　文件宜包括：

a)　进行风险评价的目的(4.1)；

b)　评价组组长和成员(4.2)；

注：除了依据附录A和表D.3编辑的文件之外，在a)和b)中所需要的数据可被记录在另一个文件中。

c) 风险评价的主题(4.3);

d) 情节的记录,包括:危险、危险状态、伤害事件、后果和伤害,以及在实施保护措施前后风险要素的评估(4.5);

e) 使用附录D和第5章所规定的准则,在实施保护措施前后的风险评定(见附录F的实例);

f) 风险评定结果的评价和进一步降低风险的需要(第6章);

g) 考虑和实施的所有保护措施和遗留风险(第6章和第7章);

h) 任何所采用的参考数据及数据的来源,如:法规和标准、过去的事故资料、统计数据、图样、设计计算、制造商、有关事故的记录、伤害等级等等;

i) 在确定情节过程中或进行风险评估和评价过程中所做的任何假设。

注:如果评价组在实施保护措施前和后使用表D.3记录所评估的风险等级(见表D.2),则文件也宜包括表D.3的副本。

附　录　A
（规范性附录）
风险评价模板

目的[a]和主题:＿＿＿＿＿＿＿＿　组长[a]:＿＿＿＿＿＿＿＿　日期:＿＿＿＿＿＿＿＿

<table>
<tr><th rowspan="3">序号</th><th colspan="3">情节</th><th colspan="2">风险要素评估</th><th rowspan="3">保护措施
（风险降低措施）</th><th colspan="2">实施
保护措施后</th><th rowspan="3">遗留风险</th></tr>
<tr><th rowspan="2">危险状态</th><th colspan="2">伤害事件</th><th rowspan="2">S[b]</th><th rowspan="2">P[c]</th><th rowspan="2">S[b]</th><th rowspan="2">P[c]</th></tr>
<tr><th>原因</th><th>后果</th></tr>
<tr><td rowspan="2"></td><td></td><td></td><td></td><td></td><td></td><td></td><td></td><td></td><td></td></tr>
<tr><td colspan="9">说明:</td></tr>
<tr><td rowspan="2"></td><td></td><td></td><td></td><td></td><td></td><td></td><td></td><td></td><td></td></tr>
<tr><td colspan="9">说明:</td></tr>
<tr><td rowspan="2"></td><td></td><td></td><td></td><td></td><td></td><td></td><td></td><td></td><td></td></tr>
<tr><td colspan="9">说明:</td></tr>
<tr><td rowspan="2"></td><td></td><td></td><td></td><td></td><td></td><td></td><td></td><td></td><td></td></tr>
<tr><td colspan="9">说明:</td></tr>
</table>

a　目的、评价组组长和成员可记录在一个单独的文件中。

b　S—伤害的严重程度(见4.5.3):

1—高;2—中;3—低;4—可忽略。

c　P—伤害出现的概率等级(见4.5.4):

A—频繁;B—很可能;C—偶尔;D—极少;E—不大可能;F—几乎不可能。

附　录　B
（资料性附录）
危险、危险状态、原因、后果和伤害的参考资料

危险实例、危险状态实例、原因实例、后果实例、伤害实例分别见表B.1、表B.2、表B.3、表B.4、表B.5。

表B.1　危险实例

危险类型		说明和实例
B.1.1　机械	a）特定的机械特征	—质量和速度（在可控或非可控运动下元件的动能）； —加速度、力； —机械强度不足； —弹性元件（如：弹簧）、受压的气体或液体（如：液压、气压）内的势能或蓄能
	b）机械部件	—运动部件及部件间的相对运动； —形状（锐边、尖点、粗糙等）
	c）重力（质量）和稳定性	—支撑设备或人员的装置倒塌； —不平的或易滑的区域； —高处无防护的区域； —活动或工作区域内地板上的障碍物
B.1.2　电气		—带电导体； —因绝缘失效而带电的机器元件； —静电现象
B.1.3　辐射		—低频、无线电频率、微波、X和γ射线； —激光、红外线、可见光和紫外线
B.1.4　化学		—危险的（有害的、有毒的或腐蚀的）； —可燃的或易燃的
B.1.5　忽视人类工效学原则		—照明不足； —可见度低（控制装置的布置不合理）； —工作空间难以接近或高度不足
B.1.6　火灾		—在驱动或控制设备内； —在轿厢或井道内

表B.2　危险状态实例

危险状态的类型 （人员面临的危险状态）		说明和实例
B.2.1　机械危险	a）一般机械	人员所处的位置使其可能： —暴露于由具有质量和速度的能量源所引起的危险中或暴露于由可控或非可控运动部件的动能所引起的危险中； 例：在地板上的人员接近非封闭电梯井道，轿厢和对重在该井道内运行。 —接触危险的外形（如：锐边、尖点等）； —暴露于由机械部件的机械故障所引起的各种危险中；或 —接近以弹性元件（如：弹簧）、受压液体或受压气体形式的蓄能源（如：液压或气压）

表 B.2(续)

危险状态的类型 (人员面临的危险状态)		说明和实例
B.2.1 机械危险	b) 运动部件	人员可能处于接触卷入、剪切、被困、挤压(或冲击)、摩擦(或磨损)区域的位置
	c) 重力	人员可能处在以下情况: —在高处; —靠近被提升的载荷、非固定的部件或工具; —靠近开口,如:轿顶、机房地板上的孔、轿厢不在层站时层门的开口;或 —在易滑的、不平的、混乱的地面、地板或区域上
B.2.2 电气危险		人员所处的位置使其可能: —接触带电部件(直接接触); —接近带电机器,如:绝缘失效(间接接触); —接近带有高电压的部件;或 —接触带静电的元件
B.2.3 热危险		人员所处的位置使其可能暴露于热或冷的环境或表面,如:在轿内的使用者、在冷或热的机房内的工作人员或触摸到热的部件的人员
B.2.4 辐射危险		人员所处的位置使其可能暴露于辐射源的危险中
B.2.5 化学危险		人员所处的位置存在火源:如:有易燃的灰尘、气体或由材料或产品产生的蒸气
B.2.6 因忽视人类工效学所引起的危险		电梯使用人员需要接近电梯,或维修设备工作人员需要接近设备,但: —电梯通道狭窄或照明不足; —轿厢内部照明不足,使用者看不清控制装置;或 —工作人员不易从工作区域接近设备进行工作

表 B.3 原因(伤害事件的组成部分)的实例

原 因		说明和实例
B.3.1 涉及一般机械危险状态的事件	a) 机械部件的破裂或故障	—任何驱动部件,如:齿轮、轴、驱动轮、制动器、悬挂装置、液压缸、阀等等; —轿门或层门、其紧固件、门机械锁等等; —轿厢地板; —轿厢围壁或井道围壁、围壁内表面、照明固定装置、轿厢或对重导向装置
	b) 零件或工具的倾斜、倾覆或坠落	—机器倾斜或倾覆; —技工所使用的工具坠落
	c) 机械安全部件的破裂或故障	假如其他电梯部件发生故障,所设置的使轿厢安全停止的部件,如: —轿厢或对重的安全钳或机械限速器; —紧急制动器; —缓冲器; —门锁或连锁

表 B.3(续)

<table>
<tr><th colspan="2">原　因</th><th>说明和实例</th></tr>
<tr><td rowspan="4">B.3.2　涉及运动零部件的事件</td><td>a) 轿厢意外或非预期的启动</td><td>由于部件故障,如:
—安全装置(连锁或门触点);
—与安全有关的电路;
—驱动组件(制动器、轴);
—运行控制系统(继电器、固态器件和软件的故障,逻辑异常或外部电磁干扰)。
例:由于门连锁或其电路故障,或由于使轿厢保持在层站的制动器故障,当层门打开时轿厢开始运动</td></tr>
<tr><td>b) 轿厢加速并超过其额定速度</td><td>由于部件故障,如:
—运行控制系统;
—减速和停止系统(制动器、轴)</td></tr>
<tr><td>c) 轿厢突然加速或减速</td><td>由于部件故障,如:
—运行控制系统;
—制动器</td></tr>
<tr><td>d) 当人员在井道或机房内工作时电梯意外启动</td><td>由于 a)～c)所述的各种机械或控制故障</td></tr>
<tr><td colspan="2">B.3.3　涉及因重力引起的事件</td><td>—易滑地板,人员绊倒和跌倒在地板上的可能性;
—井道门打开,人员坠入井道的可能性;
—高处工作平台,其护栏未能挡住工作人员,坠落的可能性;
—物体坠落(如:工具或电梯零部件)</td></tr>
<tr><td colspan="2">B.3.4　涉及电气危险的事件</td><td>—人员接触带电元件(直接接触);
—人员接触因绝缘失效而带电的部件;
—人员接触带静电的部件</td></tr>
<tr><td colspan="2">B.3.5　涉及热危险的事件</td><td>—轿厢停在层站之间,使乘客暴露于热或冷的环境中;
—当技工在机房内或井道内进行作业时,暴露于热或冷的环境中</td></tr>
<tr><td colspan="2">B.3.6　涉及化学危险的事件</td><td>—人员接触或吸入火、烟、液体、毒气、雾气、灰尘。
例:技工在轿厢受限制的空间内使用清洁液</td></tr>
<tr><td colspan="2">B.3.7　涉及人类工效学的事件</td><td>例:人员进入不足以进行预期操作的工作空间</td></tr>
</table>

表 B.4　可能后果的实例

<table>
<tr><th>后　果</th><th colspan="3">实　例</th></tr>
<tr><td>B.4.1　由机械引起的后果</td><td>—擦伤;
—钩住;
—拖入;
—灼伤;
—挤压;</td><td>—割破;
—缠绕;
—撞击;
—喷射;
—拽住</td><td>—刺穿;
—切断;
—剪切;
—刺伤;</td></tr>
</table>

表 B.4(续)

后　果	实　　例		
B.4.2　与重力有关的后果	—倒塌； —挤压； —坠落； —卡住	—跌落； —滑倒； —塌落；	—窒息； —绊倒； —夹住；

表 B.5　伤害的实例

伤　害	实　　例		
B.5.1　来自机械原因的伤害	—骨折； —拉伤或扭伤； —切伤或划伤； —切断； —其他外伤	—刺破或刺穿； —擦伤或刮伤； —淤血； —挫伤；	—刺激； —摩擦灼伤； —多种伤； —死亡；
B.5.2　来自电气原因的伤害	—触电(不适)； —电死	—触电(严重的损伤)；	—电灼伤；
B.5.3　来自热原因的伤害	—组织损害； —窒息	—中暑；	—体温降低；
B.5.4　来自化学原因的伤害	—损害健康； —死亡	—烧伤(化学或火)；	—吸入烟或刺激性气体；
B.5.5　因忽视人类工效学引起的伤害	—生理影响(如:肌肉与骨骼的失调“MSD”),如:因笨拙的姿势、过度的或重复的努力而导致的影响； —心理影响(主要指心理压力的影响)； —幽闭恐怖； —因不适时地操作导致的损伤,原因是忽视“人机”接口的概念而引起的人为错误		

附 录 C
（规范性附录）
风险要素（严重程度和概率等级）的评估

C.1 表C.1和4.5.3.1给出了所规定的严重程度的说明，以提供伤害严重程度的近似定量的评价方法。根据在一个特定的伤害事件中人员可能遭受的损伤，本标准的使用者可能没有资格确定实际的伤害，但是，基于后果的技术特性和物理特性，他们能够量化所评估的可能伤害的程度，这一点是公认的。

注：见附录F中的实例。

表C.1给出伤害程度说明和表C.2给出概率等级说明的目的是为了在进行普通用途（运输使用）电梯风险评价时提供指导。对于特殊用途的情况，如：消防员使用的电梯或医用电梯，所给出的伤害程度和概率等级的说明可能需要调整。

表C.1 严重程度

严重程度	说 明
1—高	死亡、系统损失或严重的环境损害
2—中	严重损伤、严重职业病、主要的系统或环境损害
3—低	较小损伤、较轻职业病、次要的系统或环境损害
4—可忽略	不会引起伤害、职业病及系统或环境的损害

C.2 表C.2给出了4.5.4.1所规定的概率等级的说明，以提供在某一情节下伤害发生概率的近似定量的评价方法。

表C.2 概率等级

概率等级	说 明
A—频繁	在使用寿命内很可能经常发生
B—很可能	在使用寿命内很可能会发生数次
C—偶尔	在使用寿命内很可能至少发生一次
D—极少	未必发生，但在使用寿命内可能发生
E—不大可能	在使用寿命内很不可能发生
F—几乎不可能	概率几乎为零

附 录 D
（规范性附录）
风险评估和评定

表 D.1 和表 D.2 为规范性要素，表 D.3 为资料性要素。

表 D.1 风险评估和评定(见 4.5.6 和第 5 章)

概率等级	严重程度			
	1—高	2—中	3—低	4—可忽略
A—频繁	1A	2A	3A	4A
B—很可能	1B	2B	3B	4B
C—偶尔	1C	2C	3C	4C
D—极少	1D	2D	3D	4D
E—不大可能	1E	2E	3E	4E
F—几乎不可能	1F	2F	3F	4F

表 D.2 风险评定(第 5 章)

风险类别	风险等级	采取的措施
Ⅰ	1A、1B、1C、1D、2A、2B、2C、3A、3B	需要采取保护措施来降低风险
Ⅱ	1E, 2D、2E, 3C、3D、4A、4B,	需要复查，在考虑解决方案和社会价值的实用性后，确定进一步采取保护措施是否适当[a]
Ⅲ	1F, 2F, 3E、3F、4C、4D、4E、4F	不需要任何行动

[a] 社会可能不允许残留某些特定的风险。然而，进一步的措施可能使电梯的使用、维护等等成为不切实际的或不可能的。

表 D.3 记录特定情节的风险分布图模板

说明：本风险分布图是在采用保护措施之前________或之后________					
严重程度		1	2	3	4
概率等级	A				
	B				
	C				
	D				
	E				
	F				
概率等级			严重程度		
A—频繁；B—很可能；C—偶尔；D—极少；E—不大可能；F—几乎不可能			1—高；2—中；3—低；4—可忽略		

提供该模板是为了在风险评估过程中帮助本标准的使用者(评价组)。将情节序列号(见附录 A 表第一列)填入到对应的所评估的严重程度和概率等级栏中，以便表示在保护措施实施之前的风险等级。如果依据表 D.1 和表 D.2 中所规定的准则，表明风险等级需要进一步降低，则应采用保护措施且进行新的风险评估。然后，使用者宜重新使用该模板，将情节序列号填入到对应的新评估的严重程度和概率等级栏中，以便证实此风险已被充分地降低。

附 录 E
（资料性附录）
评价组组长的任务

E.1 组长的一般任务

E.1.1 风险评价组的组长具有组织能力对风险评价的结果是非常重要的。缺乏该能力会明显地降低评价组风险评价过程的效果。

E.1.2 组长宜熟知并理解本标准所指定的方法。另外，组长宜：

a) 对所评价的产品或过程具有全面的理解，但不必对所分析主题的所有方面都有专门技术；

b) 有推进工作进展的能力，包括良好的询问技巧；

c) 能够基于公正的立场，而无任何偏见。

E.1.3 组长的任务和责任：

a) 依据 4.2.2，组建包括所涉及各专业均衡的评价组；

b) 确保评价组成员了解和接受本标准中所规定的风险评价过程的规则；

c) 坚持目标，并通过遵守规则、围绕主题的风险评价过程来指导评价组；

d) 担任评价组辩论的推进者，而不是参加者；换言之，当讨论主题和表达意见时，无偏见地推进评价组的工作进程；组长可表达自己关于主题的意见，但组长任务的这种变化宜是一个例外，且宜清楚地向评价组指出；

e) 当逐步展开情节和达成共识时，通过采取引起思考的询问过程，激发组员深入地讨论；

f) 确保清楚地阐述和理解任何情节（见 4.4.3），包括假设（如果有）；

g) 确保评价组的工作和决定过程被准确地形成文件（见第 8 章）；

h) 确保采用多数意见的原则进行风险的评估和评定（见 4.5 和第 5 章）以及做出相关的决定。

E.2 风险评价阶段会议的介绍

E.2.1 总则

风险评价组成员知道风险评价的目的（见 4.1）和主题（见 4.3）是很重要的，以便他们可以集中在应做的工作上。此外，宜使他们感觉轻松并了解所要达到的目标。需要考虑的一些方面见 E.2.2～E.2.4。

E.2.2 介绍

组长宜：

a) 说明会议的目的（见 4.1）；

b) 询问每个成员姓名、在所有相关领域中的专业背景、现在的职业和职务范围；和

c) 叙述所分析和评价的主题（见 4.3）。

E.2.3 风险评价方法

在评价组开始工作前，组长宜核实成员在本标准所规定的方法方面的知识和对本方法的理解[见 E.1.3b)]。这可包括对下列内容的简单回顾、详细回顾或培训：

a) 术语（第 2 章）；

b) 安全和风险评价的概念（第 3 章）；

c) 进行风险评价的目的和主题，包括要考虑的附加因素（4.3）；

d) 情节（4.4）的识别，尤其是危险、危险状态、原因、后果和伤害的含义、识别和确定（见附录 B）；

e) 风险要素和风险评估的概念，尤其注意评估伤害严重程度（4.5.3）和伤害发生概率等级（4.5.4）的概念；在评估概率等级之前，组员理解需要考虑的所有概率因素是很重要的，如：人员暴露于危

险中的频次和持续的时间、情节发生的概率以及限制和避免伤害的可能性；

f) 降低风险(见第7章)的概念和方法；且

g) 需要将全部过程形成文件(见第8章)。

E.2.4 对成员的期望

宜确立评价组成员和组长(见4.2)的任务和职责，包括下列各项：

a) 利用该过程和成员的经验识别危险且评价风险；

b) 作为独立的专家。

E.3 风险评价阶段会议指南

组长宜提出该阶段会议指南，并且得到评价组对该指南的一致意见。该指南宜：

a) 指派一名成员将该过程形成文件；

b) 将成员集中在风险识别和评价的工作上。

E.4 主持风险评价阶段会议

主持风险分析会议是一项挑战性的工作。组长宜经常注意提出问题并仔细听取评价组的讨论，以便总结研究结果和阐述情节。下面给出一些建议：

a) 慢慢地开始，清楚地说明且做易于理解的解释；

b) 在会议的初始阶段，阐述情节所花费的时间要比评价组成员熟悉后的长；

c) 保持镇静并使该过程向前进展；

d) 控制并总结较长的讨论，特别是关于降低风险的措施；

e) 通过所有评价组成员的参与并肯定他们的贡献，从一开始就建立团队精神；

f) 定期地总结讨论，使评价组集中重点并按照该过程进行工作，如：在表述一个情节之前，确定每个人都同意；

g) 每次集中在一个情节上，对于其他情节的意见，要求成员自己记录以用于后面的讨论；

h) 如果存在对立的意见，达成共识；

i) 设法找出和总结每个观点的共同点；

j) 尽可能避免投票、平均、妥协，除非不能达成共识；

k) 帮助评价组认识到会议期间取得的进步并欣赏此进步。

E.5 评估情节

E.5.1 在一个情节(4.4)被阐述且记录后，应评估后果的严重程度和情节发生的概率(4.5)。评估依照表C.1严重程度和表C.2概率等级的定义进行。

E.5.2 伤害严重程度的评估通常容易达成一致意见，然而，概率等级的评估可能有较大挑战性。因此，有助于概率等级评估的一些实用指导如下：

a) 询问评价组是否普遍感觉应该采取某种措施减少风险；选择等级并将主要理由形成文件；

b) 从风险评价会议开始阶段，如果出现疑问，就同意选择较高的风险；

c) 找出影响概率等级的新方面，重述4.5.4和4.5.5规定的影响概率的所有部分，或复查每个所讨论的方面并分别进行确定，然后总结研究结果以评估概率；

d) 推迟该评估或评价，以后再接着进行；

e) 如果不能达成一致意见，要求每个成员投票，将投票结果进行平均，或采纳多数意见。值得注意的是：第二次投票可能使评价组的意见更接近。但是，尽量避免投票方式(见E.5.3)。

E.5.3 如果不能达成共识，组长宜与成员共同确定原因。原因可能是对该过程缺乏理解、对分析目的和主题的决定不适当、对情节某部分的决定不适当或对所有概率因素缺乏理解。组长可以提出代替的方法。

例：当一个评价组对概率等级不能够达成共识时，组长可探究是否评价组至少能同意采取某些纠正行动。

E.6 风险评价会议的结束

会议总结应包括下列内容：

a) 简要地总结最重要的研究结果和成就；

b) 确保在会议期间所做的所有工作依照第8章规定形成文件；

c) 说明将采取的进一步步骤；

d) 报告定稿并发给成员校阅。

附 录 F
(资料性附录)
风险评价和保护措施的实例

例 1：两种评估伤害严重程度的方法(见 4.4.2.4.3)。

例 2：利用修改设计、增加保护措施和检查遗留风险等级来降低风险。

例 3：当消除或降低危险时严重程度和概率等级的改变。

例 4：自动扶梯系统设计的安全验证——驱动链。

例 1 两种评估伤害严重程度的方法(见 4.4.2.4.3)

目的：举例说明两种评估伤害严重程度的方法

主题：电梯门自动关闭　　　　组长：本例未填　　　　日期：本例未填

序号	情节			风险要素评估		保护措施(风险降低措施)	实施保护措施后		遗留风险
	危险状态	伤害事件							
		原因	后果	S[c]	P[d]		S[c]	P[d]	
1	危险：机械—动能[B.1.1a)]								
1.1[a]	大质量的自动门快速关闭时产生大的动能。 老年人进出轿厢	当人员处在门路径上时，门关闭	未描述损伤 —门以大的动能冲击人员； —将老人撞倒在地板上	2	D	降低门的速度使冲击时的动能降低到不会将虚弱的人员撞倒在地板上的程度	2	E	即使小的动能也可能将非常虚弱的人员撞倒
1.2[b]			描述了损伤 —门以大的动能撞击人员； —将老人撞倒在地板上； —老人的臀部骨折	2	D	提供可靠的感应装置，当人员处在门路径任何位置上时，停止关闭或再打开门	2	E	感应装置发生故障，门仍以其全部的能量撞人

a 方法 1.1 中，评估严重程度是基于后果的描述。

b 方法 1.2 不同之处是对损伤也进行了描述。两种不同保护措施使该风险降低到同一等级。

c S—伤害的严重程度(见 4.5.3)：
1—高；2—中；3—低；4—可忽略。

d P—伤害出现的概率等级(见 4.5.4)：
A—频繁；B—很可能；C—偶尔；D—极少；E—不大可能；F—几乎不可能。

例 2　利用修改设计、增加保护措施和检查遗留风险等级来降低风险

目的：利用修改设计、增加保护措施和检查遗留风险等级来降低风险

主题：轿顶上工作人员的安全　　　　组长：本例未填　　　　日期：本例未填

<table>
<tr><th rowspan="3">序号</th><th colspan="3">情节</th><th colspan="2">风险要素评估</th><th rowspan="3">保护措施
(风险降低措施)</th><th colspan="2">实施
保护措施后</th><th rowspan="3">遗留风险</th></tr>
<tr><th rowspan="2">危险状态</th><th colspan="2">伤害事件</th><th rowspan="2">S[c]</th><th rowspan="2">P[d]</th><th rowspan="2">S[c]</th><th rowspan="2">P[d]</th></tr>
<tr><th>原因</th><th>后果</th></tr>
<tr><td>2</td><td colspan="9">危险：坠落危险(重力)</td></tr>
<tr><td rowspan="2">2.1[a]</td><td rowspan="2">技工在距底坑 30 m 高的轿顶上工作，轿顶边缘与井道壁之间有 1 m 间距</td><td rowspan="2">技工后退超过轿顶边缘</td><td rowspan="2">技工从轿顶边缘坠入井道</td><td rowspan="2">1</td><td rowspan="2">D</td><td>降低坠落危险：
方案 1：将 1 m 间距降低到 100 mm，因此技工不能从轿厢与井道壁之间坠落</td><td>4</td><td>F</td><td>不需采取防坠措施，但引起了技工的脚可能被陷入间隙中的新风险</td></tr>
<tr><td>方案 2：在轿顶边缘上安装高 1.1 m 的防护栏，防止从轿顶边缘坠落</td><td>1</td><td>F</td><td>不需采取防坠措施</td></tr>
<tr><td></td><td colspan="9">新的危险：脚陷入(见 2.1 方案 1 的遗留风险)</td></tr>
<tr><td>2.2[b]</td><td>技工在轿顶上工作，轿顶边缘与井道壁之间的间距为 100 mm</td><td>技工后退超过轿顶边缘，他的脚陷入间隙中</td><td>技工拉出脚并扭伤了脚</td><td>3</td><td>E</td><td>考虑到风险的等级(见附录 D 表 D.1)不需要采取行动</td><td></td><td></td><td></td></tr>
</table>

a　评价组的首要职责是消除或降低危险(如可行)。所提出的两种方案针对坠落危险。方案 1 消除了坠落危险，因此不可能有坠落危险，风险评估为 4F。但方案 1 出现了脚陷入危险，在 2.2 中给出这一新情节。在方案 2 中，假定顶部空间足够大，因此，当轿厢到达顶部位置时不会发生新的危险。方案 2 没有消除坠落危险，因此严重程度仍为 1，但降低了概率(降至 F)，因此该方案将风险降低到可接受程度。

b　描述了 2.2 的情节，以找出是否新的风险需要进一步降低。其后退、脚陷入并受伤的概率小于 2.1 中的后退、失去平衡而坠入井道的事件概率。

c　S—伤害的严重程度(见 4.5.3)：
1—高；2—中；3—低；4—可忽略。

d　P—伤害出现的概率等级(见 4.5.4)：
A—频繁；B—很可能；C—偶尔；D—极少；E—不大可能；F—几乎不可能。

例 3 当消除或降低危险时严重程度和概率等级的改变

目的:说明当消除或降低危险时严重程度和概率等级的改变

主题:门样品—锐边　　组长:本例未填　　日期:本例未填

<table>
<tr><th rowspan="3">序号</th><th colspan="3">情节</th><th colspan="2">风险要素评估</th><th rowspan="3">保护措施
(风险降低措施)</th><th colspan="2">使用保护措施后</th><th rowspan="3">遗留风险</th></tr>
<tr><th rowspan="2">危险状态</th><th colspan="2">伤害事件</th><th rowspan="2">S[c]</th><th rowspan="2">P[d]</th><th rowspan="2">S[c]</th><th rowspan="2">P[d]</th></tr>
<tr><th>原因</th><th>后果</th></tr>
<tr><td rowspan="3">3</td><td colspan="9">危险:机械的—锐边(切伤危险)</td></tr>
<tr><td>在层站侧层门有锐边</td><td rowspan="2">为了使门停止关闭,乘客的手放在锐边上</td><td rowspan="2">手损伤(割破)</td><td rowspan="2">3</td><td rowspan="2">B</td><td>方案 1[a]:在设计上除去锐利的边缘</td><td>4</td><td>F</td><td>切伤的危险被消除</td></tr>
<tr><td>当门正在关闭时,乘客从层站侧接近电梯</td><td>方案 2[b]:在门的路径中探测到手的出现并自动地再开门</td><td>3</td><td>E</td><td>清洁人员还可能触到锐边而被伤</td></tr>
<tr><td colspan="10">a 方案 1 消除了危险,将严重程度和概率降低到最低等级(表示为 4F)。
b 实际上,方案 2 不是处理危险的首选有效保护措施。方案 2 针对的是原因而不是危险,留下了相同的严重程度(表示为 3),概率降低为 E。因为暴露的持续时间是不连续的,仅在清洁门的期间存在,并且该工作由技术熟练的人员来完成,因此,方案 2 的遗留风险是低的,而不需要采取行动。
c S—伤害的严重程度(见 4.5.3):
1—高;2—中;3—低;4—可忽略。
d P—伤害出现的概率等级(见 4.5.4):
A—频繁;B—很可能;C—偶尔;D—极少;E—不大可能;F—几乎不可能。</td></tr>
</table>

例 4 自动扶梯系统设计的安全验证——驱动链

目的：说明由相互结合自动扶梯(见 4.5.1.2a)的运行而引起的危险

主题：自动扶梯驱动链　　组长：本例未填　　日期：本例未填

<table>
<tr><th rowspan="3">序号</th><th colspan="3">情节</th><th colspan="2">风险要素评估</th><th rowspan="3">保护措施
(风险降低措施)</th><th colspan="2">实施保护措施后</th><th rowspan="3">遗留风险</th></tr>
<tr><th rowspan="2">危险状态</th><th colspan="2">伤害事件</th><th rowspan="2">S[b]</th><th rowspan="2">P[c]</th><th rowspan="2">S[b]</th><th rowspan="2">P[c]</th></tr>
<tr><th>原因</th><th>后果</th></tr>
<tr><td rowspan="3">4</td><td rowspan="3">乘客正在乘坐自动扶梯</td><td rowspan="3">因为不适当的尺寸或制造缺陷，主驱动链断裂</td><td rowspan="3">自动扶梯加速下行。
乘客在下端站倒下，导致损伤</td><td rowspan="3">2</td><td rowspan="3">D</td><td>方案 1[a]：设计变化，用齿轮代替链条传递驱动力</td><td>2</td><td>E</td><td>因为齿轮的潜在破损，风险残留，但概率及风险被评估为较低等级</td></tr>
<tr><td>方案 2[a]：使用附加制动器直接作用在梯级主驱动上</td><td>2</td><td>F</td><td>如果主驱动链断裂，附加制动器可停止梯级。因梯级的突然减速，依然存在乘客跌倒危险。概率较低</td></tr>
<tr><td>方案 3[a]：使用双排链，且抗破断力的安全系数为 5</td><td>2</td><td>E</td><td>依然存在主驱动链断裂的可能性，但是概率被降低</td></tr>
<tr><td colspan="10">a 因为重力存在固有的危险，消除该危险是不可能的。由于方案 2 中附加制动器的制动减速而引起了跌倒危险的遗留风险，需要单独地分析。
b S—伤害的严重程度(见 4.5.3)：
1—高；2—中；3—低；4—可忽略。
c P—伤害出现的概率等级(见 4.5.4)：
A—频繁；B—很可能；C—偶尔；D—极少；E—不大可能；F—几乎不可能。</td></tr>
</table>

参 考 文 献

[1] GB/T 15706.1 机械安全 基本概念和设计通则 第1部分:基本术语、方法学(GB/T 15706.1—1995,eqv ISO/TR 12100-1:1992)

[2] GB/T 15706.2 机械安全 基本概念和设计通则 第2部分:技术原则与规范(GB/T 15706.2—1995,eqv ISO/TR 12100-2:1992)

[3] US MIL STD-882C 系统安全程序要求(1987)美国国防部 System Safety Program Requirements(1987). U. S. Dcpartment of Defence.

[4] ZHA-Guide(1987) Zurich 危险分析:Zurich 危险分析方法的简单介绍 Zurich Hazard Analysis:A brief introduction to the Zurich method of hazard analysis.

[5] GB/T 20000.4 《标准化工作指南 第4部分:标准中涉及安全的内容》(GB/T 20000.4—2003,ISO/IEC Guide51:1999,MOD)

[6] GB/T 16856—1997 机械安全 风险评价原则(eqv prEN 1050:1994)

[7] ISO/TS 22559-1 电梯安全要求 第1部分:全球基本安全要求(GESRs) Safety requirements for lifts (elevators)—Part 1:Global essential safety requirements(GESRs)

ICS 27.010
F 01

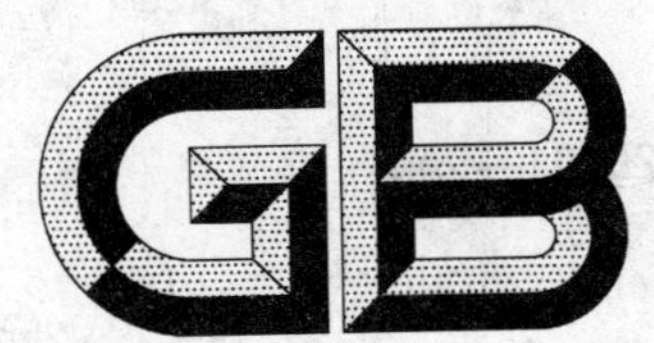

中华人民共和国国家标准

GB/T 20901—2007

石油石化行业能源计量器具配备和管理要求

Specification for equipping and managing of measuring instrument of energy in petroleum and petrochemical industry

2007-04-16 发布

2007-10-01 实施

中华人民共和国国家质量监督检验检疫总局
中国国家标准化管理委员会 发布

前　言

本标准依据 GB 17167—2006《用能单位能源计量器具配备和管理通则》的规定和要求，结合石油石化行业的特点制定。

本标准由国家发展和改革委员会资源节约和环境保护司、国家质量监督检验检疫总局计量司和国家标准化管理委员会工业一部提出。

本标准由全国能源基础与管理标准化技术委员会归口。

本标准起草单位：中国石油天然气集团公司大庆石油管理局技术监督中心、大庆石油化工总厂、中国石油化工股份有限公司流量计量站。

本标准主要起草人：李荣光、孙笑非、郑灿亭、申德生、孙晓峰、熊兆洪、薛国民。

石油石化行业能源计量器具配备和管理要求

1 范围

本标准规定了石油石化行业用能单位能源计量的种类、范围，能源计量器具的配备原则和基本要求。

本标准适用于石油石化行业的勘探开发、管道输送和炼油化工等生产企业。

本标准不适用于石油石化行业的基本建设、设备制造、通讯、运输、科研院校、电力(直流电和6 kV以上交流电)、成品油销售等单位。

2 规范性引用文件

下列文件中的条款通过本标准的引用而成为本标准的条款。凡是注日期的引用文件，其随后所有的修改单(不包括勘误的内容)或修订版均不适用于本标准，然而，鼓励根据本标准达成协议的各方研究是否可使用这些文件的最新版本。凡是不注日期的引用文件，其最新版本适用于本标准。

GB/T 6422 企业能耗计量与测试导则

GB/T 15316 节能监测技术通则

GB 17167 用能单位能源计量器具配备和管理通则

GB/T 17471 锅炉热网系统能源监测与计量仪表配备原则

GB/T 18603 天然气计量系统技术要求

SH/T 3104 石油化工仪表安装设计规范

SY/T 5398 原油天然气和稳定轻烃交接计量站计量器具配备规范

3 术语和定义

GB 17167中确立的以及下列术语和定义适用于本标准。

3.1

石油石化行业用能单位 organization of energy using in petroleum and petrochemical industry

石油石化行业具有独立法人地位的企业和具有独立核算能力的单位。

3.2

石油石化行业次级用能单位 sub-organization of energy using in petroleum and petrochemical industry

石油石化行业用能单位直属的能源核算单位。

注：石油石化行业次级用能单位指采油、采气、油气集输、炼油、化工、物探、钻井、试油、作业厂(公司、事业部)等。

3.3

石油石化行业基本用能单元 basic cell of energy using in petroleum and petrochemical industry

石油石化行业次级用能单位下属的基本生产系统。

注：石油石化行业基本用能单元指车间(装置)、联合站、转油站、钻井队、作业队等。

4 能源计量器具的配备

4.1 计量能源种类

煤炭、原油、天然气、电力、焦炭、煤气、热力、成品油、液化石油气、生物质能和其他直接或者通过加工、转换而取得有用能的各种资源。

4.2 能源计量范围

a) 输入石油石化行业用能单位(以下简称用能单位)、石油石化行业次级用能单位(以下简称次级用能单位)和石油石化行业基本用能单元(以下简称基本用能单元)的能源及载能工质;

b) 输出用能单位、次级用能单位和基本用能单元的能源及载能工质;

c) 用能单位、次级用能单位和基本用能单元使用(消耗)的能源及载能工质;

d) 用能单位、次级用能单位和基本用能单元自产的能源及载能工质;

e) 用能单位、次级用能单位和基本用能单元可回收利用的余能资源。

4.3 能源计量器具的配备原则

4.3.1 能源计量器具的配备应满足用能单位实现能源分级分项统计和核算的要求。

4.3.2 能源计量器具的性能应满足贸易结算、生产工艺、被测介质及使用环境的要求。

4.4 能源计量器具的配备要求

4.4.1 能源计量器具配备率按下式计算:

$$R_p = \frac{N_s}{N_l} \times 100$$

式中:

R_p——能源计量器具配备率,%;

N_s——能源计量器具实际配备数量;

N_l——能源计量器具理论需要数量。

4.4.2 用能单位、次级用能单位和基本用能单元应加装能源计量器具。

4.4.3 凡未执行基本用能单元能源计量考核的,用能量(产能量或输运能量)大于或等于表1中一种或多种能源消耗量限定值的远离生产厂区的小罐区、小辅助装置,应加装能源计量器具,能源消耗量限定值见表1。

表1 能源消耗量(或功率)限定值

能源种类	电力	煤炭、焦炭	原油、成品油、液化石油气	重油、渣油	煤气、天然气	蒸汽、热水	水	其他
单位	kW	t/h	t/h	t/h	m^3/h	MW	t/h	GJ/h
限定值	100	1	0.5	0.5	100	7	1	29.26

4.4.4 能源计量器具配备率应符合表2的要求。

表2 能源计量器具配备率要求

能源种类		用能单位 %	次级用能单位 %	基本用能单元 %
电力		100	100	95
固态能源	煤炭	100	100	90
	焦炭	100	100	90
液态能源	原油	100	100	90
	成品油	100	100	95
	重油	100	100	90
	渣油	100	100	90
	轻烃	100	100	90

表 2(续)

能源种类		用能单位 %	次级用能单位 %	基本用能单元 %
气态能源	天然气	100	100	90
	液化石油气	100	100	90
	煤气	100	90	80
	氢气	100	100	80
载能工质	蒸汽	100	100	90
	氮气	100	90	60
	压缩空气	100	90	60
	水	100	100	90
已回收利用的余能		90	80	—

4.4.5 能源计量器具的计量性能应符合表 3 的要求。

表 3 能源计量器具的计量性能要求

序号	计量器具名称	计量项目			计量性能		
					用能单位	次级用能单位	基本用能单元
1	汽车衡 静态轨道衡	固体、液体静态计量			Ⅲ	Ⅲ	Ⅲ
	动态轨道衡	固体、液体动态计量			0.5	0.5	—
2	电能表	有功交流电能计量(6 kV 以下)			1.0	1.0	2.0
3	油流量表	原油计量			0.2	0.5	1.0
		汽油、柴油、煤油计量			0.2	0.5	1.0
		重油、渣油计量			0.5	1.0	1.5
		轻烃、液化石油气计量			0.5	1.0	1.5
4	船舶液货计量舱	原油、成品油计量	≤300 m^3 的单舱总容量		$U \leqslant 0.3\%$ $p=0.95$	—	—
		原油、成品油计量	>300 m^3 的单舱总容量	规则舱	$U \leqslant 0.2\%$ $p=0.95$	—	—
				不规则舱	$U \leqslant 0.4\%$ $p=0.95$	—	—
5	铁路罐车	原油、成品油容积计量			$U \leqslant 0.4\%$ $p=0.95$	$U \leqslant 0.4\%$ $p=0.95$	—
6	汽车油罐车	原油、成品油容量计量			$U \leqslant 0.25\%$ $(k=2)$	$U \leqslant 0.25\%$ $(k=2)$	—
7	立式金属罐	原油、成品油容量计量	容量 20 m^3～100m^3		$U \leqslant 0.3\%$ $(k=2)$	$U \leqslant 0.3\%$ $(k=2)$	$U \leqslant 0.3\%$ $(k=2)$
		原油、成品油容量计量	容量 100 m^3～700m^3		$U \leqslant 0.2\%$ $(k=2)$	$U \leqslant 0.2\%$ $(k=2)$	$U \leqslant 0.2\%$ $(k=2)$
		原油、成品油容量计量	容量>700 m^3		$U \leqslant 0.1\%$ $(k=2)$	$U \leqslant 0.1\%$ $(k=2)$	$U \leqslant 0.1\%$ $(k=2)$

表 3(续)

序号	计量器具名称	计量项目		计量性能		
				用能单位	次级用能单位	基本用能单元
8	卧式金属罐	原油、成品油、轻烃容量计量		$U\leqslant0.4\%$ $p=0.95$	$U\leqslant0.4\%$ $p=0.95$	$U\leqslant0.4\%$ $p=0.95$
9	球形金属罐	原油、成品油、轻烃容量计量		$U\leqslant0.3\%$ $p=0.95$	$U\leqslant0.3\%$ $p=0.95$	$U\leqslant0.3\%$ $p=0.95$
10	气体流量计	天然气计量	$q_n v\geqslant50\ 000\ m^3/h$	0.75	1.0	2.0
			$5\ 000\ m^3/h\leqslant q_n v\leqslant50\ 000\ m^3/h$	1.0	1.5	2.0
			$q_n v\geqslant500\ m^3/h$	1.5	2.0	2.0
		煤气计量		2.0	2.0	2.5
		氢气、氮气、压缩空气计量		1.5	1.5	2.0
11	蒸汽流量计	蒸汽计量		2.0	2.5	2.5
12	水流量计	水计量	管径≤250 mm	2.0	2.0	2.5
			管径>250 mm	1.5	1.5	2.0
		污水计量	流量计	2.5	2.5	2.5
			明渠计量	4.0	4.0	—
13	温度计	原油、成品油、轻烃油量计算;气体、蒸汽量计算		分度值 0.2℃	分度值 0.5℃	分度值 1.0℃
14	温度变送器	原油、成品油、轻烃油量计算;气体、蒸汽量计算		0.5	0.5	0.5
15	压力表	气体、液体、蒸汽量计算		0.4	0.4	0.4
16	压力变送器	气体、液体、蒸汽量计算		0.2	0.2	0.5
17	浮子密度计	原油、成品油等液体密度计量		分度值 $0.5\ kg/m^3$	分度值 $0.5\ kg/m^3$	分度值 $1.0\ kg/m^3$
18	数显密度计	原油、成品油等液体密度计量		0.2	0.2	0.2
19	含水分析仪	原油、成品油中水含量计量		分辨力 0.1%	分辨力 0.1%	分辨力 0.5%

注 1:U——总容量检定(校准)结果的扩展不确定度;p——置信概率;k——包含因子。

注 2:$q_n v$——天然气计量站计量系统设计通过能力(标准参比条件下)。

注 3:序号 4~9 的扩展不确定度是指检定计量器具容量的检定(校准)结果的扩展不确定度。

注 4:仪表性能列的指标,凡不注明的均为计量器具的准确度等级。

4.4.6 对原油、稳定轻烃贸易交接计量,本标准未做出配备要求的其他计量器具,需要时应符合 SY/T 5398 的要求。

4.4.7 对天然气计量仪表的安装,应符合 GB/T 18603 的要求。

4.4.8 对锅炉热网系统,表 3 不能覆盖的计量器具,应符合 GB/T 17471 的要求。

4.4.9 对石油化工计量仪表的安装,应符合 SH/T 3104 的要求。

4.4.10 用能设备的设计、安装和使用应能满足 GB/T 6422、GB/T 15316 中关于用能设备的能源监测要求。

4.4.11 用能单位应根据节能监测工作的需要,配备便携式监测仪表。

5 能源计量器具的管理要求

5.1 能源计量制度

5.1.1 用能单位应建立能源计量管理体系，形成文件，保持并持续改进其有效性。

5.1.2 用能单位应建立、保持和使用文件化的程序来规范能源计量人员行为、能源计量器具管理和能源计量数据的采集、处理和汇总。

5.2 能源计量人员

5.2.1 用能单位、次级用能单位和基本用能单元应设专人负责能源计量器具的管理，负责能源计量器具的配备、使用、检定(校准)、维修、更新、报废等管理工作。

5.2.2 用能单位、次级用能单位和基本用能单元的能源计量管理人员、能源计量操作人员和能源计量器具维修人员，应通过培训考核，持证上岗。

5.2.3 能源计量器具的检定、校准人员应具有相应的资质。

5.3 能源计量器具

5.3.1 能源计量器具实行分级分类管理，用能单位和次级用能单位应明确重点管理的能源计量器具目录。

5.3.2 用能单位、次级用能单位应有能源计量器具汇总表、重点管理的能源计量器具一览表。基本用能单元应有完整的能源计量器具一览表。能源计量器具一览表中应列出计量器具的名称、型号规格、准确度等级、测量范围、生产厂家、出厂编号、用能单位管理编号、安装使用地点、状态(指合格、准用、停用等)。

5.3.3 用能单位应按照分级管理要求建立能源计量器具档案，内容包括：

a) 计量器具使用说明书；

b) 计量器具出厂合格证；

c) 计量器具最近两个连续周期的检定(测试、校准)证书；

d) 计量器具维修记录；

e) 计量器具其他相关的信息。

5.3.4 能源计量器具应定期检定(校准)。用能单位应按照分级管理要求，制定能源计量器具周期检定(校准)计划，计划中应明确其计量器具名称、型号规格、测量范围、准确度等级、检定(校准)周期、上次检定(校准)日期、溯源方式等。凡属自行校准且自行确定校准间隔的，应有现行有效的受控文件依据。属强制检定的计量器具，其检定周期、检定方式应遵循有关计量法规的规定。

5.3.5 新装及更新能源计量器具必须经检定(校准)合格后方能安装使用。

5.3.6 在用能源计量器具，应在明显位置粘贴与能源计量器具一览表编号对应的标签，以备查验和管理。

5.4 能源计量数据

5.4.1 用能单位应建立能源统计报表制度，能源统计报表数据应能追溯至计量测试记录。

5.4.2 能源计量数据记录应采用规范的表格式样，计量测试记录表格应便于数据的汇总与分析，应说明被测量与记录数据之间的转换方法或关系。

5.4.3 用能单位可根据需要建立能源计量数据中心，利用计算机技术实现能源计量数据的网络化管理。

5.4.4 用能单位可根据需要按生产周期及时统计计算出单位产品的各种主要能源消耗量。

ICS 27.010
F 01

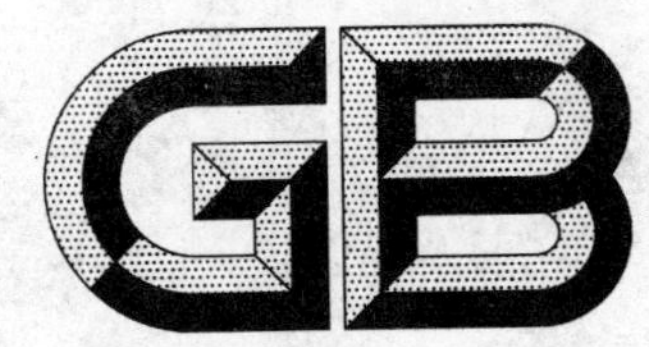

中华人民共和国国家标准

GB/T 20902—2007

有色金属冶炼企业能源计量器具配备和管理要求

Specification for equipping and managing of the measuring instrument of energy in the nonferrous metals smelters

2007-04-16 发布　　　　2007-10-01 实施

中华人民共和国国家质量监督检验检疫总局
中国国家标准化管理委员会　发布

前言

本标准依据 GB 17167—2006《用能单位能源计量器具配备和管理通则》的规定和要求，结合有色金属冶炼企业的特点制定。

本标准由国家发展和改革委员会资源节约和环境保护司、国家质量监督检验检疫总局计量司和国家标准化管理委员会工业标准一部提出。

本标准由全国能源基础与管理标准化技术委员会归口。

本标准起草单位：中国铝业股份有限公司河南分公司、中国有色金属工业标准计量质量研究所、金川集团有限公司、柳州华锡集团有限责任公司、江西铜业集团公司、云南铜业股份有限公司、株洲冶炼集团有限责任公司、铜陵有色金属（集团）公司、中国铝业股份有限公司青海分公司。

本标准主要起草人：周志坚、李丰才、李秋娟、芦怡、梁继荣、易夫、李康烈、杨俊宝、李同成、曹王剑、牛力群、闫生琳。

有色金属冶炼企业
能源计量器具配备和管理要求

1 范围

本标准规定了有色金属冶炼企业能源计量的种类、范围，能源计量器具配备原则和管理的基本要求。

本标准适用于有色金属冶炼企业。

2 规范性引用文件

下列文件中的条款，通过本标准的引用而成为本标准的条款，凡是注日期的引用文件，其随后所有的修改单（不包括勘误的内容）或修订版均不适用于本标准，然而，鼓励根据本标准达成协议的各方研究是否可使用这些文件的最新版本。凡是不注日期的引用文件，其最新版本适用于本标准。

GB/T 6422 企业能耗计量与测试导则

GB/T 15316 节能监测技术通则

GB 17167 用能单位能源计量器具配备和管理通则

GB/T 17471 锅炉热网系统能源监测与计量仪表配备原则

GB/T 18603—2001 天然气计量系统技术要求

3 术语和定义

GB 17167 中确立的术语和定义以及下列术语和定义适用于本标准。

3.1

能源计量检测点 point of energy measurement

确定计量能源及载能工质对象的检测位置。

3.2

能源计量检测数据 data of energy measurement

通过计量器具检测所获得的能源及载能工质数据。

3.3

能源计量检测数据修正 amendment for data of energy measurement

采用科学、规范的方法，对能源及载能工质计量检测数据进行校正。

3.4

能源计量结算数据 settlement data of energy measurement

用于企业财务、统计和成本管理的能源及载能工质计量检测数据。

4 能源计量器具配备的基本要求

4.1 能源计量范围与管理

4.1.1 能源计量的种类

本标准所称能源，指煤炭、原油、天然气、电力、焦炭、煤气、热力、成品油、液化石油气、生物质能和其他直接或者通过加工、转换而取得有用能的各种资源。

4.1.2 能源计量的范围

a) 输入企业以及企业对外输出的能源及载能工质；

b) 企业内部单位间、用能单元或主要用能设备使用(消耗)的能源及载能工质；

c) 企业、用能单元或主要用能设备自产的能源及载能工质；

d) 企业、用能单元或主要设备已回收利用的余能资源。

4.1.3 能源计量的管理

企业对能源计量应实行分级管理。进出企业进行结算的能源计量为一级，即用能单位的能源计量；企业内部独立核算的单位间进行成本或消耗结算的能源计量为二级，即次级用能单位的能源计量；独立核算单位内部对车间(装置、系统、工序、工段和主要用能设备)进行核算的能源计量为三级，即用能单元和主要用能设备的能源计量，以下分别称为“一、二、三级能源计量”。

4.2 能源计量器具的配备原则

4.2.1 应满足企业实现能源及计量分级、分类、分项考核和结算的要求。

4.2.2 计量检测点应在能源输入、输出的管理分界点处附近适当位置或计量对象转移输出点的适当位置设置。

4.2.3 能源计量器具配备在满足4.3、4.4要求的前提下，优先采用节能、环保型结构，以及非接触式或拆装简便的计量器具。

4.2.4 重点用能企业应配备必要的便携式能源检测仪表，以满足自检、自查的要求。

4.3 能源计量器具的配备要求

4.3.1 一级、二级、三级能源计量器具配备率按式(1)计算：

$$R_p = \frac{N_s}{N_I} \times 100 \qquad \cdots\cdots(1)$$

式中：

R_p——各级能源计量器具配备率，%；

N_s——各级能源计量器具的实际配备数量；

N_I——各级能源计量的计量器具配备理论需要量。

4.3.2 一级、二级、三级能源计量器具配备率应符合表1的要求。

表1 一级、二级、三级能源计量器具配备率要求

单位：%

能源种类		配备率要求		
		一级能源计量	二级能源计量	三级能源计量
电力		100	100	95
固态能源		100	100	95
液态能源	原油、成品油	100	100	95
	重油、渣油	100	100	95
	其他液态能源	100	100	90
气态能源	天然气	100	100	95
	液化气	100	100	95
	煤气	100	95	95
	其他气态能源	100	95	90
载能工质	蒸汽	100	90	80
	水	100	95	85
	压缩空气	100	90	80
	其他载能工质	100	90	80

表 1(续)

单位：%

能源种类	配备率要求		
	一级能源计量	二级能源计量	三级能源计量
已回收利用余热(能)	100	80	—

注 1：二级能源计量范围，属于季节性供采暖或空调用蒸汽(热水)的，可采用非直接计量载能工质流量的其他计量(或核算)方式。

注 2：三级能源计量范围，属于季节性供采暖或空调用蒸汽(热水)的，可以不配置能源计量器具。

注 3：三级能源计量范围，在主要用能设备上作为辅助能源使用的电力和蒸汽、水、压缩空气等介质，其耗能量低于表 2 要求的，可不再单独配置计量器具。

4.3.3 属三级能源计量范围，凡未列入用能单元能源计量管理考核的，单台设备耗能量大于或等于表 2 中一种或多种能源消耗限定值的为主要用能设备，主要用能设备应按表 1 要求加装能源计量器具。

表 2 企业内属于主要用能设备的能源及载能工质消耗量(或功率)限定值

能源种类	电力	固体燃料	原油、成品油、液化气	重油、渣油	煤气、天然气	蒸汽、热水	水(自然水、中水、污水等)	压缩空气	其他
单位	kW	t/h	t/h	t/h	m^3/h	MW	t/h	m^3/h	GJ/h
限定值	100	1.0	0.5	1.0	50	7	1.0	100	29.26

注 1：m^3 指在标准状态下。

注 2：29.26 GJ 相当于 1 t 标准煤，其他能源应按等价热值折算。

4.3.4 对于可单独进行能源计量考核的用能单元(装置、系统、工序、工段等)，如果用能单元已配置了能源计量器具，用能单元中的主要用能设备可不再单独配置能源计量器具。

4.3.5 对于集中管理同类用能设备的用能单元(锅炉房、泵房等)，如果用能单元已配置了能源计量器具，用能单元中的主要用能设备可不再单独配置能源计量器具。

4.3.6 在企业二、三级能源计量范围内，属于季节性供采暖或空调用蒸汽(热水)的，在确定不再安装能源计量器具，以及属于临时性用能，或用量低于表 2 要求的条件下，其实际供给或使用消耗的能源、载能工质的量值核算，允许采用计(测)算或临时计量等方式进行确定。

4.4 能源计量器具的准确度和功能要求

4.4.1 一级能源计量器具准确度要求

4.4.1.1 一级能源计量器具的准确度等级应不低于表 3 的要求。

表 3 一级能源计量器具准确度等级要求

计量器具类别	计量目的		准确度等级要求
衡器	进出企业固(液)态能源量的静态计量		Ⅲ(圈)
	进出企业固(液)态能源的动态计量		0.5
电能表	进出企业有功交流电能计量	Ⅰ类负荷用量	0.5S
		Ⅱ类负荷用量	0.5
		Ⅲ类负荷用量	1.0
		Ⅳ类负荷用量	2.0
	进出企业直流电能计量		1.0
油流量表(装置)	进、出企业液态能源计量		原油、成品油 0.5
			重油、渣油及其他 1.0

表 3(续)

<table>
<tr><th>计量器具类别</th><th colspan="2">计量目的</th><th>准确度等级要求</th></tr>
<tr><td rowspan="4">气(汽)体流量表(装置)</td><td colspan="2" rowspan="4">进、出企业气(汽)态能源计量</td><td>煤气 2.0</td></tr>
<tr><td>天然气 2.0</td></tr>
<tr><td>其他气态能源 2.0</td></tr>
<tr><td>蒸汽 2.5</td></tr>
<tr><td rowspan="2">水流量表(装置)</td><td rowspan="2">进、出企业各种水量计量</td><td>管径不大于 250 mm</td><td>2.5</td></tr>
<tr><td>管径大于 250 mm</td><td>1.5</td></tr>
<tr><td>温度仪表</td><td colspan="2">用于气态、液态能源的温度计量</td><td>1.5</td></tr>
<tr><td>压力仪表</td><td colspan="2">用于气体、液体能源的压力计量</td><td>1.5</td></tr>
<tr><td colspan="4">注 1:与气(蒸)态能源质量计算配套的温度、压力仪表,其准确度不得低于 1.0。
注 2:若必须采用间接计量方可进行相应能源量计量时,其合成准确度应不低于表中直接计量方式所规定的要求。
注 3:进出企业有功交流电能按其所计量负荷用量多少划分为四类:
——Ⅰ类:月平均用电量 100 万 kW·h 及以上或变压器容量为 5 000 kV·A 及以上;
——Ⅱ类:小于Ⅰ类用电量(或变压器容量),但月平均用电量 50 万 kW·h 及以上或变压器容量为 1 000 kV·A 及以上;
——Ⅲ类:小于Ⅱ类用电量(或变压器容量),但月平均用电量 10 万 kW·h 及以上或变压器容量为 315 kV·A 及以上;
——Ⅳ类:小于Ⅲ类用电量(或变压器容量)的负荷。
注 4:用于成品油贸易结算的计量器具的准确度等级应不低于 0.2。
注 5:用于天然气贸易结算的计量器具的准确度等级应符合 GB/T 18603—2001 附录 A 和附录 B 的要求。</td></tr>
</table>

4.4.1.2 当计量器具是由传感器(变送器)、二次仪表组成的测量装置或系统时,表 3 给出的准确度等级应是装置或系统的准确度等级,装置或系统未明确给出其准确度等级时,可用传感器与二次仪表的准确度等级按误差合成方法合成。

4.4.1.3 对天然气计量仪表的安装,应符合 GB/T 18603—2001 的要求。

4.4.1.4 对锅炉热网系统,表 3 不能覆盖的计量器具,应符合 GB/T 17471 的要求。

4.4.2 一级能源计量器具的功能要求

4.4.2.1 衡器:优先选用具备数字式传感器结构和车辆信息自动识别功能的衡器,积极采用具备标准模拟、数字量信号输出和接口的智能化多功能称重仪表,推行称重计量过程计算机化、网络化操作与管理。

4.4.2.2 电能表:优先采用数字式多功能电能表,具有多时段、复费率、多参数检测功能,具备标准脉冲、数字量信号输出和接口,以及手抄器采集数据等功能。

4.4.2.3 气(汽)、液态流量计量表(装置):计量检测方式符合国家相应技术规范要求,仪表结构科学合理、技术先进成熟、使用稳定可靠,流量、能量计算方式或计算软件符合国家规范要求,具备温度、压力等多参数实时补偿计算,具有多参数(功能)、无纸化记录显示,以及标准模拟、数字量信号输出和接口。

4.4.3 二级能源计量器具准确度要求

二级能源计量器具的准确度要求参照 4.4.1。

4.4.4 二级能源计量器具的功能要求同 4.4.2。

4.4.5 三级能源计量器具准确度要求

三级能源计量器具的准确度等级可参照 4.4.1 的要求,在满足生产工艺预期计量要求的前提下,其准确度等级(电能表除外)允许降低一个等级。

4.4.6 三级能源计量器具的功能要求原则上同4.4.2，在满足生产工艺预期计量要求的前提下，根据实际需要对相关功能要求允许适当简化。

4.4.7 当能源作为生产原料使用时，其选用的计量器具准确度等级应同时满足相应生产工艺的预期计量要求。

4.4.8 能源计量器具的准确度和功能应满足相应的被测能源介质特点，并在受控或已知满足使用要求的环境中使用。

5 能源计量器具的管理要求

5.1 能源计量制度

5.1.1 企业对能源计量应实行归口管理，建立能源计量管理体系，形成文件，并保持和持续改进其有效性。

5.1.2 企业应建立、保持和使用文件化的程序来规范能源计量人员行为、能源计量器具管理和能源计量数据的采集、处理和汇总。

5.2 部门和人员

5.2.1 企业应明确具体部门和人员负责各级能源计量器具的管理，以及能源计量器具的配备、使用、检定(校准)、维修、报废等管理工作。

5.2.2 企业的能源计量管理人员应通过相关部门的培训考核，企业应建立和保存能源计量管理人员的技术档案。

5.2.3 企业内从事能源计量器具检定、校准和维修人员，应具有相应的业务资质，持证上岗。

5.3 能源计量器具

5.3.1 企业应备有完整的能源计量器具一览表。表中应列出计量器具的名称、型号规格、准确度等级、测量范围、生产厂家、出厂编号、用能单位管理编号、安装使用地点、状态(指合格、准用、停用等)。各级能源计量应备有独立的能源计量器具一览表分表。

5.3.2 用能设备的设计、安装和使用应满足GB/T 6422、GB/T 15316关于用能设备的能源监测要求，新装及更新的能源计量器具必须经检定(校准)合格后方能安装使用。

5.3.3 企业应建立一、二级能源计量器具档案，内容包括：使用说明书、出厂合格证、最近两个连续周期的检定(测试、校准)证书、维检记录，其他相关信息。

5.3.4 企业应在能源计量器具配备前后实行审核和评价，内容包括(但不仅限于)：计量管理级别、计量检测点、预期计量要求，配置方案在法制、技术上的符合性和可行性，以及计量器具(和配套应用软件)的功能和量值溯源方式等方面。

5.3.5 企业应建立相应的计量标准，或确定提供所需计量溯源服务的合格外部供方，确保所用能源计量器具的量值溯源有规范的依据和途径，并绘制出相应的量值传递或溯源图。

5.3.6 企业对使用的能源计量器具应实施有效计量确认，不得使用经计量确认不能满足预期计量要求或超过计量确认间隔的计量器具。属于强制检定的计量器具，其检定周期、检定方式的执行应遵守有关计量法律法规的规定。

5.3.7 企业应建立能源计量器具管理(计量确认)台账，并实施动态管理，对在用能源计量器具实行分类和标识等有效管理形式。

5.3.8 凡属自行确认且自行确定确认间隔的计量器具，应以现行有效的受控文件(即自确认计量器具的管理程序和自确认规范)作为依据。

5.3.9 企业在用的能源计量器具计量确认或检修计划的执行，应列入企业生产组织和设备检修计划中。

5.4 能源计量数据

5.4.1 企业对能源计量检测数据的采集、处理、传递和报告应实行统一归口管理，并形成文件化、程序化管理。

5.4.2 企业可根据需要建立能源计量数据中心,利用计算机和网络技术实现对能源计量检测数据的网络化管理。

5.4.3 用于能源计量结算的数据,由能源计量管理部门的具体人员对传输或采集到的计量检测数据先确认其有效性,然后进行数据分析核对,以及计量检测数据修正,最终形成企业的能源计量结算数据。

5.4.4 企业应建立能源统计报表制度,能源统计报表数据应能追溯至计量检测数据。能源计量结算数据记录应采用规范的表格式样,计量结算数据记录表格应便于数据的汇总与分析,应说明被测量与记录数据之间的转换方法或关系。

5.4.5 企业能源计量管理部门应对能源计量检测数据强化管理,对计量检测数据形成的各环节进行不定期的监督核查,确保计量检测数据真实、准确。